传递过程与分离过程原理
（包括单元操作）
（上册）

Transport Processes and Separation Process Principles
(Includes Unit Operations), 4E (PART 1)

原著：Christie John Geankoplis［美］

李 伟 刘 霞 译

華東理工大學出版社
EAST CHINA UNIVERSITY OF SCIENCE AND TECHNOLOGY PRESS

图书在版编目(CIP)数据

传递过程与分离过程原理(包括单元操作)：上册/(美)吉科普利斯(Geankoplis，C. J.)著；李伟，刘霞译. —上海：华东理工大学出版社，2007. 11
ISBN 978-7-5628-2195-3

Ⅰ. 传... Ⅱ. ①吉... ②李... ③刘... Ⅲ. ①传递-化工过程 ②分离-化工过程 Ⅳ. TQ02

中国版本图书馆 CIP 数据核字(2007)第 122856 号

传递过程与分离过程原理(包括单元操作)(上册)
Transport Processes and Separation Process Principles
(Includes Unit Operations), 4E (PART 1)
原著：Christie John Geankoplis [美]

翻　　译 / 李　伟　刘　霞
责任编辑 / 钱四海
责任校对 / 李　晔　金慧娟
出版发行 / 华东理工大学出版社
地址：上海市梅陇路 130 号，200237
电话：(021)64250306(营销部)
传真：(021)64252707
网址：www. hdlgpress. com. cn
印　　刷 / 上海长阳印刷厂
开　　本 / 787mm×1092mm　1/16
印　　张 / 29. 5
字　　数 / 740 千字
版　　次 / 2007 年 11 月第 1 版
印　　次 / 2007 年 11 月第 1 次
印　　数 / 1—4000 册
书　　号 / ISBN 978-7-5628-2195-3/TQ·122
定　　价 / 88. 00 元

内容提要

本书以动量传递、热量传递、质量传递过程为基础，以化学工业及其他过程工业的单元操作为背景，叙述各单元操作的过程原理、计算方法和基本设备。全书分为上、下两册。

上册包括：工程原理和单位导论、动量传递原理和总衡算、动量传递原理及应用、定态传热的基本原理、非定态传热过程原理、传质过程原理、非定态对流传质原理；具体内容涉及流体流动、流动阻力计算、流量计、流体输送机械、搅拌、换热、辐射传热、生物制品的冷却和冷冻、边界层流动和传热、扩散和对流传质等等。

下册包括：蒸发、过程物料的干燥、级式和连续式气液分离过程、汽液分离过程、液-液和流-固分离过程、膜分离过程、物理-力学的分离过程；具体内容涉及固体干燥、食品消毒、吸收、精馏、吸附、离子交换、液-液萃取、液固浸取、结晶、膜渗透、反渗透、超滤、微滤、过滤、沉降和沉积、机械粉碎等等。

本书可作为理工科院校化工类及相关专业师生的教学参考书，也可供从事化工及其他过程工业的科技人员、设计和生产人员参考。

译者的话

传递过程和单元操作是化学工业生产和相关(如食品、环保等)行业生产的重要基础。随着学科理论和过程工业的发展,现今的单元操作与传统的单元操作相比,已有了很大的改进。进入新世纪以来,国内高等院校正在努力地进行着教学内容、课程体系的改革。跟踪学科发展、引进国外优秀教材已成为教学内容改革和课程建设工作的一个方面。为了促进国内相关专业教学内容的改革,华东理工大学出版社引进了这本 Geankoplis 的经典之作的版权,我们有幸为这本教材的翻译推广尽自己的微薄之力。

本书的早年版本曾经是国内优秀《化工原理》教材的重要参考书,其中有不少内容已被国内同类教材所吸收。这次第 4 版又增添了许多新的内容,预计中文版出版后,又将被国内同行广泛引用和参考。本书中的某些特色,尤其是有关生物制品加工的内容,如生物制品的冷却和冷冻,生物物料的冷冻干燥、食品加热消毒,以及常见生物物料的物性数据等等,在国内同类教材中尚未见阐述。另外,本书所涉及的内容既有一定的广度,重要之处又很有深度,不失为一本优秀的参考书,可供理工院校化工类及相关专业师生、化工及其他过程工业的科技人员、设计和生产技术人员参考。

本书上册第 1 章到第 4 章由李伟翻译,第 5 章到第 7 章由刘霞翻译,下册各章均由齐鸣斋翻译;齐鸣斋对全书译稿作了统稿。由于本书涉及内容范围很广,既有传统的化工领域,又有生物化学、环境工程、材料学科等领域的内容,而译者对这些领域的研究侧重点各不相同,所译术语和译文难免会有不尽确切之处,恳请同行不吝指正。

译者

2007 年 9 月于华东理工大学

序

本书原名《传递过程和单元操作》，现改为《传递过程和分离过程原理（包括单元操作）》。之所以这样修改是因为“单元操作”这一术语已被“分离过程“一词所替代，而后者能更好地表现所使用的现代化术语。

第四版中主要的标题和版式都与第三版相同。在动量传递的各章节，特别是在流化床、流量计、混合和非牛顿型流体等章节中进行了较大的扩充。在质量传递的各章节中，增添了一些资料。吸收、精馏和液-液萃取这几章也进行了内容的扩充。在离子交换和结晶的章节中添加了许多新的材料。在膜分离过程一章中，特别是在气体膜理论方面作了很大扩展。

包含有机物和无机物，在某种程度上也包含生物物质的物理、物理-化学变化的化学工程领域，正在越来越多地与陶瓷工程、冶金过程、农业食品工程、废水处理（市政）工程和生物工程等过程工程相互交叉。动量、热量和质量传递过程和分离过程的机理广泛地应用于这些过程领域。

各领域的工程师都学过动量传递和热量传递的基本原理，而关于质量传递的学习研究则主要限于化学工程师。但是，其他领域的工程师对气体、液体和固体中的质量传递也表现出浓厚的兴趣。

因为现今化学工程和其他工程的学生必须研究如此多的课题，所以这里提供的是对动量、热量和质量传递过程以及它们在分离工程中的应用的更统一化的介绍。本书首先论述传递过程的基本原理，然后阐述分离过程（单元操作）。为此，本书内容分成两个主要篇章。

上篇：传递过程：动量、热量和质量

本篇论述基本原理，包括下面各章：1. 工程原理和单位导论；2. 动量传递原理和总衡算；3. 动量传递原理及其应用；4. 定态传热基本原理；5. 非定态传热基本原理；6. 传质过程原理；7. 非定态和对流传质基本原理。

下篇：分离过程原理（包括单元操作）

本篇阐述各类应用，包括下列分离过程：8. 蒸发；9. 过程物料的干燥；10. 级式和连续气-液分离过程（增湿、吸收）；11. 气-液分离过程（精馏）；12. 液-液和流体-固体分离过程（吸附、离子交换、萃取、浸取、结晶）；13. 膜分离过程（渗析、气体分离、反渗透、超滤、微滤）；14. 物理-力学分离过程（过滤、沉淀、离心分离、机械粉碎）。

在第 1 章中，先复习数学和图解方法、化学和物理基本定理、物料衡算和热量衡算的基本原理和要点。许多读者，特别是化学工程师，可能对这些原理的大部分是熟悉的，因此对这一章的部分内容或全部内容可略去不读。

读者或教师可以斟酌是否省略不读少数几个论题，主要是那些关于生物物质加工的过程；包括 5.5、6.4、8.7、9.11 和 9.12 几节。本书包含了 240 个例题和实例，以及关于所有论题的 550 道习题，并为那些对生物领域特别感兴趣的读者，提供了某些涉及生物系统的课外习题。

本书可适用于下面推荐的五种教学方案的课程学习。在所有这些教学方案中，可以包括也可不包括第 1 章。

1. 动量、热量和质量传递过程与分离过程的学习。在这一教学方案中，包括整个教科书的绝大部分内容，包括上篇中的传递过程的基本原理和下篇中的分离过程。这一方案可能主要适用于化学工程，也适合于其他的过程工程领域，大学三年级和/或大学四年级学生一年半的课程学习。

2. 动量、热量和质量传递过程与选择的分离过程的学习。这一教学方案仅包含上篇的基本章节(基本原理各章——第 2、第 3、第 4、第 5、第 6 和第 7 章)，加上从下篇中选出的，适用于特定领域的分离工程专题，在两个学期或一个半学期的课程中完成。环境工程、食品加工工程和过程冶金学专业的学生可按这一方案学习。

3. 动量、热量和质量传递过程的学习。这一教学方案的目的是通过半年或两个学期的课程学习，获得对动量、热量、质量传递过程的基本理解。这包括基本原理章节的学习——上篇中的第 2、第 3、第 4、第 5、第 6 和第 7 章，略去下篇关于分离过程的应用的章节。

4. 分离过程的学习。如果读者已经学了动量、热量和质量传递的课程，则第 2～第 7 章的内容可省略，而仅通过一学期的课程，学习下篇中的分离过程各章节。这一教学方案可用于化工的和特定的其他工程师的学习。

5. 质量传递的学习。对那些已经有了动量和热量传递课程的化学和机械工程师，或那些仅希望在半学期或一学期的课程中获得一些关于质量传递的专业背景的学生，应当学习第 6、第 7 和第 10 章。并根据读者的需要，可选择第 9、第 11、第 12 和第 13 章。

不同的学校和不同的教师在工程课程中使用计算机的情况各不相同。本书中的全部方程式和习题都可使用普通的手提电脑求解。但是，对涉及数值积分、有限差分计算、定态和非定态二维扩散和传导等等更复杂的问题，可很容易地通过电子制表软件用计算机进行求解。几乎所有的本科生都精通这些工具的使用。

SI(国际单位制)单位制已被科学界采用。由于这一原因，本教科书在方程、例题和习题中都已采用 SI 单位制。但是，在本教科书的最重要的方程的推导中，当 SI 制和英制两个单位制不同时，同时给出了两个单位制的结果。许多例题和课外习题也用英制单位给出。

Christie John Geankoplis

上册目录

上篇

传递过程：动量、热量和质量

上篇

第 1 章　工程原理和单位导论

1.1　传递过程和分离过程(单元操作)的分类

1.1.1　概述

在化学工业和其他的物理加工工业以及食品和生物加工工业中，有许多类似的加工方式，即都是将进入过程的原料进行改造或加工使其成为最终化学品和生物产品。我们可将这些表面看来完全不同的化学、物理或生物过程分解为一系列单独的最初被称之为单元操作的可以明显区分的步骤。然而，"单元操作"这一术语已在很大程度上被"分离过程"这个更现代也更能描绘过程的术语所取代。这些分离过程对于各种类型的过程工业是很普遍的。

例如，精馏分离过程在饮料工业中被用于纯化和分离酒精，在石油工业中用于分离烃类物质。谷物及其他食品的干燥与木材、滤饼、羊毛的干燥类似。从发酵过程的空气或污水处理厂的空气中吸收氧气，以及在油液化加氢过程中的氢气吸收操作都发生了吸收分离过程。化学工业中的盐溶液蒸发与食品工业中的糖溶液蒸发相似。污水处理工业和矿业对悬浮固体的沉降和沉积处理类似。炼油厂的液体烃类的流动与牛奶加工厂的牛奶的流动方式是相同的。

许多这样的分离过程都具有特定的基本原理和普遍的机理。例如，在干燥、膜分离、吸收、精馏和结晶过程中发生的扩散和传质机理，在干燥、精馏、蒸发过程中发生的传热机理等等。下面依据传递过程的基本原理类型进行分类。

1.1.2　基本的传递过程

1. 动量传递。这涉及发生在运动介质中的动量传递，如流体流动分离过程、沉积、混合和过滤。

2. 热量传递。在这一基本过程中，我们关心的是热量从一个地方到另一个地方的传递过程；发生在干燥、蒸发、精馏和其他过程中。

3. 质量传递。这里质量从一个特定相传递到另一个特定相；无论该相是气相、固相或是液相，基本原理是相同的。这包括精馏、吸收、液-液萃取、膜分离、吸附、结晶和浸取。

1.1.3　分离过程的分类

分离过程主要涉及能量以及物料的传递和变化，主要通过物理方法，也通过物理-化学的方法。本书包含的重要分离过程将在下面进行描述，在工业过程中它们可以各种序列组合。

1. 蒸发。这里涉及的是挥发性溶剂,如水,从不挥发的溶质如盐或任何其他物质的溶液中的蒸发。

2. 干燥。在这一操作中,将挥发性液体——通常是水——从固体物质中除去。

3. 精馏。这是一个通过使液体混合物沸腾,由于蒸气压存在差异而实现组分分离的操作。

4. 吸收。这是通过用液体处理气体物流而从中除去某种组分的过程。

5. 膜分离。这是一个涉及溶质从流体中分离的过程,该溶质从液体或气体中经由一个半透膜阻隔层扩散到另一流体而实现分离。

6. 液-液萃取。这种情况是液体溶液中的溶质通过与另一液体溶剂的接触而被除去,这种溶剂与其是相对不互溶的。

7. 吸附。在这一过程中,气体或液体物流中的某个组分被固体吸附剂吸附而除去。

8. 离子交换。溶液中的某些特定离子通过固体离子交换剂而从液体中除去。

9. 液-固浸取。这一操作涉及用一液体将固体中含有的某种溶质溶解移出,实现固体和液体的最终分离。

10. 结晶。这一操作是将像盐这样的溶质从溶液中通过沉淀移出的过程。

11. 机械-力学分离。这一操作涉及用力学的方法分离固体、液体和气体,如过滤、沉降、离心和粉碎。

1.1.4 上篇和下篇的编排

本书编排为上、下两篇:

上篇:传递过程:动量、热量和质量。为了给本书下篇内容即分离过程的学习打基础,在第1～第7章中详尽地论述了这些基本原理。

下篇:分离过程原理(包括单元操作)。本书下篇对各种分离过程以及它们在过程领域中的应用进行了研究。

有许多的基本的工程原理、数学技能及物理和化学的定律,都是动量、热量和质量传递与分离过程机理学习的基础。这些都为读者在第1章中进行了复习。某些读者,特别是化学工程师、农业工程师、市政工程师和化学家对这些基本原理和技能的许多部分可能很熟悉,可能希望省略这1章或这章中的部分内容。

每章结尾的课外作业是按各个不同的节进行编排的,均对应于该章中的节号。

1.2 本书中使用的SI基本单位制和其他单位制

目前科学和工程领域使用的基本单位制有三种。第一种,也是其中最重要的一种是SI制(国际单位制),它有三个基本单位:米(m)、千克(kg)和秒(s)。其他两个单位制是英制:英尺(ft)-磅(lb)-秒(s)和厘米克秒制:厘米(cm)-克(g)-秒(s)。

目前SI制已经正式成为工程和科学应用所专用,但老的英制和厘米克秒制有时仍然使用。许多物理化学的数据和经验方程是以后两个单位制给出的。因此,工程师不仅应当精通SI制,还必须能在一定范围内使用另外两种单位制。

1.2.1 SI 单位制

在 SI 制中使用的基本量如下：长度单位是米(m)；时间单位是秒(s)；质量单位是千克(kg)；温度单位是开尔文(K)；组分单位是千摩尔(kmol)。其他的标准单位由这些基本量推导得到。

力的基本单位是牛顿(N)，定义为

$$1\ 牛顿(N)=1\ kg\cdot m/s^2$$

功、能和热的单位为牛顿-米，或焦耳。

$$1\ 焦耳(J)=1\ 牛顿\cdot 米(N\cdot m)=1\ kg\cdot m^2/s^2$$

功率用焦耳/秒或瓦特(W)表达。

$$1\ 焦耳/秒(J/s)=1\ 瓦特(W)$$

压力的单位是牛顿/米^{2}或帕斯卡(Pa)。

$$1\ 牛顿/米^2(N/m^2)=1\ 帕斯卡(Pa)$$

[压力以大气压(atm)表示时，不是 SI 制的标准单位，但在过渡时期仍然使用。]标准重力加速度定义为

$$1\ g=9.806\ 65\ m/s^2$$

几个基本倍数单位的标准词头如下：十亿(G)$=10^9$，百万(M)$=10^6$，千(k)$=10^3$，百分之一(c)$=10^{-2}$，千分之一(毫)(m)$=10^{-3}$，百万分之一(微)(μ)$=10^{-6}$，和十亿分之一(n)$=10^{-9}$。c 不是常选用的词头。

在 SI 制中选择用开尔文(K)定义为温度单位。然而，在实际应用时，大量使用摄氏温标(℃)，由下式定义

$$t(℃)=T(K)-273.15$$

注意 1 ℃=1 K 并且在有温差的情况下

$$\Delta t(℃)=\Delta T(K)$$

时间的标准首选单位是秒(s)，但时间可以是非十进制单位分钟(min)、小时(h)和天(d)。

1.2.2 厘米-克-秒单位制

厘米-克-秒制与 SI 制的关系如下：

$$1\ g\ 质量(g)=1\times10^{-3}\ kg\ 质量(kg)$$

$$1\ cm=1\times10^{-2}\ m$$

$$1\ 达因(dyn)=1\ g\cdot cm/s^2=1\times10^{-5}\ 牛顿(N)$$

$$1\ 尔格=1\ dyn\cdot cm=1\times10^{-7}\ 焦耳(J)$$

标准重力加速度为

$$g=980.665\ \text{cm/s}^2$$

1.2.3　英尺-磅-秒单位制

英制与SI制的关系如下：

1 lb 质量(lb_m)=0.453 59 kg

1 ft=0.304 80 m

1 磅力(lb_f)=4.448 2 牛顿(N)

1 ft·lb_f=1.355 82 牛顿·米(N·m)=1.355 82 焦耳(J)

1 磅/英寸^2(绝对)=6.894 76×10^3牛顿/米^2(N/m^2)

1.8 ℉=1 K=1 ℃(摄氏度)

$g=32.174\ \text{ft/s}^2$

牛顿定律的比例因子为

$$g_c=32.174\ \text{ft}\cdot\text{lb}_m/(\text{lb}_f\cdot\text{s}^2)$$

g_c因子在SI制和厘米克秒制中是1.0,可省略。在附录A.1中,这三种单位制的方便的转换因子被列成表。在本书的各章节中将进一步讨论和使用这些关系式。本书在方程式、例题和习题中,以SI作为基本单位制。然而,在书中对重要方程的推导两种单位制出现不同时,以两种单位制同时给出。某些例题和习题也使用英制单位。在某些情况下,例题中的中间步骤和/或答案也以英制单位表示。

1.2.4　量纲均一方程和一致单位

量纲均一方程是一个方程中的各项具有相同单位的方程。这些单位可以是基本单位,也可是导出单位(例如,kg/(s^2·m)或Pa)。这样的方程可用于任何一种单位制,提供相同的基本单位或导出单位应用于整个方程(全部方程)。当使用一致单位时,不需要转换因子。

在对任何方程式进行应用时,读者都应当注意和检查量纲的统一。要这样做首先得选择单位制(SI、英制等等)。然后对方程中的每一项进行单位替换并删除各项中的相同单位。

1.3　温度和组成的表示方法

1.3.1　温度

在化工和生物工业中有两种通常使用的温标,即华氏度(简化为℉)和摄氏度(℃)。常常需要从一种温标转换到另一种温标。两者均以在一个大气压下水的冰点和沸点作为基点。温度也常表示为开尔文K(SI标准)或兰金度(°R)而不是℃或℉。表1.3-1列出了四种温标的等效值。

表 1.3-1　温标和等效值

	摄氏度	华氏度	开尔文	兰金度	摄氏温度
水的沸点	100 ℃	212 ℉	373.15 K	671.67 °R	100 ℃
冰的熔点	0 ℃	32 ℉	273.15 K	491.67 °R	0 ℃
绝对零度	−273.15 ℃	−459.67 ℉	0 K	0 °R	−273.15 ℃

1 atm 下，水的沸点和冰的熔点之间的差异是 100 ℃和 180 ℉。因此，1.8 ℉的变化等同于 1 ℃的变化。通常−273.15 ℃的值圆整为−273.2 ℃，−459.67 ℉圆整为−460 ℉。下列方程可用于将一种温标转换为另一温标：

$$^{\circ}\mathrm{F}=32+1.8(^{\circ}\mathrm{C}) \tag{1.3-1}$$

$$^{\circ}\mathrm{C}=\frac{1}{1.8}(^{\circ}\mathrm{F}-32) \tag{1.3-2}$$

$$^{\circ}\mathrm{R}={}^{\circ}\mathrm{F}+459.67 \tag{1.3-3}$$

$$\mathrm{K}={}^{\circ}\mathrm{C}+273.15 \tag{1.3-4}$$

1.3.2　摩尔单位，重量和质量单位

有许多表示气、液、固组成的方法。最有用的方式之一是摩尔单位，因为化学反应和气体定律都简单地以摩尔单位表示。定义 1 摩尔(mol)的纯物质为其质量在数值上与其相对分子质量相等的物质量。因此，1 kmol 的甲烷有 16.04 kg。1 lbmol 有 16.04 $\mathrm{lb_m}$。

特定物质的摩尔分率是简单地将该物质的摩尔数除以总摩尔数。相同的方法，重量分率或质量分数是该物质的质量除以总质量。对二元混合物中的 A 组分，适用于气、液、固的组成可表示如下：

$$x_A(\text{A 的摩尔分率})=\frac{\text{A 的摩尔数}}{\text{总摩尔数}} \tag{1.3-5}$$

$$w_A(\text{A 的质量或重量分率})=\frac{\text{A 的质量}}{\text{总质量}} \tag{1.3-6}$$

例 1.3-1　溶液的摩尔和质量或重量分率

一容器中盛有 50 g 水(B)和 50 g NaOH(A)。计算 NaOH 的质量分率和摩尔分率，并计算 NaOH 和水的 $\mathrm{lb_m}$ 质量。

解：以 50+50 或 100 g 溶液为计算基准，可计算得到下面的数据：

组分	质量/克	质量分率	摩尔质量	摩尔数	摩尔分率
H_2O(B)	50.0	$\frac{50}{100}=0.500$	18.02	$\frac{50.0}{18.02}=2.78$	$\frac{2.78}{4.03}=0.690$
NaOH(A)	50.0	$\frac{50}{100}=0.500$	40.0	$\frac{50}{40.0}=1.25$	$\frac{1.25}{4.03}=0.310$
总量	100.0	1.000		4.03	1.000

因此，$x_A=0.310$，$x_B=0.690$，并且 $x_A+x_B=0.310+0.690=1.00$。还有，$w_A+w_B=0.500+0.500=1.00$。要计算各组分的 $\mathrm{lb_m}$，附录 A.1 给出了转换因子为每 $\mathrm{lb_m}$ 453.6 g。用

这个因子计算,

$$\text{lb 质量 A} = \frac{50\ \text{g A}}{453.6\ \text{g A}/\text{lb}_\text{m}\ \text{A}} = 0.110\ 2\ \text{lb}_\text{m}\ \text{A}$$

注意分子上 A 的 g 与分母上 A 的 g 消掉,留下 A 的分子上的 lb_m。读者应该小心地将所有的单位都代入方程中,再删掉那些在分子和分母中都出现的单位。用相同的方法我们可以得到 0.110 2 lb_m B(0.050 0 kg B)。

固体和液体的分析通常给出其重量或质量分率,或重量百分率,气体则给出其摩尔分率或摩尔百分率。除非特别说明,否则固体和液体的分析结果都将假定为重量(质量)分率或百分率,气体是摩尔分率或摩尔百分率。

1.3.3　液体的浓度单位

一般来说,当一种液体与另一种可互溶的液体混合时,体积是不能加成的。因此,液体的组成不表示为组分的体积百分率,而表示为质量或摩尔百分率。另一种方便的表示溶液中组分浓度的方法是**摩尔浓度**,其定义为每升溶液中组分的 mol 数。其他使用的方法有 kg/m^3, g/L, g/cm^3, $lbmol/ft^3$, lb_m/ft^3 和 lb_m/gallon。所有这些浓度都取决于温度,所以必须指定温度。

表示单位体积总浓度的最通常的方法是密度,kg/m^3, g/cm^3 或 lb_m/ft^3。例如,在 277.2 K(4 ℃)时水的密度是 1 000 kg/m^3 或 62.43 lb_m/ft^3。有时溶液的密度也表示为相对密度,其定义为在其指定温度下溶液的密度除以参考物在此温度下的密度。如果参考物是 277.2 K 的水,则相对密度和物质的密度在数值上是相等的。

1.4　气体定律和蒸气压

1.4.1　压力

关于流体或系统施加的压力有很多种表示方法。绝对压力 1.00 atm,与 0 ℃下 760 mmHg、29.921 in. Hg、0.76 mHg、14.696 磅力每平方英寸(psia)或 4 ℃时 33.90 英尺的水柱相等。表压是在大气压力以上的压力。因此,21.5 lb 每平方英寸的表压(psig)为 21.5+14.7(圆整)或 36.2 psia。在 SI 单位制中,1 磅/英寸^2(绝)$=6.894\ 76\times10^3$ 帕斯卡(Pa)$=6.894\ 76\times10^3$ 牛顿/m^2。此外,1 atm $=1.013\ 25\times10^5$ Pa。

在某些情况下,特别是在蒸发中,压力可能被表示为英寸汞柱真空度。这指的是以英寸汞柱指示的低于绝对大气压的压力。例如,读数为真空度 25.4 in. Hg,是 29.92−25.4,或 4.52 in. Hg 绝对压。附录 A.1 给出了压力换算单位。

1.4.2　理想气体定律

理想气体定义为服从简单定律的气体。在理想气体中,把气体分子看作是刚性球,其自身不占体积,并且相互间不施加任何作用力。没有什么真实的气体会真正服从这些定律,但在常温和压力不超过几个大气压时，理想气体给出的结果与真实气体的结果相差仅百分之几或更小。因此，这一模型对工程计算已足够精确。

玻义耳(Boyle)理想气体定律描述的是气体的体积正比于绝对温度，并反比于绝对压力。这可表示为

$$pV=nRT \tag{1.4-1}$$

式中 p 为绝对压力 N/m^2；V 为气体体积 m^3；n 为气体的 kmol；T 为绝对温度 K；R 为气体定律常数 8 314.3kg · m^2/(kmol · s^2 · K)。当体积为 ft^3 时，n 为磅摩尔，T 为 °R，R 取值 0.730 2 ft^3·atm/(lb mol·°R)。对于厘米-克-秒单位制（见附录 A.1），$V=cm^3$，$T=K$，$R=$ 82.057 cm^3·atm/(mol·K)，且 $n=mol$。

为了比较大量的各种气体，温度和压力的标准状态指定为 101.325 kPa 和 273.15 K (0 ℃)。在这些状态下的气体体积如下：

1.0 kmol(SC)的体积＝22.414 m^3

1.0 mol(SC)的体积＝22.414 L(升)＝22 414 cm^3

1.0 lb mol(SC)的体积＝359.05 ft^3

例 1.4-1　气体定律常数

计算当压力以磅/英寸²(绝)，摩尔数以 lb mol，体积以 ft^3，温度以 °R 表示时的气体定律常数。对 SI 制单位重复以上计算。

解：标准状态 $p=14.7$ psia，$V=359$ ft^3，$T=460+32=492$ °R(273.15 K)。代入式(1.4-1)中，对 $n=1.0$ lb mol，如下求解得到 R，

$$R=\frac{pV}{nT}=\frac{14.7\ \text{psia}\cdot 359\ \text{ft}^3}{1.0\ \text{lb mol}\cdot 492\ ^\circ\text{R}}=10.73\ \frac{\text{ft}^3\cdot\text{psia}}{\text{lb mol}\cdot ^\circ\text{R}}$$

$$R=\frac{pV}{nT}=\frac{1.013\ 25\times 10^5\ \text{Pa}\cdot 22.414\ \text{m}^3}{1.0\ \text{kg mol}\cdot 273.15\ \text{K}}=8\ 314\ \frac{\text{m}^3\cdot\text{Pa}}{\text{kg mol}\cdot\text{K}}$$

对于在 p_1，V_1，T_1 和 p_2，V_2，T_2 条件下的 n 摩尔气体，由式(1.4-1)可得到非常有用的关系。将条件代入式(1.4-1)，

$$p_1V_1=nRT_1$$

$$p_2V_2=nRT_2$$

将两式结合得

$$\frac{p_1V_1}{p_2V_2}=\frac{T_1}{T_2} \tag{1.4-2}$$

1.4.3　理想气体混合物

理想气体混合物的道尔顿(Dalton)定律描述为气体混合物的总压等于各分压之和：

$$p=p_A+p_B+p_C+\cdots \tag{1.4-3}$$

式中 p 是总压，p_A，p_B，p_C…是混合物中组分 A，B，C…的分压。

因为组分的摩尔数是与其分压成正比的,组分摩尔分率为

$$x_A=\frac{p_A}{p}=\frac{p_A}{p_A+p_B+p_C+\cdots} \tag{1.4-4}$$

体积分率等于摩尔分率。气体混合物通常大多数情况下是以摩尔分率而不以质量分率表示。对于在几个大气压或更低压力下的真实气体,作为工程应用,道尔顿定律已足够精确。

例 1.4-2　气体混合物的组成

一气体混合物含有下列组分且分压为:CO_2,75 mmHg;CO,50 mmHg;N_2,595 mmHg;O_2,26 mmHg。计算总压和以摩尔分率表示的组成。

解:将条件代入式(1.4-3)

$$p=p_A+p_B+p_C+p_D=75+50+595+26=746\ \text{mmHg}$$

CO_2的摩尔分率由式(1.4-4)求得

$$x_A(CO_2)=\frac{p_A}{p}=\frac{75}{746}=0.101$$

以相似的方法可计算得到CO、N_2和O_2的摩尔分率分别为0.067、0.797和0.035。

1.4.4　液体的蒸气压和沸点

当液体被置于一个封闭的容器中时,液体分子将蒸发到液体上方的空间并完全充满它。一定时间后达到平衡。这些蒸气同气体一样会施加压力,我们称之为液体的蒸气压。只要存在一些液体,则蒸气压的值不取决于容器内的液体量。

如果某种惰性气体——比如空气——也存在于气相空间,它对蒸气压只有很小的影响。一般说,压力为几个大气压或更低时,总压对分压的影响可认为是可忽略的。

液体的蒸气压随着温度的升高明显增大。例如,由附录A.2可知,对于水,在50 ℃下的蒸气压是12.333 kPa(92.51 mmHg)。在100 ℃,其蒸气压已大大增加至101.325 kPa(760 mmHg)。

液体的沸点定义为液体蒸气压等于总压时对应的温度。因此,如果大气的总压是760 mmHg,水在100 ℃就会沸腾。在高山上由于总压相当低,水会在100 ℃以下沸腾。

液体蒸气压p_A随温度变化的图线不成直线,而是一条曲线。但是,在中等温度范围内,$\lg p_A$对$1/T$标绘是一条合理的直线,关系如下:

$$\lg p_A=m\left(\frac{1}{T}\right)+b \tag{1.4-5}$$

式中m是斜率,b是液体A的常数,T是温度K。

1.5　质量守恒和物料衡算

1.5.1　质量守恒

物理学的基本定律之一是质量守恒定律。这一定律简单的描述就是,质量不能够创造也不能够消灭(当然除去原子核反应)。因此,所有进入任何过程的物质的总质量(或重量),

必须等于所有离开过程的物质的总质量加上过程中积累或留下的任何物质的质量：

$$输入=输出+累积 \tag{1.5-1}$$

在大多数情况下，过程中无物质的积累，那么，输入将简单地等于输出。换句话说，“进入的必定出来”。我们称这样的过程为定态过程：

$$输入=输出(定态) \tag{1.5-2}$$

1.5.2　简单物料衡算

在这一节中，我们将对各种无化学反应发生的定态过程作简单的物料（重量或质量）衡算。在我们的衡算中，可以使用 kg、lb_m、lb mol、g、kmol 等单位。读者应当注意在衡算中的单位一致，不要将几种单位制混合应用。若有化学反应发生（如 2.6 节所讨论的），在衡算中则应当使用 kmol 单位，因为化学方程与反应的摩尔数有关。在第 2.6 节中将论述较详细的总物料衡算，在第 3.6 节中将论述微分物料衡算。

为了解决物料衡算问题，建议按如下列出的一系列步骤来进行：

1. 画出简单的流程图。该流程图可以是简单的方框图，用指向方框的箭头表示各股进入物流，由方框引出的箭头表示各股离开物流。包括在每个箭头上的是各物流的组成、量、温度等等。全部相关的数据应当在该流程图中标出。

2. 写出涉及的化学反应方程（如果有任何反应）。

3. 选择计算基准。在大多数情况下，这一问题与过程中的某个被选作基准的物流的量相关。

4. 作物料衡算。进入过程的箭头为输入流，出过程的箭头为输出流。衡算可以是式(1.5-2)的总物料衡算，或是系统中的每一组分的衡算（如无化学反应发生）。

不发生化学反应的典型流程是：干燥、蒸发、溶液稀释、精馏、萃取等等。这些过程可以通过建立含有未知量的物料衡算式，求解这些方程式，从而求得未知量。

例 1.5-1　橘子汁的浓缩

在橘子汁浓缩过程中，压榨过滤得到的含 7.08%（质）固体的新鲜橘子汁加入真空蒸发器。在蒸发器中除去水，固体含量增加到 58%（质）。对于 1 000 kg/h 的加入量，计算浓缩果汁的出料量和水量。

解：按照前面概括的四个步骤，我们画出过程流程图（步骤 1）如图 1.5-1。注意，字母 W 表示未知的水量，C 表示浓缩果汁量。无指定的化学反应（步骤 2）。以 1 000 kg/h 进料果汁为基准（步骤 3）。

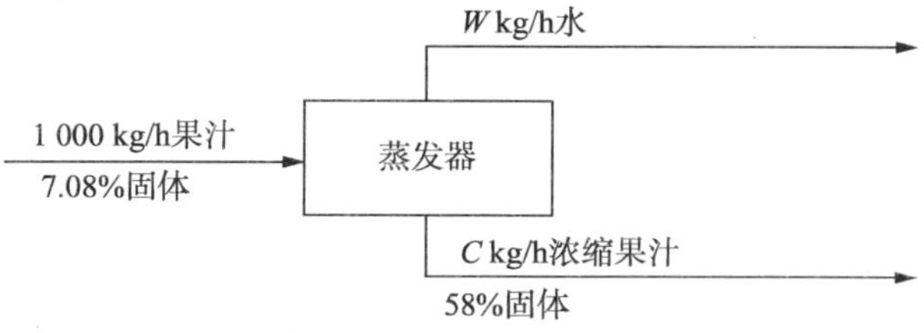

图 1.5-1　例 1.5-1 的过程流程图

为了进行物料衡算(步骤 4),将由式(1.5-2)作总物料衡算:

$$1\,000=W+C \tag{1.5-3}$$

这样得到一个方程,两个未知数。因此,将对固体作组分衡算:

$$1\,000\times\frac{7.08}{100}=W(0)+C\times\frac{58}{100} \tag{1.5-4}$$

为了求解两个方程,我们首先由式(1.5-4)求解得到 C,因为 W 消去了。我们得到浓缩的果汁量 $C=122.1$ kg/h。

将 C 值代入式(1.5-3),

$$1\,000=W+122.1$$

可得到水量 $W=877.9$ kg/h。

为校核我们的计算,可对水列出组分衡算式:

$$1\,000\times\frac{100-7.08}{100}=877.9+122.1\times\frac{100-58}{100} \tag{1.5-5}$$

解得

$$929.2=877.9+51.3=929.2$$

在例 1.5-1 中,仅包括一个单元或单个的过程。在实际情况中常常会涉及许多一连串的过程。因而,我们需要选择是对每一个单独的过程进行分别的衡算,还是对总的过程作总体的衡算。

1.5.3 物料衡算和循环

有时会遇到将部分产品循环或返回到进料中去的过程。例如,在污水处理厂,部分来自沉淀池的活性污泥循环返回处理液体的曝气池。在某些食品干燥的操作中,进口空气的湿度用离开干燥器的湿热空气的循环部分进行调节。在化学反应中,在反应器中未反应的物质可从最终产物中分离并返回到反应器。

例 1.5-2　KNO_3的结晶和循环

在生产 KNO_3 的过程中,1 000 kg/h 含 KNO_3 20%(质)的原料溶液加入蒸发器,蒸发器在 422 K 蒸发掉一些水,产生 KNO_3 50%(质)的溶液。这些溶液再加入到 311 K 的结晶器中,含 KNO_3 96%(质)的结晶从结晶器除去。含 KNO_3 37.5%(质)的饱和溶液循环回到蒸发器。计算循环物流 R kg/h 以及结晶产品物流 P kg/h。

解:图 1.5-2 给出了过程的流程图。我们将以 1 000 kg/h 的进料作为基准。没有发生化学反应。我们可以对进入过程的 KNO_3 作总衡算,并直接求解 P:

$$1\,000\times0.20=W\times0+P\times0.96 \tag{1.5-6}$$

$$P=208.3\ \text{kg 结晶/h}$$

为了计算循环物流,我们可以围绕蒸发器或结晶器进行物料衡算。用对结晶器的衡算式,因为它现在只包含两个未知量 S 和 R,我们得到总衡算式,

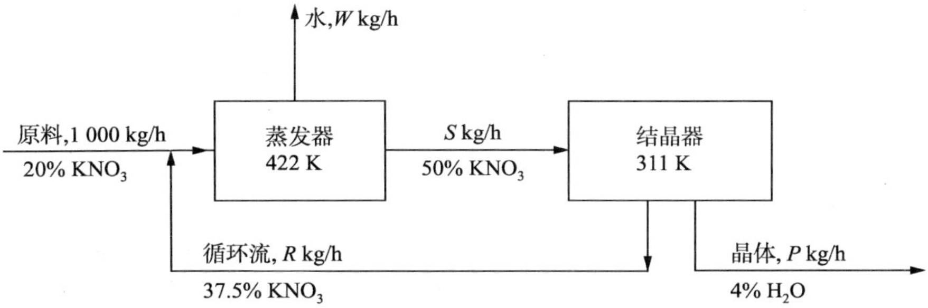

图 1.5－2　例 1.5－2 的过程流程图

$$S = R + 208.3 \tag{1.5-7}$$

对结晶器作 KNO_3 的衡算，

$$S \times 0.50 = R \times 0.375 + 208.3 \times 0.96 \tag{1.5-8}$$

将式(1.5－7)的 S 代入式(1.5－8)并求解得，循环流 R＝766.6 kg/h，S＝947.9 kg/h。

1.5.4　物料衡算和化学反应

在许多情况下，进入的物质在过程中经历化学反应，因此离开过程的物料与进入过程的物料是不同的。在这些情况下，通常对各组分进行摩尔衡算比较方便，而不进行质量衡算，比如 kmol H_2 或 kg 原子 H，kmol CO_3^- 离子，kmol $CaCO_3$，kg 原子 Na^+，kmol N_2 等等。例如，在 CH_4 与空气的燃烧中，可对 H_2、C、O_2 或 N_2 的 kmol 进行衡算。

例 1.5－3　燃料气的燃烧

燃料气中含摩尔百分数为 3.1％的 H_2、27.2％的 CO、5.6％的 CO_2、0.5％的 O_2 和 63.6％的 N_2，与过量(即超过完全燃烧生成 CO_2 和 H_2O 所需的空气量)20％的空气进行燃烧。CO 燃烧仅完成 98％。试对 100 kmol 的燃料气，计算在出口烟气中各组分的摩尔数。

解：首先，画出过程流程图(图 1.5－3)。在流程图中列出了烟气中的组分。设 A 为空气的摩尔数，F 为烟气的摩尔数。下面写出化学反应式：

$$CO + \frac{1}{2}O_2 \longrightarrow CO_2 \tag{1.5-9}$$

$$H_2 + \frac{1}{2}O_2 \longrightarrow H_2O \tag{1.5-10}$$

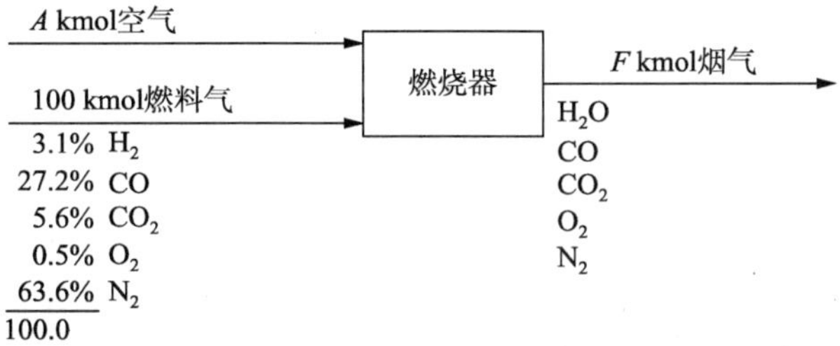

图 1.5－3　例 1.5－3 的流程图

计算燃料气中O_2的总摩尔数如下：

$$\text{燃料气中}O_2\text{的摩尔数}=\frac{1}{2}\times 27.2(CO)+5.6(CO_2)+0.5(O_2)=19.7\ \text{mol}\ O_2$$

由式(1.5－10)可得，完全燃烧所有的H_2生成水，1 mol 的H_2我们需要$\frac{1}{2}$ mol 的O_2，或总的$3.1\times\frac{1}{2}=1.55$ mol 的O_2。由式(1.5－9)可得，完全燃烧 CO 我们需要的O_2为$27.2\times\frac{1}{2}=13.6$ mol。因此，理论上我们必须加入的O_2量如下：

$$\text{理论上需要的}O_2\text{摩尔数}=1.55+13.6-0.5(\text{在燃料气中})=14.65\ \text{mol}\ O_2$$

因为过量20%，我们需加入 1.2×14.65 或 17.58 mol O_2。因为空气中含79%的N_2，加入N_2的量为(79/21)×17.58 或 66.1 mol N_2。

计算最终烟气的摩尔数，所有的H_2决定H_2O的量，即 3.1 mol H_2O。因为有 2.0%的 CO 没有反应，所以，0.02×27.2 或 0.54 mol 的 CO 将不燃烧。

总碳衡算如下：进入的摩尔数 C＝27.2＋5.6＝32.8 mol C。在出口烟气中，0.54 mol 将为 CO，剩余的 32.8－0.54 即 32.26 mol 为CO_2。

为了计算出口O_2的摩尔数，我们作O_2的总衡算：

$$\text{入口}O_2=19.7(\text{燃料气中})+17.58(\text{空气中})=37.28\ \text{mol}\ O_2$$

$$\text{出口}O_2=(3.1/2)(\text{水中})+(0.54/2)(CO\text{中})+32.26(CO_2\text{中})+\text{游离}O_2$$

令进出口O_2相等，则游离O_2＝3.2 mol O_2。对N_2的衡算，出口＝63.6(燃料气中)＋66.1(空气中)或 129.70 mol N_2。出口烟气中含 3.10 mol H_2O、0.54 mol CO、32.26 mol CO_2、3.20 mol O_2和 129.7 mol N_2。

在有几种反应物的化学反应中，极限反应组分定义为：存在量低于其与其他反应物按化学计量反应所需量的化合物。因此反应完成的百分率为这一极限反应物实际的转化量除以初始存在量，再乘以 100。

1.6 能量和热量单位

1.6.1 焦耳、卡和 Btu(英热单位)

用与化学和生物过程的物料衡算相同的方法，我们也可以进行过程的能量衡算。很大部分能量常常是以热量的形式进入系统或离开系统。在进行这样的能量或热量衡算前，我们必须搞清各种能量和热量单位的类型。

在 SI 制中，能量用焦耳(J)或千焦(kJ)表示。能量还表示为 btu(英热量单位)或 cal(卡)。将 1 g 水加热 1 ℃(从 14.5 ℃到 15.5 ℃)所需的热量定义为卡(缩写为 cal)。还有，1 kcal(千卡)＝1 000 cal。将 1.0 lb 的 水升高 1 ℉所需的热量定义为 btu。因此，由附录 A.1，

$$1\ \text{btu}=252.16\ \text{cal}=1.055\ 06\ \text{kJ} \tag{1.6-1}$$

1.6.2 比热容

将物质增加温度 1 度需要的热量定义为该物质的比热容。它可以表示为对应 1 g、1 lb、1 mol、1 kmol 或 1 lb mol 的物质。例如，在 SI 制中，比热容表示为 J/(kmol·K)；在其他单位制中表示为 cal/(g·℃)、cal/(mol·℃)、kcal/(kmol ℃)、btu/(lb_m·°F)或 btu/(lb mol·°F)。

可以表明，无论对质量单位或摩尔单位，比热容的实际数值都是相同的。即

$$1.0\ \text{cal/(g·℃)}=1.0\ \text{btu/(lb}_m\text{·°F)} \tag{1.6-2}$$

$$1.0\ \text{cal/(mol·℃)}=1.0\ \text{btu/(lb mol·°F)} \tag{1.6-3}$$

例如，为了证明这一点，假设某物质的比热容为 0.8 btu/(lb_m·°F)。用 1.8 °F对 1 ℃或1 K、252.16 cal 对 1 btu、453.6 g 对 1 lbm 进行转换如下：

$$\text{比热容}\left(\frac{\text{cal}}{\text{g·℃}}\right)=0.8\ \frac{\text{btu}}{\text{lb}_m\text{·°F}}\times 252.16\ \frac{\text{cal}}{\text{btu}}\times\frac{1}{453.6\ \text{g/lb}_m}\times 1.8\ \frac{\text{°F}}{\text{℃}}$$

$$=0.8\ \frac{\text{cal}}{\text{g·℃}}$$

气体在恒压下的比热容(有时称之为比热)c_p是温度的函数，且在工程应用中可假设在几个大气压下是不随压力变化的。在大多数过程的工程计算中，通常关心的是将气体从一个温度 t_1加热到另一温度 t_2所需要的热量。因为 c_p随温度变化，所以必须进行积分计算或使用一个平均比热容值 c_{pm}。已经获得了一些气体在 T_1 为 298 K 或 25 ℃(77 °F)和各种 T_2 值下的气体平均比热容值，并且在表 1.6－1 中列出了在压力为 101.325 kPa 或更低压力下，所对应的各 T_2值的 c_{pm}，单位为 kJ/(kmol·K)。

例 1.6－1　氮气的加热

绝对压力为 1 atm 的氮气在换热器中加热。计算在下面的温度范围内加热 3.0 mol N_2 需要的热量：

(1) 298 K～673 K(25 ℃～400 ℃)

(2) 298 K～1 123 K(25 ℃～850 ℃)

(3) 673 K～1 123 K(400 ℃～850 ℃)

解：对条件(1)，表 1.6－1 给出的 1 atm 压力或更低压力下的 c_{pm}值，可用于几个大气压的条件。在 673 K，氮气的 c_{pm}＝29.68 kJ/(kmol·K)或 29.68 J/(mol·K)。这是在298 K～673 K 温度范围内的平均比热容值：

$$\text{需要的热量}=M\ \text{mol}\left(c_{pm}\frac{\text{J}}{\text{mol·K}}\right)(T_2-T_1)\text{K} \tag{1.6-4}$$

将已知值代入，

$$\text{需要的热量}=3.0\times 29.68\times(673-298)=33.390\ \text{J}$$

对条件(2)，1 123 K 的 c_{pm}(通过在 1 073 和 1 173 K 间线性内插得到)为 31.00 J/(mol·K)：

$$\text{需要的热量}=3.0\times 31.00\times(1\ 123-298)=76.725\ \text{J}$$

表 1.6-1　各种气体在 101.325 kPa 或更低压力下从 298 K 至 *T* K(25 ℃至 *T* ℃)的平均摩尔比热容

(SI 单位制：c_p=kJ/(kmol·K))

T(K)	*T*(℃)	H_2	N_2	CO	空气	O_2	H_2O	CO_2	CH_4	SO_2
298	25	28.86	29.14	29.16	29.19	29.38	33.59	37.20	35.8	39.9
373	100	28.99	29.19	29.24	29.29	29.66	33.85	38.73	37.6	41.2
473	200	29.13	29.29	29.38	29.40	30.07	34.24	40.62	40.3	42.9
573	300	29.18	29.46	29.60	29.61	30.53	34.39	42.32	43.1	44.5
673	400	29.23	29.68	29.88	29.94	31.01	35.21	43.80	45.9	45.8
773	500	29.29	29.97	30.19	30.25	31.46	35.75	45.12	48.8	47.0
873	600	29.35	30.27	30.52	30.56	31.89	36.33	46.28	51.4	47.9
973	700	29.44	30.56	30.84	30.87	32.26	36.91	47.32	54.0	48.8
1 073	800	29.56	30.85	31.16	31.18	32.62	37.53	48.27	56.4	49.6
1 173	900	29.63	31.16	31.49	31.48	32.97	38.14	49.15	58.8	50.3
1 273	1 000	29.84	31.43	31.77	31.79	33.25	38.71	49.91	61.0	50.9
1 473	1 200	30.18	31.97	32.30	32.32	33.78	39.88	51.29	64.9	51.9
1 673	1 400	30.51	32.40	32.73	32.76	34.19	40.90	52.34		

各种气体在 1 atm 或更低压力下从 25 ℃至 *T* ℃的平均摩尔比热容

(英制单位：c_p=btu/(lb mol· ℉))

T(℃)	H_2	N_2	CO	空气	O_2	NO	H_2O	CO_2	HCl	Cl_2	CH_4	SO_2	C_2H_4	SO_3	C_2H_6
25	6.894	6.961	6.965	6.972	7.017	7.134	8.024	8.884	6.96	8.12	8.55	9.54	10.45	12.11	12.63
100	6.924	6.972	6.983	6.996	7.083	7.144	8.084	9.251	6.97	8.24	8.98	9.85	11.35	12.84	13.76
200	6.957	6.996	7.017	7.021	7.181	7.224	8.177	9.701	6.98	8.37	9.62	10.25	12.53	13.74	15.27
300	6.970	7.036	7.070	7.073	7.293	7.252	8.215	10.108	7.00	8.48	10.29	10.62	13.65	14.54	16.72
400	6.982	7.089	7.136	7.152	7.406	7.301	8.409	10.462	7.02	8.55	10.97	10.94	14.67	15.22	18.11
500	6.995	7.159	7.210	7.225	7.515	7.389	8.539	10.776	7.06	8.61	11.65	11.22	15.60	15.82	19.39
600	7.011	7.229	7.289	7.299	7.616	7.470	8.678	11.053	7.10	8.66	12.27	11.45	16.45	16.33	20.58
700	7.032	7.298	7.365	7.374	7.706	7.549	8.816	11.303	7.15	8.70	12.90	11.66	17.22	16.77	21.68
800	7.060	7.369	7.443	7.447	7.792	7.630	8.963	11.53	7.21	8.73	13.48	11.84	17.95	17.17	22.72
900	7.076	7.443	7.521	7.520	7.874	7.708	9.109	11.74	7.27	8.77	14.04	12.01	18.63	17.52	23.69
1 000	7.128	7.507	7.587	7.593	7.941	7.773	9.246	11.92	7.33	8.80	14.56	12.15	19.23	17.86	24.56
1 100	7.169	7.574	7.653	7.660	8.009	7.839	9.389	12.10	7.39	8.82	15.04	12.28	19.81	18.17	25.40
1 200	7.209	7.635	7.714	7.719	8.068	7.898	9.524	12.25	7.45	8.94	15.49	12.39	20.33	18.44	26.15
1 300	7.252	7.692	7.772	7.778	8.123	7.952	9.66	12.39							
1 400	7.288	7.738	7.818	7.824	8.166	7.994	9.77	12.50							
1 500	7.326	7.786	7.866	7.873	8.203	8.039	9.89	12.69							
1 600	7.386	7.844	7.922	7.929	8.269	8.092	9.95	12.75							
1 700	7.421	7.879	7.958	7.965	8.305	8.124	10.13	12.70							
1 800	7.467	7.924	8.001	8.010	8.349	8.164	10.24	12.94							
1 900	7.505	7.957	8.033	8.043	8.383	8.192	10.34	13.01							
2 000	7.548	7.994	8.069	8.081	8.423	8.225	10.43	13.10							
2 100	7.588	8.028	8.101	8.115	8.460	8.255	10.52	13.17							
2 200	7.624	8.054	8.127	8.144	8.491	8.277	10.61	13.24							

资料来源：O. A. Hougen, K. W. Watson, and R. A. Ragatz, Chemical Process Principles, Part Ⅰ, 2nd ed. New York: John Wiley & Sons, Inc., 1954 年获使用许可。

对条件(3)，在 673 K～1 123 K 的范围内没有平均比热容值。但是，我们可以用从条件(2)所需的热量中减去条件(1)所需热量来获得所求的值，条件(1) 是将气体从 298 K 加热到 673 K，而条件(2)包含了将气体从 298 K 加热到 673 K，再加上从 673 K 加热到 1 123 K：

$$\text{需要的热量}(673\sim1\ 123)=\text{需要热量}(298\sim1\ 123)-\text{需要热量}(298\sim673) \quad (1.6-5)$$

将适当的值代入式(1.6－5)，得

$$\text{需要的热量}=76.725-33.390=43.335\ \text{J}$$

在气体混合物的加热过程中，首先分别计算每一组分需要的热量，再把它们相加得到所需的总热量。

固体和液体的比热容也是温度的函数，与压力无关。附录 A.2 给出的是水的物性数据；附录 A.3 是无机化合物和有机化合物的物性数据；附录 A.4 是食品和生物物质的物性数据。更多的数据可从(P1)获得。

例 1.6－2　加热牛奶

用热水在换热器中将(4 536 kg/h)纯牛奶从 4.4 ℃加热到 54.4 ℃。问需要多少热量？

解：由附录 A.4 查得纯牛奶的平均比热容是 3.85 kJ/(kg·K)。

温升 $\Delta T=(54.4-4.4)$ ℃＝50 K。

所需热量＝4 536(kg/h)×3.85(kJ/(kg·K))×(1/3 600 h/s)×50(K)＝242.5 kW

物质的焓 H，以 J/kg 为单位，代表内能和压力-体积项的总和。对无反应、恒压的变温过程，如式(1.6－4)计算的热量变化值是该物质相对于给定温度或基准点的焓差 ΔH。在其他单位中，H＝btu/lb_m或 cal/g。

1.6.3　潜热和蒸汽表

在恒定温度下，当物质经历相变过程时涉及相对较大的热量变化。例如，冰在 0 ℃和 1 atm 压力时可吸收 6 013.4 kJ/kmol。这一焓变称之为熔化潜热。其他化合物的数据可从各种手册(P1，W1)中获得。

当液体在其蒸气压下恒温汽化为气相时，必须加入的热量称之为汽化潜热。蒸气压的列表在各种手册中都会给出。水在 25 ℃、23.75 mmHg 的汽化潜热是 44 020 kJ/kmol，在 25 ℃、760 mmHg 的汽化潜热是 44 045 kJ/kmol。因此，在工程计算中压力的影响可以忽略不计。但是温度对汽化潜热有很大的影响。压力对液体水的比热容的影响也很小，也可忽略不计。

水是非常普通的化学物质，因此其热力学性质已经汇编在蒸汽表中，并在附录 A.2 中以 SI 制和英制两种单位给出。

例 1.6－3　蒸汽表的使用

用 SI 制和英制单位求下列各种场合下的焓变：

(1) 在 101.325 kPa(1 atm)的压力下，将 1 kg(lb_m)的水从 21.11 ℃(70 ℉)加热到

60 ℃(140 ℉)。

(2) 在 172.2 kPa(24.97psia)的压力下，将 1kg(lb_m)的水从 21.11 ℃(70 ℉)加热到 115.6 ℃(240 ℉)并汽化。

(3) 在 115.6 ℃(240 ℉)和 172.2 kPa(24.97 psia)将 1 kg(lb_m)的水汽化。

解: 对场合(1)，压力对液体水焓值的影响可忽略不计。由附录 A.2 得，

$$21.11\ ℃的\ H=88.60\ kJ/kg\ 或\ 70\ ℉的\ H=38.09\ btu/lb_m$$

$$60\ ℃的\ H=251.13\ kJ/kg\ 或\ 140\ ℉的\ H=107.96\ btu/lb_m$$

$$H\ 的变化=\Delta H=251.13-88.60=162.53\ kJ/kg$$
$$=107.96-38.09=69.87\ btu/lb_m$$

在场合(2)中，115.6 ℃(240 ℉)和 172.2 kPa(24.97 psia)的饱和蒸汽的焓值为 2 699.9 kJ/kg或 1 160.7 btu/lb_m。

$$H\ 的变化=\Delta H=2\,699.9-88.60=2\,611.3\ kJ/kg$$
$$=1\,160.7-38.09=1\,122.6\ btu/lb_m$$

在场合(3)中，在 115.6 ℃(240 ℉)下水的潜热为

$$2\,699.9-484.9=2\,215.0\ kJ/kg$$

$$1\,160.7-208.44=952.26\ btu/lb_m$$

1.6.4 反应热

当发生化学反应时，这些反应总是伴随热效应的。发生能量变化的这一领域通常称之为**热化学**。例如，当 HCl 与 NaOH 中和时，释放出热量，反应是放热的。在吸热反应中吸收热量。这些反应热与每一种反应物和产物的化学特性及它们的物理状态有关。

为了数据组织的需要，我们定义标准反应热 ΔH^0 为在压力 101.325 kPa，温度 298 K (25 ℃)，1 kmol 的物质发生反应时的焓变。例如，对反应

$$H_2(g)+\frac{1}{2}O_2(g)\longrightarrow H_2O(l) \tag{1.6-6}$$

ΔH^0 为-285.840×10^3 kJ/kmol 或-68.317 kcal/mol。反应是放热反应，负值是因为反应损失了焓。本例中，氢气与氧气反应得到水，都是在 298 K(25 ℃)。

根据反应的类型给定 ΔH^0 特定的名称。当反应产物由元素生成，如式(1.6-6)，我们称 ΔH^0 为产物水的**生成热** ΔH_f^0。对 CH_4燃烧生成 CO_2 和 H_2O 的反应热，我们称之为**燃烧热** ΔH_c^0。附录 A.3 给出了各种 ΔH_c^0 的数据值。

例 1.6-4 碳的燃烧

总量为 10.0 mol 的石墨碳，在 298 K 和 1 atm 的量热器中燃烧。燃烧不完全，90%的碳变为 CO_2，10%的碳变为 CO。问总焓变为多少 kJ 或 kcal?

解: 由附录 A.3 得到，碳反应成 CO_2 的 ΔH_c^0 为-393.513×10^3 kJ/kmol 或$-94.051\,8$ kcal/mol，碳到 CO 的 ΔH_c^0 为-110.523×10^3 kJ/kmol 或$-26.415\,7$ kcal/mol。因为生成 9 mol的 CO_2和 1 mol 的 CO，

$$总\ \Delta H = 9\times(-393.513) + 1\times(-110.523) = -3\ 652\ \text{kJ}$$
$$= 9\times(-94.051\ 8) + 1\times(-26.415\ 7) = -872.9\ \text{kcal}$$

如果可以得到化合物的生成热 ΔH_f^0 的数据表，标准反应热 ΔH^0 可如下计算：

$$\Delta H^0 = \sum \Delta H^0_{f(产物)} - \sum \Delta H^0_{f(反应物)} \tag{1.6-7}$$

在附录 A.3，给出了某些 ΔH_f 的简表，也可以得到其他的数据(H1、P1、S1)。

例 1.6-5　甲醇的反应

在 101.32 kPa 和 298 K，1 kmol 的 CH_4 发生如下反应，

$$CH_4(g) + H_2O(l) \longrightarrow CO(g) + 3H_2(g)$$

计算 298 K 的标准反应热 ΔH^0，单位 kJ。

解：从附录 A.3 可得在 298 K 的下列标准生成热：

	ΔH_f^0(kJ/kmol)
$CH_4(g)$	-74.848×10^3
$H_2O(l)$	-285.840×10^3
$CO(g)$	-110.523×10^3
$H_2(g)$	0

注意，所有元素的 ΔH_f^0 定义为零。代入方程(1.6-7)，

$$\Delta H^0 = [-110.523\times10^3 - 3\times0] - (-74.848\times10^3 - 285.840\times10^3)$$
$$= +250.165\times10^3\ \text{kJ/kmol}(吸热)$$

1.7　能量守恒和热量衡算

1.7.1　能量守恒

在作物料衡算时，我们应用质量守恒定律，说的是进入过程的质量等于离开过程的质量加上留在过程中的质量。同样地，我们也可以作能量守恒定律的叙述：进入过程的所有能量等于离开过程的能量加上留在过程中的能量。在这一节中将进行基本的热衡算。更精确的能量衡算将在第 2.7 节和第 5.6 节中详述。

能量可以多种形式呈现。一些通常的形式为：焓、电能、化学能(以反应 ΔH 表示)、动能、势能、功和热的流入。

在恒压下发生的许多过程工程的场合中，电能、动能、势能和功不存在或是可忽略的。因此，在能量衡算中，只有物质的焓(恒压)、25 ℃的标准化学反应能(ΔH^0)和加入或移出的热量是必须考虑的。这通常称之为热量衡算。

1.7.2　热量衡算

在定态下作热量衡算时，我们应用与作物料衡算时相似的方法。随进口物质进入过程

的能量或热量,加上添加到过程中的净能量,等于离开过程的物质的能量。数学表达式为

$$\sum H_{\mathrm{R}} + (-\Delta H_{298}^{0}) + q = \sum H_{p} \qquad (1.7-1)$$

式中 $\sum H_{\mathrm{R}}$ 是所有进入反应过程的各物质相对于标准反应热参考态,298 K 和 101.321 kPa 焓值的和。如果进口温度高于 298 K,这个和值是正值。ΔH_{298}^{0}=在 298 K 和 101.32 kPa 时的标准反应热。对放热反应,反应向过程贡献热量,因此负的 ΔH_{298}^{0} 被取为正的热量输入。q=添加到系统中的净能量或净热量,如果热移出系统,这一项将为负值。$\sum H_{p}$ =所有离开反应过程的物质相对于标准参考态,298 K(25 ℃)焓值的和。

注意,如果进入过程的物质温度低于 298 K,$\sum H_{\mathrm{R}}$ 将为负值。必须注意式(1.7-1)中动能各项的符号不要弄错。如果没有发生化学反应,那么就发生简单的加热、冷却或相变化。式(1.7-1)的应用将通过几个例题加以说明。为方便起见,在实际应用中通常把式(1.7-1)的左边各项叫做输入项,右边的各项叫做输出项。

例 1.7-1　加热发酵介质

液体发酵介质 30 ℃,用泵输送使其以 2 000 kg/h 的流量通过换热器,在换热器中一定压力下加热到 70 ℃。用于加热这一介质的废热水,95 ℃进入换热器,85 ℃离开换热器。发酵介质的平均比热容为 4.06 kJ/(kg·K),水的平均比热容 4.21 kJ/(kg·K)(附录 A.2)。发酵物流与废水物流被金属表面分隔,热量通过这个表面传递,且使得物流间不发生物理混合。对体系作完整的热量衡算。假设无热损失,计算水流量和加入发酵介质的热量。图 1.7-1给出了过程物流。

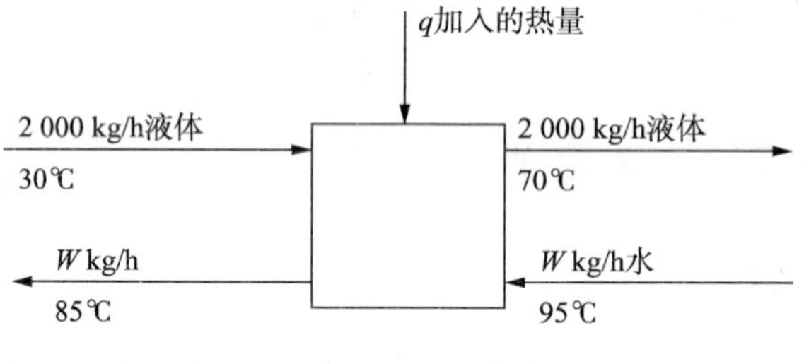

图 1.7-1　例 1.7-1 的流程示意图

解:使用标准参考态,298 K(25 ℃)作为基本数据,计算各种焓值是很方便的。由式(1.7-1),输入项如下:

输入项。两股物流相对 298 K(25 ℃)的焓值 $\sum H_{\mathrm{R}}$:

(注意 Δt=30 ℃-25 ℃=5 ℃=5 K):

H(液体)=2 000(kg/h)×4.06 kJ/(kg·K)×5 K=4.060×10^4 kJ/h

H(水)=W×4.21×(95-25)=2.947×10^2W kJ/h　(W=kg/h)

(ΔH_{298}^{0})=0　　(因为没有化学反应)

q=0　　(因为无热量损失或添加)

输出项。两股物流相对于 298 K(25 ℃)的焓值 $\sum H_{p}$:

$$H(\text{液体})=2\,000\times4.06\times(70-25)=3.65\times10^5\ \text{kJ/h}$$
$$H(\text{水})=W\times4.21\times(85-25)=2.526\times10^2W\ \text{kJ/h}$$

使式(1.7-1)的输入等于输出并求解 W，

$$4.060\times10^4+2.947\times10^2W=3.654\times10^5+2.526\times10^2W$$
$$W=7\,720\ \text{kg/h 水流量}$$

加入发酵介质的热量仅仅是出口与进口液体的焓差：

$$H(\text{出口液体})-H(\text{进口液体})=3.654\times10^5-4.060\times10^4$$
$$=3.248\times10^5\ \text{kJ/h}(90.25\ \text{kW})$$

注意在这一例题中，因为比热容假设是常数，可以写成如下的简单衡算式：

液体获得的热量＝水损失的热量

$$2\,000\times4.06\times(70-25)=W\times4.21\times(85-25)$$

然后求解，$W=7\,720$ kg/h。当 c_p 是常数时，这种简单的衡算是可行的。但是，当 c_p 随温度变化且是气体物质时，只能在 298 K(25 ℃)到 t K 的范围内得到 c_{pm} 值，且在没有获得不同温度范围的新的 c_{pm} 值时，不能用简单的方法进行计算。

例 1.7-2　燃烧过程的热量和物料衡算

某过程中流量为 1 000 mol/h、温度为 473 K 的 CO 废气，在压力为 1 atm 的炉子中用 373 K 的空气燃烧。燃烧进行完全，且使用过量 90%的空气。烟气在 1 273 K 离开炉子。试计算炉子移走的热量。

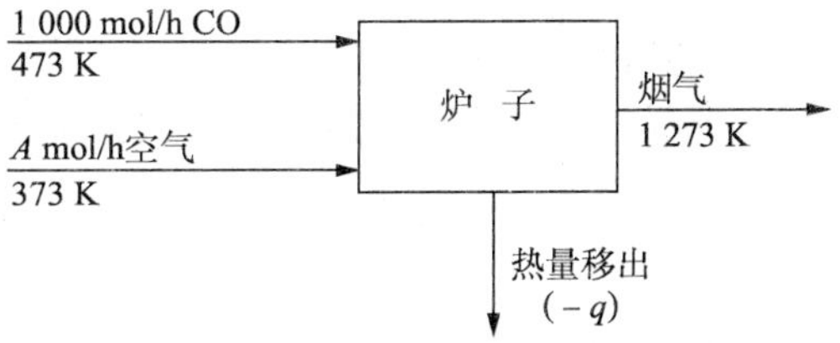

图 1.7-2　例 1.7-2 的过程流程图

解：首先，绘制过程流程图如图 1.7-2 所示，然后作物料衡算：

$$CO(g)+\frac{1}{2}O_2(g)\longrightarrow CO_2(g)$$

$\Delta H^0_{298}=-282.989\times10^3$ kJ/kmol　（由附录 A.3 查得）

CO 的摩尔数＝1 000 mol/h＝CO_2 的摩尔数＝1.00 kmol/h

理论需要的 O_2 的摩尔数 $=\frac{1}{2}\times1.00=0.500$ kmol/h

实际加入的 O_2 的摩尔数＝0.500×1.9＝0.950 kmol/h

加入的 N_2 的摩尔数＝0.950×0.79/0.21＝3.570 kmol/h

出口烟气中的 O_2＝加入量－用量＝0.950－0.500＝0.450 kmol/h

出口烟气中的 CO_2＝1.00 kmol/h

出口烟气中的 N_2＝3.750 kmol/h

相对于标准态 298 K 的热量衡算我们按式(1.7-1)进行计算。

输入项

$$H(CO)=1.00\times c_{pm}\times(473-298)=1.00\times29.38\times(473-298)=5\,142\ \text{kJ/h}$$

(在温度 298 K 和 473 K 之间 CO 的 c_{pm}值,29.38 kJ/(kmol·K)由表 1.6-1 查得。)

H(空气)$=4.520\times c_{pm}\times(373-298)=4.520\times 29.29\times(373-298)=9\ 929$ kJ/h

q=加入的热量,kJ/h

(这里会给出负值,表明热量是被移出的。)

$-\Delta H_{298}^0=-(-282.989\times 10^3\ \text{kJ/kmol})(1.00\ \text{kmol/h})=282.990$ kJ/h

输出项

$H(CO_2)=1.00\times c_{pm}\times(1\ 273-298)=1.00\times 49.91\times(1\ 273-298)=48\ 660$ kJ/h

$H(O_2)=0.450\times c_{pm}\times(1\ 273-298)=0.450\times 33.25\times(1\ 273-298)=14\ 590$ kJ/h

$H(N_2)=3.570\times c_{pm}\times(1\ 273-298)=3.570\times 31.43\times(1\ 273-298)=109\ 400$ kJ/h

输入和输出相等并求解 q,

$$5\ 142+9\ 929+q+282\ 990=48\ 660+14\ 590+109\ 400$$

$$q=-125\ 411\ \text{kJ/h}$$

因此,移出的热量为−34 837 W。

在过程中常常会发生化学反应,且比热容随温度变化,如果最终温度未知,热量衡算可通过试差求解。

例 1.7-3　乳糖的氧化

在许多生物化学过程中,乳糖被用作培养基,其氧化反应如下:

$$C_{12}H_{22}O_{11}(s)+12O_2(g)\longrightarrow 12CO_2(g)+11H_2O(l)$$

附录 A.3 中 25 ℃的燃烧热 ΔH_c^0是−5 648.8×10³ J/mol。计算 37 ℃时完全氧化(燃烧)的热量,许多生物化学反应都是这个温度。固体乳糖的 c_{pm}值是 1.2 J/(g·K),其摩尔质量为 342.3 g/mol。

解:这可按常规的热量衡算问题处理。首先,画出过程流程图,如图 1.7-3 所示;接着选择温度为 25 ℃的基础数据,并进行输入和输出焓的计算。温差

$$\Delta t=(37-25)\ ℃=(37-25)\text{K}。$$

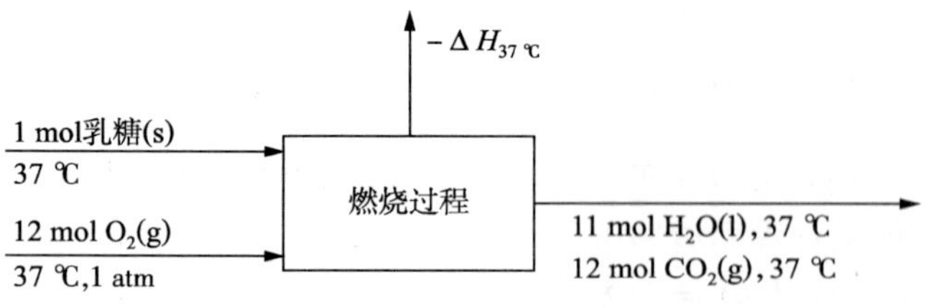

图 1.7-3　例 1.7-3 的过程流程图

输入项

$$H(\text{乳糖})=342.3\ \text{g}\times\left(c_{pm}\frac{\text{J}}{\text{g·K}}\right)(37-25)\ \text{K}=342.3\times 1.20\times(37-25)$$

$$=4\ 929\ \text{J}$$

$$H(O_2\text{气体})=12\ \text{mol}\times\left(c_{pm}\frac{\text{J}}{\text{mol}\cdot\text{K}}\right)(37-25)\ \text{K}=12\times29.38\times(37-25)$$

$=4\ 230$ J　（O_2的 c_{pm} 值从表 1.6－1 查得。）

$$-\Delta H_{25}^{0}=-(-5\ 648.8\times10^{3})$$

输出项

$$H(H_2O\text{液体})=11\times18.02\ \text{g}\times\left(c_{pm}\frac{\text{J}}{\text{g}\cdot\text{K}}\right)(37-25)\ \text{K}=11\times18.02\times4.18\times(37-25)$$

$=9\ 943$ J　（液体水的 c_{pm} 值从附录 A.2 得到。）

$$H(CO_2\text{气体})=12\ \text{mol}\times\left(c_{pm}\frac{\text{J}}{\text{mol}\cdot\text{K}}\right)(37-25)\ \text{K}=12\times37.45\times(37-25)$$

$=5\ 393$ J　（CO_2的 c_{pm} 值从表 1.6－1 查得。）

$\Delta H_{37\,℃}$：

令输入＝输出，并求解，

$$4\ 929+4\ 230+5\ 648.8\times10^{3}=9\ 943+5\ 393-\Delta H_{37\,℃}$$

$$\Delta H_{37\,℃}=-5\ 642.6\times10^{3}\ \text{J/mol}=\Delta H_{310\,\text{K}}$$

1.8　积分的数值方法

1.8.1　数值积分法概述

要进行积分的数学函数 $f(x)$通常太复杂，以至于我们不能进行解析积分。或者在某些情况下，积分关系是由实验数据得到的，没有能表达这种关系的数学方程使它们能够解析求解。在这些情况下，我们可用数值积分或图解积分。

函数 $f(x)$在 $x=a$ 到 $x=b$ 的区域内的积分可表达为

$$\int_{x=a}^{x=b}f(x)\,\mathrm{d}x \tag{1.8-1}$$

通过对 $f(x)$与 x 的关系进行作图，曲线下的面积等于积分值。

1.8.2　数值积分和辛普森法

常常会希望或需要由一组被积函数 $f(x)$的数值，通过计算指定积分的数值来实现数值积分的运算。当然，这也可以用图解法完成，但在大多数情况下，人们更希望通过适合于数字计算机的数值方法完成。

式(1.8－1)是要估算的积分，区间是 $b-a$。最常用的数值方法是抛物线法，常称之为辛普森法。该法将总区间 $b-a$ 分为 m 个整数子区间，式中

$$m=\frac{b-a}{h} \tag{1.8-2}$$

h 值为常数，是选定的 x 步长。接着，在每一个子区间内用抛物线近似表示 $f(x)$，辛普森法为

$$\int_{x=a}^{x=b} f(x)\mathrm{d}x = \frac{h}{3}[f_0 + 4(f_1 + f_3 + f_5 + \cdots + f_{m-1}) + 2(f_2 + f_4 + f_6 + \cdots + f_{m-2}) + f_m] \tag{1.8-3}$$

式中 f_0 为 $f(x)$ 在 $x=a$ 点的值；f_1 为 $f(x)$ 在 $x=x_1$，…点的值；f_m 为 $f(x)$ 在 $x=b$ 点的值。读者应当注意，m 必须是整数，并以均匀间距增长。这一方法很适合于有电子数据表软件的数字计算机。电子数据表已经将数值计算方法建立在它的程序中，辛普森法是广泛使用的数值积分方法。

在某些情况下，可获得的 $f(x)$ 的实验数据，x 不是等步长增长的。那么，数值积分可通过用单个区间的矩形(不规则四边形法)作为积分的数值，通过加合完成数值积分。该法比辛普森法的精度低得多。随着区间的减小，不规则四边形法的算法将变得越来越精确。

$f(x)$ 的实验数据，有时 x 的跨度大和/或无规则增大。对于这些数据，可用多项式、指数、对数或某些其他的函数关系对其进行圆滑和拟合，这些函数常常可进行解析积分。如果函数相对复杂，则可用辛普森法进行数值积分。所有这些计算都可用 Excel 和电子数据表完成。

习　题

1.2-1　化学过程的温度。已知化学反应的温度是 353.2 K。问这一温度是多少 °F、℃或 °R？

答案：176 °F，80 ℃，636 °R

1.2-2　肉熏制过程的温度。在香肠肉的熏制过程中，香肠内部的最终温度通常是 155 °F。试计算以 ℃、K 和 °R 表示的这一温度值。

1.3-1　空气的分子质量。对大多数工程计算应用，假定空气由 21%(mol)的氧气和 79%(mol) 的氮气组成。试计算平均分子质量。

答案：28.9 g/mol，lb 质/lb mol，或 kg/kmol

1.3-2　CO 氧化和摩尔单位。CO 气体被 O_2 氧化成 CO_2。由 56 kg CO 将生成多少 kg CO_2？对这一反应理论上需要的 O_2 也进行计算(提示：首先列出平衡的化学方程式，得到 1.0 kmol CO 需要的 O_2 mol数。再计算 56 kg CO 的 kmol 数。)

答案：CO_2，88.0 kg；O_2，32.0 kg

1.3-3　气体混合物的组成。气体混合物含 20 g N_2，83 g O_2 和 45 g CO_2。试计算混合物的组成摩尔分率和平均分子质量。

答案：平均分子质量＝34.2 g 质/mol，34.2 kg/kmol

1.3-4　蛋白溶液的组成。液体溶液中含 1.15%(质)的蛋白，0.27%(质)的 KCl，其余的为水。由凝胶渗透得到的蛋白平均分子质量是 525 000 g/mol。试计算溶液中每一组分的摩尔分率。

1.3-5　NaCl 溶液的浓度。NaCl 水溶液，浓度为 24.0%(质)NaCl，25 ℃的密度 1.178 g/cm^3。试计算：

(1) NaCl 和水的摩尔分率；

(2) NaCl 的浓度，表示为 mol/L，lb_m/ft^3，lb_m/gal 和 kg/m^3。

1.4-1　换算冷冻干燥的压力测定值。在牛肉冷冻干燥的实验测定中，冷冻室内的压力维持在绝压 2.4 mmHg。试将这一压力换算为 atm、4 ℃时水柱高度(英寸)、μmHg 和 Pa。(提示：换算因子见附录 A.1)。

答案：3.16×10^{-3} atm，1.285 in. H_2O，2 400 μmHg，320 Pa

1.4-2　氮气的压缩和冷却。体积为 65.0 ft^3 的 N_2 气体，在 90 °F 和 29.0 psig 的条件下被压缩到 75 psig

并冷却到 65 °F。试计算最终的体积 ft^3 和密度 lb_m/ft^3。(提示：首先确认将所有压力换算到磅/英寸^2(绝对)单位，然后再换算到 atm。将初始条件代入式(1. 4 - 1)求得 n，lb mol)。

1. 4 - 3　气体的组成和体积。含 NH_3 0. 13 mol、N_2 1. 27 mol、H_2O 蒸气 0. 025 mol 的气体混合物，保持在总压 830 mmHg 和温度 323 K 的条件下。试进行下列计算：

(1) 每一组分的摩尔分率；

(2) 每一组分的分压，mmHg；

(3) 混合物的总体积，m^3 和 ft^3。

1. 4 - 4　热敏有机液体的蒸发。将一种有机溶剂从含百分之几不挥发溶解固体的液体溶液中进行蒸发。因为该溶剂是热敏的并且在高温下可能脱色，溶剂将在真空条件下蒸发。如果装置能达到的最低绝压是 12. 0 mmHg，问蒸发的温度将为多少 K？假设少量的固体不影响蒸气压，蒸气压可按下式计算：

$$\lg p_A = -2\,250\left(\frac{1}{T}\right) + 9.05$$

式中 p_A 的单位是 mmHg，T 的单位为 K。

答案：T=282. 3 K 或 9. 1 ℃

1. 5 - 1　蔗糖溶液的蒸发。用蒸发浓缩蔗糖溶液。含糖 38%(质)的原料溶液以 10 000 kg/d 进行蒸发，生产 74%(质)的溶液。试计算溶液产品的重量和除去水的量。

答案：74%(质)的溶液 5 135 kg/d，水 4 865 kg/d

1. 5 - 2　鱼粉的加工。鱼被加工成鱼粉并用作补充蛋白食品。在加工过程中，油首先被抽提出来，生成含 80%(质)水和 20%(质)干透的湿鱼饼。该湿饼原料在转鼓干燥器中被干燥，得到含水 40%(质)的"干"鱼饼产品。最后，产品被粉碎成细颗粒和包装。试计算生产 1 000 kg/h"干"鱼饼产品所需的湿鱼饼原料量为多少(kg/h)？

答案：3 000 kg/h 湿饼原料。

1. 5 - 3　羊肉的干燥。一批 100 kg 的湿羊肉，含 11%(质)的水分，被干燥成含水量为 6. 38 kg 水/1. 0 kg 的极干燥的羊肉。问干羊肉的质量为多少？除去的水量是多少？

1. 5 - 4　纸浆加工。湿纸浆含水 68%(质)。干燥后，发现湿纸浆中原有水分的 55%被除去。试计算 1 000 kg/min 湿纸浆原料得到的干纸浆的质量和组成。

1. 5 - 5　碎块水果两步操作生产果酱。在生产果酱的过程中(C1)，含可溶性固体物 14%(质)的碎块水果，在混合器中与糖(1. 22 kg 糖/1. 0 kg 碎块水果)和果胶(0. 002 5 kg 果胶/1. 00 kg 碎块水果)进行混合。得到的混合物在锅中蒸发生成含可溶性固体物 67%(质)的果酱。对 1 000 kg 碎块水果原料，计算来自混合器的混合物量为多少(kg)，蒸发水多少(kg)，生产的果酱多少(kg)？

答案：2 222. 5 kg 混合物，189 kg 水，2 033. 5 kg 果酱

1. 5 - 6　木薯(木薯淀粉)根的干燥。木薯粉在许多国家用来做面包和类似的产品。这种粉是通过将含水量 66%(质)的木薯根粗块干燥到水分含量 5%，然后粉碎生产粉产品。问要生产 5 000 kg/h 的产品粉，必须干燥多少(kg)粗块，要除去多少(kg)水？

1. 5 - 7　三步加工大豆。10 000 kg 大豆在三步串联的过程(E)中加工。原料含 35%(质)蛋白，27. 1 %(质)碳水化合物，9. 4%(质)纤维和灰，10. 5%(质)水分，18. 0%(质)油。在第一步中，大豆被粉碎并压榨除去油，给出压榨油料和压榨过的含油 6%的豆料。假设在油料中没有其他物质的损耗。在第二步中，压榨过的豆料用己烷进行萃取，产生含油 0. 5%(质) 的提取粗粉料和己烷-油料。假设在提取粗粉中没有己烷。最后，在最后一步中，将提取的粗粉进行干燥，得到含水 8%(质)的干粉。试计算：

(1) 第一步压榨豆的(kg)数量；

(2) 第二步提取粗粉的(kg)数量；

(3) 最后干粉的(kg)数量和干粉中蛋白的质量百分含量(%(质))。

1. 5 - 8　干燥器中的循环。含 15. 0%(质)水分的固体物料进行干燥，通过在干燥器中的固体上方吹新鲜

热空气与循环空气的混合气，将其干燥到含水 7.0%(质)。进口新鲜空气的湿度为 0.01 kg 水/kg 干空气，来自干燥器的循环空气的湿度 0.1 kg 水/kg 干空气，进入干燥器的混合空气湿度 0.03 kg 水/kg 干空气。对加入干燥器的 100 kg/h 固体原料，试计算新鲜空气中的干空气量(kg/h)，循环空气中的干空气量(kg/h)，"干"产品量(kg/h)。

答案：新鲜空气中干空气为 95.6 kg/h，循环空气中干空气 27.3 kg/h，"干"产品 91.4 kg/h

1.5-9 结晶和循环。希望由含 Na_3PO_4 5.6%(质)和微量杂质的原料溶液中生产 1 000 kg/h 的 $Na_3PO_4 \cdot 12H_2O$ 结晶。原溶液首先在一个蒸发器中蒸发到 35%(质)的 Na_3PO_4 溶液，然后在结晶器中冷却到 293 K，水合结晶和母液从这里移出。为避免杂质，每次 10 kg 母液被排放到废料中，其余母液循环到蒸发器中。Na_3PO_4 在 293 K 的溶解度为 9.91%(质)。试计算原料液的量(kg/h)和蒸发的水量(kg/h)。

答案：原料 7 771 kg/h，水 6 739 kg/h

1.5-10 橘子汁浓缩中的蒸发和旁路。在浓缩 1 000 kg 新鲜提取橘子汁(C1)的过程中，橘子汁含 12.5%(质)的固体，将橘汁过滤，得到 800 kg 过滤的橘汁和 200 kg 的浆状橘汁。过滤橘汁在真空蒸发器中浓缩得到 58%固体的蒸发果汁。200 kg 的浆状果汁旁路绕过蒸发器，并与蒸发果汁在混合器中混合以改善口味。这个最终的浓缩果汁含 42%(质)的固体。计算过滤果汁的固体浓度，最终浓缩果汁的质量，旁路浆状果汁的固体浓度。(提示：首先做个总衡算，然后做整个过程的固体物衡算。接着对蒸发器进行衡算。最后做混合器的衡算。)

答案：浆状果汁中的固体 34.2%(质)

1.5-11 乙炔的制造。用固体碳化钙(CaC_2)与水反应，制取 70 ℉和 750 mmHg 条件下的 6 000 ft^3 乙炔(CHCH)气体，固体中含 97%(质) CaC_2，3%(质)固体惰性物质。反应为

$$CaC_2 + 2H_2O \longrightarrow CHCH + Ca(OH)_2 \downarrow$$

最终的石灰浆含水、固体惰性物和 $Ca(OH)_2$ 石灰乳。在这些浆料中，固体惰性物和 $Ca(OH)_2$ 石灰乳的重量百分含量为 20%。问必须加入多少磅(lb)水？又会产生多少磅(lb)的最终石灰乳浆料？[提示：以 6 000 ft^3 为基础，并换算为磅摩尔(lbmol)。得 C_2H_2 15.30 lbmol，$Ca(OH)_2$ 15.30 lbmol，加入的 CaC_2 15.30 lbmol。将 CaC_2 的磅摩尔数(lbmol)换算为磅数(lb)，并依此计算加入的惰性物的磅数(lb)。浆料中的总固体量为 $Ca(OH)_2$ 加惰性物的和。在计算加入的水量时，记住反应中消耗了一些水。]

答案：加入的水 5 200 lb(2 359 kg)，石灰乳 5 815 lb(2 638 kg)

1.5-12 固体燃料的燃烧。燃料分析得 C(碳) 74.0%(质)，灰分(惰性)12.0%。加入空气燃烧燃料，生成含 CO_2 12.4%、CO 1.2%、O_2 5.7%和 N_2 80.7%的烟气。试计算产生 100 kmol 出口烟气所消耗的燃料多少 kg？消耗的空气多少 kmol？(提示：首先利用烟气中的 N_2 等于加入空气中的 N_2 这一条件，计算加入空气中 O_2 的摩尔数。然后，进行碳的衡算，得到加入碳(C)的总摩尔数。)

1.5-13 煤的燃烧。炉子燃烧含碳 81.0%(质)，氢 0.8%(质)，余下为惰性灰分的煤。如果只有 95%的碳生成了 CO_2，5%生成了 CO，使用 60%过量的空气(即空气用量超过将全部 C 燃烧生成 CO_2 和 H 燃烧生成 H_2O 所需的量)，试计算烟气中所有组分的摩尔数。

1.5-14 甲醛的生产。甲醛通过纯甲醇蒸气在反应器中用空气催化氧化制得。从反应器出来的各物质的摩尔数为：N_2 63.1，O_2 13.4，H_2O 5.9，CH_2O 4.1，CH_3OH 12.3，HCOOH 1.2。反应如下

$$CH_3OH + \frac{1}{2}O_2 \longrightarrow CH_2O + H_2O$$

发生的副反应如下

$$CH_2O + \frac{1}{2}O_2 \longrightarrow HCOOH$$

计算原料甲醇的摩尔数、原料空气的摩尔数和从甲醇变成甲醛的反应转化率。

答案：CH_3OH 17.6 mol，空气 79.8 mol，转化率 23.3%

1.6-1 加热CO_2气体。总量 250 g 的CO_2气体，在 101.32 kPa 的总压下，从 373 K 加热到 623 K。试计算所需的热量，单位分别为 cal、btu 和 kJ。

答案：15 050 cal，59.7 btu，62.98 kJ

1.6-2 加热气体混合物。25 lbmol N_2和 75 lbmol CH_4的混合物，在 1 atm 的压力下从 400 °F被加热到 800 °F。计算所需的总热量，单位为 btu。

1.6-3 加热苹果酱的最终温度。454 kg 苹果酱混合物，在换热器中从 10 ℃加入 121 300 kJ 热量进行升温。试计算苹果酱的出口温度。（提示：附录 A.4 给出了苹果酱在 32.8 ℃的比热容。假设这是一个常数，以此作为平均比热容 c_{pm}。）

答案：76.5 ℃

1.6-4 使用蒸汽表。利用蒸汽表确定下列各种情况下 1 磅(lb)水的焓变：

(1) 在 30 磅/英寸^2(绝)，将液体水从 40 °F加热到 240 °F(注意总压对液体水焓值的影响可忽略不计。)；

(2) 将液体水从 40 °F加热到 240 °F，并在 240 °F和 24.97 磅/英寸^2(绝)蒸发；

(3) 将 212 °F和 1 atm 绝压下的饱和蒸气冷却和冷凝成 60 °F的液体；

(4) 冷凝 212 °F和 1 atm 绝压下的饱和蒸气。

答案：(1) 200.42 btu/lb_m；(2) 1 152.7 btu/lb_m；(3) −1 122.4 btu/lb_m；(4) −970.3 btu/lb_m，−2 256.9 kJ/kg

1.6-5 利用蒸汽表计算加热和蒸发。21.1 ℃的水，流率为 1 000 kg/h，过程的第一阶段中，在 244.2 kPa 的总压下加热到 110 ℃。在第二阶段，在相同的压力下水被进一步加热，直至在其沸点下全部汽化。计算在第一步和其他各步中的总焓变。

1.6-6 CH_4和H_2的燃烧热。摩尔百分率为 75% CH_4和 25% H_2的气体混合物 100 mol，假设其完全燃烧，试计算混合物在 298 K 和 101.32 kPa 条件下的总燃烧热。

1.6-7 从生成热得到反应热。对反应

$$4\ NH_3(g)+5\ O_2(g)\longrightarrow 4\ NO(g)+6\ H_2O(g)$$

试计算在 298 K 和 101.32 kPa 条件下 4 mol NH_3反应的反应热 ΔH。

答案：反应热 $\Delta H=-904.4$ kJ

1.7-1 牛奶的冷却和热量衡算。在浓缩牛奶的过程中，4 540 kg/h 的牛奶通过冷冻剂从 60 ℃冷却到 4.44 ℃。计算从牛奶中移走的热量。

答案：移出热量=269.6 kW

1.7-2 空气加热油。流量为 2 200 lb_m/h 的烃类油在 100 °F下进入换热器，被热空气加热到 150 °F。热空气在 300 °F进入换热器，200 °F离开换热器。试计算需要的总空气量 lb mol/h。油的平均比热容为 0.45 btu/(lb_m·°F)。

答案：70.1 lb mol 空气/h，31.8 kmol/h

1.7-3 甲烷在炉子中燃烧。10 000 kmol/h 的CH_4气体物料，在 101.32 kPa 和 373 K 的条件下，在炉子内用 313 K 的空气将其燃烧。使用 50%的过量空气并且燃烧完全。烟气在 673 K 离开炉子。试计算炉子移走的热量。（提示：利用 298 K 的各数据和液体水 298 K 的数据。输入项将如下：373 K CH_4相对 298 K 的焓；313 K 空气相对 298 K 的焓；CH_4在 298 K 的燃烧热$-\Delta H_c^0$，对应产物为液体水；加入的热量为 q。输出项将包括：673K CO_2、O_2、N_2和 H_2O 气体相对 298 K 的焓；由附录 A.2 查得的 H_2O 蒸汽在 298 K 和 101.32 kPa 的汽化潜热。因为 ΔH_c^0 的计算基准是液体水，所以必须包括这项潜热。）

1.7-4 用蒸汽为干燥器预热空气。32.2 ℃的空气物流要用于干燥器，首先在蒸汽加热器中预热，被加热到 65.5 ℃。空气流量为 1 000 kg/h。148.9 ℃的饱和蒸汽进入加热器，冷凝并冷却，以 137.8 ℃的液体离开加热器。试计算使用的蒸汽量(kg/h)。

答案：450 kg 蒸汽/h

1.7-5 热处理后土豆汤罐头的冷却。总量 1 500 个土豆汤罐头，在 240 °F的蒸煮器中经过热处理。接着,在这些罐头离开该蒸煮器前,在蒸煮器中用冷却水将其冷却到 100 ℉,冷却水在 75 ℉进入,85 ℉离开。试计算所需冷却水为多少磅(lb)。每个汤罐头有 1.0 lb 的液体汤,空金属罐重 0.16 lb。汤的平均比热容为 0.94 btu/(lb_m·℉),金属罐的比热容为 0.12 btu/(lb_m·℉)。在蒸煮器中用于放置罐头的金属架子或筐重 350 lb,其比热容为 0.12 btu/(lb_m·℉)。假设金属架子从 240 ℉冷却到等于水的出口温度 85 ℉。将蒸煮器壁从240 ℉冷却到 100 ℉移除的总热量是 10 000 btu。在冷却过程中蒸煮器的辐射损失估计为 5 000 btu。

答案:21 320 lb 水,9 670 kg

1.8-1 用辛普森法数值积分。对 $y=f(x)$得到下面的实验数据:

x	$f(x)$	x	$f(x)$
0	100	0.4	53
0.1	75	0.5	60
0.2	60.5	0.6	72.5
0.3	53.5		

试用辛普森法确定积分:

$$A=\int_{x=0}^{x=0.6} f(x)\mathrm{d}x$$

答案:38.45

1.8-2 数值积分求解废水流量。测定在明渠中的废水流量,得下列数据:

时间(min)	流量(m^3/min)	时间(min)	流量(m^3/min)
0	655	70	800
10	705	80	725
20	780	90	670
30	830	100	640
40	870	110	620
50	890	120	610
60	870		

试通过数值积分确定 120 分钟的总流量 m^3。

答案:92 350 m^3

参考文献

(C1) CHARM, S. E. *The Fundamentals of Food Engineering*, 2nd ed. Westport, Conn.: Avi Publishing Co., Inc., 1971.

(E1) EARLE, R. L. *Unit Operations in Food Processing*. Oxford: Pergamon Press, Inc., 1966.

(H1) HOUGEN, O. A., WATSON, K. M., and RAGATZ, R. A. *Chemical Process Principles*, Part I, 2nd ed. New York: John Wiley & Sons, Inc., 1954.

(O1) OKOS, M. R. M.S. thesis. Ohio State University, Columbus, Ohio, 1972.

(P1) PERRY, R. H., and GREEN, D. *Perry's Chemical Engineers' Handbook*, 6th ed. New York: McGraw-Hill Book Company, 1984.

(S1) SOBER, H. A. *Handbook of Biochemistry, Selected Data for Molecular Biology*, 2nd ed. Boca Raton, Fla.: Chemical Rubber Co., Inc., 1970.

(W1) WEAST, R. C., and SELBY, S. M. *Handbook of Chemistry and Physics*, 48th ed. Boca Raton, Fla.: Chemical Rubber Co., Inc., 1967-1968.

第 2 章　动量传递原理和总衡算

2.1　概述

在过程工程的许多分离过程中，流体的流动和其性状是很重要的。流体可定义为不会持久地抵抗变形、因此会改变其形状的物质。在本书中，认为气体、液体和蒸气具有流体的这些特征，遵循许多相同的定律。

在过程工业中，许多物质以流体的形式存在，并且必须对其进行储存、处理、泵送和加工，因此，我们需要熟悉流体流动所遵循的原理，也需要熟悉所使用的设备。所遇到的典型流体包括水、空气、CO_2、油、悬浮液和浆液。

如果压力的变化对流体的影响微不足道，则我们就说该流体是不可压缩的。大多数液体是不可压缩的。而气体被看作是可压缩流体。但是，如果气体被施加很小比例的压力和温度变化，它们的密度变化将较小，这时也可被看作是不可压缩的。

与所有的有形物质相同，流体由单位体积中极大量的分子构成。气体动力学理论或统计力学这样的理论将分子的运动按照统计学的集合，而不是各个单个的分子来处理。在工程中，我们主要关心的是流体的主体或宏观的行为，而不是单个分子或微观的行为。

在动量传递中，我们将流体处理为连续分布的物质或“连续介质”。当流体最小体积所包含的分子数足够大，统计平均有意义，且密度、压力等等流体宏观性质从一点到另一点平滑或连续变化时，连续介质这样的处理是正确的。

动量传递，或如常被称之为流体力学的研究可分为两个分支：流体静力学或静态流体和流体动力学或运动流体。在第 2.2 节，我们研究流体静力学；在第 2 章的其余各节和第 3 章，研究流体动力学。因为在流体动力学中，动量被传递，因此通常使用“动量传递”或“传输”这样的术语。在第 2.3 节中，将动量传递与热量传递和质量传递相关联。

2.2　流体静力学

2.2.1　力、单位和量纲

静态流体的一个重要性质是流体中的压力。作为流体对其容器壁面所施加的表面力——压力是人们熟知的。压力也存在于流体体积中的任何一点。

为了理解压力这个定义为单位面积所施加力的本质，我们必须首先讨论牛顿基本定理。在重力影响下计算质量所施加力的公式是

$$F=mg \quad \text{(SI 制单位)}$$
$$F=mg/g_c \quad \text{(英制单位)} \qquad (2.2-1)$$

以上 SI 单位制中 F 是施加的力,以牛顿 N($kg \cdot m/s^2$)为单位;m 是质量,以 kg 为单位;g 是标准重力加速度,9.806 65 m/s^2。

英制单位中,F 单位是 lb_f,m 是 lb_m,g 是 32.174 0 ft/s^2,g_c(重力的换算因子)是 32.174 $lb_m \cdot ft/(lb_f \cdot s^2)$。使用换算因子 g_c 是想使 g/g_c 有 1.0 lb_f/lb_m 的数值,并且 1 lb_m 表示的力较方便等于 1 lb_f。当压力的单位给定时,"力"一词常常省略,以 lb/in^2(psi)而不用 lb_f/in^2 表示。当给定质量 m 为克质量时,F 为克力,g=980.665 cm/s^2,g_c=980.665 g 质·cm/(g 力·s^2)。但是,克力的单位很少使用。

式(2.2-1)有时使用另一单位系统,称为磅达系,在该系统中,g_c 被省略,而力($F=mg$)被指定为 $lb_m \cdot ft/s^2$。这样 1 lb_m 由重力作用的力将为 32.174 磅达($lb_m \cdot ft/s^2$)。或如用 1g 质,则力($F=mg$)以达因($g \cdot cm/s^2$)表示。这是厘米-克-秒(cgs)单位制。

附录 A.1 给出了各种不同单位力和单位面积力(压力)的换算因子。注意常常在 SI 制中,通常在厘米克秒制都不使用 g_c 项。

例 2.2-1　力的单位和量纲

试计算以下面三种单位表示的 3 lb 质量所施加的力:

(1) 磅力(英单位制);

(2) 达因(cgs 单位制);

(3) 牛顿(SI 单位制)。

解:对于(1),应用式(2.2-1),

$$F(\text{力})=m\frac{g}{g_c}=3\ lb_m \times 32.174\ \frac{ft}{s^2}\times\frac{1}{32.174\ \dfrac{lb_m \cdot ft}{lb_f \cdot s^2}}=3\ lb\ \text{力}(lb_f)$$

对于(2),

$$F=mg=3\ lb_m\times 453.59\ \frac{g}{lb_m}\times 980.665\ \frac{cm}{s^2}$$
$$=1.332\times10^6\ \frac{g\cdot cm}{s^2}=1.332\times10^6\ dyn$$

作为(2)的另一种计算方法,可由附录 A.1 的值计算,

$$1\ dyn=2.248\ 1\times10^{-6}\ lb_f$$
$$F=3\ lb_f\times\frac{1}{2.248\ 1\times10^{-6}\ lb_f/dyn}=1.332\times10^6\ dyn$$

对于(3),以牛顿为单位的计算则,

$$F=mg=3\ lb_m\times\frac{1\ kg}{2.204\ 6\ lb_m}\times 9.806\ 65\ \frac{m}{s^2}=13.32\ \frac{kg\cdot m}{s^2}=13.32\ N$$

还可采用另一种方法,即利用附录 A.1 的值计算,

$$1\ \frac{g\cdot cm}{s^2}(dyn)=10^{-5}\ \frac{kg\cdot m}{s^2}(N)$$
$$F=1.332\times10^6\ dyn\times10^{-5}\ \frac{N}{dyn}=13.32\ N$$

2.2.2　流体中的压力

因为式(2.2-1)给定了重力影响下质量施加的力，而由流体质量施加在支撑面上的力，或力/单位面积(压力)，也遵循这一方程。在图 2.2-1 中，显示了高度为 h_2 m 恒定横截面积 A m^2 的静止流体柱，这里 $A=A_0=A_1=A_2$。流体上的压力为 p_0 N/m^2；这可以是流体上的大气压力。在任何一点上的流体，比方说 h_1，必须支撑其上方的所有流体。可以表明，在不运动或静态流体的任何一个指定点上所受的力在各个方向上必须相同。对于静止的流体，$\frac{力}{单位面积}$或压力在相同高度的所有点上也是相同的。例如，在从顶部计的 h_1 m 高度，在图 2.2-1 中所示的截面 A_1上的所有点的压力是相同的。

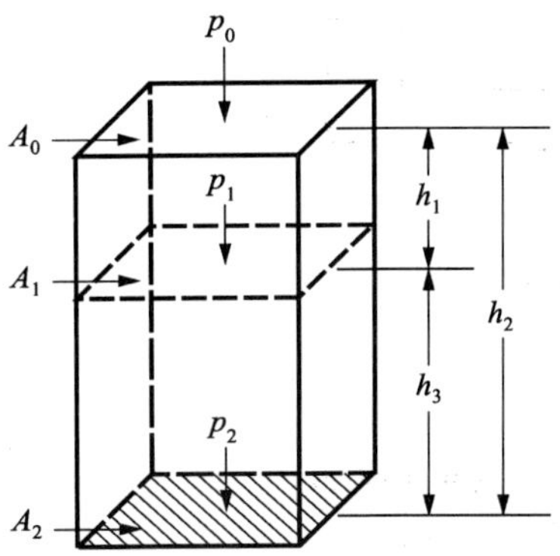

图 2.2-1　静止流体中的压力

在计算图 2.2-1 中不同垂直点的压力时，将说明式(2.2-1)的应用。高度为 h_2 m 的流体的总质量和密度 ρ kg/m^3 为

$$总流体(kg)=h_2(m)\times A(m^2)\times\rho(kg/m^3)=h_2A\rho(kg) \tag{2.2-2}$$

代入式(2.2-2)，仅由流体施加在 A_1面积上的总的力 F 为

$$F=h_2A\rho(kg)\times g(m/s^2)=h_2A\rho g\ \frac{kg\cdot m}{s^2}(N) \tag{2.2-3}$$

压力 p 定义为$\frac{力}{单位面积}$：

$$p=\frac{F}{A}=(h_2A\rho g)\frac{1}{A}=h_2\rho g(N/m^2)或(Pa) \tag{2.2-4}$$

这是在 A_2横截面上由其上方流体质量产生的压力。但是，要得到在 A_2上的总压 p_2，必须加上流体顶部的压力 p_0：

$$p_2=h_2\rho g+p_0(N/m^2)或(Pa) \tag{2.2-5}$$

式(2.2-5)是计算在任何深度上流体压力的基本方程。计算 p_1，

$$p_1=h_1\rho g+p_0 \tag{2.2-6}$$

点 2 与点 1 间的压差为

$$\begin{aligned}p_2-p_1&=(h_2\rho g+p_0)-(h_1\rho g+p_0)=(h_2-h_1)\rho g\quad(SI 制单位)\\ p_2-p_1&=(h_2-h_1)\rho\frac{g}{g_c}\quad(英制单位)\end{aligned} \tag{2.2-7}$$

由于流体的压力仅取决于流体的垂直高度，因此容器的形状并不影响压力的大小。例如，在图 2.2-2 中，所有三种形状的容器底部的压力 p_1是相同的，都等于 $h_1\rho g+p_0$。

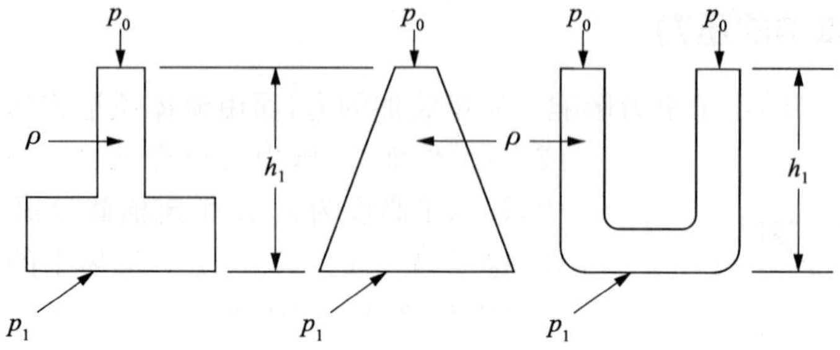

图 2.2-2　各种形状容器中的压力

例 2.2-2　贮槽的压力

储存密度为 917 kg/m³(0.917 g/cm³)油的一个大贮槽。槽高 3.66 m(12.0 ft),通大气(敞开),顶部为 1 atm 绝压。槽中所贮油的深度为 3.05 m(10 ft),槽的底部还装有 0.61 m(2.0 ft)的水。试计算距槽顶部 3.05 m 处和槽底的压力,单位为 Pa 和 psia;并计算槽底部的表压。

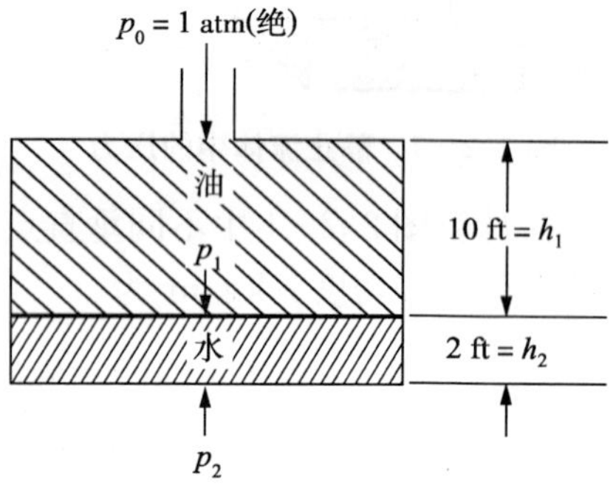

图 2.2-3　例 2.2-2 的贮槽

解: 首先画出槽的草图,如图 2.2-3 所示。压力 p_0=1 atm 绝压=14.696 psia(由附录 A.1 查得)。还有,

$$p_0=1.01325\times10^5\ \text{Pa}$$

用英制和 SI 制单位,由式(2.2-6)得

$$p_1=h_1\rho_{油}\frac{g}{g_c}+p_0=10(\text{ft})\times0.917\times62.43\left(\frac{\text{lb}_\text{m}}{\text{ft}^3}\right)\times1.0\left(\frac{\text{lb}_\text{f}}{\text{lb}_\text{m}}\right)\times\frac{1}{144\ \text{in.}^2/\text{ft}^2}$$
$$+14.696(\text{lb}_\text{f}/\text{in.}^2)=18.68(\text{psia})$$

$$p_1=h_1\rho_{油}g+p_0=3.05(\text{m})\times917\left(\frac{\text{kg}}{\text{m}^3}\right)\times9.8066\left(\frac{\text{m}}{\text{s}^2}\right)+1.0132\times10^5$$
$$=1.287\times10^5(\text{Pa})$$

计算槽底部的压力 p_2,$\rho_{水}$=1.00 g/cm³,则

$$p_2=h_2\rho_{水}\frac{g}{g_c}+p_1=2.0\times1.00\times62.43\times1.0\times\frac{1}{144}+18.68=19.55(\text{psia})$$
$$=h_2\rho_{水}g+p_1=0.61\times1000\times9.8066+1.287\times10^5=1.347\times10^5(\text{Pa})$$

底部的表压等于 p_2 的绝压减去 1 atm 压力:

$$p_{表}=19.55\ \text{psia}-14.696\ \text{psia}=4.85\ \text{psig}$$

2.2.3　流体的压头

如附录 A.1,压力值可以用许多不同的单位组合给出,如磅/英寸²(绝)(psia)、达因/厘米²(dyn/cm²)和牛顿/米²(N/m²)。但是,一种常用的表示压力的方法是以指定流体的米或英尺"压头"来表示的。这一以米或英尺表示的指定流体的高度或"压头"施加的压力与其所

代表的压力相同。用将压力和流体高度相关联的式(2.2-4)，求解以 m 表示的“压头”h 得

$$h(\text{压头})=\frac{p}{\rho g}\ \text{m} \qquad (\text{SI 制})$$
$$h=\frac{p g_c}{\rho g}\ \text{ft} \qquad (\text{英制}) \qquad (2.2-8)$$

例 2.2-3　压力换算为液体压头

令 1 标准大气压的压力为 101.325 kN/m^2(附录 A.1)，做如下练习：

(1) 将这一压力换算为 4 ℃水的压头 m；

(2) 将这一压力换算为 0 ℃汞(Hg)的压头 m。

解：对于(1)，附录 A.2 中 4 ℃水的密度为 1.000 g/cm^3。由附录 A.1 可知，密度 1.000 g/cm^3 等于 1 000 kg/m^3。将这些值代入式(2.2-8)得

$$h(\text{压头})=\frac{p}{\rho g}=\frac{101.325\times 10^3}{1\ 000\times 9.806\ 65}=10.33\ \text{m 水柱}(4\ ℃)$$

对于(2)，附录 A.1 中 Hg 的密度是 13.595 5 g/cm^3。对不同流体的相等压力 p，可将式(2.2-8)重写为

$$p=\rho_{Hg}h_{Hg}g=\rho_{H_2O}h_{H_2O}g \qquad (2.2-9)$$

对式(2.2-9)求解 h_{Hg} 并将已知值代入得，

$$h_{Hg}(\text{压头})=\frac{\rho_{H_2O}}{\rho_{Hg}}h_{H_2O}=\frac{1.000}{13.595\ 5}\times 10.33=0.760\ \text{mHg}$$

2.2.4　测定压力和压差的装置

在化工和其他工业加工厂中，测定和控制容器或过程中的压力和/或容器中的液位常常是很重要的。另外，许多流体在管内或流道内流动，需要测定流体的流速。许多这类流量计根据测定压力或压差的装置而设计。某些常用的装置将在下面的章节中进行介绍。

1. 简单的 U 形管压力计。U 形管压力计示于图 2.2-4(a)。压力 p_a N/m^2 施加于 U 形管的一端，p_b 施加于 U 形管的另一端。p_a 和 p_b 的压力都可以是来自流体的测量接口，或 p_a 可以是测量接口，p_b 是大气压。压力计的顶部充有液体 B，其密度为 ρ_B kg/m^3，底部为密度较大的流体 A，其密度为 ρ_A kg/m^3。液体 A 与 B 不互溶。要推导 p_a 和 p_b 之间的关系，p_a 是点 1 的压力，p_b 是点 5 的压力。点 2 的压力为

$$p_2=p_a+(Z+R)\rho_B g(N/m^2) \qquad (2.2-10)$$

这里 R 是压力计的读数 m。由流体静力学原理可知，点 3 的压力必须与点 2 相等：

$$p_3=p_2 \qquad (2.2-11)$$

点 3 的压力也等于下式：

$$p_3=p_b+Z\rho_B g+R\rho_A g \qquad (2.2-12)$$

使式(2.2-10)等于式(2.2-12)并求解得

$$p_a+(Z+R)\rho_B g=p_b+Z\rho_B g+R\rho_A g \tag{2.2-13}$$

$$p_a-p_b=R(\rho_A-\rho_B)g \quad \text{(SI 制)}$$

$$p_a-p_b=R(\rho_A-\rho_B)\frac{g}{g_c} \quad \text{(英制)} \tag{2.2-14}$$

读者应当注意,距离 Z 和管直径都没有进入最终结果,证明 p_a 和 p_b 是在同一水平面上测定的。

例 2.2-4　压力计的压差

如图 2.2-4(a)所示,压力计用于测定压头或通过流量计的压降。较重的液体是汞,密度为 13.6 g/cm³,顶部流体是水,密度为 1.00 g/cm³。压力计的读数是 R=32.7 cm。试用 SI 单位计算压差(N/m²)。

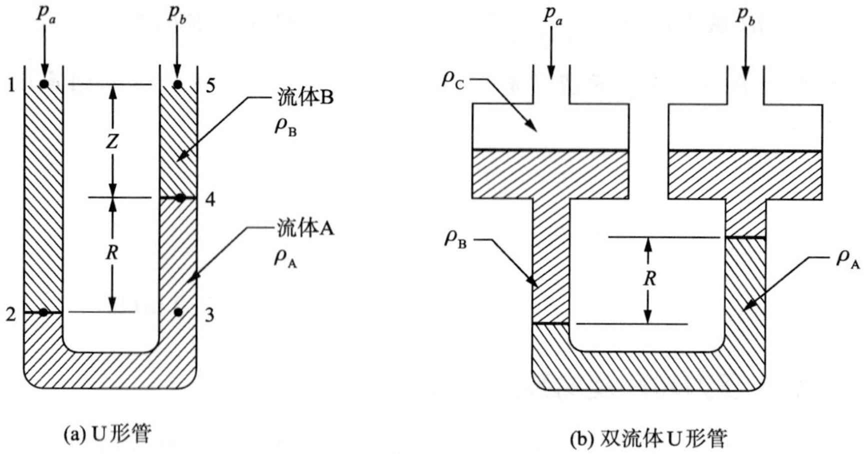

图 2.2-4　测定压差的压力计

解: 将 R 的单位换算为 m,

$$R=\frac{32.7}{100}=0.327\ \text{m}$$

将 ρ_A 和 ρ_B 也换算为 kg/m³ 并代入式(2.2-4),

$$\begin{aligned} p_a-p_b &=R(\rho_A-\rho_B)g \\ &=(0.327\ \text{m})\times[(13.6-1.0)\times(1\,000\ \text{kg/m}^3)]\times(9.806\,6\ \text{m/s}^2) \\ &=4.040\times10^4\ \text{N/m}^2(5.85\ \text{psia}) \end{aligned}$$

2. 双流体 U 形管。图 2.2-4(b)所示为双流体 U 形管,它是测定较小压头或压差值的灵敏装置。设每个大容器的横截面为 A m²,组成 U 形管的管子的截面积为 a m²。对 U 形管进行压力衡算,

$$p_a-p_b=(R-R_0)\left(\rho_A-\rho_B+\frac{a}{A}\rho_B-\frac{a}{A}\rho_C\right)g \tag{2.2-15}$$

式中 R_0 是当 $p_a=p_b$ 时的读数,R 是实际读数,ρ_A 是较重流体的密度,ρ_B 是较轻流体的密度。

通常使 a/A 小到可忽略不计，R_0 也常调整到零；则

$$p_a - p_b = R(\rho_A - \rho_B)g \quad \text{(SI 制)}$$
$$p_a - p_b = R(\rho_A - \rho_B)\frac{g}{g_c} \quad \text{(英制)} \tag{2.2-16}$$

如果 ρ_A 和 ρ_B 数值相近，则读数 R 被放大。

例 2.2－5　容器中的压力测定

图 2.2－5(a)中的 U 形管压力计用于测定装盛密度为 ρ_A 液体的压力 p_A。推导压力与所示压力计读数间关系的方程。

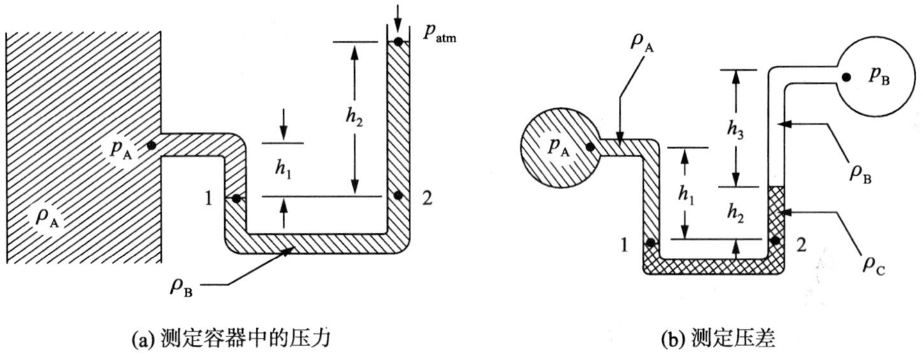

图 2.2－5　测定容器中的压力

解： 点 2 的压力为

$$p_2 = p_{atm} + h_2\rho_B g \ \text{N/m}^2 \tag{2.2-17}$$

点 1 的压力为

$$p_1 = p_A + h_1\rho_A g \tag{2.2-18}$$

根据流体静力学原理，将 $p_1 = p_2$，并整理得，

$$p_A = p_{atm} + h_2\rho_B g - h_1\rho_A g \tag{2.2-19}$$

另一个 U 形管压力计的例子示于图 2.2－5(b)。这种情况下，装置用于测定两个容器间的压差。

3. 布尔登管式压力计。虽然各种压力计用于测定压力，但最通常的压力测定装置是机械布尔登管式压力计。当进口施加压力时，压力计中盘绕的中空管趋向伸直，伸直的程度取决于内外压差。该管与刻度盘上的指针相连接。

4. 两种不互溶液体的重力分离器。图 2.2－6 所示为分离两种不互溶液体 A(重液)和 B(轻液)的连续重力分离器。两种液体混合物原料进入分离器槽的一端，液体缓慢流动到另一端并明显分离为两个液层。如图 2.2－6 所示每个流体通过分离溢流管线流出。假设液体流动的摩擦阻力基本可忽略，流体静力学原理可用于分析该液体行为。

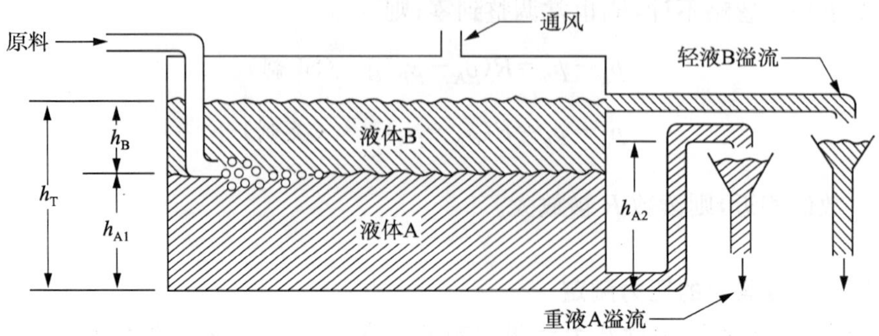

图 2.2-6 不互溶液体的连续大气重力分离器

在图 2.2-6 中,重液 A 层的深度是 h_{A1}(m),轻液 B 层的深度是 h_B(m)。总深度 $h_T=h_{A1}+h_B$,且由 B 的溢流管线位置固定。重液 A 通过容器底部以上 h_{A2}(m)处的溢流支管排出。容器和溢流管线通大气。流体静力学衡算得到

$$h_B\rho_B g+h_{A1}\rho_A g=h_{A2}\rho_A g \tag{2.2-20}$$

将 $h_B=h_T-h_{A1}$ 代入式(2.2-20)并解出 h_{A1} 得,

$$h_{A1}=\frac{h_{A2}-h_T\rho_B/\rho_A}{1-\rho_B/\rho_A} \tag{2.2-21}$$

这表明界面位置或高度 h_{A1} 取决于两种液体密度的比例和两个溢流管线的高度 h_{A2} 和 h_T。通常高度 h_{A2} 是可移动的,因此相界面可以调节。

2.3 动量、热量和质量传递的分子传递通式

2.3.1 分子传递通用方程和通用性质衡算式

1. 传递过程概述。在分子传递过程中,我们一般关心的是所指定的物性量或整体量通过分子运动通过系统或介质的移动过程,该介质可以是流体(气体或液体)或固体。被传递的性质可以是质量、热能(热)或动量。系统中的每个分子具有指定数量的相关质量、热能和动量等性质。当一个区域与相邻的区域间存在任何这些性质浓度的差异时,即发生这些性质的传递。在稀释如气体这样的流体时,分子距离相对较远,这些性质的传递速率应当相对较快,因为只存在少量的分子阻碍传递或相互作用。在稠密的流体如液体中,分子相互靠近,传递和扩散过程较慢。固体中的分子比液体中的分子排列更紧密,分子的迁移也更受到限制。

2. 分子传递通用方程。动量、热或热能和质量三种分子传递过程通过系统传递方程的一般形式,以基本概念的形式表示。首先我们注意下面这一方程:

$$传递过程速率=\frac{推动力}{阻力} \tag{2.3-1}$$

该式讲述的原理非常明确,即为了传递某个物性量要克服阻力,需要一定的推动力。这与电

学中的欧姆定理相似，电流速率正比于电压(推动力)反比于电阻。

我们可以通过分子传递或扩散某个物性量的过程列出如下方程，使文字式(2.3－1)变为用符号表示的方程：

$$\psi_z = -\delta \frac{\mathrm{d}\Gamma}{\mathrm{d}z} \tag{2.3-2}$$

式中 ψ_z 定义为所传递物性量在单位时间、在垂直于流动方向 z 的单位截面积上的流率，以所传递物性量/($\mathrm{s\cdot m^2}$)表示；δ 是称为扩散系数的比例常数，以 $\mathrm{m^2/s}$ 表示；Γ 是物性浓度，以物性量/$\mathrm{m^3}$ 表示；z 是流动方向的距离，以 m 表示。

如果过程是定态的，那么流率 ψ_z 是常数。整理式(2.3－2)并积分得

$$\psi_z \int_{z_1}^{z_2} \mathrm{d}z = -\delta \int_{\Gamma_1}^{\Gamma_2} \mathrm{d}\Gamma \tag{2.3-3}$$

$$\psi_z = \frac{\delta(\Gamma_1 - \Gamma_2)}{z_2 - z_1} \tag{2.3-4}$$

浓度 Γ 对 z 的标绘示于图 2.3－1(a)，为一条直线。因为流率在从 1 到 2 的方向上是浓度减小的，所以斜率 $\mathrm{d}\Gamma/\mathrm{d}z$ 是负的，式(2.3－2)中的负号使 1 到 2 的方向上的流率给出正值。在 2.3.2 节中，对动量、热量和质量传递的特定方程将表明与总物性传递方程式(2.3－4)相同。

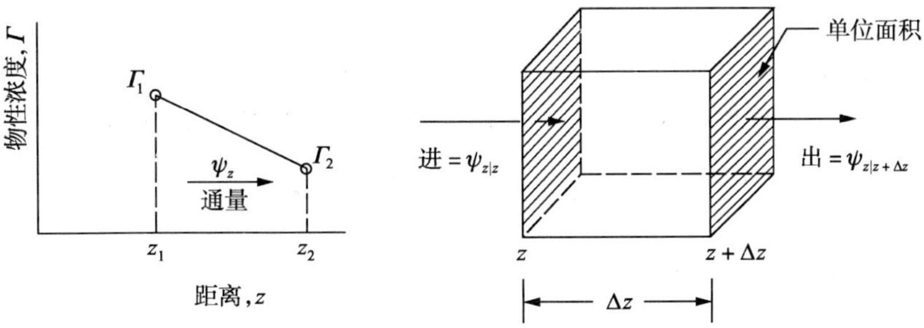

(a) 定态过程浓度对距离的标绘　(b) 非定态的总物性量的衡算

图 2.3－1　物性量的分子传递

例 2.3－1　定态下物性的分子传递

某一物性通过扩散在定态下传递。在指定点 1 的浓度为 1.37×10^{-2} 物性量/$\mathrm{m^3}$，且在距离为 $z_2=0.40$ m 的点 2 的值为 0.72×10^{-2} 物性量/$\mathrm{m^3}$。扩散系数 $\delta=0.013\ \mathrm{m^2/s}$，截面积为常数。

(1) 计算流率；

(2) 推导 Γ 作为距离的函数的方程；

(3) 计算 Γ 在路径中点的值。

解：对于(1)，将数值代入式(2.3－4)得

$$\psi_z = \frac{\delta(\Gamma_1 - \Gamma_2)}{z_2 - z_1} = \frac{0.013\times1.37\times10^{-2} - 0.72\times10^{-2}}{0.40 - 0}$$

$$= 2.113\times10^{-4}\ \text{物性量}/(\mathrm{s\cdot m^2})$$

对(2)，将式(2.3－2)在Γ_1和Γ及z_1和z之间进行积分，并整理得

$$\psi_z\int_{z_1}^{z} dz = -\delta\int_{\Gamma_1}^{\Gamma} d\Gamma \qquad (2.3-5)$$

$$\Gamma = \Gamma_1 + \frac{\psi_z}{\delta}(z_1 - z) \qquad (2.3-6)$$

对(3)，用中点$z = 0.20$ m 并代入式(2.3－6)得，

$$\Gamma = 1.37\times10^{-2} + \frac{2.113\times10^{-4}}{0.013}(0-0.2)$$
$$= 1.045\times10^{-2} \text{ 物性量}/\text{m}^3$$

3. 非定态的总物性衡算。在用分子传递方程式(2.3－2)计算一个系统的传递速率时，需要计入该物性量在整个系统中的总传递量。这可通过列出对这些物性(动量、热能或质量)的总衡算或守恒方程来完成。我们从仅在z方向列出方程开始，该方程考虑在如图2.3－1(b)所示的固定空间体积单元Δz系统中，所有通过分子传递进入、离开、产生和累积的物性量。

物性量进入的速率＋物性量生成的速率＝物性流出速率＋物性量累积的速率 (2.3－7)

进口速率为$(\psi_{z|z})\cdot 1$物性量/s且出口速率为$(\psi_{z|z+\Delta z})\cdot 1$物性量/s，这里截面积为1.0 m^2。物性量的产生速率为$R(\Delta z\cdot 1)$，这里R是物性量/(s·m^3)的生成速率。累积项为

$$\text{物性的累积速率} = \frac{\partial\Gamma}{\partial t}(\Delta z\cdot 1) \qquad (2.3-8)$$

将各式代入式(2.3－7)得

$$(\psi_{z|z})\cdot 1 + R(\Delta z\cdot 1) = (\psi_{z|z+\Delta z})\cdot 1 + \frac{\partial\Gamma}{\partial t}(\Delta z\cdot 1) \qquad (2.3-9)$$

除以Δz并令Δz趋向于零有

$$\frac{\partial\Gamma}{\partial t} + \frac{\partial\psi_z}{\partial z} = R \qquad (2.3-10)$$

将式(2.3－10)中的ψ_z用式(2.3－2)代入并假设δ为常数得

$$\frac{\partial\Gamma}{\partial t} - \delta\frac{\partial^2\Gamma}{\partial z^2} = R \qquad (2.3-11)$$

对无生成项存在的情况下，

$$\frac{\partial\Gamma}{\partial t} = \delta\frac{\partial^2\Gamma}{\partial z^2} \qquad (2.3-12)$$

这个最终方程将物性量Γ与位置z和时间t相关联。

式(2.3－11)和式(2.3－12)是动量、热能或质量守恒的总方程，将应用于本教材的许多章节。这些方程在这里仅仅考虑发生分子传递且不考虑其他的传递机理如对流等等，这些将在本教材后面关于动量、能量和质量章节中，在对特定守恒方程推导时加以考虑。

2.3.2　分子传递概述

气体动力学理论对流体中单个分子的运动为我们给出了最好的解释。由于分子的动能，分子快速的随机运动，常常相互碰撞。由于流体中这些单个分子的随机运动，因而发生动量、热量或质量这些物性量的分子传递或分子扩散过程。包含被传递物性量的每个单个分子都在各方向上随机地运动，在各方向存在通量。因此，如果存在物性量的浓度梯度，就会有物性量从高浓度向低浓度的净通量。发生这一净通量是因为在高浓度区域和低浓度区域之间在各方向上扩散的分子数相等。

1. 动量传递和牛顿定理。当流体向平行于固体表面的 x 方向流动时，当我们从 z 方向趋近表面时，x 方向的速度 v_x 存在速度梯度。流体有 x 方向的动量且其浓度为 $v_x\rho$ 动量/m^3，这里动量的单位为 kg·m/s。因此，$v_x\rho$ 的单位是(kg·m/s)/m^3。通过分子的随机扩散，在 z 方向上存在分子交换，在分子运动较快层与相邻的运动较慢层间在各方向(+z 和 −z 方向)运动的分子数相同。因此，x 方向的动量在 z 方向上从快层到慢层传递。这一动量传递的方程与式(2.3-2)相似，且牛顿黏性定律对恒密度 ρ 可列出如下形式：

$$\tau_{zx} = -v\frac{\mathrm{d}(v_x\rho)}{\mathrm{d}z} \tag{2.3-13}$$

式中 τ_{zx} 是 x 方向的动量在 z 方向的通量，(kg·m/s)/(s·m^2)；v 是 μ/ρ，是动量扩散系数，单位为 m^2/s；z 是传递或扩散的距离，单位为 m；ρ 是密度，kg/m^3；μ 是黏度，kg/(m·s)。

2. 热量传递和傅里叶定律。热的分子传递或流体、固体中的热传导，对恒密度 ρ 和恒比热容 c_p 的情况可写成如下形式：

$$\frac{q_z}{A} = -\alpha\frac{\mathrm{d}(\rho c_p T)}{\mathrm{d}z} \tag{2.3-14}$$

式中 q_z/A 是热通量，J/(s·m^2)；α 是热扩散系数，m^2/s；$\rho c_p T$ 是热或热能浓度，J/m^3。当流体中存在温度梯度时，在热区域和冷区域之间相同数量的分子向各个方向扩散。以这样的方式使能量在 z 方向上传递。

3. 质量传递和费克定律。对于在恒定总浓度的流体或固体中的质量分子传递的费克定律为

$$J_{Az}^{*} = -D_{AB}\frac{\mathrm{d}c_A}{\mathrm{d}z} \tag{2.3-15}$$

式中 J_{Az}^{*} 是 A 的通量，kmol A/(s·m^2)；D_{AB} 是分子 A 在 B 中 的分子扩散系数，m^2/s；c_A 是 A 的浓度，kmol A/m^3。与动量和热传递的方式相同，当流体中存在浓度梯度，在高浓度区域与低浓度区域之间，等数量的分子在各个方向上扩散，因而产生质量的净通量。

因此，描述动量、热量和质量传递的各方程式(2.3-13)、式(2.3-14)、式(2.3-15)全是相似的，且与分子传递通用方程式(2.3-2)相似。所有这些方程的左边都是通量，且都有一个扩散系数和浓度对距离的导数。这三个分子传递方程在数学上是相同的。所以我们说它们之间有类似或相似性。但是，必须强调指出，虽然存在数学相似，但三种过程发生的实际物理机理是完全不同的。例如，在质量传递中，两种组分常常是通过相互间的相对运动进

行传递的。固体的热量传递过程中,分子是相对固定的,主要是通过电子实现传递过程。动量可通过几种机理形式实现传递。在本章和随后的各章节中,将对动量、能量和质量各传递过程给出详细讨论。

2.4 流体的黏度

2.4.1 牛顿定律和黏度

当流体通过如管路这样的封闭流道或在两个平板之间进行流动时,根据流体的流动速度不同,会发生两种流动形式中的一种。在低流速下,流体趋向于在没有横向混合的情况下流动,相邻的流体层像玩的纸牌那样相互滑动通过。没有垂直于流动方向的横向流,也没有流体的涡流和紊流。这一工况或流动形式称之为层流。在高流速下,形成涡流,导致横向混合。这称之为湍流。本节仅限于层流的讨论。

在这关于黏度的讨论中,可由流体在受到剪应力(单位面积的力)或施加力后的行为将流体与固体相区别。一个弹性固体的变形量正比于作用力。但是,当对流体施加相同的作用力时,它会连续变形,即以随剪应力增大而增大的速度流动。流体表现出对这一剪应力的阻力。黏度是流体的一种性质,是阻止流体内相邻层间发生相对运动的力的增量。这些黏性力产生于流体内分子间存在的力,其特征类似于固体中的剪切力。

上面这一概念通过对黏度的定量讨论会更明确。在图 2.4-1 中,流体被置于两个无限大(非常长且非常宽)的平行板中。假设底部的板因为受到稳定的 F 牛顿的作用力而以相对于顶部板块 Δv_z(m/s)的恒定速度平行于顶部板移动。这个力称之为黏性曳力,由流体内的黏性力使然。板间距离为 Δy(m)。每一层液体在 z 方向上移动。底部板相邻的流体层立刻被以板的速度带着移动。紧邻的上层流体以稍慢一些的速度,在 y 方向上向上的每一层都以慢一些的速度移动。如图 2.4-1 所示,速度对 y 方向作图为直线。玩纸牌的桌子与流体的情况类似,如果底部的纸牌移动,它上面的所有纸牌会在某种程度上滑动。

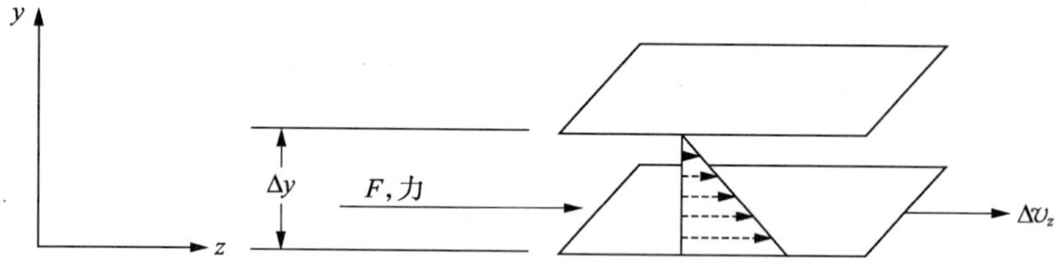

图 2.4-1　两个平行板间的流体剪切

实验发现,对于许多流体,以牛顿为单位的力 F 直接正比于速度 Δv_z(m/s)和所用板的面积 A (m^2),反比于距离 Δy(m)。或当流动为层流时,牛顿黏性定律给出,

$$\frac{F}{A}=-\mu\frac{\Delta v_z}{\Delta y} \tag{2.4-1}$$

式中 μ 是称之为流体黏度的比例常数,单位为 Pa·s 或 kg/(m·s)。如果我们设 Δy 趋向于零,那么,由导数的定义得

$$\tau_{yz}=-\mu\frac{dv_z}{dy}\quad (\text{SI 制单位}) \tag{2.4-2}$$

式中 $\tau_{yz}=F/A$ 且为剪切力或单位面积的力，牛顿/米²(N/m^2)。在厘米-克-秒单位制中，F 单位是达因，μ 是 g/cm·s，v_z 是 cm/s，y 是 cm。我们也可将式(2.2-2)写为

$$\tau_{yz}g_c=-\mu\frac{dv_z}{dy}\quad (\text{英制单位}) \tag{2.4-3}$$

式中 τ_{yz} 的单位是 lb_f/ft^2。

黏度在厘米-克-秒制中的单位是 g/(cm · s)，称为泊或厘泊(cP)。在 SI 制中，黏度的指定单位为 Pa·s(N·s/m² 或 kg/(m·s))：

$$1\ cP=1\times10^{-3}\ kg/(m\cdot s)=1\times10^{-3}\ Pa\cdot s=1\times10^{-3}\ N\cdot s/m^2\quad (\text{SI 制})$$

$$1\ cP=0.01\ \text{泊}=0.01\ g/(cm\cdot s)$$

$$1\ cP=6.719\ 7\times10^{-4}\ lb_f/(ft\cdot s)$$

附录 A.1 给出了关于黏度的其他换算因子。有时黏度以动力黏度 μ/ρ 的形式给出，单位为 m²/s 或 cm²/s，这里 ρ 是流体的密度。

例 2.4-1　液体中剪应力的计算

参见图 2.4-1，两板间的距离 $\Delta y=0.5$ m，$\Delta v_z=10$ m/s，液体为黏度 1.77 cP (0.017 7 g/(cm·s))的 273 K 的乙醇。

(1) 用厘米-克-秒单位制计算剪应力和速度梯度或剪切速度；

(2) 用磅力、秒和英尺单位(英制单位)重复以上计算；

(3) 用 SI 制重复以上计算。

解：我们可直接代入式(2.4-1)或可对式(2.4-2)积分。用后一种方法，将式(2.4-2)变形，底部板称为点 1，并积分得

$$\tau_{yz}\int_{y_1=0}^{y_2=0.5}dy=-\mu\int_{v_1=10}^{v_2=0}dv_z \tag{2.4-4}$$

$$\tau_{yz}=\mu\frac{v_1-v_2}{y_2-y_1} \tag{2.4-5}$$

代入已知值，

$$\tau_{yz}=\mu\frac{v_1-v_2}{y_2-y_1}=\left(0.017\ 7\ \frac{g}{cm\cdot s}\right)\frac{(10-0)\ cm/s}{(0.5-0)\ cm}$$

$$=0.354\ \frac{g\cdot cm/s^2}{cm^2}=0.354\ \frac{dyn}{cm^2} \tag{2.4-6}$$

计算剪切速度 dv_z/dy，因为速度随 y 线性变化，

$$\text{剪切速度}=\frac{dv_z}{dy}=\frac{\Delta v_z}{\Delta y}=\frac{(10-0)\ cm/s}{(0.5-0)\ cm}=20.0\ s^{-1} \tag{2.4-7}$$

对(2)，用磅力单位，由附录 A.1 的黏度换算因子

$$\mu=1.77\ cP[6.719\ 7\times10^{-4}\ lb_m/(ft\cdot s)]/cP$$

$$=1.77(6.719\ 7\times10^{-4})\ lb_m/(ft\cdot s)$$

对式(2.4-3)进行积分得

$$\tau_{yz}=\frac{\mu\ \mathrm{lb_m/(ft\cdot s)}}{g_c\ \dfrac{\mathrm{lb_m\cdot ft}}{\mathrm{lb_f\cdot s^2}}}\ \frac{(v_1-v_2)\ \mathrm{ft/s}}{(y_2-y_1)\ \mathrm{ft}} \tag{2.4-8}$$

将已知值代入式(2.4-8)并将 Δv_z 换算为 ft/s,Δy 换算为 ft,$\tau_{yz}=7.39\times10^{-4}\ \mathrm{lb_f/ft^2}$。且 $dv_z/dy=20\ \mathrm{s^{-1}}$。

对(3),$\Delta y=0.5/100=0.005$ m,$\Delta v_z=10/100=0.1$ m/s,$\mu=1.77\times10^{-3}$ kg/(m·s)=1.77×10^{-3}Pa·s。代入式(2.4-5),

$$\tau_{yz}=1.77\times10^{-3}\times0.10/0.005=0.0354\ \mathrm{N/m^2}$$

剪切速度是相同的,为 20.0 $\mathrm{s^{-1}}$。

2.4.2 流体中的动量传递

在式(2.4-1)~式(2.4-3)中的剪切力也可表达为 z 方向的动量在 y 方向的通量,即单位面积的动量流动速度。动量的单位是质量乘速度,kg·m/s。剪切力可写成

$$\tau_{yz}=\frac{\mathrm{kg\cdot m/s}}{\mathrm{m^2\cdot s}}=\frac{\text{动量}}{\mathrm{m^2\cdot s}} \tag{2.4-9}$$

这里给出了单位面积每秒的动量传递量。

这可以通过考察图 2.4-1 中流体的两个相邻流体层之间的相互作用加以说明,这两个流体层在 z 方向上具有不同速度,因而具有不同动量。移动较快流体层的分子的随机运动,将某些分子送到移动较慢的流体层,在那里与移动较慢的分子碰撞,并趋向于使这些分子加速或增加它们在 z 方向上的动量。以同样的方式,慢层的分子趋向于延迟那些快层分子的速度。这一层间分子的变化导致了从高速层向低速层的 z 方向动量的传递或通量。式(2.4-2)中的负号是指动量沿梯度从高速区向低速区传递。这与热量从高温区向低温区的传递相似。

2.4.3 牛顿流体的黏度

遵循牛顿黏性定律方程式(2.4-1)~式(2.4-3)的流体称之为牛顿流体。对于牛顿流体,剪切力 τ_{yz} 与速度梯度 dv_z/dy(剪切速度)之间存在线性关系。这意味着黏度 μ 是常数,且与剪切速度无关。对非牛顿流体,τ_{yz} 与 dv_z/dy 之间的关系是非线性的;即黏度 μ 不再是常数,而是剪切速度的函数。某些特定的液体不服从简单的牛顿定律。基本的有黏性体、浆状液、高分子和乳化液。流体的流动和变形的科学常称为流变学。对于非牛顿流体,这里将不作讨论,但将在第 3.5 节中讨论。

气体是牛顿流体,其黏度随温度增加而几乎与压力无关,直到压力高至 1 000 kPa。在高压下,气体的黏度随着压力的增加而增大。例如,298 K 的 N_2 气,当压力从 100 kPa 变化到 5×10^4 kPa(R1)时,黏度几乎增加一倍。在液体中,黏度随着温度的增加而降低。因为液体基本上是不可压缩的,所以其黏度不受压力的影响。

表 2.4-1 给出了某些典型纯流体在 101.32 kPa 的黏度实验数据。气体的黏度是最低

的，且一种气体与另一种气体无明显不同，均为 5×10^{-6} 到 3×10^{-5} Pa·s。液体的黏度大得多。293 K 水的黏度值为 1×10^{-3} Pa·s，丙三醇为 1.069 Pa·s。因此，液体之间的黏度存在极大的差异。各附录给出了更为完整的黏度的表格，附录 A.2 是关于水的，附录 A.3 是关于无机和有机液体及气体的，附录 A.4 是关于生物和食品液体的。更广泛的数据还可从其他参考文献(P1、R1、W1、L1)中获得。当得不到实验数据时，其他(R1)文献对气体和液体黏度的估算方法做了概述。这些对气体黏度的估算方法，在 100 kPa 的压力以下其准确性是合理的，误差在±5%以内，但对液体的估算方法常常是很不准确的。

表 2.4－1　某些气体和液体在 101.32 kPa 压力下的黏度

气体				液体			
物质	温度 K	黏度(Pa·s)10^3 或(kg/(m·s))10^3	参考文献	物质	温度 K	黏度(Pa·s)10^3 或(kg/(m·s))10^3	参考文献
空气	293	0.018 13	N1	水	293	1.001 9	S1
CO_2	273	0.013 70	R1		373	0.282 1	S1
	373	0.018 28	R1	苯	278	0.826	R1
CH_4	293	0.010 89	R1	甘油	293	1 069	L1
SO_2	373	0.016 30	R1	Hg	293	1.55	R2
				橄榄油	303	84	E1

2.5　流体流动的类型及雷诺数

2.5.1　流体流动类型概述

2.2 节对流体静力学原理的论述几乎是精确的科学。但是另一方面，流体运动的原理是相当复杂的。描述流体运动基本关系的是那些质量、能量和动量的总衡算方程，这些内容将在下面几节中讨论。

这些总衡算或宏观衡算将被应用于空间有限的包围体内或固定的控制体积内。我们使用“总”这个词，是因为我们希望从包围体的外边描述这一衡算。包围体内的变化是由进入物流和离开物流的性质及包围体与其环境之间的能量交换所决定的。

在进行质量、能量和动量的总衡算时，我们对包围体内所发生的细节不感兴趣。例如，在进行总衡算时考虑进出口的平均速度。然而，在微分衡算中，可通过应用牛顿黏性定律得到包围体内的速度分布。

在本节中我们首先讨论两种可能发生的流体流动类型：层流和湍流。对用于表征流动工况的雷诺数也进行了讨论。接着，在 2.6、2.7 和 2.8 节中，讨论了总质量衡算、能量衡算和动量衡算以及许多应用实例。最后，在 2.9 节中，讨论对一个基本体积元的环管作衡算，以获得该体积元中的速度分布和压降的方法。

2.5.2　层流和湍流

流道中流体的流动类型在流体动力学问题中是很重要的。当流体运动通过任何截面的封闭流道时，根据存在的条件可观察到两种截然不同类型的流动。这两种类型的流动通常可在敞开的物流流动或河流中看到。当流速慢时，流型是平缓的。但当流速相当高时，可观察到不稳定的流型，存在漩涡或流体微团，在所有方向和正常流线的所有角度上运动。

在低流速下的第一种流动类型，流体层看似相互滑动，不存在漩涡和紊流，称为层流，如2.4.1节所讨论，牛顿黏性定律适用。在高流速下的第二种流动类型，存在漩涡，使流体具有脉动的特性，称为湍流。

层流和湍流的存在通过雷诺的实验最简单地使其形象化。该实验示于图2.5-1。让水在稳态下流过可控制流速的透明管，流速通过管子尾端阀门控制。细小稳定的带色水流如图所示从一个很小的注入口引入并观察其流型。在水流低速时，染料的流型是规则的并形成单线或与线相似的流，如图2.5-1(a)所示。没有流体的横向混合，流体流线型地流过管路。通过在管子横截面的其他点上添加注入口，表明在管子的任何部分都没有混合，流体以平行的直线流动。这一流动类型称为层流或黏性流。

随着速度的增加，发现在一定的速度下染料的线变得分散了，如图2.5-1(b)所示，流型变得不稳定。这种流动类型被认为是湍流。流动类型发生变化的这一流速被认为是临界速度。

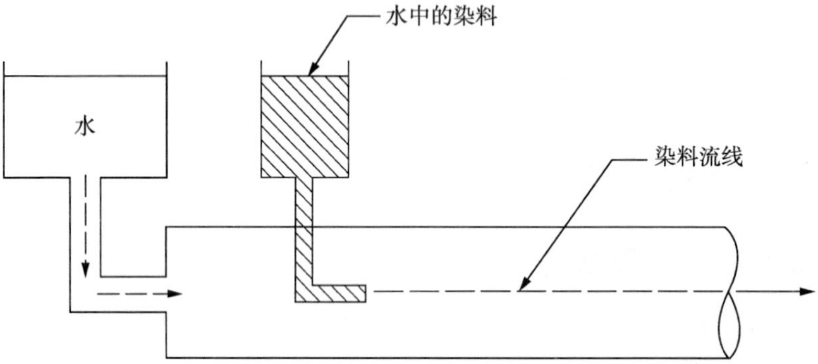

(a) 层流

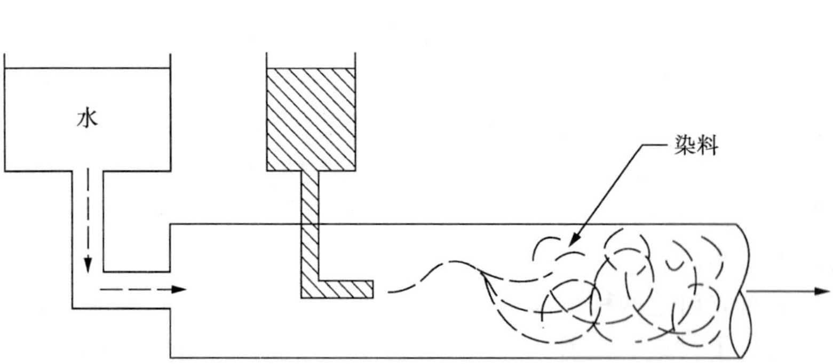

(b) 湍流

图2.5-1 不同流动类型的雷诺实验

2.5.3　雷诺数

研究表明，在管道内流体从层流向湍流的转化不仅是速度的函数，也是流体密度和黏度以及管径的函数。这些变量结合起来组成了雷诺数，它是无量纲的：

$$N_{Re}=\frac{Dv\rho}{\mu} \tag{2.5-1}$$

式中 N_{Re} 是雷诺数，D 是直径(m)，ρ 是流体密度(kg/m^3)，μ 是流体黏度(Pa•s)，v 是流体的平均速度(m/s)(这里平均速度定义为流体的体积速率除以管子的横截面积)。在厘米-克-秒单位制中，D 的单位是 cm，ρ 是 g/cm^3，μ 是 g/(cm•s)，v 是 cm/s。在英制单位中，D 是 ft，ρ 是 lbm/ft^3，μ 是 $lb_f/(ft \cdot s)$，v 是 ft/s。

导致湍动和湍流的流动的不稳定性由流体内动力或惯性力与黏性力的比率决定。惯性力正比于 ρv^2，黏性力正比于 $\mu v/D$，$\rho v^2/(\mu v/D)$ 的比例是雷诺数 $Dv\rho/\mu$。在第 3.11 节中将对无量纲数群进行说明和推导。

对于圆形直管，当雷诺数的值小于 2 100 时，流动总是层流。当雷诺数值超过 4 000 时，除非常特殊的情况外，流动将为湍流。在这两者之间——称为过渡区——根据设备的详细情况可以是黏性流或是湍流，这不可预测。

例 2.5-1　管内的雷诺数

303 K 的水以 10 加仑/分钟的速度在内径为 2.067 英寸的管内流动。用英制单位和 SI 制单位计算雷诺数。

解：由附录 A.1 得，7.481 加仑＝1 立方英尺。流速计算如下

$$\text{流速}=\left(10.0\ \frac{gal}{min}\right)\times\left(\frac{1\ ft^3}{7.481\ gal}\right)\times\left(\frac{1\ min}{60\ s}\right)=0.022\ 3\ ft^3/s$$

$$\text{管径},D=\frac{2.067}{12}=0.172\ ft$$

$$\text{管子的截面积}=\frac{\pi D^2}{4}=\frac{\pi\times 0.172^2}{4}=0.023\ 3\ ft^2$$

$$\text{管内速度},v=\left(0.022\ 3\ \frac{ft^3}{s}\right)\times\left(\frac{1}{0.023\ 3\ ft^2}\right)=0.957\ ft/s$$

由附录 A.2 得，303 K(30 ℃)的水，

$$\text{密度}\ \rho=0.996\times 62.43\ lb_m/ft^3$$

$$\text{黏度}\ \mu=0.800\ 7\ cP\times 6.719\ 7\times 10^{-4}\frac{lb_m/ft\cdot s}{cP}=5.38\times 10^{-4}\ lb_m/(ft\cdot s)$$

代入式(2.5-1)，

$$N_{Re}=\frac{Dv\rho}{\mu}=\frac{(0.172\ ft)\times(0.957\ ft/s)\times(0.996\times 62.43\ lb_m/ft^3)}{5.38\times 10^{-4}\ lb_m/ft\cdot s}=1.905\times 10^4$$

因此，流动为湍流。用 SI 制单位计算，

$$\rho=0.996\times 1\ 000\ kg/m^3=996\ kg/m^3$$

$$D=(2.067\ \text{in.})\times(1\ \text{ft}/12\ \text{in.})\times(1\ \text{m}/3.2808\ \text{ft})=0.0525\ \text{m}$$

$$v=\left(0.957\ \frac{\text{ft}}{\text{s}}\right)\times(1\ \text{m}/3.2808\ \text{ft})=0.2917\ \text{m/s}$$

$$\mu=(0.8007\ \text{cP})\times\left(1\times10^{-3}\frac{\text{kg}/(\text{m}\cdot\text{s})}{\text{cP}}\right)=8.007\times10^{-4}\frac{\text{kg}}{\text{m}\cdot\text{s}}=8.007\times10^{-4}\ \text{Pa}\cdot\text{s}$$

$$N_{Re}=\frac{Dv\rho}{\mu}=\frac{(0.0525\ \text{m})\times(0.2917\ \text{m/s})\times(996\ \text{kg/m}^3)}{8.007\times10^{-4}\ \text{kg}/(\text{m}\cdot\text{s})}=1.905\times10^4$$

2.6 总质量衡算和连续方程

2.6.1 概述和简单的质量衡算

在流体动力学中流体都是在运动的。一般地说,流体通过如泵或风机这样的机械装置或通过位头或压力从一处移送到另一处,流过管路系统和/或过程设备。流动问题求解的第一步通常是将质量守恒原理应用于整个系统或系统的任何部分。首先,我们将考虑在一个简单几何体内的基本衡算,后面将推导一般质量衡算方程。

简单的质量或物料衡算已在 1.5 节中作了介绍,在那里

$$\text{输入}=\text{输出}+\text{累积} \tag{1.5-1}$$

因为在流体流动中,我们通常用流速进行计算且通常是在定态下,累积速度为零,我们得到

$$\text{输入速度}=\text{输出速度(定态)} \tag{2.6-1}$$

图 2.6-1(a)显示一个简单的流动系统,图中具有平均速度 v_1(m/s)和密度 ρ_1(kg/m^3)的流体进入截面 1。截面积为 A_1(m^2)。流体以平均速度 v_2离开截面 2。式(2.6-1)的质量衡算变成

$$m=\rho_1 A_1 v_1=\rho_2 A_2 v_2 \tag{2.6-2}$$

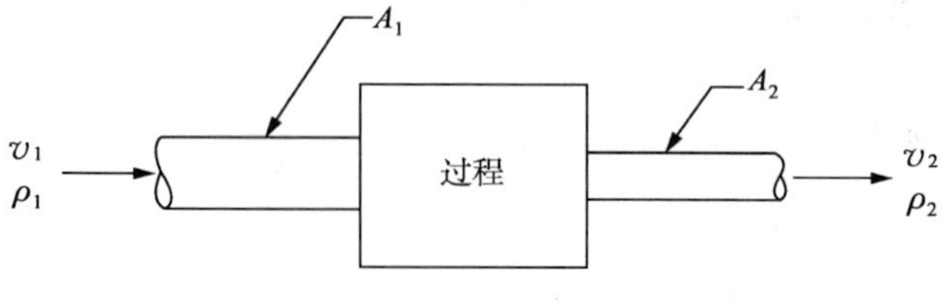

图 2.6-1 流动系统中的质量衡算

这里 m =kg/s。通常 $v\rho$ 表示为$G=v\rho$,这里 G 是质量速率或质量通量,kg/(s·m^2)。在英单位制中各个量的单位为:v(ft/s),ρ(lb$_m$/ft^3),A(ft^2),m(lb$_m$/s),G(lb$_m$/(s·ft^2))。

例 2.6-1 原油的流动和质量衡算

密度为 892 kg/m^{3}的石油原油流过图 2.6-2 所示排列的管路,以 1.388×10^{-3} m^3/s 的总流速进入管路 1。

在两个管路 3 中等量的分开流动。钢管为系列号(schedule) 40 管(注:耐压管壁厚度系列)(实际尺寸见附录 A.5)。用 SI 单位制进行下列计算:

(1) 管路 1 和管路 3 中的总质量流量;

(2) 在 1 和 3 中的平均速度;

(3) 1 中的质量速度 G。

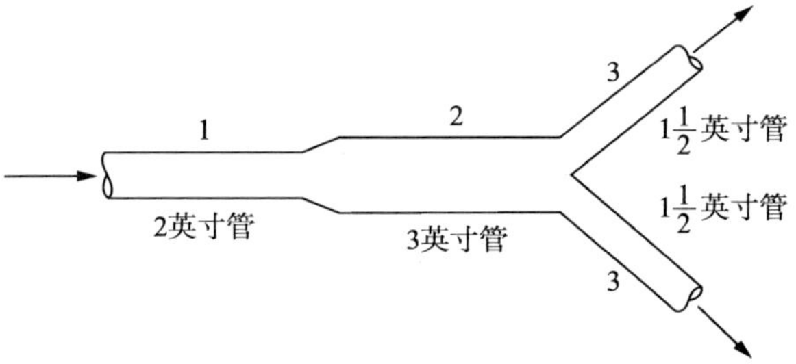

图 2.6-2　例 2.6-1 的管路排列

解:由附录 A.5 得,管子的直径如下:

2 英寸管:D_1(内径)=2.067 英寸;截面积

$$A_1=0.02330\ \mathrm{ft}^2=0.02330\times0.0929=2.165\times10^{-3}\,\mathrm{m}^2$$

$1\frac{1}{2}$英寸管:D_3(内径)=1.610 英寸;截面积

$$A_3=0.01414\ \mathrm{ft}^2=0.01414\times0.0929=1.313\times10^{-3}\,\mathrm{m}^2$$

通过管 1 和 2 的总质量流量是相同的,为

$$m_1=(1.388\times10^{-3}\ \mathrm{m^3/s})\times(892\ \mathrm{kg/m^3})=1.238\ \mathrm{kg/s}$$

因为在两个管路 3 中等量的分开流动,则

$$m_3=\frac{m_1}{2}=\frac{1.238}{2}=0.619\ \mathrm{kg/s}$$

对(2),用式(2.6-2)并求解 v,

$$v_1=\frac{m_1}{\rho_1 A_1}=\frac{1.238\ \mathrm{kg/s}}{(892\ \mathrm{kg/m^3})\times(2.165\times10^{-3}\ \mathrm{m^2})}=0.641\ \mathrm{m/s}$$

$$v_3=\frac{m_3}{\rho_3 A_3}=\frac{0.619}{892\times1.313\times10^{-3}}=0.528\ \mathrm{m/s}$$

对(3),

$$G_1=v_1\rho_1=\frac{m_1}{A_1}=\frac{1.238}{2.165\times10^{-3}}=572\ \frac{\mathrm{kg}}{\mathrm{s\cdot m^2}}$$

2.6.2　衡算的控制体积

质量守恒、能量守恒和动量守恒定律都讲系统这一术语;这些定律给出的是系统与其环境的相互作用。系统定义为固定特征的流体集合。但是,在流体的流动中,单个流体粒子是不易确认的。结果,人们把注意力集中在指定的流体流动空间而不是给定的流体质量。所使用的这种更为方便的方法,是选择一个流体流动空间的固定区域作为控制体。

图 2.6－3 表示流体流过管道的情况。表示为虚线的控制界面为控制体的表面环境。在大部分问题中，控制界面的一部分将与某些边界，如管道的壁面重合；控制界面的其余部分为流体可流动的假定界面，在图 2.6－3 中表示为点 1 和点 2。控制体的表示法与敞开热力学系统类似。

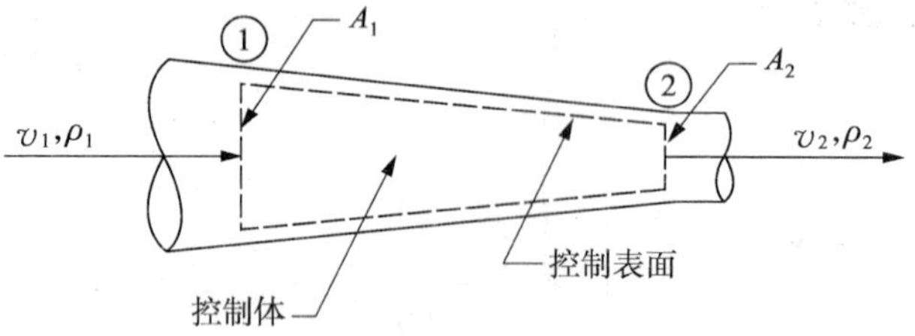

图 2.6－3　流过管道的控制体

2.6.3　总质量衡算方程

在推导总质量性质衡算的一般方程时，对于无质量产生的控制体，质量守恒定律可叙述如下。

控制体的质量输出速率－控制体的质量输入速率＋控制体内的质量累积速率＝0(质量产生速率)　　(2.6－3)

现在我们来考虑如图 2.6－4 所示的位于流体流场中的固定的一般控制体。在控制表面上的一个小的面积微元 $dA\ m^2$，这一微元流出物的质量类似流速＝$(\rho v)(dA\cos\alpha)$，这里$(dA\cos\alpha)$是面积 dA 在方向法线上对速度向量 v 的投影，α 是速度向量 v 和出口方向单位法线向量 n 与 dA 的夹角，ρ 是密度 kg/m^3。ρv 量的单位为 $kg/(s\cdot m^2)$，称之为通量或质量速度 G。

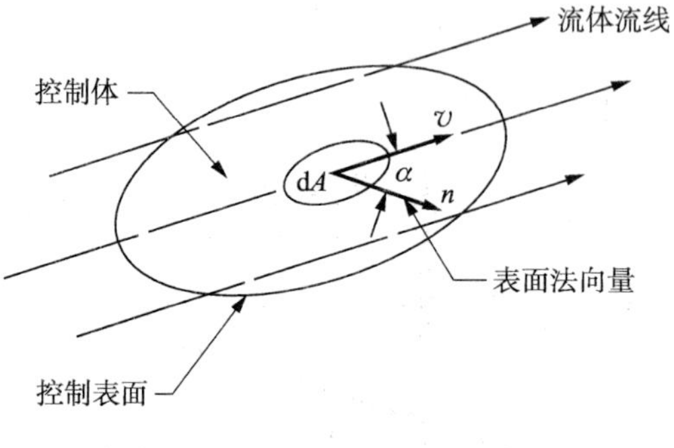

图 2.6－4　流过控制面积上的面积微元 dA

由向量代数我们认识到$(\rho v)(dA\cos\alpha)$是标量或点乘积 $\rho(v\cdot n)dA$。现在如果我们在整个控制面 A 上对这个量积分，就得到通过控制面的质量流出物，或从整个控制体 V 的质量净流出率 kg/s：

$$\text{控制体质量净流出率} = \iint_A v\rho\cos\alpha\, dA = \iint_A \rho(v\cdot n)dA \qquad (2.6-4)$$

我们应当注意到，如果质量是进入控制体的，即穿过控制面流入的，则因为 $\alpha>90^\circ$ 而 $\cos\alpha$ 是负的，所以式(2.6－4)的质量净流率为负值。因此，有质量净流入通量。若 $\alpha<90^\circ$，有质量净流出通量。

控制体 V 内的质量累积速率可表示如下：

$$\text{控制体内的质量累积速率}=\frac{\partial}{\partial t}\iiint_V \rho \mathrm{d}V=\frac{\mathrm{d}M}{\mathrm{d}t} \tag{2.6-5}$$

这里 M 是体积内的流体质量 kg。将式(2.6－4)和式(2.6－5)代入式(2.6－3)，我们得到总质量衡算的一般表达形式：

$$\iint_A \rho(v\cdot n)\mathrm{d}A+\frac{\partial}{\partial t}\iiint_V \rho \mathrm{d}V=0 \tag{2.6-6}$$

可在通常定态一维流动的情况下，对式(2.6－6)的应用进行说明，这里如图(2.6－3)所示，所有向内的流动是 A_1 的法线，向外的流动是 A_2 的法线。当流体的离开速度 v_2 是 A_2 的法线(图 2.6－3)，法线与控制面和速度方向间的夹角 α_2 是 0°，且 $\cos\alpha_2=1.0$。这里 v_1 是向内流入的，$\alpha_2>\pi/2$，对图 2.6－3 中的情况，α_1 是 180°($\cos\alpha_1=-1.0$)。因为 α_2 是 0° 和 α_1 是 180°，用式(2.6－4)，

$$\iint_A v\rho\cos\alpha\,\mathrm{d}A=\iint_{A_2} v\rho\cos\alpha_2\,\mathrm{d}A+\iint_{A_1} v\rho\cos\alpha_1\,\mathrm{d}A=v_2\rho_2A_2-v_1\rho_1A_1 \tag{2.6-7}$$

对于定态情况，在式(2.6－5)中的 $\mathrm{d}M/\mathrm{d}t=0$，式(2.6－6)变成

$$m=\rho_1v_1A_1=\rho_2v_2A_2 \tag{2.6-2}$$

这是前面推导过的式(2.6－2)。

在图 2.6－3 和式(2.6－3)～式(2.6－7)中，我们都没有涉及任何物流的组成。这些式子可很容易地推广到表示在多组分系统中组分 i 的总质量衡算。对图 2.6－3 显示的情况，我们将式(2.6－5)、式(2.6－6)和式(2.6－7)结合，添加生成项，得到

$$m_{i2}-m_{i1}+\frac{\mathrm{d}M_i}{\mathrm{d}t}=R_i \tag{2.6-8}$$

这里 m_{i2} 是组分 i 离开控制体的质量流率，R_i 是组分 i 在控制体内的生成速率，以单位时间的千克数表示。(这里的扩散通量是可忽略的或假设是可忽略不计的。)当然，在某些情况下无生成量，$R_i=0$。应用以摩尔为单位列出的式(2.6－8)常常会更方便。

例 2.6－2　搅拌槽中的总物料衡算

搅拌槽中开始装有 500 kg 含盐 10%的盐溶液。在如图 2.6－5 的控制体的(1)点，有一股物料含盐 20%，以 10 kg/h 的恒定流速进入系统。一股物料在点 2 以 5 kg/h 的恒定速度离开系统。槽的搅拌很好。推导以小时表示任何时间槽内盐质量分率 w_A 的相关的方程。

解：首先，我们应用式(2.6－7)对控制体的总质量净流出通量进行总质量衡算：

$$\iint_A v\rho\cos\alpha\,\mathrm{d}A=m_2-m_1=5-10=-5\ \text{kg 溶液}/\text{h} \tag{2.6-9}$$

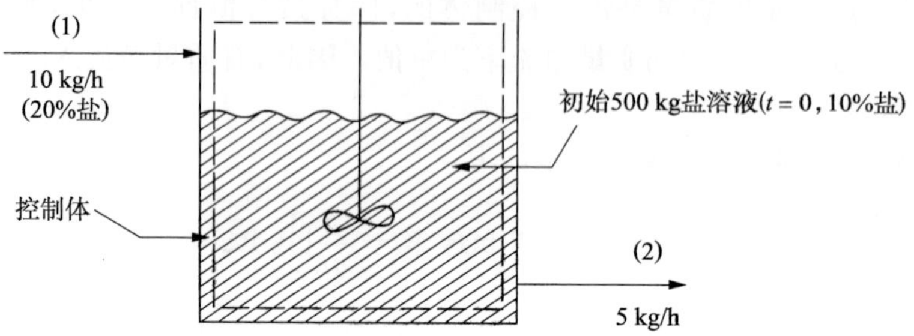

图 2.6-5 例 2.6-2 的搅拌槽的流动控制体

由式(2.6-5),式中 M 是控制体在时间 t 的溶液总 kg 数,

$$\frac{\partial}{\partial t}\iiint_V \rho\, \mathrm{d}V = \frac{\mathrm{d}M}{\mathrm{d}t} \tag{2.6-5}$$

将式(2.6-5)和式(2.6-9)代入式(2.6-6),然后积分,

$$-5 + \frac{\mathrm{d}M}{\mathrm{d}t} = 0$$

$$\int_{M=500}^{M} \mathrm{d}M = 5\int_{t=0}^{t} \mathrm{d}t \tag{2.6-10}$$

$$M = 5t + 500 \tag{2.6-11}$$

式(2.6-11)关联了在任何时间 t 槽内溶液的总质量 M。

接下来进行组分 A 盐的衡算,令 w_A=在时间 t 槽中盐的质量分率,也是在时间 t 离开槽的物流 m_2 中的盐浓度。再应用式(2.6-7),对盐进行衡算,

$$\iint_A v\rho \cos\alpha\, \mathrm{d}A = 5w_A - 10 \times 0.20 = 5w_A - 2\ \text{kg 盐}/\text{h} \tag{2.6-12}$$

用式(2.6-5)进行盐的衡算,

$$\frac{\partial}{\partial t}\iiint_V \rho\, \mathrm{d}V = \frac{\mathrm{d}}{\mathrm{d}t}(M w_A) = \frac{M\mathrm{d}w_A}{\mathrm{d}t} + w_A \frac{\mathrm{d}M}{\mathrm{d}t}\ \text{kg 盐}/\text{h} \tag{2.6-13}$$

将式(2.6-12) 和式(2.6-13) 代入式(2.6-6),

$$5w_A - 2 + M\frac{\mathrm{d}w_A}{\mathrm{d}t} + w_A\frac{\mathrm{d}M}{\mathrm{d}t} = 0 \tag{2.6-14}$$

由式(2.6-11) 将 M 值代入式(2.6-14),分离变量,积分并求解 w_A,

$$5w_A - 2 + (500 + 5t)\frac{\mathrm{d}w_A}{\mathrm{d}t} + w_A\frac{\mathrm{d}(500+5t)}{\mathrm{d}t} = 0$$

$$5w_A - 2 + (500 + 5t)\frac{\mathrm{d}w_A}{\mathrm{d}t} + 5w_A = 0$$

$$\int_{w_A=0.10}^{w_A} \frac{\mathrm{d}w_A}{2 - 10w_A} = \int_{t=0}^{t} \frac{\mathrm{d}t}{500 + 5t} - \frac{1}{10}\ln\left(\frac{2 - 10w_A}{1}\right)$$

$$= \frac{1}{5}\ln\left(\frac{500 + 5t}{500}\right) \tag{2.6-15}$$

$$w_A = -0.1 \times \left(\frac{100}{100+t}\right)^2 + 0.20 \qquad (2.6-16)$$

注意对组分 i 式(2.6－8) 可用于 $R_i = 0$(无生成) 情况下的盐衡算。

2.6.4 用于总质量衡算的平均速度

在求解方程式(2.6－7)的情况时，我们假设在截面 1 为恒速 v_1，在截面 2 为恒速 v_2。如果速度不是恒定而是通过截面变化的，平均或主体速度定义为

$$v_{平均} = \frac{1}{A}\iint_A v\,\mathrm{d}A \qquad (2.6-17)$$

对 v 是 A 的法线的截面上，密度 ρ 假定为常数。

例 2.6－3　通过控制面的速度变化及平均速度

对不可压缩流体(ρ 为常数)通过直径为 R 的圆管的情况，对于层流，速度分布如下，为抛物线：

$$v = v_{max}\left[1-\left(\frac{r}{R}\right)^2\right] \qquad (2.6-18)$$

这里 v_{max}是在 $r=0$ 的中心位置的最大速度，v 是从中心沿半径距离 r 处的速度。用总质量衡算方程推导平均速度或整体速度 $v_{平均}$。

解：平均速度由式(2.6－17)表示。在笛卡尔坐标上 $\mathrm{d}A$ 是 $\mathrm{d}x\mathrm{d}y$ 。但是，对圆管用极坐标更适合，$\mathrm{d}A = r\mathrm{d}r\mathrm{d}\theta$，这里 θ 是极坐标的角度。将式(2.6－18)、$\mathrm{d}A = r\mathrm{d}r\mathrm{d}\theta$ 和 $A = \pi R^2$ 代入式(2.6－17)并积分

$$\begin{aligned} v_{平均} &= \frac{1}{\pi R^2}\int_0^{2\pi}\int_0^R v_{max}\left[1-\left(\frac{r}{R}\right)^2\right]r\mathrm{d}r\mathrm{d}\theta \\ &= \frac{v_{max}}{\pi R^4}\int_0^{2\pi}\int_0^R (R^2-r^2)r\mathrm{d}r\mathrm{d}\theta \\ &= \frac{v_{max}}{\pi R^4}(2\pi-0)\left(\frac{R^4}{2}-\frac{R^4}{4}\right) \end{aligned} \qquad (2.6-19)$$

$$v_{平均} = \frac{v_{max}}{2} \qquad 2.6-20)$$

在这里进行总的或宏观的质量衡算讨论是因为我们希望描述这些从包围体外部进行的衡算。在本节对总质量的衡算中，所提供的某些方程式可能看起来已是相当明显的。然而目的是要得出对其他章节有帮助的方法。在下面的几节中还将进行能量和动量的总衡算。这些总衡算并没有告诉我们在系统内部发生的详细情况。但是，为了得到这些细节，将在第 2.9 节中进行管内薄层的动量衡算，这将为我们提供速度分布和压降。为了进一步研究发生在包围体内部的过程细节，可列出微分衡算而不是管内薄层的衡算；这些将在后面讨论，第 3.6～第 3.9 节为连续性的微分方程和动量传递，第 5.6 和第 5.7 节为能量变化的微分方程和边界层流动，第 7.5B 节为二元混合物的连续微分方程。

2.7　总能量衡算

2.7.1　概述

在控制体的总衡算中要考虑的第二个物性量是能量。我们将应用与由质量守恒原理得到的总质量衡算方程完全相同的方法，对空间中位置固定的控制体应用能量守恒原理。能量守恒方程将与热力学第一定律结合，得到最终的总能量衡算方程。

我们可将热力学第一定律写成如下形式

$$\Delta E = Q - W \tag{2.7-1}$$

式中 E 是单位质量流体的总能量，Q 是单位质量流体吸收的热量，W 是单位质量流体作用于环境的各种形式的功。在计算中，方程中的每一项必须用相同类型的单位来表示，如 J/kg（SI 制），btu/lb_m，或 ft·lb_f/lb_m（英制）。

由于质量自身的位能、动能或物理状态，因此质量携带着相关的能量，我们会发现每一种形式的能量都将出现在能量衡算中。此外，我们也可在没有传质的条件下通过系统的边界传递能量。

2.7.2　总能量衡算方程的推导

对于像能量这样的守恒量的整体衡算与方程(2.6-3)类似，且对控制体可表示如下：

$$\text{整体输出速率} - \text{整体输入速率} + \text{整体的累积速率} = 0 \tag{2.7-2}$$

系统内存在的能量可分为三种方式：

1. 单位质量流体势能 zg 是由于重力场 g 中质量的位置而存在的能量，这里 z 是对参考平面的相对高度。zg 的单位在 SI 制中是 m·m/s^2。被 kg 质量乘或除后，该单位可表示为(kg·m/s^2)·(m/kg)，或 J/kg。在英制单位中，势能是 zg/g_c，ft·lb_f/lb_m。

2. 单位质量流体的动能 $v^2/2$ 是由于质量的平移运动和旋转运动而存在的能量，v 是在指定点相对于系统边界的运动速率。也是 SI 制中，$v^2/2$ 的单位是 J/kg。在英单位制中，动能是 $v^2/2g_c$，ft · lb_f/lb_m。

3. 单位质量流体的内能 U 是所有以其他形式存在的能量，如化学键中的旋转和振动能。单位也是 J/kg 和 ft · lb_f/lb_m。

单位质量流体的总能量

$$E = U + \frac{v^2}{2} + zg \quad \text{(SI 制)}$$
$$E = U + \frac{v^2}{2g_c} + \frac{zg}{g_c} \quad \text{(英制)} \tag{2.7-3}$$

图 2.6-4 中控制体 V 内的能量累积速率为

$$\text{控制体内的能量累积速率} = \frac{\partial}{\partial t}\iiint_V \left(U + \frac{v^2}{2} + zg\right)\rho\ \mathrm{d}V \tag{2.7-4}$$

接下来我们考虑与控制体内质量相关的能量输入和输出速率。加入系统或从系统移出的质量具有内能、动能和势能。此外，当有质量从控制体流入和流出时能量也被传递。随着流体流入和流出控制体其做了净功。这一单位质量流体的压力-体积功为 pV。剪切功的贡献通常是忽略不计的。用焓 H 的定义将 pV 项和 U 项结合：

$$H=U+pV \tag{2.7-5}$$

因此，单位质量具有的总能量是$\left(H+\frac{v^2}{2}+zg\right)$。

对图 2.6－4 中控制面上的小的面积 dA，能量流出速率为$\left(H+\frac{v^2}{2}+zg\right)(\rho v)(\mathrm{d}A\cos\alpha)$，这里的$(\mathrm{d}A\cos\alpha)$是面积 d$A$ 在速度向量 v 法线方向的投影，α 是速度向量与向外的单位法线向量 n 之间的夹角。现在我们对该量在整个控制面上积分得到

$$\text{控制体的净流出能量}=\iint_A\left(H+\frac{v^2}{2}+zg\right)(\rho v)\cos\alpha\,\mathrm{d}A \tag{2.7-6}$$

现在我们已经在整体的衡算方程式(2.7－2)中计入了与系统中质量相关以及通过边界移动的全部能量。接下来我们要考虑与质量无关且通过边界传递的热和功这部分能量。q 项是由于温度梯度而在单位时间内通过边界向流体传递的热量。习惯上被系统吸收的热量为正值。

功 W 为单位时间的能量，可分为纯机械轴功 W_S 和压力-体积功两部分，前者与通过控制面的旋转轴功等同，后者已经包含在方程式(2.7－6)的焓 H 项中。习惯上流体对环境所做的功，即系统向外输出的功为正值。

为了得到总能量衡算方程，我们将方程式(2.7－4)和式(2.7－6)代入整体衡算方程式(2.7－2)，并将结果得到的方程与 $q-\dot{W}_S$ 相等得：

$$\iint_A\left(H+\frac{v^2}{2}+zg\right)(\rho v)\cos\alpha\,\mathrm{d}A+\frac{\partial}{\partial t}\iiint_V\left(U+\frac{v^2}{2}+zg\right)\rho\,\mathrm{d}V=q-\dot{W}_S \tag{2.7-7}$$

2.7.3 定态流动系统的总能量衡算

总的或宏观的能量衡算中，常见的特定情况是一股进一股出，通过界面一维流动的定态系统，进出面积的高度 z、流体的密度 ρ 和焓 H 的变化均可忽略不计。这样的系统示于图 2.7－1。在方程式(2.7－7)中，令累积项等于零并积分得，

$$H_2m_2-H_1m_1+\frac{m_2(v_2^3)_{\text{平均}}}{2v_{2\text{平均}}}-\frac{m_1(v_1^3)_{\text{平均}}}{2v_{1\text{平均}}}+gm_2z_2-gm_1z_1=q-\dot{W}_S \tag{2.7-8}$$

对于定态有 $m_1=\rho v_{1\text{平均}}A_1=m_2=m$。用 m 通除上式使其变为以单位质量为基准的方程，

$$H_2-H_1+\frac{1}{2}\left[\frac{(v_2^3)_{\text{平均}}}{v_{2\text{平均}}}-\frac{(v_1^3)_{\text{平均}}}{v_{1\text{平均}}}\right]+g(z_2-z_1)=Q-W_S\quad(\text{SI 制}) \tag{2.7-9}$$

$(v^3)_{\text{平均}}/(2v_{\text{平均}})$ 项可由 $v_{\text{平均}}^2/2\alpha$ 项置换，这里 α 是动能速率校正因子，其等于 $v_{\text{平均}}^3/(v^3)_{\text{平均}}$。对于在管内的各种流动的 α 项已经有了估算，并且对层流 α 是 1/2，对湍流其接近 1.0。(见 2.7.4 节。)因此，方程式(2.7－9)变为

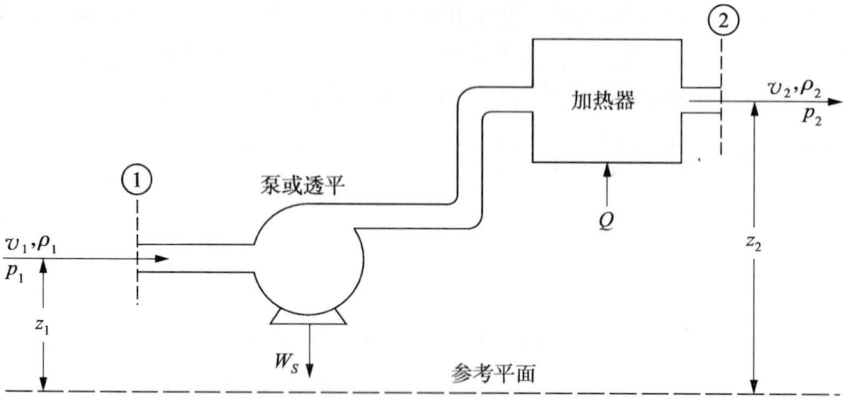

图 2.7-1　流体的定态流动系统

$$H_2 - H_1 + \frac{1}{2\alpha}(v^2_{2平均} - v^2_{1平均}) + g(z_2 - z_1) = Q - W_S \quad (\text{SI 制})$$

$$H_2 - H_1 + \frac{1}{2\alpha g_c}(v^2_{2平均} - v^2_{1平均}) + \frac{g}{g_c}(z_2 - z_1) = Q - W_S \quad (\text{英制}) \tag{2.7-10}$$

附录 A.1 中的某些很有用的换算因子如下：

1 btu=778.17 ft·lb_f=1 055.06 J=1.055 06 kJ

1 hp=550 ft·lb_f/s=0.745 7 kW

1 ft·lb_f/lb_m=2.989 0 J/kg

1 J=1 N·m=1 kg·m^2/s^2

2.7.4　动能速率校正因子 α

1. 概述。在获取方程式(2.7-8)的过程中需对动能项进行积分，

$$动能 = \iint_A \left(\frac{v^2}{2}\right)(\rho v)\cos\alpha\, dA \tag{2.7-11}$$

该式还在方程(2.7-7)中出现。为了对上式进行积分，我们首先取 ρ 为常数，且 $\cos\alpha = 1.0$。然后分子分母同乘 $v_{平均}A$，这里 $v_{平均}$ 是整体或平均速度，且注意 $m = \rho v_{平均}A$，方程式(2.7-11)变为

$$\frac{\rho}{2}\iint_A (v^3)dA = \frac{\rho v_{平均}A}{2v_{平均}A}\iint_A (v^3)dA = \frac{m}{2v_{平均}}\frac{1}{A}\iint_A (v^3)dA \tag{2.7-12}$$

将上式通除 m，从而方程式(2.7-12)变为以单位质量为基准的表达式

$$\left(\frac{1}{2v_{平均}}\right)\frac{1}{A}\iint_A (v^3)dA = \frac{(v^3)_{平均}}{2v_{平均}} = \frac{v^2_{平均}}{2\alpha} \tag{2.7-13}$$

这里 α 的定义为

$$\alpha = \frac{v^3_{平均}}{(v^3)_{平均}} \tag{2.7-14}$$

$(v^3)_{平均}$ 的定义如下：

$$(v^3)_{平均} = \frac{1}{A}\iint_A (v^3)\mathrm{d}A \tag{2.7-15}$$

管内各横截面上的局部速率不相同。为了估算$(v^3)_{平均}$，从而计算α值，我们必须有v作为截面上位置函数的方程。

2. 层流。为了确定层流的α值，我们首先将层流的式(2.6-18)和式(2.6-20)结合，得到v作为位置r的函数：

$$v = 2v_{平均}\left[1-\left(\frac{r}{R}\right)^2\right] \tag{2.7-16}$$

将式(2.7-16)代入式(2.7-15)并注意有$A=\pi R^2$和$\mathrm{d}A = r\mathrm{d}r\mathrm{d}\theta$(见例2.6-3)，式(2.7-15)变为

$$\begin{aligned}(v^3)_{平均} &= \frac{1}{\pi R^2}\int_0^{2\pi}\int_0^R\left[2v_{平均}\left(1-\frac{r^2}{R^2}\right)\right]^3 r\mathrm{d}r\mathrm{d}\theta \\ &= \frac{(2\pi)2^3 v_{平均}^3}{\pi R^2}\int_0^R\frac{(R^2-r^2)^3}{R^6}r\mathrm{d}r = \frac{16v_{平均}^3}{R^8}\int_0^R(R^2-r^2)^3 r\mathrm{d}r\end{aligned} \tag{2.7-17}$$

将式(2.7-17)积分并整理得，

$$\begin{aligned}(v^3)_{平均} &= \frac{16v_{平均}^3}{R^8}\int_0^R(R^6-3r^2R^4+3r^4R^2-r^6)r\mathrm{d}r \\ &= \frac{16v_{平均}^3}{R^8}\left(\frac{R^8}{2}-\frac{3}{4}R^8+\frac{1}{2}R^8-\frac{1}{8}R^8\right) \\ &= 2v_{平均}^3\end{aligned} \tag{2.7-18}$$

将式(2.7-18)代入式(2.7-14)得，

$$\alpha = \frac{v_{平均}^3}{(v^3)_{平均}} = \frac{v_{平均}^3}{2v_{平均}^3} = 0.50 \tag{2.7-19}$$

因此，对于层流，用于式(2.7-10)中的动能项的α值为0.5。

3. 湍流。对于湍流，需要v与位置的关系。这可由下面的表达式近似表示：

$$v = v_{\max}\left(\frac{R-r}{R}\right)^{1/7} \tag{2.7-20}$$

这里r是沿半径离中心的距离。式(2.7-20)被代入式(2.7-15)，并对得到的式子进行积分得$(v^3)_{平均}$值。接下来，将式(2.7-20)代入式(2.6-17)并将式子进行积分得到$v_{平均}$和$(v_{平均})^3$。将$(v^3)_{平均}$和$(v_{平均})^3$的结果结合到式(2.7-14)中，α值是0.945(见习题2.7-1的求解)。湍流的α值在0.90到0.99之间变化。在大多数情况下(很精确的计算工作除外)α取值为1.0。

2.7.5 总能量衡算方程的应用

当发生相当大的焓变或加入(或放出)的热量相当大时，并不常使用给定形式的总能量

衡算式(2.7-10),因为动能和势能项通常较小而可忽略不计。结果,当加入或放出的热量相当大或发生较大的焓变时,一般使用 1.7 节描述的热量衡算的方法。对于这种情况和其他情况,将通过例题加以说明。

例 2.7-1　蒸汽锅炉的能量衡算

水在 18.33 ℃和 137.9 kPa 以 1.52 m/s 的平均速度通过管路进入锅炉。出口蒸汽在液体进口上方 15.2 m 处的出口管线以 9.14 m/s 的速度,在 137.9 kPa 和 148.9 ℃的状态离开锅炉。在定态下,每千克质量蒸汽必须加入多少热量?在两个管路中的流动均为湍流。

解:过程流程图示于图 2.7-2。将式(2.7-10)进行整理,并设湍流的 $\alpha=1$ 和 $W_S=0$(无净输出功),

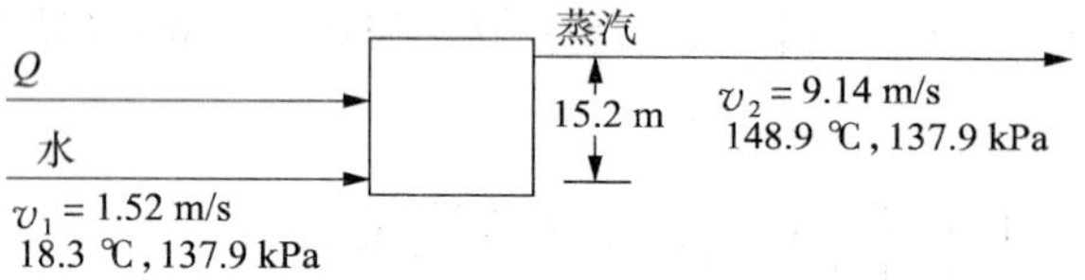

图 2.7-2　例 2.7-1 的过程流程图

$$Q=(z_2-z_1)g+\frac{v_2^2-v_1^2}{2}+(H_2-H_1) \tag{2.7-21}$$

求解动能项,

$$\frac{v_1^2}{2}=\frac{1.52^2}{2}=1.115\ \mathrm{J/kg}$$

$$\frac{v_2^2}{2}=\frac{9.14^2}{2}=41.77\ \mathrm{J/kg}$$

取点 1 处高度 z_1 作基准,$z_2=15.2$ m。则有

$$z_2g=15.2\times9.806\ 65=149.1\ \mathrm{J/kg}$$

从附录 A.2,SI 单位制的蒸汽表得,18.33 ℃的 $H_1=76.97$ kJ/kg ,148.9 ℃的过热蒸汽的 $H_2=2\ 771.4$ kJ/kg,且

$$H_2-H_1=2\ 771.4-76.97=2\ 694.4\ \mathrm{kJ/kg}=2.694\times10^6\ \mathrm{J/kg}$$

将这些值代入式(2.7-21),

$$Q=(149.1-0)+(41.77-1.115)+2.694\times10^6$$

$$=189.75+2.694\times10^6=2.694\ 2\times10^6\ \mathrm{J/kg}$$

因此,动能和势能项总的为 189.75 J/kg,与焓变 2.694×10^6 J/kg 相比是可忽略不计的。189.75 J/kg 的能量将使液体水的温度升高约 0.045 3 ℃,为可忽略不计的量。

例 2.7-2　有泵的流动系统的能量衡算

如图 2.7-3 所示,在大气压下,85.0 ℃的水贮于一个保温的大槽中。用泵将水以 0.56 $\mathrm{m^3/min}$ 的流率定态输送。泵的驱动马达提供能量的速率为 7.45 kW。水通过一个换热器,放出 1 408 kW 的热量。冷却后的水被送往点 2 第二级敞式槽,该槽高于第一槽20 m。

试计算送入第二槽的水的最终温度。忽略任何动能变化，因为槽中的初始和最终速度基本为零。

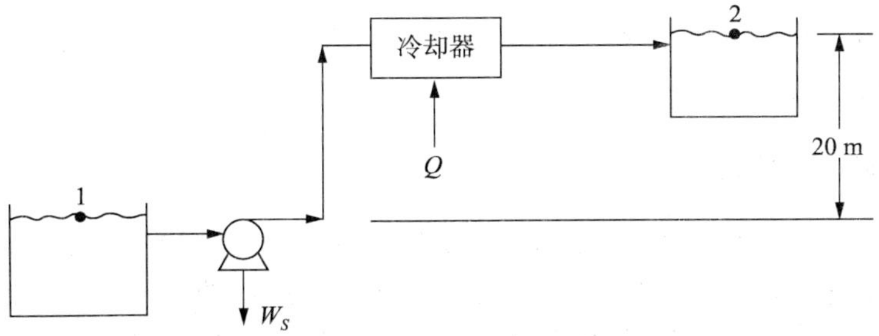

图 2.7-3　例 2.7-2 的能量衡算过程流程图

解：由附录 A.2 蒸汽表得，$H_1(85\ ℃)=355.90\times10^3$ J/kg 和 $\rho_1=1/0.001\ 032\ 5=968.5$ kg/m^3。那么对定态条件

$$m_1=m_2=0.567\times968.5\times1/60=9.152\ \text{kg/s}$$

还有 $z_1=0$ 和 $z_2=20$ m。流体所做的功为 W_S，但现在的情况是对流体做功，且 W_S 可忽略：

$$W_S=-(7.45\times10^3\ \text{J/s})\times(1/9.152\ \text{kg/s})=-0.814\ 0\times10^3\ \text{J/s}$$

加入流体的热量也可忽略，因为流体放出热量，其值如下

$$Q=-(1\ 408\times10^3\ \text{J/s})\times(1/9.152\ \text{kg/s})=-153.8\times10^3\ \text{J/s}$$

设 $(v_1{}^2-v_2{}^2)/2=0$ 并代入式(2.7-10)得

$$H_2-355.90\times10^3+0+9.806\ 65(20-0)=(-153.8\times10^3)-(-0.814\times10^3)$$

求解得 $H_2=202.71\times10^3$ J/s。由蒸汽表对应查得 $t_2=48.4$ ℃。在这一例题中应注意，W_S 和 $g(z_2-z_1)$ 与 Q 相比都是非常小的。

例 2.7-3　流体热量计中的能量衡算

流体热量计被用于测定蒸汽的焓。热量计由浸于定态流动的流体中的电加热器组成，水平安装于管路中。0 ℃的液体水以 0.396 4 kg/min 的速率进入热量计的点 1。加热器加热功率为 19.63 kW，液体被完全汽化，蒸汽在 250 ℃和 150 kPa 的绝压下离开点 2。若任意假定 0 ℃的液体焓值为 0，计算蒸汽的输出焓值 H_2。动能变化很小，可忽略不计。（需假定压力对液体焓值的影响可忽略。）

解：在该情况下，因点 1 和点 2 之间无轴功输出，$W_S=0$。且有：$(v_1{}^2/2\alpha-v_2{}^2/2\alpha)=0$ 和 $g(z_2-z_1)=0$。对定态过程，$m_1=m_2=0.396\ 4/60=6.607\times10^3$ kg/s。因为有热量加入系统，

$$Q=+\frac{19.63\ \text{kJ/s}}{6.607\times10^{-3}\ \text{kg/s}}=2\ 971\ \text{kJ/kg}$$

取值 $H_1=0$。式(2.7-10)成为

$$H_2-H_1+0+0=Q-0$$

热量计的最后方程为

$$H_2=Q-H_1 \tag{2.7-22}$$

将 Q=2 971 kJ/kg 和 H_1=0 代入式(2.7－22),在 250 ℃和 150 kPa 的条件下,H_2=2 971 kJ/kg,接近蒸汽表中的值 2 972.7 kJ/kg。

2.7.6 总机械能衡算

对于流动流体,特别是液体,修改后的机械能总能量衡算式更有用。工程师常关心这种特定形式的能,称之为机械能,它包括做功、动能、势能、流动功和焓各项。机械能是这样一种形式的能,它可做功或直接转化为功的形式。能量衡算方程式(2.7－10)中的其他各项,热和内能取决于温度,因为热力学第二定律和转化效率而不能简单地转化为功。机械能没有这样的限制,并几乎可完全转化为功。转化为热或内能的能量损失功,或机械能的损失由流动摩擦阻力造成。

以能量损失项 $\sum F$ 写在能量衡算方程中是很方便的。它是单位质量摩擦损失的总和。对于定态流动,当单位质量流体从进口到出口流过时,流体所做的间歇功 W' 可表示为

$$W'=\int_{V_1}^{V_2}p\,\mathrm{d}V-\sum F \quad \left(\sum F>0\right) \tag{2.7-23}$$

这个功 W' 不同于式(2.7－1)中的 W,它还包含动能和势能的影响。列出这种情况的热力学第一定律,这里 ΔE 变为 ΔU,

$$\Delta U=Q-W' \tag{2.7-24}$$

焓的定义式(2.7－5)可写成如下形式

$$\Delta H=\Delta U+\Delta pV=\Delta U+\int_{V_1}^{V_2}p\,\mathrm{d}V+\int_{p_1}^{p_2}V\,\mathrm{d}p \tag{2.7-25}$$

将式(2.7－23)代入式(2.7－24),并将结果获得的式子与式(2.7－25)结合,得到

$$\Delta H=Q+\sum F+\int_{p_1}^{p_2}V\,\mathrm{d}p \tag{2.7-26}$$

最后将式(2.7－26)代入式(2.7－10),V 用 $1/\rho$ 代替,得到总机械能衡算方程:

$$\frac{1}{2\alpha}\left[v_{2平均}^2-v_{1平均}^2\right]+g(z_2-z_1)+\int_{p_1}^{p_2}\frac{\mathrm{d}p}{\rho}+\sum F+W_S=0 \tag{2.7-27}$$

对英制单位,式(2.7－27)的动能和势能项要除以 g_c。

式(2.7－27)中的积分值取决于流体的状态方程和过程路径。如果流体为不可压缩液体,积分变成$(p_2-p_1)/\rho$ 且式(2.7－27)变为

$$\frac{1}{2\alpha}(v_{2平均}^2-v_{1平均}^2)+g(z_2-z_1)+\frac{p_2-p_1}{\rho}+\sum F+W_S=0 \tag{2.7-28}$$

例 2.7－4 泵输送系统的机械能衡算

密度为 998 kg/m³ 的水以稳定的质量流量通过直径均一的管路。管内流体的进口压力

为 68.9 kN/m^2 绝压，进口管与泵相连，泵提供 155.4 J/kg 的流体管内流动能量。泵的出口管径与进口管径相同。出口管比进口管高 3.05 m，出口压力为 137.8 kN/m^2 绝压。系统管内的雷诺数约 4 000，试计算管路系统的摩擦损耗 $\sum F$。

解：首先绘制系统流程图(图 2.7-4)，有 155.4 J/kg 的机械能加入流体。因为流体做功为正，所以 $W_S=-155.4$。

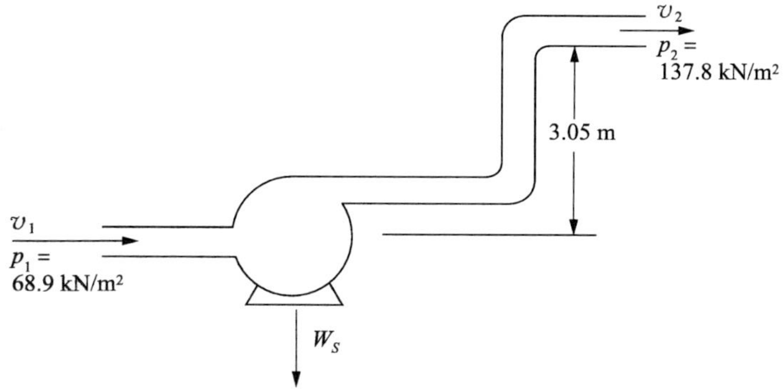

图 2.7-4 例 2.7-4 的过程流程图

设高度基准为 $z_1=0$，则 $z_2=3.05$ m。因为管径恒定，$v_1=v_2$。湍流 $\alpha=1.0$ 且

$$\frac{1}{2\times1}(v_2^2-v_1^2)=0$$

$$z_2g=3.05\ \text{m}\times9.806\ \text{m/s}^2=29.9\ \text{J/kg}$$

因为液体可看作是不可压缩流体，应用式(2.7-28)：

$$\frac{p_1}{\rho}=\frac{68.9\times1\,000}{998}=69.0\ \text{J/kg}$$

$$\frac{p_2}{\rho}=\frac{137.8\times1\,000}{998}=138.0\ \text{J/kg}$$

用式(2.7-28)并求解 $\sum F$，摩擦损失

$$\sum F=-W_S+\frac{1}{2\alpha}(v_1^2-v_2^2)+g(z_1-z_2)+\frac{p_1-p_2}{\rho} \tag{2.7-29}$$

将已知值代入并求解摩擦损失得

$$\sum F=-(-155.4)+0-29.9+69.0-138.0$$

$$=56.5\ \text{J/kg}\left(18.9\ \frac{\text{ft}\cdot\text{lb}_\text{f}}{\text{lb}_\text{m}}\right)$$

例 2.7-5 流动系统中泵的马力

泵从具有很大截面积的敞开原料贮槽中通过内径 3.068 in. 的吸入管线，以 69.1 gal/min 的流率抽吸密度为 114.8 lb_m/ft^3 的液体溶液。泵通过内径 2.067 in. 的管线送入敞开的高位槽。出料管端口高度在原料槽上方 50 ft 处。管路系统的摩擦损失为 $\sum F=10.0$ ft·lb 力/lb(质)。问：若泵的效率为 65%($\eta=0.65$)，泵必须提供多少压力？泵需要多少马力的动力？设流动

为湍流。

解:首先绘制系统流程图(图 2.7-5)。要应用式(2.7-28)。式(2.7-28)中的 W_S 项变为

$$W_S = -\eta W_P \tag{2.7-30}$$

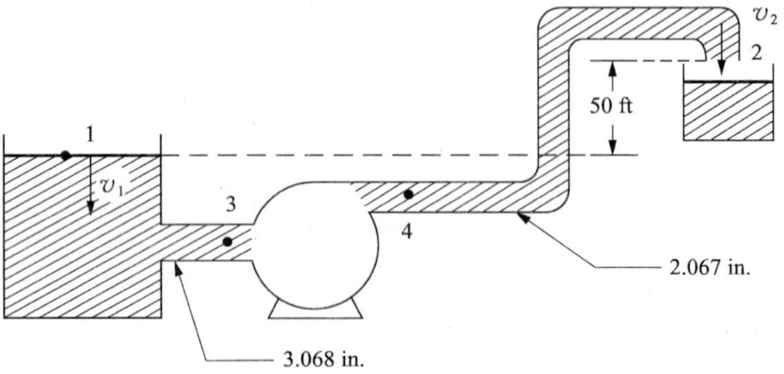

图 2.7-5 例 2.7-5 的过程流程图

这里 $-W_S$ = 由泵实际输入流体的机械能或净机械功,η = 摩擦率,W_P 是输出到泵体的能或轴功。

从附录 A.5 得,3.068 in. 管的截面积是 0.051 34 ft^2,2.067 in. 管的截面积是 0.023 3 ft^2。流率为

$$流率 = \left(69.1\ \frac{gal}{min}\right)\times\left(\frac{1\ min}{60\ s}\right)\times\left(\frac{1\ ft^3}{7.481\ gal}\right) = 0.153\ 9\ ft^3/s$$

$$v_2 = \left(0.153\ 9\ \frac{ft^3}{s}\right)\times\left(\frac{1}{0.023\ 3\ ft^2}\right) = 6.61\ ft/s$$

因为贮槽非常大,所以 $v_1=0$。因而 $v_1^2/2g_c=0$。压力 $p_1=1$ atm 且 $p_2=1$ atm。因为是湍流,还有 $\alpha=1.0$。因此

$$\frac{p_1}{\rho}-\frac{p_2}{\rho}=0$$

$$\frac{v_2^2}{2g_c}=\frac{6.61^2}{2\times 32.174}=0.678\ \frac{ft\cdot lb_f}{lb_m}$$

用 $z_1=0$ 作为基准,我们得到:

$$z_2\frac{g}{g_c}=50.0\times\frac{32.174}{32.174}=50.0\ \frac{ft\cdot lb_f}{lb_m}$$

用式(2.7-28)求解 W_S,并代入已知值,

$$W_S = z_1\frac{g}{g_c}-z_2\frac{g}{g_c}+\frac{v_1^2}{2g_c}-\frac{v_2^2}{2g_c}+\frac{p_1-p_2}{\rho}-\sum F$$

$$=0-50.0+0-0.678+0-10=-60.678\ \frac{ft\cdot lb_f}{lb_m}$$

用式(2.7-30)并求解 W_P,

$$W_P=-\frac{W_S}{\eta}=\frac{60.678}{0.65}\ \frac{ft\cdot lb_f}{lb_m}=93.3\ \frac{ft\cdot lb_f}{lb_m}$$

$$质量流率=0.153\ 9\ \frac{ft^3}{s}\times 114.8\ \frac{lb_m}{ft^3}=17.65\ \frac{lb_m}{s}$$

$$泵功率=17.65\ \frac{lb_m}{s}\times 93.3\ \frac{ft\cdot lb_f}{lb_m}\times\frac{1\ hp}{550\ ft\cdot lb_f/s}=3.00\ hp$$

为了计算泵需要提供的压力，必须在如图 2.7-5 所示的点 3 和点 4 间对泵本身列出方程式(2.7-28)：

$$v_3=0.1539\ \frac{ft^3}{s}\times\frac{1}{0.05134\ ft^2}=3.00\ ft/s$$

$$v_4=v_2=6.61\ ft/s$$

因为泵本身水平高度 z_3 与 z_4 间的差异可忽略不计，这点可忽略。重写点 3 和点 4 之间的方程式(2.7-28)，并代入已知值(因为这是对管路系统计算，所以 $\sum F=0$)。

$$\frac{p_4-p_3}{\rho}=z_3\frac{g}{g_c}-z_4\frac{g}{g_c}+\frac{v_3^2}{2g_c}-\frac{v_4^2}{2g_c}-W_S-\sum F \qquad (2.7-31)$$

$$=0-0+\frac{3.00^2}{2\times 32.174}-\frac{6.61^2}{2\times 32.174}+60.678-0$$

$$=0-0+0.140-0.678+60.678=60.14\ \frac{ft\cdot lb_f}{lb_m}$$

$$p_4-p_3=60.14\ \frac{ft\cdot lb_f}{lb_m}\times 114.8\ \frac{lb_m}{ft^3}\times\frac{1}{144\ in.^2/ft^2}$$

$$=48.0\ lb\ 力/in.^2(由泵提供的绝压)(331\ kPa)$$

2.7.7 机械能衡算的伯努利方程

在无机械能输入($W_S=0$)和无摩擦($\sum F=0$)的特殊情况下，式(2.7-28)变为伯努利方程式(2.7-32)，对于湍流，它对进一步的讨论是十分重要的：

$$z_1 g+\frac{v_1^2}{2}+\frac{p_1}{\rho}=z_2 g+\frac{v_2^2}{2}+\frac{p_2}{\rho} \qquad (2.7-32)$$

这一方程包括了许多重要的实际过程，常常与质量衡算方程式(2.6-2)结合，应用于定态过程：

$$m=\rho_1 A_1 v_1=\rho_2 A_2 v_2 \qquad (2.6-2)$$

下面将给出其应用的几个例子。

例 2.7-6　通过压力测定流量

具有恒定密度 ρ(kg/m^3)的液体，在 p_1(N/m^2)的压力下以未知速度 v_1(m/s)流经截面积为 A_1(m^2)的水平管，然后通过一段截面积逐渐缩小到 A_2(m^2)的管路后压力变为 p_2。假设无摩擦损失，如果测定了压差(p_1-p_2)，试计算速度 v_1 和 v_2。

解：流程图 2.7-6 表明，压力表测定 p_1 和 p_2。对恒定 ρ，$\rho_1=\rho_2=\rho$，由连续质量衡算方程式(2.6-2)得，

$$v_2=\frac{v_1 A_1}{A_2} \qquad (2.7-33)$$

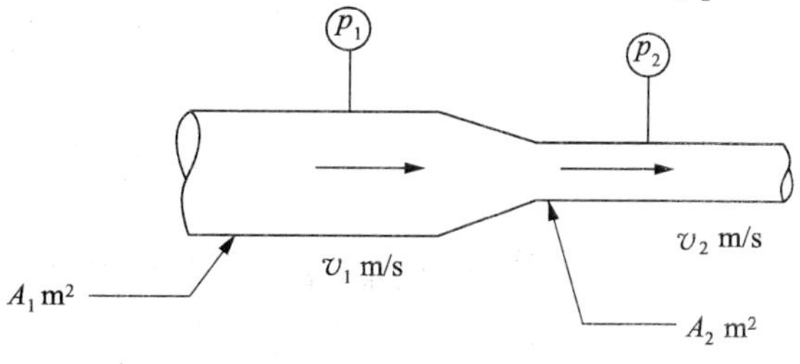

图 2.7-6　例 2.7-6 的过程流程图

伯努利方程式(2.7-32)的各项，对水平管有

$$z_1 = z_2 = 0$$

在用式(2.7-33)代替式中的 v_2 后，式(2.7-32)变为

$$0+\frac{v_1^2}{2}+\frac{p_1}{\rho}=0+\frac{v_1^2A_1^2/A_2^2}{2}+\frac{p_2}{\rho} \tag{2.7-34}$$

整理得

$$p_1-p_2=\frac{\rho v_1^2[(A_1/A_2)^2-1]}{2} \tag{2.7-35}$$

$$v_1=\sqrt{\frac{p_1-p_2}{\rho}\frac{2}{[(A_1/A_2)^2-1]}} \quad \text{(SI 制)}$$

$$v_1=\sqrt{\frac{p_1-p_2}{\rho}\frac{2g_c}{[(A_1/A_2)^2-1]}} \quad \text{(英制)} \tag{2.7-36}$$

进行相同的推导，但变换为对 v_2 的计算，则得到下式，

$$v_2=\sqrt{\frac{p_1-p_2}{\rho}\frac{2}{[1-(A_2/A_1)^2]}} \tag{2.7-37}$$

例 2.7-7　槽上喷嘴的流率

位于大槽边上的截面积为 A_2 的喷嘴向大气喷放液体，大槽的敞开界面在喷嘴中心线上方的 H(m)。试计算喷嘴里的速度 v_2 和喷放液体的体积流率，若假设无摩擦损失。

解：过程流程示于图 2.7-7，取液体中喷嘴中心线的点为 1，喷嘴出口点为 2。

因为 A_1 与 A_2 相比非常大，所以 $v_1 \cong 0$。由于液体位头 H(m)，压力 p_1 大于 1 atm(101.3 kN/m^2)。喷嘴出口的压力 p_2 是 1 atm。利用点 2 的数据 $z_2=0$ 和 $z_1=0$。对式(2.7-32)进行整理得

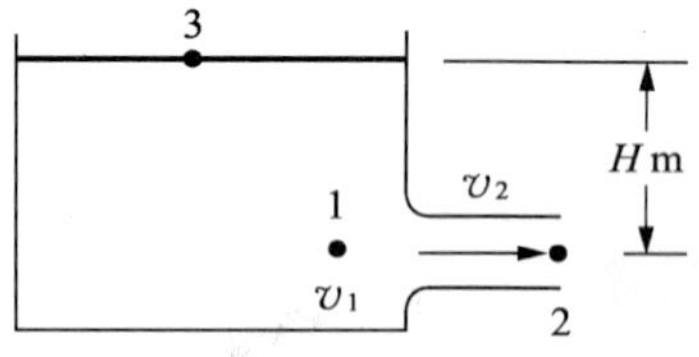

图 2.7-7　例 2.7-7 喷嘴流程图

$$z_1 g+\frac{v_1^2}{2}+\frac{p_1-p_2}{\rho}=z_2 g+\frac{v_2^2}{2} \tag{2.7-38}$$

代入已知值

$$0+0+\frac{p_1-p_2}{\rho}=0+\frac{v_2^2}{2} \tag{2.7-39}$$

求解 v_2 得

$$v_2=\sqrt{\frac{2(p_1-p_2)}{\rho}} \text{ m/s} \tag{2.7-40}$$

因为 $p_1-p_3=H\rho g$，且 $p_3=p_2$(都是 1 atm)，

$$H=\frac{p_1-p_2}{\rho g} \text{ m} \tag{2.7-41}$$

这里 H 是密度为 ρ 的液体位头。则式(2.7－40)变为

$$v_2=\sqrt{2gH} \tag{2.7-42}$$

体积流量为

$$流率 =v_2A_2\ \mathrm{m^3/s} \tag{2.7-43}$$

为了说明可选用不同的点进行衡算，将再选择点 3 和点 2，写成这两点的方程式(2.7－32)，

$$z_2g+\frac{v_2^2}{2}+\frac{p_2-p_3}{\rho}=z_3g+\frac{v_3^2}{2} \tag{2.7-44}$$

因为 $p_2=p_3=1$ atm，$v_3=0$ 和 $z_2=0$，有

$$v_2=\sqrt{2gz_3}=\sqrt{2gH} \tag{2.7-45}$$

2.8　总动量衡算

2.8.1　通用方程的推导

对于图 2.6－3 所示的控制体，可写成与总质量衡算方程颇类似的动量衡算方程。与质量和能量相比，动量特殊，是向量。总质量为 M，具有速度 v 的运动流体的总线动量向量 P 为

$$P=Mv \tag{2.8-1}$$

Mv 项是图 2.6－4 所示控制体内特定封闭区域中的运动质量 M 具有的动量。Mv 的单位在 SI 制中是 kg·m/s。

从牛顿第二定律出发，我们将推出线动量衡算积分方程。这里将不考虑角动量。牛顿定律可叙述为：系统动量随时间变化的速率等于作用于系统的全部力的总和且发生在净力的方向上：

$$\sum F=\frac{\mathrm{d}P}{\mathrm{d}t} \tag{2.8-2}$$

式中 F 是力。在 SI 制中，F 为牛顿(N)，1 N＝1 kg·m/s^2。注意 g_c 在 SI 制为单位的计算中不需要，但在以英制为单位的计算中是需要的。

对于控制体的动量守恒方程可写成如下形式，

作用于控制体的力的总和＝出控制体的动量速率－进控制体的动量速率
＋控制体内动量的累积速率　(2.8－3)

这与通用质量衡算方程式(2.6－3)的形式是相同的，力的总和作为产生速率项。因为施加于系统的外力产生了动量，所以动量不再守恒。如果不存在外力，则动量守恒。

用图 2.6－4 所示的一般控制体，我们将用与通用质量衡算方程非常相似的方法，计算推出方程式(2.8－3)中的各项。对控制体上的面积微元 dA，我们列出：

$$动量流出速率=v(\rho v)(\mathrm{d}A\cos\alpha) \tag{2.8-4}$$

注意质量流出速率是$(\rho v)(dA\ \cos\alpha)$。还应注意$(dA\ \cos\alpha)$是面积 dA 对速度向量 v 法线方向的投影，α 是速度向量 v 与出口方向法线向量 n 之间的夹角。由向量代数，式(2.8－4)的乘积变为

$$v(\rho v)(dA\ \cos\alpha)=(\rho v)(v\cdot n)dA \tag{2.8-5}$$

在整个控制面 A 积分，

$$\text{控制体的净动量流出}=\iint_A v(\rho v)\cos\alpha dA=\iint_A \rho v(v\cdot n)dA \tag{2.8-6}$$

净流出通量代表式(2.8－3)右边的前两项。

与式(2.6－5)类似，控制体 V 内线动量累积为

$$\text{控制体内动量的累积速率}=\frac{\partial}{\partial t}\iiint_V \rho v dV \tag{2.8-7}$$

将式(2.8－2)、式(2.8－6)和式(2.8－7)代入式(2.8－3)，对控制体的总线动量衡算变为

$$\sum F=\iint_A \rho v(v\cdot n)dA+\frac{\partial}{\partial t}\iiint_V \rho v dV \tag{2.8-8}$$

我们应当注意，通常$\sum F$中可能在各方向上有分量，F 是环境施加在控制体流体上的力。因为方程式(2.8－8)是一个向量方程，我们可列出 x、y 和 z 各方向上的分标量方程：

$$\sum F_x=\iint_A v_x\rho v\ \cos\alpha\ dA+\frac{\partial}{\partial t}\iiint_V \rho v_x\ dV \quad \text{(SI 制)}$$

$$\sum F_x=\iint_A v_x\frac{\rho}{g_c}v\ \cos\alpha\ dA+\frac{\partial}{\partial t}\iiint_V \frac{\rho}{g_c}v_x\ dV \quad \text{(英制)} \tag{2.8-9}$$

$$\sum F_y=\iint_A v_y\rho v\ \cos\alpha\ dA+\frac{\partial}{\partial t}\iiint_V \rho v_y dV \tag{2.8-10}$$

$$\sum F_z=\iint_A v_z\rho v\ \cos\alpha\ dA+\frac{\partial}{\partial t}\iiint_V \rho v_z dV \tag{2.8-11}$$

式(2.8－9)中的力$\sum F_x$一项由几个力的总和构成。这些给定的力如下：

1. 质量力。质量力 F_{xg} 是由于重力作用于控制体内总质量为 M 的流体所产生的 x 方向上的力。

这个力 F_{xg} 为 Mg_x。如果 x 方向是水平的，那么该力为零。

2. 压力。力 F_{xp} 是由作用在流体系统表面的压力造成的 x 方向上的力。如果控制体切过流体内部，压力指向内部方向并垂直于表面。某些情况下，控制面的一部分可能是固体表面，这些固体壁包括在控制面中。那么这个壁外的压力，典型的就是大气压力对 F_{xp} 有个贡献。如果使用表压，则在整个出口面上的恒内压积分可自动忽略。

3. 摩擦力。当流体流动时，存在 x 方向的剪切或摩擦力 F_{xs}，当控制体在固体壁和流体之间切过时，它由固体壁施加于流体。在某些情况或是许多情况下，这个摩擦力与其他力相比可能是可忽略不计的，因此而被忽略。

4. 固体表面力。对控制面切过固体的情况，存在力 R_x，这是作用在控制体这些点上的各

力的合力在 x 方向上的分量。当控制体包括一段管路和它所包含的液体时，即发生这种典型情况。

因此式(2.8-9)的力这项可表示为

$$\sum F_x = F_{xg} + F_{xp} + F_{xs} + R_x \tag{2.8-12}$$

对 y 和 z 方向可列出相似的方程。那么对 x 方向，方程式(2.8-9)变为

$$\begin{aligned}\sum F_x &= F_{xg} + F_{xp} + F_{xs} + R_x \\ &= \iint_A v_x \rho v \cos\alpha \, \mathrm{d}A + \frac{\partial}{\partial t}\iiint_V \rho v_x \mathrm{d}V\end{aligned} \tag{2.8-13}$$

2.8.2 一维流动系统的总动量衡算

总动量衡算方程的最通常的应用是对于一段管路的 x 轴方向情况的分析。假设流体在如图 2.6-3 和图 2.8-1 所示的控制体内定态流动。因为 $v = v_x$，x 方向的方程式(2.8-13)成为如下的形式：

$$\sum F_x = F_{xg} + F_{xp} + F_{xs} + R_x = \iint_A v_x \rho v_x \cos\alpha \, \mathrm{d}A \tag{2.8-14}$$

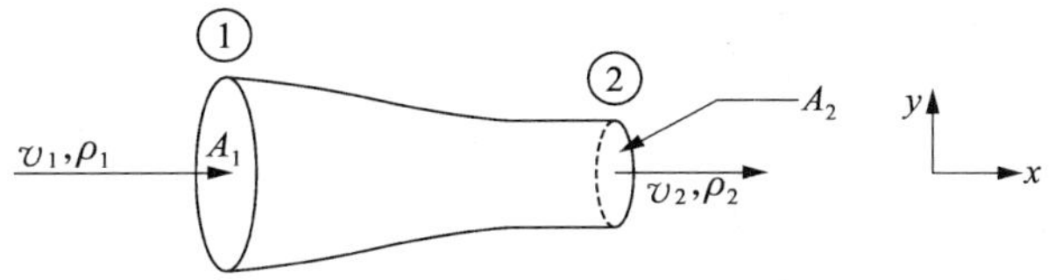

图 2.8-1　仅在 x 方向通过水平喷嘴的流动

积分，且用 $\cos\alpha = \pm 1.0$ 和 $\rho A = m/v_{平均}$ 值代入得，

$$F_{xg} + F_{xp} + F_{xs} + R_x = m\frac{(v_{x2}^2)_{平均}}{v_{x2平均}} - m\frac{(v_{x1}^2)_{平均}}{v_{x1平均}} \tag{2.8-15}$$

这里，如果速度不是常数，随穿过的面积变化，

$$(v_x^2)_{平均} = \frac{1}{A}\iint_A v_x^2 \mathrm{d}A \tag{2.8-16}$$

比值 $(v_x^2)_{平均}/v_{x平均}$ 被 $v_{x平均}/\beta$ 代替，式中 β 是动量速度校正因子，对湍流其值为 0.95～0.99，对层流为 3/4。在大多数湍流的应用中，用平均体积速率 $v_{x平均}$ 代替 $(v_x^2)_{平均}/v_{x平均}$。注意，对于一维流动，因为 $v_x = v$ 和 $F_x = F$，v_x 和 F_x 的下标 x 可以省去。

F_{xp} 一项是由作用于控制体表面的压力所产生的力，为

$$F_{xp} = p_1 A_1 - p_2 A_2 \tag{2.8-17}$$

在式(2.8-15)中的摩擦力将被忽略，因此 $F_{xs} = 0$。因为重力仅作用于 y 方向，故质量力 $F_{xg} = 0$。由式(2.8-17)代入式(2.8-15)中的 F_{xp} 项，用 v/β（这里 $v_{x平均} = v$）替代 $(v_x{}^2)_{平均}/v_{x平均}$，设 $\beta = 1.0$，求解式(2.8-15)中的 R_x，

$$R_x = mv_2 - mv_1 + p_1 A_1 - p_2 A_2 \tag{2.8-18}$$

式中 R_x 是固体施加于流体的力。流体作用于固体的力(反作用力)是这一值的负值或 $-R_x$。

例 2.8-1　层流的动量速度校正因子 β

一维流动的动量速度校正因子 β(这里省掉了下标 x)定义如下：

$$\frac{(v^2)_{平均}}{v_{平均}}=\frac{v_{平均}}{\beta} \tag{2.8-19}$$

$$\beta=\frac{(v_{平均})^2}{(v^2)_{平均}} \tag{2.8-20}$$

确定管内层流的 β 值。

解：应用式(2.8-16)，

$$(v^2)_{平均}=\frac{1}{A}\iint_A v^2\mathrm{d}A \tag{2.8-21}$$

将层流的方程式(2.7-16)代入式(2.8-21)并注意有 $A=\pi R^2$ 和 $\mathrm{d}A=r\mathrm{d}r\mathrm{d}\theta$，我们得到(见例 2.6-3)

$$(v^2)_{平均}=\frac{1}{\pi R^2}\int_0^{2\pi}\int_0^R\left[2v_{平均}\left(1-\frac{r^2}{R^2}\right)\right]^2 r\mathrm{d}r\mathrm{d}\theta=\frac{(2\pi)2^2v_{平均}^2}{\pi R^2}\int_0^R\frac{(R^2-r^2)^2}{R^4}r\mathrm{d}r \tag{2.8-22}$$

对式(2.8-22)积分并整理得，

$$(v^2)_{平均}=\frac{8v_{平均}^2}{R^6}\left(\frac{R^6}{2}-\frac{R^6}{2}+\frac{R^6}{6}\right)=\frac{4}{3}v_{平均}^2 \tag{2.8-23}$$

将式(2.8-22)代入式(2.8-20)，得 $\beta=3/4$。

例 2.8-2　水平喷嘴的动量衡算

水以 0.031 54 $\mathrm{m^3/s}$ 的流率流动通过如图 2.8-1 所示的水平喷嘴，并在点 2 喷放到大气中。喷嘴与上游端点 1 衔接，摩擦力被认为是可忽略的。上游和下游管的内径分别为 0.063 5 m 和 0.028 6 m。试计算喷嘴上的合力。水的密度为 1 000 $\mathrm{kg/m^3}$。

解：首先，计算在点 1 和点 2 的质量流量和平均或主体流速。点 1 的面积为 $A_1=\frac{\pi}{4}\times 0.063\,5^2=3.167\times10^{-3}\ \mathrm{m^2}$，且 $A_2=\frac{\pi}{4}\times0.028\,6^2=6.424\times10^{-4}\ \mathrm{m^2}$。则

$$m_1=m_2=m=0.031\,54\times1\,000=31.54\ \mathrm{kg/s}$$

点 1 的速度为 $v_1=0.031\,54/(3.167\times10^{-3})=9.96\ \mathrm{m/s}$，且 $v_2=0.031\,54/(6.424\times10^{-4})=49.1\ \mathrm{m/s}$。

为了估算上游压力 p_1，我们假设无摩擦损失和湍流(可计算雷诺数来验证这点)，应用机械能衡算式(2.7-28)。$\alpha=1.0$ 则方程变为

$$\frac{v_1^2}{2}+\frac{p_1}{\rho}=\frac{v_2^2}{2}+\frac{p_2}{\rho} \tag{2.8-24}$$

令表压 $p_2=0$，$\rho=1\,000\ \mathrm{kg/m^3}$，$v_1=9.96\ \mathrm{m/s}$，$v_2=49.1\ \mathrm{m/s}$，解得，

$$p_1=\frac{1\,000\times(49.1^2-9.96^2)}{2}=1.156\times10^6\ \mathrm{N/m^2}\quad(表压)$$

对 x 方向，应用动量衡算式(2.8－18)。代入已知值得，

$$R_x = 31.54\times(49.1-9.96)+0-(1.156\times10^6)\times(3.167\times10^{-3})$$
$$= -2\,427\ \text{N}\quad(-546\ \text{lb}_f)$$

因为力是负值，它作用在 x 的负值方向或向左。这是喷嘴作用于流体的力。流体作用于固体的力是 $-R_x$，或 $+2\,427$ N。

2.8.3　二维总动量衡算

总动量衡算方程的另一应用是如图 2.8－2 所示的流动系统，在点 1 的流体进口管路相对水平方向 x 的倾角为 α_1，点 2 的流体出口管相对水平方向 x 的倾角为 α_2。假设流体定态流动，且摩擦阻力 F_{xs} 可忽略。则在无累积的情况下 x 方向的方程式(2.8－13)成为如下形式：

$$F_{xg}+F_{xp}+R_x=\iint_A v_x\rho v\cos\alpha\,\mathrm{d}A \tag{2.8-25}$$

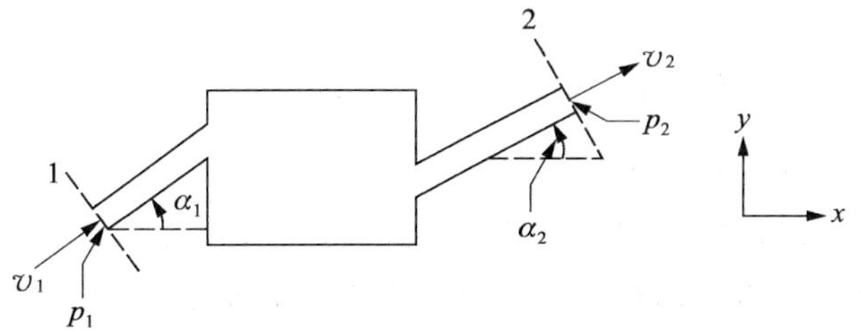

图 2.8－2　流体在点 1 进和点 2 出的流动系统的总动量衡算

对表面(面积)的积分式进行积分得

$$F_{xg}+F_{xp}+R_x=m\frac{(v_2^2)_{平均}}{v_{2平均}}\cos\alpha_2-m\frac{(v_1^2)_{平均}}{v_{1平均}}\cos\alpha_1 \tag{2.8-26}$$

也可用 $v_{平均}/\beta$ 代替 $(v_x^2)_{平均}/v_{平均}$，设 β 为 1.0。由图 2.8－2 可知，F_{xp} 为

$$F_{xp}=p_1A_1\cos\alpha_1-p_2A_2\cos\alpha_2 \tag{2.8-27}$$

式(2.8－26)对 R_x 求解后成为如下形式：

$$R_x=mv_2\cos\alpha_2-mv_1\cos\alpha_1+p_2A_2\cos\alpha_2-p_1A_1\cos\alpha_1 \tag{2.8-28}$$

在这种情况下 $F_{xg}=0$。

对 R_y，质量力 F_{yg} 在 y 方向为负值，且 $F_{yg}=-m_tg$，m_t 是控制体内流体的总质量。以 $\sin\alpha$ 代替 $\cos\alpha$，y 方向的方程变为

$$R_y=mv_2\sin\alpha_2-mv_1\sin\alpha_1+p_2A_2\sin\alpha_2-p_1A_1\sin\alpha_1+m_tg \tag{2.8-29}$$

例 2.8－3　弯曲管中的动量衡算

流体在定态下流过如图 2.8－3 所示的缩小的弯管。假设是摩擦阻力可忽略的湍流。在点 2 的液体体积流率和压力 p_2 已知，两端的管径也已知。试推导计算弯管上受力的方程。

假设液体密度 ρ 是常数。

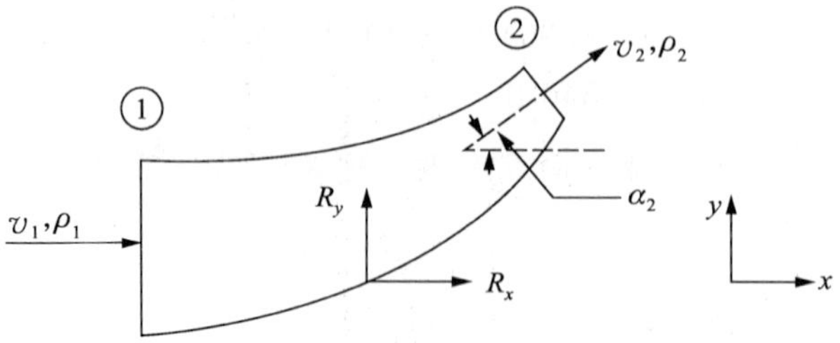

图 2.8-3　例 2.8-3 中流过的缩小弯管

解: 由体积流率和流道面积可得到速度 v_1 和 v_2。还有 $m=\rho_1 v_1 A_1=\rho_2 v_2 A_2$。如例 2.8-2,应用机械能衡算方程式(2.8-24)得到上游压力 p_1。对 x 方向用式(2.8-28)进行动量衡算。因为 $\alpha_1=0,\cos\alpha_1=1.0$,式(2.8-28)变为

$$R_x=mv_2\cos\alpha_2-mv_1+p_2A_2\cos\alpha_2-p_1A_1 \quad (\text{SI 制})$$
$$R_x=\frac{m}{g_c}v_2\cos\alpha_2-\frac{m}{g_c}v_1+p_2A_2\cos\alpha_2-p_1A_1 \quad (\text{英制}) \tag{2.8-30}$$

对 y 方向,应用动量衡算式(2.8-29),这里 $\sin\alpha_1=0$:

$$R_y=mv_2\sin\alpha_2+p_2A_2\sin\alpha_2+m_t g \quad (\text{SI 制}) \tag{2.8-31}$$

这里 m_t 是弯管内流体的总质量。因为作用于所有面积上的大气压力相互消除,点 1 和点 2 的压力为表压。弯曲面作用于控制体流体的合力的数值为

$$|R|=\sqrt{R_x^2+R_y^2} \tag{2.8-32}$$

其与垂直方向的夹角为 $\theta=\arctan(R_x/R_y)$。重力 F_{yg} 与式(2.8-31)中的其他项相比常因较小而被忽略。

例 2.8-4　在突然扩大中的摩擦损失

当流体如图 2.8-4 所示由较小管路通过突然膨胀流到大管路时,发生机械能损失。用动量衡算和机械能衡算得到液体机械能损失的表达式。(提示:假设 $p_0=p_1$ 和 $v_0=v_1$。在点 0 和点 2 间做机械能衡算,在点 1 和点 2 间做动量衡算。假定 p_1 和 p_2 在整个截面积上是相同的。)

解: 控制体选择不包括管壁,可消除 R_x。边界选择点 1 和点 2。通过平面 1 的流动只发生在 A_0 面积内。摩擦曳力将忽略,假设所有的损失都是由控制体内的漩涡造成。在点 1 和点 2 间应用式(2.8-18)进行动量衡算 并注意 $p_0=p_1$,$v_1=v_0$ 和 $A_1=A_2$,

$$p_1A_2-p_2A_2=mv_2-mv_1 \tag{2.8-33}$$

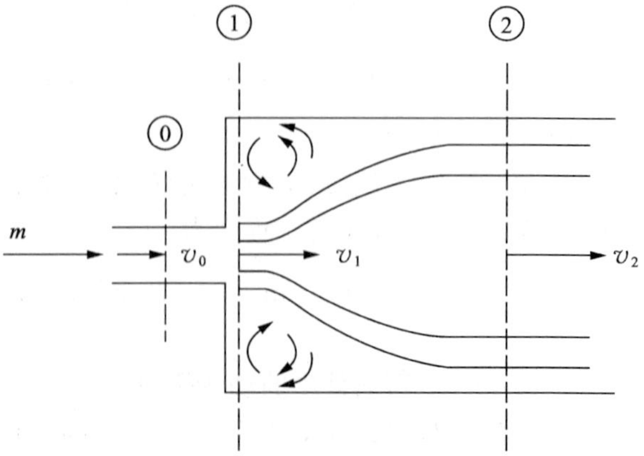

图 2.8-4　膨胀流的损失

质量流率是 $m=v_0\rho A_0$，且 $v_2=(A_0/A_2)v_0$。将这几项代入式(2.8－33)并整理给出

$$v_0^2\frac{A_0}{A_2}\left(1-\frac{A_0}{A_2}\right)=\frac{p_2-p_1}{\rho} \tag{2.8-34}$$

将机械能衡算式(2.7－28)应用于点 1 和点 2 得，

$$\frac{v_0^2-v_2^2}{2}-\sum F=\frac{p_2-p_1}{\rho} \tag{2.8-35}$$

最后，将式(2.8－34) 和式(2.8－35) 结合得

$$\sum F=\frac{v_0^2}{2}\left(1-\frac{A_0}{A_2}\right)^2 \tag{2.8-36}$$

2.8.4　自由射流撞击固定翼的总动量衡算

当自由射流碰撞在如图 2.8－5 的固定翼上，可应用总动量衡算来确定光滑翼上的受力。因为在冲击前后无高度和压力的变化，因此没有能量损失，应用伯努利方程表明速度的大小无变化。由于碰撞的损失可忽略。射流与平滑翼间的摩擦阻力也可忽略。假设在整个射流的上下游速度是相同的。因为射流是向大气敞开的，在翼的所有端点的压力是相同的。

在对图 2.8－5(a)所示的曲翼控制体进行动量衡算时，定态方程式(2.8－28)列出如下形式，这里压力项为零，$v_1=v_2$，$A_1=A_2$，$m=v_1A_1\rho_1=v_2A_2\rho_2$：

$$R_x=mv_2\cos\alpha_2-mv_1+0=mv_1(\cos\alpha_2-1) \tag{2.8-37}$$

对 y 方向应用式(2.8－29)并忽略质量力，

$$R_y=mv_2\sin\alpha_2-0=mv_1\sin\alpha_2 \tag{2.8-38}$$

因此，R_x和R_y是翼作用于控制体内流体上的力的分量。翼上受的力的分量为$-R_x$和$-R_y$。

例 2.8－5　自由射流作用于固定曲翼的力

速度为 30.5 m/s 直径为 2.54×10^{-2} m 的水的射流，被如图 2.8－5(a)所示的平滑曲翼偏转，$\alpha_2=60°$。求射流对翼的作用力为多少？假设 $\rho=1\ 000\ \text{kg/m}^3$。

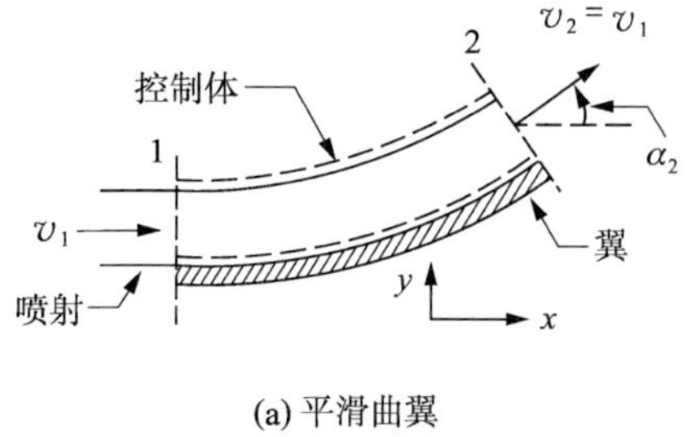

(a) 平滑曲翼

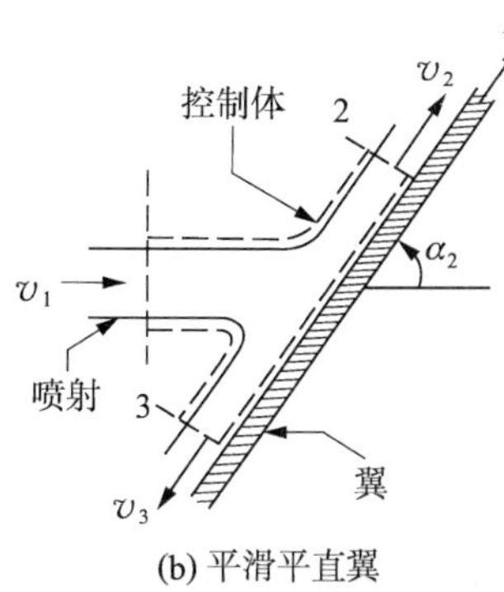

(b) 平滑平直翼

图 2.8－5　自由射流碰撞在固定翼上

解：射流的截面积为 $A_1=\pi(2.54\times10^{-2})^2/4=5.067\times10^{-4}\ \text{m}^2$。则有 $m=v_1A_1\rho_1=$

30.5×5.067×10^{-4}×1 000=15.45 kg/s。代入式(2.8-37)和式(2.8-38)得

$$R_x=15.45\times30.5(\cos 60°-1)=-235.6\ \mathrm{N}(-52.97\ \mathrm{lb_f})$$

$$R_y=15.45\times30.5\sin 60°=408.1\ \mathrm{N}(91.74\ \mathrm{lb_f})$$

作用于翼上的力为$-R_x=+235.6$ N和$-R_y=-408.1$ N。合力可由方程式(2.8-32)计算。

在图2.8-5(b)中,自由射流以速度v_1冲击平滑倾斜的平板,分为两股流动流体,因为无能量损失,它们的速度相等($v_1=v_2=v_3$)。在平行于板的p方向进行动量衡算是较方便的。在这个方向上平板没有对流体施加力;即无切线力。则在p方向的初始动量分量必须等于这一方向的最终动量分量。这意味着$\sum F_p=0$。列出与式(2.8-26)类似的方程,式中m_1是进入点1,m_2和m_3为离开点2和点3的质量流速kg/s,

$$\sum F_p=0=m_2v_2-m_1v_1\cos\alpha_2-m_3v_3$$

$$0=m_2v_1-m_1v_1\cos\alpha_2-m_3v_1 \tag{2.8-39}$$

由连续方程得

$$m_1=m_2+m_3 \tag{2.8-40}$$

结合并求解得

$$m_2=\frac{m_1}{2}(1+\cos\alpha_2),\quad m_3=\frac{m_1}{2}(1-\cos\alpha_2) \tag{2.8-41}$$

平板对流体施加的力必须是对它的法线的。这意味着合力简单的为$m_1v_1\sin\alpha_2$。还可由式(2.8-28)和式(2.8-29)确定R_x和R_y,然后应用式(2.8-32)来计算作用于流体的合力。作用于曲翼的力是与之相对应的。

2.9 层流薄层的动量衡算和速度分布

2.9.1 概述

在2.8节中,我们利用宏观的总的控制体分析了动量衡算问题。由此我们得到了通过控制面的整体或总的动量变化。这个总动量衡算没有告诉我们发生在控制体内的详细情况。本节中,我们分析一个小的控制体,并将其缩小到微元尺度。这样做时,我们应用前面章节中的动量衡算基本概念进行薄层的动量衡算,然后应用黏度定义方程,得到包线内的速度分布和压降。对于简单几何体的定态层流流动系统,推导了其方程。

在许多工程问题中,并不需要全部的速度分布知识,但需要知道最大速度、平均速度或界面的剪切应力等知识。本节将就如何从速度分布得到这些量进行阐述。

2.9.2 管内薄层的动量衡算

工程师经常涉及圆管内或管路中的流体流动问题。图2.9-1中,有一段水平管,内有不可压缩的牛顿流体进行一维的定态层流流动。流动是充分发展的;即,其不受进口的影

响，沿流动轴在 x 方向上速度分布也不发生变化。

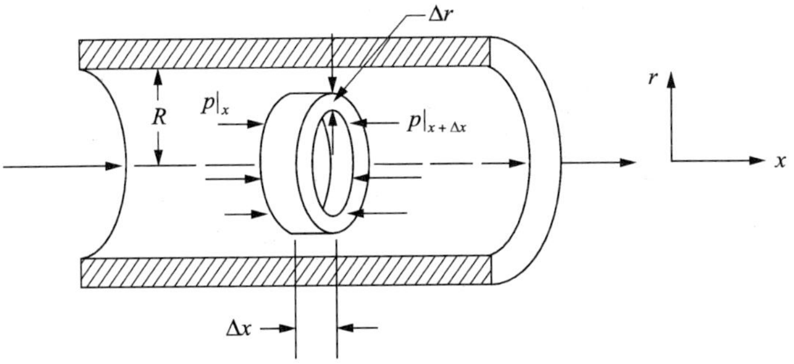

图 2.9－1　流体在圆管内流动薄层动量衡算的控制体

圆筒控制体是一个内径为 r、厚度为 Δr 长度为 Δx 的薄层。在定态条件下，动量守恒，式(2.8－3)成为如下形式：作用于控制体的力的总和＝动量流出体积的速率－动量流入体积的速率。由式(2.8－17)，压力变为，

$$\text{压力}=pA|_{x}-pA|_{x+\Delta x}-p(2\pi r\Delta r)|_{x}-p(2\pi r\Delta r)|_{x+\Delta x} \tag{2.9-1}$$

作用于半径为 r 的圆柱表明的剪切力或曳力为剪切应力 τ_{rx} 乘以面积 $2\pi r\Delta x$。然而，也可认为如式(2.4－9)描述的，这是流入薄层圆筒表面的动量流率。因此，净动量流出率等于动量流出速率－动量流入速率，表示如下

$$\text{净流出率}=(\tau_{rx}2\pi r\Delta x)|_{r+\Delta r}-(\tau_{rx}2\pi r\Delta x)|_{r} \tag{2.9-2}$$

通过 x 和 $x+\Delta x$ 的环状界面的动量的对流通量为零，因为流动是充分发展的，这些项与 x 无关。事实的确如此，因为在 x 处的 v_x 等于在 $x+\Delta x$ 处的 v_x。

令式(2.9－1)等于式(2.9－2)，并整理得

$$\frac{(r\tau_{rx})|_{r+\Delta r}-(r\tau_{rx})|_{r}}{\Delta r}=\frac{r(p|_{x}-p|_{x+\Delta x})}{\Delta x} \tag{2.9-3}$$

在充分发展的流动中，压力梯度($\Delta p/\Delta x$)为常数，且变为($\Delta p/L$)，这里 Δp 是管长为 L 的管路压降。令 Δr 趋向于零，我们得到

$$\frac{\mathrm{d}(r\tau_{rx})}{\mathrm{d}r}=\left(\frac{\Delta p}{L}\right)r \tag{2.9-4}$$

分离变量并积分得

$$\tau_{rx}=\left(\frac{\Delta p}{L}\right)\frac{r}{2}+\frac{C_1}{r} \tag{2.9-5}$$

如果在 $r=0$ 点的动量通量不为无限大，则积分常数 C_1 必须为零。因此有

$$\tau_{rx}=\left(\frac{\Delta p}{2L}\right)r=\frac{p_0-p_L}{2L}r \tag{2.9-6}$$

这意味着动量通量随半径线性变化，如图 2.9－2 所示，且最大值发生在 $r=R$ 的壁面。

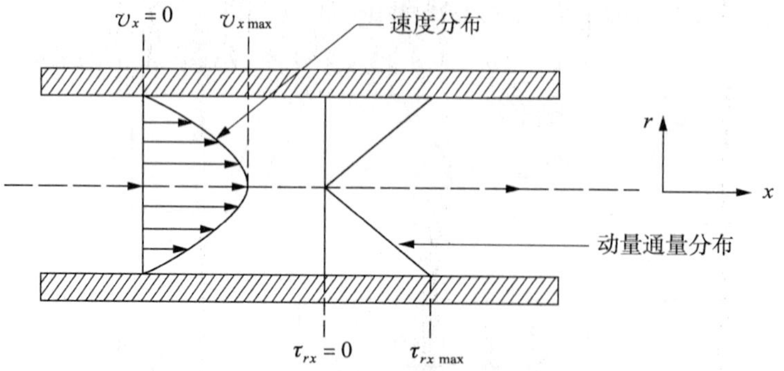

图 2.9-2　管内层流的速度和动量通量分布

将牛顿黏性定律方程

$$\tau_{rx}=-\mu\frac{\mathrm{d}v_x}{\mathrm{d}r} \tag{2.9-7}$$

代入式(2.9-6),我们得到下面的关于速度的微分方程式(2.9-8):

$$\frac{\mathrm{d}v_x}{\mathrm{d}r}=-\frac{p_0-p_L}{2\mu L}r \tag{2.9-8}$$

应用壁面的边界条件 $r=R, v_x=0$,我们得到速度分布方程:

$$v_x=\frac{p_0-p_L}{4\mu L}R^2\left[1-\left(\frac{r}{R}\right)^2\right] \tag{2.9-9}$$

这一结果向我们表明,速度分布是如图 2.9-2 所示的抛物线。

横截面积上的平均速度 $v_{x平均}$ 通过将整个截面上的速度进行加和,并除以截面面积,从而建立如式(2.6-17)这样的关系。在习题 2.6-3 中给出了下面的程序,这里 $\mathrm{d}A=r\mathrm{d}r\mathrm{d}\theta$,且 $A=\pi R^2$,

$$v_{x平均}=\frac{1}{A}\iint_A v_x\mathrm{d}A=\frac{1}{\pi R^2}\int_0^{2\pi}\int_0^R v_x r\,\mathrm{d}r\mathrm{d}\theta=\frac{1}{\pi R^2}\int_0^R v_x 2\pi r\mathrm{d}r \tag{2.9-10}$$

将式(2.9-9)和式(2.9-10)结合并积分得

$$v_{x平均}=\frac{(p_0-p_L)R^2}{8\mu L}=\frac{(p_0-p_L)D^2}{32\mu L} \tag{2.9-11}$$

这里直径 $D=2R$。因此式(2.9-11)为哈根-泊谡叶方程,它将水平管层流的压降与平均流速相关联。

在 $r=0$ 处,管子的最大速度由式(2.9-9)得到:

$$v_{x\max}=\frac{p_0-p_L}{4\mu L}R^2 \tag{2.9-12}$$

将式(2.9-11)和式(2.9-12)结合,我们发现有

$$v_{x平均}=\frac{v_{x\max}}{2} \tag{2.9-13}$$

将式(2.9－9)除以式(2.9－11)还可得

$$\frac{v_x}{v_{x平均}}=2\left[1-\left(\frac{r}{R}\right)^2\right] \quad (2.9-14)$$

2.9.3　降膜薄层的动量衡算

现在我们用与管内层流研究接近和类似的方法，研究流体作为层流膜沿垂直表面向下流动的情况。降膜被用于各种传质现象的研究、表面涂布等方面。降膜的控制体示于图 2.9－3(a)，这里考虑的流体薄层厚度为 Δx，在垂直方向 z 的长度为 L。这个区域距离进、出口区域足够远，因此流动不受这些区域的影响。这意味着速度 $v_z(x)$ 与位置 z 无关。

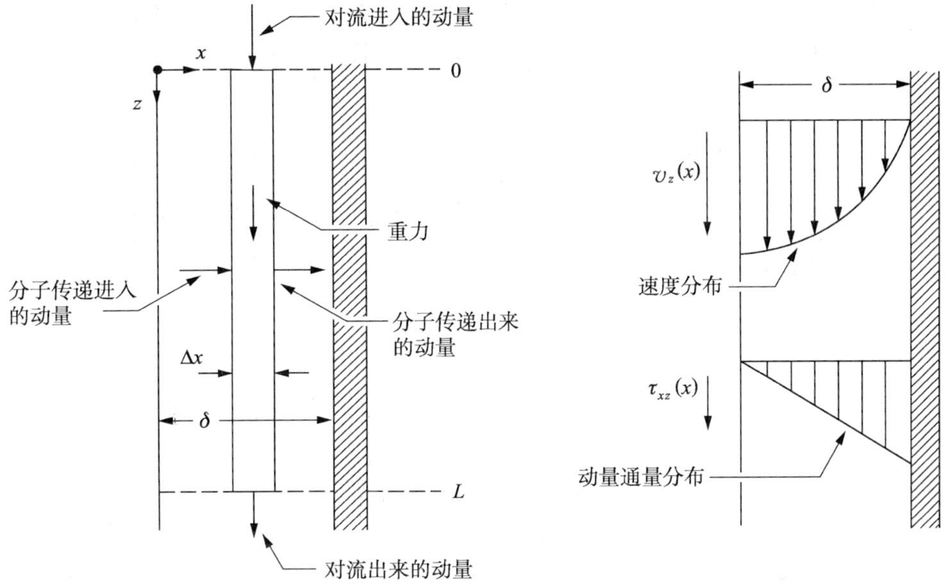

(a) 厚度 Δx 的控制体薄层的动量衡算　　(b) 速度和动量通量分布

图 2.9－3　液体膜的垂直层流流动

我们从建立整个系统的动量衡算开始，系统为厚度为 Δx，z 方向以 $z=0$ 和 $z=L$ 的平面为界，y 方向距离宽度为 W 的控制体。首先，我们考虑分子传递产生的动量通量。动量流入率－动量流出率是 $x+\Delta x$ 处的动量通量减 x 处的动量通量乘以面积 LW：

$$净流出率=LW(\tau_{xz})|_{x+\Delta x}-LW(\tau_{xz})|_x \quad (2.9-15)$$

净对流动量通量为在 $z=L$ 处从面积 $\Delta x\ W$ 离开系统的动量流率减去 $z=0$ 处进入该面积的动量流率(原文有误)。因为对每个 x 值，在 $z=0$ 和 $z=L$ 处的 v_z 是相等的，所以这个净流出率等于零：

$$净流出率=\Delta xWv_z(\rho v_z)|_{z=L}-\Delta xWv_z(\rho v_z)|_{z=0}=0 \quad (2.9-16)$$

作用于流体的重力为

$$重力=\Delta x\ WL(\rho g) \quad (2.9-17)$$

对于定态条件，应用动量守恒方程式(2.8-3)，

$$\Delta x WL(\rho g) = LW(\tau_{xz})|_{x+\Delta x} - LW(\tau_{xz})|_{x} + 0 \tag{2.9-18}$$

对式(2.9-18)进行整理并令 $\Delta x \to 0$ 得，

$$\frac{\tau_{xz}|_{x+\Delta x} - \tau_{xz}|_{x}}{\Delta x} = \rho g \tag{2.9-19}$$

$$\frac{\mathrm{d}}{\mathrm{d}x}\tau_{xz} = \rho g \tag{2.9-20}$$

应用在 $x=0$，自由液体表面 $\tau_{xz}=0$ 和 $x=x$，$\tau_{xz}=\tau_{xz}$ 的边界条件进行积分得，

$$\tau_{xz} = \rho g x \tag{2.9-21}$$

这意味着动量通量分布是线性的，如图 2.9-3(b)所示，且最大值在壁上。对牛顿流体应用牛顿黏性定律

$$\tau_{xz} = -\mu \frac{\mathrm{d}v_z}{\mathrm{d}x} \tag{2.9-22}$$

将式(2.9-21)和式(2.9-22)结合，我们可得到下面对速度的微分方程：

$$\frac{\mathrm{d}v_z}{\mathrm{d}x} = -\left(\frac{\rho g}{\mu}\right)x \tag{2.9-23}$$

分离变量并积分给出

$$v_z = -\left(\frac{\rho g}{2\mu}\right)x^2 + C_1 \tag{2.9-24}$$

利用边界条件 $x=\delta$，$v_z=0$，得 $C_1=(\rho g/2\mu)\delta^2$。因此速度分布方程变为

$$v_z = \frac{\rho g \delta^2}{2\mu}\left[1-\left(\frac{x}{\delta}\right)^2\right] \tag{2.9-25}$$

这意味着速度分布是抛物线，如图 2.9-3(b)所示。由方程式(2.9-25)，最大速度发生在 $x=0$处，其值为

$$v_{z\,\max} = \frac{\rho g \delta^2}{2\mu} \tag{2.9-26}$$

平均速度可应用式(2.6-17)得到：

$$v_{z\,平均} = \frac{1}{A}\iint_A v_z \mathrm{d}A = \frac{1}{W\delta}\int_0^W\int_0^\delta v_z \mathrm{d}x\mathrm{d}y = \frac{W}{W\delta}\int_0^\delta v_z \mathrm{d}x \tag{2.9-27}$$

将式(2.9-25)代入式(2.9-27)并进行积分得

$$v_{z平均} = \frac{\rho g \delta^2}{3\mu} \tag{2.9-28}$$

将式(2.9-26)和式(2.9-28)两式结合，我们得到 $v_{z平均}=2/3\ v_{z\,\max}$。通过将平均速度乘以截面积 δW 可得到体积流量 q：

$$q = \frac{\rho g \delta^3 W}{3\mu}\ \mathrm{m^3/s} \tag{2.9-29}$$

在降膜中常定义单位壁宽的质量流率 Γ kg/(s·m)，为 $\Gamma=\rho\delta v_{z平均}$，雷诺数定义为

$$N_{Re}=\frac{4\Gamma}{\mu}=\frac{4\rho\delta v_{z平均}}{\mu} \tag{2.9-30}$$

$N_{Re}<1\ 200$，发生层流。在 N_{Re} 超过 25 时，层流存在波纹。

例 2.9-1　降膜速度和厚度

一种油以 1.7 mm 厚的液膜流下垂直壁面。油的密度为 820 kg/m^3，黏度为 0.20 Pa·s。试计算单位宽度壁面的质量流率 Γ，及要求的雷诺数。计算平均速度。

解：膜厚为 $\delta=0.001\ 7$ m。将式(2.9-28)代入 Γ 的定义式得，

$$\Gamma=\rho\delta v_{z平均}=\frac{(\rho\delta)\rho g\delta^2}{3\mu}=\frac{\rho^2\delta^3 g}{3\mu}=\frac{820^2\times(1.7\times10^{-3})^3\times9.806}{3\times0.20}$$

$$=0.053\ 99\ \text{kg/(s·m)} \tag{2.9-31}$$

应用式(2.9-30)，

$$N_{Re}=\frac{4\Gamma}{\mu}=\frac{4\times0.053\ 99}{0.20}=1.080$$

因此，流动膜是层流。用式(2.9-28)得

$$v_{z平均}=\frac{\rho g\delta^2}{3\mu}=\frac{820\times9.806\times(1.7\times10^{-3})^2}{3\times0.20}=0.038\ 73\ \text{m/s}$$

2.10　管内层流和湍流的设计方程

2.10.1　管内的速度分布

流体流动最重要的应用之一是针对圆形管道内的流动问题。附录 A.5 给出了商业标准钢管的尺寸。通常使用的标准是不同尺寸的系列(schedule)40 管。系列(schedule) 80 具有较厚的管壁，将经受超过系列(schedule)40 管 2 倍的压力。两者外径相同，因此它们将适合同样的装配。其他金属管子都具有与钢管相同的外径，以允许管路系统的部分互换。管子的尺寸通常给出外径和壁厚。Perry 和 Green(P1)给出了各种管子和管路的详细列表。

当流体在圆管中流动，从管壁到中心的不同距离位置上测定速度时，结果显示层流和湍流的管中心流体都比靠近壁面的流体流动快。这些是在离管路进口合理的距离进行测定的。图 2.10-1 是距管中心的相对距离对最大速度比 v'/v_{max} 的标绘，这里 v' 是在给定位置的局部速度，v_{max} 是在管中心的最大速度。对黏性

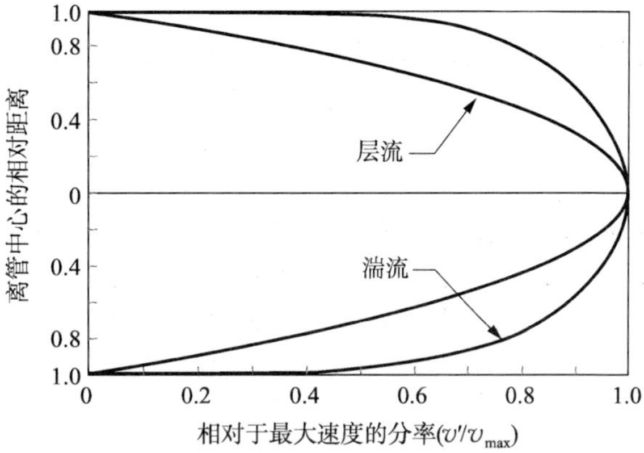

图 2.10-1　流体在管截面上的速度分布

流动或层流流动，速度分布如式(2.9－9)所推导的，确实是条抛物线，在管壁上的速度是零。

在许多工程应用中，因为在某些情况下仅测定管中心位置的最大速度 v_{max}，所以管内平均速度 $v_{平均}$ 与最大速度 v_{max} 之间的关系是很有用的。因此，仅从一点的测定，就可利用 v_{max} 与 $v_{平均}$ 之间的这个关系来确定 $v_{平均}$。在图 2.10－2 中将 $v_{平均}/v_{max}$ 的实验测定值标绘为雷诺数 $Dv_{平均}\rho/\mu$ 和 $Dv_{max}\rho/\mu$ 的函数。

与层流薄层的动量衡算式(2.9－13)所给出的结果相同，整个管截面上的平均速度可精确地为管中心最大速度的 0.5 倍。另一方面，对于湍流，中心处的曲线稍平坦些(见图 2.10－1)，且平均速度大约为最大值的 0.8 倍。取决于雷诺数的不同，这个 0.8 的值稍有些改变，其关系如图 2.10－2 所示。(注意：见习题 2.6－3，那里的 0.817 值是用 1/7 次方定律推导得到的。)

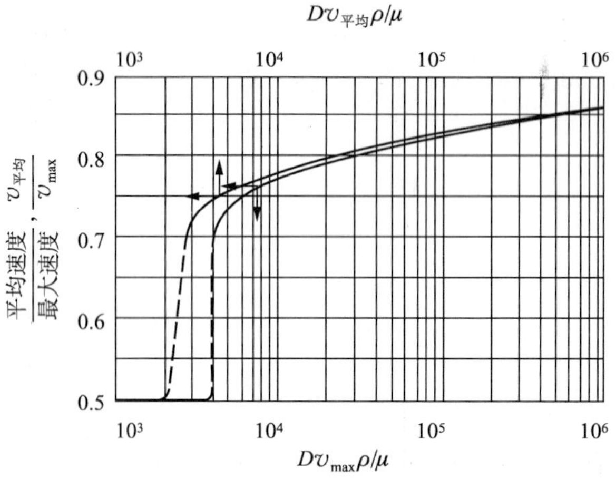

图 2.10－2　$v_{平均}/v_{max}$ 比率与管内雷诺数的关系

2.10.2　层流中的压降和摩擦损失

1. 压降和由于摩擦的损失。当流体是管内的定态层流时，则牛顿流体的剪切应力由式(2.4－2)给定，对直径 dr 而不是距离 dy 变化的情况，将该式重写如下：

$$\tau_{rz}=-\mu\frac{dv_z}{dr} \tag{2.10-1}$$

利用这一关系，并对圆筒薄层的流体进行薄层动量衡算，得到圆管内液体层流流动的哈根-泊谡叶方程式(2.9－11)。其可写成如下形式：

$$\Delta p_f=(p_1-p_2)_f=\frac{32\mu v(L_2-L_1)}{D^2} \tag{2.10-2}$$

式中 p_1 是上游点 1 的压力(N/m²)，p_2 是点 2 的压力；v 是管内的平均速度(m/s)；D 是内径(m)；(L_2-L_1) 或 ΔL 是直管长度(m)。对英制单位，式(2.10－2)的右边要除以 g_c。

(p_1-p_2) 或 Δp_f 是由于表面摩擦产生的压力损失量。对恒密度 ρ，则摩擦损失 F_f 为

$$F_f=\frac{(p_1-p_2)_f}{\rho}=\frac{\text{N}\cdot\text{m}}{\text{kg}}\text{或}\frac{\text{J}}{\text{kg}}\quad(\text{SI 制})$$

$$F_f=\frac{\text{ft}\cdot\text{lb}_f}{\text{lb}_m}\quad(\text{英制}) \tag{2.10-3}$$

这是由于管子的表面摩擦造成的流体机械能损失，单位为 N•m/kg，在机械能衡算式(2.7－28)中，是摩擦损失项 $\sum F$ 中的一部分。因为在式(2.7－28)中速度头或势头的变化，表面摩擦损失项$(p_1-p_2)_f$不同于(p_1-p_2)。流道内的层流或湍流的摩擦而引起的 $\sum F$ 部分将在第 2.10.2 和第 2.10.3 节中讨论。有时摩擦损失的大部分是由于管件(阀门、弯头等)、弯曲和类似的原因造成的，由这些因素造成的损失将在第 2.10.6 节中讨论。注意，如果式(2.7－28)用于水平直管的定态流动，则得到$(p_1-p_2)/\rho=\sum F$。

式(2.10－2)的应用之一，是通过测定流体流经已知长度和直径的管路的压降和体积流率，实验测定该流体的黏度。在实际操作中，通常需对动能和进口的影响作少量修正。式(2.10－2)还常用于测定小股液流。

例 2.10－1　小股液流的测定

内径为 2.22×10^{-3} m，长度为 0.317 m 的毛细管，被用于连续测定密度为 875 kg/m³、黏度为 1.13×10^{-3} Pa•s 的液体的流量。流体流过毛细管的压差读数为 0.065 5 m 水柱(密度 996 kg/m³)。如果端效应的影响可忽略，问流量为多少 m³/s?

解：假设为层流流动，将应用式(2.10－2)。首先，利用式(2.2－4)将 0.065 5 m 水的高度 h 换算为压降，

$$\Delta p_f=h\rho g=(0.0655\ \text{m})\times\left(996\ \frac{\text{kg}}{\text{m}^3}\right)\times\left(9.80665\ \frac{\text{m}}{\text{s}^2}\right)$$
$$=640\ \text{kg}\cdot\text{m}/(\text{s}^2\cdot\text{m}^2)=640\ \text{N/m}^2$$

将 $\mu=1.13\times10^{-3}$ Pa•s，$L_2-L_1=0.317$ m，$D=2.22\times10^{-3}$ m，和 $\Delta p_f=640$ N/m² 等各值代入式(2.10－2)，并求解 v，

$$\Delta p_f=\frac{32\mu v(L_2-L_1)}{D^2} \tag{2.10－2}$$

$$640=\frac{32\times(1.13\times10^{-3})\times v\times0.317}{(2.22\times10^{-3})^2}$$

$$v=0.275\ \text{m/s}$$

则体积流量为

$$\text{体积流量}=v\pi\frac{D^2}{4}=\frac{0.275\times(2.22\times10^{-3})^2}{4}=1.066\times10^{-6}\ \text{m}^3/\text{s}$$

因为假设为层流，将计算雷诺数校验这一假设：

$$N_{Re}=\frac{Dv\rho}{\mu}=\frac{2.22\times10^{-3}\times0.275\times875}{1.13\times10^{-3}}=473$$

所以如假设情况，是层流。

2. 对层流摩擦损失的摩擦因子的应用。在层流和湍流，特别是湍流中通常使用的参数是 Fanning 摩擦因子 f，其定义为单位润湿表面面积上的曳力(表面的剪切应力 τ_s)除以密度与速度头的乘积，或 $1/2\ \rho v^2$。力是 Δp_f乘以截面积 πR^2，润湿表面的面积是 $2\pi R\Delta L$。因此，

对层流和湍流,由摩擦产生的压降与 f 的关系如下:

$$f=\frac{\tau_s}{\rho v^2/2}=\frac{\Delta p_f \pi R^2}{2\pi R\Delta L}\Big/\frac{\rho v^2}{2} \tag{2.10-4}$$

$$\Delta p_f=4f\rho\frac{\Delta L}{D}\frac{v^2}{2} \quad (\text{SI 制})$$

$$\Delta p_f=4f\rho\frac{\Delta L}{D}\frac{v^2}{2g_c} \quad (\text{英制}) \tag{2.10-5}$$

$$F_f=\frac{\Delta p_f}{\rho}=4f\frac{\Delta L}{D}\frac{v^2}{2} \quad (\text{SI 制})$$

$$F_f=4f\frac{\Delta L}{D}\frac{v^2}{2g_c} \quad (\text{英制}) \tag{2.10-6}$$

仅对层流,将式(2.10-2)与式(2.10-5)结合得,

$$f=\frac{16}{N_{Re}}=\frac{16}{Dv\rho/\mu} \tag{2.10-7}$$

对于层流,当雷诺数低于 2 100 时,式(2.10-2)、式(2.10-5)、式(2.10-6)和式(2.10-7)成立。超过这个值,即 N_{Re} 在 2 100 以上时,式(2.10-2)和式(2.10-7)对湍流不成立。但是如下一节将讨论的那样,对于湍流,式(2.10-5)和式(2.10-6)将沿用经验的方法外推应用于预测摩擦因子 f。

例 2.10-2　层流中摩擦因子的应用

假设已知条件如例 2.10-1,此外,已知速度为 0.275 m/s,要求预测压降 Δp_f。应用 Fanning 摩擦因子法。

解:如前计算,雷诺数为

$$N_{Re}=\frac{Dv\rho}{\mu}=\frac{(22.2\times10^{-3}\ \text{m})\times(0.275\ \text{m/s})\times(875\ \text{kg/m}^3)}{1.13\times10^{-3}\ \text{kg/(m·s)}}=473$$

由式(2.10-7)得摩擦因子 f,

$$f=\frac{16}{N_{Re}}=\frac{16}{473}=0.033\ 8\ (\text{无量纲})$$

应用式(2.10-5),有 $\Delta L=0.317$ m,$v=0.275$ m/s,$D=2.22\times10^{-3}$ m,$\rho=875$ kg/m³,

$$\Delta p_f=4f\rho\frac{\Delta L}{D}\frac{v^2}{2}=\frac{4\times0.033\ 8\times875\times0.317\times0.275^2}{22.2\times10^{-3}\times2}=640\ \text{N/m}^2$$

显然,该值与例 2.10-1 的值一致。

当流体为气体而不是液体时,层流的哈根-泊谡叶方程式(2.10-2)可写成如下形式

$$m=\frac{\pi D^4 M(p_1^2-p_2^2)}{128(2RT)\mu(L_2-L_1)} \quad (\text{SI 制})$$

$$m=\frac{\pi D^4 g_c M(p_1^2-p_2^2)}{128(2RT)\mu(L_2-L_1)} \quad (\text{英制}) \tag{2.10-8}$$

式中 m=kg/s,M=摩尔质量,kg/kmol,T=绝对温度,K,R=8 314.3 N·m/(kmol·K)。在英制单位中,R=1 545.3 ft·lb_f/(lb mol·°R)。

2.10.3　湍流的压降和摩擦因子

湍流与层流时一样,摩擦因子也取决于雷诺数。但是,对于湍流不可能像层流那样预测 Fanning 摩擦因子。摩擦因子必须由经验(实验)值确定,因它不仅取决于雷诺数,还取决于管道表面的粗糙度。在层流中粗糙度基本无影响。

量纲分析也表明摩擦因子与这些因素的相关性。获得无量纲特征数的方法和它们的重要性将在第 3.11 和第 4.14 节中讨论。

人们已经获得光滑管和各种当量粗糙度管摩擦因子的大量实验数据,并对这些数据进行了关联。为了设计,要预测摩擦因子 f,从而预测圆管的摩擦压降,可利用阻力因子图 2.10-3 来完成。这是一个 f 对 N_{Re} 的双对数坐标曲线。将这一摩擦因子 f 应用于式(2.10-5)和式(2.10-6),预测阻力损失 Δp_f 或 F_f:

$$\Delta p_f = 4f\rho \frac{\Delta L}{D}\frac{v^2}{2} \quad \text{(SI 制)}$$
$$\Delta p_f = 4f\rho \frac{\Delta L}{D}\frac{v^2}{2g_c} \quad \text{(英制)} \tag{2.10-5}$$

$$F_f = \frac{\Delta p_f}{\rho} = 4f \frac{\Delta L}{D}\frac{v^2}{2} \quad \text{(SI 制)}$$
$$F_f = 4f \frac{\Delta L}{D}\frac{v^2}{2g_c} \quad \text{(英制)} \tag{2.10-6}$$

对于雷诺数低于 2 100 的区域,图线与式(2.10-7)相同。对雷诺数超过 4 000 的湍流,图 2.10-3 中的最低线代表玻璃管、拉伸铜管和黄铜管等光滑管的摩擦因子线。其他摩擦因子值较高的线代表不同相对粗糙度因子 ε/D 对应的曲线,这里 D 是管子的内径(m),ε 是粗糙度参数,它表示粗糙部分从壁面凸出的平均高度(m)(M1)。在图 2.10-3 中,给出了一些新管的当量粗糙度值(M1)。最普通的管子,譬如工业钢管的粗糙度 $\varepsilon=4.6\times10^{-5}$ m (1.5×10^{-4} ft.)。

使用其他来源的摩擦因子时,读者应当谨慎。式(2.10-6)中的 Fanning 摩擦因子 f 是使用来源之一。其他应用的摩擦因子可能是其 4 倍大小。

例 2.10-3　湍流摩擦因子的应用

流体以 4.57 m/s 的速度流经水平直管。所用的管子是系列(schedule)40,2-in. 公称直径的工业钢管。液体黏度为 4.46 cP,密度为 801 kg/m³。试计算 36.6 m 管段的机械能摩擦损失 F_f(J/kg)。

解:给定下面的数据:由附录 A.5,D=0.052 5 m,v=4.57 m/s,ρ=801 kg/m³,ΔL=36.6 m,且

$$\mu = 4.46\ \text{cP}\times1\times10^{-3} = 4.46\times10^{-3}\ \text{kg/(m·s)}$$

雷诺数计算如下,

$$N_{Re} = \frac{Dv\rho}{\mu} = \frac{0.052\,5\times4.57\times801}{4.46\times10^{-3}} = 4.310\times10^4$$

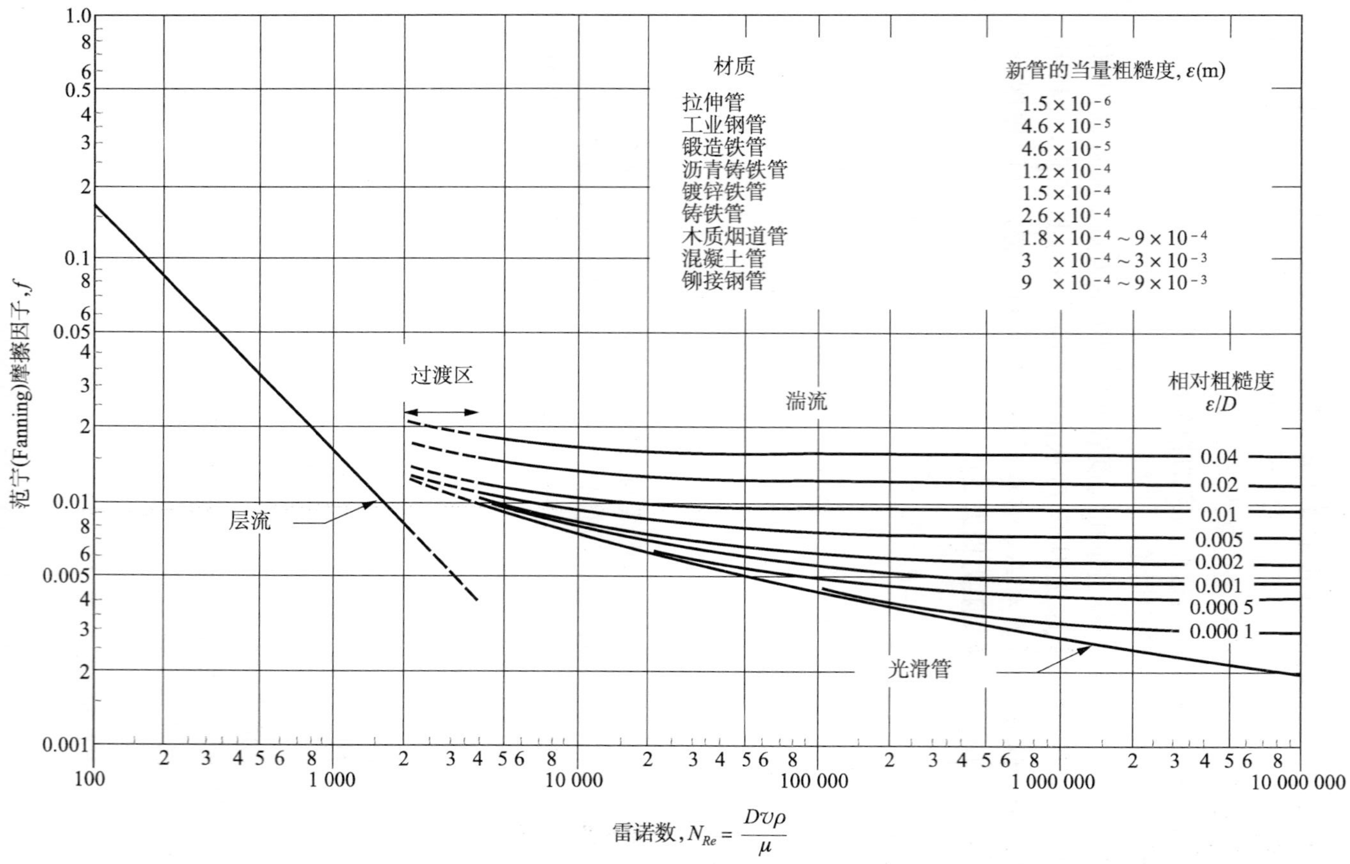

图 2.10-3　管内流体的摩擦因子

[根据 L. F. Moody, Trans. A. S. M. E., 66,671 (1944);Mech. Eng. 69,1005(1947). 获准使用]

所以是湍流。由图 2.10－3 中的表得到，工业钢管的当量粗糙度为 4.6×10^{-5} m：

$$\frac{\varepsilon}{D}=\frac{4.6\times10^{-5}\ \mathrm{m}}{0.052\,5\ \mathrm{m}}=0.000\,88$$

对应 N_{Re} 为 4.310×10^{4}，由图 2.10－3 得，摩擦因子 $f=0.006\,0$。代入式(2.10－6)，摩擦损失为

$$F_{\mathrm{f}}=4f\,\frac{\Delta L}{D}\,\frac{v^2}{2}=\frac{4\times0.006\,0\times36.6\times4.57^2}{0.052\,5\times2}=174.8\ \frac{\mathrm{J}}{\mathrm{kg}}\left(58.5\ \frac{\mathrm{ft\cdot lb_f}}{\mathrm{lb_m}}\right)$$

在涉及管路摩擦损失 F_{f} 的问题中，F_{f} 通常是未知的，而直径 D、速度 v 和管长 ΔL 是已知的。则如例 2.10－3 那样可直接进行求解。然而，在某些情况下，摩擦损失由可得的液体位头数据来设定。若体积流率和管长也已设定，则要计算的未知量就是直径。因为未知量速度 v 同时出现在 N_{Re} 和 f 中，所以这类求解必须用试差逼近的方法。另一种情况是，设定 F_{f}，也给定管子的直径和管长。这类问题要计算速度，也是用试差求解的方法。例 2.10－4 阐述了设定 F_{f}、计算管径所用的方法。其他文献(M2)给出了方便的计算图表，避免了这类计算。

例 2.10－4　试差求解计算管径

4.4 ℃的水以 150 gal/min 的流率流经长度为 305 m 的水平工业钢管。已知数据是克服摩擦阻力 F_{f} 的水柱头是 6.1 m。黏度为

$$\mu=1.55\ \mathrm{cP}\times1\times10^{-3}=1.55\times10^{-3}\ \mathrm{kg/(m\cdot s)}$$

$$\text{摩擦损失 } F_{\mathrm{f}}=(6.1\ \mathrm{m})g=6.1\times9.806\,65=59.82\ \mathrm{J/kg}$$

$$\text{流率}=\left(150\ \frac{\mathrm{gal}}{\mathrm{min}}\right)\left(\frac{1\ \mathrm{ft^3}}{7.481\ \mathrm{gal}}\right)\left(\frac{1\ \mathrm{min}}{60\ \mathrm{s}}\right)(0.028\,317\ \mathrm{m^3/ft^3})$$
$$=9.46\times10^{-3}\ \mathrm{m^3/s}$$

$$\text{管面积}=\frac{\pi D^2}{4}\ \mathrm{m^2}\,(D\text{ 是未知的})$$

$$\text{速度 } v=(9.46\times10^{-3}\ \mathrm{m^3/s})\left(\frac{1}{\pi D^2/4\ \mathrm{m^2}}\right)=\frac{0.012\,04}{D^2}\ \mathrm{m/s}$$

因为 v 出现在 N_{Re} 和 f 中，通过试差求得解。第一次试差假设 $D=0.89$ m。

$$N_{Re}=\frac{Dv\rho}{\mu}=0.089\times\frac{0.012\,04\times1\,000}{0.089^2\times1.55\times10^{-3}}=8.730\times10^4$$

对于工业钢管，应用图 2.10－3 得，$\varepsilon=4.6\times10^{-5}$ m。则

$$\frac{\varepsilon}{D}=\frac{4.6\times10^{-5}\ \mathrm{m}}{0.089\ \mathrm{m}}=0.000\,52$$

由图 2.10－3，对 $N_{Re}=8.730\times10^4$ 和 $\varepsilon/D=0.000\,52$，则有 $f=0.005\,1$。代入式(2.10－6)得，

$$F_{\mathrm{f}}=59.82=4f\,\frac{\Delta L}{D}\,\frac{v^2}{2}=\frac{4\times0.005\,1\times305}{D\times2}\times\frac{0.012\,04^2}{D^4}$$

对 D 求解得，$D=0.094\,5$ m。这与假设值 0.089 m 不一致。

第二次试差,将假设 D 为 0.094 5 m。

$$N_{Re}=0.0945\times\frac{0.01204}{0.0945^2}\times\frac{1000}{1.55\times10^{-3}}=8.220\times10^4$$

$$\frac{\varepsilon}{D}=\frac{4.6\times10^{-5}}{0.0945}=0.00049$$

由图 2.10-3 得 $f=0.0052$。可以看到,在湍流区 f 随 N_{Re} 的变化不大:

$$F_f=59.82=\frac{4\times0.0052\times305}{D\times2}\times\frac{0.01204^2}{D^4}$$

求解得:$D=0.0954$ m 或 3.75 in.。因此,这个解很接近假设的 D 值。

2.10.4 气体流动的压降和摩擦因子

本节所讨论的对于管内湍流的各方程和方法对于不可压缩液体成立。如果密度(或压力)的变化小于10%,这些方程和方法对于气体也成立。则将使用平均密度 $\rho_{平均}$ kg/m³,且涉及的偏差将小于摩擦因子 f 误差的限制。对于气体,式(2.10-5)对层流和湍流可重写如下:

$$(p_1-p_2)_f=\frac{4f\Delta LG^2}{D2\rho_{平均}} \tag{2.10-9}$$

这里 $\rho_{平均}$ 是在 $p_{平均}=(p_1+p_2)/2$ 压力下的密度。所用的 N_{Re} 也是 DG/μ,式中 G kg/(m²·s) 是不随气体密度和速度变化的常数。式(2.10-5)对气体也可写成

$$p_1^2-p_2^2=\frac{4f\Delta LG^2RT}{DM}\quad(\text{SI 制})$$

$$p_1^2-p_2^2=\frac{4f\Delta LG^2RT}{g_cDM}\quad(\text{英制}) \tag{2.10-10}$$

式中 R 为 8 314.3 J/(kmol·K)或 1 545.3 ft·lb$_f$/(lb mol·°R),M 是相对分子质量。

式(2.10-9)和式(2.10-10)的引出和应用仅限于气体相对压力变化足够小以至于速度不会发生大变化的情况。如果出口速度变大,则已经省略掉的动能项变得重要。对压力变化超过10%的情况,将发生可压缩流动,读者应当参考第2.11节。均一管中的绝热流动,管内流速不能超过音速。

例 2.10-5 气体的直线流动和压降

25 ℃的氮气以 9.0 kg/(s·m²) 流率流经内径为 0.010 m 的平滑管。管长 200 m,可假设为等温流动。管子进口处的压力是 2.0265×10^5 Pa。计算出口压力。

解:由附录 A.3 得,气体在 $T=298.15$ K 的黏度为 $\mu=1.77\times10^{-5}$ Pa·s。进口气体的压力 $p_1=2.0265\times10^5$ Pa,$G=9.0$ kg/(s·m²),$D=0.010$ m,$M=29.02$ kg/kmol,$\Delta L=200$ m,$R=8314.3$ J/(kmol·K)。假设在该情况下压降小于10%,式(2.10-10)成立,雷诺数为

$$N_{Re}=\frac{DG}{\mu}=\frac{0.010\times9.0}{1.77\times10^{-5}}=5085$$

因此，流动为湍流。利用图 2.10－3 得，对光滑管 $f=0.0090$。代入式(2.10－10)，

$$p_1^2-p_2^2=\frac{4f\Delta LG^2RT}{DM}$$

$$(2.0265\times10^5)^2-p_2^2=\frac{4\times0.0090\times200\times9.0^2\times8314.3\times298.15}{0.010\times28.02}$$

$$4.1067\times10^{10}-p_2^2=0.5160\times10^{10}$$

解得，$p_2=1.895\times10^5$ Pa。压降低于 10%，因此式(2.10－10)可以应用。

2.10.5　热量传递对摩擦因子的影响

图 2.10－3 中的摩擦因子指定为等温流动，即没有传热。当流体被加热或冷却时，温度梯度将引起流体物理性质，特别是黏度的变化。在工程实践中，下面 Sieder 和 Tate(P1，S3)的方法可用来预测液体和气体的摩擦因子：

1. 计算平均主体温度 t_a 作为进出口流体主体温度的平均值。
2. 用在温度 t_a 下的黏度 μ_a 计算 N_{Re}，并由图 2.10－3 得到 f。
3. 利用管壁温度 t_w 确定在温度 t_w 下的黏度 μ_w。
4. 计算适合情况下的 ψ 值：

$$\psi=\left(\frac{\mu_a}{\mu_w}\right)^{0.17}\quad(加热)N_{Re}>2100\qquad(2.10-11)$$

$$\psi=\left(\frac{\mu_a}{\mu_w}\right)^{0.11}\quad(冷却)N_{Re}>2100\qquad(2.10-12)$$

$$\psi=\left(\frac{\mu_a}{\mu_w}\right)^{0.38}\quad(加热)N_{Re}<2100\qquad(2.10-13)$$

$$\psi=\left(\frac{\mu_a}{\mu_w}\right)^{0.23}\quad(冷却)N_{Re}<2100\qquad(2.10-14)$$

5. 由第二步得到的 f 除以第四步得到的 ψ，得到最终的摩擦因子。

因此，当液体被加热时，ψ 大于 1，最终 f 降低。在液体冷却时，发生相反的情况。

2.10.6　膨胀、收缩和管路配件中的摩擦损失

直管中流动的表面摩擦损失利用 Fanning 摩擦因子计算。但是，如果流体的速度在方向或数量上发生变化，将发生附加的摩擦损失。这是由黏度和其他因素引起的附加的湍动造成的。估算这些损失的方法将在下面讨论。

1. 突然扩大损失。如果管子的流道截面非常缓慢地放大，则非常小或不会招致额外的损失。如果变化是突然的，由于在扩大段的射流膨胀形成的漩涡将导致附加的损失。这个摩擦损失可由下面的各湍流段的方程计算。下面的方程在例 2.8－4 中推导为式(2.8－36)：

$$h_{ex}=\frac{(v_1-v_2)^2}{2\alpha}=\left(1-\frac{A_1}{A_2}\right)^2\frac{v_1^2}{2\alpha}=K_{ex}\frac{v_1^2}{2\alpha}\ \frac{\text{J}}{\text{kg}}\qquad(2.10-15)$$

这里 h_{ex} 是摩擦损失 J/kg，K_{ex} 是膨胀损失系数并等于 $(1-A_1/A_2)^2$，v_1 是在小面积的上游的

速度(m/s),v_2是下游的速度,$\alpha=1.0$。如果在两段中的流动都是层流,方程中的 α 因子变为1/2。对英制单位,式(2.10-15)的右边除以 g_c,则有 $h=\mathrm{ft\cdot lb_f/lb_m}$。

2. 突然收缩损失。当管道的截面突然减小时,在锐角的周围物流不能流动,由于发生漩涡造成附加摩擦损失。对湍流,这由下式给出

$$h_c=0.55\left(1-\frac{A_2}{A_1}\right)\frac{v_2^2}{2\alpha}=K_c\frac{v_2^2}{2\alpha}\ \frac{\mathrm{J}}{\mathrm{kg}} \tag{2.10-16}$$

这里 h_c是摩擦损失,对湍流 $\alpha=1.0$,v_2是在较小面积或下游段的平均速度,K_c是收缩损失系数(P1)并近似等于 $0.55(1-A_2/A_1)$。对层流,$\alpha=1/2$ 可使用同样的方程(S2)。对英制单位,右边除以 g_c。

3. 管件和阀门的损失。管件和阀门也干扰了管内的正常流线并造成附加的摩擦损失。在有许多管件的短管中,由这些管件产生的摩擦损失可能要比直管大。管件和阀门的摩擦损失由下面的方程给出:

$$h_f=K_f\frac{v_1^2}{2} \tag{2.10-17}$$

式中 K_f是管件和阀门的损失因子,v_1是连接管件的管路中的平均速度。表 2.10-1 和表 2.10-2 分别给出了湍流(P1)和层流的 K_f的实验值。

表 2.10-1 通过阀门和管件的湍流摩擦损失

管件或阀门的类型	摩擦损失,速度头数,K_f	摩擦损失,管径相同的当量直管长度,L_e/D
45°管接头	0.35	17
90°管接头	0.75	35
T 型接头	1	50
回路弯管	1.5	75
接头	0.04	2
活接头	0.04	2
闸阀		
全开	0.17	9
半开	4.5	225
球心阀		
全开	6.0	300
半开	9.5	475
角阀,全开	2.0	100
止回阀		
球	70.0	3 500
回转	2.0	100
水表,圆盘	7.0	350

资料来源:R. H. Perry and C. H. Chilton, Chemical Engineers' Handbook, 5th ed. New York: McGraw-Hill Book Company, 1973. 经许可。

表 2.10－2　通过阀门和管件的层流摩擦损失(K1)

管件或阀门的类型	摩擦损失,速度头数,K_f雷诺数					
	50	100	200	400	1 000	湍流
90°管接头	17	7	2.5	1.2	0.85	0.75
T 型接头	9	4.8	3.0	2.0	1.4	1.0
球阀	28	22	17	14	10	6.0
止回阀,回转	55	17	9	5.8	3.2	2.0

还有一种方法是,某些课本和参考文献(B1)将管件损失的数据用相同管径的当量管长来表示。这些数据在表 2.10－1 中也给出了,表示为 L_e/D,这里 L_e是与配件具有相同摩擦损失的直管当量长度(m),D 是管子的内径(m)。式(2.10－15)和式(2.10－16)中的 K 值也可通过将其乘以 50(P1)而换算为 L_e/D 值。管件的 L_e值简单地加和到直管的长度上,得到当量直管的总长度应用于式(2.10－6)。

4. 机械能衡算方程中的摩擦损失。所有摩擦损失,包括直管中的摩擦(Fanning 摩擦)、扩大损失、收缩损失、配件和阀门的损失都合并在机械能衡算式(2.7－28)的 $\sum F$ 项中,因此

$$\sum F = 4f\frac{\Delta L}{D}\frac{v^2}{2} + K_{ex}\frac{v_1^2}{2} + K_c\frac{v_2^2}{2} + K_f\frac{v_1^2}{2} \tag{2.10-18}$$

如果所有的速度 v、v_1 和 v_2 都是相同的,则对于这种特殊情况,式(2.10－18)通过提取公因子变为

$$\sum F = \left(4f\frac{\Delta L}{D} + K_{ex} + K_c + K_f\right)\frac{v^2}{2} \tag{2.10-19}$$

机械能衡算式(2.7－28)和式(2.10－18)一起应用的方法将通过下面的例题说明。

例 2.10－6　摩擦损失和机械能衡算

如图 2.10－4 所示,高位槽贮存有 82.2 ℃的水。希望在点 2 的排放速率为 0.223 ft^3/s。求槽内水面相对排放点的高度 H 必须为多少 ft? 所使用的管子为系列(schedule)40 工业钢管,直管部分的长度如图 2.10－4 所示。

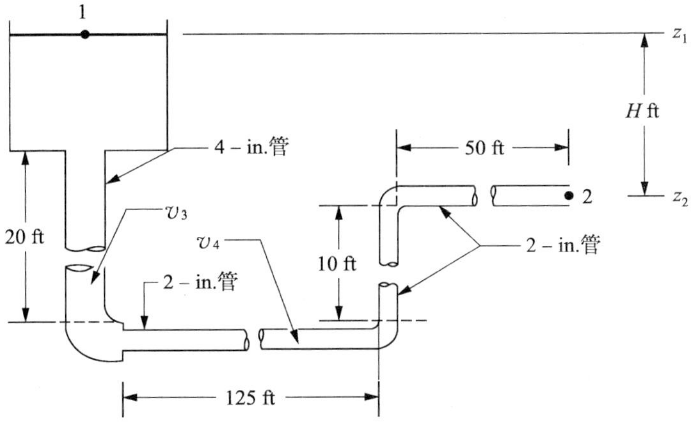

图 2.10－4　例 2.10－6 过程流程示意图

解:在点1和点2之间列出机械能衡算方程式(2.7-28)。

$$z_1\frac{g}{g_c}+\frac{v_1^2}{2\alpha g_c}+\left(\frac{p_1}{\rho_1}-\frac{p_2}{\rho_2}\right)-W_S=z_2\frac{g}{g_c}+\frac{v_2^2}{2\alpha g_c}+\sum F \qquad (2.10-20)$$

由附录A.2得,水的$\rho=0.970\times62.43=60.52$ lbm/ft^{3}和$\mu=0.347$ cP$=0.347\times6.7197\times10^{-4}$ $=2.33\times10^{-4}$ lb$_m$/(ft·s)。管子的直径为

$$4\text{-in. 管}\quad D_3=\frac{4.026}{12}=0.3353\ \text{ft};\quad A_3=0.0884\ \text{ft}^2$$

$$2\text{-in. 管}\quad D_4=\frac{2.067}{12}=0.1722\ \text{ft};\quad A_4=0.02330\ \text{ft}^2$$

4-in.和2-in.管中的速度为

$$v_3=\frac{0.223\ \text{ft}^3/\text{s}}{0.0884\ \text{ft}^2}=2.523\ \text{ft/s}\quad(4\text{-in. 管})$$

$$v_4=\frac{0.223}{0.02330}=9.57\ \text{ft/s}\quad(2\text{-in. 管})$$

系统中的摩擦损失$\sum F$项包括以下部分:(1) 贮槽出口的收缩损失;(2) 4-in.直管中的摩擦损失;(3) 4-in.弯头摩擦损失;(4) 从4-in.到2-in.管的收缩损失;(5) 在2-in.直管中的摩擦损失;(6) 两个2-in.弯头的摩擦损失。这六项的计算如下:

1. 槽出口的收缩损失。因为槽的面积A_1与管截面积A_3相比非常大,则截面积从A_1收缩到A_3,由式(2.10-16)得,

$$K_c=0.55\left(1-\frac{A_3}{A_1}\right)=0.55\times(1-0)=0.55$$

$$h_c=K_c\frac{v_3^2}{2g_c}=0.55\times\frac{2.523^2}{2\times32.174}=0.054\ \text{ft}\cdot\text{lb}_f/\text{lb}_m$$

2. 4-in.管中的摩擦。雷诺数为

$$N_{Re}=\frac{D_3v_3\rho}{\mu}=\frac{0.3353\times2.523\times60.52}{2.33\times10^{-4}}=2.193\times10^5$$

因此,流动为湍流。由图2.10-3得,$\varepsilon=4.6\times10^{-5}$ m(1.5×10^{-4} ft)。

$$\frac{\varepsilon}{D_3}=\frac{0.00015}{0.3353}=0.000448$$

则对$N_{Re}=219\,300$,Fanning摩擦因子$f=0.0047$。对$\Delta L=20.0$ ft的4-in.管,代入式(2.10-6)计算,

$$F_f=4f\frac{\Delta L}{D}\frac{v^2}{2g_c}=4\times0.0047\times\frac{20.0}{0.3353}\times\frac{2.523^2}{2\times32.174}=0.111\ \frac{\text{ft}\cdot\text{lb}_f}{\text{lb}_m}$$

3. 4-in.弯头的摩擦损失。由表2.10-1得,$K_f=0.75$。则代入式(2.10-17)得,

$$h_f=K_f\frac{v^2}{2g_c}=0.75\times\frac{2.523^2}{2\times32.174}=0.074\ \frac{\text{ft}\cdot\text{lb}_f}{\text{lb}_m}$$

4. 由 4 - in. 到 2 - in. 管的收缩。对截面积从 A_3 收缩到 A_4 再次应用式(2.10-16)得，

$$K_c=0.55\left(1-\frac{A_4}{A_3}\right)=0.55\left(1-\frac{0.023\ 30}{0.088\ 4}\right)=0.405$$

$$h_c=K_c\frac{v_4^2}{2g_c}=0.405\times\frac{9.57^2}{2\times 32.174}=0.575\ \frac{\text{ft}\cdot\text{lb}_f}{\text{lb}_m}$$

5. 2 - in. 管中的摩擦损失。雷诺数为

$$N_{Re}=\frac{D_4 v_4 \rho}{\mu}=\frac{0.172\ 2\times 9.57\times 60.52}{2.33\times 10^{-4}}=4.280\times 10^5$$

$$\frac{\varepsilon}{D}=\frac{0.000\ 15}{0.172\ 2}=0.000\ 87$$

由图 2.10-3 得 Fanning 摩擦因子 $f=0.004\ 8$。总长度 $\Delta L=125+10+50=185$ ft。代入式(2.10-6)，

$$F_f=4f\frac{\Delta L}{D}\frac{v^2}{2g_c}=4\times 0.004\ 8\times\frac{185\times 9.57^2}{0.172\ 2\times 2\times 32.174}=29.4\ \frac{\text{ft}\cdot\text{lb}_f}{\text{lb}_m}$$

6. 两个 2 - in. 弯头的摩擦损失。对 $K_f=0.75$ 的两个弯头，

$$h_f=2K_f\frac{v^2}{2g_c}=\frac{2\times 0.75\times 9.57^2}{2\times 32.174}=2.136\ \frac{\text{ft}\cdot\text{lb}_f}{\text{lb}_m}$$

总的摩擦损失 $\sum F$ 是(1)到(6)项的总和：

$$\begin{aligned}\sum F &= 0.054+0.111+0.074+0.575+29.4+2.136\\ &=32.35\ \text{ft}\cdot\text{lb}_f/\text{lb}_m\end{aligned}$$

利用 z_2 作为高度基准，$z_1=H$ ft.，$z_2=0$。因为是湍流 $\alpha=1.0$。还有 $v_1=0$，且 $v_2=v_4=9.57$ ft/s。因为 p_1 和 p_2 都是 1 atm 的绝压，并且 $\rho_1=\rho_2$，

$$\frac{p_1}{\rho}-\frac{p_2}{\rho}=0$$

此外，因为没有使用泵，$W_S=0$。将这些值代入式(2.10-20)，

$$H\frac{g}{g_c}+0+0-0=0+\frac{1\times 9.57^2}{2\times 32.174}+32.35$$

求解得 $H(g/g_c)=33.77$ ft·lb$_f$/lb$_m$(100.9 J/kg)，水平面在排放口上的高度 H 是 33.7 ft (10.3 m)。

例 2.10-7 机械能衡算中有泵的系统的摩擦损失

将 20 ℃水用泵从贮槽中打入高位槽，流量为 $5.0\times 10^{-3}\ \text{m}^3/\text{s}$。图 2.10-5 中的全部管道为系列(schedule) 40 的 4 - in. 管。泵的效率为 65%，试计算泵需要的功率。

解：以点 1 为参考平面，在点 1 和点 2 之间列出机械能衡算式(2.7-28)：

$$\frac{1}{2\alpha}(v_{2平均}^2-v_{1平均}^2)+g(z_2-z_1)+\frac{p_2-p_1}{\rho}+\sum F+W_S=0 \qquad (2.7-28)$$

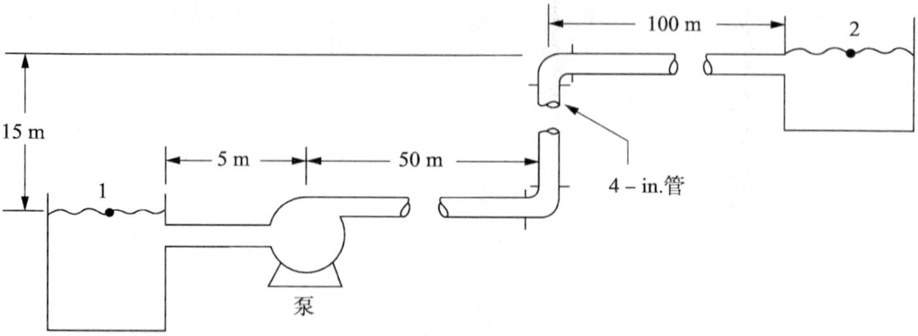

图 2.10-5　例 2.10-7 的过程流程示意图

由附录 A.2 查得,水的 $\rho=998.3\ \mathrm{kg/m^3}$,$\mu=1.005\times10^{-3}$ Pa·s。由附录 A.5 查得,4-in.管,$D=0.102\ 3$ m,$A=8.219\times10^{-3}\ \mathrm{m^2}$。管内流速 $v=5.0\times10^{-3}/(8.219\times10^{-3})=0.608\ 3$ m/s。雷诺数

$$N_{Re}=\frac{Dv\rho}{\mu}=\frac{0.102\ 3\times0.608\ 3\times998.2}{1.005\times10^{-3}}=6.181\times10^{4}$$

因此为湍流流动。

阻力损失 $\sum F$ 项包括以下部分:(1) 贮槽出口的收缩损失;(2) 直管中的摩擦损失;(3) 两个弯头摩擦损失;(4) 高位槽进口的膨胀损失。

1. 槽出口的收缩损失。从较大面积 A_1 收缩到较小面积 A_2,由式(2.10-16)得

$$K_c=0.55\left(1-\frac{A_2}{A_1}\right)=0.55\times(1-0)=0.55$$

$$h_c=K_c\,\frac{v^2}{2\alpha}=0.55\times\frac{0.608\ 3^2}{2\times1.0}=0.102\ \mathrm{J/kg}$$

2. 直管的摩擦。由图 2.10-3 查得,$\varepsilon=4.6\times10^{-5}$ m 和 $\varepsilon/D=4.6\times10^{-5}/0.102\ 3=0.000\ 45$。则 $N_{Re}=6.181\times10^4$,$f=0.005\ 1$。对 $\Delta L=5+50+15+100=170$ m,代入式(2.10-6)得

$$F_f=4f\,\frac{\Delta L}{D}\,\frac{v^2}{2}=4\times0.005\ 1\times\frac{170}{0.102\ 3}\times\frac{0.608\ 3^2}{2}=6.272\ \mathrm{J/kg}$$

3. 两个弯头的摩擦损失。由表 2.10-1 查得,$K_f=0.75$。则对两个弯头代入式(2.10-17)得,

$$h_f=2K_f\,\frac{v^2}{2}=2\times0.75\times\frac{0.608\ 3^2}{2}=0.278\ \mathrm{J/kg}$$

4. 槽进口的膨胀损失。应用式(2.10-15)得,

$$K_{ex}=\left(1-\frac{A_1}{A_2}\right)^2=(1-0)^2=1.0$$

$$h_{ex}=K_{ex}\frac{v^2}{2}=1.0\times\frac{0.608\ 3^2}{2}=0.185\ \mathrm{J/kg}$$

总摩擦损失为 $\sum F$：

$$\sum F = 0.102 + 6.272 + 0.278 + 0.185 = 6.837\ \mathrm{J/kg}$$

代入式(2.7－28)，这里$(v_1^2 - v_2^2) = 0$，$(p_2 - p_1) = 0$，

$$0 + 9.806 \times (15.0 - 0) + 0 + 6.837 + W_S = 0$$

求解得，$W_S = -153.93\ \mathrm{J/kg}$。质量流量为 $m = 5.0\times10^{-3}\times998.2 = 4.991\ \mathrm{kg/s}$。应用式(2.7－30)得，

$$W_S = -\eta W_P$$

$$-153.93 = 0.65 W_P$$

求解得，$W_P = 236.8\ \mathrm{J/kg}$。泵的功率 kW 为

$$\text{泵 kW} = mW_P = \frac{4.991\times236.8}{1\,000} = 1.182\ \mathrm{kW}$$

2.10.7 非圆形管道的摩擦损失

如果雷诺数和摩擦因子方程式(2.10－6)中的直径取当量直径，则对于非圆形截面积的长直流道或管道中的摩擦损失，可采用圆形管所用的相同方程进行估算。当量直径定义为四倍的水力直径 r_H。仅对于湍流水利直径定义为流道截面积与浸润周边之比值。因此，

$$D = 4r_H = 4\times\frac{\text{流道的截面积}}{\text{流道的润湿周边}} \tag{2.10-21}$$

例如，对圆管

$$D = \frac{4(\pi D^2/4)}{\pi D} = D$$

对于外径 D_1 和内径 D_2 的环形空隙

$$D = \frac{4(\pi D_1^2/4 - \pi D_2^2/4)}{\pi D_1 + \pi D_2} = D_1 - D_2 \tag{2.10-22}$$

对边长为 a 和 b(ft)的矩形管

$$D = \frac{4ab}{2a+2b} = \frac{2ab}{a+b} \tag{2.10-23}$$

对于在湍流下的敞开和部分封闭的管道，也应用当量直径和式(2.10－6)(P1)。对宽度为 b、液体深度为 y 的矩形流道，

$$D = \frac{4by}{b+2y} \tag{2.10-24}$$

对于流道宽，深度 y 浅的流道，

$$D = 4y \tag{2.10-25}$$

对于具有非圆形的各种截面形状的流道中的充满管道和敞开流道的层流流动，其计算的方程将在其他文献(P1)中给出。

2.10.8 管子的进口段

如果在管子的进口区域的速度分布是平坦的，则建立完全的速度分布需要一定的管子长度。这个建立完全发展的流动的长度称为过渡段长度或进口段长度。层流的这种情况示于图 2.10-6。在进口处速度分布是平坦的，即各点的速度是相同的。随着流体在管中的前进，边界层的厚度增加，直到它们最终在管子中心汇合，抛物线的速度分布完全建立。

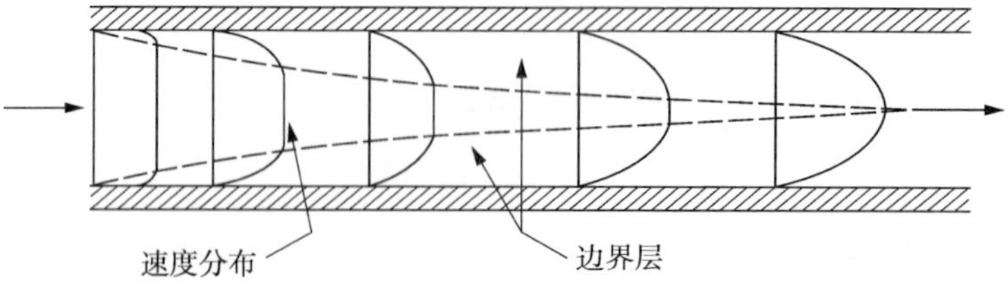

图 2.10-6 层流时靠近管道进口处的速度分布

层流形成完全发展的速度分布的管子进口长度 L_e 和直径 D 的近似关系是(L2)

$$\frac{L_e}{D}=0.0575N_{Re} \tag{2.10-26}$$

对于湍流的情况，得不到能预测形成充分发展湍流速度分布的进口段长度的关系式。作为一种近似的方法，进口段长度几乎与雷诺数无关，且在 50 倍直径的下游处达到充分发展。

例 2.10-8 管内流体的进口段长度

水在 20 ℃以 0.10 m/s 的速度流经直径为 0.010 m 的管道。

(1) 计算进口段长度；

(2) 计算湍流的进口段长度。

解：对(1)，由附录 A.2 查得，水的 $\rho=998.3\ \text{kg/m}^3$，$\mu=1.005\times10^{-3}\ \text{Pa·s}$。雷诺数，

$$N_{Re}=\frac{Dv\rho}{\mu}=\frac{0.010\times0.10\times998.2}{1.005\times10^{-3}}=993.2$$

对层流应用式(2.10-26)，

$$\frac{L_e}{D}=\frac{L_e}{0.01}=0.0575\times993.2=57.1$$

因此，$L_e=0.571$ m。

在(2)中，对湍流有，$L_e=50\times0.01=0.50$ m。

进口段长度的压降或摩擦因子值比充分发展流动的相应值大。对层流，摩擦因子在进口处最高(L2)，然后缓慢下降到充分发展流动的值。对湍流，将存在某个边界层是层流的进口部分，且摩擦因子剖面难以表达。作为一种近似，进口长度的摩擦因子可取充分发展流的摩擦因子的 2～3 倍。

2.10.9　管子尺寸的选择

在大型或复杂的过程配管系统中，特定情况所用管路的优化尺寸取决于资金总额、动力、操作费用等的相对成本比例。可获得确定这些优化尺寸的图表(P1)。但是，对于小装置，近似方法通常足够精确。各种管内速度的典型取值范围示于表 2.10－3 中。对不锈钢管，新近的数据(D1)表明，表 2.10－3 中的生产过程或泵出口的速度应当增加 70%。

表 2.10－3　钢管中典型速度取值范围

流体类型	流动类型	速度	
		ft/s	m/s
非黏性流体	泵进口	2～3	0.6～0.9
	生产过程或泵出口	5.7	1.7
黏性流体	泵进口	0.2～0.8	0.06～0.25
	生产过程或泵出口	3	0.9
气体空气	生产过程	53	16
100 psig 的蒸汽	生产过程	38	11.6

2.11　气体的可压缩流动

2.11.1　概述和管内流动基本方程

当气体的压力变化大于 10%时，因为发生可压缩流动，摩擦损失方程式(2.10－9)和式(2.10－10)可能是错误的。因为随着压力的变化，密度或比容改变，因此能量衡算的解比较复杂。可压缩流体的范围非常大，且包括了非常宽的几何、压力、速度和温度的变化范围。在本节中，我们的讨论仅限于均匀直管内的等温和绝热流动，不包括喷嘴中的流动，但在其他参考文献(M2，P1)中，对这些作了详细些的讨论。

可以机械能衡算的一般方程式(2.7－27)作为起点。假设为湍流，则 $\alpha=1.0$，且无轴功，因此 $W_S=0$，列出微分长度 dL 的衡算方程，则式(2.7－27)成为

$$v\,dv+g\,dz+\frac{dp}{\rho}+dF=0 \tag{2.11-1}$$

对水平管 $dz=0$。仅以壁上的剪切摩擦作为 dF，将式(2.10－6)写成微分形式，

$$v\,dv+V\,dp+\frac{4fv^2\,dL}{2D}=0 \tag{2.11-2}$$

这里 $V=1/\rho$。假设为管径相同的定态流动，G 为常数，且

$$G=v\rho=\frac{v}{V} \tag{2.11-3}$$

$$dv=G\,dV \tag{2.11-4}$$

将式(2.11－3)和式(2.11－4)代入式(2.11－2)，并整理得

$$G^2\frac{dV}{V}+\frac{dp}{V}+\frac{2fG^2}{D}dL=0 \tag{2.11-5}$$

这是一个要被积分的基本微分方程。为了进行积分,必须知道 V 和 p 之间的关系,因而可以计算 $\mathrm{d}p/V$。这个积分取决于流动的性质,所用的两个重要的条件是等温和绝热的管内流动。

2.11.2 等温可压缩流动

为了对等温流动的式(2.11-5)进行积分,将假设理想气体,这里

$$pV=\frac{1}{M}RT \tag{2.11-6}$$

求解式(2.11-6)中的 V 并代入式(2.11-5)中积分,假设 f 是常数得,

$$G^2\int_1^2\frac{\mathrm{d}V}{V}+\frac{M}{RT}\int_1^2 p\mathrm{d}p+2f\frac{G^2}{D}\int_1^2\mathrm{d}L=0 \tag{2.11-7}$$

$$G^2\ln\frac{V_2}{V_1}+\frac{M}{2RT}(p_2^2-p_1^2)+2f\frac{G^2}{D}\Delta L=0 \tag{2.11-8}$$

以 p_1/p_2 代换 V_2/V_1 并再整理得,

$$p_1^2-p_2^2=\frac{4f\Delta LG^2RT}{DM}+\frac{2G^2RT}{M}\ln\frac{p_1}{p_2} \tag{2.11-9}$$

这里 M=摩尔质量(kg(质)/kmol),R=8 314.34[N·m/(kmol·K)],T=温度(K)。量 $RT/M=p_{平均}/\rho_{平均}$,这里 $p_{平均}=(p_1+p_2)/2$,$\rho_{平均}$ 是在 T 和 $p_{平均}$ 下的平均密度。在英制单位中,R=1 545.3 ft·$\mathrm{lb_f}$/(lb mol·°R),方程右边的各项除以 g_c。则式(2.11-9)成为

$$(p_1-p_2)_f=\frac{4f\Delta LG^2}{2D\rho_{平均}}+\frac{G^2}{\rho_{平均}}\ln\frac{p_1}{p_2} \tag{2.11-10}$$

式(2.11-9)和式(2.11-10)右边的第一项表示由式(2.10-9)和式(2.10-10)给定的摩擦损失。两个方程的最后一项在足够长的管路中通常是忽略不计的,除非压降非常大。

例 2.11-1 管线中气体的可压缩流动

主要成分为甲烷的天然气,通过内径 1.016 m 的管道,输送距离为 1.609×10^5 m(D1),速率为 2.077 kmol/s。可假设管道恒温为 288.8 K。管道出口端的压力 p_2 为 170.3×10^3 Pa 绝压。试计算管道的进口压力 p_1。甲烷在 288.8 K 的黏度为 1.04×10^{-5} Pa·s。

解: D=1.016 m,$A=\pi D^2/4=\pi(1.016)^2/4=0.810\ 7\ \mathrm{m^2}$。则

$$G=2.077\ \frac{\mathrm{kmol}}{\mathrm{s}}\times16.0\ \frac{\mathrm{kg}}{\mathrm{kmol}}\times\frac{1}{0.810\ 7\ \mathrm{m^2}}=41.00\ \frac{\mathrm{kg}}{\mathrm{s\cdot m^2}}$$

$$N_{Re}=\frac{DG}{\mu}=\frac{1.016\times41.00}{1.04\times10^{-5}}=4.005\times10^6$$

由图 2.10-3 得,$\varepsilon=4.6\times10^5$ m。

$$\frac{\varepsilon}{D}=\frac{4.6\times10^{-5}}{1.016}=0.000\ 045\ 3$$

摩擦因子 f=0.002 7。

为了求解式(2.11－9)，必须使用试差逼近的方法。估算 p_1 为 620.5×10³ Pa，R＝8 314.34 N·m/(kmol·K)，ΔL＝1.609×10⁵ m。代入式(2.11－9)右边计算，

$$p_1^2-p_2^2=\frac{4\times0.0027\times1.609\times10^5\times41.00^2\times8314.34\times288.8}{1.016\times16.0}+\frac{2\times41.00^2\times8314.34\times288.8}{16.0}\ln\frac{620.5\times10^3}{170.3\times10^3}$$
$$=4.375\times10^{11}+0.00652\times10^{11}=4.382\times10^{11}\,(\mathrm{Pa})^2$$

现在 p_2＝170.3×10³。代入上式求解得，p_1＝683.5×10³ Pa。再将这个新的 p_1 值代入式(2.11－9)并求解 p_1，最终结果是 p_1＝683.5×10³ Pa。注意，在这种情况下，式(2.11－9)中的最后一项几乎可忽略不计。

当上游压力 p_1 保持恒定时，质量流量 G 随下游压力的改变而发生变化。由式(2.11－9)可知，当 $p_1=p_2$ 和 $p_2=0$ 时 $G=0$。这表明在 p_2 的某个中间值，必定有一个 G 的最大值。这意味着当 $\mathrm{d}G/\mathrm{d}p_2=0$ 时流速最大。设 p_1 和 f 为常数，对式(2.11－9)进行求导，并求解 G 得，

$$G_{\max}=\sqrt{\frac{Mp_2^2}{RT}} \tag{2.11-11}$$

应用式(2.11－3)和式(2.11－6)得，

$$v_{\max}=\sqrt{\frac{RT}{M}}=\sqrt{p_2V_2} \tag{2.11-12}$$

这是等温流动条件下，在流体中声速的方程。因此对等温可压缩流动，对于指定的上游压力 p_1，存在一个最大流速，达到这一值后，进一步降低 p_2 流速将不会再增加。在最大流速条件下管长和压力的问题将在其他地方讨论(D1，M2，P1)。

例 2.11－2　气体可压缩流动的最大流速

对例 2.11－1 的条件，计算可获得的最高流速和在这些条件下的声速。与例 2.11－1 进行比较。

解：应用式(2.11－12)和例 2.11－1 中的条件得

$$v_{\max}=\sqrt{\frac{RT}{M}}=\sqrt{\frac{8314\times288.8}{16.0}}=387.4\ \mathrm{m/s}$$

如果降低 p_2，这是能获得的最大速度。这也是在这些等温流动条件下流体中的声速。为了与例 2.11－1 比较，由式(2.11－3)和式(2.11－6)结合，可得到出口压力 p_2 下的真实速度为

$$v_2=\frac{RTG}{p_2M}=\frac{8314.34\times288.8\times41.00}{170.3\times10^3\times16.0}=36.13\ \mathrm{m/s} \tag{2.11-13}$$

2.11.3　绝热可压缩流动

当通过管壁传递的热量可忽略时，在截面积恒定的直管中，气体可压缩流动过程是绝热的。人们已经对式(2.11－5)的绝热流动过程进行了积分，其详细内容在其他地方给出(D1，M1，P1)。也可获得对这种情况求解的方便的图表(P1)。绝热流动过程的结果与等温流动

过程的结果的偏差常常很小,特别是在长管中。对于非常短的管子且相对大的压降,绝热流动速率大于等温流动,但可能的最大差异约 20%(D1)。对管长为 1 000 倍管径或更长的情况一般差异小于 5%。当整个管路上的温度变化较小时,利用算术平均温度则式(2.11-8)也可应用。

应用等温情况所用的同样程序求取最大流速,当管子下游端的速度是绝热流动的声速时,发生最大流速。即

$$v_{\max}=\sqrt{\gamma p_2 V_2}=\sqrt{\frac{\gamma RT}{M}} \tag{2.11-14}$$

这里 $\gamma=c_p/c_v$,为比热容的比值。对空气,$\gamma=1.4$。因此,绝热流动的最大速度约比等温流动大 20%。实际上流动速率可能不是受管内流动条件的限制,而是由管件和阀门中的声速决定的。因此,在这种可压缩流动的管件的选择中必须谨慎。在最大流速条件下管长和压力的问题将在另外的文献中(D1,M2,P1)讨论。

在可压缩流动方程中常使用的一个方便的参数是 Mach 特征数 N_{Ma},其定义为流体在管内的速度 v 与在实际流动条件下流体中的音速 $v_{\max}$的比率:

$$N_{Ma}=\frac{v}{v_{\max}} \tag{2.11-15}$$

Mach 特征数为 1.0,为声速流速。该值小于 1.0,是亚声速流动,该数超过 1.0,是超音速。

习　　题

2.2-1　球形贮槽中的压力。试计算直径为 8.0 ft、贮有油的球形贮槽底部的压力,单位分别为 psia(磅/平方英寸(绝对压力))和 kN/m^2。槽顶部向大气排气,压力为 14.72 psia。油的密度是 0.922 g/cm^3。

答案:17.92 $lb_f/in.^2$(psia),123.5 kN/m^2

2.2-2　Hg 和水两种液体的压力。温度为 293 K 的敞口试管,底部装有 12.1 cm 的 Hg,其上面放置 5.6 cm的水。若大气压力是 756 mmHg,计算试管底部的压力。使用密度值为 Hg 13.55 g/cm^3,水 0.998 g/cm^3。试给出 dyn/cm^2、psia 和 kN/m^2 几种单位的答案。换算因子见附录 A.1。

答案:1.175×10^6 dyn/cm^2,17.0 psia,2.3 psig,117.5 kN/m^2

2.2-3　喷气燃料的流体压头和压力。喷气燃料槽顶部的压力是 180.6 kN/m^2。槽中的深度是 6.4 m。燃料的密度是 825 kg/m^3。试计算相应于槽底部绝压的液体柱 m。

2.2-4　压力测定。用与图 2.2-4(a)相似的敞口 U 形管压力计测定装空气的容器中的绝对压力(Pa)。p_b是大气压力,其值为 754 mmHg。压力计中的液体是水,其密度为 1 000 kg/m^3。假设密度 ρ_B是 1.30 kg/m^3,距离 z 非常小。读数 R 是 0.415 m。以 psia 和 kPa 两种单位计算 p_a。

答案:p_a=15.17 psia,104.6 kPa

2.2-5　小压差的测定。用双液体 U 形管压力计测定 1 atm 绝压空气管线上两点的压差。对相等的压力 $R_0=0$。较轻的流体是密度为 812 kg/m^3的一种烃,较重的水的密度为 998 kg/m^3。U 形管和容器的内径分别为 3.2 mm 和 54.2 mm。压力计的读数 R 是 117.2 mm。用 mmHg 和 Pa 两种单位计算压差。

2.2-6　海洋实验室的压力。要设计一个 5.0 m 高的海洋实验室,要求能经受从海平面到海洋实验室顶部浸入水中 150 m 的条件。试计算海洋实验室顶部的压力,并求取由海洋实验室顶部向下边壁上压

力随距离 x 的变化关系。海水的密度是 1 020 kg/m^3。

答案：$p=10.00(150+x)kN/m^2$

2.2-7　容器内压差的测定。在图 2.2-5(b)中，用微分压力计测定两个容器之间的压差。推导以液体高度和密度表示的压差 p_A-p_B 的方程。

2.2-8　不互溶液体澄清槽和分离器的设计。要设计一个能对流率为 20.1 m^3/h，含等体积轻相石油液体($\rho_B=875\ kg/m^3$)和极稀洗涤水($\rho_A=1\ 050\ kg/m^3$)的混合物进行分离的垂直圆筒澄清分离器。实验室的实验表明，要将两相适当的分离需要 15 分钟的澄清时间。作为设计，选用 25 min 澄清时间，并计算所需的容器尺寸、容器中轻液和重液的液面高度及重液的溢流高度 h_{A2}。假设容器的两端是近似平的，其直径等于高度，且三分之一的体积为与大气相通的气相空间。使用图 2.2-6 中给出的名称。

答案：$h_{A2}=1.537$ m

2.3-1　具有可变扩散率的性质的分子传递。定态下在恒定的截面积通过流体传递一种物性量。Γ_1 在点 1 的浓度是 2.78×10^{-2} 物性量/m^3，在距点 1 处 2.0 m 的点 2 的浓度是 1.50×10^{-2} 物性量/m^3。扩散率取决于浓度 Γ 如下：

$$\delta=A+B\Gamma=0.150+1.65\Gamma$$

(1) 推导以 Γ_1 和 Γ_2 表示的通量积分方程。然后计算通量。

(2) 计算在 $z=1.0$ m 处的 Γ 并绘制 Γ 随 z 的三点曲线。

答案：(1) $\psi_z=[A(\Gamma_1-\Gamma_2)+(B/2)(\Gamma_1{}^2-\Gamma_2{}^2)]/(z_2-z_1)$

2.3-2　定态的通用性质方程的积分。对通用性质方程式(2.3-11)进行定态的，在点 z_1 的 Γ_1 和点 z_2 的 Γ_2 之间无生成量的过程积分。最终方程应当与 Γ 和 z 相关联。

答案：$\Gamma=(\Gamma_2-\Gamma_1)(z-z_1)/(z_2-z_1)+\Gamma_1$

2.4-1　大豆油中的剪切应力。利用图 2.4-1，两块平行板之间的距离是 0.009 4 m，下面一块板被拉动，与顶部板的相对速度是 0.366 m/s。使用的流体是大豆油，其黏度在 303 K 时为 4×10^{-2} Pa·s(附录 A.4)。

(1) 计算剪切应力 τ，剪切速率使用 lb(力)、ft 和 s 单位制。

(2) 重复计算，使用 SI 单位制。

(3) 如果使用 293 K 的甘油，黏度为 1.069 kg/(m·s)代替大豆油，则两块板之间采用相同的距离，要使剪切应力与(2)相同需要多大的相对速度？新的剪切速度为多少？

答案：(1) 剪切应力$=3.34\times10^{-2}\ lb_f/ft^2$，剪切速率$=40.0\ s^{-1}$；
(2) 1.60 N/m^2；(3) 相对速度$=0.0136\ 9$ m/s，剪切速率$=1.50\ s^{-1}$

2.4-2　流体中的剪切应力和剪切速率。利用图 2.4-1，下面一块板以对顶部板 0.40 m/s 的相对速度拉动。使用的流体是 24 ℃的水。

(1) 两块板应当放置多远的距离才能使剪切应力 τ 为 0.30 N/m^2？再计算剪切速率。

(2) 如果用黏度为 2.0×10^{-2} Pa·s 的油代替水，在与(1)相同的板空间距离和速度下，剪切应力和剪切速率为多少？

2.5-1　牛奶流动的雷诺数。密度为 1 030 kg/m^3、黏度为 2.12 cP 的全脂奶，在 293 K 的温度下，以 0.605 kg/s的流量流经直径为 63.5 mm 的玻璃管。

(1) 计算雷诺数。是湍流吗？

(2) 计算雷诺数达 2 100 所需的流量 m^3/s 和速度 m/s。

答案：(1) $N_{Re}=5\ 723$，湍流

2.5-2　管径和雷诺数。用泵将油输送到内径为 10.0 mm 的管道，雷诺数为 2 100。油的密度是 855 kg/m^3，黏度是 2.1×10^{-2} Pa·s。

(1) 管内流速是多少？

(2) 使用密度和黏度分别为 925 kg/m^3 和 1.5×10^{-2} Pa·s 的第二种流体，希望与(1)保持相同的雷诺数 2 100 和相同的速度。应当使用多大的管径？

2.6－1　沿垂直板向下流动流体的质量衡算中的平均速度。对于沿垂直板或垂直表面向下，在 z 方向作层流流动的液体层，速度分布为

$$v_z=\frac{\rho g\delta^2}{2\mu}\left[1-\left(\frac{x}{\delta}\right)^2\right]$$

式中 δ 是液层厚度，x 是从液体自由表面到板的距离，v_z 是距自由表面的距离为 x 的速度。

(1) 最大速度 $v_{z\,\max}$ 为多少？

(2) 推导平均速度 $v_{z平均}$ 的表达式及其与 $v_{z\,\max}$ 的关系。

答案：(1) $v_{z\,\max}=\rho g\delta^2/2\mu$，(2) $v_{z\,平均}=2/3v_{z\,\max}$

2.6－2　管内的液体流动和质量衡算。一种烃类液体以 1.282 m/s 的速度进入图 2.6－1 所示的简单流动系统，这里 $A_1=4.33\times10^{-3}$ m²，$\rho=902$ kg/m³。过程中液体被加热，出口密度为 875 kg/m³。点 2 的截面积是 5.26×10^{-3} m²。过程是定态的。

(1) 计算进、出口的质量流率 m。

(2) 计算点 2 的平均速度和点 1 的质量流率。

答案：(1) $m_1=m_2=5.007$ kg/s，(2) $G_1=1\,156$ kg/(s · m²)

2.6－3　湍流时质量衡算的平均速度。对于直径为 R 的光滑圆管中的湍流，雷诺数在 10^5 左右，其速度分布按下面的表达式变化：

$$v=v_{\max}\left(\frac{R-r}{R}\right)^{1/7}$$

式中 r 是离中心的径向距离，$v_{z\,\max}$ 是中心的最大流速。对不可压缩流体推导平均速度(主体速度) $v_{平均}$ 与 $v_{\max}$ 关系的表达式。[提示：可通过用 z 代替 $R-r$ 使积分简化。]

答案：$v_{平均}=\left(\frac{49}{60}\right)v_{\max}=0.817v_{\max}$

2.6－4　平行板间流体流动的主体流速。在两块平行板间作 x 方向的层流流动的流体有下面给出的速度分布：

$$v_x=v_{x\,\max}\left[1-\left(\frac{y}{y_0}\right)^2\right]$$

式中 $2y_0$ 是两块板间的距离，y 是距中心线的距离，v_x 是 y 位置上 x 方向的速度。推导 $v_{x平均}$(主体平均速度)与 $v_{x\,\max}$ 的关系的表达式。

答案：$v_{x平均}=2/3\ v_{x\,\max}$

2.6－5　稀释过程的总质量衡算。充分搅拌的贮槽内装有 10 000 kg 稀释的甲醇溶液($w_A=0.05$ 质量分率的醇)。有一股流速恒定为 500 kg/min 的纯水被突然放入槽中，同时开始将槽中溶液以 500 kg/min 的流率抽出。这两股物流都是连续的并保持恒定。假设溶液的密度是相同的且槽内的总容量保持恒定持 10 000 kg 溶液，计算醇含量降低到 1.0%(质)的时间。

答案：32.2 min

2.6－6　非定态过程的总质量衡算。一充分搅拌的贮槽，装有 500 kg 浓度为 5.0%的盐溶液。含盐 16.67%的盐溶液以 900 kg/h 的恒定流率突然引入槽中，同时开始以 600 kg/h 恒定流率从槽中抽出溶液。这两股物流一直保持恒定。推导出口抽出溶液浓度随时间变化的函数关系。同时计算 2.0 h 后的浓度。

2.6－7　流动蔗糖溶液的质量衡算。密度为 1 070 kg/m³浓度为 20%(质)的蔗糖溶液流经与例 2.6－1(图 2.6－2)相同的管道系统。进入管 1 的流速为 1.892 m³/h。在管 3 中，每根管的流率平均分割，作如下计算：

(1) 管 2 和管 3 中的速度。

(2) 管 2 和管 3 中的质量流速 G kg/(m²·s)。

2.7－1　湍流的动能速度校正因子。推导确定湍流动能速度校正因子 α 值的方程。用式(2.7－20)近似表示速度分布，将其代入式(2.7－15)得到 $(v^3)_{平均}$。然后用式(2.7－20)、式(2.6－17)和式(2.7－14)得到 α。

答案：$\alpha=0.9448$

2.7－2　平行板间流动的动能速度校正因子。习题 2.6－4 给出了两块平行板间层流流体的速度分布方程。试推导确定动能速度校正因子 α 值的表达式。[提示：首先推导 v 与 $v_{平均}$ 的关系式。再推导 $(v^3)_{平均}$ 的方程，最后将它们与 α 相关联。]

2.7－3　节流阀中的温度降及能量衡算。蒸汽流经绝热节流阀(无热量损失或外功)。蒸汽在温度 171.1 ℃和 689 kPa 的绝压下进入阀的上游点 1。在 359 kPa 的压力下离开阀(点 2)。计算出口温度 t_2。[提示：用式(2.7－21)进行能量衡算，并如例 2.7－1 所示忽略动能和势能项。由附录 A.2 的蒸汽表得到焓值 H_1。在表中用线性内插的方法得到 t_2 温度下的焓值 H_2。]，用 SI 制单位。

答案：$t_2=160.6$ ℃

2.7－4　换热器和泵的能量衡算。用泵将温度为 93.3 ℃的水从绝压 1 atm 的大贮槽内以 0.189 m^3/min 的速率输送。驱动泵的马达以 1.49 kW 的功率向泵提供能量。水被送到一个换热器，在那里释放 704 kW 的热量，然后输送到较第一个槽升高 15.24 m 的敞口的大贮槽中。问水在第二个槽中的最终温度是多少？又由于功的输入而使水获得的焓值为多少？[提示：用蒸汽表确定水的焓值。忽略动能变化但不忽略势能的变化。]

答案：$t_2=38.2$ ℃，输入功＝0.491 kJ/kg

2.7－5　蒸汽锅炉及总能量衡算。液体水在 150 kPa 的压力下，以 3.5 m/s 的速度湍流通过管道进入 24 ℃的锅炉。蒸汽出口在液体进口上方 25 m 高处，在温度 150 ℃和压力 150 kPa 的条件下离开锅炉，蒸汽出口管道内为湍流，蒸汽速度为 12.5 m/s。定态过程。每千克蒸汽必须加入多少热量？

2.7－6　含有泵和换热器的流动系统的能量衡算。贮存于大保温贮槽中的水，在 21.0 ℃和大气压下通过泵定态地从该槽以 40 m^3/h 的速率进行输送。驱动泵的马达以 8.5 kW 的速率提供能量。水作为冷却介质通过一个换热器，在那里水被加入 255 kW 的热量。经加热的水流入通大气的第二个大槽内，该槽比第一个槽高 25 m。确定输送到第二个槽的水的最终温度。

2.7－7　泵输送豆油的机械能衡算。用泵将豆油以稳定的质量流率通过均一直径的管道进行输送。泵提供的能量是 209.2 J/kg 质流动流体。泵进口管内绝压为 103.4 kN/m^2。泵下游的出口管路高于进口管 3.35 m，出口压力为 172.4 kN/m^2。出口管和进口管直径相同。流动为湍流。计算系统的摩擦损失。豆油的物性见附录 A.4。温度是 303 K。

答案：$\sum F=101.3$ J/kg

2.7－8　盐水系统的泵功率。用泵将密度为 1.15 g/cm^3 的盐水溶液以 0.200 ft^3/s 的速率从截面积很大的敞口原料槽中抽出。抽出管道内径是 3.548 in.，泵排出管道直径是 2.067 in.。排放的流体进入敞开的高位槽，敞口端在原料槽液面上方的 75 ft。如果管道系统的摩擦损失是 18.0 $ft\cdot lb_f/lb_m$，泵必须提供多少压力？若泵的效率是 70%，需要多大功率？流动为湍流。

2.7－9　流动流体的压力测定。密度为 998 kg/m^3 的水，在直径 3.068 in. 的水平管内以 1.676 m/s 的速率流动，压力 p_1 是 68.9 kPa 绝压。流体接着通过内径 2.067 in. 的管路。

(1) 计算在 2.067 in. 管子中的新的压力。假设无摩擦损失。

(2) 如果管道是垂直的，流体向上流动，计算新的压力 p_2。压力点 p_2 在压力点 p_1 上方 0.457 m 处。

答案：(1) $p_2=63.5$ kPa；(2) $p_2=59.1$ kPa

2.7－10　从槽中抽取棉子油。一个直径 1.52 m、高 7.62 m 的圆筒装有密度为 917 kg/m^3 的棉子油。槽敞开通大气。一个直径为 15.8 mm、截面积为 A_2 的排放喷嘴位于靠近槽底部的位置。液体表面在喷嘴中心线上方 $H=6.1$ m 处。排放喷嘴打开，排放液体使液面从 $H=6.1$ m 降低到 $H=4.57$ m。以秒为单位计算这一过程的时间。[提示：贮槽表面的运动速度很小可忽略。喷嘴中的速度 v_2(m/s)，对给定的 H 由式(2.7－36)进行计算。但是，H 是变化的，因此 v_2 也是变化的。建立一个如下的非定态质量衡算：槽内的体积流率是 $(A_t dH)/dt$，这里 A_t 是槽的截面积 m^2，$A_t dH$ 是在 dt(s) 内流出的液体量(m^3)。这个流率必定等于负的喷嘴中的体积流率，或 $-A_2 v_2$ m^3/s。存在负号是因为 dH 与 v_2 相反。对这一方程进行整理并在 $t=0, H=6.1$ m 和 $t=t_F, H=4.57$ m 的区间内进行积分。]

答案:t_F=1 388 s

2.7-11 透平水动力系统中的摩擦损失。水贮于高位水库中,为了产生动力,让水通过一个大水管流入透平,然后通过一个相似尺寸的水管。在透平上方 89.5 m 处的水管内压力是 172.4 kPa,在透平下面 5 m 水平处的压力是 89.6 kPa。水的流量是 0.800 m^3/s。透平输出的轴功是 658 kW。水的密度是 1 000 kg/m^3。如果透平将流体释放的机械能转化为透平轴功的效率是 89%(η_t=0.89),计算透平中的摩擦损失(J/kg)。注意在机械能衡算方程中,W_S 等于透平的输出轴功除以 η_t。

答案:$\sum F$=85.3 J/kg

2.7-12 油的管道输送。一条穿越农村的输油管道,以 795 m^3/d 的流量进行输送。油离开第一泵站 1 的压力是 1 793 kPa 表压。在下一泵站 2 的进口压力是 862 kPa。第二个泵站比第一个泵站高 17.4 m。以 J/kg 质油为单位计算功损失($\sum F$ 摩擦损失)。油的密度是 769 kg/m^3。

2.7-13 离心泵的测试和机械能衡算。要测试一个离心泵的性能,测试中,在直径为 0.305 m 的吸入管与泵壳体相连处测到的压力读数是-20.7 kPa(大气压以下的真空度)。在直径为 0.254 m 的出口管线上位于吸入管上方 2.53 m 处的压力是 289.6 kPa 表压。泵中流出水的流率测定为 0.113 3 m^3/s。(密度可假设为 1 000 kg/m^3)计算泵的输出功率 kW。

答案:38.11 kW

2.7-14 泵和流动系统的摩擦损失。20 ℃的水从压力为 310.3 kPa 表压的大贮槽底部用泵输送到距槽底部 15.25 m 高的喷嘴,并以喷嘴内 19.81 m/s 的速度排入大气。水的流率是 45.4 kg/s。泵的效率是 80%,且有 7.5 kW 的动力提供给泵的轴。试作如下计算:

(1) 泵的摩擦损失。

(2) 其他过程的摩擦损失。

2.7-15 流动系统泵的输送功。用泵将 10 ℃的水以 2.0 kg/s 的流量从一个敞开水库输送到 1 500 m 远的敞口槽中。所用管道是 3.5 in. 的系列(schedule) 40 管,且系统的摩擦损失是 625 J/kg。水库的水面比贮槽的水平面高 20 m。泵的效率是 75%。

(1) 泵要求的动力为多少 kW?

(2) 如果系统中不存在泵,则还有水的流动吗?

答案:(1) 1.143 kW

2.8-1 收缩弯管的动量衡算。水在定态下流经图 2.8-3 中的收缩弯管。角 α_2=90°(直角弯头)。点 2 的压力是 1.0 atm 绝压。流率为 0.020 m^3/s,点 1 和点 2 的直径分别为 0.050 m 和 0.030 m。忽略摩擦力和重力。以牛顿和 lb 力为单位计算弯管所受的合力。使用 ρ=1 000 kg/m^3。

答案:$-R_x$=+450.0 N,$-R_y$=-565.8 N

2.8-2 收缩弯管上的力。温度 363 K 的水以 0.056 6 m^3/s 的流量定态流经一根图 2.8-3 中弯曲角度 60°的收缩弯管(α_2=60°)。进口管直径是 0.101 6 m,出口管是 0.076 2 m。管子弯头上的摩擦损失估计为 $v_2^2/5$。忽略重力。出口压力 p_2=111.5 kN/m^2 表压。以牛顿单位计算弯头上的受力。

答案:$-R_x$=+1 344 N,$-R_y$=-1 026 N

2.8-3 壁上受到的水流力。温度为 298 K 的水从喷嘴中排放并水平地冲击在一块平坦的垂直壁上。喷嘴直径 12 mm,水以 6.0 m/s 的速度呈扁平的速度分布形状离开喷嘴。忽略喷射口的空气摩擦阻力,以牛顿为单位计算壁上的受力。

答案:$-R_x$=4.059 N

2.8-4 流过膨胀弯头。水在定态下以 0.050 m^3/s 的流量流经一个改变方向 120°的扩大弯头。上游直径是 0.076 2 m,下游直径是 0.211 2 m。上游压力是 68.94 kPa 表压。忽略弯管内的能量损失,并计算下游温度为 298 K 时的压力。同时计算 R_x 和 R_y。

2.8-5 物流作用于壁上的力。其他条件与习题 2.8-3 相同,但壁与垂直方向的倾角不同,为 45°,重复前计算。流动无摩擦。假设无能量损失。流动沿板在各方向上的分量可应用连续方程和动量衡算方程来确定。计算流体的分割量和壁上的受力。

答案：$m_2=0.5774\ \text{kg/s}$，$m_3=0.09907\ \text{kg/s}$，
$-R_x=2.030\ \text{N}$，$-R_y=-2.030\ \text{N}$（壁上的力）

2.8-6　自由射流到弯曲固定翼上的动量衡算。一股速度为 30.5 m/s 直径为 5.08×10^{-2} m 的自由射流被图 2.8-5(a)中的弯折固定翼所反射。但是这里的翼是以 60°的角向下弯而不是向上弯。计算射流作用于翼的力。密度是 1 000 kg/m³。

答案：$-R_x=942.8\ \text{N}$，$-R_y=1\,633\ \text{N}$

2.8-7　自由射流到 U 形固定翼上的动量衡算。一股速度为 30.5 m/s、直径为 1.0×10^{-2} m 的自由射流被图 2.8-5(a)中的平滑固定翼所反射。但是这里的翼是 U 形的，因此射流出口冲向的方向正对着射流进口的方向。计算射流作用于翼的力。可用 $\rho=1\,000\ \text{kg/m}^3$。

答案：$-R_x=146.1\ \text{N}$，$-R_y=0\ \text{N}$

2.8-8　收缩弯头的动量衡算和摩擦损失。20 ℃的水流经一收缩弯管(见图 2.8-3)，这里的 α_2 是 120°。进口管直径是 1.829 m，出口管是 1.219 m，流率是 8.50 m³/s。出口点 z_2 在进口点上方 3.05 m，进口压力是 276 kPa 表压。摩擦损失估计为 $0.5v_2^2/2$，弯管中水的质量为 8 500 kg。计算控制体流体所受力 R_x 和 R_y 及合力。

2.8-9　湍流的动量速率校正因子 β。确定湍流的管内动量速率校正因子 β。利用式(2.7-20)确定 v 与位置之间的关系。

2.9-1　湿壁塔上的水膜。20 ℃的纯水以 0.124 kg/(s·m)的速率流下一垂直湿壁塔。计算膜的厚度和平均速度。

答案：$\delta=3.370\times10^{-4}\ \text{m}$，$v_{z\,平均}=0.3687\ \text{m/s}$

2.9-2　在两平行板之间流动的薄层流体的动量衡算。密度为常数的流体，在两块平行板之间沿 x 水平方向作定态层流流动。两块板之间在垂直的 y 方向上的距离是 $2y_0$。用薄层动量衡算的方法推导这一流体的速度分布方程及在 x 方向的距离为 L(m)处的最大速度。[提示：参见第 2.9.2 节中推导式(2.9-9)所用的方法。所使用的一个边界条件是在 $y=0$ 处，$dv_x/dy=0$]

答案：$v_x=\dfrac{p_0-p_L}{2\mu L}y_0^2\left[1-\left(\dfrac{y}{y_0}\right)^2\right]$

2.9-3　非牛顿流体的速度分布。非牛顿流体的剪切速率应力由下式给定：

$$\tau_{rx}=K\left(-\frac{dv_x}{dr}\right)^n$$

式中 K 和 n 是常数。求定态下这种不可压缩流体的速度与径向距离 r 之间的关系。[提示：将这里给出的式子与式(2.9-6)结合。然后将结果获得的式子两边取 $1/n$ 次方并积分。]

答案：$v_x=\dfrac{n}{n+1}\left(\dfrac{p_0-p_L}{2KL}\right)^{1/n}(R_0)^{(n+1)/n}\left[1-\left(\dfrac{r}{R_0}\right)^{(n+1)/n}\right]$

2.9-4　流下一倾斜板的薄层动量衡算。考虑牛顿流体定态层流流下一块与水平呈 θ 夹角的倾斜板表面的情况。应用薄层动量衡算，求取液层厚度为 L 的流体内的速度分布方程及自由表面的最大速度。[提示：对于充分发展流动，对流动量项可消掉，压力项也可消掉，因为存在自由表面。注意在流体上有重力。]

答案：$v_{x\,\max}=\rho gL^2\sin\theta/2\mu$

2.10-1　液体的黏度测定。哈根-泊谡叶方程式(2.10-2)的一个应用是，通过测定未知液体在已知尺寸的毛细管中的流速和压降确定该液体的黏度。所用液体密度是 912 kg/m³，毛细管的直径为 2.222 mm，长度是 0.158 5 m。测定的流量是 5.33×10^{-7} m³/s，同时压降为 131 mmH_2O(密度 996 kg/m³)。忽略端效应，计算液体黏度(Pa·s)。

答案：$\mu=9.06\times10^{-3}$ Pa·s

2.10-2　橄榄油流动的摩擦压降。以 Pa 为单位计算橄榄油在 293 K 流经内径为 0.052 5 m、长度为 76.2 m的工业管的摩擦压降。流体的速度是 1.22 m/s。用摩擦因子的方法。流动是层流还是湍流？使用附录 A.4 的物理数据。

2.10-3 直管中的摩擦损失及管子类型的影响。密度 801 kg/m^3 和黏度 1.49×10^{-3} Pa·s 的流体以 4.57 m/s的速度流经一水平直管。工业钢管是 1.5 in. 公称尺寸的系列(schedule) 40 管。管长 61 m,作下列计算:

(1) 计算摩擦损失 F_f。

(2) 对同样内径的光滑管,计算摩擦损失。光滑管的 F_f降低百分之几?

答案:(1) 348.9 J/kg;(2) 274.2 J/kg(91.7 $ft\cdot lb_f/lb_m$),降低 21.4%

2.10-4 水排放的试差求解。在排水工程项目中,内径 0.156 m 和长度 305 m 的铸铁管被用来排放 293 K 的废水。有效液头是 4.57 m 水柱。忽略管件和连接部分的损失,计算流量(m^3/s)。[提示:假设为纯水的物性。因为速度出现在确定摩擦因子所需参数 N_{Re} 中,求解试差逼近。作为第一次试差,假设 $v=1.7$ m/s]

2.10-5 机械能衡算和摩擦损失。热水从贮槽中以 0.223 ft^3/s 的速率排放。过程流程图和条件与例 2.10-6 给出的相同,但不同的系列(schedule) 40 公称管尺寸如下:20 ft 长的贮槽出口管是 1.5 in. 管代替 4 in. 管;其他原 2 in. 的管道,现在是 2.5 in. 管;注意,现在在 1.5 in. 管的弯头后到 2.5 in. 管处发生了突然膨胀。

2.10-6 摩擦损失和泵的功率。敞开槽中 82.2 ℃的热水,用泵将其以 0.379 m^3/min 的速率从槽中输送。由槽至泵的管线是一段长 6.1 m 的 2 in. 的系列(schedule) 40 钢管,中间有 3 个弯头。泵后的排水管线是一段 61 m 的 2 in. 管,有 2 个弯头。水排放到贮槽水平面上 6.1 m 高处的大气中。

(1) 计算总的摩擦损失 $\sum F$。

(2) 作机械能衡算并计算泵的 W_S J/kg。

(3) 如果泵的效率是 75%,其功率为多少?

答案:(1) $\sum F=122.8$ J/kg;(2) $W_S=-186.9$ J/kg;(3) 1.527 kW

2.10-7 流动气体的压降。温度为 298 K 的氮气流过 4 in. 的系列(schedule) 40 工业钢管。可假设为等温流动,总流量是 7.40×10^{-2} kg/s。管路 3 000 m 长,进口压力是 200 kPa。计算出口压力。

答案:$p_2=188.5$ kPa

2.10-8 管内流动的进口段长度。10 ℃和 1.0 atm 绝压的空气在直径为 0.012 m 的管道内以 2.0 m/s 的速度流动。

(1) 计算进口段长度。

(2) 对 10 ℃的水,相同的速度,计算进口段长度。

2.10-9 泵将油向带压槽输送的摩擦损失。用泵将密度为 833 kg/m^3、黏度为 3.3×10^{-3} Pa·s 的油从敞口槽输送到压力维持在 345 kPa 表压的带压槽中。油从敞口槽边壁上的进口管抽出,以 3.494×10^{-3} m^3/s 的流量通过一段直径为 0.077 92 m 的工业钢管管道。直管长度是 122 m,管路包含两个弯头(90°)和一个半开的球阀。敞口槽中的液面高于带压槽中的液面 20 m。泵的效率是 65%。试计算泵的功率 kW。

2.10-10 环形流道中的流动及压降。水在水平的套管换热器的环隙中流动,并在换热器中被从 40 ℃加热到 50 ℃,管子的当量直管长度是 30 m。水的流量是 2.90×10^{-3} m^3/s。内管是 1 in. 的系列(schedule) 40 管,外管是 2 in. 的系列(schedule) 40 管。问压降是多少?主体物理性质用平均温度 45 ℃。假设壁温平均比主体平均温度高 4 ℃,可对传热对摩擦因子的影响进行修正。

2.11-1 等温可压缩流动的最大速度的推导。从式(2.11-9)出发,推导等温可压缩流动的最大速度方程式(2.11-11)和式(2.11-12)。

2.11-2 可压缩流动的压降。甲烷气体通过一条长为 305 m、直径为 52.5 mm 内径的钢管以 41.0 $kg/(m^2\cdot s)$ 的速率输送。进口压力为 $p_1=345$ kPa 绝压。假设在 288.8 K 的温度等温流动。

(1) 计算在管子末端的压力 p_2。黏度是 1.04×10^{-5} Pa·s。

(2) 计算在这些条件下能达到的最大速度并与(1)中的速度相比较。

答案:(1) $p_2=298.4$ kPa;(2) $v_{max}=387.4$ m/s,$v_2=20.62$ m/s

2.11－3　等温可压缩流动中的压降。288 K 和 275 kPa 绝压的空气在内径为 0.080 m 的工业管中作等温可压缩流动。管道长度是 60 m。管子进口的质量流速是 165.5 kg/(m^2·s)。假设空气的相对分子质量是 29。计算出口的压力。同时计算可获得的最大允许速度并与实际速度比较。

参考文献

(B1) BENNETT, C. O., and MEYERS, J. E. *Momentum, Heat and Mass Transfer*, 3rd ed. New York: McGraw-Hill Book Company, 1982.

(D1) DODGE, B. F. *Chemical Engineering Thermodynamics*. New York: McGraw-Hill Book Company, 1944.

(D2) DURAND, A. A., et al. *Chem, Eng.*, **106** (May), 153 (1999).

(E1) EARLE, R. L. *Unit Operations in Food Processing*. Oxford: Pergamon Press, Inc., 1966.

(K1) KITTRIDGE, C. P., and ROWLEY, D. S. *Trans. A. S. M. E.*, **79**, 1759 (1957).

(L1) LANGE, N. A. *Handbook of Chemistry*, 10th ed. New York: McGraw-Hill Book Company, 1967.

(L2) LANGHAAR, H. L. *Trans. A. S. M. E*, **64**, A-55 (1942).

(M1) MOODY, L. F. *Trans. A. S. M. E.*, **66**, 671 (1944); *Mech. Eng.*, **69**, 1005 (1947).

(M2) MCCABE, W. L., SMITH, J. C., and HARRIOTT, P. *Unit Operations of Chemical Engineering*, 4th ed. New York: McGraw-Hill Book Company, 1985.

(N1) National Bureau of Standards. *Tables of Thermal Properties of Gases*, Circular 464 (1955).

(P1) PERRY, R. H., and GREEN, D. *Perry's Chemical Engineers' Handbook*, 6th ed. New York: McGraw-Hill Book Company, 1984.

(R1) REID, R. C., PRAUSNITZ, J. M., and SHERWOOD, T. K. *The Properties of Gases and Liquids*, 3rd ed. New York: McGraw-Hill Book Company, 1977.

(R2) *Reactor Handbook*, vol. 2, AECD-3646. Washington D. C.: Atomic Energy Commission, May 1955.

(S1) SWINDELLS, J. F., COE, J. R., Jr., and GODFREY, T. B. *J. Res. Nat. Bur. Standards*, **48**, 1 (1952).

(S2) SKELLAND, A. H. P. *Non-Newtonian Flow and Heat Transfer*. New York: John Wiley & Sons, Inc., 1967.

(S3) SIEDER, E. N., and TATE, G. E. *Ind. Eng. Chem.*, **28**, 1429 (1936).

(W1) WEAST, R. C. *Handbook of Chemistry and Physics*, 48th ed. Boca Raton, Fla.: Chemical Rubber Co., Inc., 1967－1968.

第3章　动量传递原理及应用

3.1　通过浸没物体、填充床、流化床的流动

3.1.1　通过浸没物体流动的曳力系数定义

1. 曳力类型的概述。第2章我们主要讨论了管子和管道内流体流动的动量传递和摩擦损失。本节我们将较详细讨论绕被浸没固体物的流体流动。

在许多化学工程和其他工程的应用中都会出现浸没物体外部的流体流动。例如，流体流经球形沉降物、干燥和过滤中流体在固定床中的流动、换热器中流体流过管子等情况都发生这种现象。在这各种应用中，能预测摩擦阻力和/或浸没物体上所受的力将是很有意义的。

在第2章所讨论的管道内流体摩擦的例子中，由切线剪切应力或作用于平行流动方向的光滑表面上的曳力导致垂直于表面的动量传递。这一由流体作用于固体在流动方向上的力称之为表面或壁曳力。对任何与流动流体接触的表面都将存在表面曳力。如果流体不是平行于表面流动，而是必须改变方向绕着如球那样的固体物流动，则除了表面摩擦以外，将发生相当大的摩擦损失，这称之为形体曳力。

图3.1-1(a)中是平行于扁平固体板光滑表面的流体流动，作用于板的面积微元dA(m^2)上的力F(N)为壁剪切应力τ_w乘以面积dA，或$\tau_w dA$。总的力是在整个板面积上的这些计算量的积分加和值。这里是剪切应力或表面曳力导致向表面的动量传递。

然而，在许多情况下浸没固体是在流体流动方向存在许多角的钝形固体物。如图1.3-1(b)所示，自由物流的速度是v_0，且在趋近悬浮于非常大的管道中的钝形固体物时是均匀的。称之为流线的线条代表绕悬浮物体流动的流体元的路径。与固体表面相邻的薄层边界层表示为虚线；在这一层边缘的流体速度基本与它相邻的主体流体速度相同。在物体前称为驻点的中心位置，流体的速度将为零；边界层在这点上开始增长，并在表面上连续，直到边界层分离。由于边界层内的速度梯度在物体表面造成的剪切应力是表面摩擦。在边界层外，流体变换方向绕过物体流动，还在近前方处加速，然后又减速。由于这些作用，由流体施加于物体附加力。这一现象称之为形体曳力，是边界层表面曳力之外的力。

在图3.1-1(b)中，发生边界层的分离且其尾迹覆盖整个物体的尾部，存在大漩涡，并对形体曳力有贡献。分离点取决于颗粒的形状、雷诺数等，关于这些，其他文献(S3)进行了详细的讨论。

可通过将物体流线型处理(图3.1-1(c))而使非流线形体的形体曳力最小化，分离点的力向着物体的尾部，尾迹的尺寸大大减小。关于湍流和边界层的进一步讨论将在第3.10节中给出。

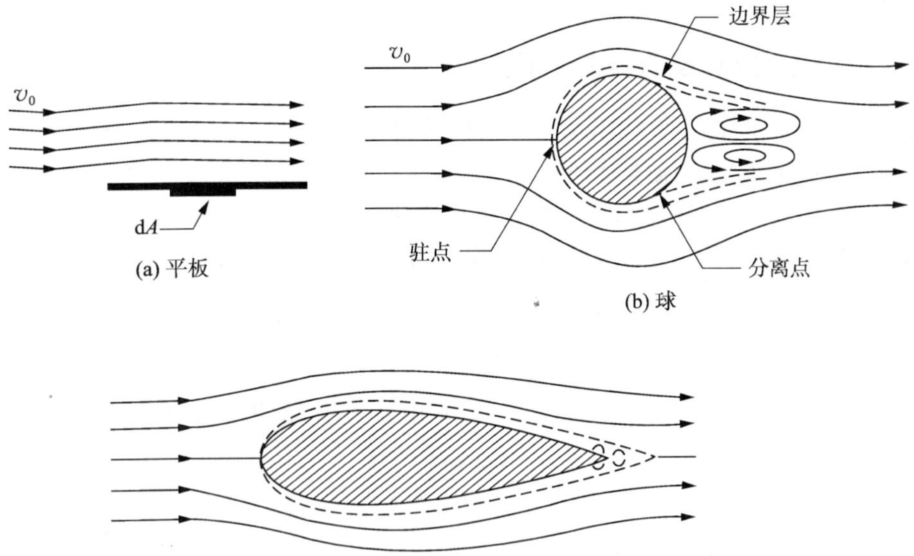

(a) 平板　　(b) 球

(c) 流线型物体

图 3.1－1　通过浸没物体的流体流动

2. 曳力系数。从前面的讨论可知，被浸没固体的几何形状显然是确定施加于该物体上总曳力的主要因素。对于悬浮于流体中的物体或在自由物流（被浸没物体）中的固定物体，其几何形状与流体流动特性之间的关系在概念和形式上均与管内流动所给出的摩擦因子与雷诺数的关系相似。对于流体的管内流动，摩擦因子定义如式（2.10－4），是单位面积曳力（剪切应力）与密度和速度头乘积的比率。

对于流体通过浸没物体流动的曳力系数 C_D，用相似的方法定义为单位面积总曳力与 $\rho v_0^2/2$ 之比。

$$C_D=\frac{F_D/A_p}{\rho v_0^2/2}\quad \text{(SI 制)}$$
$$C_D=\frac{F_D/A_p}{\rho v_0^2/2g_c}\quad \text{(英制)} \tag{3.1-1}$$

式中 F_D是总曳力，单位为 N，A_p是面积，m^2，C_D是无量纲的，v_0是自由物流的速度，m/s，ρ 是流体的密度，kg/m^3。在用英制单位时，F_D是 lb_f，v_0是 ft/s，ρ 是 lb_m/ft^3，A_p是 ft^2。所用的面积值 A_p是物体对垂直于流线的平面投影所得的面积。对于圆球$=\pi D_p^2/4$，式中 D_p是圆球的直径；对于轴垂直于流动方向的圆柱，$A_p=LD_p$，式中 $L=$圆柱长度。对式（3.1－1）求解总曳力得

$$F_D=C_D\frac{v_0^2}{2}\rho A_p \tag{3.1-2}$$

对指定的浸没于流动液体中固体情况下的流体雷诺数为

$$N_{Re}=\frac{D_p v_0 \rho}{\mu}=\frac{D_p G_0}{\mu} \tag{3.1-3}$$

式中 $G_0 = v_0\rho_0$。

3.1.2 绕过圆球、长圆柱和圆盘的流体流动

对于每一种特定的物体形状以及一定物体相对于流体流动方向的不同放置方法，其 C_D 与 N_{Re} 存在着不同的关系。流体流经圆球、长圆柱和圆盘的曳力系数与雷诺数的关系示于图 3.1－2。圆盘平面和圆柱体的轴是垂直于流体流动方向的。这些曲线是由实验得到的。然而，在低雷诺数，约小于 1.0 的层流区，对圆球的实验曳力值与下面的 Stokes 定律方程的理论值相同：

$$F_D = 3\pi\mu D_p v_0 \tag{3.1-4}$$

将式(3.1－2)和式(3.1－4)结合并求解 C_D，得到由 Stokes 定律预测的曳力系数，

$$C_D = \frac{24}{D_p v_0 \rho/\mu} = \frac{24}{N_{Re}} \tag{3.1-5}$$

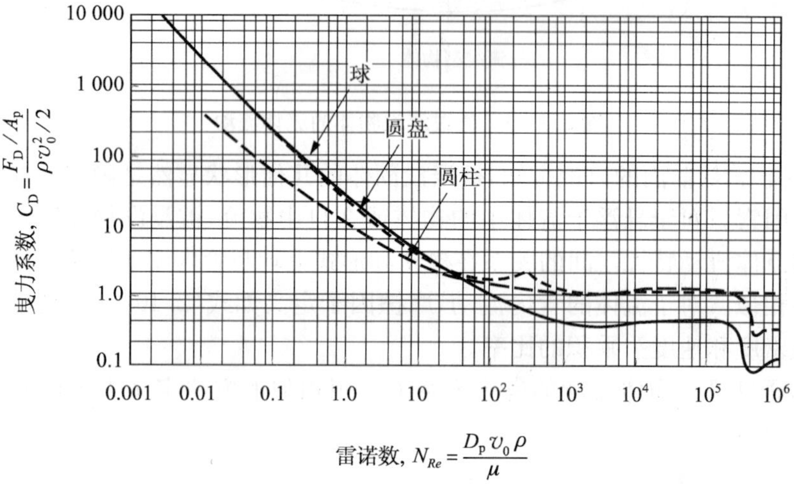

图 3.1－2　流体流过浸没的圆球、长圆柱和圆盘的曳力系数

(获准再版 C. E. Lapple and C. B. Shepherd Ind. Eng. Chem.,32,606(1940)。版权归美国化学学会)

由于控制表面曳力和形状曳力的各种因素的交互作用，C_D 随 N_{Re} 的变化是相当复杂的。对圆球，当雷诺数增加超过了 Stokes 定律的范围，即发生边界层分离并形成尾迹。N_{Re} 的进一步增加引起分离点的移动。在约 $N_{Re} = 3\times10^5$ 处，C_D 的突然下降是边界层变为完全湍流的结果，且分离点也向下游移动。在 N_{Re} 约 1×10^3 至 2×10^5 的范围内，对各种形状的物体，曳力系数都近似为常数，对圆球 $C_D = 0.44$。当 N_{Re} 超过 5×10^5，曳力系数又近似为常数，对圆球、圆柱和圆盘 C_D 分别为 0.13、0.33 和 1.12。关于这些以及流体流经圆球所涉及的理论将在第 3.9.5 节中叙述。

关于平行于平板的流体流动曳力的理论推导和详细讨论，将在关于边界层流动和湍流的第 3.10 节中作进一步探讨。在换热器和其他的过程应用中，发生流体垂直于一组圆柱或管道的流动。这组管子可有许多不同的几何结构和条件安排。因为有许多可能的几何管路外形和布置，因此不可能有一个通用的关于压降和摩擦因子的关系式。其他的文献(P1)提

供了关于这些可获得的许多关系式的详细信息。

例 3.1-1　浸没圆球的受力

温度为 37.8 ℃、压力为 101.3 kPa 绝压的空气，以 23 m/s 的速度流经直径 42 mm 的圆球。求作用于圆球上的力和流体的曳力系数 C_D 为多少？

解： 由附录 A.3 查得，37.8 ℃的空气 $\rho=1.137\ \mathrm{kg/m^3}$，$\mu=1.90\times10^{-5}\ \mathrm{Pa\cdot s}$。又 $D_p=0.042\ \mathrm{m}$，$v_0=23.0\ \mathrm{m/s}$。应用式(3.1-3)得，

$$N_{Re}=\frac{D_p v_0 \rho}{\mu}=\frac{0.042\times23.0\times1.137}{1.90\times10^{-5}}=5.781\times10^4$$

由图 3.1-2 查得圆球的 $C_D=0.47$。代入式(3.1-2)，对圆球 $A_p=\pi D_p^2/4$，

$$F_D=C_D\frac{v_0^2}{2}\rho A_p=0.47\times\frac{(23.0)^2}{2}\times1.137\times\pi\times\frac{(0.042)^2}{4}=0.195\ 8\ \mathrm{N}$$

例 3.1-2　管道内圆柱上的受力

温度 24 ℃的水在 1.0 m/s 的流速下在大管道内流过一个长圆柱。圆柱的轴垂直于流体的流动方向。圆柱的直径是 0.090 m。求每米长圆柱所受的力是多少？

解： 由附录 A.2 查得，24 ℃的水 $\rho=997.2\ \mathrm{kg/m^3}$，$\mu=0.914\ 2\times10^{-3}\ \mathrm{Pa\cdot s}$。又 $D_p=0.090\ \mathrm{m}$，$L=1.0\ \mathrm{m}$ 和 $v_0=23.0\ \mathrm{m/s}$。应用式(3.1-3)得

$$N_{Re}=\frac{D_p v_0 \rho}{\mu}=\frac{0.090\times1.0\times997.2}{0.914\ 2\times10^{-3}}=9.817\times10^4$$

由图 3.1-2 查得长圆柱的 $C_D=1.4$。代入式(3.1-2)，式中 $A_p=LD_p=1.0\times0.090=0.090\ \mathrm{m^2}$，

$$F_D=C_D=\frac{v_0^2}{2}\rho A_p=1.4\times\frac{(1.0)^2}{2}\times997.2\times0.09=62.82\ \mathrm{N}$$

3.1.3　填充床中的流动

1. 概述。在化学工程和其他过程工程领域中，一个相当重要的流动系统是填充床或填料塔，其用于固定床催化反应器、固体吸附、吸收、过滤床等方面。床层中的填充物可以是球形、不规则颗粒、圆柱，或各种工业填料。在下面的讨论中假设填料是各处均匀相同的，且只极少或不发生沟流。为使壁效应减小，塔与填料直径之比最小应当是 8∶1 至 10∶1。在所用的理论近似中，将填料塔看作一束截面积变化的弯曲管道。将第 2 章中推导应用于单根直管的理论用于推导一束弯曲管路的情况，获得其结果。

2. 填充床中的层流流动。在填充床流动关系的推导中，使用了一定的颗粒几何关系。填充床中的空隙率定义为

$$\varepsilon=\frac{\text{床层中的空隙体积}}{\text{床层总体积(空隙加固体)}}\tag{3.1-6}$$

颗粒的比表面积 $a_v(\mathrm{m^{-1}})$ 定义为

$$a_v=\frac{S_p}{v_p} \tag{3.1-7}$$

这里 S_p是颗粒的表面积(m^2),v_p是颗粒的体积 m^3。对球形颗粒有

$$a_v=\frac{6}{D_p} \tag{3.1-8}$$

这里 D_p是直径(m)。对非球形颗粒填充床,颗粒有效直径 D_p定义为

$$D_p=\frac{6}{a_v} \tag{3.1-9}$$

因为$(1-\varepsilon)$是床层中颗粒的体积分率,则

$$a=a_v(1-\varepsilon)=\frac{6}{D_p}(1-\varepsilon) \tag{3.1-10}$$

这里 a 是床层中总表面积与总体积(空隙体积加颗粒体积)的比率(m^{-1})。

例 3.1-3　圆柱体填充床中的表面积

填充床由直径为 $D=0.02$ m、长度 $h=D$ 的圆柱体填料构成。总填料床的体积密度为 962 kg/m³,圆柱体固体的密度是 1 600 kg/m³。

(1) 计算空隙率。

(2) 计算颗粒的有效直径 D_p。

(3) 计算式(3.1-10)的 a 值。

解:对(1),取 1.0 m³填充床为基准,床层的总质量是 962 kg/m³×1.00 m³=962 kg。这一质量也是固体圆柱体的质量。因此,圆柱体的体积=962 kg/(1 600 kg/m³)=0.601 m³。应用式(3.1-6),

$$S_p=2\times\frac{\pi D^2}{4}+\pi D(D)=\frac{3}{2}\pi D^2$$

颗粒的体积 v_p是

$$v_p=\frac{\pi}{4}D^2(D)=\frac{\pi D^3}{4}$$

代入式(3.1-7)得,

$$a_v=\frac{S_p}{v_p}=\frac{\frac{3}{2}\pi D^2}{\frac{1}{4}\pi D^3}=\frac{6}{D}$$

最后,代入式(3.1-9)得,

$$D_p=\frac{6}{a_v}=\frac{6}{6/D}=D=0.02\text{ m}$$

因此,所用的有效直径是 $D_p=D=0.02$ m。

对(3),应用式(3.1-10),

$$a=\frac{6}{D_p}(1-\varepsilon)=\frac{6}{0.02}\times(1-0.399)=180.3\ \mathrm{m}^{-1}$$

床层中的平均空隙速度为 v(m/s)，与基于空容器截面积的表观速度 v' 的关系，

$$v'=\varepsilon v \tag{3.1-11}$$

式(2.10-21)定义的流体水力学直径 r_H 修正如下(B2)：

$$\begin{aligned} r_H &= \frac{\text{流动的有效横截面积}}{\text{润湿周边}} \\ &= \frac{\text{流动有效空隙体积}}{\text{固体总润湿表面}} \\ &= \frac{\text{空隙体积/床层体积}}{\text{润湿表面/床层体积}}=\frac{\varepsilon}{a} \end{aligned} \tag{3.1-12}$$

将式(3.1-10)和式(3.1-12)结合得，

$$r_H=\frac{\varepsilon}{6(1-\varepsilon)}D_p \tag{3.1-13}$$

因为流道的当量直径为 $D=4r_H$，利用式(3.1-13)和 $v'=\varepsilon v$，得填充床的雷诺数如下：

$$N_{Re}=\frac{(4r_H)v\rho}{\mu}=\frac{4\varepsilon}{6(1-\varepsilon)}D_p\frac{v'}{\varepsilon}\frac{\rho}{\mu}=\frac{4}{6(1-\varepsilon)}\frac{D_p v'\rho}{\mu} \tag{3.1-14}$$

对填充床，Ergun(E1)定义的雷诺数如上，但没有 4/6 这一项：

$$N_{Re,p}=\frac{D_p v'\rho}{(1-\varepsilon)\mu}=\frac{D_p G'}{(1-\varepsilon)\mu} \tag{3.1-15}$$

式中 $G'=v'\rho$。

对于层流流动，可将哈根-泊谡叶方程式(2.10-2)与式(3.1-13)结合，对 r_H 和式(3.1-11)给出

$$\Delta p=\frac{32\mu v\Delta L}{D^2}=\frac{32\mu(v'/\varepsilon)\Delta L}{(4r_H)^2}=\frac{72\mu v'\Delta L(1-\varepsilon)^2}{\varepsilon^3 D_p^2} \tag{3.1-16}$$

由于流道的曲折，真实的 ΔL 是很大的，应用水力直径预测的 av' 太大。实验数据表明常数应当是 150，其给出层流、空隙率小于 0.5，有效颗粒直径 D_p，且 $N_{Re,p}<10$ 的 Blake-Kozeny 方程：

$$\Delta p=\frac{150\mu v'\Delta L}{D_p^2}\times\frac{(1-\varepsilon)^2}{\varepsilon^3} \tag{3.1-17}$$

3. 填充床中的湍流流动。对于湍流应用同样的程序，由式(2.10-5)开始，并将式(3.1-11)和式(3.1-13)代入这一式子得

$$\Delta p=\frac{3f\rho(v')^2\Delta L}{D_p}\times\frac{1-\varepsilon}{\varepsilon^3} \tag{3.1-18}$$

对于高度湍流的情况，摩擦因子应当趋于常数。还假设全部填充床应当具有相同的相对粗糙度。实验数据表明，$3f=1.75$。因此，对于 $N_{Re,p}>1\,000$ 的湍流的最终方程，称为 Burke-Plummer 方程，成为

$$\Delta p=\frac{1.75\rho(v')^2\Delta L}{D_p}\times\frac{1-\varepsilon}{\varepsilon^3} \tag{3.1-19}$$

加上对于层流的式(3.1-17)和对于湍流的式(3.1-19)，Ergun对低、中等和高雷诺数的情况提出下面的已由实验验证的通用方程：

$$\Delta p=\frac{150\mu v'\Delta L}{D_p^2}\times\frac{(1-\varepsilon)^2}{\varepsilon^3}+\frac{1.75\rho(v')^2\Delta L}{D_p}\times\frac{1-\varepsilon}{\varepsilon^3} \tag{3.1-20}$$

将式(3.1-20)重写成各无量纲数组得

$$\frac{\Delta p\rho}{(G')^2}\frac{D_p}{\Delta L}\times\frac{\varepsilon^3}{1-\varepsilon}=\frac{150}{N_{Re,p}}+1.75 \tag{3.1-21}$$

式(3.1-21)的另一种形式可参见式(3.1-33)。通过对气体的密度 ρ 取进出口压力的算术平均对应的值，可将Ergun式(3.1-21)应用于气体的计算。对可压缩流体，速度 v' 在整个床层内变化，但 G' 是常数。在高 N_{Re} 值情况下，式(3.1-20)和式(3.1-21)简化为式(3.1-19)，在低 N_{Re} 值情况下，则简化为式(3.1-17)。对压降大的气体流动，可将式(3.1-20)写成微分形式(P1)。

例3.1-4　填充床中气体的流动和压降

温度为311 K的空气流经填料球直径为12.7 mm的填充床。床层的空隙率 ε 是0.38，床的直径是0.61 m，高度是2.44 m。空气在1.10 atm绝压下以0.358 kg/s的速率进入填充床。计算空气在填充床中的压降。空气的平均相对分子质量是28.97。

解：从附录A.3查得，311 K的空气，$\mu=1.90\times10^{-5}$ Pa·s。床的截面积为 $A=(\pi/4)D^2=(\pi/4)(0.61)^2=0.2922\ m^2$。因此，$G'=0.358/0.2922=1.225\ kg/(m^2\cdot s)$(基于空容器或床的截面积)。$D_p=0.0127$ m，$\Delta L=2.44$ m，进口压力 $p_1=1.0(1.01325\times10^5)=1.115\times10^5$ Pa。

由式(3.1-15)，

$$N_{Re,p}=\frac{D_pG'}{(1-\varepsilon)\mu}=\frac{0.0127\times1.225}{(1-0.38)\times(1.90\times10^{-5})}=1\,321$$

为了将式(3.1-21)用于气体，所用密度 ρ 是进口压力 p_1 和出口压力 p_2 对应密度的平均值，或压力 $(p_1+p_2)/2$ 对应的值。因为 p_2 是未知的，所以这个过程要用试差法逼近。假设 $\Delta p=0.05\times10^5$ Pa，$p_2=(1.115\times10^5)-(0.05\times10^5)=1.065\times10^5$ Pa。平均压力 $p_{平均}=(1.115\times10^5+1.065\times10^5)/2=1.090\times10^5$ Pa。使用的平均密度为

$$\rho_{平均}=\frac{M}{RT}p_{平均} \tag{3.1-22}$$

$$=\frac{28.97\times1.090\times10^5}{8\,314.34\times311}=1.221\ kg/m^3$$

代入式(3.1-21)并对 Δp 求解得

$$\frac{\Delta p\times(1.221)}{1.225^2}\times\frac{0.0127}{2.44}\times\frac{0.38^3}{1-0.38}=\frac{150}{1\,321}+1.75$$

解得 $\Delta p=0.0497\times10^5$ Pa。这个解与假设值已足够接近，因此不需第二次试差。

4. 形状因子。许多填充床中的颗粒其形状常常是不规则的。颗粒的当量直径定义为与这一颗粒具有相同体积的球形颗粒的直径。颗粒的球形度形状因子 ϕ_S 是与颗粒具有相同体积的球形的表面积与颗粒实际表面积之比。对于球体，表面积 $S_p=\pi D_p^2$，体积 $v_p=\pi D_p^3/6$。因此，对任何颗粒有，$\phi_S=\pi D_p^2/S_p$，这里 S_p 是颗粒的真实表面积，D_p 是与颗粒体积相同的球的直径(当量直径)。则

$$\frac{S_p}{v_p}=\frac{\pi D_p^2/\phi_S}{\pi D_p^3/6}=\frac{6}{\phi_S D_p} \tag{3.1-23}$$

由式(3.1-7)，

$$a_v=\frac{S_p}{v_p}=\frac{6}{\phi_S D_p} \tag{3.1-24}$$

则式(3.1-10)变为

$$a=\frac{6}{\phi_S D_p}(1-\varepsilon) \tag{3.1-25}$$

对圆球，$\phi_S=1.0$。对直径=长度的圆柱体，计算的 ϕ_S 是 0.874，而对立方体，计算得到的值是 0.806。对晶体物质则难以测定其真实体积和表面积，从而获得其当量直径。因此，D_p 通常是通过筛分分析或外观长度的测定取其公称尺寸。表面积由颗粒床层的吸附测定或压降测定来确定。然后用式(3.1-23)计算 ϕ_S(表 3.1-1)。许多粉碎物质的典型值为0.6～0.7。为方便起见，对圆柱体和立方体有时使用公称直径(而不是当量直径)，然后给出 1.0 的形状因子。

表 3.1-1　某些物质的形状因子(球形度)

物质	形状因子，ϕ_S	参考文献
球形	1.0	
立方体	0.81	
圆柱体，$D_p=h$(长度)	0.87	
贝尔鞍形填料	0.3	(B4)
拉西环	0.3	(C2)
煤灰，研磨	0.73	(C2)
沙粒，平均	0.75	(C2)
粉碎的玻璃	0.65	(C2)

5. 混合颗粒。对各种尺寸的混合颗粒，我们可将平均比表面 a_{vm} 定义为

$$a_{vm}=\sum x_i a_{vi} \tag{3.1-26}$$

这里 x_i 是体积分率。将式(3.1-24)和式(3.1-26)结合得

$$D_{pm}=\frac{6}{a_{vm}}=\frac{6}{\sum x_i(6/\phi_S D_{pi})}=\frac{1}{\sum x_i/(\phi_S D_{pi})} \tag{3.1-27}$$

这里 D_{pm}是混合颗粒物的有效平均直径。

例 3.1－5 混合颗粒的平均直径

含三种尺寸的混合颗粒物：体积百分率 25%的 25 mm，40%的 50 mm 和 35%的 75 mm 的颗粒。球形度是 0.68。计算有效平均直径。

解：给定了以下的数据：$x_1=0.25$，$D_{p1}=25$ mm；$x_2=0.40$，$D_{p2}=50$ mm；$x_3=0.35$，$D_{p3}=75$ mm；$\phi_S=0.68$。代入式(3.1－27)得

$$D_{pm}=\frac{1}{0.25/(0.68\times25)+0.40/(0.68\times50)+0.35/(0.68\times75)}$$
$$=30.00\ \text{mm}$$

6. 层流的达西(Darcy)经验定律。填充床层流的式(3.1－17)表明流速正比于 Δp 且反比于黏度 μ 和长度 ΔL。这是 Darcy 规律的基础，对胶固多孔介质中的纯黏性流体有如下关系式：

$$v'=\frac{q'}{A}=-\frac{k}{\mu}\frac{\Delta p}{\Delta L} \tag{3.1-28}$$

这里 v'是基于空截面积的表观速度(cm/s)，q'是流率(cm^3/s)，A 是空截面积(cm^2)，μ 是黏度(cP)，Δp 是压降(atm)，ΔL 是长度(cm)，k 是渗透率，单位是(cm^3 流体/s)·(cP)·(cm 长度)/(cm^2 面积)·(atm 压降)。用于 k 的单位 cm^2·cP/(s·atm)也常以达西(多孔介质渗透率单位)或以毫达西(1/1 000 达西)给出。因此，如果多孔介质具有 1 达西的渗透量，黏度1 cP 的流体将在每 cm 长度压差 Δp 为 1 atm 的条件下，每 cm^2 截面积流过 1 cm^3/s 流体。这一方程常用于地下油层渗透量的测定。

3.1.4 流化床内的流动

1. 床层中的流化类型。在小颗粒填充床中，当流体以足够高的速度从底部进入并向上通过颗粒时，颗粒被向上推动，床层膨胀并成为流化状态。可能发生散式流化和鼓泡流化两种基本类型的流化现象。

在散式流化中，随着流体速度的增加，床层连续膨胀，且暂时仍保持均匀。继而颗粒移动离得更远，它们的运动变得更快。给定速度下在床层的所有各区域内的平均床层密度是相同的。一个例子是催化裂化反应的催化剂被气体流化。在促进气体与固体间完全接触的过程中，非常希望达到这种类型的流化。液体常实现散式流化。

在鼓泡流化中，气体作为气孔率或含少量颗粒的气泡通过床层，只有少量比率的气体从单独颗粒间的空间中通过。随着气体速度的增加床层膨胀很小。沙粒和玻璃珠提供了这种现象的实例。因为大部分的气体呈气泡的形式，所以单个颗粒与气泡间几乎不发生接触。

如上的颗粒行为被 Geldart(G2)划分为几类。那些表现为在气体中散式流化的称之为 A 类，落在下面的近似范围内：$\Delta\rho=(\rho_p-\rho)=2\ 000\ kg/m^3$，$D_p=20\sim125\ \mu m$；$\Delta\rho=1\ 000$，$D_p=25\sim250$；$\Delta\rho=500$，$D_p=40\sim450$；$\Delta\rho=200$，$D_p=100\sim1\ 000$。那些表现为鼓泡流化的称之为 B 类，近似范围如下：$\Delta\rho=2\ 000\ kg/m^3$，$D_p=125\sim700\ \mu m$；$\Delta\rho=1\ 000$，$D_p=250\sim$

1 000；$\Delta\rho=500$，$D_p=450\sim1\ 500$；$\Delta\rho=200$，$D_p=1\ 000\sim2\ 000$。

另一类型流化行为，称之为腾涌，可在鼓泡中发生，因为随着气泡沿床层上升，其趋向于聚结和长大。如果塔具有很深的床层而较小的直径，则气泡会变得很大并充满整个截面，被固体团块分离推向塔上方。

2. 散式流化的起始流化速度及气孔率。当流体在低速度下由下而上流过颗粒填充床时，颗粒保持静止状态。依据 Ergun 方程式(3.1－20)，随流体速度的增加，压降增大。速度进一步增加，最终导致压降乘以截面积所得的力等于颗粒质量的重力的条件。然后，颗粒开始运动，这是流化的开始点或最小流化。流化开始的流体速度是以空塔截面积为基准的起始流化速度 v'_{mf}(m/s)(表观速度)。

当发生真实的流化现象时，床层的气孔率是起始流化空隙率 ε_{mf}。表 3.1－2 给出了各种物质的某些典型 ε_{mf} 值。在出现颗粒运动前，床层膨胀到这一空隙率或气孔率。通过在床层上加上上升气流，并测定床高 L_{mf}(m)，可实验确定这一起始流化空隙率。通常，最好使用气体而不是液体作为流体，因为液体有时会得到较高的 ε_{mf} 值。

表 3.1－2　起始流化条件下的空隙率 ε_{mf} (L2)

颗粒类型	颗粒尺寸，D_p(mm)			
	0.06	0.10	0.20	0.40
	空隙率，ε_{mf}			
尖沙($\phi_S=0.67$)	0.60	0.58	0.53	0.49
圆沙($\phi_S=0.86$)	0.53	0.48	0.43	(0.42)
无烟煤($\phi_S=0.63$)	0.61	0.60	0.56	0.52
吸附炭	0.71	0.69		
Fischer Tropsch 催化剂($\phi_S=0.58$)		0.58	0.56	(0.54)

如前面所叙述，随着气体速度的增大压降增加，直至开始起始流化。然后，随着速度的进一步增大，压降的降低很小，接着，因为床层连续膨胀或空隙率随速度的增大而增加，压力实际保持不变。床层与沸腾的液体类似。当床层随速度的增大膨胀时，其连续保持着顶部的水平表面。最终，随着速度大幅度的增加，可观察到现行流化床的颗粒夹带现象。

对具有均匀截面积 A 的床层，床层高度 L 与空隙率 ε 之间的关系如下。因为体积 $LA(1-\varepsilon)$ 等于固体的总体积，如果它是以一整块存在的

$$L_1A(1-\varepsilon_1)=L_2A(1-\varepsilon_2) \tag{3.1-29}$$

$$\frac{L_1}{L_2}=\frac{1-\varepsilon_2}{1-\varepsilon_1} \tag{3.1-30}$$

这里 L_1 和 L_2 分别是空隙率为 ε_1 和 ε_2 时相应的床层高度。

3. 压降和起始流化速度。作为第一个近似，开始流化的压降可如下确定。从压降乘以截面积得到的力必须等于颗粒质量施加的重力减去置换流体的浮力：

$$\Delta pA=L_{mf}A(1-\varepsilon_{mf})(\rho_p-\rho)g \tag{3.1-31}$$

因此有

$$\frac{\Delta p}{L_{mf}}=(1-\varepsilon_{mf})(\rho_p-\rho)g \quad (\text{SI 制})$$

$$\frac{\Delta p}{L_{mf}}=(1-\varepsilon_{mf})(\rho_p-\rho)\frac{g}{g_c} \quad (\text{英制}) \tag{3.1-32}$$

在床层中经常会有形状不规则的颗粒，方程中使用颗粒尺寸和形状因子更为方便。首先，我们以 $\phi_S D_p$项替代 D_p，现在 D_p表示与颗粒具有相同体积的球的颗粒尺寸，ϕ_S为形状因子。人们常使用从筛分分析得到的公称尺寸作为 D_p的近似值。那么表示填充床压降的式(3.1－20)变为

$$\frac{\Delta p}{L}=\frac{150\mu v'}{\phi_S^2 D_p^2}\frac{(1-\varepsilon)^2}{\varepsilon^3}+\frac{1.75\rho(v')^2}{\phi_S D_p}\frac{1-\varepsilon}{\varepsilon^3} \tag{3.1-33}$$

式中床层长度 $\Delta L=L$(m)。

现在将式(3.1－33)进行微小的外推转换，以 v'_{mf}代替 v'，以 ε_{mf}代替 ε_2，并以 L_{mf}代替 L，即可将其用于填充床计算流化现象开始时的起始流化速度 v'_{mf}，将其结果与式(3.1－32)结合得到，

$$\frac{1.75D_p^2(v'_{mf})^2\rho^2}{\phi_S\varepsilon_{mf}^3\mu^2}+\frac{150(1-\varepsilon_{mf})D_p v'_{mf}\rho}{\phi_S^2\varepsilon_{mf}^3\mu}-\frac{D_p^3\rho(\rho_p-\rho)g}{\mu^2}=0 \tag{3.1-34}$$

定义雷诺数为

$$N_{Re,mf}=\frac{D_p v'_{mf}\rho}{\mu} \tag{3.1-35}$$

式(3.1－34)变为

$$\frac{1.75(N_{Re,mf})^2}{\phi_S\varepsilon_{mf}^3}+\frac{150(1-\varepsilon_{mf})(N_{Re,mf})}{\phi_S^2\varepsilon_{mf}^3}-\frac{D_p^3\rho(\rho_p-\rho)g}{\mu^2}=0 \tag{3.1-36}$$

当 $N_{Re,mf}<20$(小颗粒)，式(3.1－36)的第一项可去掉，当 $N_{Re,mf}>1\,000$(大颗粒)，第二项可去掉。

如果 ε_{mf}和/或 ϕ_S是未知的，Wen 和 Yu(W4)建立了变化的系统，即

$$\phi_S\varepsilon_{mf}^3\cong\frac{1}{14}, \quad \frac{1-\varepsilon_{mf}}{\phi_S^2\varepsilon_{mf}^3}\cong 11 \tag{3.1-37}$$

代入式(3.1－36)，得到下面的简化方程：

$$N_{Re,mf}=\left[(33.7)^2+0.040\,8\frac{D_p^3\rho(\rho_p-\rho)g}{\mu^2}\right]^{1/2}-33.7 \tag{3.1-38}$$

这一方程对雷诺数在 0.001 到 4 000 的范围内成立，平均偏差±25%。文献(K1，W4)中可得到的其他形式的方程。

例 3.1－6　流化的最低速度

尺寸为 0.12 mm、形状因子为 0.88、密度为 1 000 kg/m^{3}的固体颗粒，用 2.0 atm 绝压 25 ℃的空气将其流化。在最低流化条件下的空隙率是 0.42。

(1) 如果空床的截面积是 0.30 m^2 并装有 300 kg 的固体，计算流化床的起始流化高度。

(2) 计算在起始流化条件下的压降。

(3) 计算起始流化速度。

(4) 假设 ε_{mf} 和 ϕ_S 的数据都得不到，应用式(3.1-38)计算 v'_{mf}。

解: 对(1)，固体体积=300 kg/(1 000 kg/m^3)=0.300 m^3。固体将占有的床层高度，如果 $\varepsilon_1=0$，是 $L_1=0.300\ m^3/(0.30\ m^2$ 截面积)。应用式(3.1-30)，并令 $L_{mf}=L_2$ 和 $\varepsilon_{mf}=\varepsilon_2$，

$$\frac{L_1}{L_{mf}}=\frac{1-\varepsilon_{mf}}{1-\varepsilon_1}$$

$$\frac{1.00}{L_{mf}}=\frac{1-0.42}{1-0}$$

求解得，$L_{mf}=1.724$ m。

在 2.0 atm 绝压和 25 ℃条件下空气的物性(附录 A.3)是 $\mu=1.845\times10^{-5}$ Pa·s，$\rho=1.187\times2=2.374$ kg/m^3，$p=2.026\ 5\times10^5$ Pa。对颗粒，$D_p=0.000\ 12$ m，$\rho_p=1\ 000$ kg/m^3，$\phi_S=0.88$，$\varepsilon_{mf}=0.42$。

对(2)，应用式(3.1-32)计算 Δp，

$$\begin{aligned}\Delta p&=L_{mf}(1-\varepsilon_{mf})(\rho_p-\rho)g\\&=1.724\times(1-0.42)\times(1\ 000-2.374)\times9.806\ 65=0.097\ 8\times10^5\ \text{Pa}\end{aligned}$$

为了计算(3)中的起始流化速度 v'_{mf}，应用式(3.1-36)：

$$\frac{1.75(N_{Re,mf})^2}{0.88\times0.42^3}+\frac{150(1-0.42)\times N_{Re,mf}}{0.88^2\times0.42^3}-0.000\ 12^3\times\frac{2.374(1\ 000-2.374)\times9.806\ 65}{(1.845\times10^{-5})^2}=0$$

求解方程

$$N_{Re,mf}=0.077\ 64=\frac{D_p v'_{mf}\rho}{\mu}=\frac{0.000\ 12(v'_{mf})\times2.374}{1.845\times10^{-5}}$$

$$v'_{mf}=0.005\ 029\ \text{m/s}$$

应用简化的式(3.1-38)求解问题(4)

$$\begin{aligned}N_{Re,mf}&=\left[33.7^2+\frac{0.040\ 8\times0.000\ 12^3\times2.374\times(1\ 000-2.374)\times9.806\ 65}{(1.845\times10^{-5})^2}\right]^{1/2}-33.7\\&=0.071\ 29\end{aligned}$$

求解得，$v'_{mf}=0.004\ 618$ m/s。

4. 流化床的膨胀。对小颗粒和 $N_{Re}=D_p v'\rho/\mu<20$ 的情况，我们可估算空隙率或床层高度的变化如下。我们假设忽略第一项，式(3.1-36)应用于整个流体速度范围。然后求解 v' 得

$$v'=\frac{D_p^2(\rho_p-\rho)g\phi_S^2}{150\mu}\frac{\varepsilon^3}{1-\varepsilon}=K_1\frac{\varepsilon^3}{1-\varepsilon}\tag{3.1-39}$$

我们发现,对于特定的系统除了 ε 以外所有各项参数都是常数,ε 取决于 v'。该方程可用于 $\varepsilon<0.80$ 的液体系统进行 ε 的估算。但是,因聚集和其他因素的作用,将方程用于气体时可能发生错误。

流化床中的流动速度一方面受到起始流化速度 v'_{mf} 的限制,另一方面,从维持床层的角度又受到固体夹带的限制。这一最大允许速度接近于颗粒的终端沉降速度 v'_t。(计算这一沉降速度的方法见第 13.3 节。)计算操作范围的近似方程如下(P2)。对细颗粒且 $N_{Re,f}<0.4$ 的情况有

$$\frac{v'_t}{v'_{mf}}\cong\frac{90}{1} \tag{3.1-40}$$

对大颗粒且 $N_{Re,f}>1\,000$ 有

$$\frac{v'_t}{v'_{mf}}\cong\frac{9}{1} \tag{3.1-41}$$

例 3.1-7 流化床的膨胀

使用来自例 3.1-6 的数据,估算最大允许速度 v'_t。选用操作速度为 2.0 倍的起始流化速度,估算床层空隙率。

解:由例 1.3-6 得,$N_{Re,mf}=0.077\,64$,$v'_{mf}=0.005\,029$ m/s,$\varepsilon_{mf}=0.42$。应用式(3.1-40),最大允许速度是

$$v'_t\approx 90(v'_{mf})=90\times 0.005\,029=0.452\,6\ \text{m/s}$$

选用操作速度 v' 为 2.0 倍起始流化速度得

$$v'=2.0(v'_{mf})=2.0\times 0.005\,029=0.010\,06\ \text{m/s}$$

为了确定在这个新速度下的空隙率,我们用起始流化条件的已知值代入式(3.1-39)确定 K_1 值,

$$0.005\,029=K_1\,\frac{0.42^3}{1-0.42}$$

求解得 $K_1=0.039\,38$。然后在式(3.1-39)中用操作速度计算,

$$0.010\,06=0.039\,38\times\frac{\varepsilon^3}{1-\varepsilon}$$

求解得在操作速度下的床层空隙率 $\varepsilon=0.503$。

5. 起始鼓泡速度。观察到第一个气泡时的流化速度称为起始鼓泡速度 v'_{mb}。对表现鼓泡流化特性的 B 组颗粒,v'_{mb} 相当接近于 v'_{mf}。对 A 组颗粒,v'_{mb} 远大于 v'_{mf}。下式(G3)可用于计算 v'_{mb}:

$$v'_{mb}=33D_p(\mu/\rho)^{-0.1} \tag{3.1-42}$$

式中 v'_{mb} 是起始鼓泡速度(m/s),μ 是黏度(Pa·s),ρ 是气体的密度(kg/m^3)。如果计算的

v'_{mf}比由式(3.1－42)计算的 v'_{mb}值大，则应当用 v'_{mf}作为起始鼓泡速度(G4)。

例 3.1－8　起始鼓泡速度

利用由例 3.1－6 得到的数据，计算 v'_{mb}。

解：将数据代入式(3.1－42)，

$$v'_{mb}=33\times0.000\ 12\times(1.845\times10^{-5}/2.374)^{-0.1}=0.012\ 84\ \mathrm{m/s}$$

这个值远大于 v'_{mf}的 0.005 029 m/s 的值。

3.2　流体流动的测定

测定和控制进入和离开一个化工过程或其他过程装置的物质量是非常重要的。因为许多物质都是以流体的形式在管子或管道内流动的。许多不同类型的装置被用于测定流体的流动。最简单的是直接测定流体体积的那些装置，如普通的气体和水的流量计和容积式泵。通用的流量计使用一个元件，如螺旋推进器或旋转臂喷头上的杯，它的旋转速度由通过它的流体的速度决定。应用非常广泛的流体流率测定装置有毕托管、文丘里管流量计、孔板流量计、明渠堰等。

3.2.1　毕托管

毕托管用于测定在流动物流中指定点的局部速度，而不是测定管子或管道内的平均速度。图 3.2－1(a)表示这一简单装置的草图。一根冲压管，将其开口正面对着流动方向，而静压管将其开口置于平行于流动的方向。

流体流动进入开口点 2；然后在这个被称为驻点的地方保持静止产生压力。点 2 的驻点压力与由静压管测定的静压力之差代表了与流体减速相关的压力升高。压力计测定这一较小的压力上升值。如果流体是不可压缩的，我们可在流体减速前速度 v_1未受干扰的点 1 与速度 v_2为零的点 2 之间列出伯努利方程式(2.7－32)：

$$\frac{v_1^2}{2}-\frac{v_2^2}{2}+\frac{p_1-p_2}{\rho}=0 \tag{3.2-1}$$

令 $v_2=0$ 并求解 v_1得

$$v=C_p\sqrt{\frac{2(p_2-p_1)}{\rho}} \tag{3.2-2}$$

这里 v 是在管内点 1 的速度 v_1(m/s)，p_2是驻点的压力，ρ 是流动流体在静压力 p_1时的密度，C_p是考虑与式(3.2－1)偏离的无量纲系数，一般在 0.98 到 1.0 之间变化。在实际使用中，这一系数应当通过毕托管的校准来确定。这一方程应用于不可压缩流体，但在中等速度和总压力变化约 10%或更小时，可近似用于气体的流动过程。对于气体，压力的变化常常是相当小的，因此速度的精确测定是困难的。

压降值(p_2-p_1)或 Δp(Pa)通过式(2.2－14)与压力计的读数 Δh 相关联：

$$\Delta p=\Delta h(\rho_A-\rho)g \qquad (3.2-3)$$

这里的 ρ_A 是压力计中流体的密度(kg/m^3),Δh 是压力计读数(m)。图 3.2－1(b)中显示了具有中心管的较紧凑的设计结构。在外管上的静压孔平行于流动方向。其他地方(P1)会给出更详细的信息。

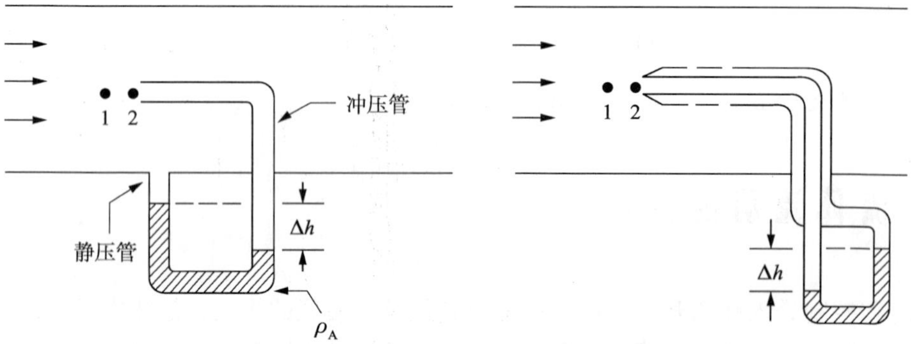

(a) 简单管　　(b) 有静压孔的管子

图 3.2－1　毕托管的示意图

因为毕托管只测定一个流动点上的速度,因此可用几种方法得到管内的平均速度。第一种方法测定管子正中心的速度得到 v_{max}。然后利用式(2.10－2)可得到 $v_{平均}$。要注意毕托管的放置,其距离上游任何管道障碍物至少应当在 100 倍管径以外。第二种方法在管子截面的几个已知位置测取读数,然后利用式(2.6－17)进行图解或数值积分得到 $v_{平均}$。

例 3.2－1　用毕托管测定流体流动

用与图 3.2－1(a)相似的毕托管来测定 600 mm 直径的圆管中的空气流动。流动空气的温度是 65.6 ℃。毕托管被放置在管道的中心处,压力计上的读数 Δh 是 10.7 mm 水柱。在毕托管位置上测得的静压力为大气压以上 205 mm 水柱。毕托管系数是 $C_p=0.98$。

(1) 计算中心速度和平均速度。

(2) 计算管道内流动空气的体积流率。

解:对(1),由附录 A.3 得到的 65.6 ℃空气的性质为 $\mu=2.03\times10^{-5}$ Pa · s,$\rho=1.043$ kg/m^3(101.325 kPa)。要计算绝对静压力,压力计读数 $\Delta h=0.205$ m 水柱指出压力高于 1 atm 绝压。应用式(2.2－14),水的密度为 1 000 kg/m^3,并假设空气密度为 1.043 kg/m^3,

$$\Delta p=0.205\times(1\,000-1.043)\times9.806\,65=2\,008\ \text{Pa}$$

绝对静压力 $p_1=1.013\,25\times10^5+0.020\,08\times10^5=1.033\,3\times10^5$ Pa。修正的流动空气的空气密度是$(1.033\,3\times10^5/1.013\,25\times10^5)\times1.043=1.063$ kg/m^3。当使用这一修正值代替 1.043 时,对重新计算的 p_1 值的影响可忽略不计。

要计算毕托管的 Δp,利用式(3.2－3):

$$\Delta p=\Delta h(\rho_A-\rho)g=\frac{10.7}{1\,000}\times(1\,000-1.063)\times9.806\,65=104.8\ \text{Pa}$$

应用式(3.2-2)得中心处的最大速度为

$$v=0.98\sqrt{\frac{2\times104.8}{1.063}}=13.76\ \mathrm{m/s}$$

利用最大速度计算的雷诺数为

$$N_{Re}=\frac{Dv_{\max}\rho}{\mu}=\frac{0.600\times13.76\times1.063}{2.03\times10^{-5}}=4.323\times10^{5}$$

由图 2.10-2 得 $v_{平均}/v_{\max}=0.85$。则 $v_{平均}=0.85\times13.76=11.70\ \mathrm{m/s}$。

要计算(2)的流率，管道的截面积为 $A=(\pi/4)\times(0.600)^2=0.282\ 7\ \mathrm{m}^2$。流量$=0.282\ 7\times11.70=3.308\ \mathrm{m}^3/\mathrm{s}$。

3.2.2 文丘里管流量计

图 3.2-2 中所示的文丘里管流量计通常直接安装在管线中。压力计或其他测压装置与两个压力计接口相连接，显示和测定点 1 和点 2 两点间的压差 p_1-p_2。在直径为 D_1 的点 1 处的平均速度是 v_1(m/s)，在点 2 或喉管处的速度是 v_2，并且直径是 D_2。因为管道从 D_1 变窄到 D_2，再从 D_2 逐渐扩大到 D_1，由于收缩和膨胀导致的摩擦损失很小。

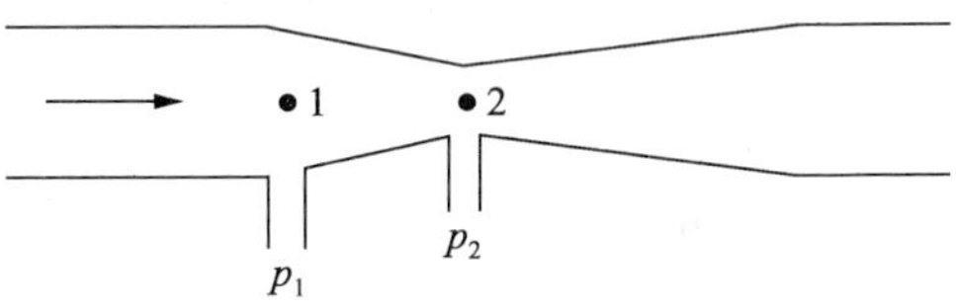

图 3.2-2　文丘里管流量计

为了推导文丘里管流量计的方程，忽略摩擦损失并假设管子是水平的。假定湍流，列出点 1 和点 2 之间的不可压缩流体的机械能衡算式(2.7-28)，

$$\frac{v_1^2}{2}+\frac{p_1}{\rho}=\frac{v_2^2}{2}+\frac{p_2}{\rho}\tag{3.2-4}$$

恒压 p 下的连续方程是

$$v_1\frac{\pi D_1^2}{4}=v_2\frac{\pi D_2^2}{4}\tag{3.2-5}$$

将式(3.2-4)和式(3.2-5)结合并消去 v_1 得，

$$v_2=\frac{1}{\sqrt{1-(D_2/D_1)^4}}\sqrt{\frac{2(p_1-p_2)}{\rho}}\tag{3.2-6}$$

考虑较小的摩擦损失，引入实验参数 C_v，则可给出

$$v_2=\frac{C_v}{\sqrt{1-(D_2/D_1)^4}}\sqrt{\frac{2(p_1-p_2)}{\rho}}\quad(\text{SI 制})$$

$$v_2=\frac{C_v}{\sqrt{1-(D_2/D_1)^4}}\sqrt{\frac{2g_c(p_1-p_2)}{\rho}}\quad(\text{英制})\tag{3.2-7}$$

上式对于液体及当气体压降非常小、比如压降小于 1%时适用。对于许多流量计和点 1 的雷诺数>10^4的情况，C_v值对直径小于 0.2 m 的管子是 0.98，对大管径为 0.99。但是，这些系数会变化，如果生产商的校准值不准确，建议进行单独的校正。

为了计算体积流量，将速度 v_2乘以面积 A_2：

$$流量=v_2\frac{\pi D_2^2}{4}\ \mathrm{m^3/s} \tag{3.2-8}$$

对可压缩流体气体的测定必须考虑式(3.2－7)中从压力 p_1到 p_2的绝热膨胀。相似的式子和同样的系数连同无量纲膨胀因子 Y(对空气示于图 3.2－3)一起应用如下：

$$m=\frac{C_vA_2Y}{\sqrt{1-(D_2/D_1)^4}}\sqrt{2(p_1-p_2)/\rho_1} \tag{3.2-9}$$

这里 m 是流量(kg/s)，ρ_1是流体在点 1 处的密度(kg/m^3)，A_2是点 2 的截面积(m^2)。

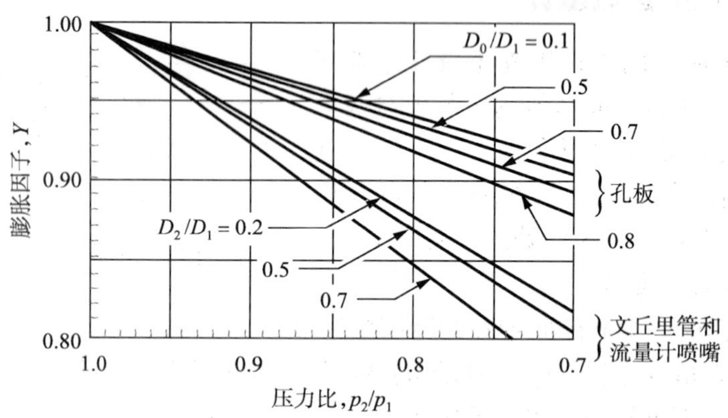

图 3.2－3　文丘里管、流动喷嘴和孔板中空气的膨胀因子

(由参考文献(A2、M2、S3)中的方程和数据计算)

由于速度从 v_1增加到 v_2，产生了压差(p_1-p_2)。但是，对于液体，在管子远些的下游处速度又回到初始值 v_1。由于摩擦损失，某些情况下压差(p_1-p_2)在下游处不能完全恢复到初始值 p_1。在适当设计的文丘里管流量计中，永久损失大约为压差(p_1-p_2)的 10%，这代表动力的损失。文丘里管流量计常用于测定大管道中的流体流动，如城市水系统。

3.2.3　孔板流量计

就工厂过程设备的通常安装而言，文丘里管流量计有一些缺点。它占居的空间较大且价格昂贵。而且咽部的直径是固定的，因此如果流率范围大幅度变化，可能会导致不正确的压差。孔板流量计克服了这些问题，但付出的代价是永久压头或动力损失要大得多。

典型的孔板示于图 3.2－4。通过机械加工和钻孔，直径为 D_0的孔板安装在直径为 D_1的管道中的两个法兰之间。由上游点 1 和下游点 2 的测压支管测定 p_1-p_2。两个测压支管接口的确切位置有些任意：在一种类型的仪表中，两个测压接口分别装在孔板上游约一倍管径处和孔板下游 0.3 到 0.8 倍管径处。流体物流一旦通过孔板，就形成缩脉或自由流动喷射。

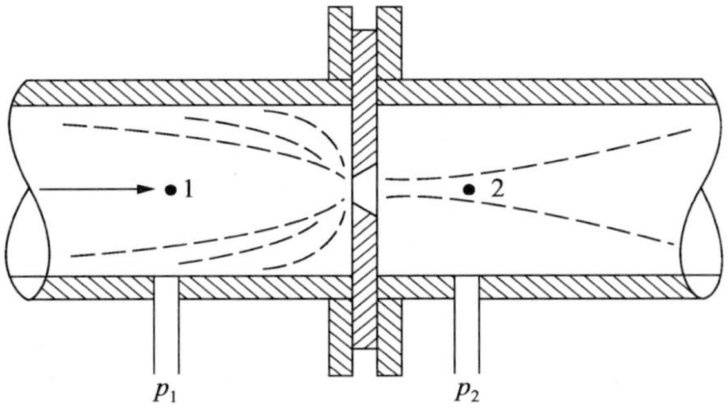

图 3.2-4 孔板流量计

孔板的方程式与方程式(3.2-7)相似：

$$v_0=\frac{C_0}{\sqrt{1-(D_0/D_1)^4}}\sqrt{\frac{2(p_1-p_2)}{\rho}} \tag{3.2-10}$$

式中 v_0 是孔板中的速度(m/s)，D_0 是孔板直径(m)，C_0 是无量纲孔板系数。孔板系数 C_0 总是由实验确定的。如果孔板处的 N_{Re} 超过 20 000 且 D_0/D_1 小于 0.5，C_0 的值近似为常数，且其值为 0.61，适合于液体或气体(M2、P1)的设计。N_{Re} 低于 20 000 时，该系数很快上升，然后下降，在其他地方(P1)将给出 C_0 的修正关系。

孔板流量计中可压缩流体气体的测定与文丘里管相同，应用图 3.2-3 中给出的对空气的修正因子 Y 如下：

$$m=\frac{C_0A_0Y}{\sqrt{1-(D_0/D_1)^4}}\sqrt{2(p_1-p_2)\rho_1} \tag{3.2-11}$$

式中 m 是流量(kg/s)，ρ_1 是流体在上游的密度(kg/m^3)，A_0 是孔板的截面积(m^2)。对液体，Y 值为 1.0。

因为缩脉后喷射膨胀时形成漩涡，孔板的永久压力损失远大于文丘里管。这一损失值取决于 D_0/D_1，其关系如下：

$$p_1-p_4=(1-\beta^2)(p_1-p_2) \tag{3.2-12}$$

这里 $\beta=D_0/D_1$(P1)，p_4 是下游 4～8 倍管径处完全恢复后的压力值。对 $\beta=1/2$，动力损失为 (p_1-p_2) 的 75%。

例 3.2-2 通过孔板流量计测定油的流量

直径为 0.056 6 m 的锐边孔板安装于 0.154 1 m 的管道中，密度为 878 kg/m^3，黏度为 4.1 cP 的油从中流过，通过孔板测定的压差是 93.2 kN/m^2。试计算体积流量(m^3/s)。假设 $C_0=0.61$。

解： $p_1-p_2=93.2\ \text{kN/m}^2=9.32\times10^4\ \text{N/m}^2$

$$D_1=0.154\,1\ \text{m}\quad D_0=0.056\,6\ \text{m}\quad \frac{D_0}{D_1}=\frac{0.056\,6}{0.154\,1}=0.368$$

代入式(3.2-10)得，

$$v_0 = \frac{C_0}{\sqrt{1-(D_0/D_1)^4}}\sqrt{\frac{2(p_1-p_2)}{\rho}}$$

$$= \frac{0.61}{\sqrt{1-(0.368)^4}}\sqrt{\frac{2(9.32\times10^4)}{878}}$$

$$v_0 = 8.97 \text{ m/s}$$

$$\text{体积流量} = v_0\frac{\pi D_0^2}{4} = 8.97\times\frac{\pi\times0.0566^2}{4}$$

$$= 0.02257 \text{ m}^3/\text{s}(0.797 \text{ ft}^3/\text{s})$$

计算 N_{Re}，看它是否大于 2×10^4，满足 $C_0=0.61$ 的条件：

$$\mu = 4.1\times1\times10^{-3} = 4.1\times10^{-3} \text{ kg/(m}\cdot\text{s)} = 4.1\times10^{-3} \text{ Pa}\cdot\text{s}$$

$$N_{Re} = \frac{D_0 v_0 \rho}{\mu} = \frac{0.0566\times8.97\times878}{4.1\times10^{-3}} = 1.087\times10^5$$

因此雷诺数是在 2×10^4 以上。

3.2.4 测流嘴流量计

典型的测流嘴示于图 3.2-5。其基本部分为进口处呈椭圆状的短圆筒。这一仪表的特点与文丘里管相似，但短得多，也便宜得多。咽喉部分的直管长度约是咽喉直径 D_2 的一半。上游测压接口 p_1 是在距测流嘴进口平面 1 倍管径处，下游测压接口 p_2 是在距测流嘴进口平面 1/2 管径处。

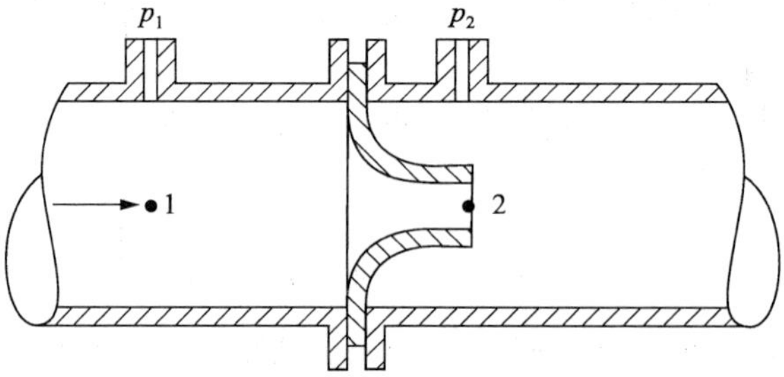

图 3.2-5 测流嘴流量计

液体流动的方程与文丘里管的方程式(3.2-7)相同，用测流嘴的系数 C_n 替代文丘里管的系数 C_v。对可压缩流体气体测流嘴的方程与文丘里管的方程式(3.2-9)也相同，所用系数为 C_n。测流嘴和文丘里管的膨胀因子 Y 的值相同。

测流嘴的系数 C_n 从管内雷诺数 10^4 时的 0.95，变化到雷诺数 10^5 时的 0.98，以及雷诺数 10^6 以上(P1、S3)时的 0.99。永久压力损失(p_1-p_4)如下，式中 p_4 是下游最终完全恢复后的压力值：

$$(p_1-p_4)=\frac{1-\beta^2}{1+\beta^2}(p_1-p_2) \tag{3.2-13}$$

这里 $\beta=D_2/D_1$。这一损失值比文丘里管流量计大，但比孔板流量计小。对 $\beta=1/2$，动力损失是压差 (p_1-p_2) 的 60%。

3.2.5　可变截面流量计(转子流量计)

图 3.2-6 所示的是可变截面流量计。流体在锥形玻璃管的底部进入，流过管内的环形面积，在顶部流出。在较高的流率下浮子上升，环形面积增加以保持恒定的压降。管子上升的高度用流率校正，流量计读数和流率近似呈线性关系。

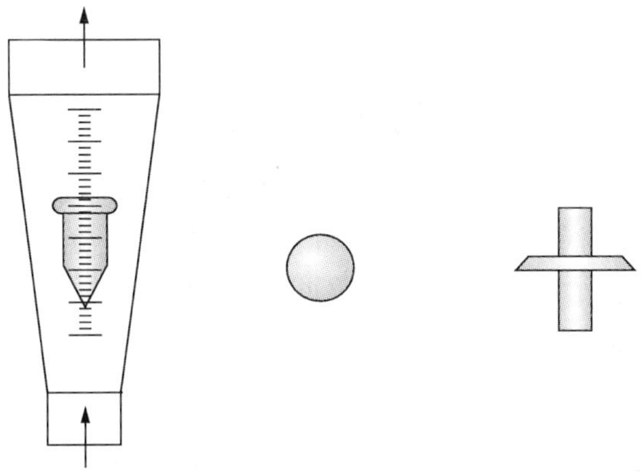

(a) 玻璃管的流程图　　(b) 球形浮子　　(c) 对黏性不敏感的浮子

图 3.2-6　转子流量计

对给定的浮子密度 ρ_f 和流体密度 ρ_A，质量流量 m_A 由下式给出

$$m_A=q_A\rho_A=K\sqrt{\frac{(\rho_f-\rho_A)\rho_A}{\rho_f}} \tag{3.2-14}$$

式中体积流量 q_A 是转子流量计上的读数，K 是由实验确定的常数。如果用流体的 ρ_B 值代替 ρ_A，若高度或转子流量计读数 q_A 相同并假定 K 没有明显变化时，可应用下面的近似方程

$$\frac{m_A}{m_B}=\frac{q_A\rho_A}{q_B\rho_B}=\sqrt{\frac{(\rho_f-\rho_A)\rho_A}{(\rho_f-\rho_B)\rho_B}} \tag{3.2-15}$$

对 $\rho_f\gg\rho_A$ 和 ρ_B 的气体，$q_B=q_A\sqrt{\rho_A/\rho_B}$。注意转子流量计上的读数是取浮子的最高和最宽点处的读数。

3.2.6　其他类型的流量计

还有许多其他类型的流量计，下面简单介绍较重要的一些类型。

(1) 涡轮和桨轮流量计。涡轮或桨轮被放置于管内，其旋转速度取决于流体的流率。住宅和工业的气体和水的流量表常常是转轮式的。

(2) 热气体质量流量计。管内流动的气体因为层流被分为恒定比率的主物流和传感器管子的小股物流。将少量恒定的热量加到传感器管子的小股物流上。因为出口温度的升高与气体的质量流量有关,故可通过测定温升来确定流量。而且,这些流量计是质量流量计,不受温度和压力的影响。

(3) 磁性流量计。在管内流动的具有传导性的流体中产生一个磁场。应用法拉第电磁感应定律,感应电压直接正比于流速(D3)。这类仪表对密度和黏度的变化不敏感。因为大多数烃类物质的传导性较低,故不能用来测定它们的流量。

(4) 复合向心(Coriolis)质量流量计。这种仪表是对黏度、密度、流体类型和泥浆等操作条件都不敏感的流量计。流体从主流中进入两个 U 形旁路流道(D3)。根据牛顿第二定律,流体引起复合向心力。因此管子产生轻微扭曲,测到的扭曲角度正比于质量流量。

(5) 涡街流量计。当流体流过一个钝形物时,流体形成涡流或漩涡(D3)。对涡流进行记数,信号正比于流量。

3.2.7 敞开流道中的流体流动及堰式流量计

在过程工程和农业生产中,有许多实例是液体在敞开流道而不是在密封管道中流动的。此时常使用堰式装置测定流量。堰是一种液体在其上面溢流而过的坝。堰的两种主要类型是如图 3.2-7 中所示的矩形堰和三角形堰。流体流过堰,测定如图所示的平底或三角形槽上方的高度(堰头)(m)。这一堰头应当通过水平仪或浮表在堰上游约 $3h_0$(m)处测定。

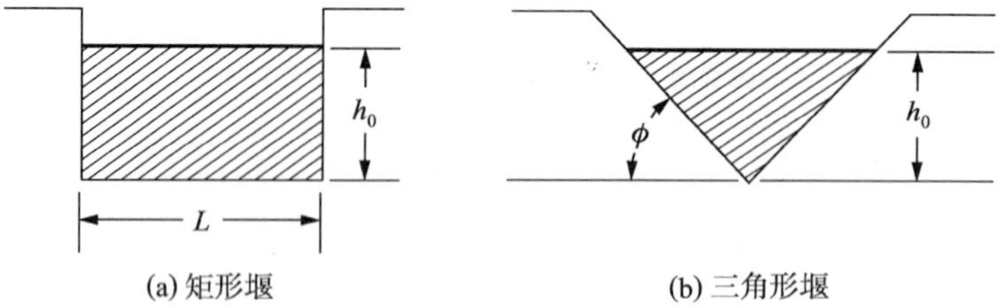

图 3.2-7　堰的类型

矩形堰的体积流量 q(m^3/s)的方程由下式给出

$$q=0.415(L-0.2h_0)h_0^{1.5}\sqrt{2g} \tag{3.2-16}$$

式中 L 是堰上液流宽(m),$g=9.80665$ (m/s^2),h_0=堰位头(m)。这称之为修正的Francis堰公式,若 $L>2h_0$,上游速度 <0.6(m/s),$h_0>0.09$(m),且流道底部以上的液流位头 $>3h_0$ 时,则其计算值与实验值吻合较好,误差在 3%以内。在英制单位中,L 和 h 的单位都是 ft,q 的单位是 ft^3/s,$g=32.174\ ft/s^2$。

对三角形槽堰

$$q=\frac{0.31h_0^{2.5}}{\tan\phi}\sqrt{2g} \tag{3.2-17}$$

式(3.2-16)和式(3.2-17)都只能应用于水。对其他液体请看其他文献(P1)给出的数据。

3.3　泵和气体输送设备

3.3.1　概述

为了使流体在封闭管道或在管子中从一点流动到另一点，需要有推动力。在有高度差异的地方，有时这个力由重力提供。通常能量或推动力是由泵和鼓风机这类增加流体机械能的机械装置提供的。如在机械能衡算方程式(2.7－28)中看到的，这些能量可用于增加速度(流体的运动)、压力或流体的高度，其与 v、p、ρ 及功相关联。最通常的方式是通过正位移或离心作用加入能量。

通常，“泵”一词指明是移动不可压缩的液体的机械或装置。排风扇、鼓风机和压缩机是输送气体(通常是空气)的装置。排风扇在几百毫米水柱的低压下排放体积很大的气体。鼓风机和压缩机在高压下排放气体。在泵和排风扇中流体的密度没有明显变化，可假设为不可压缩流体。可压缩流体的理论常用于鼓风机和压缩机。

3.3.2　泵

(1) 需要的功率和功。将机械能衡算方程式(2.7－28)用于泵和管路系统，可计算由泵加入流体的实际或理论机械能 W_S(J/kg)。例 2.7－5 说明了这样的情况。如果 η 是效率分率，W_P是传递到泵的轴功，式(2.7－30)给出

$$W_P = -\frac{W_S}{\eta} \tag{3.3-1}$$

泵的实际功率或轴功率如下：

$$\text{轴功率 kW} = \frac{W_P m}{1\,000} = -\frac{W_S m}{\eta \times 1\,000} \quad (\text{SI 制})$$
$$\text{轴功率 hp} = \frac{W_P m}{550} = -\frac{W_S m}{\eta \times 550} \quad (\text{英制}) \tag{3.3-2}$$

式中 W_P的单位是 J/kg，m 是流率(kg/s)，1 000 是 W/kW 的换算因子。在英制单位中，W_S的单位是 $\mathrm{ft \cdot lb_f/lb_m}$，$m$ 的单位是 $\mathrm{lb_m/s}$。理论功率或流体获得的功率为

$$\text{理论功} = \text{轴功率 kW}(\eta) \tag{3.3-3}$$

加入流体的机械能 W_S(J/kg)常常表达为被泵输送流体的扬程高度 H，单位为米(m)，这里

$$-W_S = Hg \quad (\text{SI 制})$$
$$-W_S = H\frac{g}{g_c} \quad (\text{英制}) \tag{3.3-4}$$

为了计算压差在几百毫米水柱量级的排风扇的动力，使用气体在排风扇进、出口密度的线性平均值计算 W_S和轴功率(kW)或马力。

(2) 电机的效率。大部分泵是由电机驱动的，因此要确定电机总的电功率必须考虑电机的效率。电机的典型效率 η_e值如下：$\frac{1}{2}$ kW 的电机为 77%，2 kW 为 82%，5 kW 为 85%，

20 kW 为 88%,50 kW 为 90%,100 kW 为 91%,500 kW 和更大的电机为 93%。因此,总的输入电功等于轴功率除以电机驱动效率 η_e:

$$\text{输入电功率(kW)} = \frac{\text{轴功率 kW}}{\eta_e} = \frac{-W_S m}{\eta \eta_e \cdot 1\ 000} \tag{3.3-5}$$

(3) 泵的吸上高度(NPSH)。由式(3.3-4)计算的功率只取决于压差,而与实际压力是高于或低于大气压无关。但是,泵吸入(进口)管路内的绝对压力的低限是固定的,由吸入管内液体温度下该液体的蒸气压确定。如果吸入管内液体上的压力下降到低于蒸气压,一些液体就闪蒸为蒸气(汽蚀)。然后液体抽入泵内会发生震动。

为了避免闪蒸的蒸气或汽蚀的发生,泵进口的压力必须大于这一蒸气压力,超过所需净正吸入压头(必需汽蚀余量)或$(NPSH)_R$这一术语所表示的压力值。泵制造商通过实验来测定这些值,并在所提供的泵产品中附有这些资料。

对 100 ℃以下的水,转速为 1 750 r/min(每分钟转速)的离心泵的$(NPSH)_R$典型值如下(P4):压力 3 500 kPa(500 psig)或低于该值:流量高至 200 gpm(每分钟加仑数),其值为 1.5 m(5 ft);流量高至 500 gpm,取值 2.1 m(7 ft);流量高至 1 000 gpm,取值 3 m(10 ft);流量高至 2 000 gpm,取值 5.5 m(18 ft)。当压力增加到 7 000 kPa(1 000 psig)时,流量 200 gpm,其值加倍或比两倍低一些,2 000 gpm 的值增加 20%。在 3 550 r/min 的转速下,$(NPSH)_R$的增加因子约是 2.2。

为了计算净正吸入压头,从而得到如图 3.3-1 中所示的系统在泵吸入处可用的$(NPSH)_A$,可应用式(3.3-6):

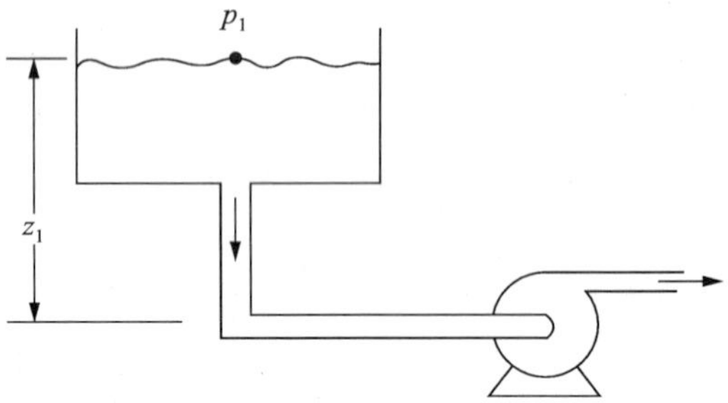

图 3.3-1 泵输送系统中可用的$(NPSH)_A$示意图

$$g(NPSH)_A = \frac{p_1}{\rho} - \frac{p_{vp}}{\rho} + g z_1 - \frac{v^2}{2} - \sum F \quad \text{(SI 制)}$$
$$(NPSH)_A = \frac{p_1}{\rho} - \frac{p_{vp}}{\rho} + \frac{g}{g_c} z_1 - \frac{v^2}{2g_c} - \sum F \quad \text{(英制)} \tag{3.3-6}$$

式中$(NPSH)_A$的单位是 m(ft),ρ 是液体密度(kg/m^3),p_1 是液体表面上的压力$(N/m^2)$$(lb_f/ft^2)$,$p_{vp}$是指定温度下的液体蒸气压 $N/m^2$$(lb_f/ft^2)$,$z_1$ 是泵中心线上液体操作面的高度 m(ft),$\sum F$ 是由式(2.10-18)得到的泵吸入管线上的摩擦损失(J/kg)$(ft\ lb_f/lb_m)$,$v^2/2$ 是速度头(J/kg)($v^2/2g_c$单位是 $ft \cdot lb_f/lb_m$)。注意在用 SI 制的式(3.3-6)中单位为 m 的$(NPSH)_A$乘以 g 给出的单位是 J/kg。

对冷水和式(3.3-6)中除了 p_1 以外其他各项均很小的情况,在大气压下的$(NPSH)_A$是

10.3 m(33.9 ft)。但是，应用中的限制条件是约 7.5 m(24.6 ft)。对指定的泵，可用的 NPSH 至少应当比制造商要求的值多 1 m(3 ft)。

例 3.3-1　泵可用的$(NPSH)_A$

大气压下敞开贮槽中有 50 ℃的水。泵位于敞开槽上方 3.0 m 高处，管内速度是 0.9 m/s。已计算出管子的摩擦压头损失为 1.0 m。这种泵要求的$(NPSH)_R$是 2.0 m。试计算可用的$(NPSH)_A$。

解: 由附录 A.2-3 得，$\rho=988.07\ kg/m^3$。还由附录 A.2-9 得，蒸气压 $p_{vp}=12.349\ kPa$，$p_1=1.013\ 25\times10^5\ Pa$。代入式(3.3-6)，并注意 z_1 可忽略和摩擦损失压头 1.0 m 要乘以 g 得，

$$9.806\ 65(NPSH)_A=\frac{1.013\ 25\times10^5}{988.07}-\frac{12.349\times10^3}{988.07}-9.806\ 65\times3.0-\frac{0.9^2}{2}-9.806\ 65\times1.0$$

解得$(NPSH)_A=5.14\ m$

因此，可用的 5.14 m 的$(NPSH)_A$远大于所要求的 2.0 m。

4. 离心泵。过程工业通常使用离心泵。对于从几米压头到 5 000 kPa 左右的排放压力，这类泵产品的流量大小约为 0.004 到 380 m^3/min(1 至 100 000 gal/min)。最简单的离心泵是由泵壳和其内的叶轮组成的。图 3.3-2 显示了简单离心泵的简图。

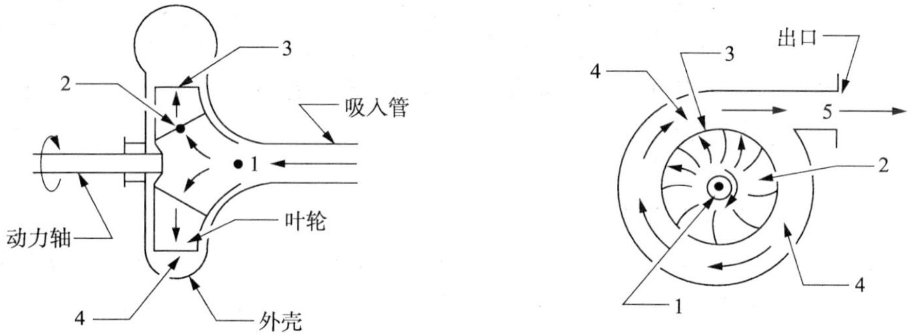

图 3.3-2　简单离心泵

液体在吸入管线中的点 1 从轴向进入泵，然后进入叶轮的旋转眼(rotating eye)，在这里径向散开。在径向扩散过程中，液体在点 2 进入叶片间的流道，并通过这些流道流动到叶轮外周的点 3 处。在这里流体被汇集在蜗壳 4 内并从泵排放口 5 流出。叶轮的旋转给液体施加了一个高的速度头，随着液体通过蜗壳并流出排放口，速度头变化为压头。某些泵做成了两级或甚至是多级泵。

许多的复杂因素决定泵的实际效率和行为特性。因此，通常选用泵的实际实验性能。这一性能通常由泵制造商以称之为特性曲线的曲线来表示，它通常是针对水的。对于任何黏度相同的液体，其产生的以 m 表示的压头是相同的。产生的压力 $p=H\rho g$ 将正比于密度。黏度小于 0.05 Pa·s(50 cP)时，则对产生的压头影响很小。轴功率(kW)直接随密度

变化。

离心泵在其处理量内的典型泵效率如下：流量 0.075 m^3/min(20 gal/min)，50%；流量 0.19 m^3/min(50 gal/min)，62%；流量 0.38 m^3/min(100 gal/min)，68%；流量 0.76 m^3/min(200 gal/min)，75%；流量 1.89 m^3/min(500 gal/min)，82%；流量 3.8 m^3/min(1 000 gal/min)，85%。

作为粗略的近似，下面称为相似定律的关系可应用于给定的泵。流量 q_1(m^3/s)直接正比于转速 N_1或

$$\frac{q_1}{q_2}=\frac{N_1}{N_2} \tag{3.3-7}$$

压头 H_1正比于 q_1^2，或

$$\frac{H_1}{H_2}=\frac{q_1^2}{q_2^2}=\frac{N_1^2}{N_2^2} \tag{3.3-8}$$

消耗的功率 W_1正比于 H_1q_1的乘积，或

$$\frac{W_1}{W_2}=\frac{H_1q_1}{H_2q_2}=\frac{N_1^3}{N_2^3} \tag{3.3-9}$$

对一个给定的泵，当需要不同的工作流量时，可通过改变叶轮尺寸对其进行改进。则转速恒定为 N(r/min)的比例定律如下：流量 q 正比于直径 D，压头 H 正比于 D^2，轴功率 W 正比于 D^3。

在大多数泵中，速度通常是不变的。图 3.3-3 给出了典型单级离心泵在恒转速下的操作特性曲线。通常大多数的泵都在效率峰值点的压头和流量下操作。在大约 50 gal/min 的流率下效率达到峰值，随着排放流率 gal/min 的继续增加流体扬程则下降。正如预测的那样，随着流率的增大轴功率增加。

例 3.3-2　泵轴功率的计算

为了了解轴功率曲线是如何确定的，请计算图 3.3-3 中的泵在 40 gal/min 流率时的轴功率。

解：由特性曲线查得，40 gal/min 时的效率为 60%，压头 H 为 38.5 ft。密度为 62.4 lb(质)/ft^3、流率为 40 gal/min 的水的质量流量是

$$m=\frac{40\ \text{gal/min}}{60\ \text{s/min}}\times\frac{1\ \text{ft}^3}{7.481\ \text{gal}}\times 62.4\ \frac{\text{lb}_\text{m}}{\text{ft}^3}=5.56\ \frac{\text{lb}_\text{m}}{\text{s}}$$

由式(3.3-4)得功 W_S如下：

$$W_S=-H\frac{g}{g_c}=-38.5\ \frac{\text{ft}\cdot\text{lb}_\text{f}}{\text{lb}_\text{m}}$$

由式(3.3-2)计算的轴功率为

$$\text{轴功率}=\frac{-W_Sm}{\eta\cdot 550}=\frac{38.5\times 5.56}{0.60\times 550}=0.65\ \text{hp}=0.48\ \text{kW}$$

这与图 3.3-3 中曲线上的值一致。

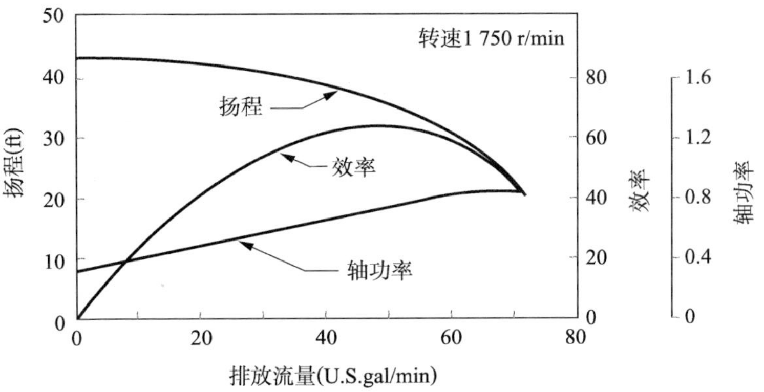

图 3.3-3　单级离心泵对水的特性曲线

（经允许引自 W. L. Badger and J. T. Banchero. Introduction to Chemical Engineering. New York: McGraw-Hill Book Company, 1955.）

(5) 正位移泵。在这类泵中，有限体积的液体被抽吸到一个空腔内，然后在高压下将它们推出该空腔。正位移泵有两种主要的类型。在往复泵中空腔是静止的圆筒，液体通过圆筒中的活塞被抽入圆筒。然后通过活塞的返回行程将液体压出。在旋转泵中，空腔从进口到出口来回地移动。在齿轮旋转泵中，两个相互啮合的齿轮旋转，将液体捕集到齿间的空间中并压出排放口。

往复泵和旋转泵可以在非常高的压力条件下使用，而离心泵则在压头上受到限制，只能用于低压。离心泵在均匀的压力下输送液体，没有振荡和脉冲，并能处理有大量悬浮固体的液体。一般而言，在化工厂和生物加工厂中，使用的基本上都是离心泵。

从式(3.3-1)到式(3.3-5)，对正位移泵的功率计算都是成立的。转速恒定时，不同的液体流体流量保持不变。一般而言，流出速率直接取决于转速。功率随压头的增加直接增大，而排出流率随压头的增加基本保持不变。

用于计算往复泵轴功率的泵效率值 η 如下：2.2 kW(3 hp 马力)，55%；7.5 kW(10 hp)，70%；14.9 kW(20 hp)，77%；37 kW(50 hp)，85%；373 kW(500 hp)，90%。

3.3.3　气体输送机械

气体输送机械包括用于压缩气体和输送气体的机械装置。它们常被分类为(或从产生的压头的差别被分为)以下几种：低压的排气扇、中等压力的鼓风机和高压的压缩机。

(1) 排风扇。在低压下输送少量体积的气体最通常的方法是通过排风扇的方式。大的风机通常是离心式的，它们的操作原理与离心泵相似。其排放压头低，约从 0.1 m 到 1.5 m 水柱。但是，在某些情况下风机加入的能量转化为动能的速度头，少量转化为压头。

在离心风机中，由旋转产生的离心力造成了气体的压缩，称为静压头。还有，因为气体的速度增加，因此产生速度头。功率和效率的估算中均应包括静压头和速度头的增加。操作效率在 40%～70%的范围内。风机的操作压力一般以英寸水柱表压给出，是离开风机气体的速度头和静压头的总和。不可压缩流体理论可用于风机功率的计算。

当离心风机的 r/min 或转速改变时，其性能方程式与离心泵所用的方程式(3.3-7)～

式(3.3-9)相似。

例 3.3-3 离心风机的轴功率 kW

过程中要求使用 28.32 m^3/min 的空气(以 294.1 K 和 101.3 kPa 的表测值为准)。这些量的静止空气在 741.7 mmHg 的压力和 366.3 K 的温度下进入风机的吸入口,在 769.6 mmHg 的压力下以 45.7 m/s 的速度排出。使用一台效率为 60%的离心风机。计算所需的轴功率。

解:因为压降仅为(27.9/741.7)或 3.8%的上游压力,因此可假设为不可压缩流动。可将流动流体的平均密度用于机械能衡算方程。

入口处点 1 的密度为

$$\rho_1 = 28.97\ \frac{\text{kg air}}{\text{kg mol}} \times \frac{1\ \text{kg mol}}{22.414\ \text{m}^3} \times \frac{273.2}{366.3} \times \frac{741.7}{760} = 0.940\ \text{kg/m}^3$$

(由附录 A.1 查得 101.3 kPa 和 273.2 K 的空气,相对分子质量为 28.97,体积为 22.414 m^3/kmol。)出口处点 2 的密度为

$$\rho_2 = 0.940 \times \frac{769.6}{741.7} = 0.975\ \text{kg/m}^3$$

气体的平均密度为

$$\rho_{av} = \frac{\rho_1 + \rho_2}{2} = \frac{0.940 + 0.975}{2} = 0.958\ \text{kg/m}^3$$

气体的质量流量

$$m = 28.32\ \frac{\text{m}^3}{\text{min}} \times \frac{1\ \text{min}}{60\ \text{s}} \times \frac{1\ \text{kg mol}}{22.414\ \text{m}^3} \times \frac{273.2}{294.1} \times 28.97\ \frac{\text{kg}}{\text{kg mol}} = 0.5663\ \text{kg/s}$$

增加的压头为

$$\frac{p_2 - p_1}{\rho_{平均}} = \frac{(769.6 - 741.7)\text{mmHg}}{760\ \text{mm/atm}} \times 1.01325 \times 10^5\ \frac{\text{N/m}^2}{\text{atm}} \times \frac{1}{0.958\ \text{kg/m}^3} = 3\,883\ \text{J/kg}$$

对 $v_1 = 0$,增加的速度头为

$$\frac{v_2^2}{2} = \frac{45.7^2}{2} = 1\,044\ \text{J/kg}$$

列出机械能衡算方程式(2.7-28)

$$z_1 g + \frac{v_1^2}{2} + \frac{p_1}{\rho} - W_S = z_2 g + \frac{v_2^2}{2} + \frac{p_2}{\rho} + \sum F$$

令 $z_1 = 0, z_2 = 0, v_1 = 0$, $\sum F = 0$, 对 W_S 进行求解

$$-W_S = \frac{p_2 - p_1}{\rho_{平均}} + \frac{v_2^2}{2} = 3\,883 + 1\,044 = 4\,927\ \text{J/kg}$$

代入式(3.3－2)，

$$\text{轴功率 kW}=\frac{-W_S m}{\eta \cdot 1\ 000}=\frac{4\ 927\times 0.566\ 3}{0.60\times 1\ 000}=4.65\ \text{kW}(6.23\ \text{hp})$$

(2) 鼓风机和压缩机。在处理比风机压力提升值更高的大量气体时，要用到几种截然不同的设备。涡轮鼓风机和离心压缩机广泛用于体积大、压力增值从 5 kPa 至几千 kPa 的气体的输送。涡轮鼓风机的操作原理与离心泵相同。涡轮鼓风机的外形也与离心泵相似，主要的差异是鼓风机中的气体是可压缩的。涡轮鼓风机的压头也如离心泵，与所处理的流体无关。多级涡轮鼓风机通常用来达到更高的压力。

旋转风机和压缩机是正位移式类型的机械设备，是具有可变出口压力和基本恒定的体积流量。改变转速会改变体积流量。各种类型的机械(P1)其详细结构变化相当大，按不同类型，可得到压力高达 1 000 kPa 的机械设备。

往复式压缩机，是使用活塞的正位移式机械，可获得较高的压力。对于压力高达 10 000 kPa 或更高的情况，也有多级压缩的机械。

3.3.4　气体压缩方程

鼓风机和压缩机中的压力变化大，发生可压缩流动。因为有明显的密度变化，故必须列出机械能衡算方程的微分形式，然后积分得到压缩功。在气体的压缩中，静压头、速度头和摩擦几项均可消掉，在微分形式的机械能方程中只有功 dW 和 dp/ρ 两项；或

$$\mathrm{d}W=\frac{\mathrm{d}p}{\rho} \tag{3.3-10}$$

在吸入压力 p_1 和排出压力 p_2 之间进行积分得到压缩功：

$$W=\int_{p_1}^{p_2}\frac{\mathrm{d}p}{\rho} \tag{3.3-11}$$

(1) 等温压缩。为了对理想气体的方程式(3.3－11)进行积分，假设等温压缩或绝热压缩。对于等温压缩，气体在压缩中被冷却，p/ρ 为常数，等于 RT/M，在 SI 单位制中 $R=8\ 314.3$ J/(kmol · K)，在英制单位中为 1 545.3 ft · $\mathrm{lb_f}$/(lb mol · °R)。则有

$$\frac{p_1}{\rho_1}=\frac{p}{\rho} \tag{3.3-12}$$

由式(3.3－12)求解 ρ 并代入式(3.3－11)，恒温压缩功为

$$-W_S=\frac{p_1}{\rho_1}\int_{p_1}^{p_2}\frac{\mathrm{d}p}{p}=\frac{p_1}{\rho_1}\ln\frac{p_2}{p_1}=\frac{2.302\ 6RT_1}{M}\lg\frac{p_2}{p_1} \tag{3.3-13}$$

因为是恒温过程，还有 $T_1=T_2$。

(2) 绝热压缩。绝热压缩过程流体按等熵途径变化，且

$$\frac{p_1}{p}=\left(\frac{\rho_1}{\rho}\right)^{\gamma} \tag{3.3-14}$$

这里 $\gamma = c_p/c_v$，为热容比。将式(3.3－11)和式(3.3－14)结合并积分得

$$-W_S = \frac{\gamma}{\gamma-1}\frac{RT_1}{M}\left[\left(\frac{p_2}{p_1}\right)^{(\gamma-1)/\gamma}-1\right] \tag{3.3-15}$$

绝热温度有下面的关系，

$$\frac{T_2}{T_1} = \left(\frac{p_2}{p_1}\right)^{(\gamma-1)/\gamma} \tag{3.3-16}$$

当效率为 η 时，计算轴功率，

$$\text{轴功率 kW} = \frac{-W_S m}{\eta \times 1\ 000} \tag{3.3-17}$$

式中 m 的单位为 kg 气体/s。W_S 的单位为 J/kg。

γ 的近似取值：空气为 1.40，甲烷为 1.31，SO_2 为 1.29，乙烷为 1.20，N_2 为 1.40(P1)。对指定的压缩比，由式(3.3－13)得到的等温压缩功小于由式(3.3－15)得到的绝热压缩功。因此压缩机有时要进行冷却。

例 3.3－4　甲烷的压缩

用单级压缩机将 7.56×10^{-3} kmol/s 的甲烷气体从原来的 26.7 ℃、137.9 kPa(绝对压)压缩到 551.6 kPa(绝对压)。

(1) 如果机械效率是 80%，压缩过程是绝热的，试计算所需的功率；

(2) 重复上面的计算，但改为恒温压缩过程。

解：(1) $p_1 = 137.9$ kPa，$p_2 = 137.9$ kPa，$M = 16.0$ kg(质)/kmol，$T_1 = 237.2 + 26.7 = 299.9$ K。每秒的质量流量为

$$m = 7.56 \times 10^{-3}\ \text{kg mol/s} \times 16.0\ \text{kg/kg mol} = 0.121\ \text{kg/s}$$

代入式(3.3－15)，甲烷 $\gamma = 1.31$，且 $p_2/p_1 = 551.6/137.9 = 4.0/1$，

$$\begin{aligned} -W_S &= \frac{\gamma}{\gamma-1}\frac{RT_1}{M}\left[\left(\frac{p_2}{p_1}\right)^{(\gamma-1)/\gamma}-1\right] \\ &= \left(\frac{1.31}{1.31-1}\right)\frac{8\ 314.3 \times 299.9}{16.0}\left[\left(\frac{4}{1}\right)^{(1.31-1)/1.31}-1\right] \\ &= 256\ 300\ \text{J/kg} \end{aligned}$$

应用式(3.3－17)得

$$\text{轴功率(kW)} = \frac{-W_S m}{\eta \cdot 1\ 000} = \frac{256\ 300 \times 0.121}{0.80 \times 1\ 000} = 38.74\ \text{kW(52.0 hp)}$$

(2) 应用等温压缩的方程式(3.3－13)得

$$\begin{aligned} -W_S &= \frac{2.302\ 6RT_1}{M}\lg\frac{p_2}{p_1} = \frac{2.302\ 6 \times 8\ 314.3 \times 299.9}{16.0}\lg\frac{4}{1} \\ &= 216\ 000\ \text{J/kg} \end{aligned}$$

$$\text{轴功率(kW)} = \frac{-W_S m}{\eta \cdot 1\ 000} = \frac{216\ 000 \times 0.121}{0.80 \times 1\ 000} = 32.67\ \text{kW(43.8 hp)}$$

因此，等温压缩所用的功率少15.8%。

（3）多变压缩。在大型压缩机中，既不能实现等温压缩也不能达到绝热压缩，这个多变压缩的途径是

$$\frac{p_1}{p}=\left(\frac{\rho_1}{\rho}\right)^n \tag{3.3-18}$$

等温压缩 $n=1.0$，而绝热压缩 $n=\gamma$。n 值是通过测定进口压力 p_1 和密度 ρ_1，及出口压力 p_2 和密度 ρ_2，再将这些值代入式(3.3-18)求得的。

（4）多级压缩比。在多级压缩机的每级间使用冷却水将出口气体的温度降低到接近进口的温度，以使得所需功率最小。每一级压缩的压缩比应当是相同的，因而总功率可最低。这指定每级的功率相同。对 n 级压缩，每一级的压缩比为

$$\frac{p_b}{p_a}=\left(\frac{p_n}{p_1}\right)^{1/n} \tag{3.3-19}$$

式中 p_1 是进口压力，p_n 是第 n 级出口的压力。对两级压缩，压缩比为 $\sqrt{p_n/p_1}$。

3.4 流体的搅拌和混合及其动力设备

3.4.1 搅拌的目的

在化工和其他过程工业中，许多的操作在很大程度上取决于高效的搅拌和混合。一般而言，搅拌是指通过机械的方式强制流体作循环运动或以其他方式在容器中流动。混合通常指的是取两个或两个以上的独立相，如一种液体和一种固体粉末或是两种液体，使它们相互间呈随机的分布。

流体搅拌有许多的目的，将某些情况简单地进行归纳如下：

（1）混合两种互溶液体，如乙醇和水。

（2）将固体溶解在液体中，如盐溶在水中。

（3）将气体分散到液体中成为小气泡，如空气中的氧分散到发酵微生物的悬浮液中或是废水处理的活性污泥中。

（4）固体颗粒悬浮在液体中，如液体中的催化加氢，固体催化剂和氢气泡被分散到液体中。

（5）搅拌液体强化釜内液体与盘管或夹套之间的热量传递。

3.4.2 搅拌设备

液体的搅拌一般是在圆筒容器中进行的，容器可以是封闭的，也可以是敞开通大气的。液体的高度近似等于槽的直径。安装在轴上的叶轮由电机带动。典型的搅拌装置示于图3.4-1。

（1）三叶旋桨搅拌器。有几种广泛应用的搅拌器类型。示于图3.4-1的普通类型是一个三桨叶的船式螺旋桨，类似于驱动船的螺旋桨。槽中的螺旋桨可以是侧插入式的，或夹在

敞开槽边上偏心的位置上。这些螺旋桨用于低黏度的液体,在400到1 750 r/min(即每分钟转速)的高转速下转动。槽上有挡板,螺旋桨装在槽中心,槽中流体的流型示于图3.4-1。如图所示,因为流体从中心轴或螺旋桨轴处向下流动并从槽的边上向上流动,故这类流动称为轴向流。

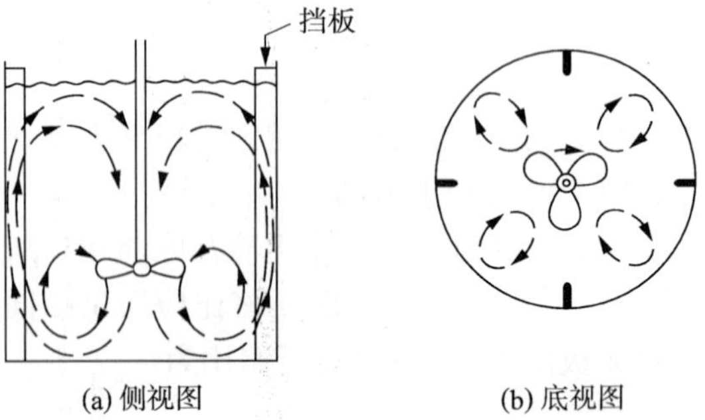

图3.4-1　槽上有挡板有轴向流的三叶片螺旋桨搅拌器

(2) 桨式搅拌器。各种类型的搅拌器常用于约20到200 r/min的低转速下的搅拌。如图3.4-2(a)所示的双桨和四桨的平桨搅拌器是常用的搅拌器形式。桨叶叶轮的总长度通常为槽直径的60%~80%,桨的宽度为1/6到1/10桨长。在低转速下,无挡板的槽可获得中等的搅拌强度。在高转速下要使用挡板,因为若无挡板,则液体只是简单地转圈,几乎没有实际的混合。桨式搅拌器对悬浮固体是没有效果的,因为它只存在较好的径向流动,但几乎没有垂直的或轴向的流动。图3.4-2(b)所示的锚桨和栅桨也常使用。它扫过或刮过槽壁且有时是槽底。它用于可能会发生壁上沉积的黏性流体,以改善壁的传热。但是作为混合器它是较差的。桨式搅拌器常用于淀粉浆、涂料、胶黏剂和化妆品的加工过程。

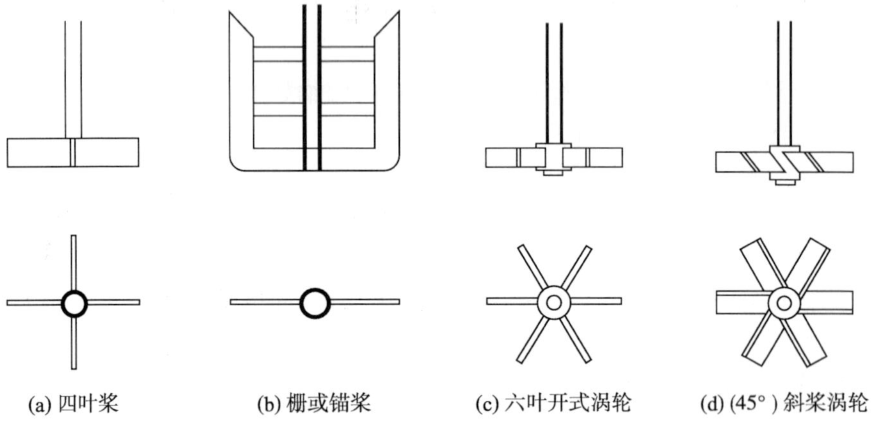

图3.4-2　各种搅拌器类型

(3) 涡轮搅拌器。涡轮与短桨多桨叶搅拌器相似,在高转速下用于具有非常宽的黏度范围的液体的搅拌。涡轮的直径通常为槽直径的30%~50%。涡轮通常有四个或六个桨叶。图3.4-3显示了一个有圆盘的平面六桨叶涡轮搅拌器。图3.4-2(c)显示了平面六桨叶敞式涡轮。如图3.4-3所示,平面桨叶的涡轮提供径向的流动。它们对于气体的良好分散也是很有用的;气体从螺旋桨的正底部轴处引入,抽吸到叶片上,并被切成细小的气泡。

在图 3.4－2(d)所示的 45°斜桨涡轮中，提供一定的轴向流，因此，轴向流和径向流结合同时存在。因为流体向下流动，然后将固体吹扫起来，所以这类搅拌器对悬浮固体的搅拌过程是很有用的。

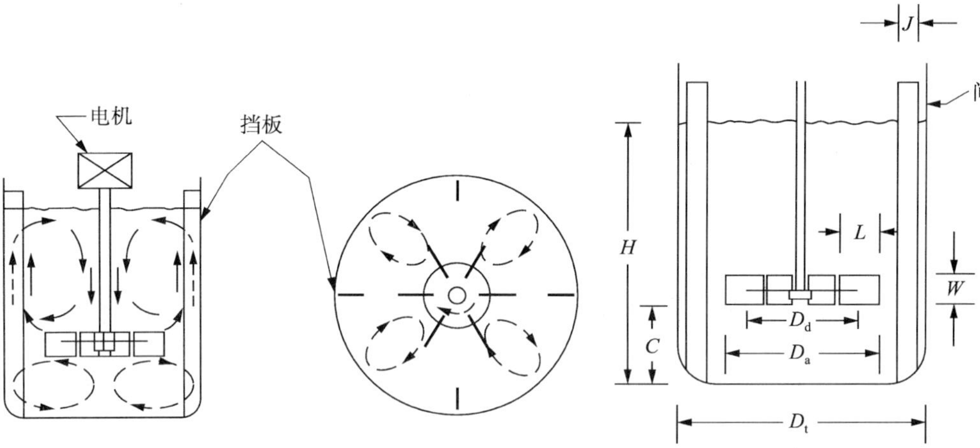

(a) 侧视图　　(b) 底视图　　(c) 涡轮和槽的尺寸

图 3.4－3　槽中有挡板、有圆盘的六桨涡轮搅拌器产生的流型

只有四个桨叶的斜桨涡轮常用于固体悬浮液。图 3.4－4(a)所示的高效三桨叶轮(B6、F2)与四叶片斜桨涡轮类似；但它的特征不同，中心有较大的倾角 30°～60°，尖端处倾角较小 10°～30°。这一轴向流叶轮，每单位功率能产生更强的流体运动和混合，在固体悬浮中非常有用。

(4) 螺旋带状搅拌器。这类搅拌器用于高黏度的溶液，并在低转速(r/min)和层流区域内操作。带状条以盘旋上升的方式成型并附着在中心轴上。液体沿着弯弯曲曲的路径从中心流下，再沿着边壁曲折向上运动。类似的型式是图 3.4－4(b)所示的双螺旋带搅拌器和图 3.3－4(c)所示的盘旋式旋转叶轮。

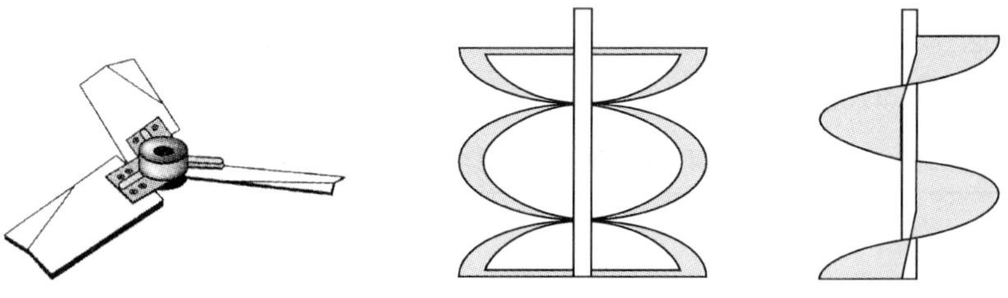

(a) 高效三桨叶轮　　(b) 双螺旋带　　(c) 盘旋式螺旋桨

图 3.4－4　其他类型的搅拌器

[经允许转印自 Andre Bakker and Lewis E. Gates：Chem. Eng. Progr.，91(Dec.)，25(1995). 版权归 American Institute of Chemcal Engineers 所有]

(5) 搅拌器的选择及其黏度范围。流体的黏度是影响搅拌器选型的因素之一 。这些搅拌器指明的黏度范围如下。螺旋桨用于黏度在约 3 Pa·s(3 000 cP)以下的流体；涡轮可用于黏度低于约 100 Pa·s(100 000 cP)的流体；改进桨叶如锚式搅拌器可用于黏度在 50 Pa·s

到 500 Pa·s(500 000 cP)以上的流体;螺旋桨用于黏度在约 3 Pa·s(3 000 cP)以下的流体;螺旋和带式搅拌器常用于黏度在这以上直至 1 000 Pa·s 的流体,并且已经用到高达 25 000 Pa·s 的流体。对黏度大于约 2.5 到 5 Pa·s(5 000 cP)和再高一些的情况,因为几乎不存在漩涡,因此不需要挡板。

3.4.3 搅拌中的流型

搅拌槽中的流型取决于流体的性质、槽的几何特征、槽中挡板的类型及搅拌器本身。如果螺旋桨或其他搅拌器垂直地安装在无挡板槽的中心,通常会发展为漩涡的流动形式。一般而言这是不希望的,因为过量空气的进入产生大涡流、浪涌和类似的情况,特别是在高转速下。为了防止发生这些情况,可将小功率的螺旋桨放置在角度偏离中心的位置。但是,高功率下的强有力的搅拌会成为严重的不平衡力,并限制高功率的使用。

对垂直搅拌器强烈搅拌的情况,通常使用挡板来减少漩涡,同时促进良好的混合。垂直安装在槽壁上的挡板示于图 3.4-3。通常有四块挡板已足够了,对涡轮和螺旋桨搅拌器,挡板的宽度约为槽直径的 1/12。涡轮叶片向槽壁方向径向推动液体,在壁上液体被分为两部分,一部分在靠近壁面处向上流动并从上部返回到叶轮,而另一部分则向下流动从下部返回。有时槽中液体的深度远大于槽的直径,这时就在同一轴上安装两组或三组叶轮,每一组叶轮都起到一个独立混合器的作用。底部叶轮在槽底部上面的 1.0 倍叶轮直径处。

在搅拌系统中,被叶轮运动带动的流体的体积流量或循环流量对于在合理的时间内将整个混合器体积内的流体搅动起来是很重要的。对于混合过程,运动流体中的湍流也是很重要的,因为它可将物料从槽中液体主体中拖曳到流动物流中。某些搅拌系统要求低循环流量的高湍流状态,而另一些搅拌系统又要求高循环流量低湍流。这通常取决于被混合流体的类型和所需要的混合量。

3.4.4 涡轮的典型"标准"设计

图 3.4-3 中所示的涡轮搅拌器是过程工业中最常用的搅拌器。对普通搅拌系统的设计,这种搅拌器类型常用于初始的设计。表 3.4-1 中列出了作为搅拌系统典型"标准"设计的几何比例。这些相关比例是众多出版物中关于搅拌器性能主要关系的基本数据(见图 3.4-3(c)中的符号名称)。

表 3.4-1 "标准"搅拌系统的几何比例

$\frac{D_a}{D_t}=0.3\sim0.5$		$\frac{H}{D_t}=1$	$\frac{C}{D_t}=\frac{1}{3}$
$\frac{W}{D_a}=\frac{1}{5}$	$\frac{D_d}{D_a}=\frac{2}{3}$	$\frac{L}{D_a}=\frac{1}{4}$	$\frac{J}{D_t}=\frac{1}{12}$

在某些情况下,搅拌器的关系为 $W/D_a=1/8$。在大多数的应用中,挡板的数量是四。挡板与槽壁之间的间隙或距离通常是 0.10~0.15 倍的 J,以保证液体不在紧邻挡板和壁处形成停滞阱。某些挡板与槽直径的比例关系是 $J/D_t=1/10$ 而不是 1/12。

3.4.5 用于搅拌的功率

带动叶轮所需的功率是搅拌槽设计中的一个重要因素。对指定的系统,所需功率不能理论预测，因此人们提出了一些经验关系式来预测所需的功率。是否存在湍流可由叶轮的雷诺数 N'_{Re} 关联。N'_{Re} 的定义如下：

$$N'_{Re}=\frac{D_a^2 N\rho}{\mu} \tag{3.4-1}$$

式中 D_a 是叶轮（搅拌器）的直径(m)，N 是轴的转动速度转/秒，ρ 是流体的密度(kg/m^3)，μ 是黏度($kg/(m\cdot s)$)。$N'_{Re}<10$，是层流流动，$N'_{Re}>10^4$，是湍流流动，在 10 到 10^4 之间的区域是过渡流，在叶轮上是湍流，而在容器的远端部分则是层流。

消耗功率与流体的密度 ρ、流体的黏度 μ、搅拌的旋转速度 N 和叶轮直径 D 的关系通过功率数群与 N'_{Re} 的标绘相关联。功率数群如下：

$$N_p=\frac{P}{\rho N^3 D_a^5} \quad (\text{SI 制})$$
$$N_p=\frac{P g_c}{\rho N^3 D_a^5} \quad (\text{英制}) \tag{3.4-2}$$

式中 P 为功率(J/s 或 W)。在英制单位中 P 的单位为 $ft\cdot lb_f/s$。

图 3.4－5 是常用于在有挡板的圆筒容器中对牛顿流体搅拌的叶轮的功率关系图(B3、R1)。在图 3.4－3(c)中给出了挡板、槽和叶轮大小尺寸的测量方法。这些曲线也可能会用于 N'_{Re} 为 300 或更低的情况下(B3、R1)无挡板槽中的相同叶轮。当 N'_{Re} 在 300 以上，无挡板槽的动力消耗比有挡板槽低得多。其他叶轮的曲线也可获得(B3、R1)。

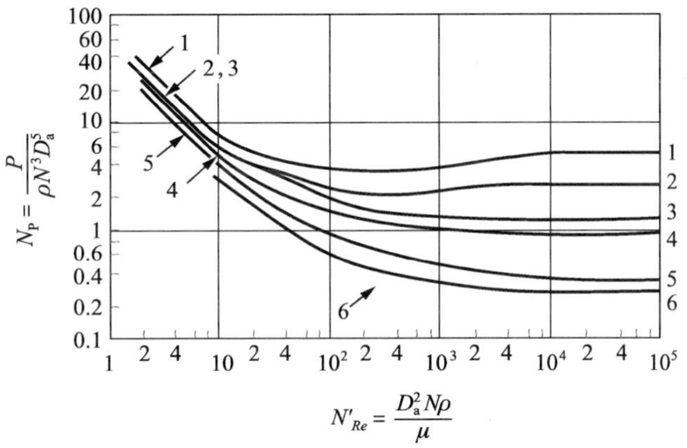

图 3.4－5　各种叶轮和挡板的功率关系(见图 3.4－3(c)中 D_a、D_t、J 和 W 的尺寸)

曲线 1. 有圆盘的六桨叶平桨涡轮(如图 3.4－3，但为六桨叶)；$D_a/W=5$；四挡板，每块挡板 $D_t/J=12$。

曲线 2. 六桨叶平桨开式涡轮[如图 3.4－2(c)]；$D_a/W=8$；四挡板，每块挡板 $D_t/J=12$。

曲线 3. 六桨叶开式涡轮，但桨 45°(斜桨)[如图 3.4－2(d)]；$D_a/W=8$；四挡板，每块挡板 $D_t/J=12$。

曲线 4. 螺旋桨(如图 3.4－1)；螺旋桨的螺距＝$2D_a$；四挡板，每块挡板 $D_t/J=10$；对相同的螺旋桨安装在角度偏心的位置上，槽中无挡板的情况也成立。

曲线 5. 螺旋桨；螺旋桨的螺距＝D_a；四挡板，每块挡板 $D_t/J=10$；对相同的螺旋桨安装在角度偏心的位置上，槽中无挡板的情况也成立。

曲线 6. 高效叶轮[如图 3.4－4(a)]；四挡板，每块挡板 $D_t/J=12$。

[获转印许可，曲线 1、2 和 3 取自 R. L. Bates, P. Lfondy, and R. R. Corpstein, Ind. Eng. Chem. Proc. Des. Dev., 2, 310(1963)。版权归 American Chemical Society。获许可，曲线 4 和 5 取自 J. H. Rushton, E. W. Costich, and H. J. Everett, Chem. Eng. Progr., 46, 395, 467 (1950)。]

高效三桨叶轮的功率数群曲线 N_p如图 3.4－5 中的曲线 6。

例 3.4－1 搅拌器的功率消耗

有圆盘和六个桨叶的平桨涡轮搅拌器安装在与图 3.4－3 相似的槽中。槽的直径 D_t是 1.83 m，涡轮直径 D_a是 0.61 m，$D_t=H$。宽度 W 是 0.122 m。槽中有四块挡板，每块板的宽度 J 是 0.15 m。叶轮在 90 r/min 下操作，槽中液体的黏度为 10 cP，密度为 929 kg/m³。

(1) 计算混合器所需的功率(kW)；

(2) 除溶液的黏度改为 100 000 cP 以外，其余条件与上面相同，计算所需的功率(kW)。

解：(1) 已给定下面的数据：$D_a=0.61$ m，$W=0.122$ m，$D_t=1.83$ m，$J=0.15$ m，$N=90/60=1.50$ 转/秒，$\rho=929$ kg/m³，且

$$\mu=10.0\ \text{cP}\times1\times10^{-3}=0.01\ \frac{\text{kg}}{\text{m}\cdot\text{s}}=0.01\ \text{Pa}\cdot\text{s}$$

应用式(3.4－1)计算雷诺数为

$$N'_{Re}=\frac{D_a^2N\rho}{\mu}=\frac{0.61^2\times1.50\times929}{0.01}=5.185\times10^4$$

因为 $D_a/W=5$ 和 $D_t/J=12$，所以应用图 3.4－5 中的曲线 1，对 $N'_{Re}=5.185\times10^4$，$N_p=5$。对式(3.4－2)求解 P 并代入各已知值得，

$$\begin{aligned}P&=N_P\rho N^3D_a^5=5\times929\times1.50^3\times0.61^5\\&=1\ 324\ \text{J/s}=1.324\ \text{kW}(1.77\ \text{hp})\end{aligned}$$

(2)

$$\mu=100\ 000\times1\times10^{-3}=100\ \frac{\text{kg}}{\text{m}\cdot\text{s}}$$

$$N'_{Re}=\frac{0.61^2\times1.50\times929}{100}=5.185$$

这是在层流的范围。由图 3.4－5 得 $N_p=14$。

$$P=14\times929\times1.50\times0.61^5=3\ 707\ \text{J/s}=3.71\ \text{kW}(4.98\ \text{hp})$$

因此，黏度增加了 4 个数量级，功率仅从 1.324 kW 增加到 3.71 kW。

由“标准”设计得到的各种几何比率的变化，对各种涡轮搅拌器在湍流区域内的功率数群有着如下的不同影响：

(1) 对六桨叶开式平桨涡轮，$N_p\propto(W/D_a)^{1.0}$。

(2) 对六桨叶开式平桨涡轮，D_a/D_t从 0.25 变化到 0.50，对实际的 N_p无影响。

(3) 对同一轴上安装的两个六桨叶开式涡轮，两个叶轮之间的空间(两个涡轮底部边缘之间的垂直距离)至少应当等于 D_a，总功率为 1.9 倍的单个平桨叶轮。对两个六桨叶斜桨(45°)涡轮，功率也为约 1.9 倍的单个斜桨叶轮。

(4) 有挡板的垂直方形槽或水平圆筒槽与垂直圆筒槽具有相同的功率数群。但是流型发生明显的变化。

与图 3.4－2(b)相似，但没有两个水平十字横架的平锚式搅拌器，其功率数群在 $N'_{Re}<$

100 时(H2)如下：

$$N_p = 215(N'_{Re})^{-0.955} \tag{3.4-3}$$

式中 $D_a/D_t = 0.90$，$W/D_t = 0.10$，$C/D_t = 0.05$。

对非常黏稠的液体，$N'_{Re} < 20$ 时，螺旋带式搅拌器的功率数群如下(H2、P3)：

$$N_p = 186(N'_{Re})^{-1} \quad (\text{搅拌桨螺旋间距/槽直径}=1.0) \tag{3.4-4}$$

$$N_p = 290(N'_{Re})^{-1} \quad (\text{搅拌桨螺旋间距/槽直径}=0.5) \tag{3.4-5}$$

使用的典型几何比率是 $D_a/D_t = 0.95$，在某些情况下比率低到 0.75，$W/D_t = 0.095$。搅拌器的螺距，是在 360°的一圈中单个螺旋片螺旋上升的垂直距离(B6)。

3.4.6 搅拌器的放大

(1) 概述。在过程工业中，常常可获得实验室尺度或中试设备尺度的搅拌实验数据，并希望将这些结果放大，以设计全尺寸的工业设备。因为要放大的过程都是完全不同的，没有一种简单的方法可以处理各种类型的放大问题，所以存在许多近似的放大方法。当然，几何相似是重要的也是最简单可行的方法。运动相似法可以速度比率或时间比率项进行定义(R2)。运动相似要求固定黏性力、惯性力或重力的比率。即使达到了几何相似，也常常不能同时达到动力和运动相似。因此，经常要依靠设计者在放大过程中的判断和经验。

在许多情况下，对搅拌过程的放大通常提出的主要目标如下：液体运动相等，如在液体混合中，在(大、小设备)两种情况下的液体运动或对应速度是近似相同的；固体悬浮相等，这种放大原则是固体悬浮水平相同；质量传递速率相等，过程中发生液相和固相、液-液相之间等的质量传递，放大过程中传递速率是相同的。

(2) 放大的程序。对应从初始条件进行放大的情况，建议一步步按其执行的放大程序详细介绍如下，表 3.4-1 中给定的几何尺寸是 D_{a1}、D_{T1}、H_1、W_1 等，直至得到最后的 D_{a2}、D_{T2} 等条件。

① 计算放大比率 R。假设初始容器是一个标准的圆筒，$D_{T1} = H_1$，体积 V_1 是

$$V_1 = \frac{\pi D_{T1}^2}{4} \times H_1 = \frac{\pi D_{T1}^3}{4} \tag{3.4-6}$$

则体积比

$$\frac{V_2}{V_1} = \frac{\pi D_{T2}^3/4}{\pi D_{T1}^3/4} = \frac{D_{T2}^3}{D_{T1}^3} \tag{3.4-7}$$

那么放大比

$$R = \left(\frac{V_2}{V_1}\right)^{1/3} = \frac{D_{T2}}{D_{T1}} \tag{3.4-8}$$

② 将这一比值 R 应用于表 3.4-1 中所有的设备尺寸，计算出新的设备尺寸。例如

$$D_{a2} = RD_{a1}, \quad J_2 = RJ_1, \cdots \tag{3.4-9}$$

③ 然后必须选择放大规则，并应用它来确定对小型设备所使用的 N_1 结果进行复制放

大的搅拌器转速 N_2。这一方程如下(R2):

$$N_2=N_1\left(\frac{1}{R}\right)^n=N_1\left(\frac{D_{T1}}{D_{T2}}\right)^n \tag{3.4-10}$$

式中 n 有几种取值,对于液体运动相等,$n=1.0$;对于固体悬浮相等,$n=3/4$;对于传质速率相等(与单位体积功率相等是等价的),$n=2/3$。这一 n 值是在同时考虑经验和理论的基础上得到的。

④ 已知 N_2,可应用式(3.4-2)和图 3.4-5 来确定所需功率。

例 3.4-2 放大规则指数的推导

在湍流搅拌条件下,对式(3.4-10)中的放大规则指数 n 说明如下:

(1) $n=2/3$ 时,放大过程中单位体积的功率不变。

(2) $n=1.0$ 时,放大过程中叶片端速度不变。

解:(1) 由图 3.4-5 得,在湍流区内 N_p 是常数。由式(3.4-2)得

$$P_1=N_p\rho N_1^3D_{a1}^5 \tag{3.4-11}$$

则对单位体积功率相等有 $P_1/V_1=P_2/V_2$,或应用式(3.4-6)得

$$\frac{P_1}{V_1}=\frac{P_1}{\pi D_{T1}^3/4}=\frac{P_2}{V_2}=\frac{P_2}{\pi D_{T2}^3/4} \tag{3.4-12}$$

由式(3.4-11)代入的 P_1 与相似方程的 P_2 一起代入式(3.4-12),并与式(3.4-8)结合得

$$N_2=N_1\left(\frac{1}{R}\right)^{2/3} \tag{3.4-13}$$

(2) 应用式(3.4-10),$n=1.0$,整理并乘以 π 得

$$N_2=N_1\left(\frac{D_{T1}}{D_{T2}}\right)^{1.0} \tag{3.4-14}$$

$$\pi D_{T2}N_2=\pi D_{T1}N_1 \tag{3.4-15}$$

式中 $\pi D_{T2}N_2$ 是叶片端的速度(m/s)。

为了帮助新搅拌装置的设计者,同时也作为对已有装置评价的指导,对正常黏度的液体体系给出某些近似的指导原则如下:对中等强度的搅拌和混合,流体的体积搅拌功率为 0.1 到 0.2 kW/m^3(0.000 5 到 0.001 hp/gal);对强搅拌,体积搅拌功率为 0.4 到 0.6 kW/m^3(0.002 到 0.003 hp/gal);对剧烈的搅拌或传质很重要的情况,则体积搅拌功率为 0.8 到 2.0 kW/m^3(0.004 到 0.01 hp/gal)。以 kW 为单位的这一功率是如图 3.4-5 和式(3.4-2)给出的实际传递到流体中的功率值。这个值不包括用于齿轮箱和轴承的功率。典型的电机效率在第 3.3.2 节中给出。作为一种近似,齿轮箱和轴承的功损失和电机的无效功率约是实际向流体输入功的 30%到 40%。

例 3.4-3 涡轮搅拌系统的放大

有一个与例 3.4-1(1)给定情况相同的搅拌系统,有圆盘六桨平桨涡轮。给定的条件和

尺寸为：$D_{T1}=1.83$ m，$D_{a1}=0.61$ m，$W_1=0.122$ m，$J_1=0.15$ m，$N=90/60=1.5$ 转/秒，$\rho=929\ kg/m^3$，$\mu=0.01$ Pa·s。希望将这样的结果放大到容器的体积为它的 3 倍。按下面两种过程目标进行放大：

(1) 希望质量传递速率相等；

(2) 需要的液体运动相等。

解：因为 $H_1=D_{T1}=1.83$ m，初始槽体积 $V_1=(\pi D_{T1}/4)\times H_1=\pi\times1.83^2/4=4.813\ m^3$。体积 $V_2=3.0\times4.813=14.44\ m^3$。按照放大程序的步骤，应用式(3.4-8)，

$$R=\left(\frac{V_2}{V_1}\right)^{1/3}=\left(\frac{14.44}{4.813}\right)^{1/3}=1.442$$

放大搅拌系统的尺寸如下：$D_{T2}=RD_{T1}=1.442\times1.83=2.64$ m，$D_{a2}=1.442\times0.61=0.880$ m，$W_2=1.442\times0.122=0.176$ m，$J_2=1.442\times0.15=0.216$ m。

(1) 质量传递相等，则式(3.4-10)中的 $n=2/3$。

$$N_2=N_1\left(\frac{1}{R}\right)^{2/3}=1.50\times\left(\frac{1}{1.442}\right)^{2/3}=1.175\ \text{转/秒}(70.5\ r/min)$$

应用式(3.4-1)得

$$N'_{Re}=\frac{D_a^2N\rho}{\mu}=\frac{0.880^2\times1.175\times929}{0.01}=8.453\times10^4$$

在式(3.4-2)中使用 $N_p=5.0$ 的值，

$$P_2=N_p\rho N_2^3D_{a2}^5=5.0\times9.29\times1.175^3\times0.880^5=3\ 977\ J/s=3.977\ kW$$

单位体积的功率为

$$\frac{P_1}{V_1}=\frac{1.324}{4.813}=0.275\ 2\ kW/m^3$$

$$\frac{P_2}{V_2}=\frac{3.977}{14.44}=0.275\ 2\ kW/m^3$$

这个 $0.275\ 2\ kW/m^3$ 的值，比近似指导原则中对传质情况提出的 0.8 到 2.0 的值要低一些。

(2) 液体运动相等，$n=1.0$。

$$N_2=1.50\times\left(\frac{1}{1.442}\right)^{1.0}=1.040\ \text{转/秒}$$

$$P_2=5.0\times929\times1.040^3\times0.880^5=2\ 757\ J/s=2.757\ kW$$

$$\frac{P_2}{V_2}=\frac{2.757}{14.44}=0.190\ 9\ kW/m^3$$

3.4.7　互溶液体的混合时间

研究两种互溶液体的混合时间的一种方法，是将一定量的 HCl 酸加入等当量的 NaOH 溶液中，记录指示剂变色所需的时间。这是测定分子与分子间的混合。还可使用其他的实验方法。叶片附近发生快速的混合，外部区域混合较慢，且取决于系统的抽送循环流量。

在图 3.4-6 中，给出了涡轮搅拌器混合时间的关系(B5、M5、N1)。无量纲因子 f_t 定义如下：

$$f_t = t_T \frac{(ND_a^2)^{2/3} g^{1/6} D_a^{1/2}}{H^{1/2} D_t^{3/2}} \tag{3.4-16}$$

式中 t_T 是以秒计的混合时间。当 $N'_{Re}>1\ 000$ 时,因 f_t 近似常数,则 $t_T N^{2/3}$ 是常数。事实已经表明,对其他混合器 $t_T N$ 近似为常数。在湍流区域内,从容器 1 放大到有相似几何尺寸和相同单位体积功率的另一尺寸的容器 2,两者混合时间的关系如下:

$$\frac{t_{T2}}{t_{T1}} = \left(\frac{D_{a2}}{D_{a1}}\right)^{11/18} \tag{3.4-17}$$

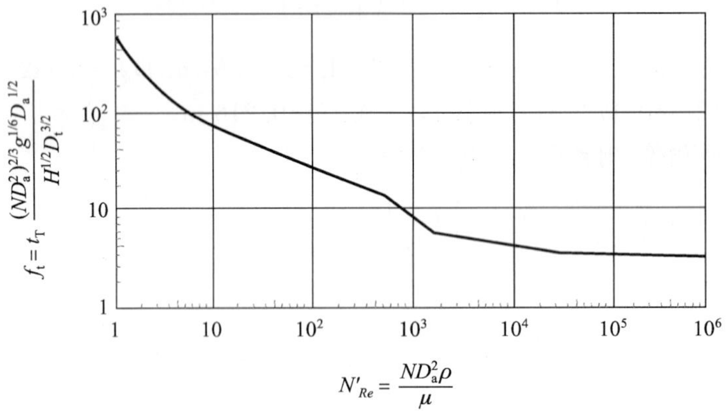

图 3.4-6 有挡板的槽中用涡轮(普通涡轮、有圆盘的涡轮和斜桨涡轮)搅拌互溶液体的混合时间关系

[引自"Flow Patterns and Mixing Rates in Agitated Vessels",K. W. Norwood and A. B. Metzner, A. I. Ch. E. J., 6,432(1960). 经许可从 American Institute of Chemical Engineers,(1960)复制]

因此,大容器的混合时间增加。而对保持相同混合时间的放大过程,单位体积的功率 P/V 显著增加:

$$\frac{(P_2/V_2)}{(P_1/V_1)} = \left(\frac{D_{a2}}{D_{a1}}\right)^{11/4} \tag{3.4-18}$$

通常在放大到大容器时,采用混合时间稍长一些,以使得单位体积功率的增加不至于过分显著。

当 $N'_{Re}<20$ 时,螺旋带状搅拌器的混合时间如下(H2):

$$N t_T = 126 \quad (\text{搅拌器螺旋距离/槽直径}=1.0) \tag{3.4-19}$$

$$N t_T = 90 \quad (\text{搅拌器螺旋距离/槽直径}=0.5) \tag{3.4-20}$$

对非常黏稠的液体,在单位体积功率相同的情况下,螺旋带状混合器提供的混合时间比涡轮短得多(M5)。但是对非黏性液体,它的混合时间却较长。

对有挡板的容器中的螺旋桨搅拌器,Biggs 提出了其混合时间的关系(B5)。Fox 和 Gex (F1)则给出了无挡板容器的关系。

对有挡板容器中的高效叶轮,参考文献(F2)给出了混合时间的关系,表明其混合时间比斜桨搅拌器短。

例 3.4-4　涡轮搅拌系统的混合时间放大

利用例 3.4-1(1)中有圆盘涡轮的现有条件，完成下列几项：

(1) 计算混合时间；

(2) 计算有相同几何比率的小容器的混合时间，这里 D_t 为 0.3 m 而不是 1.83 m，如在(1)中那样，应用单位体积功率相同原则进行计算；

(3) 应用混合时间相同的原则对(2)中的小容器进行计算，对(1)中的大容器计算新的单位体积功率值。

解：(1) $D_t=1.83\ \mathrm{m}$，$D_a=0.61\ \mathrm{m}$，$D_t=H$，$N=90/60=1.5$ 转/秒，$\rho=929\ \mathrm{kg/m^3}$，$\mu=0.01\ \mathrm{Pa\cdot s}$。由例 3.4-1 得，$N'_{Re}=5.185\times10^4$，$N_P=5$，$P_1=1.324\ \mathrm{kW}$。
容器体积

$$V_1=\frac{\pi1.83^2\times1.83}{4}=4.813\ \mathrm{m^3}$$

单位体积功率为

$$\frac{P_1}{V_1}=\frac{1.324}{4.813}=0.275\ 1\ \mathrm{kW/m^3}$$

对 $N'_{Re}=5.185\times10^4$，由图 3.4-6 得 $f_t=4.0$。代入式(3.4-16)得，

$$\begin{aligned}f_t&=4.0=\frac{t_T(N_1D_{a1}^2)^{2/3}g^{1/6}D_{a1}^{1/2}}{H_1^{1/2}D_{t1}^{3/2}}\\&=\frac{t_T(1.5\times0.61^2)^{2/3}\times(9.806\ 65)^{1/6}\times(0.61)^{1/2}}{(1.83^{1/2})\times(1.83)^{3/2}}\\t_T&=17.30\ \mathrm{s}\end{aligned}$$

(2) 由式(3.4-8)得到缩小比率 R 为，

$$R=D_{T2}/D_{T1}=0.30/1.83=0.163\ 9$$

$$D_{a2}=RD_{a1}=0.163\ 9\times0.61=0.100\ 0\ \mathrm{m}$$

还有 $H_2=D_{T2}=0.300\ \mathrm{m}$。在湍流区域，应用 $P_1/V_1=P_2/V_2=0.275\ 1\ \mathrm{kW/m^3}$ 相同的规则，结合式(3.4-17)

$$\frac{t_{T2}}{t_{T1}}=\left(\frac{D_{a2}}{D_{a1}}\right)^{11/18}$$

$$t_{T2}=17.30\times\left(\frac{0.100}{0.61}\right)^{11/18}$$

因此 $t_{T2}=5.73\ \mathrm{s}$。这表明，对单位体积功率相等的放大过程，大容器中的混合时间已有十分显著的增加，从 5.73 s 增加到 17.30 s。

(3) 对小容器应用混合时间相同为 5.73 s 的规则，大容器单位体积功率由等混合时间的式(3.4-18)计算

$$\frac{P_2/V_2}{P_1/V_1}=\left(\frac{D_{a2}}{D_{a1}}\right)^{11/4}$$

$$\frac{0.275\ 1}{P_1/V_1}=\left(\frac{0.100\ 0}{0.610\ 0}\right)^{11/4}$$

求解得 $P_1/V_1=39.73\ \mathrm{kW/m^3}$。当然这是非常大且不实际的增加。

3.4.8 搅拌的流动数群和循环流率

搅拌器的作用如一个没有外壳的离心泵叶轮,其提供一定压头下的流体流动。叶轮边上的循环流率 $Q(\mathrm{m^3/s})$是垂直于叶轮出口面的。已有人测定了混合器中的流体速率,并用它计算了循环流率。有挡板容器中的数据已用无量纲流动数群 N_Q 关联:

$$N_Q=\frac{Q}{ND_a^3} \tag{3.4-21}$$

$N_Q=0.5$　　船螺旋桨(螺距＝直径)

$N_Q=0.75$　　有圆盘的六桨涡轮($W/D_a=1/5$)

$N_Q=0.5$　　有圆盘的六桨涡轮($W/D_a=1/8$)

$N_Q=0.75$　　斜桨涡轮($W/D_a=1/5$)

3.4.9 特殊搅拌系统

(1) 固体悬浮液。在某些搅拌系统中,被搅拌的液体中悬浮有固体。实例有:当要将细小分散的固体溶解到液体中;将微生物悬浮在发酵液中;生产液-固均匀的混合物作为过程的原料;悬浮固体作为催化剂加速反应。固体的悬浮与流化床有些类似。在搅拌系统中,液体的循环流保持颗粒的悬浮。所要求的搅拌量和类型主要取决于颗粒物的终端沉降速度,该值可用第 14.3 节中的方程式计算。参考文献(M2、W1)提出了预测悬浮颗粒所需功率的经验公式。Corpstein 等(C4)提出了关于斜桨涡轮和高效叶轮的方程。

(2) 气体和液体在液体中的分散。在气-液分散过程中,气体从叶轮下部吸入,叶轮将气体切割成非常小的气泡。搅拌的类型和搅拌程度影响着气泡的大小和总的相界面积。这类应用的典型过程有:污水处理厂的通气过程、在催化剂存在条件下用氢气对液体进行氢化处理、气体中的溶质被液体吸收的过程,以及发酵过程。从文献(C3、L1、Z1)中可获得预测气泡大小、持气量和所需功率的关系式。关于液体分散到不互溶液体中的研究见参考文献(T1)。气-液分散系统中搅拌器所需功率可以比无气体存在时的所需功率低 10%～50%之多(C3、T2)。

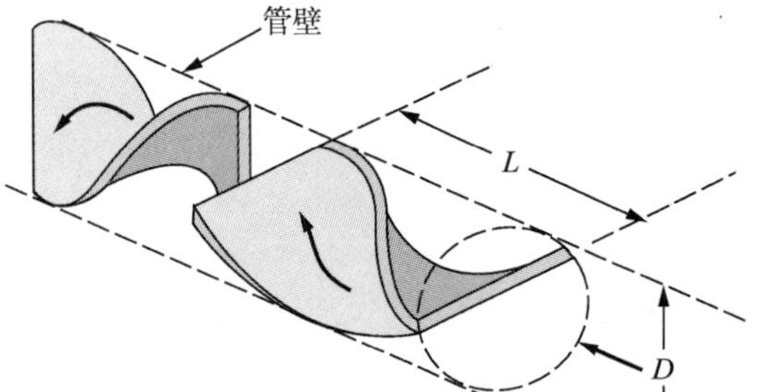

图 3.4-7　元件长度 L 和管径 D 的两元件螺旋静态混合器(M2、M6)

(3) 静态混合器。两种流体的混合可以在没有运动部件的情况下,在管道内的静态混合器中实现。在这类工业装置中,管道内部的静态元件连续地将物流分开然后再将其合并。

层流混合器用于混合高黏性的混合物。一种静态混合器有如图 3.4-7 所示的一系列固定螺旋元件。(注:大多数混合器有 6 到 20 个元件。)在第一个元件中,流动被分割在两个半圆的通道中,而元件的螺旋为物流提供了 180°的扭转。下一个或连续的元件相互之间呈 90°放置,每个元件都将物流劈成两半。流动中的每一次分割在每一层流体间产生更多的界面积。当这些流体层变得足够薄时,分子扩散将消除存在的浓度梯度。当每个元件将流道分为两部分时有(M6),

$$\frac{d}{D}=\frac{1}{2^n} \tag{3.4-22}$$

这里 n 是串联元件的个数,d 是最大条纹厚度,D 是管径。当 $n=20$ 时,则大约进行了 10^6 次分割,d 的厚度非常小,增强了扩散的速率。

在另一类型的工业静态混合器(K3)中,每个元件将物流分割四次。每个元件有相互连接的栅或波纹薄板纵向地放置在管道中,与管子的轴呈 45°角。各种类型元件的长度 L 在约 1.0 至 1.5 倍的管径间变化。这类混合器也用于湍流混合。

有螺旋混合器的层流流动的压降(因此也是需要的功率)近似为空管压降的 6 倍。在湍流流动中,由于方向变化产生能量损失,压降损失可高达好几百倍(M6、P1)。功率损失的典型值约为动态混合器功率的 10%(K3)。静态混合器也用于传热、化学反应和气体在液体中分散的过程。

3.4.10 粉末、黏性物质和糊状物的混合

(1) 粉末。在固体颗粒和粉末的混合中,部分的粉末需要由相对的另一部分来置换。适合于温和的混合过程的一类最简单的装置是搅拌翻斗。但这类设备通常不用于破碎大块物料。最普通的翻斗类型是双锥混合器,如图 3.4-8(a)所示,这种混合器中的两个锥形体的开口端安装固定在一起并且旋转。其内部还可使用挡板。如果在双锥体内还使用一个内部旋转装置,则也能将大团块破碎。使用其他几何形状的装置有,内部有挡板的圆鼓或双壳 V 型翻斗。特别适用于破碎大团块的翻斗是内装金属或瓷钢球或棒的旋转圆筒或双锥型筒。

混合固体的另一类设备是静态外壳设备,这类设备中的容器是静止的,物料的置换通过单级或多级的内部旋转装置完成。图 3.4-8(b)的带状混合器中,两个标为 1 和 2 的开式螺旋杆黏附在轴上并旋转。一根螺杆左旋,而另一根右旋。随着轴的旋转,部分粉末在相对方向上运动并发生混合。对特殊的情况还可获得其他内旋转型的设备(P1)。还有某些设备外部的壳和内部的装置都旋转。

(2) 生面团、糊状物和黏性物料。在生面团、糊状物和黏性物料的混合中,随着对搅拌物的分割、折叠或再组合,要求有大量的粉末,由于不同部分物质相互之间的置换,新的界面尽可能经常地再结合。某些机器可能要求冷却夹套以移除产生的热量。

这类用途的第一类设备与那些搅拌流体的设备有些类似,一个叶轮在槽中缓慢旋转。叶轮可以是一个紧配的如图 3.4-2(b)所示的锚式搅拌器,其外缘的刮扫组件可能有些刮刀。也可使用有水平和垂直棒的栅栏式叶轮,它在各个水平和壁面处切割糊状物,壁上可能也有静止的棒条。改进的栅栏式混合器是剪切棒混合器,它包括垂直旋转的棒或从垂直静止销之间穿过的桨。这类装置的其他改进型设备是那些棒和刮刀旋转时罐和容器也旋转的

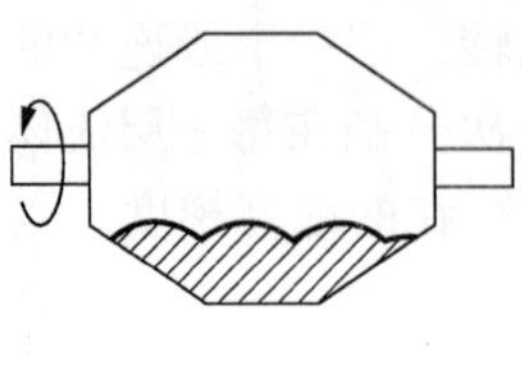

(a) 双锥粉末混合器

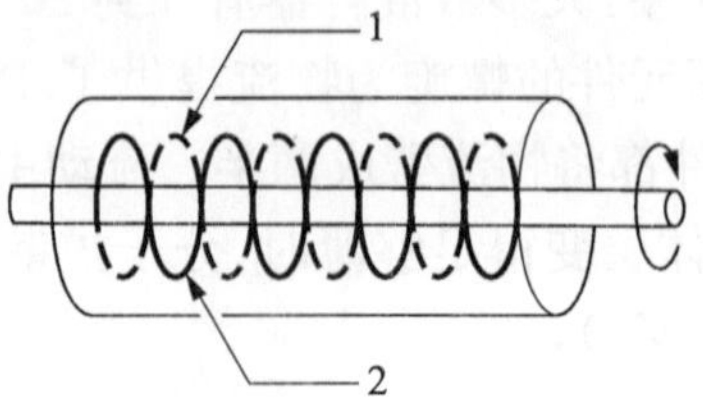

(b) 双螺带带状粉末混合器

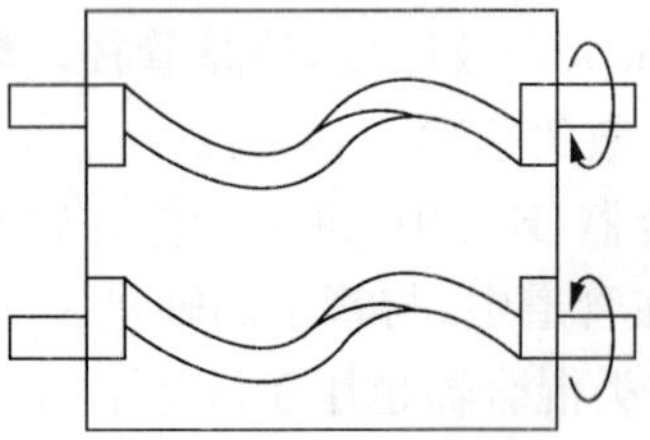

(c) 面团捏和机

图 3.4-8　粉末和糊状物的混合器

装置。它们称之为变罐式搅浆机混合器。

厚糊状物和生面团的最常用的混合器是双臂捏和混合器。混合的作用是将物料大块移动、击碎、拉伸、分割、折叠和再组合。最广泛应用的设计方案是使用如图 3.4-8(c)所示的两个反向旋转的 S 形臂,它们能以不同的速度旋转。

3.5　非牛顿流体

3.5.1　非牛顿流体的类型

如 2.4 节中所讨论的那样,牛顿流体是那些服从牛顿定律方程式(3.5-1)的流体:

$$\tau=-\mu\frac{dv}{dr}\quad (\text{SI 制})$$
$$\tau=-\frac{\mu}{g_c}\frac{dv}{dr}\quad (\text{英制}) \tag{3.5-1}$$

式中 μ 是黏度,是取决于剪切速率的常数。图 3.5-1 是剪切应力对剪切速率 $-dv/dr$ 关系的标绘。牛顿流体为直线,斜率是 μ。

如果流体行为不服从方程式(3.5-1),它就是非牛顿流体。那么,这类流体 τ 对 $-dv/dr$ 的标绘不是通过原点的直线。基于其剪切应力/剪切速率的行为特性,可将非牛顿流体分为两大类:剪切应力与时间或剪切持续时间无关(不随时间变化)的流体和剪切应力取决于时间或剪切持续时间(随时间变化)的流体。除通常的剪切行为以外,某些非牛顿流体还表现出弹性(如橡胶的)行为,其弹性是时间的函数,因而这类流体被叫做黏弹性流体。这类流体除了通常的切线应力以外,还表现了垂直于流动方向的法向应力。这里要特别强调的是黏性不随时间变化的流体，其包括了大多数的非牛顿流体。

3.5.2　黏性不随时间变化的流体

(1) Bingham(宾汉)塑性流体。这是最简单的一类，因为如图 3.5-1 所示，它与牛顿流体的不同之处仅在于其直线关系没有通过原点。初始流动要求有一个有限的剪切应力 τ_C(称之为屈服应力)(N/m²)。某些流体是有一个有限的屈服(剪切)应力 τ_0，但是 τ 对 $-\mathrm{d}v/\mathrm{d}r$ 的标绘曲线向上或向下弯曲。然而，这种与确切的 Bingham 塑性流体的偏离常常是很小的。具有屈服应力的流体例子有：钻探泥浆、泥煤浆、人造黄油、巧克力混合物、油脂、肥皂、粮食-水的悬浮液、牙膏、纸浆和污水处理淤泥。

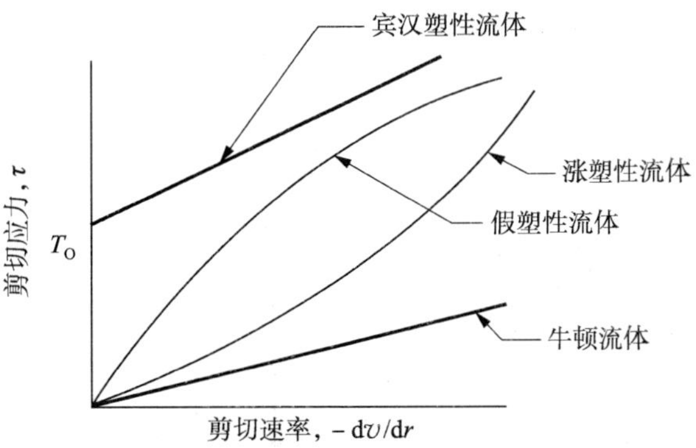

图 3.5-1　牛顿流体和非时变性非牛顿流体的剪切力

(2) 假塑性流体。大多数的非牛顿流体属于这一类，包括高分子溶液或熔融体溶液、油脂、淀粉悬浮溶液、蛋黄酱、生物流体、清洁剂浆液、在一定药物中的分散介质和油漆涂料。流动曲线的形状示于图 3.5-1，一般可表达为幂律方程(有时称之为 Ostwaldde Waele 方程)：

$$\tau = K\left(-\frac{\mathrm{d}v}{\mathrm{d}r}\right)^n \qquad (n<1) \qquad (3.5-2)$$

式中 K 是稠度指数，单位 $\mathrm{N\cdot s^n/m^2}$ 或 $\mathrm{lb_f\cdot s^n/ft^2}$，$n$ 是流动行为指数，为无量纲数。方程式(3.5-3)中的表观黏度 μ_a 由方程式(3.5-1)和式(3.5-2)得到，且随剪切速率的增加而减小：

$$\mu_a = K\left(-\frac{\mathrm{d}v}{\mathrm{d}r}\right)^{n-1} \qquad (3.5-3)$$

(3) 涨塑性流体。这类流体远不像假塑性流体那样常见，它们的流动行为表明，表观黏度随剪切速率的增加而增加。幂律方程式(3.5-2)常常是适用的，但 $n>1$：

$$\tau = K\left(-\frac{\mathrm{d}v}{\mathrm{d}r}\right)^n \qquad (n>1) \qquad (3.5-4)$$

对牛顿流体 $n=1$。显示涨塑性的溶液有：某些谷物粉-糖的溶液、湿沙滩沙子、水中的淀粉、水中的硅酸钾和某些含有高浓度粉末的水溶液。

3.5.3　时变性流体

(1) 触变性流体。这类流体表现出其剪切应力在恒定剪切速率下随时间可逆减小的性质。该剪切应力趋向于一个由剪切速率决定的极限值。这类流体的实例包括：某些低相对分子质量的高分子溶液、起酥油、某些食品物料和涂料。目前对时变性流体的理论研究还没有很好地展开。

(2) 震凝性流体。这种流体行为极少发生,其表现为在恒定剪切速率下剪切应力随时间可逆地增加。其实例有:斑脱黏土的悬浮液、某些溶胶和石膏悬浮液。在对触变性流体和震凝性流体的管内定态流动过程进行设计的过程中,有时使用恒定剪切速率下的极限流动性质值(S2、W3)。

3.5.4 黏弹性流体

黏弹性流体表现出对流动过程中所发生形变的恢复能力。它们既显示黏性又显示弹性。随着应力的消除,部分变形复原。这类流体的实例有:生面粉团、凝固汽油、熔融高分子和沥青。

3.5.5 非时变性非牛顿流体的层流流动

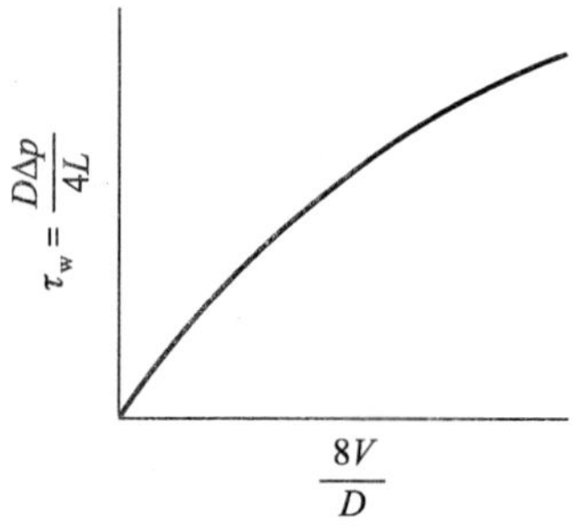

图 3.5-2 管内层流流动时幂律流体的通用流动曲线

(1) 流体的流动性质。在确定非时变性非牛顿流体的流动性质的过程中,常使用毛细管黏度计。在长度为 L(m)、直径为 D(m) 的直管中测定给定流率 q (m^3/s) 对应的压降 Δp(N/m^2)。对于不同的流率或平均速度 V(m/s),重复这一测定。如果是非时变性流体,这些流动数据可用来预测任何其他尺寸的管内流体流动。

对服从如下幂律方程式(3.5-5)的流体,管壁上的剪切应力 $\tau_w=\Delta p/4L$(N/m^2)对正比于壁上剪切速率的 $8V/D$ 进行标绘得图 3.5-2。

$$\tau_w=\frac{D\Delta p}{4L}=K\left(\frac{8V}{D}\right)^{n'} \tag{3.5-5}$$

式中 n' 是在对数坐标纸上标绘时的直线斜率,K' 的单位是 $N\cdot s^{n'}/m^2$。$n'=1$ 为牛顿流体;$n'<1$ 是假塑性流体或若曲线不通过原点为 Bingham 塑性流体;$n'>1$ 为涨塑性流体。方程式(3.5-5)中的稠度指数 K' 是 $8V/D=1$ 时的 $\Delta p/4L$ 值。管壁上的剪切流率 $(-dv/dr)_w$ 为

$$\left(-\frac{dv}{dr}\right)_w=\left(\frac{3n'+1}{4n'}\right)\left(\frac{8V}{D}\right) \tag{3.5-6}$$

对牛顿流体也有 $K'=\mu$。

式(3.5-5)是幂律模型方程式(3.5-2)应用于圆管内流体流动的另一种简单的描述方式,且用于管内流动更为方便(D2)。因此,式(3.5-5)定义的流体特性与式(3.5-2)完全相同。实验已经发现(M3),大多数流体在很宽的 $8V/D$ 或 $\Delta p/4L$ 的范围内其 K' 和 n' 值都是常数。某些流体不是这种情况,K' 和 n' 值都是变化的。因此所使用的 K' 和 n' 的特定值必须是对应设计问题所涉及 $8V/D$ 或 $\Delta p/4L$ 实际值的正确取值。人们常用这种利用管道或管子中的流动性质的方法来确定非牛顿流体的流动特性。

在许多情况下用旋转黏度计测定流体的流动性质。式(3.5-2)中的流动性质参数 K 和

n 以这样的方法来确定。关于旋转黏度计将在第 3.5.9 节中讨论。

对许多流体，当它们的流动性质在剪切应力范围内是常数时，下面的等式成立(M3)：

$$n'=n \tag{3.5-7}$$

$$K'=K\left(\frac{3n'+1}{4n'}\right)^{n'} \tag{3.5-8}$$

黏度系数 γ 常归纳定义如下

$$\gamma=K'8^{n'-1} \quad (\text{SI 制}) \tag{3.5-9}$$

$$\gamma=g_cK'8^{n'-1} \quad (\text{英制})$$

这里 γ 的单位是 $N \cdot s^{n'}/m^2$ 或 $lb_m/(ft \cdot s^{2-n'})$。

表 3.5-1 中给出了某些流体的典型流动性质常数(流变常数)。某些数据给出的是 γ 值而不是 K' 值，但是如果需要可利用式(3.5-9)将这些值进行转换。某些情况下文献中的 K 或 K' 是以 $dyn \cdot s^{n'}/cm^2$ 或 $lb_f \cdot s^{n'}/ft^2$ 的单位给出的。由附录 A.1 查得换算因子为

$$1\ lb_f \cdot s^{n'}/ft^2 = 47.880\ N \cdot s^{n'}/m^2$$

$$1\ dyn \cdot s^{n'}/cm^2 = 2.088\ 6 \times 10^{-3}\ lb_f \cdot s^{n'}/ft^2$$

表 3.5-1 非牛顿流体的流动性质常数

流体	流动性质常数			
	n'	$\gamma(N \cdot s^{n'}/m^2)$	$K(N \cdot s^{n'}/m^2)$	参考文献
1.5%的羧甲基纤维素分散在水中	0.554	1.369		(S1)
3.0%的 CMC 分散在水中	0.566	4.17		(S1)
4%的纸浆分散在水中	0.575	9.12		(A1)
14.3%的黏土分散在水中	0.350	0.051 2		(W1)
10%的凝固汽油在煤油中	0.520	1.756		(S1)
25%的黏土分散在水中	0.185	0.303 6		(W2)
苹果酱，A 级(297 K)，密度=1.10 g/cm³	0.645		0.500	(C1)
香蕉酱，A 级(297 K)，密度=0.977 g/cm³	0.458		6.51	(C1)
蜂蜜(297 K)	1.00		5.61	(C1)
奶油，30%脂(276 K)	1.0		0.013 79	(M4)
浓缩西红柿酱，总固含量 5.8%(305 K)	0.59		0.222 6	(H1)

(2) 管道中流动的方程。为了预测管内层流状态下的摩擦压降 Δp，对式(3.5-5)求解 Δp 或 (p_0-p_L)：

$$\Delta p=\frac{K'4L}{D}\left(\frac{8V}{D}\right)^{n'} \tag{3.5-10}$$

如果希望求平均速度，可将式(3.5-5)再整理得到

$$V=\frac{D}{8}\left(\frac{\Delta pD}{K'4L}\right)^{1/n'} \tag{3.5-11}$$

如果希望以 K 值而不是 K' 值的方程表示，可将式(3.5-7)和式(3.5-8)代入式(3.5-10)和式(3.5-11)。将式(3.5-7)和式(3.5-8)代入式(3.5-11)并注意 $V=v_{x\,平均}$ 有，

$$V=v_{x\,平均}=\left(\frac{n}{3n+1}\right)\left(\frac{p_0-p_L}{2KL}\right)^{1/n}R_0^{(n+1)/n} \tag{3.5-12}$$

流动必须是层流的。通用雷诺数定义为

$$N_{Re,\mathrm{gen}}=\frac{D^{n'}V^{2-n'}\rho}{\gamma}=\frac{D^{n'}V^{2-n'}\rho}{K'8^{n'-1}}=\frac{D^{n}V^{2-n}\rho}{K8^{n-1}\left(\frac{3n+1}{4n}\right)^{n}}\quad (\text{SI 制})\tag{3.5-13}$$

(3) 摩擦因子法。另一种可应用的是,利用牛顿流体的式(2.10-5)和式(2.10-7)中给出的 Fanning 摩擦因子的方法,但使用的是通用雷诺数,

$$f=\frac{16}{N_{Re,\mathrm{gen}}}\tag{3.5-14}$$

$$\Delta p=4f\rho\frac{L}{D}\frac{V^2}{2}\quad (\text{SI 制})$$
$$\Delta p=4f\rho\frac{L}{D}\frac{V^2}{2g_c}\quad (\text{英制})\tag{3.5-15}$$

例 3.5-1　幂律流体层流流动的压降

密度为 1 041 kg/m^3 的幂律流体以 0.072 8 m/s 的速度在内径为 0.052 4 m 的管道中流过了 14.9 m。流体的流变性质和流动特性为 $K'=15.23\ \mathrm{N\cdot s^{n'}/m^2}$($0.318\ \mathrm{lb_f\cdot s^{n'}/ft^2}$),$n'=0.40$。

(1) 层流流动,应用式(3.5-10)计算压降和摩擦损失。检验通用雷诺数确认流动是层流。

(2) 用摩擦因子法重复(1)的计算。

解: 已知数据如下:$K'=15.23$,$n'=0.40$,$D=0.052\ 4$ m,$V=0.072\ 8$ m/s,$L=14.9$ m,$\rho=1\ 041$ kg/m^3。

(1) 应用式(3.5-10):

$$\Delta p=\frac{K'4L}{D}\left(\frac{8V}{D}\right)^{n'}=\frac{15.23\times4\times14.9}{0.052\ 4}\times\left(\frac{8\times0.072\ 8}{0.0524}\right)^{0.4}=45\ 390\ \mathrm{N/m^2}$$

也可计算摩擦损失,

$$F_f=\frac{\Delta p}{\rho}=\frac{45\ 390}{1\ 041}=43.60\ \mathrm{J/kg}$$

应用式(3.5-13)得

$$N_{Re,\mathrm{gen}}=\frac{D^{n'}V^{2-n'}\rho}{K'g^{n'-1}}=\frac{0.052\ 4^{0.40}\times0.072\ 8^{1.60}\times1\ 041}{15.23\times8^{-0.6}}=1.106$$

因此,是层流流动。

(2) 应用式(3.5-14)

$$f=\frac{16}{N_{Re,\mathrm{gen}}}=\frac{16}{1.106}=14.44$$

代入式(3.5-15),

$$\Delta p=4f\rho\frac{L}{D}\frac{V^2}{2}=4\times14.44\times1\ 041\times\frac{14.9}{0.052\ 4}\times\frac{0.072\ 8^2}{2}$$
$$=45.39\ \frac{\mathrm{kN}}{\mathrm{m^2}}\left(946\ \frac{\mathrm{lb_f}}{\mathrm{ft^2}}\right)$$

3.5.6 层流流动的收缩、膨胀和管件中的摩擦损失

在圆管中流动的非牛顿幂律流体，由于它们的有效黏度通常较高，所以常常是层流，而在层流中的突然速度变化和管件中的损失都是很重要的。

(1) 层流流动的动能。在总机械能衡算的式(2.7－28)的应用中，需要有单位质量流体的平均动能。对流体即为(S2)

$$平均动能/kg=\frac{V^2}{2\alpha} \tag{3.5-16}$$

牛顿流体，层流，$\alpha=1/2$。对幂律的非牛顿流体

$$\alpha=\frac{(2n+1)(5n+3)}{3(3n+1)^2} \tag{3.5-17}$$

例如，如果 $n=0.5$，$\alpha=0.585$。如果 $n=1.00$，$\alpha=1/2$。对湍流的牛顿流体和非牛顿流体，$\alpha=1.0$(D1)。

(2) 收缩中和管件中的损失。Skelland(S2)和 Dodge 及 Metzner(D2)陈述，当流体离开贮槽经排出口突然收缩进入直径为 D_2 的管道，或从直径 D_1 的管道经突然收缩流入直径为 D_2 的管道时，在收缩处的下游通常形成缩脉。总的迹象是，假塑性流体和 Bingham 弹性流体在层流和湍流条件下收缩及管件和阀门产生的摩擦应力损失与相同通用雷诺数下的牛顿流体非常相似。

对收缩损失，可应用式(2.10－16)，这里湍流 $\alpha=1.0$；对层流流动，因为 n 不是 1.00，可应用式(3.5－17)来确定 α。

对管件和阀门，应当应用式(2.10－17)和表 2.10－1 中的值来确定摩擦损失。

(3) 突然扩大损失。Skelland 给出非牛顿流体层流经过从直径 D_1 到 D_2 的突然膨胀过程的摩擦损失如下：

$$h_{ex}=\frac{3n+1}{2n+1}v_1^2\left[\frac{n+3}{2(5n+3)}\left(\frac{D_1}{D_2}\right)^4-\left(\frac{D_1}{D_2}\right)^2+\frac{3(3n+1)}{2(5n+3)}\right] \tag{3.5-18}$$

式中 h_{ex} 是摩擦损失(J/kg)。在英制单位中，式(3.5－18)应除以 g_c，h_{ex} 的单位是 $ft \cdot lb_f/lb_m$。

对层流状态下的牛顿流体 $\alpha=1/2$，式(2.10－15)给出的值与式(3.5－18)对 $n=1$(牛顿流体)所得到的值达到合理的接近。非牛顿流体的湍流摩擦损失可由式(2.10－15)按 $\alpha=1.0$ 近似计算(S2)。

3.5.7 湍流和通用摩擦因子

在非时变性非牛顿流体湍流中，发生湍流的雷诺数随非牛顿流体的流动性质而变化。Dodge 和 Metzner (D2)在综合研究中推导了非牛顿流体在光滑管、粗糙管中发生湍流的理论方程。最终的方程标绘于图 3.5－3，这里将 Fanning 摩擦因子对式(3.5－13)中给出的通用雷诺数 $N_{Re,gen}$ 进行标绘。对流动行为参数 n' 在 0.36 到 1.0 之间的幂律流体，在雷诺数直到 3.5×10^4 的范围进行了实验研究，结果确实有偏差。

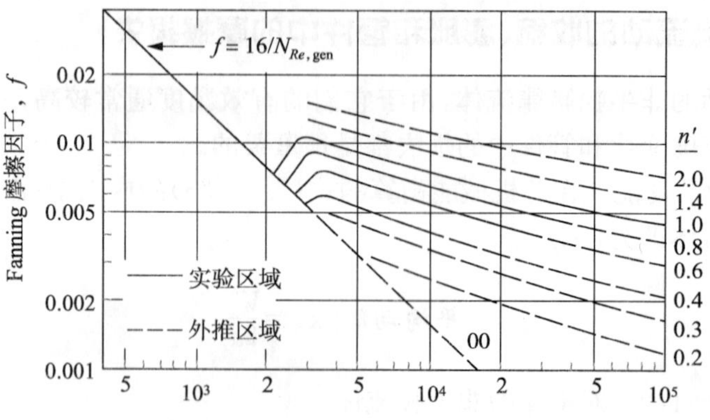

$$N_{Re,\text{gen}}=\frac{D^{n'}V^{2-n'}\rho}{\gamma}$$

图 3.5-3　Fanning 摩擦因子与光滑管内流动的黏度不随时间变化的非牛顿流体和牛顿流体的通用雷诺数之间的关系

[经许可,引自 D. W. Dodge and A. B. Metzner, A. I. Ch. E. J. ,5,189(1959)]

对于不同 n' 值的曲线,在不同的雷诺数与层流线发生分离进入过渡区。对 $n'=1.0$(牛顿流体),在 $N_{Re,\text{gen}}=2\ 100$ 处开始进入过渡区。许多非牛顿幂律流体都有较高的有效黏度,因此它们经常是层流状态。在层流下,光滑管内的关系对粗糙管也成立。

对具有各种粗糙度 ε/D 值的工业粗糙管,因为它们与光滑管的情况发生偏差,故图3.5-3不能用于湍流。粗糙度 ε/D 值与 n' 之间的函数关系要求由实验数据来确定,但现在还没有这些数据。Metzner 和 Reed(M3、S3)推荐使用粗糙管中牛顿流体的现有关系图 2.10-3,但要用通用雷诺数 $N_{Re,\text{gen}}$。这稍有些保守,因为初步的实验数据表明假塑性流体的摩擦因子可能比牛顿流体小一些。这也与图 3.5-3 中光滑管的情况一致,它表明对 n' 低于 1.0 的流体,其 f 值较低(S2)。

例 3.5-2　幂律流体的湍流流动

密度为 961 kg/m³,服从幂律的假塑性流体以 6.1 m/s 的平均速度流过内径为 0.050 8 m 的光滑圆管。流体的流动性质参数 $n'=0.30$,$K'=2.744\ \text{N}\cdot\text{s}^{n'}/\text{m}^2$。计算 30.5 m 长的管道的摩擦压降。

解:数据如下:$K'=2.744$,$n'=0.30$,$D=0.050\ 8$ m,$V=6.10$ m/s,$\rho=961$ kg/m³,$L=30.5$ m。应用通用雷诺数方程式(3.5-13)得,

$$N_{Re,\text{gen}}=\frac{D^{n'}V^{2-n'}\rho}{K'8^{n'-1}}=\frac{0.050\ 8^{0.3}\times 6.10^{1.7}\times 961}{2.744\times 8^{-0.7}}=1.328\times 10^4$$

因此是湍流。对 $N_{Re,\text{gen}}=1.328\times 10^4$ 和 $n'=0.30$,利用图 3.5-3 得,$f=0.003\ 2$。

代入式(3.5-15):

$$\Delta p=4f\rho\frac{L}{D}\frac{V^2}{2}=4\times 0.003\ 2\times 961\times\frac{30.5}{0.050\ 8}\times\frac{6.10^2}{2}=137.4\ \text{kN/m}^2\,(2\ 870\ \text{lb}_\text{f}/\text{ft}^2)$$

3.5.8　非牛顿流体的速度分布

(1) 假塑性和涨塑性流体。对管道内的流动，可将式(3.5－2)写成如下形式：

$$\tau_{rx}=K\left(\frac{-\mathrm{d}v_x}{\mathrm{d}r}\right)^n \tag{3.5-19}$$

式(2.9－6)对所有的流体均成立：

$$\tau_{rx}=\frac{(p_0-p_L)r}{2L} \tag{2.9-6}$$

它将 τ_{rx} 与距离中心的径向距离 r 相关联。将上两方程相等，并在 $r=r$ 和 $v_x=0$ 的 $r=R_0$ 之间进行积分得，

$$v_x=\frac{n}{n+1}\left(\frac{p_0-p_L}{2KL}\right)^{1/n}R_0^{(n+1)/n}\left[1-\left(\frac{r}{R_0}\right)^{(n+1)/n}\right] \tag{3.5-20}$$

在 $r=0$ 处，$v_x=v_{\max}$，则式(3.5－20)变为

$$v_x=v_{x\max}\left[1-\left(\frac{r}{R_0}\right)^{(n+1)/n}\right] \tag{3.5-21}$$

平均速度 $v_{x,平均}$ 由式(3.5－12)给出

$$v_{x,平均}=\left(\frac{n}{3n+1}\right)\left(\frac{p_0-p_L}{2KL}\right)^{1/n}R_0^{(n+1)/n} \tag{3.5-12}$$

式(3.5－20)除以式(3.5－12)得，

$$\frac{v_x}{v_{x,平均}}=\frac{3n+1}{n+1}\left[1-\left(\frac{r}{R_0}\right)^{(n+1)/n}\right] \tag{3.5-22}$$

利用式(3.5－22)可计算 $n=1$ 时的牛顿流体层流时的速度分布，图 3.5－4 表明为抛物线。假塑性流体($n<1$)的速度分布与牛顿流体的速度分布相比，显示出抛物线较为平坦。对极端的假塑性行为 $n=0$，在整个管道内得到平推流。对涨塑性($n>1$)的行为，速度分布比牛顿流体更尖更窄。对极端的涨塑性流体($n=\infty$)，速度分布与半径呈线性关系。

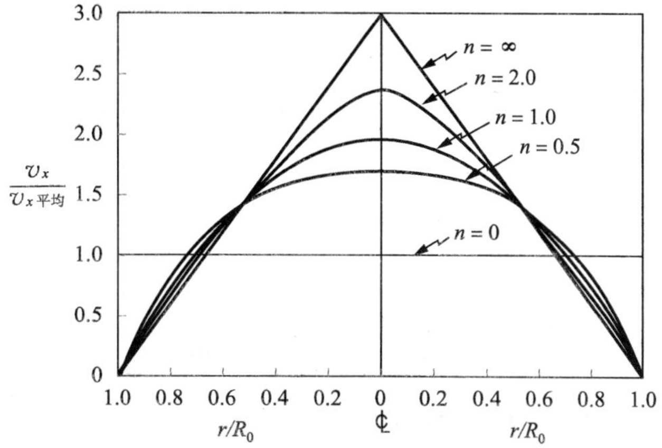

图 3.5－4　非牛顿幂律流体的无量纲速度分布 $v_x/v_{x平均}$

(2) Bingham塑性流体。Bingham 塑性流体开始流动时需要一个限定的屈服应力 $\tau_0(\mathrm{N/m^2})$，如式(3.5-23)给定如下：

$$\tau_{rx}=\tau_0+\mu\left(-\frac{\mathrm{d}v_x}{\mathrm{d}r}\right) \tag{3.5-23}$$

这类流体的速度分布比非牛顿流体的情况复杂得多。Bingham 塑性流体这一速度分布示于图 3.5-5。注意 $r=0$ 到 $r=r_0$ 为活塞流区域。在这一区域内由于动量通量或剪切应力小于屈服应力值 τ_0，因此 $\mathrm{d}v_x/\mathrm{d}r=0$。

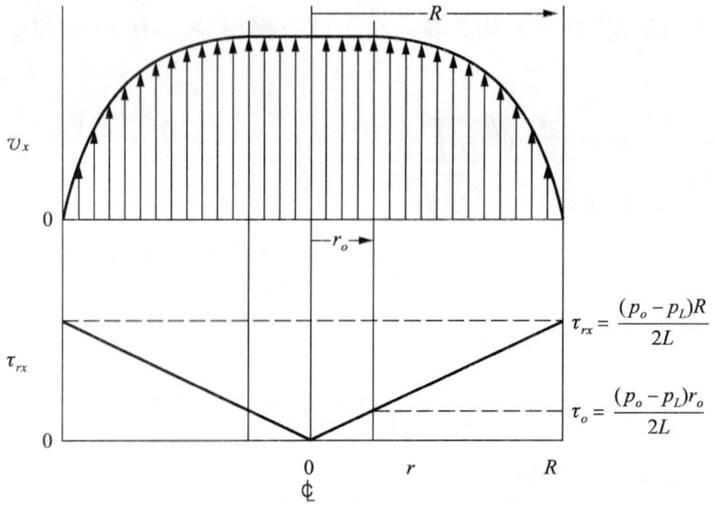

图 3.5-5 Bingham 塑性流体在管内流动的速度分布和剪切力图

表 3.5-2 中给出了 Bingham 塑性流体的某些典型流变常数值。

表 3.5-2 Bingham 塑性流体的流变性常数

流体	$\tau_0(\mathrm{N/m^2})$	μ (Pa·s)	参考文献
煤浆(ρ=1 500 kg/m³)	2.0	0.03	(D4)
熔融巧克力(100 ℉)	20	2.0	(D4)
修饰印刷颜料(10% 质)	0.4	0.25	(C5)

要推导管内流动的方程，注意式(2.9-6)对所有的流体均成立：

$$\tau_{rx}=\frac{(p_0-p_L)r}{2L} \tag{2.9-6}$$

将式(2.9-6)代入式(3.5-23)得，

$$\frac{(p_0-p_L)r}{2L}=\tau_0+\mu\left(-\frac{\mathrm{d}v_x}{\mathrm{d}r}\right) \tag{3.5-24}$$

变换整理并积分，这里在 $r=r$ 处 $v_x=v_x$，在 $r=R$ 处 $v_x=0$

$$v_x=\left(\frac{p_0-p_L}{4\mu L}\right)R^2\left[1-\left(\frac{r}{R}\right)^2\right]-\frac{\tau_0}{\mu}R\left[1-\frac{r}{R}\right] \tag{3.5-25}$$

对 $r>r_0$ 直至 $r=R$ 的区域，方程成立。对活塞流区域 $r\leqslant r_0$，$\mathrm{d}v_x/\mathrm{d}r=0$。在这一区域应用式(2.9-6)并令在 r_0 处 $\tau_{rx}=\tau_0$，

$$\tau_0=\frac{(p_0-p_L)r_0}{2L} \tag{3.5-26}$$

将式(3.5-26)代入式(3.5-25)的 $r=r_0$ 处，在此发生活塞流，

$$v_x=\left(\frac{p_0-p_L}{4\mu L}\right)R^2\left[1-\frac{r_0}{R}\right]^2 \tag{3.5-27}$$

要求取流量 Q ($\mathrm{m^3/s}$)，必须估算下面的积分式：

$$Q=2\pi\int_0^{r_0}v_x r\,\mathrm{d}r+2\pi\int_{r_0}^{R}v_x r\,\mathrm{d}r \tag{3.5-28}$$

将式(3.5-27)代入式(3.5-28)的第一部分，将式(3.5-25)代入式(3.5-28)的后一部分并积分得，

$$Q=\frac{\pi(p_0-p_L)R^4}{8\mu L}\left[1-\frac{4}{3}\frac{\tau_0}{\tau_R}+\frac{1}{3}\left(\frac{\tau_0}{\tau_R}\right)^4\right] \tag{3.5-29}$$

式中 $\tau_\mathrm{R}=(p_0-p_\mathrm{L})R/2L$，为管壁处的动量通量。这是 Buckingham-Reiner 方程。

当 τ_0 为零时，式(3.5-29)简化为牛顿流体的哈根-泊谡叶方程式(2.9-11)。

例 3.5-3　Bingham 塑性流体的流量

与表 3.5-2 中所列性质相似的一种印刷颜料溶液，在直径为 1.0 cm、长度为 10.2 m 的管子里流动。使用了 4.35 kN/m² 的压力作推动力。试计算流量 Q ($\mathrm{m^3/s}$)。

解：由表 3.5-2 得，$\tau_0=0.4\ \mathrm{N/m^2}$，$\mu=0.25\ \mathrm{Pa\cdot s}$。还有 $(p_0-p)=4.35\ \mathrm{kN/m^2}=4\,350\ \mathrm{N/m^2}$，$L=10.2$ m，$R=1.0/2$ cm $=0.005$ m。代入式(3.5-26)得

$$\tau_0=0.4\ \mathrm{N/m^2}=\frac{(p_0-p_L)r_0}{2L}=\frac{4\,350r_0}{2\times10.2}$$

求解得

$$r_0=\frac{0.400\times2\times10.2}{4\,350}=0.001\,876\ \mathrm{m}=0.187\,6\ \mathrm{cm}$$

代入下面求 τ_R，

$$\tau_R=\frac{(p_0-p_L)R}{2L}=\frac{4\,350\times0.005}{2\times10.2}=1.066\ \mathrm{N/m^2}$$

最后，代入式(3.5-29)得

$$Q=\frac{\pi\times4\,350\times0.005^4}{8\times0.25\times10.2}\left[1-\frac{4}{3}\times\frac{0.4}{1.066}+\frac{1}{3}\times\left(\frac{0.4}{1.066}\right)^4\right]$$

$$Q=2.120\times10^{-7}\ \mathrm{m^3/s}$$

$$v_{x平均}=\frac{Q}{\pi R^2}=\frac{2.120\times10^{-7}}{\pi\times0.005^2}=2.700\times10^{-3}\ \mathrm{m/s}$$

3.5.9 用旋转黏度计确定非牛顿流体的流动性质

如3.5.5节所讨论的,可用管内流动的方法测定非牛顿流体的流动性质或流变常数。测定流动性质的另一种更重要的方法是使用旋转同心圆筒黏度计进行测定,Couette 1890年第一次对该装置进行了描述。在该装置中,同心的旋转圆筒(心轴)以恒定的旋转速度在同心的另一个圆筒内旋转。通常两个筒壁之间只有非常小的空隙。这个环隙中充满了流体。通过测定悬挂心轴的扭力丝的方法,确定保持内部轴心以恒定速度旋转所需的转矩。这类仪器的典型商业产品是Brookfield黏度计。某些类型的仪器是旋转外筒。

中心吊锤或心轴壁上的剪切应力由下式给定

$$\tau_w=\frac{T}{2\pi R_b^2 L} \tag{3.5-30}$$

这里 τ_w 是筒壁上的剪切力,单位为 N/m^2 或 $kg/(m\cdot s^2)$,T 是测量的扭矩,$kg\cdot m^2/s^2$,R_b 是心轴的直径,m,L 是心轴的有效长度,m。注意,式(3.5-30)对牛顿流体和非牛顿流体均成立。

非牛顿流体在 $0.5<R_b/R_c<0.99$ 的范围内,心轴表面的剪切速率如下(M6):

$$\left(-\frac{dv}{dr}\right)_w=\frac{2\omega}{n[1-(R_b/R_c)^{2/n}]} \tag{3.5-31}$$

这里 R_c 是外筒或容器的直径;ω 是心轴的角速度(rad/s)。当 N 是r/min时,还有 $\omega=2\pi N/60$。由式(3.5-31)计算结果给出的值与由Krieger和Maron(K2)提出的更复杂的方程计算得到的值非常接近,这些也在文献(P4、S2)中给出。

幂律方程给定如下

$$\tau=K\left(-\frac{dv}{dr}\right)^n \tag{3.5-2}$$

式中 K 的单位为 $N\cdot s^{n'}/m^2$ 或 $kg\cdot s^{n-2}/m$。将式(3.5-30)和式(3.5-31)代入式(3.5-2)得

$$T=2\pi R_b^2 LK\left[\frac{2}{n[1-(R_b/R_c)^{2/n}]}\right]^n\omega^n \tag{3.5-32}$$

或

$$T=A\omega^n \tag{3.5-33}$$

式中

$$A=2\pi R_b^2 LK\left[\frac{2}{n[1-(R_b/R_c)^{2/n}]}\right]^n \tag{3.5-34}$$

对于给定的流体,通过测定不同 ω 值的扭矩 T,可获得实验数据。通过 $\lg T$ 对 $\lg\omega$ 的标绘计算可得到流动性质常数。参数 n 是直线的斜率,截距是 $\lg A$。现在,由式(3.5-34)很容易估算稠度因子。

由式(3.5-31)可推出各种特殊的情况。

(1) 牛顿流体($n=1$)。

$$\left(-\frac{\mathrm{d}v}{\mathrm{d}r}\right)_{\mathrm{w}}=\frac{2\omega}{1-(R_{\mathrm{b}}/R_{\mathrm{c}})^2} \tag{3.5-35}$$

(2) 空隙非常大($R_{\mathrm{b}}/R_{\mathrm{c}}<0.1$)。这是将心轴浸泡在实验流体的大烧杯中的情况。式(3.5-31)变为

$$\left(-\frac{\mathrm{d}v}{\mathrm{d}r}\right)_{\mathrm{w}}=\frac{2\omega}{n} \tag{3.5-36}$$

把式(3.5-30)和式(3.5-36)代入式(3.5-2)得

$$T=2\pi R_{\mathrm{b}}^2 LK\left(\frac{2}{n}\right)^n\omega^n \tag{3.5-37}$$

同样如前,可通过 lg T 对 lg ω 的标绘估算流动性质。

(3) 非常窄的环隙($R_{\mathrm{b}}/R_{\mathrm{c}}>0.99$)。这与平行板间的流动相似。取半径为$(R_{\mathrm{b}}+R_{\mathrm{c}})/2$处的剪切速率

$$\left(-\frac{\mathrm{d}v}{\mathrm{d}r}\right)_{w}\cong\frac{\Delta v}{\Delta r}=\frac{2\omega}{1-(R_{\mathrm{b}}/R_{\mathrm{c}})^2} \tag{3.5-38}$$

则该式与式(3.5-35)相同。

3.5.10 非牛顿流体搅拌和混合中要求的动力

对非牛顿流体搅拌和混合中所要求的动力进行关联,动力数群 N_{p} 由式(3.4-2)定义,该数群也用于牛顿流体的方程。然而,雷诺数的定义远比牛顿流体复杂,因为非牛顿流体的表观黏度不是常数,而是随槽中剪切速率或速度梯度的变化而变化的。一些研究者将平均表观黏度 μ_{a} 用于雷诺数的计算如下:

$$N'_{Re,n}=\frac{D_{\mathrm{a}}^2 N\rho}{\mu_{\mathrm{a}}} \tag{3.5-39}$$

以下面的方法将平均表观黏度与平均剪切速率或平均速度梯度相关联。对幂律流体

$$\tau=K\left(-\frac{\mathrm{d}v}{\mathrm{d}y}\right)_{\text{平均}}^n \tag{3.5-40}$$

对牛顿流体

$$\tau=\mu_{\mathrm{a}}\left(-\frac{\mathrm{d}v}{\mathrm{d}y}\right)_{\text{平均}} \tag{3.5-41}$$

将式(3.5-40)和式(3.5-41)结合得

$$\mu_{\mathrm{a}}=K\left(-\frac{\mathrm{d}v}{\mathrm{d}y}\right)_{\text{平均}}^{n-1} \tag{3.5-42}$$

Metzner 与其他人(G1、M1)的实验发现,对于假塑性流体($n<1$),平均剪切速率$(\mathrm{d}v/\mathrm{d}y)_{\text{平均}}$随旋转速度的变化近似如下:

$$\left(\frac{\mathrm{d}v}{\mathrm{d}y}\right)_{平均}=11N \tag{3.5-43}$$

因此,式(3.5-42)与式(3.5-43)结合得

$$\mu_a=(11N)^{n-1}K \tag{3.5-44}$$

代入式(3.5-39)得

$$N'_{Re,n}=\frac{D_a^2N^{2-n}\rho}{11^{n-1}K} \tag{3.5-45}$$

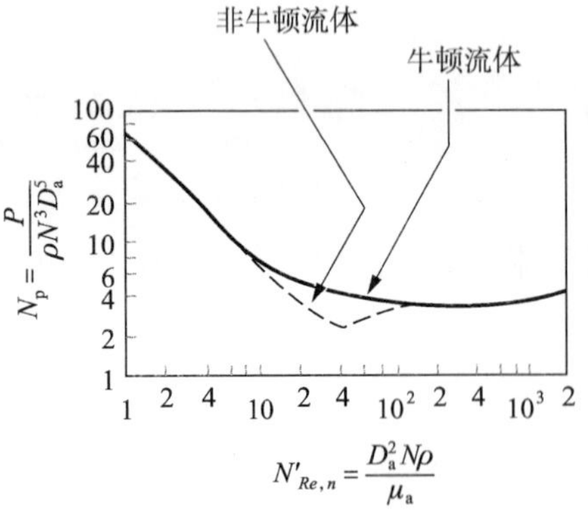

图 3.5-6 有圆盘的平桨六桨涡轮在假塑性、非牛顿流体和牛顿流体中搅拌功率的关联(G1、M1、R1):$D_a/W=5$, $L/W=5/4$, $D_t/J=10$

式(3.5-45)已被用来关联假塑性液体中有圆盘的平桨六桨涡轮搅拌的数据,图 3.5-6 中的虚线表示这一关系(M1)。实线用于牛顿流体(R1)。两套数据均来自四挡板,$D_t/J=10$,$D_a/W=5$,和 $L/W=5/4$ 的装置。然而,研究结果表明,$D_t/J=10$ 和 $D_t/J=12$ 的差异是非常小的(R1),因此可将牛顿流体看作与图 3.4-5 中的曲线 1 一致。图 3.5-6 中曲线表明,在雷诺数 1～2 000 的范围内,除了在雷诺数为 10～100 的区域内有所不同,假塑性流体所使用的动力比牛顿流体少以外,其他区域结果都是一致的。在搅拌器中假塑性流体的流型显现其速度梯度变化比牛顿流体大得多。远离叶轮的流体可能因具有较高表观黏度而处于缓慢的层流流动。从文献中也可得到关于扇形涡轮和螺旋桨的数据(M1)。

3.6 连续性微分方程

3.6.1 概述

通过第 2.6 节、2.7 节和 2.8 节中的总质量、能量和动量衡算,让我们对流体流动中的一些基本问题能进行求解。这些衡算都是在一个任意定义的有时被称之为控制体的体积内进行的。在这些总能量、机械能和动量的衡算中,我们只需要知道物流的进口、出口状态和其与环境的质量交换量。

这些总衡算在解决各种流动问题时都是强有力的工具,因为进行这些衡算并不需要关于限定控制体内部过程的知识。第 2.9 节中所进行的简单薄层的动量衡算还得到了速度分布和压力降的表达式。但是,要进一步对流动系统进行研究,我们必须详细地考察这一限定控制体内的情况。现在我们用微元控制体进行这样的考察。微分衡算同总衡算和薄层衡算有些类似,但是,我们现在应当是在单个相中进行衡算,并应用边界条件积分到相边界。在早期所作的衡算中,对每一个新的研究体系都进行了衡算。并不需要对每一个新的流动问题都列出新的衡算式。由质量衡算方程(连续性方程)和动量守恒微分方程的一般形式出发常常是比较容易的。然后通过对每一个特定问题中不需要的各项进行删除而将这些方程

简化。

第 5 章中将讨论非等温系统能量守恒微分方程的一般形式。第 7 章还将推导二元混合物连续性微分方程的一般方程。将要推导的动量衡算微分方程基于牛顿第二定律，并让我们在确定层流压降的同时，也能确定速度随位置和时间的变化方式。经一定的改进后，动量衡算方程可用于湍流流动的情况。

这些守恒方程常称为变化的方程，因为它们描述了流体性质随位置和时间的变化。在我们推导这些方程之前，将对这些方程相对于时间所发生的不同派生导数关系进行简单的回顾，并对向量符号进行简捷的描述。

3.6.2　各种类型的时间导数关系及向量符号

(1) 时间偏导数。下面的推导中要用到各种类型的时间导数。最普通的导数类型是时间偏导数。例如，假如我们关心流动物流质量浓度或密度 $\rho(\mathrm{kg/m^3})$ 与位置 x、y、z 和时间 t 的函数关系，则 ρ 对时间的偏导数为 $\partial\rho/\partial t$。这是密度在固定点 x、y、z 的局部随时间的变化。

(2) 时间的全导数。假如我们要测定物流的密度，而我们又是在物流中分别在 x、y 和 z 方向上以 $\mathrm{d}x/\mathrm{d}t$、$\mathrm{d}y/\mathrm{d}t$ 和 $\mathrm{d}z/\mathrm{d}t$ 的速度移动着。则全导数如下：

$$\frac{\mathrm{d}\rho}{\mathrm{d}t}=\frac{\partial\rho}{\partial t}+\frac{\partial\rho}{\partial x}\frac{\mathrm{d}x}{\mathrm{d}t}+\frac{\partial\rho}{\partial y}\frac{\mathrm{d}y}{\mathrm{d}t}+\frac{\partial\rho}{\partial z}\frac{\mathrm{d}z}{\mathrm{d}t} \tag{3.6-1}$$

这意味着密度是时间 t 和观测者移动速度分量 $\mathrm{d}x/\mathrm{d}t$、$\mathrm{d}y/\mathrm{d}t$ 和 $\mathrm{d}z/\mathrm{d}t$ 的函数。

(3) 时间的随体导数。另一个很有用的时间导数是若观测者以物流的流动速度 v 随物流漂浮并关注密度随时间的变化而得到的关系式。这称为跟随移动的导数或时间的随体导数 $\mathrm{D}\rho/\mathrm{D}t$：

$$\frac{\mathrm{D}\rho}{\mathrm{D}t}=\frac{\partial\rho}{\partial t}+v_x\frac{\partial\rho}{\partial x}+v_y\frac{\partial\rho}{\partial y}+v_z\frac{\partial\rho}{\partial z}=\frac{\partial\rho}{\partial t}+(v\cdot\nabla\rho) \tag{3.6-2}$$

式中 v_x、v_y 和 v_z 是物流速度向量 v 的各分量。这个随体导数可应用于标量和矢量变量。$(v\cdot\nabla\rho)$ 一项将在第 3.6.2 节的第 6 部分中加以讨论。

(4) 标量。在动量、热量和质量传递中遇到的各种物理性质可以几种分类形式加入：标量、矢量和张量。标量是一个数量，如浓度、温度、长度、体积、时间和能量。它们有大小但没有方向，并常被视为零阶张量。普通代数的数学定律对标量代数均成立。例如，$bc=cb$，$b(cd)=(bc)d$ 等等。

(5) 向量。速度、力、动量和加速度因为既有大小也有方向而被认为是向量。它们被看成一阶张量，并在本课本中写成黑体字母，如速度为 v。两个向量 $B+C$ 加法的平行四边形的构成和两个向量 $B-C$ 的减法示于图 3.6-1。向量 B 由其在 x、y 和 z 轴上的投影值 B_x、B_y 和 B_z 表示，且有

$$\boldsymbol{B}=\boldsymbol{i}B_x+\boldsymbol{j}B_y+\boldsymbol{k}B_z \tag{3.6-3}$$

式中 i、j 和 k 分别是沿 x、y 和 z 轴的单位向量。

在标量 r 或 s 与矢量 B 的相乘中，下式成立：

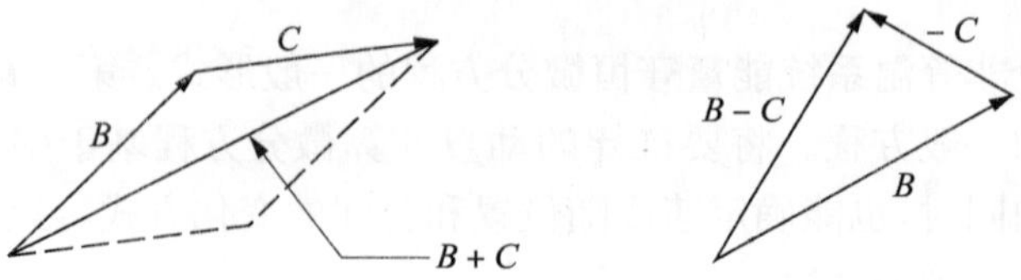

图 3.6-1 矢量的加法和减法

$$r\boldsymbol{B}=\boldsymbol{B}r \tag{3.6-4}$$

$$(rs)\boldsymbol{B}=r(s\boldsymbol{B}) \tag{3.6-5}$$

$$r\boldsymbol{B}+s\boldsymbol{B}=(r+s)\boldsymbol{B} \tag{3.6-6}$$

下式也成立：

$$(\boldsymbol{B}\cdot\boldsymbol{C})=(\boldsymbol{C}\cdot\boldsymbol{B}) \tag{3.6-7}$$

$$\boldsymbol{B}\cdot(\boldsymbol{C}+\boldsymbol{D})=(\boldsymbol{B}\cdot\boldsymbol{C})+(\boldsymbol{B}\cdot\boldsymbol{D}) \tag{3.6-8}$$

$$(\boldsymbol{B}\cdot\boldsymbol{C})\boldsymbol{D}\neq\boldsymbol{B}(\boldsymbol{C}\cdot\boldsymbol{D}) \tag{3.6-9}$$

$$(\boldsymbol{B}\cdot\boldsymbol{C})=BC\cos\phi_{BC} \tag{3.6-10}$$

这里 ϕ_{BC} 是两个矢量之间的角度，并且小于 180°。

二阶张量 τ 初始产生于动量传递过程，有 9 个分量。其他文献对它们进行了讨论(B2)。

(6) 有标量和矢量方程的求导运算。标量场的变化率或“梯度”如下：

$$\nabla\rho=\boldsymbol{i}\frac{\partial\rho}{\partial x}+\boldsymbol{j}\frac{\partial\rho}{\partial y}+\boldsymbol{k}\frac{\partial\rho}{\partial z} \tag{3.6-11}$$

这里 ρ 是诸如密度这样的标量。

向量 v 的偏差或“散度”为

$$(\nabla\cdot v)=\frac{\partial v_x}{\partial x}+\frac{\partial v_y}{\partial y}+\frac{\partial v_z}{\partial z} \tag{3.6-12}$$

这里 v 是 v_x、v_y 和 v_z 的函数。

标量场的拉普拉斯(Laplacian)算符为

$$\nabla^2\rho=\frac{\partial^2\rho}{\partial x^2}+\frac{\partial^2\rho}{\partial y^2}+\frac{\partial^2\rho}{\partial z^2} \tag{3.6-13}$$

其他可能有用的运算如下：

$$\nabla rs=r\nabla s+s\nabla r \tag{3.6-14}$$

$$(\nabla\cdot sv)=(\nabla s\cdot v)+s(\nabla\cdot v) \tag{3.6-15}$$

$$(v\cdot\nabla s)=v_x\frac{\partial s}{\partial x}+v_y\frac{\partial s}{\partial y}+v_z\frac{\partial s}{\partial z} \tag{3.6-16}$$

3.6.3 连续性微分方程

(1) 连续性方程的推导。对如图 3.6-2 所示的流过空间中固定体积微元 $\Delta x\Delta y\Delta z$ 的

纯流体进行质量衡算。对具有 $\rho(\mathrm{kg/m^3})$ 浓度的流体的质量衡算为

$$\text{进入的质量流量}-\text{出去的质量流量}=\text{质量累积速率} \tag{3.6-17}$$

在 x 方向上质量进入 x 点处具有 $\Delta y\Delta z\ \mathrm{m^2}$ 面积平面的流量是 $(\rho v_x)_x\Delta y\Delta z$ kg/s，在 $x+\Delta x$ 点处离开微元体积的质量流量是 $(\rho v_x)_{x+\Delta x}\Delta y\Delta z$。$(\rho v_x)$ 一项是质量通量[$\mathrm{kg/(s\cdot m^2)}$]。图 3.6 - 2 中还表示了 y 和 z 方向的质量的进入和离开。

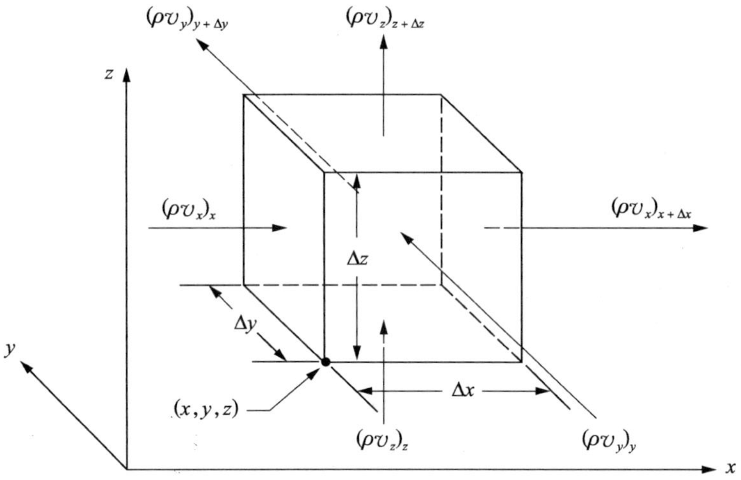

图 3.6 - 2　流过空间中固定体积微元 ΔxΔyΔz 纯流体的质量衡算

在 $\Delta x\Delta y\Delta z$ 体积内的质量累积速率为

$$\text{质量累积速率}=\Delta x\Delta y\Delta z\,\frac{\partial\rho}{\partial t} \tag{3.6-18}$$

将以上各项的表达式代入式(3.6 - 17)，并将方程两边同除以 $\Delta x\Delta y\Delta z$，

$$\frac{[(\rho v_x)_x-(\rho v_x)_{x+\Delta x}]}{\Delta x}+\frac{[(\rho v_y)_y-(\rho v_y)_{y+\Delta y}]}{\Delta y}+\frac{[(\rho v_z)_z-(\rho v_z)_{z+\Delta z}]}{\Delta z}=\frac{\partial\rho}{\partial t} \tag{3.6-19}$$

取 Δx、Δy 和 Δz 趋向于零的极限，我们得到纯流体的连续性方程或质量守恒方程：

$$\frac{\partial\rho}{\partial t}=-\left[\frac{\partial(\rho v_x)}{\partial x}+\frac{\partial(\rho v_y)}{\partial y}+\frac{\partial(\rho v_z)}{\partial z}\right]=-(\nabla\cdot\rho v) \tag{3.6-20}$$

式(3.6 - 20)右边的向量算符是依据 v 为向量这一事实。式(3.6 - 20)告诉我们固定点上的密度 ρ 是如何因速度向量 ρv 的变化而随时间变化的。

我们可通过目前的这些偏导数将式(3.6 - 20)转换为另一种形式：

$$\frac{\partial\rho}{\partial t}=-\rho\left(\frac{\partial v_x}{\partial x}+\frac{\partial v_y}{\partial y}+\frac{\partial v_z}{\partial z}\right)-\left(v_x\frac{\partial\rho}{\partial x}+v_y\frac{\partial\rho}{\partial y}+v_z\frac{\partial\rho}{\partial z}\right) \tag{3.6-21}$$

将式(3.6 - 21)整理得

$$\frac{\partial\rho}{\partial t}+v_x\frac{\partial\rho}{\partial x}+v_y\frac{\partial\rho}{\partial y}+v_z\frac{\partial\rho}{\partial z}=-\rho\left(\frac{\partial v_x}{\partial x}+\frac{\partial v_y}{\partial y}+\frac{\partial v_z}{\partial z}\right) \tag{3.6-22}$$

式(3.6－22)左边与式(3.6－2)中的实导数相同。因此,式(3.6－22)变为

$$\frac{\mathrm{D}\rho}{\mathrm{D}t}=-\rho\left(\frac{\partial v_x}{\partial x}+\frac{\partial v_y}{\partial y}+\frac{\partial v_z}{\partial z}\right)=-\rho(\nabla\cdot v) \tag{3.6-23}$$

(2) 恒密度的连续性方程。在经常涉及相对为不可压缩液体的工程问题中,浓度基本为常数。因而在流体沿其运动路径移动的过程中流体微元的 ρ 保持不变,或 $\mathrm{D}\rho/\mathrm{D}t=0$。因此,对定态或非定态下的恒密度流体,式(3.6－23)变为,

$$(\nabla\cdot v)=\frac{\partial v_x}{\partial x}+\frac{\partial v_y}{\partial y}+\frac{\partial v_z}{\partial z}=0 \tag{3.6-24}$$

在定态情况下,式(3.6－22)中的$\partial\rho/\partial t=0$。

例 3.6－1　平板上的流动

不可压缩流体流过平板的一侧。x 方向的流动平行于平板。在平板的前缘流动是均一的,自由物流速度为 v_{x0}。z 方向上无运动速度。y 方向是与板的垂直距离。用连续性方程分析这种情况。

解:在这种情况下 ρ 是常数,式(3.6－24)成立:

$$\frac{\partial v_x}{\partial x}+\frac{\partial v_y}{\partial y}+\frac{\partial v_z}{\partial z}=0 \tag{3.6-24}$$

因为 z 方向上速度为零,我们得到下式

$$\frac{\partial v_x}{\partial x}=-\frac{\partial v_y}{\partial y} \tag{3.6-25}$$

由于流动的摩擦,随着流体在 x 方向上通过板的前缘,在给定的接近板的较小 y 值处,x 方向的速度必定由其自由物流速度的 v_{x0} 减小到 v_x。因此,$\partial v_x/\partial x$ 是负值。则由式(3.6－25)得$\partial v_y/\partial y$ 为正值,且存在一个离开板的流动速度分量。

(3) 柱坐标和球坐标中的连续性方程。如果流体在圆柱中流动,使用柱坐标求解连续性方程常常比较方便。柱坐标系与直角坐标的关系示于图 3.6－3(a)。直角坐标 x、y、z 与柱坐标 γ、θ、z 之间的关系为

$$\begin{aligned}&x=r\cos\theta,\quad y=r\sin\theta,\quad z=z\\&r=+\sqrt{x^2+y^2},\quad \theta=\tan^{-1}\frac{y}{x}\end{aligned} \tag{3.6-26}$$

将式(3.6－26)的关系用于式(3.6－20),则柱坐标的连续性方程为

$$\frac{\partial\rho}{\partial t}+\frac{1}{r}\frac{\partial(\rho r v_r)}{\partial r}+\frac{1}{r}\frac{\partial(\rho v_\theta)}{\partial\theta}+\frac{\partial(\rho v_z)}{\partial z}=0 \tag{3.6-27}$$

球坐标变量 γ、θ 和 ϕ 与 x、y、z 的关系如图 3.6－3(b)所示,由下式表示:

$$\begin{aligned}&x=r\sin\theta\cos\phi,\quad y=r\sin\theta\sin\phi,\quad z=r\cos\theta\\&r=+\sqrt{x^2+y^2+z^2},\quad \theta=\tan^{-1}\frac{\sqrt{x^2+y^2}}{z},\quad \phi=\tan^{-1}\frac{y}{x}\end{aligned} \tag{3.6-28}$$

球坐标中的连续性方程成为如下形式

$$\frac{\partial\rho}{\partial t}+\frac{1}{r^2}\frac{\partial(\rho r^2 v_r)}{\partial r}+\frac{1}{r\sin\theta}\frac{\partial(\rho v_\theta\sin\theta)}{\partial\theta}+\frac{1}{r\sin\theta}\frac{\partial(\rho v_\phi)}{\partial\phi}=0 \tag{3.6-29}$$

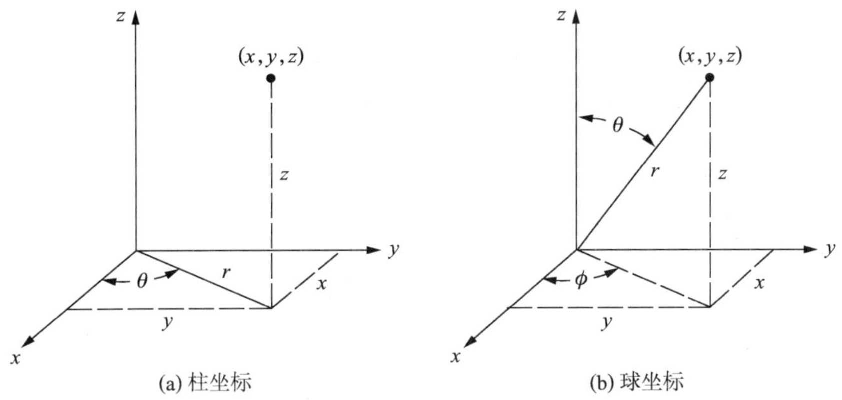

图 3.6-3　曲线坐标系

3.7　动量传递或运动微分方程

3.7.1　动量传递方程的推导

运动方程实际上是动量守恒方程式(2.8-3)，我们可列出下式

动量流入速率－动量流出速率＋作用于系统的力的总和＝动量积累速率　　(3.7-1)

我们将对图 3.6-2 中的微元作动量衡算。首先，我们在方程式(3.6-20)的每一项中将只考虑 x 分量。y 和 z 分量可用同样的方法进行描述。

x 方向上由于对流而流入 x 面的 x 动量速率分量为$(\rho v_x v_x)_x\Delta y\Delta z$，在 $x+\Delta x$ 面上离开微元的动量速率分量为$(\rho v_x v_x)_{x+\Delta x}\Delta y\Delta z$。$(\rho v_x)$是动量浓度/m^3 或(kg · m/s)/m^3，其乘以 v_x 得到动量通量为动量/(s · m^2)。

在 y 面进入微元的 x 动量分量为$(\rho v_y v_x)_y\Delta x\Delta z$，在 $y+\Delta y$ 面上离开微元的 x 动量分量为$(\rho v_y v_x)_{y+\Delta y}\Delta x\Delta z$。对于 z 面，我们有进入微元的 x 动量分量$(\rho v_z v_x)_z\Delta x\Delta y$ 和在 $z+\Delta z$ 面上有离开微元的 x 动量分量$(\rho v_z v_x)_{z+\Delta z}\Delta x\Delta y$。因此，进入体积微元 $\Delta x\Delta y\Delta z$ 的对流 x 动量净流率为

$$\begin{aligned}&[(\rho v_x v_x)_x-(\rho v_x v_x)_{x+\Delta x}]\Delta y\Delta z+[(\rho v_y v_x)_y-(\rho v_y v_x)_{y+\Delta y}]\Delta x\Delta z\\&+[(\rho v_z v_x)_z-(\rho v_z v_x)_{z+\Delta z}]\Delta x\Delta y\end{aligned} \tag{3.7-2}$$

动量通过如式(3.7-2)那样给出的对流机理或主体流方式，还可通过分子传递(凭借层流的速度梯度)方式进入或离开体积微元。通过分子传递进入 x 面的 x 动量速率分量是$(\tau_{xx})_x\Delta y\Delta z$，在 $x+\Delta x$ 表面离开微元的动量速率分量是$(\tau_{xx})_{x+\Delta x}\Delta y\Delta z$。在 y 面进入的动量速率是$(\tau_{yx})_y\Delta x\Delta z$，在 $y+\Delta y$ 面以$(\tau_{yx})_{y+\Delta y}\Delta x\Delta z$ 的动量速率离开微元。注意，τ_{yx} 是通过垂

直于 y 轴的平面的 x 方向的动量。对其余各面列出相似的方程，则通过分子传递的 x 方向的净动量传递分量为

$$[(\tau_{xx})_x-(\tau_{xx})_{x+\Delta x}]\Delta y\Delta z+[(\tau_{yx})_y-(\tau_{yx})_{y+\Delta y}]\Delta x\Delta z+[(\tau_{zx})_z-(\tau_{zx})_{z+\Delta z}]\Delta x\Delta y \tag{3.7-3}$$

这些分子动量通量可看作是剪切应力和法线应力。因此，τ_{yx}是在 y 面上 x 方向的剪切应力，τ_{zx}是在 z 面上 x 方向的剪切应力。τ_{xx}是在 x 面上的法线应力。

在 x 方向作用于微元的流体净压力是作用在 x 和 $x+\Delta x$ 两个面上力之间的差：

$$(p_x-p_{x+\Delta x})\Delta y\Delta z \tag{3.7-4}$$

在 x 方向作用于单位质量流体的重力 g_x乘以微元质量得

$$\rho g_x\Delta x\Delta y\Delta z \tag{3.7-5}$$

这里 g_x是重力向量 g 的 x 分量。

微元中动量 x 的积累速率为

$$\Delta x\Delta y\Delta z\,\frac{\partial(\rho v_x)}{\partial t} \tag{3.7-6}$$

将式(3.7-2)～式(3.7-6)代入式(3.7-1)，并除以 $\Delta x\Delta y\Delta z$，取 Δx、Δy 和 Δz 趋向于零的极限，我们得到运动微分方程的 x 分量

$$\frac{\partial(\rho v_x)}{\partial t}=-\left[\frac{\partial(\rho v_x v_x)}{\partial x}+\frac{\partial(\rho v_y v_x)}{\partial y}+\frac{\partial(\rho v_z v_x)}{\partial z}\right]-\left(\frac{\partial\tau_{xx}}{\partial x}+\frac{\partial\tau_{yx}}{\partial y}+\frac{\partial\tau_{zx}}{\partial z}\right)-\frac{\partial p}{\partial x}+\rho g_x \tag{3.7-7}$$

运动微分方程的 y 和 z 的分量分别为

$$\frac{\partial(\rho v_y)}{\partial t}=-\left[\frac{\partial(\rho v_x v_y)}{\partial x}+\frac{\partial(\rho v_y v_y)}{\partial y}+\frac{\partial(\rho v_z v_y)}{\partial z}\right]-\left(\frac{\partial\tau_{xy}}{\partial x}+\frac{\partial\tau_{yy}}{\partial y}+\frac{\partial\tau_{zy}}{\partial z}\right)-\frac{\partial p}{\partial y}+\rho g_y \tag{3.7-8}$$

$$\frac{\partial(\rho v_z)}{\partial t}=-\left[\frac{\partial(\rho v_x v_z)}{\partial x}+\frac{\partial(\rho v_y v_z)}{\partial y}+\frac{\partial(\rho v_z v_z)}{\partial z}\right]-\left(\frac{\partial\tau_{xz}}{\partial x}+\frac{\partial\tau_{yz}}{\partial y}+\frac{\partial\tau_{zz}}{\partial z}\right)-\frac{\partial p}{\partial y}+\rho g_z \tag{3.7-9}$$

我们可利用连续性方程式(3.6-20)和式(3.7-7)得到运动方程的 x 分量，对 y 和 z 分量可用同样的方法，从而得到下列方程：

$$\rho\left(\frac{\partial v_x}{\partial t}+v_x\frac{\partial v_x}{\partial x}+v_y\frac{\partial v_x}{\partial y}+v_z\frac{\partial v_x}{\partial z}\right)=-\left[\frac{\partial\tau_{xx}}{\partial x}+\frac{\partial\tau_{yx}}{\partial y}+\frac{\partial\tau_{zx}}{\partial z}\right]+\rho g_x-\frac{\partial p}{\partial x} \tag{3.7-10}$$

$$\rho\left(\frac{\partial v_y}{\partial t}+v_x\frac{\partial v_y}{\partial x}+v_y\frac{\partial v_y}{\partial y}+v_z\frac{\partial v_y}{\partial z}\right)=-\left[\frac{\partial\tau_{xy}}{\partial x}+\frac{\partial\tau_{yy}}{\partial y}+\frac{\partial\tau_{zy}}{\partial z}\right]+\rho g_y-\frac{\partial p}{\partial y} \tag{3.7-11}$$

$$\rho\left(\frac{\partial v_z}{\partial t}+v_x\frac{\partial v_z}{\partial x}+v_y\frac{\partial v_z}{\partial y}+v_z\frac{\partial v_z}{\partial z}\right)=-\left[\frac{\partial\tau_{xz}}{\partial x}+\frac{\partial\tau_{yz}}{\partial y}+\frac{\partial\tau_{zz}}{\partial z}\right]+\rho g_z-\frac{\partial p}{\partial z} \tag{3.7-12}$$

引入向量，我们得到纯流体的运动方程

$$\rho\frac{\mathrm{D}v}{\mathrm{D}t}=-(\nabla\cdot\tau)-\nabla p+\rho g \tag{3.7-13}$$

我们应当注意，方程式(3.7－7)～式(3.7－13)对任何连续性介质均是正确的。

3.7.2　密度和黏度变化的牛顿流体的运动方程

为了利用方程式(3.7－7)～式(3.7－13)来确定速度分布，对速度梯度项中的各种应力和流体性质必须使用各种表达式。对牛顿流体，人们已将应力 τ_{xx}、τ_{yx} 和 τ_{zx} 等的表达式与速度梯度和流体的黏度 μ 关联(B1、B2、D1)，且表示如下：

(1) 直角坐标中牛顿流体的剪切应力分量

$$\tau_{xx}=-2\mu\frac{\partial v_x}{\partial x}+\frac{2}{3}\mu(\nabla\cdot v) \tag{3.7-14}$$

$$\tau_{yy}=-2\mu\frac{\partial v_y}{\partial y}+\frac{2}{3}\mu(\nabla\cdot v) \tag{3.7-15}$$

$$\tau_{zz}=-2\mu\frac{\partial v_z}{\partial z}+\frac{2}{3}\mu(\nabla\cdot v) \tag{3.7-16}$$

$$\tau_{xy}=\tau_{yx}=-\mu\left(\frac{\partial v_x}{\partial y}+\frac{\partial v_y}{\partial x}\right) \tag{3.7-17}$$

$$\tau_{yz}=\tau_{zy}=-\mu\left(\frac{\partial v_y}{\partial z}+\frac{\partial v_z}{\partial y}\right) \tag{3.7-18}$$

$$\tau_{zx}=\tau_{xz}=-\mu\left(\frac{\partial v_z}{\partial x}+\frac{\partial v_x}{\partial z}\right) \tag{3.7-19}$$

$$(\nabla\cdot v)=\left(\frac{\partial v_x}{\partial x}+\frac{\partial v_y}{\partial y}+\frac{\partial v_z}{\partial z}\right) \tag{3.7-20}$$

(2) 柱坐标中牛顿流体的剪切应力分量

$$\tau_{rr}=-\mu\left[2\frac{\partial v_r}{\partial r}-\frac{2}{3}(\nabla\cdot v)\right] \tag{3.7-21}$$

$$\tau_{\theta\theta}=-\mu\left[2\left(\frac{1}{r}\frac{\partial v_\theta}{\partial\theta}+\frac{v_r}{r}\right)-\frac{2}{3}(\nabla\cdot v)\right] \tag{3.7-22}$$

$$\tau_{zz}=-\mu\left[2\frac{\partial v_z}{\partial z}-\frac{2}{3}(\nabla\cdot v)\right] \tag{3.7-23}$$

$$\tau_{r\theta}=\tau_{\theta r}=-\mu\left[r\frac{\partial(v_\theta/r)}{\partial r}+\frac{1}{r}\frac{\partial v_r}{\partial\theta}\right] \tag{3.7-24}$$

$$\tau_{\theta z}=\tau_{z\theta}=-\mu\left[\frac{\partial v_\theta}{\partial z}+\frac{1}{r}\frac{\partial v_z}{\partial\theta}\right] \tag{3.7-25}$$

$$\tau_{zr}=\tau_{rz}=-\mu\left(\frac{\partial v_z}{\partial r}+\frac{\partial v_r}{\partial z}\right) \tag{3.7-26}$$

$$(\nabla\cdot v)=\frac{1}{r}\frac{\partial(rv_r)}{\partial r}+\frac{1}{r}\frac{\partial v_\theta}{\partial\theta}+\frac{\partial v_z}{\partial z} \tag{3.7-27}$$

(3) 球坐标中牛顿流体的剪切应力分量

$$\tau_{rr}=-\mu\left[2\frac{\partial v_r}{\partial r}-\frac{2}{3}(\nabla\cdot v)\right] \tag{3.7-28}$$

$$\tau_{\theta\theta}=-\mu\left[2\left(\frac{1}{r}\frac{\partial v_\theta}{\partial\theta}+\frac{v_r}{r}\right)-\frac{2}{3}(\nabla\cdot v)\right] \tag{3.7-29}$$

$$\tau_{\phi\phi}=-\mu\left[2\left(\frac{1}{r\sin\theta}\frac{\partial v_\phi}{\partial\phi}+\frac{v_r}{r}+\frac{v_\theta\cot\theta}{r}\right)-\frac{2}{3}(\nabla\cdot v)\right] \tag{3.7-30}$$

$$\tau_{r\theta}=\tau_{\theta r}=-\mu\left[r\frac{\partial(v_\theta/r)}{\partial r}+\frac{1}{r}\frac{\partial v_r}{\partial\theta}\right] \tag{3.7-31}$$

$$\tau_{\theta\phi}=\tau_{\phi\theta}=-\mu\left(\frac{\sin\theta}{r}\frac{\partial(v_\phi/\sin\theta)}{\partial\theta}+\frac{1}{r\sin\theta}\frac{\partial v_\theta}{\partial\phi}\right) \tag{3.7-32}$$

$$\tau_{\phi r}=\tau_{r\phi}=-\mu\left[\frac{1}{r\sin\theta}\frac{\partial v_r}{\partial\phi}+r\frac{\partial(v_\phi/r)}{\partial r}\right] \tag{3.7-33}$$

$$(\nabla\cdot v)=\frac{1}{r^2}\frac{\partial(r^2v_r)}{\partial r}+\left[\frac{1}{r\sin\theta}\frac{\partial(v_\theta\sin\theta)}{\partial\theta}+\frac{1}{r\sin\theta}\frac{\partial v_\phi}{\partial\phi}\right] \tag{3.7-34}$$

(4) 变密度和变黏度的牛顿流体的运动方程。在将剪切应力分量方程式(3.7-14)～式(3.7-20)代入动量的 x 分量方程式(3.7-10)后,我们得到变密度和变黏度的牛顿流体的运动方程的一般形式:

$$\rho\frac{\mathrm{D}v_x}{\mathrm{D}t}=\frac{\partial}{\partial x}\left[2\mu\frac{\partial v_x}{\partial x}-\frac{2}{3}\mu(\nabla\cdot v)\right]+\frac{\partial}{\partial y}\left[\mu\left(\frac{\partial v_x}{\partial y}+\frac{\partial v_y}{\partial x}\right)\right]$$
$$+\frac{\partial}{\partial z}\left[\mu\left(\frac{\partial v_z}{\partial x}+\frac{\partial v_x}{\partial z}\right)\right]-\frac{\partial p}{\partial x}+\rho g_x \tag{3.7-35}$$

对动量的 y 和 z 分量得到类似的方程。

3.7.3　密度和黏度恒定的牛顿流体的运动方程

上面的各方程很少以它们的完全形式进行应用。当密度 ρ 和黏度 μ 为常数时,$(\nabla\cdot v)=0$,方程简化,我们得到牛顿流体的运动方程。这些方程也称为奈维-斯托克斯(Navier-Stokes)方程。

(1) 直角坐标中的运动方程。对 ρ 和 μ 为常数的牛顿流体,我们分别得到它的 x 分量、y 分量和 z 分量

$$\rho\left(\frac{\partial v_x}{\partial t}+v_x\frac{\partial v_x}{\partial x}+v_y\frac{\partial v_x}{\partial y}+v_z\frac{\partial v_x}{\partial z}\right)=\mu\left(\frac{\partial^2v_x}{\partial x^2}+\frac{\partial^2v_x}{\partial y^2}+\frac{\partial^2v_x}{\partial z^2}\right)-\frac{\partial p}{\partial x}+\rho g_x \tag{3.7-36}$$

$$\rho\left(\frac{\partial v_y}{\partial t}+v_x\frac{\partial v_y}{\partial x}+v_y\frac{\partial v_y}{\partial y}+v_z\frac{\partial v_y}{\partial z}\right)=\mu\left(\frac{\partial^2v_y}{\partial x^2}+\frac{\partial^2v_y}{\partial y^2}+\frac{\partial^2v_y}{\partial z^2}\right)-\frac{\partial p}{\partial y}+\rho g_y \tag{3.7-37}$$

$$\rho\left(\frac{\partial v_z}{\partial t}+v_x\frac{\partial v_z}{\partial x}+v_y\frac{\partial v_z}{\partial y}+v_z\frac{\partial v_z}{\partial z}\right)=\mu\left(\frac{\partial^2v_z}{\partial x^2}+\frac{\partial^2v_z}{\partial y^2}+\frac{\partial^2v_z}{\partial z^2}\right)-\frac{\partial p}{\partial z}+\rho g_z \tag{3.7-38}$$

把三个方程作为三个分量将其结合,我们得到

$$\rho\frac{\mathrm{D}v}{\mathrm{D}t}=-\nabla p+\rho g+\mu\nabla^2v \tag{3.7-39}$$

(2) 柱坐标中的运动方程。ρ 和 μ 为常数的牛顿流体的 γ、θ 和 z 分量的方程分别如下:

$$\rho\left(\frac{\partial v_r}{\partial t}+v_r\frac{\partial v_r}{\partial r}+\frac{v_\theta}{r}\frac{\partial v_r}{\partial \theta}-\frac{v_\theta^2}{r}+v_z\frac{\partial v_r}{\partial z}\right)$$
$$=-\frac{\partial p}{\partial r}+\mu\left[\frac{\partial}{\partial r}\left(\frac{1}{r}\frac{\partial(rv_r)}{\partial r}\right)+\frac{1}{r^2}\frac{\partial^2 v_r}{\partial \theta^2}-\frac{2}{r^2}\frac{\partial v_\theta}{\partial \theta}+\frac{\partial^2 v_r}{\partial z^2}\right]+\rho g_r \tag{3.7-40}$$

$$\rho\left(\frac{\partial v_\theta}{\partial t}+v_r\frac{\partial v_\theta}{\partial r}+\frac{v_\theta}{r}\frac{\partial v_\theta}{\partial \theta}+\frac{v_r v_\theta}{r}+v_z\frac{\partial v_\theta}{\partial z}\right)$$
$$=-\frac{1}{r}\frac{\partial p}{\partial \theta}+\mu\left[\frac{\partial}{\partial r}\left(\frac{1}{r}\frac{\partial(rv_\theta)}{\partial r}\right)+\frac{1}{r^2}\frac{\partial^2 v_\theta}{\partial \theta^2}+\frac{2}{r^2}\frac{\partial v_r}{\partial \theta}+\frac{\partial^2 v_\theta}{\partial z^2}\right]+\rho g_\theta \tag{3.7-41}$$

$$\rho\left(\frac{\partial v_z}{\partial t}+v_r\frac{\partial v_z}{\partial r}+\frac{v_\theta}{r}\frac{\partial v_z}{\partial \theta}+v_z\frac{\partial v_z}{\partial z}\right)$$
$$=-\frac{\partial p}{\partial z}+\mu\left[\frac{1}{r}\frac{\partial}{\partial r}\left(r\frac{\partial v_z}{\partial r}\right)+\frac{1}{r^2}\frac{\partial^2 v_z}{\partial \theta^2}+\frac{\partial^2 v_z}{\partial z^2}\right]+\rho g_z \tag{3.7-42}$$

(3) 球坐标中的运动方程。ρ 和 μ 恒定的牛顿流体，其 γ、θ 和 ϕ 的分量分别由以下方程给定：

$$\rho\left(\frac{\partial v_r}{\partial t}+v_r\frac{\partial v_r}{\partial r}+\frac{v_\theta}{r}\frac{\partial v_r}{\partial \theta}+\frac{v_\phi}{r\sin\theta}\frac{\partial v_r}{\partial \phi}-\frac{v_\theta^2+v_\phi^2}{r}\right)$$
$$=-\frac{\partial p}{\partial r}+\mu\left(\nabla^2 v_r-\frac{2}{r^2}v_r-\frac{2}{r^2}\frac{\partial v_\theta}{\partial \theta}-\frac{2}{r^2}v_\theta\cot\theta-\frac{2}{r^2\sin\theta}\frac{\partial v_\phi}{\partial \phi}\right)+\rho g_r \tag{3.7-43}$$

$$\rho\left(\frac{\partial v_\theta}{\partial t}+v_r\frac{\partial v_\theta}{\partial r}+\frac{v_\theta}{r}\frac{\partial v_\theta}{\partial \theta}+\frac{v_\phi}{r\sin\theta}\frac{\partial v_\theta}{\partial \phi}+\frac{v_r v_\theta}{r}-\frac{v_\phi^2\cot\theta}{r}\right)$$
$$=-\frac{1}{r}\frac{\partial p}{\partial \theta}+\mu\left(\nabla^2 v_\theta+\frac{2}{r^2}\frac{\partial v_r}{\partial \theta}-\frac{v_\theta}{r^2\sin^2\theta}-\frac{2}{r^2}\frac{\cos\theta}{\sin^2\theta}\frac{\partial v_\phi}{\partial \phi}\right)+\rho g_\theta \tag{3.7-44}$$

$$\rho\left(\frac{\partial v_\phi}{\partial t}+v_r\frac{\partial v_\phi}{\partial r}+\frac{v_\theta}{r}\frac{\partial v_\phi}{\partial \theta}+\frac{v_\phi}{r\sin\theta}\frac{\partial v_\phi}{\partial \phi}+\frac{v_\phi v_r}{r}+\frac{v_\theta v_\phi}{r}\cot\theta\right)$$
$$=-\frac{1}{r\sin\theta}\frac{\partial p}{\partial \phi}+\mu\left(\nabla^2 v_\phi-\frac{v_\phi}{r^2\sin^2\theta}+\frac{2}{r^2\sin\theta}\frac{\partial v_r}{\partial \phi}+\frac{2\cos\theta}{r^2\sin^2\theta}\frac{\partial v_\theta}{\partial \phi}\right)+\rho g_\phi \tag{3.7-45}$$

在上面的三个方程中

$$\nabla^2=\frac{1}{r^2}\frac{\partial}{\partial r}\left(r^2\frac{\partial}{\partial r}\right)+\frac{1}{r^2\sin\theta}\frac{\partial}{\partial \theta}\left(\sin\theta\frac{\partial}{\partial \theta}\right)+\frac{1}{r^2\sin^2\theta}\left(\frac{\partial^2}{\partial \phi^2}\right) \tag{3.7-46}$$

由直角坐标转换为柱坐标有很多优点和用途。例如，方程式(3.7-40)中的 $\rho v_\theta^2/r$ 一项是离心力。它给出流体由于在 θ 方向的运动产生的 r 方向(径向)的力。注意，该项是在直角坐标向柱坐标转换的过程中自动得到的。不需要根据物理原理加到方程中去。

复合向心力 $\rho v_r v_\theta/r$ 也是在进行坐标系转换的过程中自动从方程式(3.7-41)中产生的。它是同时存在 r 和 θ 方向的流动时，θ 方向上的有效力，如靠近旋转圆盘流动的情况。

3.8 连续性和运动微分方程的应用

3.8.1 概述

如前面所提到的，建立运动和连续性微分方程的目的和用途，是要将这些方程用于解决所有黏性流体的流动问题。对于一个给定的特殊问题,那些取值为零或趋向于零的项可从方程中简化删除,而将余下的方程用于求解速度、密度和压力的分布。当然还需要知道求解方程的初始条件和边界条件。下面将给出几个例子,以说明方程应用的一般方法。

我们将考虑较容易进行数学描述的特殊几何体中的流动情况,如平行板间的流动和圆柱中的流动。

3.8.2 平行板间流体流动的连续性和运动微分方程

将考虑两个例子,一个是水平板,一个是垂直板。

例 3.8-1　水平平行板之间的层流流动

推导恒密度、恒黏度流体在两平行板之间定态层流时的速度分布方程。所描述的速度分布图是远离流道进口处的。两块板将被看作是固定的且是无限宽的,x 方向的压力梯度推动流体流动。

解: 假设流道是水平的,图 3.8-1 显示了所选择的坐标轴,流动是在 x 方向上,宽度在 z 轴方向上。则速度 v_y 和 v_z 为零。两块板的间隔距离是 $2y_0$。

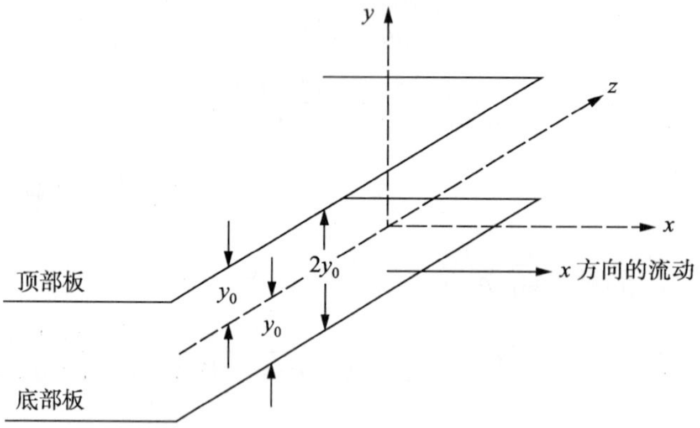

图 3.8-1　例 3.8-1 中两块平行板之间的流动

恒密度的连续性方程式(3.6-24)为

$$\frac{\partial v_x}{\partial x}+\frac{\partial v_y}{\partial y}+\frac{\partial v_z}{\partial z}=0 \tag{3.6-24}$$

因为 v_y 和 v_z 为零,方程式(3.6-24)变为

$$\frac{\partial v_x}{\partial x}=0 \tag{3.8-1}$$

x 分量的奈维-斯托克斯方程为

$$\rho\left(\frac{\partial v_x}{\partial t}+v_x\frac{\partial v_x}{\partial x}+v_y\frac{\partial v_x}{\partial y}+v_z\frac{\partial v_x}{\partial z}\right)=\mu\left(\frac{\partial^2 v_x}{\partial x^2}+\frac{\partial^2 v_x}{\partial y^2}+\frac{\partial^2 v_x}{\partial z^2}\right)-\frac{\partial p}{\partial x}+\rho g_x \tag{3.7-36}$$

对定态过程还有,$\partial v_x/\partial t=0$,$v_y=0$,$v_z=0$,$\partial^2 v_x/\partial x^2=0$。因为 v_x 不随 z 变化,所以我们可知 $\partial v_x/\partial z=0$,则 $\partial^2 v_x/\partial z^2=0$。将这些条件代入方程式(3.7-36),我们得到

$$\frac{\partial p}{\partial x}-\rho g_x=\mu\frac{\partial^2 v_x}{\partial y^2} \tag{3.8-2}$$

在流体流动问题中，我们仅在垂直方向上考虑重力 g_x，它即是重力 g，单位是 m/s^2。我们将把静压力 p 和重力结合，并简单地如下将其称为 p(注意，对现在水平管的情况，$g_x=0$，但对于非水平管的一般情况，该项不为零)：

$$p=p+\rho gh \tag{3.8-3}$$

这里 h 为由任何选择的参考板向上的距离(h 对着重力的方向)。则方程式(3.8-2)变为

$$\frac{\partial p}{\partial x}=\mu\frac{\partial^2 v_x}{\partial y^2} \tag{3.8-4}$$

我们可看到，p 不是 z 的函数。还假设 $2y_0$ 很小，p 不是 y 的函数。(某些文献避开这一问题，并简单地使用 p 作为动力压力，因为是动力压力梯度导致流体流动，所以这是严格和正确的。在静止的流体中，总压力梯度是水力静压力梯度，且动力压力梯度为零。)在这一问题中，$\partial p/\partial x$ 也是常数，因为 v_x 不是 x 的函数，则方程式(3.8-4)变成一个常微分方程：

$$\frac{\mathrm{d}^2 v_x}{\mathrm{d}y^2}=\frac{1}{\mu}\frac{\mathrm{d}p}{\mathrm{d}x}=\text{常数} \tag{3.8-5}$$

对式(3.8-5)进行一次积分，利用对称性条件 $y=0$ 处 $\mathrm{d}v_x/\mathrm{d}y=0$，得

$$\frac{\mathrm{d}v_x}{\mathrm{d}y}=\left(\frac{1}{\mu}\frac{\mathrm{d}p}{\mathrm{d}x}\right)y \tag{3.8-6}$$

再次积分，利用 $y=y_0$ 处 $v_x=0$ 的边界条件，得

$$v_x=\frac{1}{2\mu}\frac{\mathrm{d}p}{\mathrm{d}x}(y^2-y_0^2) \tag{3.8-7}$$

当 $y=0$ 时，式(3.8-7)产生最大速度，得

$$v_{x\max}=\frac{1}{2\mu}\frac{\mathrm{d}p}{\mathrm{d}x}(-y_0^2) \tag{3.8-8}$$

将式(3.8-7)和式(3.8-8)相结合得

$$v_x=v_{x\max}\left[1-\left(\frac{y}{y_0}\right)^2\right] \tag{3.8-9}$$

因此得到抛物线的速度分布。当利用薄层动量衡算方法时，在式(2.9-9)中也得到这一结果。

例 3.8-1 中得到的结果也可通过在流体微元上作力衡算、并利用系统的对称性消去一定的项而得到。

例 3.8-2　两块垂直板间的流体流动，一块板移动

如图 3.8-2 所示(W6)，牛顿流体约束在两块平行的垂直板之间。左边的表面是静止的，另一块板以恒定的速度 v_0 垂直移动。假设流动为层流，求解速度分布。

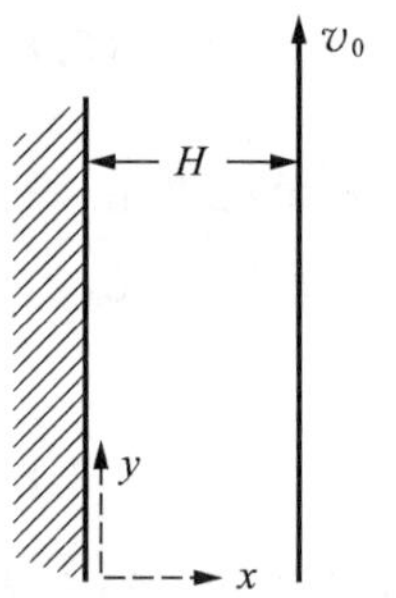

图 3.8-2　例 3.8-2 中的垂直平行板之间的流体流动

解:应用的方程是 y 坐标的奈维-斯托克斯方程式(3.7-37):

$$\rho\left(\frac{\partial v_y}{\partial t}+v_x\frac{\partial v_y}{\partial x}+v_y\frac{\partial v_y}{\partial y}+v_z\frac{\partial v_y}{\partial z}\right)$$

$$=\mu\left(\frac{\partial^2 v_y}{\partial x^2}+\frac{\partial^2 v_y}{\partial y^2}+\frac{\partial^2 v_y}{\partial z^2}\right)-\frac{\partial p}{\partial y}+\rho g_y \qquad (3.7-37)$$

定态情况下 $\partial v_y/\partial t=0$,速度 $v_x=0$ 和 $v_z=0$。由连续性方程还有 $\partial v_y/\partial y=0$,$\partial v_y/\partial z=0$ 和 $\rho g_y=-\rho g$。偏微分方程变为常微分方程,式(3.7-37)变为

$$\mu\frac{\mathrm{d}^2 v_y}{\mathrm{d}x^2}-\frac{\mathrm{d}p}{\mathrm{d}y}-\rho g=0 \qquad (3.8-10)$$

这与例 3.8-1 中的式(3.8-2)相似。压力梯度 $\mathrm{d}p/\mathrm{d}y$ 是常数。对方程(3.8-10)进行一次积分,得到

$$\frac{\mathrm{d}v_y}{\mathrm{d}x}-\frac{x}{\mu}\left(\frac{\mathrm{d}p}{\mathrm{d}y}+\rho g\right)=C_1 \qquad (3.8-11)$$

再次积分给出下面的方程

$$v_y-\frac{x^2}{2\mu}\left(\frac{\mathrm{d}p}{\mathrm{d}y}+\rho g\right)=C_1x+C_2 \qquad (3.8-12)$$

边界条件为,$x=0$ 时 $v_y=0$,和 $x=H$ 时 $v_y=v_0$。求解常数得 $C_1=v_0/H-(H/2\mu)(\mathrm{d}p/\mathrm{d}y+\rho g)$ 和 $C_2=0$。因此式(3.8-12)变为

$$v_y=-\frac{1}{2\mu}\left(\frac{\mathrm{d}p}{\mathrm{d}y}+\rho g\right)(Hx-x^2)+v_0\frac{x}{H} \qquad (3.8-13)$$

3.8.3　静止和旋转圆筒中流体流动的连续性和运动微分方程

下面将给出静止和旋转圆筒中流体流动的几个例子。

例 3.8-3　圆管中的层流流动

推导在半径为 r_0 的水平管中定态黏性流动的方程,流体远离管道进口。流体是不可压缩的,μ 是常数。流动由一个方向的恒定压力梯度所推动。

解:如图 3.8-3 所示,假设流体在管子的 z 方向上流动。y 为垂直方向,x 为水平方向。因为 v_x 和 v_y 为零,连续性方程变成 $\partial v_z/\partial z=0$。对定态,$\partial v_z/\partial t=0$。则代入 z 方向分量的方程式(3.7-38),得

$$\frac{\mathrm{d}p}{\mathrm{d}z}=\mu\left(\frac{\partial^2 v_z}{\partial x^2}+\frac{\partial^2 v_z}{\partial y^2}\right) \qquad (3.8-14)$$

为了求解式(3.8-14),我们可以利用柱坐标,由式(3.6-26)给出

$$z=z,\quad x=r\cos\theta,\quad y=r\sin\theta$$

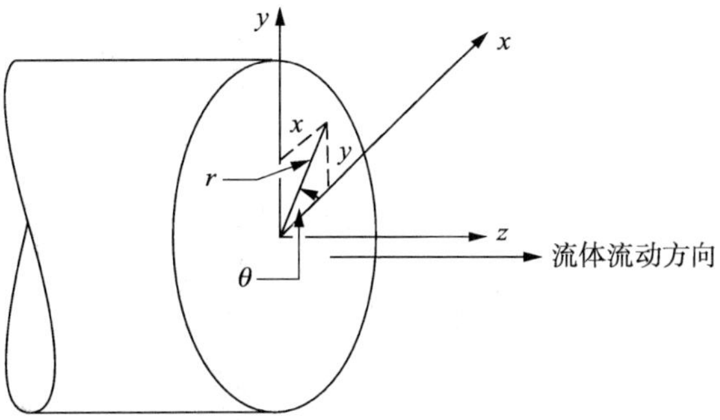

图 3.8-3　例 3.8-3 流体在水平管中的流动

$$r=+\sqrt{x^2+y^2},\quad \theta=\tan^{-1}\frac{y}{x} \tag{3.6-26}$$

将这些方程代入式(3.8-14)，得

$$\frac{1}{\mu}\frac{\mathrm{d}p}{\mathrm{d}z}=\frac{\partial^2 v_z}{\partial r^2}+\frac{1}{r}\frac{\partial v_z}{\partial r}+\frac{1}{r^2}\frac{\partial^2 v_z}{\partial\theta^2} \tag{3.8-15}$$

这是关于 z 轴对称的流动，因此式(3.8-15)中 $\partial^2 v_z/\partial\theta^2$ 为零。如前，$\mathrm{d}p/\mathrm{d}z$ 是常数，式(3.8-15)成为如下形式

$$\frac{1}{\mu}\frac{\mathrm{d}p}{\mathrm{d}z}=\text{常数}=\frac{\mathrm{d}^2 v_z}{\mathrm{d}r^2}+\frac{1}{r}\frac{\mathrm{d}v_z}{\mathrm{d}r}=\frac{1}{r}\frac{\mathrm{d}}{\mathrm{d}r}\left(r\frac{\mathrm{d}v_z}{\mathrm{d}r}\right) \tag{3.8-16}$$

另一种方法，可利用柱坐标系中的 z 分量方程式(3.7-42)，并消去为零的项：

$$\rho\left(\frac{\partial v_z}{\partial t}+v_r\frac{\partial v_z}{\partial r}+\frac{v_\theta}{r}\frac{\partial v_z}{\partial\theta}+v_z\frac{\partial v_z}{\partial z}\right)$$
$$=-\frac{\partial p}{\partial z}+\mu\left[\frac{1}{r}\frac{\partial}{\partial r}\left(r\frac{\partial v_z}{\partial r}\right)+\frac{1}{r^2}\frac{\partial^2 v_z}{\partial\theta^2}+\frac{\partial^2 v_z}{\partial z^2}\right]+\rho g_z \tag{3.7-42}$$

如前，$\partial v_z/\partial t=0$，$\partial^2 v_z/\partial\theta^2=0$，$v_r=0$，$\partial v_z/\partial\theta=0$，$\partial v_z/\partial z=0$。则式(3.7-42)变得与式(3.8-16)一致。

第一级积分的边界条件是 $r=0$ 时，$\mathrm{d}v_z/\mathrm{d}r=0$。对第二级积分，当 $r=r_0$(管子的直径)时，$v_z=0$。结果是

$$v_z=\frac{1}{4\mu}\frac{\mathrm{d}p}{\mathrm{d}z}(r^2-r_0^2) \tag{3.8-17}$$

如前，转换为用最大速度表示得，

$$v_z=v_{z\max}\left[1-\left(\frac{r}{r_0}\right)^2\right] \tag{3.8-18}$$

如果将方程在整个管截面上进行积分，利用式(2.9-10)给出平均速度 $v_{z,平均}$，

$$v_{z\,平均}=-\frac{r_0^2}{8\mu}\frac{\mathrm{d}p}{\mathrm{d}z} \tag{3.8-19}$$

对上式进行积分，得到从 $z=0, p=p_1$，到 $z=L, p=p_2$ 的压降，得到下式：

$$p_1-p_2=\frac{8\mu v_{z\,平均}L}{r_0^2}=\frac{32\mu v_{z\,平均}L}{D^2} \tag{3.8-20}$$

式中 $D=2r_0$。如前式(2.9-11)所推导，这是哈根-泊谡叶方程。

例 3.8-4　在圆柱环隙中的层流流动

推导流体在两根同轴水平管之间的环隙内定态层流流动的方程。这一类型的流动常常发生在套管式换热器中。

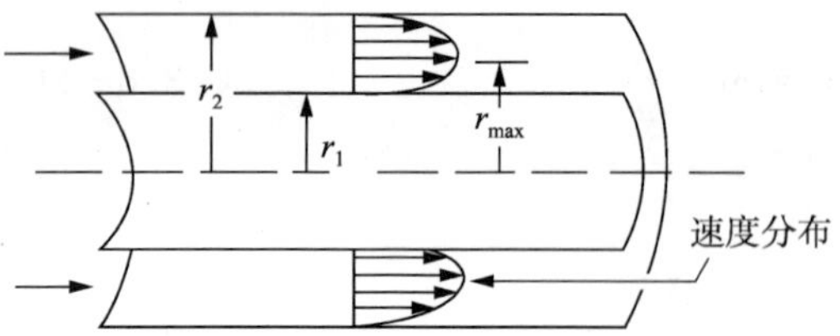

图 3.8-4　圆筒形环隙中的层流流动

解：在这种情况下，式(3.8-16)仍然成立。但是，如图 3.8-4 所示，环隙中的速度将在半径处于 r_1 和 r_2 之间的某个 $r=r_{max}$ 点处达到最大值。对式(3.8-16)的第一次积分的边界条件为，$r=r_{max}$ 时，$dv_z/dr=0$，则给出下式，

$$\frac{r\mathrm{d}v_z}{\mathrm{d}r}=\left(\frac{1}{\mu}\frac{\mathrm{d}p}{\mathrm{d}z}\right)\left(\frac{r^2}{2}-\frac{r_{max}^2}{2}\right) \tag{3.8-21}$$

对式(3.8-21)的第二次积分还有，在内壁 $r=r_1$ 处 $v_z=0$，由此得到

$$v_z=\left(\frac{1}{2\mu}\frac{\mathrm{d}p}{\mathrm{d}z}\right)\left(\frac{r^2}{2}-\frac{r_1^2}{2}-r_{max}^2\ln\frac{r}{r_1}\right) \tag{3.8-22}$$

重复第二次积分，但在外壁上，即 $r=r_2$ 处 $v_z=0$，我们得到，

$$v_z=\left(\frac{1}{2\mu}\frac{\mathrm{d}p}{\mathrm{d}z}\right)\left(\frac{r^2}{2}-\frac{r_2^2}{2}-r_{max}^2\ln\frac{r}{r^2}\right) \tag{3.8-23}$$

将式(3.8-22)和式(3.8-23)结合，并求解 r_{max} 得，

$$r_{max}=\sqrt{\frac{1}{\ln(r_2/r_1)}(r_2^2-r_1^2)/2} \tag{3.8-24}$$

在图 3.8-4 中，将式(3.8-23)预测的速度分布进行了标绘。当 $r_1=0$ 时，方程式(3.8-24)中的 r_{max} 变为零，式(3.8-23)简化为单根圆管的方程式(3.8-17)。

例 3.8-5　同心轴圆柱间隙中流体流动的速度分布

在两个垂直的同心轴圆筒之间，具有恒定密度的牛顿流体发生切向层流流动，如图 3.8-5 所示，外面的筒以角速度 ω 旋转。假设端效应可忽略不计。确定这一流动系统的速度分布和剪切应力分布。

解：根据物理原理，流体作圆周运动；径向速度 v_r 为零，轴向速度 v_z 也为零。定态情况下还有 $\partial\rho/\partial t=0$。在 θ 方向上无压力梯度。如前面所推导的，柱坐标系中的连续性方程为

$$\frac{\partial\rho}{\partial t}+\frac{1}{r}\frac{\partial(\rho r v_r)}{\partial r}+\frac{1}{r}\frac{\partial(\rho v_\theta)}{\partial\theta}+\frac{\partial(\rho v_z)}{\partial z}=0 \tag{3.6-27}$$

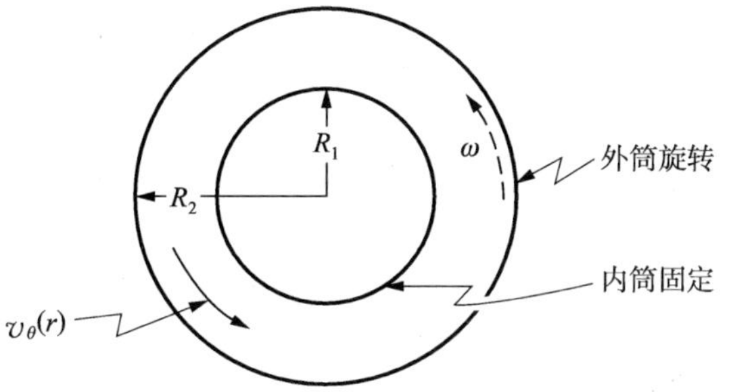

图 3.8－5　例 3.8－5 中两个同心轴圆筒之间区域内的层流流动

这一方程中的所有各项均为零。

柱坐标系中的运动方程式(3.7－40)、式(3.7－41)和式(3.7－42)分别简化如下：

$$-\rho\frac{v_\theta^2}{r}=-\frac{\partial p}{\partial r}\quad (r\text{－分量}) \tag{3.8－25}$$

$$0=\frac{\mathrm{d}}{\mathrm{d}r}\left(\frac{1}{r}\frac{\mathrm{d}(rv_\theta)}{\mathrm{d}r}\right)\quad (\theta\text{－分量}) \tag{3.8－26}$$

$$0=-\frac{\partial p}{\partial z}+\rho g_z\quad (z\text{－分量}) \tag{3.8－27}$$

对式(3.8－26)积分得，

$$v_\theta=C_1 r+\frac{C_2}{r} \tag{3.8－28}$$

为了求解积分常数 C_1 和 C_2，利用下面的边界条件：$r=R_1$，$v_\theta=0$；$r=R_2$，$v_\theta=\omega R_2$。最终的方程是

$$v_\theta=\frac{\omega}{(R_1^2-R_2^2)/(R_1R_2^2)}\left[\frac{R_1}{r}-\frac{r}{R_1}\right] \tag{3.8－29}$$

利用柱坐标系中牛顿流体的剪切应力分量

$$\tau_{r\theta}=-\mu\left[r\frac{\partial(v_\theta/r)}{\partial r}+\frac{1}{r}\frac{\partial v_r}{\partial\theta}\right] \tag{3.7－31}$$

式(3.7－31)中的最后一项为零。将式(3.8－29)进行微分求导，并代入式(3.7－31)得

$$\tau_{r\theta}=-2\mu\omega R_2^2\left(\frac{1}{r^2}\right)\left[\frac{R_1^2/R_2^2}{1-R_1^2/R_2^2}\right] \tag{3.8－30}$$

旋转外筒所需要的扭矩是力和旋转臂的乘积：

$$\begin{aligned}T&=(2\pi R_2 H)(-\tau_{r\theta})\big|_{r=R_2}(R_2)\\&=4\pi\mu H\omega R_2^2\left[\frac{R_1^2/R_2^2}{1-R_1^2/R_2^2}\right]\end{aligned} \tag{3.8－31}$$

式中 H 是圆筒的长度。这类装置通过观测角速度和转矩用于测定流体的黏度，并作为组件

用于某些摩擦轴承。

例 3.8－6　圆筒容器中的旋转流体

密度恒定的牛顿流体置于直径为 R 的垂直圆筒中(图 3.8－6),圆筒以角速度 ω 随轴旋转(B2)。求定态下自由表面的形状。

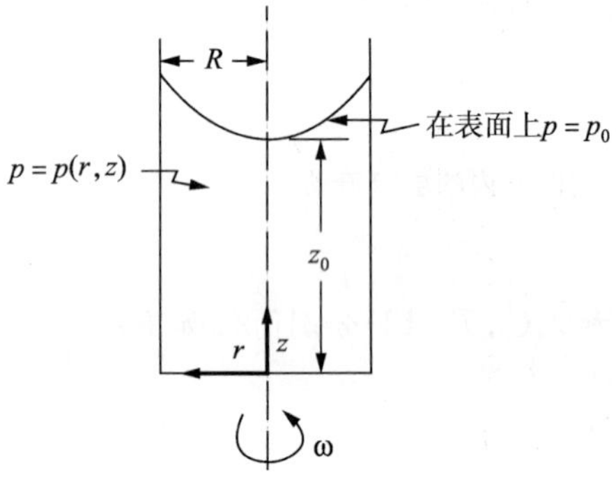

图 3.8－6　例 3.8－6 的容器中被旋转液体具有的自由表面

解: 该系统可由柱坐标来描述。如例 3.8－5,定态下 $v_r=v_z=0$,且 $g_r=g_\theta=0$。除了在式(3.8－27)中 $g_z=-g$ 这一点以外,下面给出的柱坐标的最后方程式与例 3.8－5 的方程式(3.8－25)～式(3.8－27)相同:

$$\rho\frac{v_\theta^2}{r}=\frac{\partial p}{\partial r} \tag{3.8-32}$$

$$0=\mu\frac{\partial}{\partial r}\left(\frac{1}{r}\frac{\partial(rv_\theta)}{\partial r}\right) \tag{3.8-33}$$

$$\frac{\partial p}{\partial z}=-\rho g \tag{3.8-34}$$

对式(3.8－33)积分得到与例 3.8－5 相同的方程:

$$v_\theta=C_1r+\frac{C_2}{r} \tag{3.8-28}$$

常数 C_2 必须为零,因为在 $r=0$ 时,v_θ 不能为无穷大。当 $r=R$ 时,速度 $v_\theta=R\omega$。因此,$C_1=\omega$,得

$$v_\theta=\omega r \tag{3.8-35}$$

将方程式(3.8－35)和式(3.8－32)结合,得

$$\frac{\partial p}{\partial r}=\rho\omega^2r \tag{3.8-36}$$

因此我们看到,方程式(3.8－36)和式(3.8－34)表明,压力因为离心力的作用而取决于 r,因为重力的作用而取决于 z:

$$\frac{\partial p}{\partial z}=-\rho g \tag{3.8-34}$$

因为 p 项是位置的函数,我们可将压力的总微分写成如下形式

$$\mathrm{d}p=\frac{\partial p}{\partial r}\mathrm{d}r+\frac{\partial p}{\partial z}\mathrm{d}z \tag{3.8-37}$$

将式(3.8－34)和式(3.8－36)与式(3.8－37)结合并积分,得

$$p=\frac{\rho\omega^2r^2}{2}-\rho gz+C_3 \tag{3.8-38}$$

可确定积分常数，因为 $r=0$ 时，$p=p_0$，且 $z=z_0$。方程式变为

$$p-p_0=\frac{\rho\omega^2 r^2}{2}+\rho g(z_0-z) \tag{3.8-39}$$

自由表面由 $p=p_0$ 的表面上的所有点组成。因此有

$$z-z_0=\left(\frac{\omega^2}{2g}\right)r^2 \tag{3.8-40}$$

这表明自由表面是呈抛物线形状的。

3.9　求解运动方程的其他方法

3.9.1　概述

在第3.8节中我们讨论了可解析求解奈维-斯托克斯运动微分方程的例子。当只有一个不等于零的速度分量时，利用这种情况进行求解。要求解两个方向和三个方向的这些方程是相当复杂的。

本节中我们将讲解某些近似的方法，这些方法将微分方程简化，使我们能获得方程的解析解。那些相比其余各项很小的项将被消去。

本节将考虑三种情况：非黏性流动、势能流动和爬流流动。第四种情况边界层流动将在第3.10节中讨论。可通过利用流线函数 $\psi(x,y)$ 和/或速度势函数 $\phi(x,y)$，而不是利用速度分量 v_x、v_y 和 v_z，使这些方程的解得以简化。

3.9.2　流线函数

流线函数 $\psi(x,y)$ 是一个方便的参数，我们可通过它表示两维定态不可压缩流动。这一流线函数 $\psi(\mathrm{m^2/s})$ 与各速度分量以下式相关联：

$$v_x=\frac{\partial\psi}{\partial y}\quad v_y=\frac{\partial\psi}{\partial x} \tag{3.9-1}$$

这些 v_x 和 v_y 的定义式与 $v_z=0$ 一起可用于运动微分方程式(3.7-36)和式(3.7-37)中的 x 和 y 分量，由此得到 ψ 的微分方程，它与奈维-斯托克斯方程是等价的。其他文献(B2)中有详细内容。

流线函数由其物理意义决定是非常有用的，即在定态流动中，由 $\psi=$常数定义的线为流线，它是流体粒子的实际轨迹曲线。无论是黏性或是非黏性，无论是旋转或是非旋转的情况，对于所有的两维定态不可压缩流动，均存在流线函数。

例3.9-1　流线函数和流线

给定的流线函数的关系为 $\psi=xy$，求速度分量方程。同时标绘恒定 $\psi=4$ 和 $\psi=1$ 时的流线。

解：利用方程式(3.9-1)

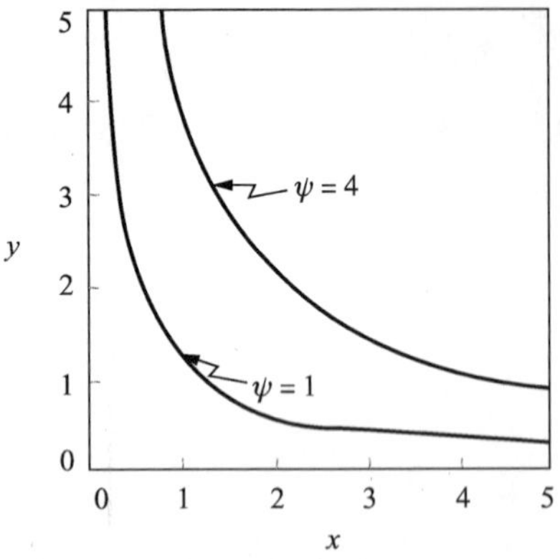

图 3.9-1 例 3.9-1 $\psi = xy$ 时的流线标绘

$$v_x = \frac{\partial \psi}{\partial y} = \frac{\partial (xy)}{\partial y} = x$$

$$v_y = -\frac{\partial \psi}{\partial x} = -\frac{\partial (xy)}{\partial x} = -y$$

为了确定 ψ=常数=1=xy 时的流线,假设 $y=0.5$,并求解 x

$$\psi = 1 = xy = x \times 0.5$$

因此,$x=2$,重复计算,对 $y=1, x=1$;$y=2, x=0.5$;$y=5, x=0.2$ 等等。对于 ψ=常数=4,进行同样的计算,$\psi=1$ 和 $\psi=4$ 时的流线标绘于图 3.9-1 中。可能的流动模型是流过角落的。

3.9.3 理想流体(非黏性流动)的运动微分方程

对有恒定密度和零黏度的流体可得到理想或非黏性流体的特殊方程。这些方程被称为欧拉(Euler)方程。x、y 和 z 动量分量的方程式(3.7-36)~式(3.7-38)变为

$$\rho\left(\frac{\partial v_x}{\partial t} + v_x \frac{\partial v_x}{\partial x} + v_y \frac{\partial v_x}{\partial y} + v_z \frac{\partial v_x}{\partial z}\right) = -\frac{\partial p}{\partial x} + \rho g_x \tag{3.9-2}$$

$$\rho\left(\frac{\partial v_y}{\partial t} + v_x \frac{\partial v_y}{\partial x} + v_y \frac{\partial v_y}{\partial y} + v_z \frac{\partial v_y}{\partial z}\right) = -\frac{\partial p}{\partial y} + \rho g_y \tag{3.9-3}$$

$$\rho\left(\frac{\partial v_z}{\partial t} + v_x \frac{\partial v_z}{\partial x} + v_y \frac{\partial v_z}{\partial y} + v_z \frac{\partial v_z}{\partial z}\right) = -\frac{\partial p}{\partial y} + \rho g_z \tag{3.9-4}$$

在雷诺数非常高的情况下,与惯性力相比,黏性力很小,可假设黏度为零。在计算流过浸没物体外缘边界层薄层的压降分布时,这些方程是很有用的。当远离边界层外表面时,假设流体为理想流体常常是有充分依据和合理的。

3.9.4 势流和速度势

在非黏性流动问题中,速度势或势函数 $\phi(x, y)$(m^2/s)是非常有用的,且定义如下,

$$v_x = \frac{\partial \phi}{\partial x} \quad v_y = \frac{\partial \phi}{\partial y} \quad v_z = \frac{\partial \phi}{\partial z} \tag{3.9-5}$$

这个势仅存在于角速度为零或不旋转的流体流动。理想流体或非黏性流体(ρ=常数,$\mu=0$)的这种类型的流动称之为势流。此外,三维流动存在速度势,但流线函数不存在。

流体的旋度定义如下:

$$\frac{\partial v_y}{\partial x} - \frac{\partial v_x}{\partial y} = 2\omega_z \tag{3.9-6}$$

$$\frac{\partial^2 \psi}{\partial x^2} + \frac{\partial^2 \psi}{\partial y^2} = -2\omega_z \tag{3.9-7}$$

式中 $2\omega_z$ 是涡流强度,ω_z 的单位是 s^{-1},是随 z 轴旋转的角速度。如果 $2\omega_z=0$,则流体是不旋

转的，存在势函数。

对 x 和 y 方向上的流动，应用质量守恒方程式(3.6－24)，恒定密度情况下关系如下：

$$\frac{\partial v_x}{\partial x}+\frac{\partial v_y}{\partial y}=0 \tag{3.9-8}$$

将式(3.9－5)中的 v_x 对 x 求导，v_y 对 y 求导并代入式(3.9－8)，得

$$\frac{\partial^2 \phi}{\partial x^2}+\frac{\partial^2 \phi}{\partial y^2}=0 \tag{3.9-9}$$

这是直角坐标中的拉普拉斯(Laplace)方程。如果存在或已知适合的边界条件，则可求解方程式(3.9－9)给出 $\phi(x,y)$。那么，利用方程式(3.9－5)就可得到任何点上的速度。求解这些方程的技巧包括应用数值分析、保角映射变换和复杂变量函数，其他文献(B2、S3)对此进行了叙述。则欧拉(Euler)方程可用来求解压力分布。

当为无黏性和不旋转的流动时，由方程式(3.9－7)得到流线函数类似的拉普拉斯方程：

$$\frac{\partial^2 \psi}{\partial x^2}+\frac{\partial^2 \psi}{\partial y^2}=0 \tag{3.9-10}$$

ϕ 恒定的线叫等势线，且势流是各处垂直于(相互正交的)等 ψ 线的。这可证明如下。一条等 ψ 线将是 ψ 的变化为零的线：

$$\mathrm{d}\psi=\frac{\partial \psi}{\partial x}\mathrm{d}x+\frac{\partial \psi}{\partial y}\mathrm{d}y=0 \tag{3.9-11}$$

将式(3.9－1)代入上式，有

$$\left(\frac{\mathrm{d}y}{\mathrm{d}x}\right)_{\psi=\text{常数}}=\frac{v_y}{v_x} \tag{3.9-12}$$

对等 ϕ 线也有

$$\mathrm{d}\phi=\frac{\partial \phi}{\partial x}\mathrm{d}x+\frac{\partial \phi}{\partial y}\mathrm{d}y=0 \tag{3.9-13}$$

$$\left(\frac{\mathrm{d}y}{\mathrm{d}x}\right)_{\phi=\text{常数}}=-\frac{v_x}{v_y} \tag{3.9-14}$$

因此有

$$\left(\frac{\mathrm{d}y}{\mathrm{d}x}\right)_{\phi=\text{常数}}=-\frac{1}{(\mathrm{d}y/\mathrm{d}x)_{\psi=\text{常数}}} \tag{3.9-15}$$

流线函数应用的一个例子是，通过它获得无黏性、不旋转流体流过无限长圆柱时的流型。趋近圆柱的流体在 x 方向上具有一个定态的均匀速度 v_∞。可将拉普拉斯方程转换为柱坐标，得到如下的方程，

$$\frac{\partial^2 \psi}{\partial r^2}+\frac{1}{r}\frac{\partial \psi}{\partial r}+\frac{1}{r^2}\frac{\partial^2 \psi}{\partial \theta^2}=0 \tag{3.9-16}$$

这里的速度分量由下式给定

$$v_r=\frac{1}{r}\frac{\partial\psi}{\partial\theta}\quad v_\theta=-\frac{\partial\psi}{\partial r} \tag{3.9-17}$$

利用所需的四个边界条件和分离变量的方法,得到流线函数 ψ。再转换为直角坐标,得

$$\psi=v_\infty y\left(1-\frac{R^2}{x^2+y^2}\right) \tag{3.9-18}$$

式中 R 是圆柱的直径,流线和恒速度势线在图 3.9-2 中标绘为流网。

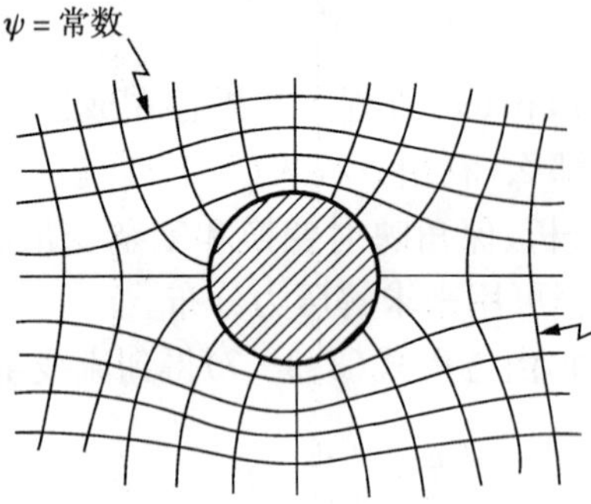

图 3.9-2　在无限长圆柱周围的非黏性且不可压缩流体的定态、不旋转流动时的流线(ψ=常数)和恒速度势线(ϕ=常数)

例 3.9-2　流场的流线函数

一个流场的速度分量如下:

$$v_x=a(x^2-y^2),v_y=-2axy$$

证明它满足质量守恒定律并确定其流线函数 ψ。

解:首先我们确定$\partial v_x/\partial x=2ax$ 和$\partial v_y/\partial y=-2ax$。将这些值代入二维流动的质量守恒方程式(3.6-24),得

$$\frac{\partial v_x}{\partial x}+\frac{\partial v_y}{\partial y}=0\quad 或\quad 2ax-2ax=0$$

再利用式(3.9-1),得

$$v_x=\frac{\partial\psi}{\partial y}=ax^2-ay^2,v_y=-\frac{\partial\psi}{\partial x}=-2axy \tag{3.9-19}$$

对方程式(3.9-19)的 v_x进行积分,得

$$\psi=ax^2y-\frac{ay^3}{3}+f(x) \tag{3.9-20}$$

对方程式(3.9-19)的 v_y进行积分,得

$$-\psi=-\frac{2ax^2y}{2}+f(y) \tag{3.9-21}$$

使方程式(3.9-20)等于方程式(3.9-21),得

$$ax^2y-\frac{ay^3}{3}+f(x)=ax^2y-f(y) \tag{3.9-22}$$

将方程式两边相同的项删除，得

$$-\frac{ay^3}{3}+f(x)=-f(y) \tag{3.9-23}$$

因此有，$f(x)=0$，且 $f(y)=ay^3/3$。将 $f(x)=0$ 代入方程式(3.9-20)，得

$$\psi=ax^2y-\frac{ay^3}{3} \tag{3.9-24}$$

例 3.9-3　流线函数及由势函数得到的速度

给定两维、不旋转、不可压缩流场的势函数为 $\phi=x^2-2y-y^2$。求流线函数和速度分量 v_x 和 v_y。

解：利用式(3.9-1)和式(3.9-5)

$$v_x=\frac{\partial\psi}{\partial y},\quad v_y=-\frac{\partial\psi}{\partial x},\quad v_x=\frac{\partial\phi}{\partial x},\quad v_y=\frac{\partial\phi}{\partial y}$$

将两式结合，得

$$\frac{\partial\phi}{\partial x}=\frac{\partial\psi}{\partial y},\quad \frac{\partial\phi}{\partial y}=-\frac{\partial\psi}{\partial x} \tag{3.9-25}$$

将势函数对 x 求导，并根据方程式(3.9-25)，令求导结果与 $\partial\psi/\partial y$ 相等，得

$$\frac{\partial\phi}{\partial y}=2x-0-0=2x=-\frac{\partial\psi}{\partial y} \tag{3.9-26}$$

将势函数对 y 求导，并根据方程式(3.9-25)，令求导结果与 $-\partial\psi/\partial x$ 相等，得

$$\frac{\partial\phi}{\partial y}=0-2-2y=-\frac{\partial\psi}{\partial x} \tag{3.9-27}$$

对方程式(3.9-26)进行积分，得

$$\psi=2xy+f(x) \tag{3.9-28}$$

对方程式(3.9-27)进行积分，得

$$\psi=2x+2xy+f(y) \tag{3.9-29}$$

使方程式(3.9-28)等于方程式(3.9-29)，得

$$\psi=2xy+f(x)=2x+2xy+f(y) \tag{3.9-30}$$

因此，在删去方程两边的 $2xy$ 后得

$$f(x)=2x+f(y) \tag{3.9-31}$$

所以有，$f(x)=2x$ 且 $f(y)=0$。将 $f(x)=2x$ 代入方程式(3.9-28)，得

$$\psi=2xy+2x \tag{3.9-32}$$

由方程式(3.9-26)和式(3.9-27),得速度分量如下:

$$\frac{\partial \psi}{\partial y}=v_x=2x,\quad -\frac{\partial \psi}{\partial x}=v_y=2-2y \tag{3.9-33}$$

在势流中,用流线函数和势函数表示流体主体流的流动。这些理想流体的解并不满足壁面上 $v_x=v_y=0$ 的边界条件。在靠近壁处,我们有黏性曳力,并应用边界层理论,在考虑黏度的条件下得到在这一薄层边界层中速度分布的近似解。这将在第 3.10 节中进行讨论。然后,我们将这个解与描述边界层以外流动的理想流动的解相拼接。

3.9.5 爬流的运动微分方程

在非常低的雷诺数,比如低于 1 时,爬流的术语被用于描述这种非常低速度的情况。这种类型的流动应用于小颗粒物通过流体的下落或沉降。在沉降和沉淀问题中,应用这种类型的流动推导了斯托克斯(Storkes)定律。

例如,在球周围流动的流体以复杂的方式变化其速度和方向。如果在这种情况下,惯性力的影响是重要的,则将需要保持三个奈维-斯托克斯方程中的全部项。实验表明,雷诺数低于 1 时,惯性力的影响很小,可消去。因此,不可压缩流体的爬流运动方程式(3.7-36)~式(3.7-38)变为:

$$\frac{\partial p}{\partial x}=\mu\left(\frac{\partial^2 v_x}{\partial x^2}+\frac{\partial^2 v_x}{\partial y^2}+\frac{\partial^2 v_x}{\partial z^2}\right) \tag{3.9-34}$$

$$\frac{\partial p}{\partial y}=\mu\left(\frac{\partial^2 v_y}{\partial x^2}+\frac{\partial^2 v_y}{\partial y^2}+\frac{\partial^2 v_y}{\partial z^2}\right) \tag{3.9-35}$$

$$\frac{\partial p}{\partial z}=\mu\left(\frac{\partial^2 v_z}{\partial x^2}+\frac{\partial^2 v_z}{\partial y^2}+\frac{\partial^2 v_z}{\partial z^2}\right) \tag{3.9-36}$$

对于流过球的流体,可将其流线函数用于球坐标的奈维-斯托克斯方程,以获得流线函数和球体上的速度分布和压力分布方程。然后,通过对整个球体进行积分,可将压力分布造成的形状曳力和表面剪切应力造成的表面摩擦或黏性曳力进行加和,给出总曳力:

$$\begin{gathered} F_D=3\pi\mu D_p v \quad \text{(SI 制)} \\ F_D=\frac{3\pi\mu D_p v}{g_c} \quad \text{(英制)} \end{gathered} \tag{3.9-37}$$

式中 F_D是总曳力,单位为 N,D_p 是颗粒直径(m),v 是流向球体的流体的自由物流速度(m/s),μ 是黏度(kg/(m · s))。这是球体上曳力的斯托克斯方程。

方程(3.9-37)常常写成如下形式:

$$\begin{gathered} F_D=C_D\frac{v^2}{2}\rho A \quad \text{(SI 制)} \\ F_D=C_D\frac{v^2}{2g_c}\rho A \quad \text{(英制)} \end{gathered} \tag{3.9-38}$$

式中 C_D是曳力系数,对斯托克斯定律,其值等于 $24/N_{Re}$,A 是球的投影面积 $\pi D_P^2/4$。在第 3.1 节关于流体通过球的流动问题中已对此进行了详细讨论。

3.10　边界层流动及湍流

3.10.1　边界层流动

在第 3.8 节和 3.9 节中，奈维-斯托克斯方程被用来求解描述两块平板间和圆管内理想流体的层流和爬流流动。本节将更详细地讨论物体周围流体的流动，特别注意接近固体表面称之为边界层的区域。

靠近固体的边界层区域内，流体的运动受到这一固体表面的极大影响。在离开边界层的流体主体中，常常可应用零黏度的理想流体理论对流体的流动进行恰当的描述。然而，在边界层薄层中，黏度是很重要的。因为在薄层内可获得边界层区域的简化解。Prandtl 最早提出了将问题分解为两部分的建议，而这种将问题分解的方法已经在流体动力学中得到了广泛的应用。

为了帮助解释边界层，图 3.10－1 给出了流体定态流过平板时边界层形成的例子。在板的前沿 $x=0$ 处，流体上游的速度在整个流体中是均匀的，其值为 v_∞。流体在界面的速度为零，且在 x 方向的速度 v_x 由板上向远处逐步增大。速度渐近地趋向于主体流速度 v_∞。

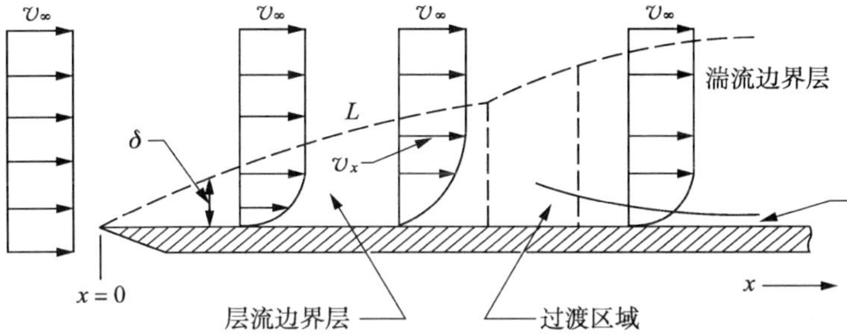

图 3.10－1　流过平板的边界层

图 3.10－1 中画出的虚线 L，是速度为主体速度 v_∞ 的 99％的各点。平板与虚线之间的层或区域构成了边界层。层流流动时，当在 x 方向上移动，边界层厚度 δ 随 $\sqrt{x}$ 增加。雷诺数定义为 $N_{Re,x}=xv_\infty\rho/\mu$，这里 x 是由前沿到下游的距离。当雷诺数小于 2×10^5 时，如图 3.10－1 所示，流动为层流。

如图 3.10－1 所示，在光滑板上雷诺数在 2×10^5 至 3×10^6 的范围内发生从层流向湍流的过渡。当边界层为湍流时，在紧靠板处持续存在一个很薄的黏性底层。在边界层内黏性剪切应力造成的曳力称为表面摩擦，且是流体通过平板流动存在的唯一曳力。

当流体流过如球或圆柱这样的非线性体或钝形物体时，所发生的曳力主要是由压差引起的，这类曳力用形体曳力的术语表示。在流体通过这类物体的流动中，除雷诺数值很低的情况外，这类曳力总是主要的，并常常存在尾迹现象。在流体流过非流线的物体时，表面摩擦和形体曳力两者都会发生，总曳力是表面摩擦和形体曳力的加和(还可参阅第 3.1.1 节)。

3.10.2　边界层分离和尾迹的形成

我们讨论了如图 3.10－1 所示的平板前沿边界层的生长。然而，在这个平板和其他物体的后沿还会发生一些重要的现象。在平板的后沿或尾部区,板的顶、底两边存在边界层。在离开板的区域,边界层逐渐相互混合并消失。

如果如图 3.10－2 所示流动方向与平板成直角,边界层的形成如前面遇到过的流体流过向上平面的情况相同。然而,流体一旦到达板的前沿,流体的动量使其不致突然在板的前沿转弯,而是使流体从板处分离。在板后存在一个流体减速的区域,并在这个区域内形成称之为尾迹的大涡流(漩涡)。这些漩涡消耗了大量的机械能。当流过物体的流体速度方向和大小的变化太大时,黏附于表面的流体发生边界层分离。

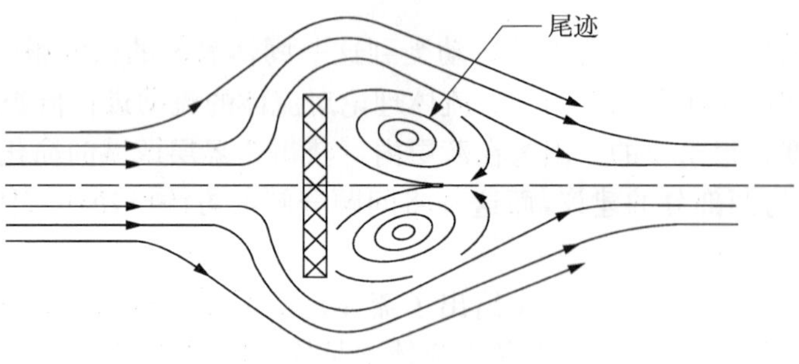

图 3.10－2　垂直于平板的流动和边界层分离

由于尾迹的形成引起了机械能的很大损失,因此常常需要通过让物体流线化或其他的方法使边界层分离最小化或避免其发生。这个问题也已在叙述关于流体流过浸没物体的第 3.1.1 节中进行了讨论。

3.10.3　层流和边界层理论

(1) 边界层方程。当边界层中发生层流时,奈维-斯托克斯方程中的有些特定项相对于其他项变得很小而可忽略不计。边界层厚度是依据流体运动速度到达自由物流速度的 99% 的条件任意选取的距固体表面的距离。边界层相对很薄的概念导致了奈维-斯托克斯方程的某些重要的简化。

对恒定密度流体在 x 和 y 方向上的两维层流流动,如图 3.10－1 所示的定态流动的情况下,当我们忽略主体力 g_x 和 g_y 时,方程式(3.7－36)和式(3.7－37)变为如下形式:

$$v_x \frac{\partial v_x}{\partial x} + v_y \frac{\partial v_x}{\partial y} = -\frac{1}{\rho}\frac{\partial p}{\partial x} + \frac{\mu}{\rho}\left(\frac{\partial^2 v_x}{\partial x^2} + \frac{\partial^2 v_x}{\partial y^2}\right) \tag{3.10-1}$$

$$v_x \frac{\partial v_y}{\partial x} + v_y \frac{\partial v_y}{\partial y} = -\frac{1}{\rho}\frac{\partial p}{\partial y} + \frac{\mu}{\rho}\left(\frac{\partial^2 v_y}{\partial x^2} + \frac{\partial^2 v_y}{\partial y^2}\right) \tag{3.10-2}$$

两维流动的连续性方程变为,

$$\frac{\partial v_x}{\partial x} + \frac{\partial v_y}{\partial y} = 0 \tag{3.10-3}$$

在式(3.10－1)中,$(\mu/\rho)(\partial^2 v_x/\partial x^2)$ 项与方程中的其他各项相比是可忽略不计的。它还表明,含有 v_y 和它的导数的所有各项都较小。因此最终要求解的两个边界层方程是式(3.10－3)和式(3.10－4):

$$v_x \frac{\partial v_x}{\partial x}+v_y \frac{\partial v_x}{\partial y}=-\frac{1}{\rho}\frac{\mathrm{d}p}{\mathrm{d}x}+\frac{\mu}{\rho}\frac{\partial^2 v_x}{\partial y^2} \tag{3.10-4}$$

(2) 平板上的层流边界层的解。如图 3.10－1 所示的平板上定态流动的层流边界层是边界层方程已经获得解析解的一种重要的情况。方程式(3.10－4)可作进一步的简化,因为 v_∞ 是常数,$\mathrm{d}p/\mathrm{d}x$ 为零。

最后的边界层方程式简化为 x 方向的运动方程和连续性方程,如下:

$$v_x \frac{\partial v_x}{\partial x}+v_y \frac{\partial v_x}{\partial y}=\frac{\mu}{\rho}\frac{\partial^2 v_x}{\partial y^2} \tag{3.10-5}$$

$$\frac{\partial v_x}{\partial x}+\frac{\partial v_y}{\partial y}=0 \tag{3.10-3}$$

边界层条件是 $y=0$(y 是由板向外的距离)时,$v_x=v_y=0$,和 $y=\infty$ 时 $v_x=v_\infty$。

这个平板上层流问题的解给出了 v_x 和 v_y 作为 x 和 y 的函数,这个解由 Blasius 首先得到,后来由 Howarth 将其完善(B1、B2、S3)。求解的细节相当冗长和复杂,这里不作介绍。将只略述一般程序。Blasius 将两个方程简化为单个非线性的微分方程。对该方程求解不能得到紧凑的表达形式,但可得到一系列的解。

Blasius 的工作结果给出如下。对应 $v_x \cong 0.99v_\infty$ 的边界层厚度 δ_x 由下式近似给定:

$$\delta=\frac{5.0x}{\sqrt{N_{Re,x}}}=5.0\sqrt{\frac{\mu x}{\rho v_\infty}} \tag{3.10-6}$$

式中 $N_{Re,x}=xv_\infty\rho/\mu$。因此边界层厚度 δ 随 $\sqrt{x}$ 变化。

通过平板的流动中,曳力仅由表面摩擦构成,并由在 $y=0$ 的任意 x 上的表面剪切应力计算如下:

$$\tau_0=\mu\left(\frac{\partial v_x}{\partial y}\right)_{y=0} \tag{3.10-7}$$

由一系列解得到 v_x 与 x 和 y 的函数关系,方程式(3.10－7)变为

$$\tau_0=0.332\mu v_\infty\sqrt{\frac{\rho v_\infty}{\mu x}} \tag{3.10-8}$$

长度为 L 和宽度为 b 的平板,总曳力由下式给定:

$$F_{\mathrm{D}}=b\int_0^L \tau_0\,\mathrm{d}x \tag{3.10-9}$$

将方程式(3.10－8)代入式(3.10－9)并积分,得

$$F_{\mathrm{D}}=0.664b\sqrt{\mu\rho v_\infty^3 L} \tag{3.10-10}$$

与面积为 $A=bL$ 的平板一侧的总曳力相关的曳力系数 C_{D} 定义为:

$$F_{\mathrm{D}}=C_{\mathrm{D}}\frac{v_\infty^2}{2}\rho A \tag{3.10-11}$$

将 A 值和方程式(3.10－10)代入方程式(3.10－11),得

$$C_{\mathrm{D}}=1.328\sqrt{\frac{\mu}{Lv_\infty\rho}}=\frac{1.328}{N_{Re,L}^{1/2}} \tag{3.10-12}$$

式中 $N_{Re,L}=Lv_\infty\rho/\mu$。在第 14.3 节关于颗粒通过流体的运动问题中，应用了一种形式的方程式(3.10－11)。方程式(3.10－12)中 C_D的定义与管路中的范宁(Fanning)摩擦因子 f 相似。

所推导的应用于层流边界层的 C_D方程，仅适用于 $N_{Re,L}$小于 5×10^5 的情况。还有，这一结果仅在距离前沿足够远、x 或 L 远大于 δ 的位置处才是正确的。关于平板上曳力系数的实验结果证实了方程式(3.10－12)的正确性。应用相似的方法，已经成功地对通过许多其他形状物体流动的边界层进行了分析。

3.10.4 湍流的特性和强度

(1) 湍流的特性。因为湍流在许多工程领域中是很重要的，因此人们对它的特性进行了广泛的研究。湍流中的涡流速度波动的测定已经帮助人们解释了湍流现象。

对于湍流，不存在如层流那样的流动问题的解，因为所有的近似方程取决于许多的假设。然而，通过将实验数据与理论相结合，人们已经得到了一些非常有用的关系。下面将讨论其中的某些关系。

湍流可由两层处于不同速度的运动流体之间的混合所产生，或是由与壁或球这样的固体边界接触的流体产生。当流体由一个小孔中射流进入大量的流体中时，也会产生湍流。在指定位置和时间的湍流中，大漩涡不断地形成，再破碎到较小的漩涡中，最后消失。涡流的尺寸可以小到约 0.1～1 mm，也可大到与流体漩涡的最小尺寸相当。由于涡流的尺寸较大，所以涡流内部的流动是层流。

在湍流中各方向上速度是波动的。图 3.10－3 中显示了在给定的湍流点上 x 方向的瞬间速度 v_x变化的典型标绘结果。速度 v'_x是实际速度与物流在 x 方向上的流动平均速度 $\bar{v}_x$ 的偏差。在 y 和 z 方向上，类似的关系也成立：

$$v_x=\bar{v}_x+v'_x,\quad v_y=\bar{v}_y+v'_y,\quad v_z=\bar{v}_z+v'_z \tag{3.10-13}$$

$$\bar{v}_x=\frac{1}{t}\int_0^t v_x\mathrm{d}t \tag{3.10-14}$$

式中平均速度 $\bar{v}_x$ 是对时间 t 的平均速度，v_x是 x 方向的瞬间总速度，v'_x是 x 方向的瞬间偏差或速度波动。在 y 和 z 方向也会发生这样的波动。这一 v'_x值在零的周围波动，以零为平均值，因此时间平均值 $\overline{v'_x}=0$，$\overline{v'_y}=0$，$\overline{v'_z}=0$。但是，$\overline{v'^2_x}$、$\overline{v'^2_y}$和 $\overline{v'^2_z}$将不为零。对于也同样波动的压力，也可列出类似的表达式。

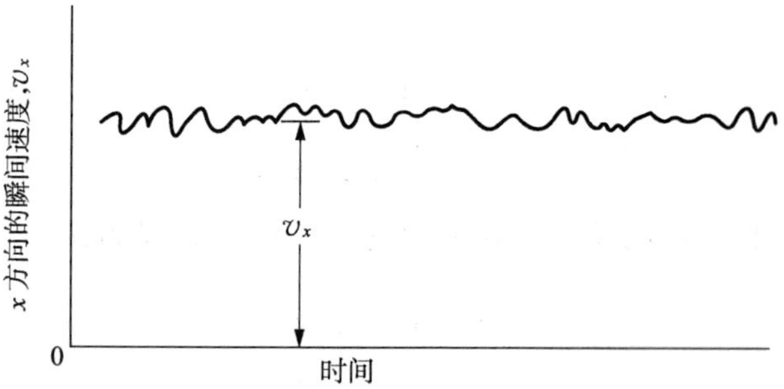

图 3.10－3 湍流时的速度波动

(2) 湍流强度。波动分量的时间平均值在几秒钟的时间内消退。但是波动分量的时间均方值是正值。因为波动是随机的，因此其数据由数理统计的方法进行分析。湍动的水平和强度可与波动分量的均方根的和相关联。湍动强度值在模型检验的边界层理论中是一个重要参数。

湍流强度 I 可以从数学上定义为

$$I=\frac{\sqrt{\frac{1}{3}(\overline{v_x'^2}+\overline{v_y'^2}+\overline{v_z'^2})}}{\overline{v}_x} \tag{3.10-15}$$

这个 I 参数是十分重要的。边界层过渡、分离及传热和传质系数等因素均取决于湍流强度。湍流模拟的模型检验中，对雷诺数和湍流强度的要求是相同的。用于测定湍流强度的一种方法是热线风速仪。

3.10.5　湍流剪切或雷诺应力

在湍流的流动流体中，穿过剪切平面存在着速度梯度的地方将发生剪切力，且湍流时的剪切力远比层流情况下的剪切力大得多。方程式(3.10-13)中的速度波动值使湍流剪切应力升高。对于湍流流动，运动方程和连续性方程仍然是正确的。对于有恒定密度 ρ 和恒定黏度 μ 的不可压缩流体，连续性方程式(3.6-24)成立：

$$\frac{\partial v_x}{\partial x}+\frac{\partial v_y}{\partial y}+\frac{\partial v_z}{\partial z}=0 \tag{3.6-24}$$

如果方程式(3.6-24)成立，运动方程的 x 分量方程式(3.7-36)也可写成如下形式：

$$\frac{\partial(\rho v_x)}{\partial t}+\frac{\partial(\rho v_x v_x)}{\partial x}+\frac{\partial(\rho v_x v_y)}{\partial y}+\frac{\partial(\rho v_x v_z)}{\partial z}=\mu\left(\frac{\partial^2 v_x}{\partial x^2}+\frac{\partial^2 v_x}{\partial y^2}+\frac{\partial^2 v_x}{\partial z^2}\right)-\frac{\partial p}{\partial x}+\rho g_x \tag{3.10-16}$$

通过分别用 $\overline{v}_x+v_x'$、$\overline{v}_y+v_y'$、$\overline{v}_z+v_z'$ 和 $\overline{p}+p'$ 代换 v_x、v_y、v_z 和 p，我们可改写连续性方程式(3.6-24)和方程式(3.10-16)：

$$\frac{\partial(\overline{v}_x+v_x')}{\partial x}+\frac{\partial(\overline{v}_y+v_y')}{\partial y}+\frac{\partial(\overline{v}_z+v_z')}{\partial z}=0 \tag{3.10-17}$$

$$\frac{\partial[\rho(\overline{v}_x+v_x')]}{\partial t}+\frac{\partial[\rho(\overline{v}_x+v_x')(\overline{v}_x+v_x')]}{\partial x}+\frac{\partial[\rho(\overline{v}_x+v_x')(\overline{v}_y+v_y')]}{\partial y}+\frac{\partial[\rho(\overline{v}_x+v_x')(\overline{v}_z+v_z')]}{\partial z}$$
$$=\mu\nabla^2(\overline{v}_x+v_x')-\frac{\partial(\overline{p}+p')}{\partial x}+\rho g_x \tag{3.10-18}$$

现在我们利用速度波动的时间平均值为零($\overline{v_x'}$、$\overline{v_y'}$、$\overline{v_z'}$ 为零)和时间平均乘积 $\overline{v_x'v_y'}$ 不为零的实情，将方程式(3.10-17)和方程式(3.10-18)变为

$$\frac{\partial\overline{v}_x}{\partial x}+\frac{\partial\overline{v}_y}{\partial y}+\frac{\partial\overline{v}_z}{\partial z}=0 \tag{3.10-19}$$

$$\frac{\partial(\rho\overline{v}_x)}{\partial t}+\frac{\partial(\rho\overline{v}_x\overline{v}_x)}{\partial x}+\frac{\partial(\rho\overline{v}_x\overline{v}_y)}{\partial y}+\frac{\partial(\rho\overline{v}_x\overline{v}_z)}{\partial z}+\left[\frac{\partial(\rho\overline{v_x'v_x'})}{\partial x}+\frac{\partial(\rho\overline{v_x'v_y'})}{\partial y}+\frac{\partial(\rho\overline{v_x'v_z'})}{\partial z}\right]$$
$$=\mu\nabla^2\overline{v}_x-\frac{\partial\overline{p}}{\partial x}+\rho g_x \tag{3.10-20}$$

通过将这两个时间平均分布方程(时间圆滑方程)与方程式(3.6－24)和方程式(3.10－16)比较,我们看到,时间平均分布值在各处替代了瞬间值。然而,在方程式(3.10－20)中又产生了方括号中的各项,这些项是与湍动速度的波动相关的。为方便表达,我们使用下列符号,

$$\bar{\tau}_{xx}^{t}=\rho\overline{v'_x v'_x},\quad \bar{\tau}_{yx}^{t}=\rho\overline{v'_x v'_y},\quad \bar{\tau}_{zx}^{t}=\rho\overline{v'_x v'_z} \tag{3.10-21}$$

这些是湍动动量通量的分量,并被称之为雷诺应力。

3.10.6 Prandtl 混合长度

必须对推导的湍流方程进行求解,以得到速度分布。为了实现这一目标,必须进行更多的简化才能对雷诺应力的表达式进行求值。已有人应用了许多半经验的方程;Boussinesq 的涡流扩散模型是早期试图计算这些应力的一种方法。通过与层流剪切应力 $\tau_{yx}=-\mu(\mathrm{d}v_x/\mathrm{d}y)$ 进行类比,可将湍流剪切应力写成如下表达式

$$\bar{\tau}_{yx}^{t}=-\eta_{t}\frac{\mathrm{d}\bar{v}_x}{\mathrm{d}y} \tag{3.10-22}$$

这里 η_t 是湍流或涡流黏度,它与位置和流动密切相关。这个方程也可写成如下形式:

$$\bar{\tau}_{yx}^{t}=-\rho\varepsilon_{t}\frac{\mathrm{d}\bar{v}_x}{\mathrm{d}y} \tag{3.10-23}$$

式中 $\varepsilon_t=\eta_t/\rho$,是动量的涡流扩散($m^2/s$),与层流的动量扩散($\mu/\rho$)类似。

Prandtl 在其混合长度模型中通过假设涡流在流体中是以与分子在气体中运动相似的方式进行移动的,从而提出了这些应力的估算式。涡流移动的距离称为流体失去其特征个性之前的混合长度 L。

事实上,移动的涡流或流体“团”将逐渐失去它的特征个性。然而,在 Prandtl 混合长度 L 的定义中,这个小流体团被假定在整个长度 L 的移动过程中都保持其个性特征,然后失去其个性特征或被主体区吸收。

Prandtl 假设速度波动 v'_x 是由于流体“团”在 y 方向上移动了 L 长的距离,并保持了它们的平均速度。在 L 点,流体团的平均速度将与相邻流体有 $\bar{v}_{x|y+L}-\bar{v}_{x|y}$ 的差异。则 $v'_{x|y}$ 值为

$$v'_{x|y}=\bar{v}_{x|y+L}-\bar{v}_{x|y} \tag{3.10-24}$$

长度 L 足够小,因此速度差异可写成

$$v'_{x|y}=\bar{v}_{x|y+L}-\bar{v}_{x|y}=L\frac{\mathrm{d}\bar{v}_x}{\mathrm{d}y} \tag{3.10-25}$$

因此

$$v'_x=L\frac{\mathrm{d}\bar{v}_x}{\mathrm{d}y} \tag{3.10-26}$$

Prandtl 还假设 $v'_x\cong v'_y$。则时间平均 $\overline{v'_x v'_y}$ 为

$$\overline{v'_x v'_y}=-L^2\left|\frac{\mathrm{d}\bar{v}_x}{\mathrm{d}y}\right|\frac{\mathrm{d}\bar{v}_x}{\mathrm{d}y} \tag{3.10-27}$$

这里使用减号和绝对值符号，以使$\overline{v'_x v'_y}$的数值与实验数据一致。将方程式(3.10－27)代入式(3.10－21)得，

$$\bar{\tau}^t_{yx}=-\rho L^2\left|\frac{\mathrm{d}\bar{v}_x}{\mathrm{d}y}\right|\frac{\mathrm{d}\bar{v}_x}{\mathrm{d}y} \tag{3.10-28}$$

与方程式(3.10－23)比较，得

$$\varepsilon_t=L^2\left|\frac{\mathrm{d}\bar{v}_x}{\mathrm{d}y}\right| \tag{3.10-29}$$

3.10.7　湍流中的通用速度分布

为了确定圆管内定态湍流的速度分布，我们将管内流体划分为两个区域：其一为雷诺应力近似等于剪切应力的中央核心区；其二为剪切应力仅由黏性剪切力决定、湍流影响可假设忽略不计的紧邻管壁很薄的黏性底层区。后来，我们又计入了第三个区域，即两种应力都重要的缓冲区。

将剪切应力和速度表达式中的上、下标去掉，考虑很薄的黏性底层，我们可写成

$$\tau_0=-\mu\frac{\mathrm{d}v}{\mathrm{d}y} \tag{3.10-30}$$

这里假设 τ_0 在这一区域内是常数。积分得

$$\tau_0 y=\mu v \tag{3.10-31}$$

定义摩擦阻力速度如下，并代入方程式(3.10－31)，得

$$v^*=\sqrt{\frac{\tau_0}{\rho}} \tag{3.10-32}$$

$$\frac{v}{v^*}=\frac{yv^*}{\mu/\rho} \tag{3.10-33}$$

上式左边的无量纲速度比可写成

$$v^+=v\sqrt{\frac{\rho}{\tau_0}}\quad(\text{SI 制})$$
$$v^+=v\sqrt{\frac{\rho}{\tau_0 g_c}}\quad(\text{英制}) \tag{3.10-34}$$

左边的无量纲数可写成

$$y^+=\frac{\sqrt{\tau_0\rho}}{\mu}y\quad(\text{SI 制})$$
$$y^+=\frac{\sqrt{\tau_0 g_c\rho}}{\mu}y\quad(\text{英制}) \tag{3.10-35}$$

式中 y 是离管壁的距离。对半径为 r_0 的管子，$y=r_0-r$，这里 r 是离管中心的距离。因此对黏性底层，速度分布为

$$v^+ = y^+ \tag{3.10-36}$$

接下来考虑任何黏性应力都可忽略的湍流中心,式(3.10-28)变为

$$\tau = \rho L^2 \left(\frac{\mathrm{d}v}{\mathrm{d}y}\right)^2 \tag{3.10-37}$$

式中 $\mathrm{d}v/\mathrm{d}y$ 总是正的,将绝对值符号去掉。Prandtl 假设混合长度正比于距离管壁的距离,或

$$L = Ky \tag{3.10-38}$$

且 $\tau = \tau_0 =$ 常数。现在式(3.10-37)变为

$$\tau_0 = \rho K^2 y^2 \left(\frac{\mathrm{d}v}{\mathrm{d}y}\right)^2 \tag{3.10-39}$$

因此有

$$v^* = Ky\frac{\mathrm{d}v}{\mathrm{d}y} \tag{3.10-40}$$

根据积分得

$$v^* \ln y = Kv + K_1 \tag{3.10-41}$$

式中 K_1 是常数。可通过假设在 y 值较小,比方说 y_0 时的 v 为零,来求得常数 K_1:

$$\frac{v}{v^*} = v^+ = \frac{1}{K}\ln\frac{y}{y_0} \tag{3.10-42}$$

通过 y/y_0 项的分子和分母同乘 v^*/v 而引入变量 y^+,这里 $v=\mu/\rho$,我们得到

$$v^+ = \frac{1}{K}\left(\ln\frac{yv^*}{v} - \ln\frac{y_0 v^*}{v}\right) \tag{3.10-43}$$

$$v^+ = \frac{1}{K}\ln y^+ + C_1 \tag{3.10-44}$$

Nikuradse 和其他研究者已经获得了雷诺数在 4 000 到 3.2×10^6 范围内的大量速度分布数据,在 y^+ 为 5 及以下的区域内,实验数据与式(3.10-36)相符合,在 y^+ 为 30 以上时,实验数据与式(3.10-44)相符合,K 和 C_1 是通用的常数。对 y^+ 从 5 到 30 的区域,定义为过渡区,式(3.10-44)形式的经验方程与实验数据相符合。在图 3.10-4 中,下面的关系是正确有效的,其标绘给出了流体在光滑圆管内流动的流体通用速度分布:

$$v^+ = y^+ \quad (0 < y^+ < 5) \tag{3.10-45}$$

$$v^+ = 5.0\ln y^+ - 3.05 \quad (5 < y^+ < 30) \tag{3.10-46}$$

$$v^+ = 2.5\ln y^+ + 5.5 \quad (30 < y^+) \tag{3.10-47}$$

在图 3.10-4 中有三个明显不同的区域。紧靠壁的第一个区域是黏性底层(历史上曾被称为"层流"底层),由式(3.10-45)给定,在该区域内速度正比于离开壁的距离。第二个区域叫缓冲层,由式(3.10-46)给定,是实际无涡流活性的黏性底层区与由式(3.10-47)

给定的有强烈涡流活性的湍流中心区之间的一个过渡区域。这些方程可与本章前面所讨论的范宁(Fanning)摩擦因子相关联和应用。也可将它们用于求解湍流边界层问题。

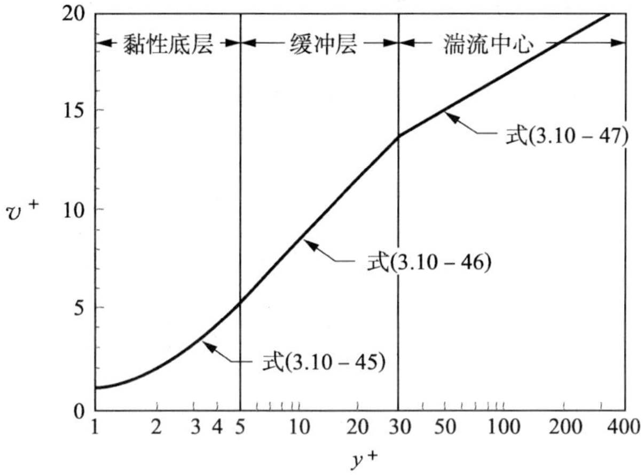

图 3.10 - 4　光滑圆管中湍流的通用速度分布

3.10.8　边界层分析的积分动量衡算

(1) 积分表达式的介绍和推导。在对平板上层流边界层的求解中,Blasius 的解是有相当局限性的,因为它只是对平板上层流的解。其他更复杂的体系不能由这种方法进行求解。当形状更复杂或流动是湍流时,可应用 Von Kármán 提出的一种近似方法。这是一种利用经验的或假设的速度分布,进行近似的边界层动量积分分析的方法。

为了推导层流或湍流边界层的基本方程,如图 3.10 - 5 所示,使用平板上边界层内的一个很小的体积为控制体。Z 方向上的深度是 b。流动仅通过 A_1 和 A_2 表面还有 δ 处的顶部曲面流出。将利用式(2.8 - 8)的动量积分总衡量和利用式(2.6 - 6)的质量积分总衡算应用于定态边界层内的控制体,Von Kármán 得到的最后积分表达式为

$$\frac{\tau_0}{\rho} = \frac{\mathrm{d}}{\mathrm{d}x}\int_0^\delta v_x(v_\infty - v_x)\mathrm{d}y \tag{3.10-48}$$

式中 τ_0 是沿平板在 x 点处、$y=0$ 的表面上的剪切应力。δ 和 τ_0 也是 x 的函数。

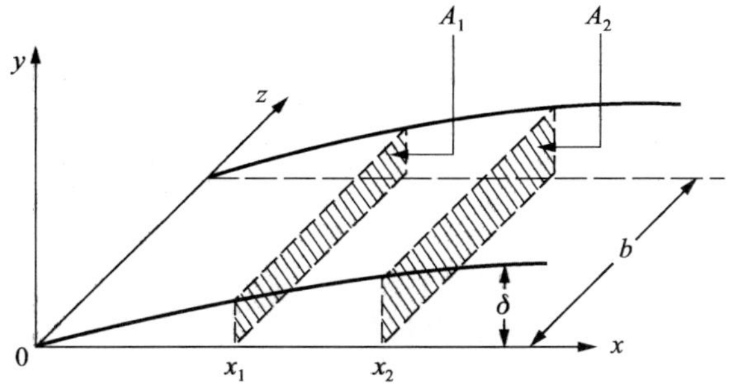

图 3.10 - 5　边界层流动积分分析的控制体

式(3.10 - 48)这样的表达式,要对其进行求解还需要关于速度 v_x 作为距离 y 函数的相

关知识。当然,结果的精确性将取决于假设的速度分布与实际分布的接近程度。

(2) 层流边界层的积分动量衡算。在我们将式(3.10-48)应用于湍流边界层之前,先将这一方程应用于平板上的层流边界层,使其结果可与方程式(3.10-6)~式(3.10-12)的完全 Blasius 解相比较。

在这一分析中,边界层内必须满足一定的边界条件:

$$\begin{aligned} v_x &= 0 \quad (y=0) \\ v_x &\cong v_\infty \quad (y=\delta) \\ \frac{\mathrm{d}v_x}{\mathrm{d}y} &\cong 0 \quad (y=\delta) \end{aligned} \tag{3.10-49}$$

上面的这些边界条件在下面假设的简单速度分布关系中得到满足:

$$\frac{v_x}{v_\infty} = \frac{3}{2}\frac{y}{\delta} - \frac{1}{2}\left(\frac{y}{\delta}\right)^3 \tag{3.10-50}$$

在指定的 x、剪切应力 τ_0 可由下式得到

$$\tau_0 = \mu\left(\frac{\mathrm{d}v_x}{\mathrm{d}y}\right)_{y=0} \tag{3.10-51}$$

将式(3.10-50)对 y 进行求导,并令 $y=0$,得

$$\left(\frac{\mathrm{d}v_x}{\mathrm{d}y}\right)_{y=0} = \frac{3v_\infty}{2\delta} \tag{3.10-52}$$

将式(3.10-52)代入式(3.10-51),得

$$\tau_0 = \frac{3\mu v_\infty}{2\delta} \tag{3.10-53}$$

将式(3.10-50)代入式(3.10-48),并在 $y=0$ 和 $y=\delta$ 之间积分,我们可得

$$\frac{\mathrm{d}\delta}{\mathrm{d}x} = \frac{280}{39}\frac{\tau_0}{v_\infty^2\rho} \tag{3.10-54}$$

将式(3.10-53)和式(3.10-54)结合,并在 $\delta=0$ 到 $\delta=\delta$,以及 $x=0$ 到 $x=L$ 的区间进行积分得,

$$\delta = 4.64\sqrt{\frac{\mu L}{\rho v_\infty}} \tag{3.10-55}$$

这里板的长度为 $x=L$。以与式(3.10-6)~式(3.10-12)相似的方法进行代换和运算,可得的曳力系数为

$$C_\mathrm{D} = 1.292\sqrt{\frac{\mu}{L v_\infty \rho}} = \frac{1.292}{N_{Re,L}^{1/2}} \tag{3.10-56}$$

分别将式(3.10-6)与式(3.10-55)、式(3.10-12)与式(3.10-56)进行比较,结果表明这种方法是成功的。仅仅常数数值稍有不同。对于那些做不到确切分析的情况,这一方法的应用具有合理的精确性。

(3) 湍流边界层的积分动量分析。用于层流边界层积分动量分析的程序可应用于平板上的湍流边界层。管道流动的简单的经验速度分布，在雷诺数高达 10^5 都是正确的，平板上的边界层可采用该速度分布，成为

$$\frac{v_x}{v_\infty}=\left(\frac{y}{\delta}\right)^{1/7} \tag{3.10-57}$$

这是常应用的 Blasius 1/7 次方定律。

将式(3.10-57)代入积分关系方程式(3.10-48)：

$$\frac{\mathrm{d}}{\mathrm{d}x}\int_0^\delta v_\infty^2\left[\left(\frac{y}{\delta}\right)^{1/7}-\left(\frac{y}{\delta}\right)^{2/7}\right]\mathrm{d}y=\frac{\tau_0}{\rho} \tag{3.10-58}$$

随着在壁上 y 趋向于零，幂定律方程不成立。另一个有用的关系是 Blasius 的管内流动剪切应力关系，在管壁上它与壁上的剪切应力 τ_0 一致。对平板上的边界层流动，它成为如下形式，

$$\frac{\tau_0}{\rho v_\infty^2}=0.023\left(\frac{\delta v_\infty \rho}{\mu}\right)^{-1/4} \tag{3.10-59}$$

对方程(3.10-58)积分，将积分结果与方程(3.10-59)结合，再在 $\delta=0$ 到 $\delta=\delta$，以及 $x=0$ 到 $x=L$ 的区间进行积分得，

$$\delta=0.376\left(\frac{Lv_\infty\rho}{\mu}\right)^{-1/5}\quad L=\frac{0.376L}{N_{Re,L}^{1/5}} \tag{3.10-60}$$

如前对曳力积分，给出

$$C_\mathrm{D}=\frac{0.072}{N_{Re,L}^{1/5}} \tag{3.10-61}$$

在这一推导过程中，假设湍流边界层扩展到 $x=0$。实际上，在前端一定的长度上存在层流边界层。雷诺数在 $5\times10^5\sim10^7$ 的范围内，实验数据与式(3.10-6)符合得相当好。通过应用对数速度分布式(3.10-45)～式(3.10-47)，可获得在较高雷诺数下更精确的结果。

3.11　动量传递中的量纲分析

3.11.1　微分方程的量纲分析

在本章中我们已经推导了一些描述各种流动情况的微分方程。量纲一致原则要求，在给定方程中的每一项要具有相同的单位。因而，方程中一项与另一项之比是无量纲的。已知方程中每一项的物理意义，则我们可对形成的每一个无量纲参数或数值给定一个物理的解释。这些无量纲数，如雷诺数和其他的数，对关联和预测层流、湍流中的传递现象是很有用的。

对描述流动情况的微分方程进行积分通常是不可能的。然而，我们可应用这些方程找到某一个无量纲数来关联这种物理情况下的实验数据。

这种应用的一个重要的例子涉及奈维-斯托克斯方程的使用,对指定的物理情况,该方程常常是不能积分的。开始,我们应用奈维-斯托克斯方程的 x 分量方程式(3.7-36)。定态下这一方程变为

$$v_x \frac{\partial v_x}{\partial x}+v_y \frac{\partial v_x}{\partial y}+v_z \frac{\partial v_x}{\partial z}=g_x-\frac{1}{\rho}\frac{\partial p}{\partial x}+\frac{\mu}{\rho}\left(\frac{\partial^2 v_x}{\partial x^2}+\frac{\partial^2 v_x}{\partial y^2}+\frac{\partial^2 v_x}{\partial z^2}\right) \tag{3.11-1}$$

这一方程中的每一项具有的单位是长度/时间^2,或 L/t^2。

在这个方程中每一项都有物理意义。首先我们对所有各项使用单一的特征速度 v 和单一的特征长度 L。则式(3.11-1)中每一项的表达式如下:左边可表示为 v^2/L,右边分别表示为 g,$p/\rho L$ 和 $\mu v/\rho L^2$。那么我们列出

$$\left[\frac{v^2}{L}\right]=[g]-\left[\frac{p}{\rho L}\right]+\left[\frac{\mu v}{\rho L^2}\right] \tag{3.11-2}$$

这表达了量纲的等式,不是数字的等式。每一项具有 L/t^2 的量纲。

式(3.11-2)中左边代表惯性力,而右边的各项分别代表重力、压力和黏性力。将式(3.11-2)中的每一项除以惯性力$[v^2/L]$,得到下面的无量纲数群或它们的倒数:

$$\frac{[v^2/L]}{[g]}=\frac{\text{惯性力}}{\text{重力}}=\frac{v^2}{gL}=N_{Fr} \quad \text{(Froude 数)} \tag{3.11-3}$$

$$\frac{[p/\rho L]}{[v^2/L]}=\frac{\text{压力}}{\text{惯性力}}=\frac{p}{\rho v^2}=N_{Eu} \quad \text{(Euler 数)} \tag{3.11-4}$$

$$\frac{[v^2/L]}{[\mu v/\rho L^2]}=\frac{\text{惯性力}}{\text{黏性力}}=\frac{Lv\rho}{\mu}=N_{Re} \quad \text{(Reynolds 数)} \tag{3.11-5}$$

注意,这种方法不仅给出了微分方程的各种无量纲数群,而且给出了这些无量纲数群的物理意义。在指定情况下,要用到的长度、速度等值将是最重要的数值。例如,长度可能是球的直径、平板的长度等等。

如果与情况相关的表示各种力之间比率的参数相等,则几何相似的系统被说成是:动力相似的。这意味着两个系统之间的雷诺数,欧拉数或 Froude 数必须相等。

在获得小装置实验数据并将这些数据外推放大到大型模试时,这个动力相似的要求是十分重要的。因为实际工业规模的模试实验常常是困难或昂贵的,所以通常是研究小装置。在化工过程设备放大和船舶、飞机的设计中都是这样做的。

3.11.2 利用 Buckingham 方法的量纲分析

人们一般优先采用的方法是由基本微分方程来获得重要的无量纲数群。但是,在许多情况下,我们不能列出清晰应用的微分方程。人们就要求更为通用的方法,称之为Buckingham方法。在这种方法中,首先对特定物理问题中的重要变量进行列表。然后,我们通过 Buckingham π 法则确定可能将各个变量都结合进去的无量纲参数的个数。

Buckingham 法则讲述的是 q 个量或变量之间的函数关系,这些变量的单位由 u 个基本单位或量纲确定,则它们之间的函数关系可写成$(q-u)$个独立的无量纲数群,常称之为 π 数群。[这个量 u 实际上是不能形成无量纲数群的最大变量数。但是,只有在极少的情况下 u 与基本单位的个数不等(B1)。]

为了说明这种方法的应用,让我们考虑下面的例子。一种不可压缩流体在内径为 D 的圆管内流动。重要的变量是:压降 Δp,速度 v,直径 D,管长 L,黏度 μ 和密度 ρ。变量总数 $q=6$。

基本单位或量纲数为 $u=3$,是质量 M、长度 L 和时间 t。各变量的单位如下:Δp 为 M/Lt^2,v 为 L/t,D 为 L,L 为 L,μ 为 M/Lt,ρ 为 M/L^3。无量纲数群的数目或 π 关系为 $q-u$,或$6-3=3$。因此

$$\pi_1=f(\pi_2,\pi_3) \tag{3.11-6}$$

下面我们必须选择一个 u(或 3)个变量的核心数群,这里变量将在每一个 π 数群中出现,且在它们当中包含所有的基本量纲。还有中心所选的任两个变量不能具有相同的量纲。在选择核心变量时,通常排除那些影响独立要求的变量(例如 Δp)。这里留给我们选用的变量是:v、D、μ 和 ρ(L 和 D 有相同的量纲)。

我们将选择 D、v 和 ρ 作为三个数群所共有的核心变量。那么三个无量纲数群为

$$\pi_1=D^a v^b \rho^c \Delta p^1 \tag{3.11-7}$$

$$\pi_2=D^d v^e \rho^f L^1 \tag{3.11-8}$$

$$\pi_3=D^g v^h \rho^i \mu^1 \tag{3.11-9}$$

要使整体成为无量纲的,各变量必须有一定的指数 a,b,c 等。

首先我们来考虑 π_1 数群:

$$\pi_1=D^a v^b \rho^c \Delta p^1 \tag{3.11-7}$$

为了计算这些指数,我们通过对每一个变量代入量纲,将式(3.11-7)写为量纲化的形式:

$$M^0 L^0 t^0=1=L^a\left(\frac{L}{t}\right)^b\left(\frac{M}{L^3}\right)^c\frac{M}{Lt^2} \tag{3.11-10}$$

接下来我们将这一方程两边的 L,M 最后是 t 的指数列出等式:

$$\begin{aligned}(L)\quad & 0=a+b-3c-1\\ (M)\quad & 0=c+1\\ (t)\quad & 0=-b-2\end{aligned} \tag{3.11-11}$$

解这些方程得,$a=0,b=-2,c=-1$

将这些值代入式(3.11-7)得

$$\pi_1=\frac{\Delta p}{v^2\rho}=N_{Eu} \tag{3.11-12}$$

对 π_2 和 π_3 重复这一程序,得

$$\pi_2=\frac{L}{D} \tag{3.11-13}$$

$$\pi_3=\frac{Dv\rho}{\mu}=N_{Re} \tag{3.11-14}$$

最后将 π_1、π_2、π_3 代入式(3.11-6),得

$$\frac{\Delta p}{v^2\rho}=f\left(\frac{L}{D},\frac{Dv\rho}{\mu}\right) \tag{3.11-15}$$

将式(2.10－5)与式(3.11－15)的左边结合，所得的结果表明，摩擦因子是雷诺数(如前面摩擦因子与雷诺数的经验关系中所表明的)和长度/直径之比的函数。在 $L/D\gg1$ 或流动是充分发展的管内，人们发现摩擦因子与 L/D 无关。

这种分析方法在经验数据的关联中是十分有用的。然而，这样的分析没有告诉我们每一个无量纲数群的重要性，这必须通过实验确定，也没有选择所要应用的各个变量。

习　题

3.1－1　风洞中圆柱上的受力。101.3 kPa 绝压和 25 ℃的空气以 10 m/s 的速度在风洞中流动。一根直径为 90 mm 的圆柱放置在风洞内，且圆柱的轴垂直于空气流动方向。试求每米长度圆柱上的受力。

答案：$C_D=1.3$，$F_D=6.94$ N

3.1－2　蒸汽锅炉排气管上所受的风力。一根直径为 1.0 m、高为 30 m 的圆柱形蒸汽锅炉排气管暴露于 25 ℃、速度为 50 英里/小时的风中。试计算施加在锅炉烟囱上的力。

答案：$C_D=0.33$，$F_D=2\ 935$ N

3.1－3　速度对球上受力的影响和 Stokes 定律。直径为 0.042 m 的球固定在一个小型风洞中，温度为 37.8 ℃、压力为 1 atm 绝压的空气，在强制对流条件下以各种速度通过风洞。

(1) 确定速度为 2.30×10^{-4} m/s 时的曳力系数和球体上的受力。如果可以的话这里可应用 Stokes 定律。

(2) 再确定速度为 2.3×10^{-3}，2.3×10^{-2}，2.3×10^{-1} 和 2.3 m/s 时球体的受力。标绘 F_D 随速度变化的曲线。

3.1－4　江中桥墩的曳力。直径为 1 m 的柱形桥墩浸没深度为 10 m。河中 20 ℃的水以 1.2 m/s 的速度流过。计算桥墩上的受力。

3.1－5　填料床中的表面积。填料床由边长为 0.020 m 的正方形组成，填料床的主体密度是 980 kg/m³。固体正方形的密度是 1 500 kg/m³。

(1) 计算 ε、有效直径 D_p 和 a。

(2) 同样的条件，但填料换为直径 $D=0.02$ m 和长度 $h=1.5D$ 的圆柱，重复以上计算。

答案：(1) $\varepsilon=0.346\ 7$，$D_p=0.020$ m，$a=196.0\ \text{m}^{-1}$

3.1－6　填料床中圆柱颗粒数的推导。装有圆柱形颗粒的填料床，柱形填料的直径 D 等于长度 h，对于空隙率为 ε 的床层进行下列计算：

(1) 计算有效直径；

(2) 计算 1 m³ 床层中圆柱填料的个数 n。

答案：(1) $D_p=D$

3.1－7　推导填料床的无量纲方程。由式(3.1－20)出发，推导无量纲式(3.1－21)。写出推导中的所有步骤。

3.1－8　填料床中气体的流动和压降。空气在 394.3 K 的温度下流过直径与长度相同的圆柱形填料的填充床。床层空隙率为 0.40，床层长度为 3.66 m。空气在 2.20 atm 绝压下进入床层，以空床层截面积计的速率为 2.45 kg/(m²·s)。试计算空气在床层中的压降。

答案：$\Delta p=0.154\ 7\times10^5$ Pa

3.1－9　过滤床中水的流动。24 ℃的水在重力作用下通过当量直径为 0.006 0 m 的小颗粒过滤床。测定得到的床层空隙率为 0.42。填充床层的深度为 1.50 m。床层上液体水的高度保持恒定在

0.40 m。问以空床层截面积计的水的速度 v' 为多少？

3.1-10　填料床中颗粒的平均直径。填料床中含有各种尺寸颗粒其体积分率如下的混合物：15% 10 mm；25% 20 mm；40% 40 mm，20% 70 mm。如果形状因子为 0.74，试计算有效平均直径 D_{Pm}。

答案：$D_{Pm}=18.34$ mm

3.1-11　渗透率和达西定律。从一个油田获得的多孔岩石的岩心样品，长为 8 cm，直径为 2.0 cm。样品被放置在岩心器中。水在 20.2 ℃、压降为 1.0 atm 的条件下流过岩心，测得的速度是 2.60 cm^3/s。问渗透率为多少达西？

3.1-12　最小流化条件与流化床的膨胀。尺寸为 0.10 mm，形状因子为 0.86，密度为 1 200 kg/m^3 的颗粒，用 25 ℃和 202.65 kPa 绝压的空气对其进行流化。在最小流化条件下的空隙率是 0.43。床层直径是 0.60 m，床层有 350 kg 的固体。

(1) 计算流化床的起始流化高度。

(2) 计算起始流化条件下的压降。

(3) 计算起始流化速度。

(4) 使用 4.0 倍的起始流化速度，确定床层的空隙率。

答案：(1) $L_{mf}=1.810$ m；(2) $\Delta p=0.121\ 2\times10^5$ Pa；(3) $v'_{mf}=0.004\ 374$ m/s；(4) $\varepsilon=0.604$

3.1-13　利用液体的起始流化速度。直径为 0.152 4 m 的塔，用 20.2 ℃的水进行流化。塔的床层中均匀球状粒子的直径为 4.42 mm，密度为 1 603 kg/m^3。估算起始流化速度，并与 Wilhelm 和 Kwauk 的实验值 0.023 07 m/s 进行比较。

3.1-14　沙粒过滤床的流化。为了清洗沙子过滤床，用 24 ℃的水在起始流化条件下将床层流化。圆沙粒密度为 2 550 kg/m^3，且平均尺寸为 0.40 mm。沙子具有表 3.1-2 所给出的性质。

(1) 床层直径是 0.40 m，在这样的起始流化条件下的期望床层高度是 1.75 m。计算所需要的固体量。

(2) 计算在这些条件下的压降和起始流化速度。

(3) 选用 4.0 倍起始流化速度，估计空隙率和膨胀床层的高度。

答案：(1) 325.2 kg 固体；(2) 1.546×10^4 Pa

3.2-1　利用毕托管测定流量。用毕托管测定 20 ℃的水在内径为 102.3 mm 的管子中心的流速。压差计的读数是 78 mm 四氯化碳柱，20 ℃。毕托管系数为 0.98。

(1) 计算中心速度和平均速度；

(2) 计算水的体积流量。

答案：(1) $v_{max}=0.937\ 2$ m/s，$v_{平均}=0.773$ m/s；(2) 6.35×10^{-3} m^3/s。

3.2-2　使用毕托管测定气体流量。用毕托管在直径为 800 mm 的圆管中心测定 37.8 ℃空气的流量。压力计上的压差读数是 12.4 mm 水柱。在毕托管位置的静压力读数是 1 atm 绝压以上 275 mm 水柱。毕托管系数是 0.97。计算中心速度和空气的体积流量。

3.2-3　测定流率的毕托管移动。毕托管在内径 155.4 mm 的管道中作径向移动，管中 20 ℃的水在流动，我们得到下面的数据：

离开壁的距离 (mm)	压力计上的读数 (mm 四氯化碳)
26.9	122
52.3	142
77.7	157
103.1	137
128.5	112

毕托管系数是 0.98。

(1) 计算中心的最大速度；

(2) 计算平均速度[提示:用式(2.6－17)作数值积分或图解积分]。

3.2－4 通过文丘里流量计测定流体的流动。缩口直径为 38.9 mm 的文丘里流量计,安装在内径为 102.3 mm的管线上。测定密度为 999 kg/m³ 的水。测到通过文丘里流量计的压差是156.9 kPa。文丘里系数 C_v 为 0.98。计算以 gal/min 和 m³/s 为单位的流率。

答案:330 gal/min;0.020 8 m³/s

3.2－5 用文丘里流量计测定水流。20 ℃的水,流过 2 英寸的系列(scheldule)40 钢管。其流率由喉部直径为 22 mm 的文丘里流量计测定。压力计读数是 214 mmHg。文丘里系数是 0.98,试计算流率。

3.2－6 通过孔板测定油的流动。20 ℃的重油,密度为 900 kg/m³,黏度为 6 cP,在 4 英寸的系列(schedule) 40 钢管中流动。当流率为 0.017 4 m³/s 时,希望通过孔板压差的压力计相当于 0.93×10^5 Pa。如果孔板系数测定为 0.61,则应当使用多大的孔板?永久压头损失为多少?

3.2－7 灌溉渠中的水流率。水在灌溉渠的敞开流道中流动。使用的矩形堰宽度 $L=1.75$ ft,堰位头测定为 $h_0=0.47$ ft。计算以 ft³/s 和 m³/s 两种单位表示的流率。

答案:流率＝1.776 ft³/s,0.050 3 m³/s

3.2－8 流动喷嘴尺寸的确定。要确定用于内径为 1.25 英寸管内的流动喷嘴的大小,用以测定在 25 ℃时流量为 0.60 ft³/min 的水流。要用的压降是 10 英寸水柱。试计算流动喷嘴的大小和永久动力损失 hp。假设系数 $C_n=0.96$。

答案:$D_2=0.506$ in.,$p_1-p_4=37.38\ \text{lb}_f/\text{ft}^2$(1.789 kPa)

3.3－1 离心泵的轴功率。用图(3.3－2)和 60 gal/min 的流率,作如下计算:

(1) 计算用密度为 62.4 lb_m/ft^3 的水时泵的轴功率 hp。将这个值与曲线上的值进行比较;

(2) 对密度为 0.85 g/cm³ 的非黏性液体作同样的计算。

答案:(2) 0.69 制动马力(0.51 kW)

3.3－2 风机的功率 kW。一台离心风机用于将静止(零速度)的烟气在温度为 352.6 K 和压力为 749.3 mmHg下抽出,并将这些气体排放至 800.1 mmHg 压力的环境中,气流速度为 38.1 m/s。气体的体积流率是 56.6(标准)m³/min(294.3 K 和 760 mmHg)。如果风机效率是 65%,气体相对分子质量为 30.7,试计算风机的轴功率(kW)。假设为不可压缩流动。

3.3－3 空气的绝热压缩。一台绝热操作的压缩机,将 2.83 m³/min 的温度为 29.4 ℃和压力为 102.7 kN/m² 的空气压缩到 311.6 kN/m² 的压力。如果压缩机的效率是 75%,试计算所需的功率。再计算出口温度。

3.3－4 精馏塔加料的$(\text{NPSH})_R$。70 ℃的烃类混合物,以 200 gpm 的加料速度从压力为 1 atm 绝压的贮槽加入精馏塔。原料的密度是 46.8 lb_m/ft^3,其蒸气压为 8.45 psia。泵进口管线上的速度是 3 ft/s,且泵与贮槽之间的管线的摩擦损失是 3.5 ft 流体柱。必需的净正吸入液头汽蚀余量$(\text{NPSH})_R$是 6 ft。

(1) 为了满足$(\text{NHSH})_R$的要求,泵必须位于比槽中液位低多少的高度?

(2) 如果原料是在沸点状态,试计算泵的位置。

答案:(1) $z_1=-9.57$ ft(-2.92 m)

3.4－1 液体搅拌的功率。要求在直径为 0.91 m 的槽中对黏度为 1.5×10^{-3} Pa·s 和密度为 969 kg/m³ 的液体进行搅拌。搅拌器是直径为 0.305 m 的 6 桨叶开式涡轮,在 180 r/min 的转速下操作。槽中有四块垂直挡板每块宽度 J 为 0.076 m。而且 $W=0.038\ 1$ m。试计算所需的功率为多少 kW。利用图 3.4－4 中的曲线 2。

答案:$N_p=2.5$,功率＝0.172 kW(0.231 hp)

3.4－2 搅拌功率及放大。直径为 0.203 m 有圆盘和六个平桨的涡轮搅拌器,宽度 $W=0.040\ 5$ m,用于直径为 0.61 m 和高度为 0.61 m 的槽中。槽中有四块宽度为 0.051 m 的挡板。涡轮在密度为 909 kg/m³ 和黏度为 0.020 Pa·s 的液体中以 275 r/min 的转速操作。

(1) 计算涡轮的功率 kW 和体积功率 kW/m³。

(2) 使质量传递速率相等,将这一系统放大到体积为原始体积的 100 倍。

答案：(1) $P=0.150\ 8\ kW$，$P/V=0.845\ kW/m^3$，
(2) $P_2=15.06\ kW$，$P_2/V_2=0.845\ kW/m^3$

3.4-3　过程搅拌装置的缩小。现存的搅拌操作过程使用与例 3.4-1(1)相同的搅拌装置和流体。要求设计一个体积为 2.0 升的小试验系统，从而可在实验室中就各过程参数对系统的影响进行研究。质量传递速率在这个系统中显然是很重要的，因此缩小的过程应当以此为基础。试设计新系统的特定尺寸、转速 r/min 和功率 kW。

3.4-4　锚式搅拌系统。与式(3.4-3)描述的搅拌器类似的锚式搅拌器，要将其用于搅拌黏度为 100 Pa·s 和密度为 980 kg/m^3 的流体。容器的尺寸为 $D_t=0.90\ m$ 和 $H=0.90\ m$。转速是 50 r/min。试计算所需的功率。

3.4-5　搅拌装置的设计。要对密度为 950 kg/m^3 和黏度为 0.005 Pa·s 的流体设计一个搅拌装置。容器体积为 1.5 m^3，使用桨叶呈 45°角的标准 6 桨叶敞式涡轮(见图 3.4-4 中曲线 3)，取 $D_a/W=8$ 和 $D_a/D_t=0.35$。作为初始设计，使用 0.5 kW/m^3 的体积功率。试计算搅拌装置的尺寸、转速 r/min 和功率 kW。

3.4-6　涡轮混合时间的放大。为了对涡轮搅拌装置进行放大，试完成如下几项：
(1) 推导功率/单位体积相同的式(3.4-17)；
(2) 推导混合时间相同的式(3.4-18)。

3.4-7　涡轮搅拌装置中的混合时间。试完成如下几项：
(1) 预测例 3.4-1(1)中的搅拌装置的混合时间；
(2) 用与(1)部分相同的搅拌装置，但是槽的体积为 10.0 m^3，功率/单位体积相同，预测新的混合时间。

答案：(1) $f_t=4.0$，$t_T=17.3\ s$

3.4-8　黏度对混合时间的影响。使用与例 3.4-4(1)涡轮混合器相同的条件，但流体黏度为 100 Pa·s (100 000 cP)，计算混合时间。将这一混合时间与黏度为 10 cP 流体的混合时间作比较。再计算单位体积的功率。

答案：$t_T=562\ s$

3.4-9　螺旋混合器中的混合时间。一个搅拌器的螺距/槽直径=1.0，$D_t=1.83\ m$ 和 $D_a/D_t=0.95$ 的螺旋混合器，被用于搅拌黏度为 200 000 cP 和密度为 950 kg/m^3 的黏性流体。转速值为 $N=0.3$ 转/秒。试计算混合时间和单位体积的功率。

答案：$t_T=420\ s$

3.5-1　幂律流体香蕉酱的压降。幂律生物流体香蕉酱在 23.9 ℃下以 1.018 m/s 的速度流过内径为 0.012 67 m、长度为 6.1 m 的光滑管。流体的流动性质是 $K=6.00\ N\cdot s^{0.454}/m^2$，$n=0.454$。流体的密度为 976 kg/m^3。
(1) 计算通用雷诺数并应用方程(3.5-9)计算压降。首先确定将 K 转换到 K′。
(2) 重复(1)的计算，但利用摩擦因子的方法。

答案：(1) $N_{Re,gen}=63.6$，$\Delta p=245.2\ kN/m^2$ ($5\ 120\ lb_f/ft^2$)

3.5-2　假塑性流体的压降。密度为 63.2 lb_m/ft^3 的假塑性幂律流体，以 0.500 ft/s 的平均速度流过内径为 2.067 in. 的 100 ft 长的管子。流体的流动性质为 $K=0.280\ lb_f\cdot s^n/ft^2$ 且 $n=0.50$。试计算通用雷诺数，并用摩擦因子的方法计算压降。

3.5-3　非牛顿流体苹果酱的湍流流动。具有表 3.5-1 中所给出流动性质的苹果酱，在内径为 50.8 mm、长度为 3.05 m 的光滑管内以 4.57 m/s 的速度流动。
(1) 计算光滑管中的摩擦因子和压降；
(2) 重复上面的计算，但是使用粗糙度为 $\varepsilon=4.6\times10^{-5}\ m$ 并具有相同内径的工业管。

答案：(1) $N_{Re,gen}=4\ 855$，$f=0.007\ 3$；(2) $f=0.010\ 0$

3.5-4　非牛顿液体的搅拌。一种具有下面性质的假塑性流体：$n=0.53$，$K=26.49\ N\cdot s^{n'}/m^2$，$\rho=975\ kg/m^3$，在如图 3.5-4 所示的装置中进行搅拌，这里 $D_t=0.304\ m$，$D_a=0.151\ m$，转速 $N=$

5 转/秒。试计算 μ_a，$N'_{Re,n}$，N_p 和这个装置的功率 kW。

答案：$\mu_a=4.028$ Pa·s，$N'_{Re,n}=27.60$，$N_p=3.1$，P=0.029 66 kW

3.5-5 宾汉(Bingham)塑性流体的速度分布。对例 3.5-3 的条件，做如下的工作：

(1) 计算 $r=r_0$ 的平推流区域的速度；

(2) 分别计算 r 为 0.35 cm、0.45 cm 和 0.50 cm 时对应的速度，并标绘随半径位置变化的完整的速度分布。

3.5-6 宾汉(Bingham)塑性流体的压降。宾汉塑性流体具有下面的物性数值，$\tau_0=1.2$ N/m² 和黏度 $\mu=0.4$ Pa·s。流体以 5.70×10^{-5} m³/s 的流率在内径为 3.0 cm、长度为 2.5 m 的管内流动。试计算单位为 N/m² 的压降(p_0-p_L)值，和 r_0。[提示，这是试差求解。作为第一次试差，假设 $\tau_0=0$]

答案：$(p_0-p_L)=3\,400$ N/m²

3.5-7 由旋转黏度计数据得到非牛顿流体的流动性质。下面是用 Brookfield 旋转黏度计得到的一种流体的数据：

r/min	0.5	1	2.5	5	10	20	50
扭矩(dyn·cm)	86.2	168.9	402.5	754	1 365	2 379	4 636

同轴心的内部中心旋转筒的直径是 25.15 mm，外筒直径是 27.62 mm，有效长度为93.39 mm。试确定该非牛顿流体的流动性质。

答案：$n=0.870$

3.6-1 圆柱体内的连续性方程。具有恒定密度 ρ 的流体在 z 方向上轴向均匀的流过一根圆管。指定径向为半径 r。

(1) 用 dr 和 dz 尺度的薄层柱衡算方法推导这一体系的连续性方程；

(2) 用柱坐标的连续性方程推导这一方程。

3.6-2 连续性方程的坐标变换。利用以直角坐标给出的通用连续性方程，转化到柱坐标的连续性方程式(3.6-27)。用方程(3.6-20)中的关系进行转换。

3.7-1 连续性方程和运动方程相结合。用连续性方程和 x，y 和 z 分量的运动方程推导式(3.7-13)。

3.8-1 圆管内的平均速度。以式(3.8-17)作为圆管内速度随直径 r 变化的函数：

$$v_z=\frac{1}{4\mu}\frac{\mathrm{d}p}{\mathrm{d}z}(r^2-r_0^2) \tag{3.8-17}$$

推导表示平均速度的式(3.8-19)：

$$v_{z\,平均}=-\frac{r_0^2}{8\mu}\frac{\mathrm{d}p}{\mathrm{d}z} \tag{3.8-19}$$

3.8-2 圆柱环隙的层流流动。推导例 3.8-4 给出的所有方程，写出全部的推导步骤。同时推导平均速度 $v_{z\,平均}$ 的方程。最后积分得到从 $z=0$ 的 $p=p_0$ 到 $z=L$ 的 $p=p_L$ 的压降。

答案：$v_{z\,平均}=-\dfrac{1}{8\mu}\dfrac{\mathrm{d}p}{\mathrm{d}z}\left[r_2^2+r_1^2-\dfrac{r_2^2-r_1^2}{\ln(r_2/r_1)}\right]$，

$$v_{z\,平均}=\frac{p_0-p_L}{8\mu L}\left[r_2^2+r_1^2-\frac{r_2^2+r_1^2}{\ln(r_2/r_1)}\right]$$

3.8-3 湿壁塔中的速度分布。在垂直的湿壁塔中，流体在塔内呈 δ(m)厚的薄膜，沿垂直方向 z 由上而下作层流流动。推导速度分布 v_z 作为从液体表面到壁上距离 x 函数的方程。流体距进口的距离很远。推导 $v_{z\,平均}$ 和 v_{max} 的表达式。[提示：$x=\delta$ 是在塔壁处，$v_z=0$，在 $x=0$，是在流动液体的表面处，$v_z=v_{z\,max}$]写出全部的步骤。

答案：$v_z=(\rho g\delta^2/2\mu)[1-(x/\delta)^2]$，$v_{z\,平均}=\rho g\delta^2/3\mu$，$v_{z\,max}=\rho g\delta^2/2\mu$

3.8-4 降膜的速度分布和微分动量衡算。一种牛顿流体在倾斜的平板表面以降膜方式流动。表面与垂直方向呈 β 角度。假设在这种情况下所考虑的这一段降膜是远离两端的，因而不存在端点对速度

分布的影响。膜的厚度是 δ。设备情况与图 2.9-3 相似，但不是垂直的，试完成下列各项：

(1) 在这个膜中应用微分动量衡算方程推导速度分布 v_z 为 x 函数的方程；

(2) 求最大速度和平均速度的表达式；

(3) 求动量通量分布 τ_{xz} 的表达式。[提示：这里能应用式(3.7-19)吗?]

答案：(1) $v_z=(\rho g\delta^2\cos\beta/2\mu)[1-(x/\delta)^2]$；(3) $\tau_{xz}=\rho gx\cos\beta$

3.8-5　平行板之间的速度分布。在例 3.8-2 中，流体在两块垂直放置的平行板之间流动，其中有一块板是移动的。试完成如下各项：

(1) 确定平均速度和最大速度；

(2) 绘制表面向上移动、向下移动和静止不动三种情况下的速度分布草图。

3.8-6　流体运动项中剪切应力的转换。从用剪切应力项表示的运动方程的 x 分量方程式(3.7-10)出发，对有恒定的 ρ 和 μ 的牛顿流体，将其转换为用速度梯度项表示的运动方程式(3.7-36)。注意在这种情况下 $(\nabla\cdot v)=0$。还应当考虑应用式(3.7-14)～式(3.7-20)。

3.8-7　推导柱坐标中的连续性方程。通过在一个体积为 $r\Delta r\Delta\theta\Delta Z$ 的静止微元上作质量衡算的方法推导柱坐标中的连续性方程。

3.8-8　两个同轴旋转圆筒之间的流体的流动。两个同轴圆筒的几何体与例 3.8-5 中的相同。但在现在的情况下两个圆筒都是旋转的，内筒以角速度 ω_1 旋转，外筒以角速度 ω_2 旋转。试用动量微分方程确定其速度分布和剪切应力分布。

答案：$v_\theta=\dfrac{R_2^2}{R_2^2-R_1^2}\left[r\left(\omega_2-\dfrac{\omega_1 R_1^2}{R_2^2}\right)-\dfrac{R_1^2}{r}(\omega_2-\omega_1)\right]$

3.9-1　势函数。指定流动情况的势函数为 $\phi=C(x^2-y^2)$，这里 C 是常数。检验其是否满足拉普拉斯方程。确定 v_x 和 v_y 两个速度分量。

答案：$v_x=2Cx$，$v_y=-2Cy$（C 为常数）

3.9-2　由势函数确定速度。流动的势函数给定为 $\phi=Ax+By$，这里 A 和 B 为常数。确定速度 v_x 和 v_y。

3.9-3　流函数和速度向量。两维流体流动由流函数 $\psi=Bxy$ 给定，这里 $B=50\ \mathrm{s^{-1}}$，x 和 y 的单位是 cm。确定在 $x=1$ cm 和 $y=1$ cm 时的 v_x 和 v_y 值及速度向量。

答案：$v=70.7$ cm/s

3.9-4　流函数和势函数。液体平行于 x 轴流动。流动是均匀的，且由 $v_x=U$ 和 $v_y=0$ 表示。

(1) 求这一流场的流函数 ψ 并画出流线。

(2) 求势函数并画出势线。

答案：(1) $\Psi=Uy$

3.9-5　速度分量和流函数。液体从均一的方式在相对于 x 轴成 β 角的方向上流动，其速度分量为 $v_x=U\cos\beta$ 和 $v_y=U\sin\beta$。求流函数和势函数。

答案：$\psi=Uy\cos\beta-Ux\sin\beta$

3.9-6　具有同心流线的流场。作具有同心流线流动的流体，其流函数可表示为 $\psi=1/(x^2+y^2)$。求速度分量 v_x 和 v_y。同时确定这一流动是否旋转流，如果是，确定其涡流强度 $2\omega_z$。

3.9-7　势函数和速度场。在例 3.9-2 中给定了速度分量。说明是否存在速度势。如果存在。确定 ϕ 的表达式。

答案：$\phi=ax^3/3-axy^2$

3.9-8　理想流体运动的 Euler 方程。利用具有恒定密度和零黏度的理想流体的 Euler 方程式(3.9-2)～方程式(3.9-4)得到下面的方程：

$$\rho\frac{\mathrm{D}v}{\mathrm{D}t}=-\nabla p+\rho g$$

3.9-9　流线的标绘。对例(3.9-3)标绘当 $x>0$ 时 $\psi=0$ 或 $\psi=2$ 的流线。

3.9-10　两维流动的流函数。求在恒定密度下，$v_x=U[(y/L)^2-(y/L)]$ 和 $v_y=0$ 的两维流动的流函数。流动是在两块相距为 L 的平行板之间。并进行 v_x 对 y 的速度标绘。

答案：$\psi=UL\left[\frac{1}{3}\left(\frac{y}{L}\right)^3-\frac{1}{2}\left(\frac{y}{L}\right)^2\right]$

3.9-11 流函数和势函数及这些函数的标绘。当 $v_x=2x$ 和 $v_y=-2y$ 时，确定流函数 ψ。并确定势函数 ϕ。标绘 $\psi=1$ 和 $\psi=2$ 时的流函数，再标绘 $\phi=1$ 和 $\phi=4$ 时的等势线。

答案：$\psi=2xy, \phi=x^2-y^2$

3.9-12 由流函数确定速度场。给定流函数 $\psi=3x^2+2y^2$ 计算 v_x 和 v_y，并画出 $\psi=1$ 和 $\psi=2$ 的流线。

答案：$v_x=4y, v_y=-6x$

3.9-13 由速度确定流线。速度 $v_x=x^2$ 和 $v_y=-2xy$。确定流函数 ψ。

答案：$\psi=x^2y$

3.9-14 由速度势确定流函数。由速度势 $\phi=UL[(x/L)^3-(3xy^2)/L^3]$ 求流函数 ψ，这里的 U 和 L 为常数。再求 v_x 和 v_y。

答案：$v_x=\frac{3U}{L^2}(x^2-y^2), v_y=-\frac{6Uxy}{L^2}$

3.10-1 平板上的层流边界层。20 ℃的水以 0.914 m/s 的速度流过平板，平板宽为 0.305 m。

(1) 计算距前沿 0.305 m 处的雷诺数，确定是否是层流；

(2) 计算距进口前沿 $x=0.512$ m 和 $x=0.305$ m 处的边界层厚度；

(3) 计算在 0.305 m 长板上的总曳力。

答案：(1) $N_{Re,L}=2.77\times10^5$；(2) 在 $x=0.305$ m 处，$\delta=0.0029$ m

3.10-2 空气流过平板。294.3 K 和 101.3 kPa 的空气，以 6.1 m/s 的速度流过平板。计算距前沿 0.3 m 处的边界层厚度和 0.3 m 宽板上的总曳力。

3.10-3 通过板的边界层流动。293 K 的水在 0.5 m/s 的速度下流过平板。进行下面的工作：

(1) 计算距进口前沿 0.1 m 点处以 m 为单位的边界层厚度；

(2) 在同一点上，计算点的剪切应力 τ_0。再计算总曳力系数。

3.10-4 湍流边界层的过渡点。101.3 kPa 和 293 K 的空气在 100 ft/s 的速度下流过光滑平板。空气流中的湍动发生在 $N_{Re,L}=5\times10^5$ 处，从层流边界层向湍流边界层的过渡的区域。

(1) 计算由进口前沿到发生过渡现象的距离；

(2) 计算距进口前沿 0.5 ft 和 3.0 ft 处的边界层厚度 δ，再计算这两个距离 $L=0.5$ 和 3.0 ft 处的曳力系数。

3.11-1 流体流动通过固体物体的量纲分析。流体流过固体的外部。施加在物体上的力 F 是流体速度 v、流体密度 ρ、流体黏度 μ 及物体尺寸 L 的函数。通过量纲分析得到由指定变量形成的无量纲数群。[注意：使用 M, L, t 单位制。F 的单位是 ML/t^2。选择 v, ρ 和 L 作为核心变量]

答案：$\pi_1=(F/L^2)/\rho v^2, \pi_2=\mu/Lv\rho$

3.11-2 气泡形成的量纲分析。当通过气体从液体表面下的小孔中喷出而生成气泡时，用量纲分析的方法将气泡尺寸数据与液体的性质相关联。假设有效变量是气泡直径 D、小孔直径 d、液体密度 ρ、表面张力 σ(单位 N/m)、液体黏度 μ 和 g，选择 d, ρ 和 g 作为核心变量。

答案：$\pi_1=D/d, \pi_2=\sigma/\rho d^2 g, \pi_3=\mu^2/\rho^2 d^3 g$

参考文献

(A1) Allis Chalmers Mfg. Co. *Bull. 1659*.

(A2) American Gas Association, "Orifice Metering of Natural Gas," *Gas Measurement Rept. 3*, New York, 1955.

(B1) BENNETT, C. O., and MYERS, J. E. *Momentum, Heat, and Mass Transfer*, 3rd ed. New York: McGraw-Hill Book Company, 1982.

(B2) BIRD, R. B., STEWART, W. E., and LIGHTFOOT, E. N. *Transport Phenomena*. New York: John Wiley & Sons, Inc., 1960.

(B3) BATES, R. L., FONDY, P. L., and CORPSTEIN, R. R. *I. E. C. Proc. Des. Dev.*, **2**, 310 (1963).

(B4) BROWN, G. G., et al. *Unit Operations*. New York: John Wiley & Sons, Inc., 1950.

(B5) BIGGS, R. D. *A. I. Ch. E. J.*, **9**, 636 (1963).

(B6) BAKKER, A., and GATES, L. E. *Chem. Eng. Progr.*, **91** (Dec.), 25 (1995).

(C1) CHARM, S. E. *The Fundamentals of Food Engineering*. 2nd ed. Westport, Conn.: Avi Publishing Co., Inc., 1971.

(C2) CARMAN, P. C. *Trans. Inst. Chem. Eng. (London)*, **15**, 150 (1937).

(C3) CALDERBANK, P. H. In *Mixing: Theory and Practice*, Vol. 2, V. W. Uhl and J. B. Gray (eds.). New York: Academic Press, Inc., 1967.

(C4) CORPSTEIN, R. R., FASANO, J. B., and MYERS, K. J. *Chem. Eng.*, **101** (Oct.), 138 (1994).

(C5) CASSON, N. A. *Rheology of Disperse Systems* (C. C. Mill, ed.), New York: Pergamon Press, 1959.

(D1) DREW, T. B., and HOOPES, J. W., JR. *Advances in Chemical Engineering*. New York: Academic Press, Inc., 1956.

(D2) DODGE, D. W., and METZNER, A. B. *A. I. Ch. E. J.*, **5**, 189 (1959).

(D3) DOEBELIN, E. O. *Measurement Systems Application and Design*. 4th ed. New York: McGraw-Hill Book Company, 1990.

(D4) DARBY, R., and MELSON, J. *Chem. Eng.*, **88** (No. 12), 59 (1981).

(E1) ERGUN, S. *Chem. Eng. Progr.*, **48**, 89 (1952).

(F1) FOX, E. A., and GEX, V. E. *A. I. Ch. E. J.*, **2**, 539 (1956).

(F2) FASANO, J. B., BAKKER, A., and PENNEY, W. R. *Chem. Eng.*, **101** (Aug.), 110 (1994).

(G1) GODLESKI, E. S., and SMITH, J. C. *A. I. Ch. E. J.*, **8**, 617 (1962).

(G2) GELDART, D. *Powder Technol.*, **6**, 201 (1972); **7**, 285 (1973).

(G3) GELDART, D., and ABRAHAMSEN, A. R. *Powder Technol.*, **19**, 133 (1978).

(G4) GELDART, D. *Gas Fluidization Technology*. New York: John Wiley & Sons. Inc., 1986.

(H1) HARPER, J. C., and EL SAHRIGI. *J. Food Sci.*, **30**, 470 (1965).

(H2) HO, F. C., and KWONG, A. *Chem. Eng.*, July 23, 94 (1973).

(K1) KUNII, D., and LEVENSPIEL, O. *Fluidization Engineering*. New York: John Wiley & Sons, Inc., 1969.

(K2) KRIEGER, I. M., and MARON, S. H. *J. Appl. Phys.*, **25**, 72 (1954).

(K3) Koch Engineering Co. *Bull. KSM*-5 (1986).

(L1) LEAMY, G. H. *Chem. Eng.*, Oct. 15, 115 (1973).

(L2) LEVA, M., WEINTRAUB, M., GRUMMER, M., POLLCHIK, M., and STORCH, H. H. *U. S. Bur. Mines Bull.*, 504 (1951).

(M1) METZNER, A. B., FEEHS, R. H., RAMOS, H. L., OTTO, R. E., and TUTHILL, J. D. *A. I. Ch. E. J.*, **7**, 3 (1961).

(M2) MCCABE, W. L., SMITH, J. C., and HARRIOTT, P. *Unit Operations of Chemical Engineering*, 4th ed. New York: McGraw-Hill Book Company, 1985.

(M3) METZNER, A. B., and REED, J. C. *A. I. Ch. E. J.*, **1**, 434 (1955).

(M4) MOHSENIN, N. N. *Physical Properties of Plant and Animal Materials*, Vol. 1, Part Ⅱ. New York: Gordon & Breach, Inc., 1970.

(M5) MOO-YUNG, TICHAR, M. K., and DULLIEN, F. A. L. *A. I. Ch. E. J.*, **18**, 178 (1972).

(M6) MEYERS, K. J., BAKKER, A., and RYAN, D. *Chem. Eng. Progr.*, **93** (June), 28 (1997).

(M7) McKelvey, J. M. *Polymer Processing*. New York: John Wiley & Sons, Inc., 1962.

(N1) Norwood, K. W., and Metzner, A. B. *A. I. Ch. E. J.*, **6**, 432 (1960).

(P1) Perry, R. H., and Green, D. *Perry's Chemical Engineers' Handbook*, 6th ed. New York: McGraw-Hill Book Company, 1984.

(P2) Pinchbeck, R H., and Popper, F. *Chem. Eng. Sci.*, **6**, 57 (1956).

(P3) Patterson, W. I., Carreau, P. J., and Yap, C. Y. *A. I. Ch. E. J.*, **25**, 208 (1979).

(P4) Perry, R. H., and Chilton, C. H. *Chemical Engineers' Handbook*, 5th ed. New York: McGraw-Hill Book Company, 1973.

(R1) Rushton, J. H., Costich, D. W., and Everett, H. *J. Chem. Eng. Progr.*, **46**, 395,467 (1950).

(R2) Rautzen, R. R., Corptstein, R. R., and Dickey, D. S. *Chem. Eng.*, Oct. 25, 119 (1976).

(S1) Stevens, W. E. Ph. D. thesis, University of Utah, 1953.

(S2) Skelland, A. H. P. *Non-Newtonian Flow and Heat Transfer*. New York: John Wiley & Sons, Inc., 1967.

(S3) Streeter, V. L. *Handbook of Fluid Dynamics*. New York: McGraw-Hill Book Company, 1961.

(S4) Schlichting, H. *Boundary Layer Theory*. New York: McGraw-Hill Book Company, 1955.

(T1) Treybal, R. E. *Liquid Extraction*, 2nd ed. New York: McGraw-Hill Book Company, 1953.

(T2) Treybal, R. E. *Mass Transfer Operations*, 3rd ed. New York: McGraw-Hill Book Company, 1980.

(U1) Uhl, V. W., and Gray, J. B. (eds.), *Mixing: Theory and Practice*, Vol. I. New York: Academic, 1969.

(W1) Weisman, J., and Efferding, L. E. *A. I. Ch. E. J.*, **6**, 419 (1960).

(W2) Winning, M. D. M. Sc. thesis, University of Alberta, 1948.

(W3) Walters, K. *Rheometry*. London: Chapman & Hall Ltd., 1975.

(W4) Wen, C. Y., and Yu, Y. H. *A. I. Ch. E. J.*, **12**, 610 (1966).

(W5) Wilhelm, R. H., and Kwauk, M. *Chem. Eng. Progr.*, **44**, 201 (1948).

(W6) Welty, J. R., Wicks, C. E., and Wilson, R. E. *Fundamentals of Momentum, Heat, and Mass Transfer*, 3rd ed. New York: John Wiley & Sons, 1984.

(Z1) Zlokarnik, M., and Judat, H. *Chem. Eng. Tech.*, **39**, 1163 (1967).

第 4 章　定态传热的基本原理

4.1　传热的概述及机理

4.1.1　定态传热概述

以热量形式进行的能量传递过程发生在许多化工过程和其他类型的过程中。传热常与其他分离过程结合在一起发生，如木材或食品的干燥、酒精的精馏、燃料的燃烧和蒸发。由于温度差推动力而发生传热，所以热从高温区流向低温区。

在第 2.3 第节中，我们通过写出式(2.3－7)推导了一个定态条件下动量、热能或质量的通用性质衡算方程。写出相似的但指定为热量传递的方程，有

$$\text{热流入速率}+\text{热产生速率}=\text{热流出速率}+\text{热累积速率} \tag{4.1-1}$$

假设热的传递速率仅由传导产生，我们可以改写式(2.3－14)，傅里叶定律如下

$$\frac{q_x}{A}=-k\frac{\mathrm{d}T}{\mathrm{d}x} \tag{4.1-2}$$

应用式(4.1－1)和式(4.1－2)，对图 4.1－1 中的微元体积或控制体积仅作 x 方向的非定态热衡算，截面积是 $A(\mathrm{m}^2)$，

$$q_{x|x}+\dot{q}(\Delta x\cdot A)=q_{x|x+\Delta x}+\rho c_p\frac{\partial T}{\partial t}(\Delta x\cdot A) \tag{4.1-3}$$

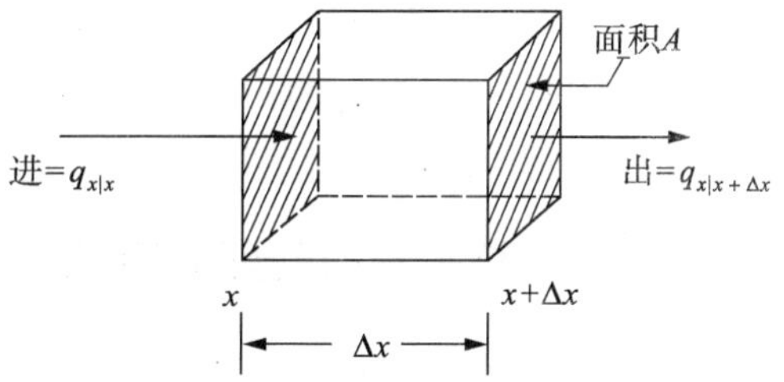

图 4.1－1　控制体内热传递的非定态衡算

这里 $\dot{q}$ 是单位体积的热产生速率。假设无热量产生，并假设是定态传热，热的累积速率为零，则式(4.1－3)变为

$$q_{x|x}=q_{x|x+\Delta x} \tag{4.1-4}$$

这意味着通过传导输入的热量＝通过传导输出的热量；或对于定态传热 q_x 随时间变化保持常数。

本章中我们关心的是热的累积速率为零的控制体，并且是定态的热量传递。传热速率随时间为常数，体系中各点的温度不随时间而变化。为了解决定态传热过程的各种问题，要对不同传热模型，如傅里叶定律这样的各种微分方程形式的机理表达式进行积分。在本章中将得出温度分布和热通量的表达式。

在第 5 章中，当累积速率不为零和发生非定态传热过程时，将再应用能量衡算方程式(2.7－2)和式(4.1－3)。对于各点的温度和传热速率随时间变化的情况，将应用偏微分方

程形式的傅里叶定律的机理表达式。在第 5.6 节中,将推导能量变化的通用微分方程,并对各种特定的情况进行积分,以确定其温度分布和热通量。

4.1.2 传热的基本机理

通过下面三种基本热量传递机理中的任何一种或多种方式会发生传热过程:传导,对流,辐射。

(1) 传导。可通过固体、液体和气体进行热的传导。热量通过相邻分子之间的动能传递而传导。在气体中,具有较大能量的运动的"热"分子将能量传递给相邻的处于较低能量水平的分子。这种类型的传递现象在某种程度上存在于所有存在温度梯度的固体、气体或液体中。在传导中能量也可由"自由"电子传递,这在金属固体中是十分重要的。主要通过传导方式进行热量传递的例子有:通过换热器或制冷机壁的传热、钢锻件的热处理、冬季大地的冻结等等。

(2) 对流。通过对流方式传热,是指通过主体传递和通过较暖和较冷的两部分气体或液体的宏观元的混合进行的传热。它也常常指那些固体表面与液体之间的换热。必须将流体在泵、风机和其他的机械方式作用下强制流过固体表面的强制对流传热,与靠近固体表面的较暖或较冷流体由于流体温差导致的密度差而产生的自然循环或自然对流传热这两种对流方式加以区别。通过对流方式进行热量传递的例子有:汽车散热片上通过风机将空气循环的强制散热、容器中食品烹调时的搅拌、一杯热咖啡通过在表面吹气将其冷却等等。

(3) 辐射。辐射与传导和对流这两种传递过程不同,是不需要物理介质的传热过程。辐射是一种以电磁波方式通过空间进行的能量传递,其传递方式与电磁光波传递光的方法有许多相同处。决定光传递的定律也同样是决定热辐射传递的定律。固体和液体都将吸收和传递通过它们的辐射能,因此主要通过空间或气体传递的辐射能是很重要的。辐射的最典型的例子是从太阳向地球的热量传递。其他的例子有:通过红-热电热器底下烹煮食品、燃烧炉内盘管中流体的加热等等。

4.1.3 热传导的傅里叶定律

正如 2.3 节中关于通用分子传递方程的讨论中所说的,三种主要类型的传递过程速率——动量传递、热量传递和质量传递,是由相同的通用类型方程表示其过程特征的。电流的传递也可包括在这种分类中。

这一基本方程如下:

$$\text{传递过程速率}=\frac{\text{推动力}}{\text{阻力}} \tag{2.3-1}$$

这个方程阐述了我们直觉知道的事实:对热和质这样的性质进行传递,需要能够克服阻力的推动力。

通过传导进行热传递也遵循这一基本方程,并可写成流体或固体中热传导的傅里叶定律:

$$\frac{q_x}{A}=-k\frac{\mathrm{d}T}{\mathrm{d}x} \tag{4.1-2}$$

式中,q_x是 x 方向的传热速率,单位为瓦特(W),A 是热流方向的法向截面积(m^2),T 是温度

(K)，x 是距离(m)，k 是导热系数，在 SI 制中的单位为 W/(m·K)。式(4.1-2)中的负号是因为当热流在指定方向上是正值时，温度在这个方向上是降低的，所以要求加上负号。

式(4.1-2)中的单位也可用 cgs 制表示，q_x 的单位是 cal/s；A 的单位是 cm^2，k 的单位是 cal/(s·℃·cm)，T 的单位是℃，x 的单位是 cm。在英制单位中，相应的单位对 q_x 是 btu/h，A 是 ft^2，T 是℉，x 是 ft，k 是 btu/(h·℉·ft)，q_x/A 是 btu/(h·ft^2)。由附录 A.1 得：热传导系数的换算因子为

$$1\ \text{btu/(h·ft·℉)} = 4.136\,5\times10^{-3}\ \text{cal/(s·cm·℃)} \tag{4.1-5}$$

$$1\ \text{btu/(h·ft·℉)} = 1.730\,73\ \text{W/(m·k)} \tag{4.1-6}$$

对热通量和功的换算因子为

$$1\ \text{btu/(h·ft}^2\text{)} = 3.154\,6\ \text{W/m}^2 \tag{4.1-7}$$

$$1\ \text{btu/h} = 0.293\,07\ \text{W} \tag{4.1-8}$$

傅里叶定律方程式(4.1-2)，对在点 1 的内部温度为 T_1，距离(x_2-x_1)m 远的点 2 处为 T_2，通过恒定截面积 A 的平面壁进行定态传热的情况，可进行积分。
将式(4.1-2)进行整理得，

$$\frac{q_x}{A}\int_{x_1}^{x_2}\mathrm{d}x = -k\int_{T_1}^{T_2}\mathrm{d}T \tag{4.1-9}$$

假设 k 是不随温度而变化的常数，并为了方便起见，去掉 q_x 的下标 x，积分得

$$\frac{q}{A} = \frac{k}{x_2-x_1}(T_1-T_2) \tag{4.1-10}$$

例 4.1-1　通过保温壁的热损失。 计算由 25.4 mm 厚的保温纤维板构成的保温壁表面每平方米的热损失，这里的内部温度是 352.7 K，外部温度是 297.1 K。

解： 由附录 A.3 查得，保温纤维板的导热系数是 0.048 W/(m·K)。厚度 $x_2-x_1=0.025\,4$ m。代入式(4.1-10)，得

$$\begin{aligned}\frac{q}{A} &= \frac{k}{x_2-x_1}(T_1-T_2) = \frac{0.048}{0.025\,4}(352.7-297.1)\\ &= 105.1\ \text{W/m}^2\\ &= (105.1\ \text{W/m}^2)\frac{1}{(3.154\,6\ \text{W/m}^2)/(\text{btu/(h·ft}^2\text{)})}\\ &= 33.30\ \text{btu/(h·ft}^2\text{)}\end{aligned}$$

4.1.4　导热系数

导热系数的定义式已由式(4.1-2)给出。利用这一定义式，已对不同物质进行实验测定，确定了它们的导热系数。为了进行比较，在表 4.1-1 中给出了一些物质的导热系数。附录中给出了更详细的数据，附录 A.3 是关于各种有机物和无机物的，附录 A.4 是关于食品和生物物质的。如在表 4.1-1 中看到的，气体具有很低的导热系数值，液体的值中等，固体金属的值非常高。

表 4.1-1 某些物质在 101.325 kPa(1 atm)压力下的导热系数(k,单位 W/(m·K))

物质	温度(K)	k	参考文献	物质	温度(K)	k	参考文献
气体				固体			
空气	273	0.024 2	(K2)	冰	273	2.25	(C1)
	373	0.031 6		耐火砖	473	1.00	(P1)
H_2	273	0.167	(K2)	纸		0.130	(M1)
正丁烷	273	0.013 5	(P2)	硬橡胶	273	0.151	(M1)
液体				软木板	303	0.043	(M1)
水	273	0.569	(P1)	石棉	311	0.168	(M1)
	366	0.680		绝缘纤维	266	0.029	(K1)
苯	303	0.159	(P1)	钢	291	45.3	(P1)
	333	0.151			373	45	
生物物质和食品				铜	273	388	
橄榄油	293	0.168	(P1)		373	377	(P1)
	373	0.164		铝	273	202	(P1)
瘦牛肉	263	1.35	(C1)				
脱脂乳	275	0.638	(C1)				
苹果酱	269	0.692	(C1)				
鲑鱼	277	0.502	(C1)				
	248	1.30					

(1) 气体。在气体中,热传导的机理相对较简单。分子连续、随机运动,相互碰撞,并进行能量和动量交换。如果分子从高温区向低温区移动,它将动能传递到这个区域,并通过与低能分子的碰撞释放这些能量。因为较小的分子移动较快,因此如表 4.1-1 所示,氢这样的气体将有较高的导热系数。

计算气体导热系数的理论比较准确,其他文献中有相关介绍(R1)。导热系数近似随绝对温度的平方根增加,而在几个大气压下与压力无关。但是在非常低的压力(真空)下,导热系数趋向于零。

(2) 液体。液体中能量传导的物理机理与高能分子与低能分子碰撞的气体的热传导有些类似。然而在液体中,分子紧密地排列在一起,分子力场对能量交换施加了很强的影响,因为还没有一种适当的液体分子理论,因此大多数对于液体导热系数的关联和预测都是经验方法。Reid 等(R1)对此进行了详细的讨论。液体的导热系数随温度有一定的变化,并常被表示为线性的变化关系。

$$k=a+bT \tag{4.1-11}$$

式中 a 和 b 是经验常数。液体导热系数基本与压力无关。

与有机类液体如苯相比,水具有较高的导热系数。如表 4.1-1 所示,大多数非冷冻食品物质,如脱脂乳、苹果酱,它们含有大量的水,其导热系数接近纯水。

(3) 固体。均匀固体的导热系数变化范围很大,如在表 4.1-1 中所看到的某些典型值。金属固体铜和铝有非常高的导热系数,而某些保温非金属材料如石棉和绝缘纤维的导热系数非常低。

热或能以两种机理通过固体进行传导。第一种主要应用于金属固体物质的机理中,热量像电流一样，以穿过金属晶格移动的自由电子进行传导。在存在于所有固体物质的第二种传递机理中，通过相邻原子之间的振动进行能量传递而传导热量。

因为保温材料含有大量填充其空隙空间的空气，所以如石棉这样的保温材料导热系数接近于空气。对如液氢这样的低温物质的超绝热保温装置是由多层真空隔离层分开的高反射物质所组成的，其导热系数比单一的空气层低很多。

冰的导热系数比水大得多。因此表 4.1－1 中给出的冷冻食品，如瘦牛肉、鲑鱼的导热系数比非冷冻食品的值高得多。

4.1.5　对流传热系数

众所周知，当空气吹过或强制通过一块热物质时，它将很快被冷却。当固体外部表面的流体处于强制或自然对流运动时，我们用下面的方程表示从固体向流体的传热速率，反过来也是如此：

$$q=hA(T_w-T_f) \tag{4.1-12}$$

式中 q 是传热速率，单位为 W，A 是面积，m^2，T_w是固体表面的温度，K，T_f是流过流体的平均温度或主体温度，K，h 是对流传热系数，W/(m^2·K)。在英制单位中，h 的单位是 btu/(h·ft^2·℉)。

系数 h 是系统的几何形体、流体性质、流速和温差的函数。因为这一系数不能理论预测，在许多情况下，可获得预测它的经验关联式。因为我们知道，当流体流过物体表面时，紧靠物体壁处有一个几乎是静止的流体薄层或流体膜，大部分的传热阻力存在于这层膜中，因此我们常将系数 h 称为膜系数。

表 4.1－2 中对自由或自然对流、强制对流、沸腾、冷凝等不同作用机理情况下的某些 h 值，给出了其数值大小。给出的水的传热系数值最高。

表 4.1－2　某些传热系数的近似大小

原理	h 的取值范围	
	btu/(h·ft^2·℉)	W/(m^2·K)
冷凝蒸气	1 000～5 000	5 700～28 000
冷凝有机物	200～500	1 100～2 800
沸腾液体	300～5 000	1 700～28 000
流动的水	50～3 000	280～17 000
流动的烃类物质	10～300	55～1 700
静止的空气	0.5～4	2.8～23
流动的空气	2～10	11.3～55

将传热系数 h 从英制单位转化到 SI 制，有

$$1\ \text{btu/(h·ft}^2\text{·℉)}=5.678\ 3\ \text{W/(m}^2\text{·K)}$$

4.2　传导传热

4.2.1　通过平板或壁的传导

本节将应用傅里叶方程式(4.1－2)得到通过某些简单几何体的一维定态热传导的方

程。对于方程式(4.1-2)中截面积 A 和 k 是常数的平板或壁,我们得到了式(4.1-10),将该式重写为

$$\frac{q}{A}=\frac{k}{x_2-x_1}(T_1-T_2)=\frac{k}{\Delta x}(T_1-T_2) \tag{4.2-1}$$

这示于图 4.2-1,这里 $\Delta x=x_2-x_1$。式(4.2-1)表明,如果用 T 代替 T_2 和用 x 代替 x_2,则温度随距离的线性变化如图 4.1-2(b)所示。

如果导热系数不是常数,是随温度线性变化的,则将式(4.1-11)代入方程式(4.1-2)并进行积分,得

$$\frac{q}{A}=\frac{a+b\dfrac{T_1+T_2}{2}}{\Delta x}(T_1-T_2)=\frac{k_{\rm m}}{\Delta x}(T_1-T_2) \tag{4.2-2}$$

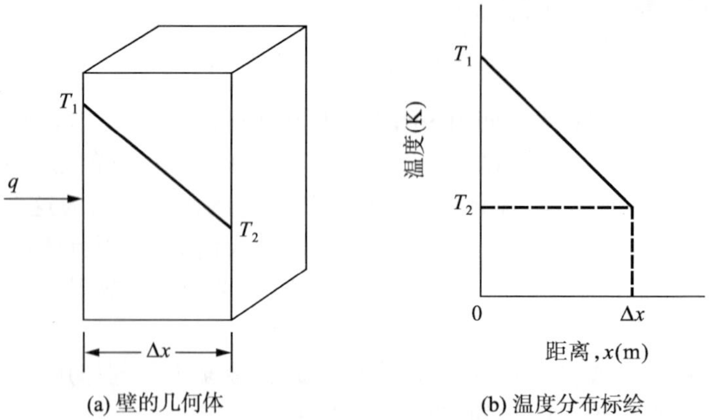

图 4.2-1　平壁上的热传导

式中

$$k_{\rm m}=a+b\frac{T_1+T_2}{2} \tag{4.2-3}$$

这意味着,用于式(4.2-2)中的 k 的平均值(即 $k_{\rm m}$)是 T_1 和 T_2 线性平均的 k 估算值。

如传递过程概述中关于式(2.3-1)所阐述的那样,传递过程的速率等于推动力除以阻力。式(4.2-1)可重写为下面的形式:

$$q=\frac{T_1-T_2}{\Delta x/kA}=\frac{T_1-T_2}{R}=\frac{\text{推动力}}{\text{阻力}} \tag{4.2-4}$$

这里 $R=\Delta x/kA$ 是阻力,单位为 K/W 或 h·℉/btu。

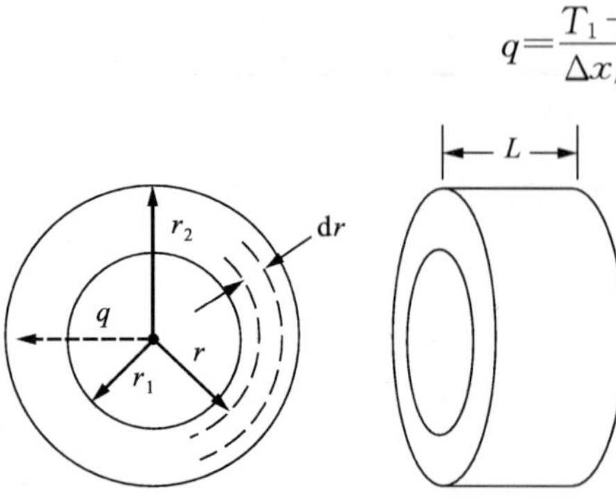

图 4.2-2　圆柱中的热传导

4.2.2　通过中空圆柱的传导

在过程工业的许多实例中,热量是通过厚壁圆柱的器壁进行传递的,例如保温或不保温的管子。考虑图 4.2-2 中的中空圆柱,其内径为 r_1,内部温度为 T_1,外径 r_2,温度为 T_2,长度为 L(m)。热量从

内表面径向地流向外表面。用距离 dr 代替 dx，重写傅里叶定律方程(4.1－2)，得

$$\frac{q}{A}=-k\frac{\mathrm{d}T}{\mathrm{d}r} \tag{4.2-5}$$

热流的法向截面积为

$$A=2\pi rL \tag{4.2-6}$$

将式(4.2－6)代入式(4.2－5)，进行整理并积分，得

$$\frac{q}{2\pi L}\int_{r_1}^{r_2}\frac{\mathrm{d}r}{r}=-k\int_{T_1}^{T_2}\mathrm{d}T \tag{4.2-7}$$

$$q=k\frac{2\pi L}{\ln(r_2/r_1)}(T_1-T_2) \tag{4.2-8}$$

分子和分母同乘(r_2-r_1)得，

$$q=kA_{\mathrm{lm}}\frac{T_1-T_2}{r_2-r_1}=\frac{T_1-T_2}{(r_2-r_1)/(kA_{\mathrm{lm}})}=\frac{T_1-T_2}{R} \tag{4.2-9}$$

式中

$$A_{\mathrm{lm}}=\frac{(2\pi Lr_2)-(2\pi Lr_1)}{\ln(2\pi Lr_2/2\pi Lr_1)}=\frac{A_2-A_1}{\ln(A_2/A_1)} \tag{4.2-10}$$

$$R=\frac{r_2-r_1}{kA_{\mathrm{lm}}}=\frac{\ln(r_2/r_1)}{2\pi kL} \tag{4.2-11}$$

A_{lm}是对数平均面积。在工程实践中，如果 $A_2/A_1<1.5/1$，线性平均面积$(A_1+A_2)/2$与对数平均面积的误差在 1.5％以内。根据式(4.2－8)，如果用 r 代替r_2和 T 代替 T_2，可看到温度是随 $\ln r$ 线性变化的函数，而不是平壁情况下随 r 变化的函数。如果导热系数如式(4.1－10)，是随温度变化的，可以表明用于圆柱体的平均值仍然是式(4.2－3)表示的 k_{m}值。

例 4.2－1　冷凝盘管的管长

内径为 5 mm 和外径为 20 mm 的硬质橡胶厚壁圆管，用于水浴中的临时冷却盘管。冰水在内部快速流动，内壁温度为 274.9 K。外表面温度为 297.1 K。必须通过冷却盘管从水浴中移除总量为 14.65 W 的热量。问需要多少米长的管子？

解：由附录 A.3 得，水在 0 ℃(273 K)的导热系数 $k=0.151$ W/(m·K)。因为没有其他温度下的数据，所以将把这个值用于 274.9 至 297.1 K 的范围。

$$r_1=\frac{5}{1\,000}=0.005\ \mathrm{m}\quad r_2=\frac{20}{1\,000}=0.02\ \mathrm{m}$$

首先将进行 1.0 m 管长的计算，求解式(4.2－10)中的面积 A_1、A_2和 A_{lm}，

$$A_1=2\pi Lr_1=2\pi\times1.0\times0.005=0.031\,4\ \mathrm{m}^2\quad A_2=0.125\,7\ \mathrm{m}^2$$

$$A_{\mathrm{lm}}=\frac{A_2-A_1}{\ln(A_2/A_1)}=\frac{0.125\,7-0.031\,4}{\ln(0.125\,7/0.031\,4)}=0.068\,0\ \mathrm{m}^2$$

代入式(4.2－9)并求解方程，得

$$q = kA_{\rm lm}\frac{T_1 - T_2}{r_2 - r_1} = 0.151 \times 0.0682 \times \frac{274.9 - 297.1}{0.02 - 0.005}$$
$$= -15.2\ \mathrm{W}(51.9\ \mathrm{btu/h})$$

负号表示热流是从外表面的 r_2 到内表面的 r_1。因为 1 m 长的管子有 15.2 W 的热量被移走,所以需要的管长为

$$管子长度 = \frac{14.65\ \mathrm{W}}{15.2\ \mathrm{W/m}} = 0.964\ \mathrm{m}$$

要注意橡胶的导热系数是非常小的。因为金属的导热系数很大,所以一般使用金属冷却盘管。这种情况下的液膜阻力非常小,可忽略不计。

4.2.3　通过中空球的传导

通过中空球体的热传导是一维传导的另一种情况。对于恒定导热系数的 $\mathrm{d}r$ 距离应用傅里叶定律,这里 r 是球体的半径,

$$\frac{q}{A} = -k\frac{\mathrm{d}T}{\mathrm{d}r} \tag{4.2-5}$$

热流的法向截面积为

$$A = 4\pi r^2 \tag{4.2-12}$$

将方程式(4.2-12)代入式(4.2-5),整理并积分,得

$$\frac{q}{4\pi}\int_{r_1}^{r_2}\frac{\mathrm{d}r}{r^2} = -k\int_{T_1}^{T_2}\mathrm{d}t \tag{4.2-13}$$

$$q = \frac{4\pi k(T_1 - T_2)}{1/r_1 - 1/r_2} = \frac{T_1 - T_2}{(1/r_1 - 1/r_2)/4\pi k} \tag{4.2-14}$$

该式很容易证明,温度随半径呈双曲线变化。(见习题 4.2-5)

4.3　通过串联固体壁的传导

4.3.1　串联的平壁

如图 4.3-1 所示,对存在一种以上材料的多层壁的情况,我们按下面的方法着手处理。三种材料 A、B 和 C 中的温度分布如 4.3-1 图所示。因为每一层中的热流 q 必定相等,我们可对每一层写出其傅里叶方程如下,

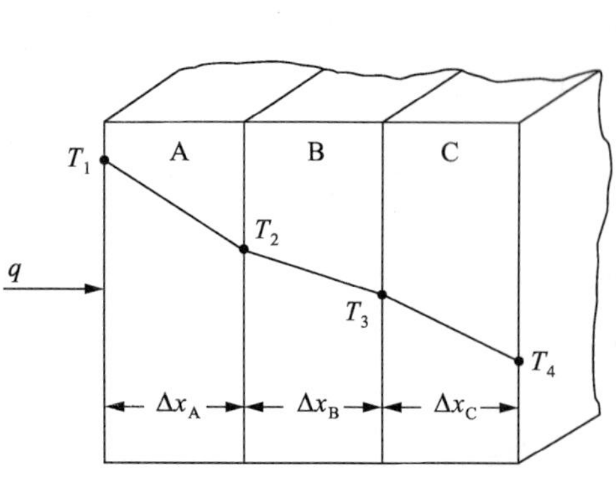

图 4.3-1　穿过多层壁的热流

$$q = \frac{k_A A}{\Delta x_A}(T_1 - T_2)$$
$$= \frac{k_B A}{\Delta x_B}(T_2 - T_3) = \frac{k_C A}{\Delta x_C}(T_3 - T_4) \tag{4.3-1}$$

对 ΔT 求解每个方程,得

$$T_1-T_2=q\frac{\Delta x_A}{k_AA},\quad T_2-T_3=q\frac{\Delta x_B}{k_BA},\quad T_3-T_4=q\frac{\Delta x_C}{k_CA}\tag{4.3-2}$$

将以上方程中的 T_1-T_2、T_2-T_3 和 T_3-T_4 相加，消去中间温度 T_2 和 T_3 最后将方程整理为

$$q=\frac{T_1-T_4}{\Delta x_A/(k_AA)+\Delta x_B/(k_BA)+\Delta x_C/(k_CA)}=\frac{T_1-T_4}{R_A+R_B+R_C}\tag{4.3-3}$$

式中阻力 $R_A=\Delta x_A/k_AA$，依次类推。

因此，最终方程是由总温度降 T_1-T_4 和总阻力 $R_A+R_B+R_C$ 项表示的。

例 4.3-1　通过冷藏室保温壁的热流

一个冷藏室由 12.7 mm 的松木内层、101.6 mm 的软木板中间层和 76.2 mm 的混凝土外层构成。冷藏室内壁表面的温度是 255.4 K，混凝土的外表面的温度是 297.1 K。利用从附录 A.3 查得的导热系数：松木为 0.151；软木板为 0.043 3；混凝土为 0.762(W/(m·K))。以 W 为单位，计算 1 m^2 的热损失，并计算松木与软木板界面上的温度。

解：令 $T_1=255.4$ K，$T_4=297.1$ K，松木为材料 A，软木为材料 B，混凝土为材料 C，性质和尺寸的列表如下：

$$k_A=0.151,\quad k_B=0.043\,3,\quad k_C=0.762$$
$$\Delta x_A=0.012\,7\text{ m},\quad \Delta x_B=0.101\,6\text{ m},\quad \Delta x_C=0.076\,2\text{ m}$$

由式(4.3-3)得每 m^2 面积每种材料的阻力值如下，

$$R_A=\frac{\Delta x_A}{k_AA}=\frac{0.012\,7}{0.151\times1}=0.084\,1\text{ K/W}$$
$$R_B=\frac{\Delta x_B}{k_BA}=\frac{0.101\,6}{0.043\,3\times1}=2.346\text{ K/W}$$
$$R_C=\frac{\Delta x_C}{k_CA}=\frac{0.076\,2}{0.762\times1}=0.100\text{ K/W}$$

代入式(4.3-3)，得

$$q=\frac{T_1-T_4}{R_A+R_B+R_C}=\frac{255.4-297.1}{0.084\,1+2.346+0.100}$$
$$=\frac{-41.7}{2.530}=-16.48\text{ W}(-56.23\text{ btu/h})$$

因为答案是负值，所以热流从外向内流动。

为了计算松木和软木间界面的温度 T_2，利用下式：

$$q=\frac{T_1-T_2}{R_A}$$

代入已知值并求解，得

$$-16.48=\frac{255.4-T_2}{0.084\,1}\text{，在界面处 }T_2=256.79\text{ K}$$

计算 T_2 的另一种可用的方法是利用温度降正比于阻力：

$$T_1-T_2=\frac{R_A}{R_A+R_B+R_C}(T_1-T_4) \tag{4.3-4}$$

代入已知值，得

$$255.4-T_2=\frac{0.0841\times(255.4-297.1)}{2.530}=-1.39\ \mathrm{K}$$

因此得到 $T_2=256.79$ K，与前面计算所得到的值相同。

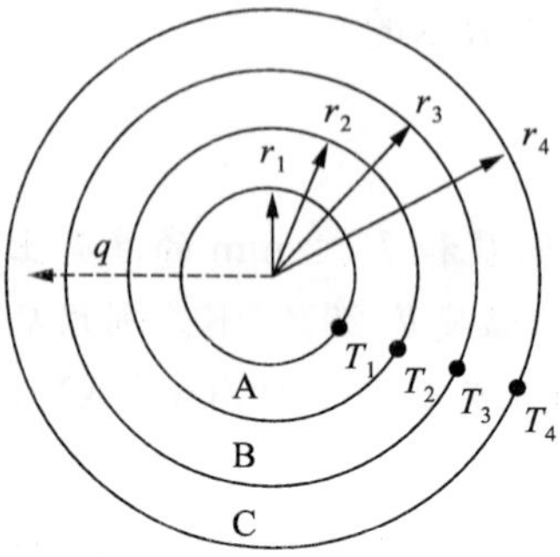

图 4.3-2 通过串联多层圆筒的径向热流

4.3.2 多层圆筒

在工业过程中，常发生通过多层圆筒的传热过程，例如当热量通过保温管壁传递时。图 4.3-2 显示了一根由两层保温层包裹的管子，即总的为三个中空圆筒。通过材料 A 的温降是 T_1-T_2，通过材料 B 的是 T_2-T_3，通过材料 C 的是 T_3-T_4。

因为是在定态情况下，所以很显然传热速率 q 对每一层将是相同的。对每一个中空圆筒列出与式(4.2-9)相似的方程式

$$q=\frac{T_1-T_2}{(r_2-r_1)/(k_A A_{A\,lm})}=\frac{T_2-T_3}{(r_3-r_2)/(k_B A_{B\,lm})}=\frac{T_3-T_4}{(r_4-r_3)/(k_C A_{C\,lm})} \tag{4.3-5}$$

式中

$$A_{A\,lm}=\frac{A_2-A_1}{\ln(A_2/A_1)}\quad A_{B\,lm}=\frac{A_3-A_2}{\ln(A_3/A_2)}\quad A_{C\,lm}=\frac{A_4-A_3}{\ln(A_4/A_3)} \tag{4.3-6}$$

用串联平板壁所用的相同方法，将上面的方程结合，消去 T_2 和 T_3，最后的方程是

$$q=\frac{T_1-T_4}{(r_2-r_1)/(k_A A_{A\,lm})+(r_3-r_2)/(k_B A_{B\,lm})+(r_4-r_3)/(k_C A_{C\,lm})} \tag{4.3-7}$$

$$q=\frac{T_1-T_4}{R_A+R_B+R_C}=\frac{T_1-T_4}{\sum R} \tag{4.3-8}$$

因此，总阻力也是各个串联阻力之和。

例 4.3-2 保温管的热损失

一根不锈钢(A)的厚壁管，$k=21.63$ W/(m·K)，其尺寸为 0.025 4 m ID (内径)和 0.050 8 m OD(外径)，用 0.025 4 m 厚的保温层(B)包裹，其 $k=0.2423$ W/(m·K)。管子的内壁温度是 811 K，保温层的外表面温度是 310.8 K。对 0.305 m 的管子，计算热损失，并计算金属与保温层之间界面的温度。

解：令 $T_1=811$ K，T_2 为界面温度，$T_3=310.8$ K，尺寸如下，

$$r_1=\frac{0.0254}{2}=0.0127\ \mathrm{m}\quad r_2=\frac{0.0508}{2}=0.0254\ \mathrm{m}\quad r_3=0.0508\ \mathrm{m}$$

对 $L=0.305$ m，各面积如下：

$$A_1=2\pi Lr_1=2\pi\times0.305\times0.0127=0.0243\ \mathrm{m^2}$$
$$A_2=2\pi Lr_2=2\pi\times0.305\times0.0254=0.0487\ \mathrm{m^2}$$
$$A_3=2\pi Lr_3=2\pi\times0.305\times0.0508=0.0974\ \mathrm{m^2}$$

由方程式(4.3-7)，得不锈钢(A)和保温层(B)的对数平均面积为

$$A_{\mathrm{A\,lm}}=\frac{A_2-A_1}{\ln(A_2/A_1)}=\frac{0.0487-0.0243}{\ln(0.0487/0.0243)}=0.0351\ \mathrm{m^2}$$
$$A_{\mathrm{B\,lm}}=\frac{A_3-A_2}{\ln(A_3/A_2)}=\frac{0.0974-0.0487}{\ln(0.0974/0.0487)}=0.0703\ \mathrm{m^2}$$

由方程式(4.3-7)，得阻力为

$$R_{\mathrm{A}}=\frac{r_2-r_1}{k_{\mathrm{A}}A_{\mathrm{A\,lm}}}=\frac{0.0127}{21.63\times0.0351}=0.01673\ \mathrm{K/W}$$
$$R_{\mathrm{B}}=\frac{r_3-r_2}{k_{\mathrm{B}}A_{\mathrm{B\,lm}}}=\frac{0.0254}{0.2423\times0.0703}=1.491\ \mathrm{K/W}$$

因此传热速率为

$$q=\frac{T_1-T_3}{R_{\mathrm{A}}+R_{\mathrm{B}}}=\frac{811-310.8}{0.01673+1.491}=331.7\ \mathrm{W}(1\,132\ \mathrm{btu/h})$$

要计算温度 T_2，

$$q=\frac{T_1-T_2}{R_{\mathrm{A}}}\quad 或\quad 331.7=\frac{811-T_2}{0.01673}$$

求解 $811-T_2=5.5$ K，得，$T_2=805.5$ K。由于金属壁的导热系数很高，因此通过它仅发生很小的温降。

4.3.3　通过并联材料的传导

假设两个固体平面并排放置，热流垂直于两个固体暴露表面的平面。则总的热流是通过固体 A 的热量加上通过固体 B 的热流总和。列出每个固体的傅里叶方程并进行加和，得

$$q_{\mathrm{T}}=q_{\mathrm{A}}+q_{\mathrm{B}}=\frac{k_{\mathrm{A}}A_{\mathrm{A}}}{\Delta x_{\mathrm{A}}}(T_1-T_2)+\frac{k_{\mathrm{B}}A_{\mathrm{B}}}{\Delta x_{\mathrm{B}}}(T_3-T_4)\tag{4.3-9}$$

式中 q_{T}是总热流量，T_1和 T_2是固体 A 前后表面的温度，T_3和 T_4是固体 B 前后表面的温度。

如果我们假设 $T_1=T_3$(A 和 B 前面的温度是相同的)，$T_2=T_4$(后面的温度相等)，

$$q_{\mathrm{T}}=\frac{T_1-T_2}{\Delta x_{\mathrm{A}}/k_{\mathrm{A}}A_{\mathrm{A}}}+\frac{T_1-T_2}{\Delta x_{\mathrm{B}}/k_{\mathrm{B}}A_{\mathrm{B}}}=\left(\frac{1}{R_{\mathrm{A}}}+\frac{1}{R_{\mathrm{B}}}\right)(T_1-T_2)\tag{4.3-10}$$

这种情况的一个实例是保温砖炉壁中钢加强件(B)并联并镶在墙体中。尽管钢的面积 A_{B}与保温砖的面积 A_{A}相比是很小的，但金属的高导热系数(它将比砖的导热系数大好几百倍)，结果会使钢的传导造成大部分的热损失。

另一个例子是增加热传导加速肉的冷冻干燥的方法。冻肉中的金属长钉能将热量更快地传导到肉的外部。

应当提到的是,在某些情况下,如果平行材料的导热系数明显不同,会发生一些二维的热流。这样利用式(4.3-10)得到的结果将受到一些影响。

4.3.4　对流和传导相结合的过程及总系数

在许多实际情况下,固体表面的两边存在着流体,因而表面温度(或表面的边界层条件)是未知的。考虑图 4.3-3(a)中的平面壁,在内表面上有温度为 T_1的热流体,在外表面上有温度为 T_4的冷流体。外面的对流系数是 h_o(W/(m^2·K)),内部的对流系数为 h_i。(本章的第 4.4 节中,将给出预测对流传热系数 h 的方法。)

应用方程式(4.1-12)和式(4.3-1),给出传热速率如下:

$$q=h_iA(T_1-T_2)=\frac{k_AA}{\Delta x_A}(T_2-T_3)=h_oA(T_3-T_4) \tag{4.3-11}$$

将 $1/h_iA$、$\Delta x_A/k_AA$ 和 $1/h_oA$ 表示为阻力,如前将以上方程结合,得

$$q=\frac{T_1-T_4}{1/h_iA+\Delta x_A/k_AA+1/h_oA}=\frac{T_1-T_4}{\sum R} \tag{4.3-12}$$

对传导和对流结合的总热量传递速率,常以下式定义的总传热系数项 U 表示:

$$q=UA\Delta T_{总} \tag{4.3-13}$$

式中 $\Delta T_{总}= T_1- T_4$,且 U 为

$$U=\frac{1}{1/h_i+\Delta x_A/k_A+1/h_o}\ \frac{\text{W}}{\text{m}^2\cdot\text{K}}\left(\frac{\text{btu}}{\text{h}\cdot\text{ft}^2\cdot{}^\circ\text{F}}\right) \tag{4.3-14}$$

一个较重要的应用实例是,在换热器中常常发生的热量从圆筒外的流体通过金属壁传递到管内流体的过程。图 4.3-3(b)中显示了这种情况。

应用与前面相同的程序方法,得到通过圆筒的总传热速率为

$$q=\frac{T_1-T_4}{1/h_iA_i+(r_o-r_i)/k_AA_{A\,\text{lm}}+1/h_oA_o}=\frac{T_1-T_4}{\sum R} \tag{4.3-15}$$

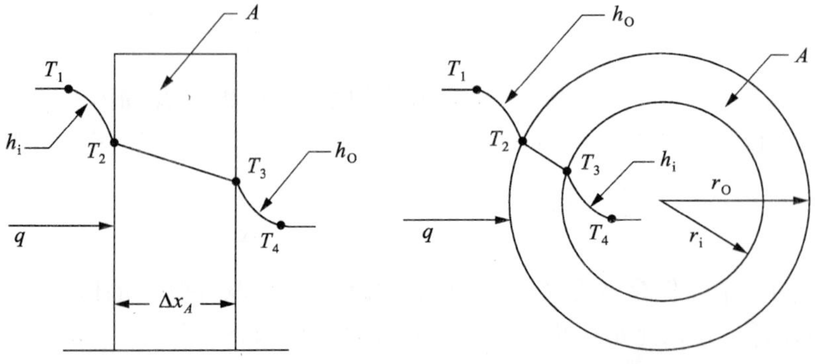

(a) 平面壁　　(b) 圆筒壁

图 4.3-3　有对流边界的热流

式中 A_i表示金属管内表面积 $2\pi L r_i$；$A_{A,lm}$是金属管的对数平均面积；A_o是外表面的面积。

圆筒的总传热系数 U 可以管子的内表面积 A_i或外表面积 A_o为基准。因此

$$q = U_i A_i (T_1 - T_4) = U_o A_o (T_1 - T_4) = \frac{T_1 - T_4}{\sum R} \tag{4.3-16}$$

$$U_i = \frac{1}{1/h_i + (r_o - r_i) A_i / k_A A_{A\,lm} + A_i / A_o h_o} \tag{4.3-17}$$

$$U_o = \frac{1}{A_o / A_i h_i + (r_o - r_i) A_o / k_A A_{A\,lm} + 1/h_o} \tag{4.3-18}$$

例 4.3-3　对流和传导的热损失及总传热系数 U

267 ℉的饱和蒸汽，在内径为 0.824 in. 和外径为 1.050 in. 的 3/4 in. 钢管中流动。管子的外面用 1.5 in. 的保温材料进行保温。管子内部蒸汽表面的对流传热系数估算为 h_i=1 000 btu/(h · ft^2 · ℉)。金属的平均导热系数为 45 W/(m · K)或 26 btu/(h · ft^2 · ℉)，保温层的值为 0.064 W/(m · K)或 0.037 btu/(h · ft · ℉)。

(1) 如果环境空气温度为 80 ℉，用阻力的方法计算 1 ft 管子的热损失；

(2) 用以内面积 A_i为基准的总系数 U_i的方法重复以上的计算。

解：(1) 令 r_i为钢管的内径，r_1为管子的外径，r_o为保温层的外径，则

$$r_o = \frac{0.412}{12}\ \text{ft} \quad r_1 = \frac{0.525}{12}\ \text{ft} \quad r_o = \frac{2.025}{12}\ \text{ft}$$

对 1 英尺的管子，面积如下：

$$A_i = 2\pi L r_i = 2\pi \times 1 \times \frac{0.412}{12} = 0.215\ 7\ \text{ft}^2$$

$$A_1 = 2\pi L r_1 = 2\pi \times 1 \times \frac{0.525}{12} = 0.275\ 0\ \text{ft}^2$$

$$A_o = 2\pi L r_o = 2\pi \times 1 \times \frac{2.025}{12} = 1.060\ \text{ft}^2$$

由式(4.3-6)得，钢管(A)和保温层(B)的对数平均面积分别为

$$A_{A\,lm} = \frac{A_1 - A_i}{\ln(A_1/A_i)} = \frac{0.275\ 0 - 0.215\ 7}{\ln(0.275\ 0/0.215\ 7)} = 0.245$$

$$A_{B\,lm} = \frac{A_o - A_1}{\ln(A_o/A_1)} = \frac{1.060 - 0.275\ 0}{\ln(1.060/0.275\ 0)} = 0.583$$

由式(4.3-15)得各层阻力为

$$R_i = \frac{1}{h_i A_i} = \frac{1}{1\ 000 \times 0.215\ 7} = 0.004\ 64$$

$$R_A = \frac{r_1 - r_i}{k_A A_{A\,lm}} = \frac{(0.525 - 0.412)/12}{26 \times 0.245} = 0.001\ 48$$

$$R_B = \frac{r_o - r_1}{k_B A_{B\,lm}} = \frac{(2.025 - 0.525)/12}{0.037 \times 0.583} = 5.80$$

$$R_o=\frac{1}{h_oA_o}=\frac{1}{2\times1.060}=0.472$$

由与式(4.3－15)相似的方程得

$$q=\frac{T_i-T_o}{R_i+R_A+R_B+R_o}=\frac{267-80}{0.004\ 64+0.001\ 48+5.80+0.472} \tag{4.3-19}$$

$$=\frac{267-80}{6.278}=29.8\ \text{btu/h}$$

(2) 将 U_i 与 q 相关联的是式(4.3－16),可使它与式(4.3－19)相等:

$$q=U_iA_i(T_i-T_o)=\frac{T_i-T_o}{\sum R} \tag{4.3-20}$$

求解 U_i

$$U_i=\frac{1}{A_i\sum R} \tag{4.3-21}$$

代入已知值得,

$$U_i=\frac{1}{0.215\ 7\times6.278}=0.738\ \frac{\text{btu}}{\text{h}\cdot\text{ft}^2\cdot{}^\circ\text{F}}$$

然后计算 q

$$q=U_iA_i(T_i-T_o)=0.738\times0.215\ 7\times(267-80)=29.8\ \text{btu/h}(8.73\ \text{W})$$

4.3.5 有内部生成热的传导过程

在特定的系统中,导热介质的内部产生热量,即存在均匀分布的热源。这类实例是电阻加热器和原子核燃料棒。如果介质中发生均匀的化学反应也放出反应热。在农业和环境卫生领域,发生生物活性反应的混合肥料堆和垃圾废料堆中都将释放出热量。

其他的重要实例是,在食品加工中存在新鲜水果和蔬菜的生物的呼吸氧化热。这些产生的热量可高达 0.3～0.6 W/kg 或 0.5～1 btu/(h·lb_m)。

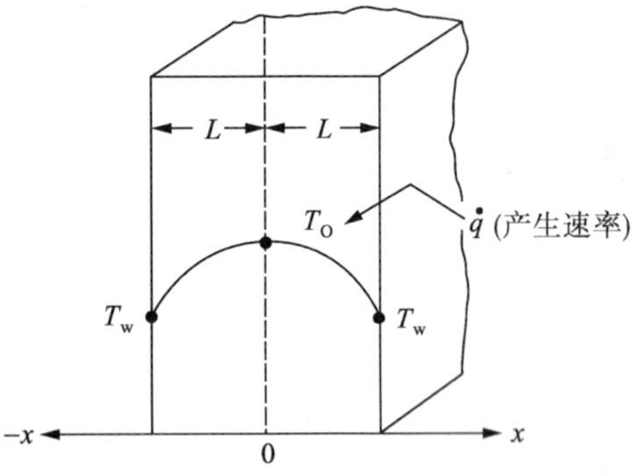

图 4.3－4　有稳定内部生成热的平面壁

(1) 平面壁中产生热量。图 4.3－4 显示有内部热量产生的平面壁。热量仅在 x 方向传递,其他的壁面假设是绝热的。在 $x=L$ 和 $x=-L$ 处的温度为 T_w 保持恒定。产生热的体积速率为 $\dot{q}$ (W/m³),介质的导热系数为 k (W/(m·K))。

为了推导定态产生热量情况下的方程,我们从式(4.1－3)出发,但去掉累积项:

$$q_{x|x}+\dot{q}(\Delta x\cdot A)=q_{x|x+\Delta x}+0 \tag{4.3-22}$$

式中 A 是平板的截面积。对方程进行整理,除以

Δx，并令 Δx 趋向于零：

$$\frac{-\mathrm{d}q_x}{\mathrm{d}x}+\dot{q}\cdot A=0 \tag{4.3-23}$$

将式(4.1-2)的 q_x 代入，得

$$\frac{\mathrm{d}^2 T}{\mathrm{d}x^2}+\frac{\dot{q}}{k}=0 \tag{4.3-24}$$

在 q 恒定的条件下积分，得

$$T=-\frac{\dot{q}}{2k}x^2+C_1 x+C_2 \tag{4.3-25}$$

式中 C_1 和 C_2 是积分常数。边界条件为 $x=L$ 或 $-L$，$T=T_w$，$x=0$，$T=T_0$（中心温度）。则温度分布为

$$T=-\frac{\dot{q}}{2k}x^2+T_0 \tag{4.3-26}$$

中心温度为

$$T_0=-\frac{\dot{q}L^2}{2k}+T_w \tag{4.3-27}$$

定态情况下由两个面产生的热损失等于总的生成热 $\dot{q}_T$(W)：

$$\dot{q}_T=\dot{q}(2LA) \tag{4.3-28}$$

式中 A 是板的截面积（T_w 的表面积）。

(2) 圆柱中产生热量。用类似的方法可推导半径为 R、有均匀分布热源和恒定导热系数的圆柱体的方程。假设热量仅在径向流动，即端面可忽略，或是绝热的。温度分布的最后方程是

$$T=\frac{\dot{q}}{4k}(R^2-r^2)+T_w \tag{4.3-29}$$

这里 r 是距中心的距离。中心温度 T_0 为

$$T_0=\frac{\dot{q}R^2}{4k}+T_w \tag{4.3-30}$$

例 4.3-4　圆柱中产生的热量

200 A 的电流通过直径 R 为 0.001 268 m 的不锈钢导线。导线长 $L=0.91$ m，电阻为 0.126 Ω。外表面温度 T_w 维持在 422.1 K。平均导热系数 $k=22.5$ W/(m · K)。试计算中心温度。

解：首先必须计算 $\dot{q}$。因为功率$=I^2R$，这里 I 是电流(A)，R 是电阻(Ω)。

$$I^2R = \text{瓦特数} = \dot{q}\pi R^2 L \tag{4.3-31}$$

代入已知值并求解

$$200^2 \times 0.126 = \dot{q}\pi \times 0.001\,268^2 \times 0.91$$
$$\dot{q} = 1.096 \times 10^9\ \text{W/m}^3$$

代入式(4.3-30)并求解,得 $T_0 = 441.7$ K。

4.3.6 圆柱保温层的临界厚度

在图 4.3-5 中,一层保温材料包裹在一根半径固定为 r_1、长度为 L 的圆柱体的外周,圆柱有较高的导热系数,在圆柱体外的 r_1 处,内部温度固定为 T_1。一个实例为圆柱体是内部有饱和蒸汽的金属管的情况。保温材料的外表面温度 T_2 暴露于环境温度 T_0 下,在环境中发生对流传热。导热系数为 k 的保温材料是否添加得越多,保温层越厚,传热速率就会降低,这一点不明确。

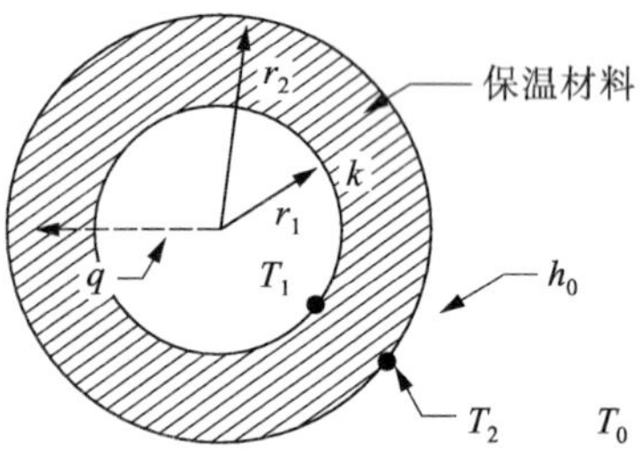

图 4.3-5 圆柱或管子的保温临界半径

通过圆柱和保温材料的定态传热速率 q 等于从表面的对流传热速率:

$$q = h_0 A(T_2 - T_0) \tag{4.3-32}$$

随着保温材料的添加,外部的面积 $A = 2\pi r_2 L$ 增加,但 T_2 降低。然而 q 是否增加或降低并不明确。为了确定这一问题,将与式(4.3-15)类似的方程以两个阻力来表示,方程中有由式(4.2-11)表示的保温层的阻力:

$$q = \frac{2\pi L(T_1 - T_0)}{\dfrac{\ln(r_2/r_1)}{k} + \dfrac{1}{r_2 h_0}} \tag{4.3-33}$$

为了确定保温层厚度对 q 的影响,我们取 q 对 r_2 的导数,并令此导数等于零,得到下面的最大热流:

$$\frac{\mathrm{d}q}{\mathrm{d}r_2} = \frac{-2\pi L(T_1 - T_0)(1/r_2 k - 1/r_2^2 h_0)}{\left[\dfrac{\ln(r_2/r_1)}{k} + \dfrac{1}{r_2 h_0}\right]^2} = 0 \tag{4.3-34}$$

求解,得

$$(r_2)_{\text{cr}} = \frac{k}{h_0} \tag{4.3-35}$$

式中 $(r_2)_{\text{cr}}$ 是最大传热速率对应的临界半径值。因此,如果外侧半径 r_2 小于临界值,添加较多的保温材料实际上会增大传热速率 q;如果外侧半径大于临界值,添加更多的保温材料将降低传热速率。使用我们常碰到的典型 k 和 h_0 值进行计算,所得到的临界半径仅几个毫米。于是,可得出的结论是,在细小的电线外添加保温材料会增大热损失;对大管子添加保温材料将降低传热速率。

例 4.3-5　电线的保温及临界半径

一根直径为 1.5 mm 的电线由塑料保温材料包裹(厚度=2.5 mm)，暴露在 300 K 的空气中，$h_0=20$ W/(m² · K)。保温层的 k 为 0.4 W/(m · K)。假设电线表面温度恒定在 400 K且不受外层的影响。

(1) 计算临界半径值；

(2) 计算无保温层时每米电线的热损失；

(3) 对有保温层存在的情况重复(2)的计算。

解:(1) 应用式(4.3-35)得，

$$(r_2)_{cr}=\frac{k}{h_0}=\frac{0.4}{20}=0.020\ \text{m}=20\ \text{mm}$$

(2) $L=1.0$ m, $r_2=1.5/(2\times1\,000)=0.75\times10^{-3}$ m, $A=2\pi r_2 L$。代入式(4.3—32)，得

$$q=h_0A(t_2-T_0)=20\times2\pi\times0.75\times10^{-3}\times1\times(400-300)=9.42\ \text{W}$$

(3) 有保温层 $r_1=1.5/(2\times1\,000)=0.75\times10^{-3}$ m，$r_2=(2.5+1.5/2)/1\,000=3.25\times10^{-3}$ m，代入式(4.3-33)，得

$$q=\frac{2\pi\times1.0\times(400-300)}{\dfrac{\ln(3.25\times10^{-3}/0.75\times10^{-3})}{0.4}+\dfrac{1}{(3.25\times10^{-3})\times20}}=32.98\ \text{W}$$

因此添加保温层大大增加了热损失。

4.3.7　界面上的接触阻力

在本节关于通过串联固体传导的过程方程的推导中(见图 4.3-1)，已经假设相邻接触的固体表面处于相同的温度，即，表面之间是完全、充分接触的。对于许多工业上的工程设计，这一假设是合理正确的。然而，在核电厂那样的情况下，存在非常高的热通量，界面之间可能存在很大的温降。这个界面阻力称之为接触阻力，当两固体不是紧密地接触在一起，固体表面之间存在滞流流体薄层时，就会发生这样的界面阻力。在表面某些凸起点上固体相互接触，而在其他的点上是流体占据了未闭合的空间。

这个界面阻力是两个表面的粗糙度、保持两固体接触所用的力、界面温度以及界面流体多种因素的复杂函数。热量传递是借助于滞留流体的传导、辐射和对流，同时还借助于固体上各接触点的传导而进行的。对于各种类型物质的接触阻力，都有不精确的预测经验关联式或理论阐述。详细讨论见参考文献(C7、R2)。

接触阻力的方程常表示如下：

$$q=h_cA\Delta T=\frac{\Delta T}{1/h_cA}=\frac{\Delta T}{R_c}\tag{4.3-36}$$

式中 h_c是接触阻力系数 W/(m² · K)，ΔT 是通过接触阻力的温度降(K)，R_c是接触阻力。可将接触阻力 R_c加到式(4.3-3)的其他阻力中去，而将这一影响因素计入串联的固体传热中。对两块金属板表面的接触，已经获得的 h_c数值大小约为 $0.2\times10^4\sim1\times10^4$ W/(m² · K)。

如果表面之间的最大空隙 Δx 可以估算，则可得到最大接触阻力的近似值。假设通过缝隙的热量传递仅仅通过静止流体的传导而进行，则 h_c可估算如下，

$$h_c = \frac{k}{\Delta x} \tag{4.3-37}$$

如果实际还存在其他对流、辐射或点与点的接触现象，都将降低这个假设的阻力。

4.4 定态传导及形状因子

4.4.1 二维传导的概述及图解方法

在本章的前面几节中，我们讨论了一个方向的定态热传导。然而，在许多情况下，发生两个方向的定态热传导，即发生二维热传导。涉及二维求解的情况较多，并且大多数情况得不到解析解。求解这些问题的一种重要的方法是用数值解的方法，这种方法在 4.15 节中将详细讨论。另一种重要的近似方法是图解法，这是一种可对传热速率提供合理准确答案的简单方法。这种方法特别适用于有等温边界的体系。

在图解方法中，我们首先来关注通过平板的一维热传导(见图 4.2-1)，热流通量的方向或通量线总是垂直于等温线的。二维热传导的图解方法也是基于热通量线和等温线相互交叉成直角，形成曲线方格网这一基本要求而建立的。如图 4.4-1 所示，这意味着我们可以勾画等温线，也可画出热通量线，直至它们成直角相交(相互垂直)。通过观察与经验我们能得到合理正确的结果。这种图解方法采用的一般步骤如下：

(1) 画出标志二维固体的模型，标注等温边界。在图 4.4-1 中 T_1和 T_2是等温边界。

(2) 选择在等温边界之间再细分割的等温部分的数目 N。图 4.4-1 中，在 T_1 和 T_2之间 $N=4$，为四个再分割部分。画出等温线和热流或热通量线，使它们在相交点相互垂直。注意，等温线是垂直于绝热(保温的)边界的，也是对称线。

(3) 不断调整等温线和通量线直到每一个曲线方格的 $\Delta x = \Delta y$ 的条件得到满足。

为了利用图解标绘的结果计算热通量，我们首先假设材料的深度。通过图 4.4-1 中所示曲线部分的热流 q'由傅里叶定律给出：

$$q' = -kA\frac{dT}{dy} = k(\Delta x \cdot 1)\frac{\Delta T}{\Delta y} \tag{4.4-1}$$

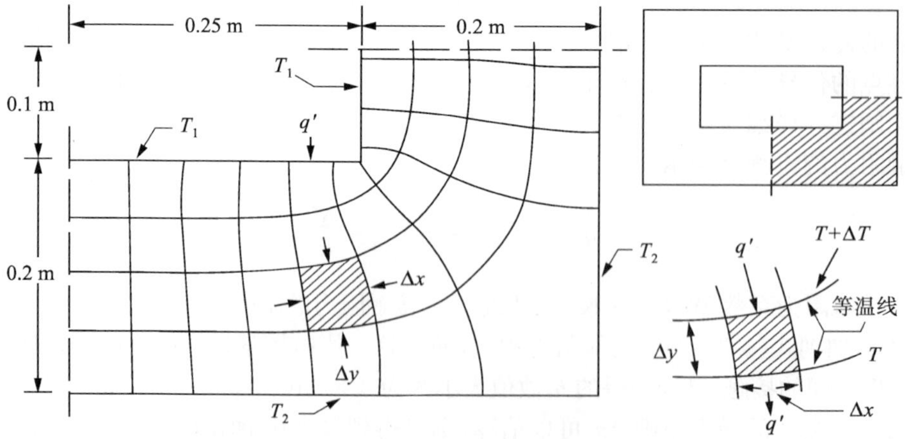

图 4.4-1 矩形烟道中二维热传导的图解曲线方格法

在这个热流动的窄条中，通过每一个曲线方格的热流 q' 将相同。因为 $\Delta x=\Delta y$，所以，每一个温度分割 ΔT 是相等的。这个温度的划分可用总温差 T_1-T_2 和分割等份数 N 来表示：

$$\Delta T=\frac{T_1-T_2}{N} \tag{4.4-2}$$

又因为在结构上和式(4.4-1)中都有 $\Delta x=\Delta y$，通过每个窄条的热流量 q' 也相同。因此，通过全部窄条的总传热量 q 为

$$q=Mq'=Mk\Delta T \tag{4.4-3}$$

这里 M 是热流窄条的总数，由图解程序确定。将式(4.4-2)代入式(4.4-3)，得

$$q=\frac{M}{N}k(T_1-T_2) \tag{4.4-4}$$

例 4.4-1　二维传导的图解程序

确定通过图 4.4-1 所示烟道壁的总热量传递，如果 $T_1=600\ \text{K}$，$T_2=400\ \text{K}$，$k=0.90\ \text{W/(m·K)}$ 和 L(烟道长度)$=5\ \text{m}$。

解：在图 4.4-1 中，温度分割数 $N=4$，$M=9.25$。应用式(4.4-4)得到通过四个相等深度或长度 L 为 5 m 的部分的实际传热速率为：

$$\begin{aligned}q&=4\left[\frac{M}{N}kL(T_1-T_2)\right]=4\times\left[\frac{9.25}{4}\times0.9\times5.0\times(600-400)\right]\\&=8\ 325\ \text{W}\end{aligned}$$

4.4.2　传导中的形状因子

在方程(4.4-4)中，因子 M/N 称之为传导形状因子 S，这里

$$S=\frac{M}{N} \tag{4.4-5}$$

$$q=kS(T_1-T_2) \tag{4.4-6}$$

这个形状因子 S 的单位为 m，用于只涉及两个温度的二维热传导。人们已经获得了一些几何体的形状因子。表 4.4-1 给出了某些值。

对炉子这样的三维几何体，分别用不同的形状因子来得到通过边缘和角落区域的热流。当每一个内部尺寸大于五分之一壁厚时，均匀壁厚 T_w 的形状因子如下：

$$S_{\text{壁}}=\frac{A}{T_w}\quad S_{\text{边}}=0.54L\quad S_{\text{角}}=0.15T_w \tag{4.4-7}$$

这里 A 是壁的内部面积，L 是内部边长。对完全封闭的几何体，有 6 个面、12 条边和 8 个角。注意对单一的平面壁，$q=kS_{\text{壁}}(T_1-T_2)=k(A_w/T_w)(T_1-T_2)$，这与通过单一平板的传导方程式(4.2-1)是相同的。

对于如图 4.2-2 的长度为 L 的中空长圆柱体

$$S=\frac{2\pi L}{\ln(r_2/r_1)} \tag{4.4-8}$$

对于中空球体,由式(4.2-14)得

$$S=\frac{4\pi r_2 r_1}{r_2-r_1} \tag{4.4-9}$$

表 4.4-1　$q=kS(T_1-T_2)$的传导形状因子①

方形中长度为 L 的圆柱	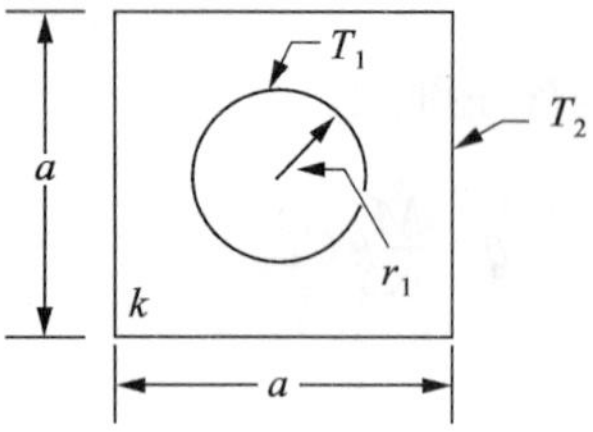	$S=\frac{2\pi L}{\ln(0.54\,a/r_1)}$
长度为 L 水平掩埋的圆柱	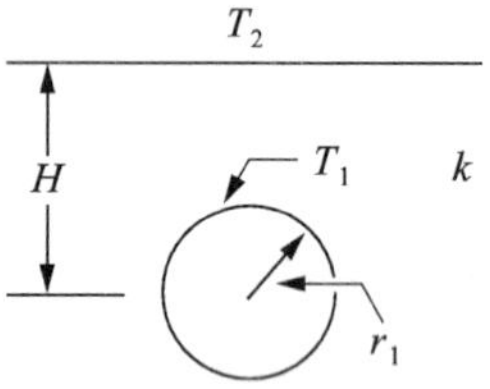	$S=\frac{2\pi L}{\ln(2H/r_1)}(H>3r_1)$
长度为 L 的两根平行的圆柱	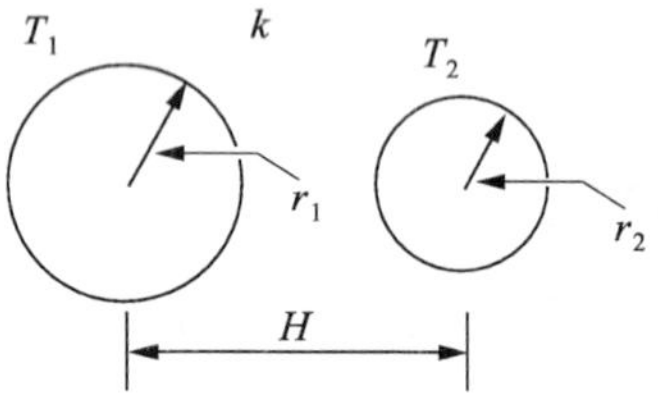	$S=\frac{2\pi L}{\cosh^{-1}\left[\frac{H^2-r_1^2-r_2^2}{2r_1r_2}\right]}$
掩埋的球	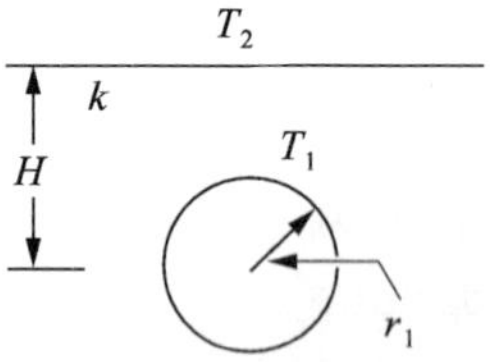	$S=\frac{4\pi r_1}{1-r_1/2H}$

① 介质的导热系数为 k。

4.5　管内的强制对流传热

4.5.1　概述及无量纲特征数

在大多数涉及液体或气体热量传递的情况下,通常在发生对流传热的同时也发生热传导。在大多数发生传热的工业过程中,热量穿过固体壁从一种流体被传递到第二种流体。

图 4.5－1 中热量从热的流动流体被传向冷的流动流体。图中显示了温度分布。

当流体处于湍流状态时，在紧靠壁处，存在于无湍流的黏性底层中的速度梯度非常陡。在这里热量传递主要是通过传导的方式进行，在热流体中有较大的温差 T_2-T_3。随着离壁变远，趋向湍动区，在这里快速运动的涡流使温度趋于相等。因此，温度梯度较低且温差T_1-T_2较小。流体 A 的平均温度比峰值温度 T_1 稍低。对冷流体的温度分布可给出类似的解释。

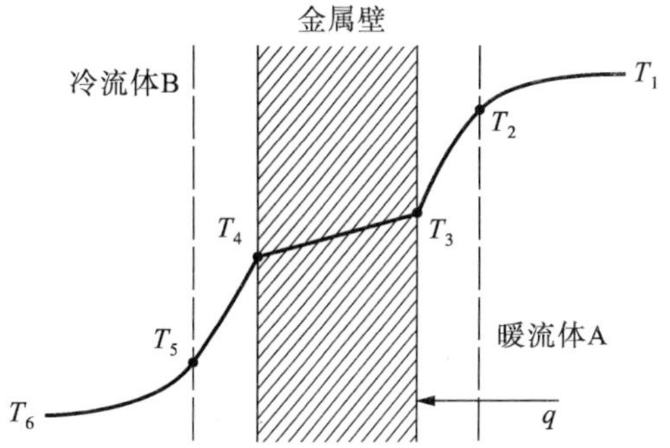

图 4.5－1　通过从一种流体向另一种流体对流传热的温度分布

通过流体的对流传热系数给出如下

$$q=hA(T-T_w) \tag{4.5-1}$$

式中 h 是对流传热系数[W/(m² · K)]，A 是面积(m²)，T 是流体的主体温度或平均温度(K)，T_w是与流体接触的壁的温度(K)，q 是传热速率(W)。在英制单位中，q 的单位是 btu/h，h 的单位是 btu/(h · ft² · ℉)，A 的单位是 ft²，T 和 T_w的单位是℉。

各流体的流动类型，层流或湍流，对传热系数 h 有很大的影响，因为大部分的传热阻力在靠近壁的薄膜中，故 h 也常被称为**膜系数**。流动的湍动越强，传热系数越大。有两种主要的对流传热类型。第一种是自由或**自然对流**，此时流体的运动是由传热过程中的密度变化所致；浮力的影响产生了流体的自然循环，因此流体移动通过固体的表面。在第二种类型的**强制对流**中，流体通过压差、泵、风机等等进行强制流动。

大多数预测膜系数 h 的关联式都是半经验的，且受到流体物理性质、流动速度及类型、温差、特定物理体系的几何特征等诸因素的影响。表 4.1－2 中列出了对流传热系数的某些近似值。在下面的关联式中，因为方程是无量纲的，所以 SI 制和英制都可使用。

为了关联这些传热系数的数据，应用了雷诺数、普兰德(Prandtl)数这样的无量纲特征数。普兰德数是动量扩散的剪切分量 μ/ρ 与热量扩散的 $k/\rho c_p$ 的比率，将流体动力层与热边界层的相对厚度进行了物理关联：

$$N_{Pr}=\frac{\mu/\rho}{k/\rho c_p}=\frac{c_p\mu}{k} \tag{4.5-2}$$

气体的 N_{Pr} 值附录 A3 已给出，范围是从 0.5 到 1.0。液体的取值范围约从 2 到大于 10^4。无量纲 Nusselt 数 N_{Nu} 是用来关联流体传热系数 h 和导热系数 k 的数据的，特征量纲是 D：

$$N_{Nu}=\frac{hD}{k} \tag{4.5-3}$$

例如对管内的流动，D 是直径。

4.5.2　管内层流的传热系数

当然，最重要的工业对流传热过程是密封圆管或管道中流动流体的对流冷却或加热。对层流(N_{Re} 低于 2 100)，完全湍流(N_{Re} 约 6 000)和过渡区(N_{Re} 在 2 100 到 6 000 之间)要求用不同类型的关联式。

对水平管内或管道中的流体层流流动，Sieder 和 Tate(S1)的下面方程式可用于 $N_{Re}<2\ 100$的情况：

$$(N_{Nu})_a=\frac{h_a D}{k}=1.86\left(N_{Re}N_{Pr}\frac{D}{L}\right)^{1/3}\left(\frac{\mu_b}{\mu_w}\right)^{0.14} \tag{4.5-4}$$

式中 D 为管子直径(m)，L 为在管内发生混合前的管长(m)，μ_b为在主体平均温度下流体的黏度(Pa · s)，μ_w为在壁温下的黏度，c_p为比热容[J/(kg · K)]，k 为导热系数[W/(m · K)]，h_a为平均传热系数(W/(m² · K))，N_{Nu}为无量纲 Nusselt 特征数。除 μ_w以外，所有的物理性质都在流体主体温度下估算。雷诺数为

$$N_{Re}=\frac{Dv\rho}{\mu} \tag{4.5-5}$$

普兰德数

$$N_{Pr}=\frac{c_p\mu}{k} \tag{4.5-6}$$

对$(N_{Re}\ N_{Pr}\ D/L)>100$，该方程成立。如果用于低到$(N_{Re}\ N_{Pr}\ D/L)>10$ 的情况，方程仍成立，误差在正负 20%(B1)，对$(N_{Re}\ N_{Pr}\ D/L)<100$ 的情况可用另一个表达式(P1)。

在层流中，平均传热系数 h_a很大程度上取决于加热长度。平均(算术平均)温度差 ΔT_a被用于方程式中，以计算传热速率 q：

$$q=h_a A\Delta T_a=h_a A\ \frac{(T_w-T_{bi})+(T_w-T_{bo})}{2} \tag{4.5-7}$$

这里 T_w是壁温(K)，T_{bi}是进口主体流体的温度，T_{bo}是出口主体流体的温度。

对于大管径的情况和管壁与流体主体间温差 ΔT 很大的情况，自然对流的影响会使 h 的值增加(P1)。对垂直管的层流也有相应的方程式。

4.5.3 管内湍流的传热系数

当雷诺数在 6 000 以上时，流动是完全湍流。因为在湍流区的传热速率比较大，所以许多工业传热过程都是在湍流区操作的。

人们发现下面的方程式对小管子是成立的，但也可将其用于大管道。对 $N_{Re}>6\ 000$，在 N_{Pr}为 0.7 到 16 000 之间和 $L/D>60$ 的条件下，方程成立。

$$N_{Nu}=\frac{h_L D}{k}=0.027\ N_{Re}^{0.8}N_{Pr}^{1/3}\left(\frac{\mu_b}{\mu_w}\right)^{0.14} \tag{4.5-8}$$

这里 h_L是基于对数平均推动力 ΔT_{lm}的传热系数(见第 4.5.8 节)。除 μ_w以外，流体性质均为平均主体温度下的估算值。如果主体流体的温度从管道的进口到出口是逐渐变化的，则使用进出口平均温度。对 $L/D<60$，进口突然收缩的情况，通过将式(4.5-8)的右边乘以第 4.5.6节中给出的相关因子，可提供一种近似的关联方法。

应用式(4.5-8)时可能要进行试差计算，因为要估算 T_w，从而估算壁温下的 μ_w值，所以必须已知 h_L的值。再则，如果由于传热使得在管长 L 上流体主体的平均温度升高或降低，为了使用进出口平均主体温度，必须估算在长度 L 处的主体温度。

实际管道中的湍流传热系数值稍大于光滑管中的值。这个影响远远小于流体摩擦，在

计算中通常忽略不计。对普兰德数远小于 1 的液体金属，也必须应用其他的关联式预测传热系数(见第 4.5.7 节)。对于圆管以外的别的形状的管子，如第 4.5.5 节中所讨论的，可使用当量直径进行计算。

对总压为 1 atm 的空气在管道中的湍流流动，下面的简化方程成立：

$$h_L=\frac{3.52v^{0.8}}{D^{0.2}}\quad(\text{SI 制})$$
$$h_L=\frac{0.5v_s^{0.8}}{(D')^{0.2}}\quad(\text{英制})\tag{4.5-9}$$

式中对于 SI 制 D 的单位是 m，v 是 m/s，h_L 是 W/(m² · K)；对英制单位，D' 的单位是 in.，v_s 是 ft/s，h_L 是 btu/(h · ft² · ℉)。

水常被用于传热设备中，温度范围 T=40～105 ℃(40～220 ℉)的简化方程是：

$$h_L=1\,429(1+0.014\,6\,T\,℃)\frac{v^{0.8}}{D^{0.2}}\quad(\text{SI 制})$$
$$h_L=150(1+0.011\,T\,℉)\frac{v_s^{0.8}}{(D')^{0.2}}\quad(\text{英制})\tag{4.5-10}$$

对有机液体，简捷的近似计算方程如下(P3)：

$$h_L=423\frac{v^{0.8}}{D^{0.2}}\quad(\text{SI 制})$$
$$h_L=60\frac{v_s^{0.8}}{(D')^{0.2}}\quad(\text{英制})\tag{4.5-11}$$

对螺旋盘管内的流体流动，当 N_{Re} 超过 10^4 时，对直管情况预测的膜系数应当按 $(1+3.5D/D_{盘管})$ 的因子增大。

例 4.5-1　湍流流动中的空气加热

压力为 206.8 kPa，平均温度 477.6 K 的空气，在其以 7.62 m/s 的速度流过内径为 25.4 mm管子时被加热。加热介质是在管外冷凝的 488.7 K 的蒸汽。因为蒸汽冷凝传热系数是几千 W/(m² · K)，且金属壁的阻力非常小，因此假设与空气接触的金属壁表面的温度恒定为 488.7 K。试计算当 $L/D>60$ 时的传热系数和传热通量 q/A。

解：由附录 A.3 查得，477.6 K(204.4 ℃)的空气的物理性质为，$\mu_b=2.60\times10^{-5}$ Pa · s，$k=0.038\,94$ W/(m · K)，$N_{Pr}=0.686$。在 488.7 K(215.5 ℃)，$\mu_w=2.60\times10^{-5}$ Pa · s。

$$\mu_b=2.60\times10^{-5}\ \text{Pa}\cdot\text{s}=2.60\times10^{-5}\ \text{kg/(m}\cdot\text{s)}$$
$$\rho=28.97\times\frac{1}{22.414}\times\frac{206.8}{101.33}\times\frac{273.2}{477.6}=1.509\ \text{kg/m}^3$$

在流体主体温度 477.6 K 计算的雷诺数为

$$N_{Re}=\frac{Dv\rho}{\mu}=\frac{0.025\,4\times7.62\times1.509}{2.6\times10^{-5}}=1.122\times10^4$$

因此为湍流流动，将应用式(4.5-8)。将数据代入式(4.5-8)中：

$$N_{Nu}=\frac{h_L D}{k}=0.027\ N_{Re}^{0.8}N_{Pr}^{1/3}\left(\frac{\mu_b}{\mu_w}\right)^{0.14}$$

$$\frac{h_L\times0.0254}{0.03894}=0.027\times(1.122\times10^4)^{0.8}\times(0.686)^{1/3}\times\left(\frac{0.0260}{0.0264}\right)^{0.14}$$

求解得 $h_L=63.2\ \mathrm{W/(m^2\cdot K)}$[$11.13\ \mathrm{btu/(h\cdot ft^2\cdot {}^\circ F)}$]。

求解热通量 q/A,

$$\frac{q}{A}=h_L(T_w-T)=63.2\times(488.7-477.6)$$

$$=701.1\ \mathrm{W/m^2}[222.2\ \mathrm{btu/(h\cdot ft^2)}]$$

4.5.4 管内过渡流的传热系数

在 N_{Re}为 2 100 到 6 000 的过渡区,正如流体摩擦因子的情况一样,不能很好地定义经验方程。不存在能从层流传热到湍流传热平滑过渡的简单方程,即一个实现从 $N_{Re}=2\ 100$ 的方程式(4.5-4)到 $N_{Re}=6\ 000$ 的方程式(4.5-8)的过渡的方程。

图 4.5-2 中的标绘曲线代表雷诺数 2 100 到 6 000 之间用于各种传热参数与雷诺数之间的近似关系。对 N_{Re}低于 2 100 的情况,曲线代表方程式(4.5-4),超过 10^4的曲线代表方程式(4.5-8)。方程式(4.5-7)中的平均 ΔT_a应当与图 4.5-2 中的 h_a一起应用。

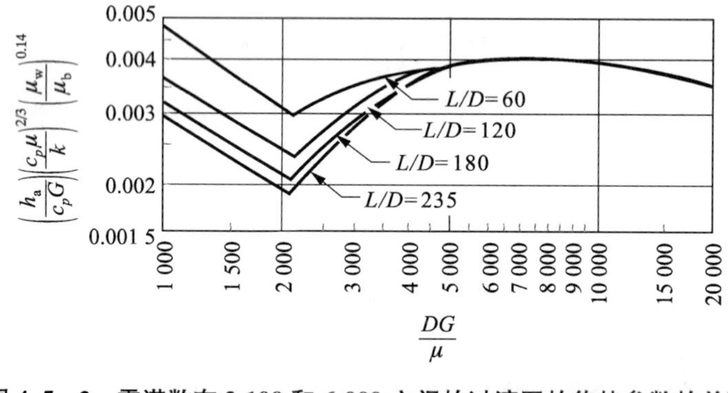

图 4.5-2 雷诺数在 2 100 和 6 000 之间的过渡区的传热参数的关联

(经允许,选自 R. H. Perry 和 C. H. Chilton 的化学工程师手册第五版。New York:McGrawHill Book Company, 1973)

4.5.5 非圆管的传热系数

不同温度下的流体在套管内流动是常用换热体系。环形空间中流体的传热系数可以使用与圆管相同的方程进行预测。但是,必须使用 2.10.7 节中所定义的当量直径。对于圆的环隙,D_{eq}是外管的内径 D_1减去内管的外径 D_2。对其他的几何体,也可使用当量直径进行计算。

例 4.5-2 用蒸汽加热水及试差求解

水在平均温度为 65.6 ℃和 2.44 m/s 的速度下在 1 英寸的系列(schedule)40 钢管中流

动。水被管壁外 107.8 ℃冷凝的蒸汽所加热。已估算得蒸汽一侧的传热系数为 $h_0=10\ 500$ $W/(m^2\cdot K)$。

(1) 计算管内水的对流传热系数 h_i。

(2) 计算基于内表面积的总系数 U_i。

(3) 计算 0.305 m 管中平均温度为 65.6 ℃的水的传热速率 q 。

解:(1) 由附录 A.5 查得各种尺寸为,$D_i=0.026\ 6$ m,$D_o=0.334$ m。对主体平均温度为 65.6 ℃的水,由附录 A.2 得,$N_{Pr}=2.72$,$\rho=0.980\times1\ 000=980\ kg/m^3$,$k=0.633\ W/(m\cdot K)$,$\mu=4.32\times10^{-4}\ Pa\cdot s=4.32\times10^{4}\ kg/(m\cdot s)$。

计算需要金属壁内的温度,假设为 65.6 与 107.8 温差之间的约三分之一,或 $T_w=80$ ℃作为第一次试差值。因此,80 ℃的 $\mu_w=3.56\times10^{-4}$ Pa·s。

首先在主体平均温度下计算水的雷诺数:

$$N_{Re}=\frac{D_i v\rho}{\mu}=\frac{0.026\ 6\times2.44\times980}{4.32\times10^{-4}}=1.473\times10^5$$

因此,流动为湍流。应用方程式(4.5-8),并代入已知值:

$$\frac{h_L D}{k}=0.027N_{Pr}^{0.8}N_{Pr}^{1/3}\left(\frac{\mu_b}{\mu_w}\right)^{0.14}$$

$$\frac{h_L\times0.026\ 6}{0.663}=0.027\times(1.473\times10^5)^{0.8}\times(2.72)^{1/3}\times\left(\frac{4.32\times10^{-4}}{3.56\times10^{-4}}\right)^{0.14}$$

求解得,$h_L=h_i=13\ 324\ W/(m^2\cdot K)$。

(2) 对 0.305 m 长的管子,各面积值如下:

$$A_i=\pi D_i L=\pi\times0.026\ 6\times0.305=0.025\ 5\ m^2$$

$$A_{lm}=\pi\frac{(0.026\ 6+0.033\ 4)\times0.305}{2}=0.028\ 7\ m^2$$

$$A_o=\pi\times0.033\ 4\times0.305=0.032\ 0\ m^2$$

钢材的 k 为 45.0 W/(m·K)。阻力为

$$R_i=\frac{1}{h_iA_i}=\frac{1}{13\ 324\times0.025\ 5}=0.002\ 943$$

$$R_m=\frac{r_o-r_i}{kA_{lm}}=\frac{0.033\ 4-0.026\ 6}{2}\times\frac{1}{45.0\times0.028\ 7}=0.002\ 633$$

$$R_o=\frac{1}{h_oA_o}=\frac{1}{10\ 500\times0.032\ 0}=0.002\ 976$$

$$\sum R=0.002\ 943+0.002\ 633+0.002\ 976=0.008\ 522$$

总温差是(107.8−65.6)℃=42.2 ℃=42.2 K。通过水膜的温降为

$$温度降=\frac{R_i}{\sum R}\times42.2=\frac{0.002\ 943}{0.008\ 852}\times42.2=14.5\ K=14.5\ ℃$$

因此 $T_w=65.6+14.5=80.1$ ℃。这与初始估计值 80 ℃非常接近。在第二次估算中变化的

物理性质只有 μ_w。这个值对 h_i 的影响将可忽略不计，不需要进行第二次试差。

由方程式(4.3-16)，得总系数

$$q = U_i A_i (T_o - T_i) = \frac{T_o - T_i}{\sum R}$$

$$U_i = \frac{1}{A_i \sum R} = \frac{1}{0.0255 \times 0.008552} = 4\,586 \text{ W/(m}^2\cdot\text{K)}$$

(3) 以 65.6 ℃作为水的平均温度，得

$$T_o - T_i = 107.8 - 65.6 = 42.2\ ℃ = 42.2 \text{ K}$$

$$q = U_i A_i (T_o - T_i) = 4\,586 \times 0.0255 \times 42.2 = 4\,935 \text{ W}$$

4.5.6　进口区对传热系数的影响

在靠近管子的进口处流体被加热，温度分布没有充分地发展，且局部传热系数 h 比湍流充分发展的传热系数 h_L 大。而在进口处，还没有建立温度梯度，h 值为无穷大。接着，h 值迅速下降，在 $L/D \cong 60$ 处，其趋向于与 h_L 相同，这里 L 是进口段长度。对进口突然收缩的管内湍流这些关系如下：

$$\frac{h}{h_L} = 1 + \left(\frac{D}{L}\right)^{0.7}, \quad 2 < \frac{L}{D} < 20 \qquad (4.5-12)$$

$$\frac{h}{h_L} = 1 + 6\left(\frac{D}{L}\right), \quad 20 < \frac{L}{D} < 60 \qquad (4.5-13)$$

式中 h 是在有限管子长度 L 上的平均值，h_L 是非常长的管子上的值。

4.5.7　液体金属传热系数

在相对较低的压力下，很宽温度范围的传热流体的情况下，有时会使用液体金属作为传热流体。液体金属常用于原子能反应器，其不仅具有很高的单位体积比热容，还具有高的传热系数。高传热系数是由于非常高的导热系数，因此普兰德数很低。管内的液体金属，因为其在整个湍流中心的高导热系数而使通过传递进行的传热变得非常重要，并且常常比对流的影响更重要。

对管内有均匀热通量且充分发展的湍流，可应用下面的方程(L1)：

$$N_{Nu} = \frac{h_L D}{k} = 0.625 N_{Pe}^{0.4} \qquad (4.5-14)$$

这里 Peclet 数为 $N_{Pe} = N_{Re} N_{Pr}$。对 $L/D > 60$，N_{Pe} 取值在 100 到 10^4 之间时，该式成立。对恒定的壁温，有

$$N_{Nu} = \frac{h_L D}{k} = 5.0 + 0.025 N_{Pe}^{0.8} \qquad (4.5-15)$$

对 $L/D > 60$ 和 $N_{Pe} > 100$ 成立。全部物理性质在平均主体温度下进行估算。

例 4.5-3　管内液体金属传热

液体金属在 4.00 kg/s 的速率下流过内径为 0.05 m 的管子。液体在 500 K 进入管道并

被加热到 505 K。管壁保持高于流体主体温度 30 K，同时保持恒定的热通量。试计算要求的管长为多少米。平均物性如下：$\mu=7.1\times10^{-4}$ Pa·s，$\rho=7\ 400$ kg/m³，$c_p=120$ J/(kg·K)，$k=13$ W/(m·K)。

解：面积 $A=\pi D^2/4=\pi\times0.05^2/4=1.963\times10^{-3}$ m²。则 $G=4.0/1.963\times10^{-3}=2.038\times10^3$ kg/(m²·s)。雷诺数和普兰德数分别为

$$N_{Re}=\frac{DG}{\mu}=\frac{0.05\times2.038\times10^3}{7.1\times10^{-4}}=1.435\times10^5$$

$$N_{Pr}=\frac{c_p\mu}{k}=\frac{120\times7.1\times10^{-4}}{13}=0.006\ 55$$

应用式(4.5-14)

$$h_L=\frac{k}{D}\times0.625\times N_{Pe}^{0.4}=\frac{13}{0.05}\times0.625\times(1.435\times10^5\times0.006\ 55)^{0.4}$$
$$=2\ 512\ \text{W/(m}^2\cdot\text{K)}$$

利用热衡算

$$q=mc_p\,\Delta T$$
$$=4.00\times120\times(505-500)=2\ 400\ \text{W} \tag{4.5-16}$$

代入式(4.5-1)

$$\frac{q}{A}=\frac{2\ 400}{A}=h_L(T_w-T)=2\ 512\times30=75\ 360\ \text{W/m}^2$$

因此 $A=2\ 400/75\ 360=3.185\times10^{-2}$ m²。则

$$A=3.185\times10^{-2}=\pi DL=\pi\times0.05\times L$$

求解得 $L=0.203$ m。

4.5.8　对数平均温差及变化的温降

如列式时所限定，式(4.5-1)和式(4.3-12)只有当所有加热表面的温降(T_i-T_o)恒定时才能应用。因此方程式

$$q=U_iA_i(T_i-T_o)=U_oA_o(T_i-T_o)=UA(\Delta T) \tag{4.5-17}$$

当流体被加热或冷却时仅在装置中的某一点是成立的。然而，随着流体运动通过换热器，它们被加热或冷却，T_i或 T_o或是两者都变化。因此(T_i-T_o)或 ΔT 随位置变化，在整个设备中必须使用某些平均值 ΔT_m。

在典型的换热器中，管内的热流体被管外双管逆流(反向)流动并从 T_2被加热到 T_1的冷流体从 T'_1冷却到 T'_2，如图 4.5-3(a) 中所示。所示的 ΔT 随距离而变化。因此方程式(4.5-17)中的 ΔT 随距离及换热器面积从进口的 0 到出口的 A 的变化而变化。

对两种流体如图 4.5-3(a)中的逆流流动，传热速率如下，

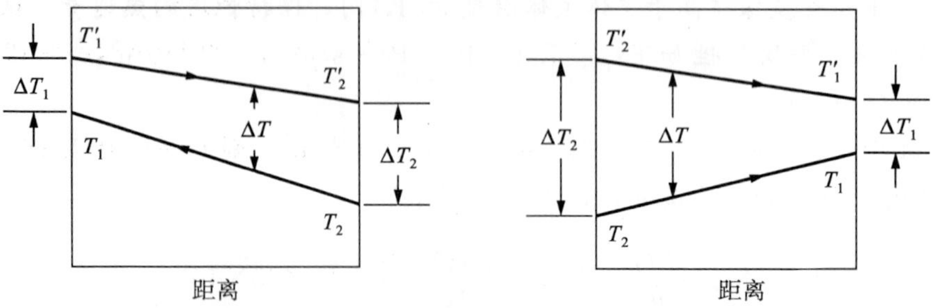

(a) 逆流流动　　(b) 并流或平行流动

图 4.5-3　单程双管换热器的温度分布

$$q=UA\Delta T_m \tag{4.5-18}$$

式中 ΔT_m 是要被确定的一某适当的平均温差。对于面积 dA,对热流体和冷流体的热量衡算给出如下

$$dq=-m'c'_p\,dT'=m\,c_p\,dT \tag{4.5-19}$$

这里 m 是流量(kg/s)。m、m'、c_p、c'_p和 U 都假设为常数。而且

$$dq=U(T'-T)dA \tag{4.5-20}$$

由式(4.5-19)得 $dT'=-dq/m'c'_p$和 $dT=dq/mc_p$。则有:

$$dT'-dT=d(T'-T)=-dq\left(\frac{1}{m'c'_p}+\frac{1}{mc_p}\right) \tag{4.5-21}$$

将式(4.5-20)代入式(4.5-21):

$$\frac{d(T'-T)}{T'-T}=-U\left(\frac{1}{m'c'_p}+\frac{1}{mc_p}\right)dA \tag{4.5-22}$$

在点 1 和点 2 之间进行积分:

$$\ln\left(\frac{T'_2-T_2}{T'_1-T_1}\right)=-UA\left(\frac{1}{m'c'_p}+\frac{1}{mc_p}\right) \tag{4.5-23}$$

在进出口之间进行热衡算:

$$q=m'c'_p(T'_1-T'_2)=mc_p(T_2-T_1) \tag{4.5-24}$$

在式(4.5-24)中对 $m\,c'_p$和 mc_p进行求解,并代入式(4.5-23):

$$q=\frac{UA[(T'_2-T_2)-(T'_1-T_1)]}{\ln[(T'_2-T_2)/(T'_1-T_1)]} \tag{4.5-25}$$

将式(4.5-18)与式(4.5-25)比较,我们看到 ΔT_m是对数平均温差 ΔT_{lm}。因此,在整个设备中的总传热系数 U 是常数,且每种流体的比热容是常数的情况下,适合应用于整个装置的温度推动力是对数平均推动力:

$$q=UA\Delta T_{lm} \tag{4.5-26}$$

式中

$$\Delta T_{lm}=\frac{\Delta T_2-\Delta T_1}{\ln(\Delta T_2/\Delta T_1)} \tag{4.5-27}$$

图 4.5-3(b)还表明，对平行流动，也应该应用对数平均温差。在某些情况下，蒸汽冷凝，T'_1和 T'_2可能是相同的，对这种情况方程仍然成立。当 U 随距离变化或发生其他复杂因素时，可查阅其他的参考文献(B2，P3，W1)。

例 4.5-4　传热面积和对数平均温差

一种重烃类油，$c_{pm}=2.30$ kJ/(kg · K)，在换热器中的管内流动，从 371.9 K 被冷却到 349.7 K，流量为 3 630 kg/h。入口水温为 288.6 K，流量为 1 450 kg/h，在管外流动用于冷却。

(1) 如果总系数 $U_i=340$ W/(m^2 · K)，物流是相互逆流的，计算水的出口温度和传热面积；

(2) 对并流流动，重复以上计算。

解：(1) 假设对水：$c_{pm}=4.187$ kJ/(kg · K)。水进口温度 $T_2=288.6$ K，出口温度$=T_1$；油进口温度 $T'_1=371.9$ K，出口温度 $T'_2=349.7$ K。计算油失去的热量，

$$q=3\ 630\ \frac{\text{kg}}{\text{h}}\times 2.30\ \frac{\text{kJ}}{\text{kg}\cdot\text{K}}\times(371.9-349.7)\text{K}$$
$$=185\ 400\ \text{kJ/h}\quad 或\quad 51\ 490\ \text{W}(175\ 700\ \text{btu/h})$$

由热量衡算可知，q 也必须等于水获得的热量：

$$q=185\ 400\ \text{kJ/h}=1\ 450\ \frac{\text{kg}}{\text{h}}\times 4.187\ \frac{\text{kJ}}{\text{kg}\cdot\text{K}}\times(T_1-288.6)\text{K}$$

求解得，$T_1=319.1$ K。

求解对数平均温差，$\Delta T_2=T'_2-T_2=349.7-288.6=61.1$ K，
$\Delta T_1=T'_1-T_1=371.9-319.1=52.8$ K。代入式(4.5-27)

$$\Delta T_{lm}=\frac{\Delta T_2-\Delta T_1}{\ln(\Delta T_2/\Delta T_1)}=\frac{61.1-52.8}{\ln(61.1/52.8)}=56.9\ \text{K}$$

应用式(4.5-26)

$$q=U_iA_i\Delta T_{lm}$$
$$51\ 490=340\times A_i\times 56.9$$

求解得，$A_i=2.66$ m^2。

(2) 出口的水仍然是 $T_1=319.1$ K。参考图 4.5-3(b)，$\Delta T_2=371.9-288.6=83.3$ K，$\Delta T_1=349.7-319.1=30.6$ K。再次应用式(4.5-27)并求解，$\Delta T_{lm}=52.7$ K。代入式(4.5-26)，$A_i=2.87$ m^2。这个面积比逆流时的面积大。之所以发生这样的情况，是因为逆

流能提供较大的温度差推动力,由于这一原因,通常人们优先采用逆流,而不是并流。

例 4.5-5　层流传热及试差

一种烃类油在 150 ℉进入内径为 0.030 3 ft、长度为 15 ft 的管内,流量是 80 lb_m/h。因为蒸汽在管外壁冷凝并有非常大的传热系数,因此假设内管表面恒定为 350 ℉。油的性质是 c_{pm}=0.50 btu/(lb_m · ℉)和 k_m=0.083 btu/(h · ft · ℉),油的黏度随温度变化如下:150 ℉时为 6.50 cP;200 ℉时为 5.05 cP;250 ℉时为 3.80 cP;300 ℉时为 2.82 cP;350 ℉时为 1.95 cP。试预测传热系数和油的出口温度 T_{bo}。

解:因为油的出口温度 T_{bo}是未知的,因此这是试差求解。先假设 T_{bo}=250 ℉,并在后面对其校核。用于确定其物理性质的油主体平均温度为(150+250)/2 或 200 ℉。200 ℉下的黏度是

$$\mu_b = 5.05\times 2.4191 = 12.23\ \frac{lb_m}{ft\cdot h}$$

在壁温 350 ℉

$$\mu_w = 1.95\times 2.4191 = 4.72\ \frac{lb_m}{ft\cdot h}$$

管子的截面积 A 为

$$A=\frac{\pi D_i^2}{4}=\frac{\pi\times 0.0303^2}{4}=0.000722\ ft^2$$

$$G=\frac{m}{A}=\frac{80\ lb_m/h}{0.000722\ ft^2}=111000\ \frac{lb_m}{ft^2\cdot h}$$

主体平均温度下的雷诺数为

$$N_{Re}=\frac{D_i v\rho}{\mu}=\frac{D_i G}{\mu}=\frac{0.0303\times 111000}{12.23}=275.5$$

普兰德数为

$$N_{Pr}=\frac{c_p\mu}{k}=\frac{0.50\times 12.23}{0.083}=73.7$$

因为 N_{Re}低于 2 100,流动处于层流区,将应用式(4.5-4)。即使在出口温度 250 ℉,流动仍然为层流。代入各值:

$$(N_{Nu})_a=\frac{h_a D}{k}=1.86\left(N_{Re}N_{Pr}\frac{D}{L}\right)^{1/3}\left(\frac{\mu_b}{\mu_w}\right)^{0.14}$$

$$\frac{h_a\times 0.0303}{0.083}=1.86\times\left[275.5\times 73.7\times\left(\frac{0.0303}{15.0}\right)\right]^{1/3}\times\left(\frac{12.23}{4.72}\right)^{0.14}$$

求解得,h_a=20.1 btu/(h · ft^2 · ℉)[114 W/(m^2 · K)]。

接下来对油作热量衡算:

$$q=mc_{pm}(T_{bo}-T_{bi})=80.0\times 0.50\times(T_{bo}-150) \tag{4.5-28}$$

应用式(4.5-7)

$$q=h_a A\Delta T_a \qquad (4.5-7)$$

对 ΔT_a，

$$\Delta T_a=\frac{(T_w-T_{bi})+(T_w-T_{bo})}{2}=\frac{(350-150)+(350-T_{bo})}{2}=275-0.5T_{bo}$$

令式(4.5-28)等于式(4.5-7)，并代入数值：

$$80.0\times0.50\times(T_{bo}-150)=hA\Delta T_a=20.1\pi\times0.303\times15\times(275-0.5T_{bo})$$

求解得 $T_{bo}=255$ ℉。

该值比假设值 250 ℉高。对第二次试差，油的平均主体温度将为(150＋255)/2 或 202.5 ℉。新的黏度值为 5.0 cP 与第一次估计值 5.05 cP 比较。因为黏度的影响因子在 $(N_{Re})(N_{pr})$ 中消掉了，所以这仅对式(4.5-4)中的 $(\mu_b/\mu_w)^{0.14}$ 因子有些影响。产生的传热系数变化将小于 0.2%，可忽略不计。因此，出口温度 $T_1=255$ ℉(123.9 ℃)是正确的。

4.6 强制对流中各种几何体外部的传热

4.6.1 概述

在许多情况下，流体流经完全浸没的物体，如球、管、平板等等，仅在流体和固体之间发生传热。这些形状的许多物体，在过程工程中实际都感兴趣。球，圆柱和平板大概是最重要，经常会遇到这些物体表面与运动流体之间的传热问题。

当传热发生在流动的浸没流体中，热通量值取决于物体的几何形状、物体的位置(前面、侧面、后面，等等)、与其他物体的接近度、流速和流体性质诸因素。传热系数在物体上是变化的。平均传热系数以经验关系式给出，在下面的几节中将对此进行讨论。

一般而言，浸没物体上的平均传热系数由下式给出，

$$N_{Nu}=CN_{Re}^{m}N_{Pr}^{1/3} \qquad (4.6-1)$$

式中 C 和 m 是取决于各种特性的常数。流体的性质在薄膜温度 $T_f=(T_w+T_b)/2$ 下估算，这里 T_w 是固体表面或壁的温度，T_b 是流体主体的平均温度。N_{Re} 中的速度是流体趋向物体而未受干扰时的自由流速度 v。

4.6.2 平行于平板的流动

当流体平行于平板流动，在整个长度 L(m)的平板上与流体间发生传热时，对在层流区域内，$N_{Re,L}$ 低于 3×10^5 且 $N_{pr}>0.7$ 的情况下，N_{Nu} 如下式：

$$N_{Nu}=0.664\ N_{Re,L}^{0.5}N_{Pr}^{1/3} \tag{4.6-2}$$

式中，$N_{Re,L}=Lv\rho/\mu$，$N_{Nu}=hL/k$。

在$N_{Re,L}$高于3×10^5(K1,K3)且$N_{pr}>0.7$的完全湍流区：

$$N_{Nu}=0.0366N_{Re,L}^{0.8}N_{Pr}^{1/3} \tag{4.6-3}$$

但是，如果板是粗糙的，在$N_{Re,L}$低于3×10^5时也会发生湍流(K3)，则式(4.6-3)将成立，其给出的N_{Nu}值比式(4.6-2)所给出的值大。对$N_{Re,L}$低于2×10^4的情况，式(4.6-2)给出较大的N_{Nu}值。

例 4.6-1　铜翅片的冷却

从管子上伸出的一块平的光滑的铜翅片，其形状为 51 mm×51 mm 的方形。它的温度近似均匀，为 82.2 ℃。15.6 ℃和 1 atm 绝压的冷空气平行于该翅片流动，速度为 12.2 m/s。

(1) 对层流流动，计算传热系数 h 的值；

(2) 如果散热片的前沿是粗糙的，因而全部边界层或紧靠散热片的膜完全为湍流，计算此时的 h 值。

解:(1) 在膜的温度 $T_f=(T_w+T_b)/2$ 下估算流体的性质：

$$T_f=\frac{T_w+T_b}{2}=\frac{82.2+15.6}{2}=48.9\ ℃(322.1\ K)$$

由附录 A.3 查得 48.9 ℃时空气的物性为：$k=0.0280\ W/(m\cdot K)$，$\rho=1.097\ kg/m^3$，$\mu=1.95\times10^{-5}\ Pa\cdot s$，$N_{Pr}=0.704$。对$L=0.501$ m，雷诺数为

$$N_{Re,L}=\frac{Lv\rho}{\mu}=\frac{0.051\times12.2\times1.097}{1.95\times10^{-5}}=3.49\times10^4$$

代入式(4.6-2)：

$$N_{Nu}=\frac{hL}{k}=0.664N_{Re,L}^{0.5}N_{Pr}^{1/3}$$

$$\frac{h\times0.051}{0.0280}=0.664\times(3.49\times10^4)^{0.5}\times(0.704)^{1/3}$$

求解得，$h=60.7\ W/(m^2\cdot K)(10.7\ btu/(h\cdot ft^2\cdot ℉))$。

(2) 代入式(4.6-3)，并求解得，$h=77.2\ W/(m^2\cdot K)[10.7\ btu/(h\cdot ft^2\cdot ℉)]$。

4.6.3　轴线垂直于流体流动方向的圆筒

内部有流体的圆筒常被垂直于其轴线流动的流体所加热或冷却。预测圆筒外气体或液体平均传热系数的方程式为由表 4.6-1 给出 C 和 m 值的式(4.6-1)(K3、P3)。$N_{Re}=Dv\rho/\mu$，这里 D 是管外径，所有的物性在膜温 T_f进行估算。速度是接近圆筒未被扰动的自由流速。

表 4.6-1　用于轴线垂直于流体流动的圆筒的传热方程式(4.6-1)的常数($N_{Pr}>0.6$)

N_{Re}	m	C
1～4	0.330	0.989
4～40	0.380	0.911
40～4×10³	0.466	0.683
4×10³～4×10⁴	0.618	0.193
4×10³～2.5×10⁵	0.805	0.026 6

4.6.4　绕过单个球的流动

当单个球被流过它的流体加热或冷却时，可用下面的方程预测在 $N_{Re}=Dv\rho/\mu$ 从 1 到 70 000 和 N_{Pr}从 0.6 到 400 的条件范围内的平均传热系数：

$$N_{Nu}=2.0+0.60N_{Re}^{0.5}N_{Pr}^{1/3} \tag{4.6-4}$$

在膜温 T_f下估算流体性质。在 1～17 000 这样较低一些的雷诺数范围内，考虑自然对流影响的稍微精确一些的关联式可从其他(S2)文献来源中获得。

例 4.6-2　球的冷却

应用与例 4.6-1 相同的条件，压力为 1 atm 绝压、温度为 15.6 ℃的空气，流速为 12.2 m/s，试预测该空气流过直径为 51 mm 且平均表面温度为 82.2 ℃的球体时的平均传热系数。将这个结果与湍流经过平板的值 $h=77.2$ W/(m² · K)进行比较。

解：在平均膜温 48.9 ℃的物性与例 4.6-1 相同。N_{Re}为

$$N_{Re}=\frac{Dv\rho}{\mu}=\frac{0.051\times12.2\times1.097}{1.95\times10^{-5}}=3.49\times10^4$$

代入球体的式(4.6-4)：

$$N_{Nu}=\frac{hD}{k}=\frac{h\times0.051}{0.028\ 0}=2.0+0.60N_{Re}^{0.5}N_{Pr}^{1/3}$$

$$=2.0+0.60\times(3.49\times10^4)^{0.5}(0.704)^{1/3}$$

求解，得　$h=56.1$ W/(m² · K)[9.88 btu/(h · ft² · ℉)]。这个值比平板的值 $h=77.2$ W/(m² · K)[13.6 btu/(h · ft² · ℉)]小一些。

4.6.5　绕过列管或圆柱的流动

许多类型的工业换热器由多排管子构成，流体垂直地流过成排的管子。实例是气体加热器，管内的热流体加热流经管子外表面上的气体。另一个实例是管内的冷液体物流被外面的热流体所加热。

图 4.6-1 所示的是正方形排列和三角形排列列管的排布情况，图中 D 是管子的外径，以 m(ft)为单位，S_n是在流动的垂直方向上管中心之间的距离，m(ft)，S_p是与流动平行的方向上管中心之间的距离，m(ft)。正方形排列管的流动敞开面积是(S_n-D)和(S_p-D)；三角形排列管则为(S_n-D)和(S'_p-D)。表 4.6-2 中给出了雷诺数范围在 2 000 到 40 000，流动方向上多于 10 个横排的列管传热情况下，用于式(4.6-1)中的 C 和 m 值。对于少于 10 排

的情况,表 4.6-3 提供了关联因子。

表 4.6-2 对有多于 10 横排的列管传热,用于式(4.6-1)的 C 和 m 值

排列方式	$\frac{S_n}{D}=\frac{S_p}{D}=1.25$		$\frac{S_n}{D}=\frac{S_p}{D}=1.50$		$\frac{S_n}{D}=\frac{S_p}{D}=2.0$	
	C	m	C	m	C	m
正方形	0.386	0.592	0.278	0.620	0.254	0.632
三角形	0.575	0.556	0.511	0.562	0.535	0.556

资料来源:E. D. Grimision, Trans. ASME, 59, 583(1937)。

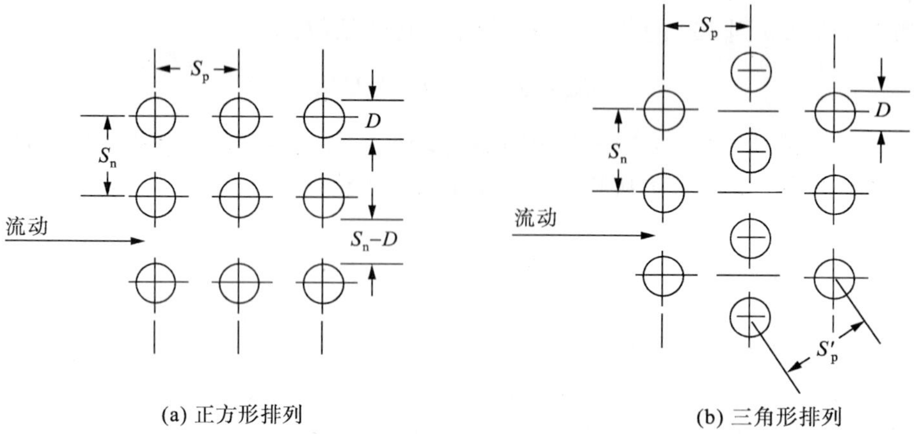

图 4.6-1 表 4.6-2 中管排的符号命名

表 4.6-3 横排深度为 N 的 h 值与横排深度为 10 的 h 值之间的比值
(与表 4.6-2 结合使用)

N	1	2	3	4	5	6	7	8	9	10
三角形排列管的比值	0.68	0.75	0.83	0.89	0.92	0.95	0.97	0.98	0.99	1.00
正方形排列管的比值	0.64	0.80	0.97	0.90	0.92	0.94	0.96	0.98	0.99	1.00

资料来源:W. M. Kays 和 R. K. Lo, Stanford Univ. Tech. Rept. 15, Navy Contract N6—ONR—251 T. O. 6, 1952。

对 S_n/D 和 S_p/D 相互不等的情况,读者应当查阅 Grimison(G1)的更多数据。在有挡板的换热器中,存在法向泄漏,不是全部流体都法向地流向列管,所得到的 h 的平均值应当乘以约 0.6(P3)。雷诺数的计算使用按最小流通截面积计算得到的速度值。所有的物性在 T_f 温度下估算。

例 4.6-3 通过列管加热空气

温度为 15.6 ℃和压力为 1 atm 绝压的空气通过其流动方向上有 4 横排、与流动垂直的方向上有 10 纵排的列管,趋近列管时的空气流速为 7.62 m/s,管子的表面保持在 57.2 ℃。管外径为 25.4 mm,管子对着流动方向直线排列。与流动方向垂直的方向上管间距 S_n 是 38.1 mm,平行方向上管间距 S_p 也是 38.1 mm。对长度为 0.305 m 的列管,试计算传热速率。

解:参考图 4.6－1(a)

$$\frac{S_n}{D}=\frac{38.1}{25.4}=\frac{1.5}{1} \qquad \frac{S_p}{D}=\frac{38.1}{25.4}=\frac{1.5}{1}$$

因为在通过四排横管的过程中,空气被加热,因而假设出口的主体温度是 21.1 ℃。则平均主体温度为

$$T_b=\frac{15.6+21.1}{2}=18.3\ ℃$$

平均膜温为

$$T_f=\frac{T_w+T_b}{2}=\frac{57.2+18.3}{2}=37.7\ ℃$$

由附录 A.3 查得空气在 37.7 ℃时

$$k=0.027\,00\ \mathrm{W/(m\cdot K)} \quad N_{Pr}=0.705$$
$$c_p=1.004\,8\ \mathrm{kJ/(kg\cdot K)} \quad \rho=1.137\ \mathrm{kg/m^3}$$
$$\mu=1.90\times10^{-5}\ \mathrm{Pa\cdot s}$$

最小流动截面积与总的正面面积之比为$(S_n-D)/S_n$。则列管中的最大速度如下

$$v_{max}=\frac{vS_n}{S_n-D}=\frac{7.62\times0.038\,1}{(0.038\,1-0.025\,4)}=22.86\ \mathrm{m/s}$$
$$N_{Re}=\frac{Dv_{max}\rho}{\mu}=\frac{0.025\,4\times22.86\times1.137}{1.90\times10^{-5}}=3.47\times10^4$$

对 $S_n/D=S_p/D=1.5/1$,由表 4.6－2 得到的 C 和 m 值分别为 0.278 和 0.620。代入式(4.6－1),并求解 h,得

$$h=\frac{k}{D}CN_{Re}^{m}N_{Pr}^{1/3}=\frac{0.027\,00}{0.025\,4}\times0.278\times(3.47\times10^4)^{0.62}(0.705)^{1/3}$$
$$=171.8\ \mathrm{W/(m^2\cdot K)}$$

这里所得到的 h 是 10 排管的。对横向为四排管的情况,h 必须乘以表 4.6－3 中给出的0.90 的比值。

因为有 10×4 即 40 根管,每 0.305 m 长度上的总传热面积为

$$A=40\pi DL=40\pi\times0.025\,4\times0.305=0.973\ \mathrm{m^2}$$

用管壁和流体主体之间的算术平均温差计算的总传热速率 q 为

$$q=hA(T_w-T_b)=0.90\times171.8\times0.973\times(57.2-18.3)=5\,852\ \mathrm{W}$$

接下来对空气进行热量衡算,利用计算得到的 q 来计算空气的温升 ΔT。首先必须计算空气的质量流量 m。安装 10 排管子的列管,每 0.305 m 管长的正面总面积为

$$A_t=10S_n\times1.0=10\times0.038\,1\times0.305=0.116\,2\ \mathrm{m^2}$$

15.6 ℃的进口空气的密度是 $\rho=1.224\ \mathrm{kg/m^3}$。质量流量 m 为

$$m=v\rho A_t{}^{①}=7.62\times1.224\times0.1162=1.084\ \mathrm{kg/s}$$

对热量衡算,空气在 18.3 ℃的平均 c_p 是 1.004 8 kJ/(kg·K),则

$$q=5852=mc_p\Delta T=1.084\times1.0084\times10^3\Delta T$$

求解得,$\Delta T=5.37$ ℃。

因此,计算得到的出口主体气体温度是 15.6+5.37=20.97 ℃,这个值接近假设值 21.1 ℃。如果进行第二次试差,使用的新平均 T_b 是(15.6+20.97)/2 或 18.28 ℃。

4.6.6 填充床中流动流体的热量传递

关于填充床传热系数的关联式,在固定床体系,如催化反应器、固体干燥器和砾石床换热器的设计中是十分有用的。在 3.1.3 节中已对填充床的压降进行了探讨,并对这些床层的几何因子进行了讨论。对微元长度 dz 确定填充床的传热速率,

$$\mathrm{d}q=h(aS\mathrm{d}z)(T_1-T_2) \tag{4.6-5}$$

式中 a 是单位体积床层固体颗粒的表面积($\mathrm{m^{-1}}$),S 是空床的截面积($\mathrm{m^2}$),T_1 是气体主体温度(K),T_2 是固体表面温度。

对气体在球形填料床中的热量传递(G2、G3),且雷诺数在 10～10 000 的范围内,有

$$\varepsilon J_{\mathrm{H}}=\varepsilon\frac{h}{c_p v'\rho}\left(\frac{c_p\mu}{k}\right)_{\mathrm{f}}^{2/3}=\frac{2.876}{N_{Re}}+\frac{0.3023}{N_{Re}^{0.35}} \tag{4.6-6}$$

这里 v' 是以空容器截面积为基准的表观速度(m/s)[见方程(3.1-11)],ε 是空隙率,$N_{Re}=D_{\mathrm{P}}G'/\mu_{\mathrm{f}}$,$G'=v'\rho$ 是表观质量速度[kg/(m²·s)]。下标 f 表明物性是在膜的温度下估算的,其他是在主体温度下取的值。这一关联式也可用于流化床。另一个可用来替代式(4.6-6)应用于固体床和流化床的是,雷诺数范围在 10～4 000 的式(7.3-36)。J_{H} 一项被称作 Colburn J 因子,根据式(4.6-6)中的 h 来定义。

其他文献(H1,J1,P3)中提供了非圆形柱,如六边形等的传热方程。

4.7 自然对流传热

4.7.1 概述

当固体表面与处于不同温度的气体或液体接触时,由该固体表面发生自然对流传热。加热过程中,上升的流体中的密度差提供了移动流体所要求的浮力。人们观察到了自由或自然对流作为流体运动的结果。一个自然对流传热的实例是加热房间的取暖装置。遇到暖气片的冷空气被加热,并由于浮力的作用而在自然对流中上升。自然对流传热系数方程的理论推导要求运动方程和能量方程的共同解。

---

① 原文误为 $v\rho A_t(3\ 600)$——译者注。

发生在过程工程中的一个重要传热体系是热量从一块热的垂直板上通过自然对流过程传递到相邻的气体和液体中。液体没有通过强制对流运动，只是通过自然或自由对流运动。在图 4.7－1 中，垂直平板被加热，自由对流边界层形成。自然对流的速度分布不同于强制对流体系，因为自然对流情况下的自由物流的速度是零，所以这种情况下壁上的速度为零，边界层的另一边缘处的速度也是零。如图所示，边界层初始是层流，但是从前沿的某个距离开始变成湍流。壁温是 T_w(K)，主体温度是 T_b。

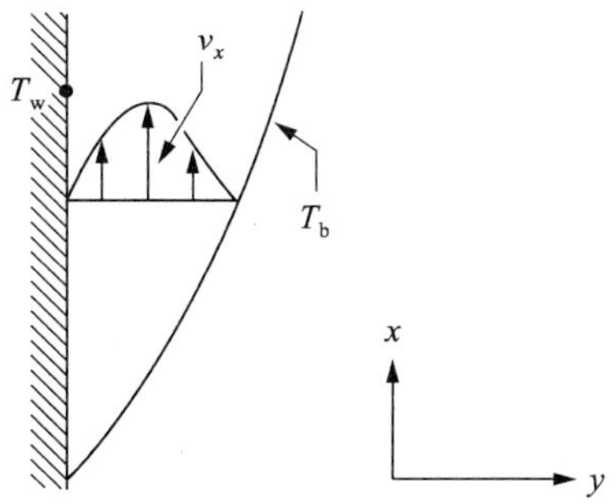

图 4.7－1　由加热垂直板上自然对流传热的边界层速度分布

对控制体($dxdy\cdot 1$)列出其 x 和 y 方向上的微分动量衡算方程。推动力是重力场中由于流体的密度差产生的浮力。动量衡算式变为

$$\rho\left(v_x\frac{\partial v_x}{\partial x}+v_y\frac{\partial v_x}{\partial y}\right)=g(\rho_b-\rho)+\mu\frac{\partial^2 v_x}{\partial y^2} \tag{4.7-1}$$

这里 ρ_b 是在主体温度 T_b 下的流体密度，ρ 是在温度 T 的流体密度。密度差以膨胀体积系数 β 表示，并代回到式(4.7－1)中：

$$\beta=\frac{\rho_b-\rho}{\rho(T-T_b)} \tag{4.7-2}$$

对气体，$\beta=1/T$。能量衡算方程可表示如下：

$$\rho c_p\left(v_x\frac{\partial T}{\partial x}+v_y\frac{\partial T}{\partial y}\right)=k\frac{\partial^2 T}{\partial y^2} \tag{4.7-3}$$

通过应用第 3.10 节中所讨论的解析积分的方法已经获得了这些方程的解。已经得到了关于垂直板的结果，这是最简单的情况，将作为无量纲 Grashof 特征数的引入而在下面进行讨论。但是，在其他的物理几何体中，函数关系太复杂，仅得到了经验的关联式。这些都将在下面的章节中加以讨论。

4.7.2　由各种几何体的自然对流

(1) 由垂直平板和圆柱的自然对流。对长度 L 小于 1 m 的等温垂直表面或板(P3)，平均自然对流传热系数可由下面的通用方程表示：

$$N_{Nu}=\frac{hL}{k}=a\left(\frac{L^3\rho^2 g\beta\Delta T}{\mu^2}\frac{c_p\mu}{k}\right)^m=a(N_{Gr}N_{Pr})^m \tag{4.7-4}$$

式中 a 和 m 是由表 4.7－1 得到的常数，N_{Gr} 是 Grashof 特征数，ρ 是流体密度(kg/m³)，μ 是流体黏度[kg/(m·s)]，ΔT 是壁和主体流体之间的正温差(K)，反之亦然，k 是导热系数[W/(m·K)]，c_p 是比热容[J/(kg·K)]，β 是流体的体积膨胀系数(1/K)[对气体 β 为 $1/(T_f\text{K})$]，g 是 9.806 65(m/s²)。所有的物性在膜的温度 $T_f=(T_w+T_b)/2$ 下进行估算。一般而言，对长度为 L(m)的垂直圆柱体，可使用与垂直平板相同的方程。在英制单位中 β 是 $1/(T_f{}^\circ\text{F}+460)$，单位 1/°R，$g$ 是 $32.174\times(3\,600)^2$ ft/h²。

表 4.7-1 用于自然对流方程式(4.7-4)中的常数

物理几何体	$N_{Gr}N_{Pr}$	a	m	参考文献
垂直平板和圆柱[垂直高度 $L<1$ m(3 ft)]				
	$<10^4$	1.36	1/5	(P3)
	$10^4\sim10^9$	0.59	1/4	(M1)
	$>10^9$	0.13	1/3	(M1)
水平圆柱[直径 D 用于 L,且 $D<0.20$ m(0.66 ft)]				
	$<10^{-5}$	0.49	0	(P3)
	$10^{-5}\sim10^{-3}$	0.71	1/25	(P3)
	$10^{-3}\sim1$	1.09	1/10	(P3)
	$1\sim10^4$	1.09	1/5	(P3)
	$10^4\sim10^9$	0.53	1/4	(M1)
	$>10^9$	0.13	1/3	(M1)
水平平板				
被加热平板的较高表面或	$10^5\sim2\times10^7$	0.54	1/4	(M1)
被冷却平板的较低表面	$2\times10^7\sim3\times10^{10}$	0.14	1/3	(M1)
被加热平板的较低表面				
或被冷却平板的较高表面	$10^5\sim10^{11}$	0.58	1/5	(F1)

Grashof 特征数作为无量纲特征数有其物理解释,它表示自由对流中浮力与黏性力的比率,起到与强制对流中的雷诺数相似的作用。

例 4.7-1 由垂直炉壁的自然对流

一个烘烤食物的炉子,有 1.0 ft(0.305 m)高的垂直加热壁,表面温度为 450 ℉(505.4 K),与 100 ℉(311 K)的空气接触。试计算传热系数和每英尺壁宽(0.305 m)的热量传递。注意不考虑辐射传热。使用英制和 SI 制两种单位制。

解:膜的温度为

$$T_f=\frac{T_w+T_b}{2}=\frac{450+100}{2}=275\ ℉=\frac{505.4+311}{2}=408.2\ \text{K}$$

空气在 275 ℉的物性数据如下:$k=0.0198$ btu/(h·ft·℉),0.343 W/(m·K);$\rho=0.0541$ $\text{lb}_\text{m}/\text{ft}^3$,0.867 kg/m³;$N_{Pr}=0.690$;$\mu=0.0232\ \text{cP}\times2.4191=0.0562\ \text{lb}_\text{m}/(\text{ft}\cdot\text{h})=2.32\times10^{-5}\ \text{Pa}\cdot\text{s}$;$\beta=1/408.2=2.45\times10^{-3}\ \text{K}^{-1}$,$\beta=1/(460+275)=1.36\times10^{-3}\ °\text{R}^{-1}$;$\Delta T=T_w-T_b=450-100=350$ ℉(194.4 K)。以英制单位计算 Grashof 特征数:

$$N_{Gr}=\frac{L^3\rho^2g\beta\Delta T}{\mu^2}=\frac{1.0^3\times0.0541^2\times32.174\times3600^2\times1.36\times10^{-3}\times350}{0.0562^2}$$
$$=1.84\times10^8$$

以 SI 制计算:

$$N_{Gr}=\frac{0.305^3\times0.867^2\times9.806\times2.45\times10^{-3}\times194.4}{(2.32\times10^{-5})^2}=1.84\times10^8$$

当然使用英制和 SI 制计算的 Grashof 特征数必定如上所示是相等的。

$$N_{Gr}N_{Pr}=1.84\times10^8\times0.690=1.270\times10^8$$

因此，从表 4.7-1 查得，应用于式(4.7-4)的常数 $a=0.59$，$m=1/4$。用式(4.7-4)求解 h，并代入已知值：

$$h=\frac{k}{L}a(N_{Gr}N_{Pr})^m=\frac{0.0198}{1.0}\times0.59\times(1.270\times10^8)^{1/4}=1.24\ \text{btu/(h·ft}^2\text{·°F)}$$

$$h=\frac{0.0343}{0.305}\times0.59\times(1.27\times10^8)^{1/4}=7.03\ \text{W/(m}^2\text{·K)}$$

对 1 英尺宽的壁，$A=1\times1=1.0\ \text{ft}^2(0.305\times0.305\ \text{m}^2)$。则

$$q=hA(T_w-T_b)=1.24\times1.0\times(450-100)=433\ \text{btu/h}$$

$$q=7.03\times0.305\times0.305\times194.4=127.1\ \text{W}$$

通过辐射也将损失大量的热。这将在第 4.10 节中再加以考虑。

表 4.7-2　各种表面自然对流的简化方程

物理几何体	$N_{Gr}N_{Pr}$	方程 h=btu/(h·ft²·°F) L=ft，ΔT=°F D=ft	方程 h=W/(m²·K) L=m，ΔT=K D=m	参考文献
	在 101.32 KPa(1 atm)绝压的空气			
垂直平板和圆柱	$10^4\sim10^9$	$h=0.28(\Delta T/L)^{1/4}$	$h=1.37(\Delta T/L)^{1/4}$	(P1)
	$>10^9$	$h=0.18(\Delta T)^{1/3}$	$h=1.24(\Delta T)^{1/3}$	(P1)
水平圆柱	$10^3\sim10^9$	$h=0.27(\Delta T/L)^{1/4}$	$h=1.32(\Delta T/L)^{1/4}$	(M1)
	$>10^9$	$h=0.18(\Delta T)^{1/3}$	$h=1.24(\Delta T)^{1/3}$	(M1)
水平平板				
加热板面向上或	$10^5\sim2\times10^7$	$h=0.27(\Delta T/L)^{1/4}$	$h=1.32(\Delta T/L)^{1/4}$	(M1)
冷却板面向下	$2\times10^7\sim3\times10^{10}$	$h=0.22(\Delta T)^{1/3}$	$h=1.52(\Delta T)^{1/3}$	(M1)
加热板面向下或冷却板面向上	$3\times10^5\sim3\times10^{10}$	$h=0.12(\Delta T/L)^{1/4}$	$h=0.59(\Delta T/L)^{1/4}$	(M1)
	70 °F(294 K)的水			
垂直平板和圆柱	$10^4\sim10^9$	$h=26(\Delta T/L)^{1/4}$	$h=127(\Delta T/L)^{1/4}$	(P1)
	70 °F(294 K)的有机液体			
垂直板和圆柱	$10^4\sim10^9$	$h=12(\Delta T/L)^{1/4}$	$h=59(\Delta T/L)^{1/4}$	(P1)

表 4.7-2 中给出在 1 atm 绝压下，由空气到垂直平板和圆柱的自然对流传热的简化方程。在以 SI 制表示的方程中，通常碰到的情况是 $N_{Gr}N_{Pr}$ 在 $10^4\sim10^9$ 的范围内，对$(L^3\Delta T)$值低于约 4.7 m³·K，且膜温度在 255 K 和 533 K 之间的条件下，该条件对应的方程成立。为了校正不同于 1 atm 压力下的 h 值，在 $N_{Gr}N_{Pr}$ 从 $10^4\sim10^9$ 时，可将表 4.7-2 中的 h 值乘以$(p/101.32)^{1/2}$，在 $N_{Gr}N_{Pr}>10^9$ 时，乘以$(p/101.32)^{2/3}$，这里 p 是单位为 kN/m² 的压力。在英制单位中当$(L^3\Delta T)$低于约 300 ft²·°F时，遇到的是 $N_{Gr}N_{Pr}$ 取值 $10^4\sim10^9$ 的情况。对压力不为 1 atm 绝压的 h 值，可通过将 1 atm 绝压下的 h 值乘以 $p^{1/2}$ 和 $p^{2/3}$ 分别对 $N_{Gr}N_{Pr}$ 为 10^4 到 10^9 和超过 10^9 的情况进行校正，这里 p 为 atm 绝压。对水和其他有机液体也提供了简化的方程。

例 4.7-2　自然对流及简化方程

重复例 4.7-1，但应用简化方程。

解:膜温度 408.2 K,在 255 K～533 K 的范围内。且

$$L^3\Delta T=0.305^3\times194.4=5.5$$

该值比指定的应用简化方程的近似最大值 4.7 稍大了一些。然而,在例 4.7-1 中,$N_{Gr}N_{Pr}$ 值低于 10^9,因此将应用由表 4.7-2 得到的简化方程:

$$h=1.37\left(\frac{\Delta T}{L}\right)^{1/4}=1.37\left(\frac{194.4}{0.305}\right)^{1/4}$$
$$=6.88\ \mathrm{W/(m^2\cdot K)}[1.21\ \mathrm{btu/(h\cdot ft^2\cdot ^\circ F)}]$$

传热速率 q 为:

$$q=hA(T_w-T_b)=6.88\times0.305\times0.305\times194.4=124.4\ \mathrm{W}(424\ \mathrm{btu/h})$$

该值与例 4.7-1 得到的 127.1 W 值合理地接近。

(2) 经水平圆柱的自然对流。对外径为 D(m)的水平圆柱,将式(4.7-4)与表 4.7-1 中给定的常数一道应用。直径 D 用作式中的 L 值。表 4.7-2 中提供了简化的式子。通常管子的 $N_{Gr}N_{Pr}$ 在 10^4～10^9(M1)之间。

(3) 经水平平板的自然对流。对水平平板,用表 4.7-1 给出的常数和表 4.7-2 的简化式,也可应用式(4.7-4)。要应用的尺寸 L 是,正方平板的边长、矩形的二维线性平均尺寸和圆盘直径的 0.9 倍。

(4) 封闭空间的自然对流。在许多加工过程的应用中,发生封闭空间中的自由对流过程。一个实例是封闭双层窗,为了储备能量,双层窗的两层玻璃被一层空气分隔。因为会发生许多不同类型的流动方式,所以这个封闭空间中流动现象是复杂的。在低 Grashof 特征数的情况下,主要是通过流体层的传导实现热量的传递。随着 Grashof 特征数的增加,将遇到不同的流动现象与特征。

两块高度为 L(m)的垂直平板,在 δ(m)的间隙中存在流体,该体系示于图 4.7-2,这里平板表面的温度是 T_1 和 T_2。Grashof 特征数定义为

$$N_{Gr,\delta}=\frac{\delta^3\rho^2g\beta(T_1-T_2)}{\mu^2} \tag{4.7-5}$$

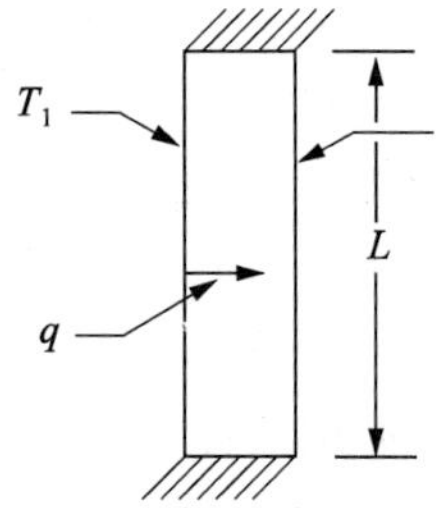

图 4.7-2 封闭的垂直空间中的自然对流

Nusselt 特征数定义为

$$N_{Nu,\delta}=\frac{h\delta}{k} \tag{4.7-6}$$

由下式计算热通量

$$\frac{q}{A}=h(T_1-T_2) \tag{4.7-7}$$

在两板间的平均温度下估算所有物性参数。

对封闭在两块垂直平板间的气体,且 $L/\delta>3$(H1,J1,K1,P1),有

$$N_{Nu,\delta}=\frac{h\delta}{k}=1.0 \quad (N_{Gr,\delta}N_{Pr}<2\times10^3) \tag{4.7-8}$$

$$N_{Nu,\delta}=0.20\frac{(N_{Gr,\delta}N_{Pr})^{1/4}}{(L/\delta)^{1/9}} \quad (6\times10^3<N_{Gr,\delta}N_{Pr}<2\times10^5) \tag{4.7-9}$$

$$N_{Nu,\delta}=0.073\frac{(N_{Gr,\delta}N_{Pr})^{1/3}}{(L/\delta)^{1/9}} \quad (2\times10^5<N_{Gr,\delta}N_{Pr}<2\times10^7) \tag{4.7-10}$$

对垂直板中的液体：

$$N_{Nu,\delta}=\frac{h\delta}{k}=10 \quad (N_{Gr,\delta}N_{Pr}<1\times10^3) \tag{4.7-11}$$

$$N_{Nu,\delta}=0.28\frac{(N_{Gr,\delta}N_{Pr})^{1/4}}{(L/\delta)^{1/4}} \quad (1\times10^3<N_{Gr,\delta}N_{Pr}<1\times10^7) \tag{4.7-12}$$

对垂直圆环中的气体和液体，与垂直板相同的方程式成立。

对于下部板比上部板温度高的水平板间的气体：

$$N_{Nu,\delta}=0.21(N_{Gr,\delta}N_{Pr})^{1/4} \quad (7\times10^3<N_{Gr,\delta}N_{Pr}<3\times10^5) \tag{4.7-13}$$

$$N_{Nu,\delta}=0.061(N_{Gr,\delta}N_{Pr})^{1/3} \quad (N_{Gr,\delta}N_{Pr}>3\times10^5) \tag{4.7-14}$$

对下部板比上部板温度高的水平板间的液体(G5)，

$$N_{Nu,\delta}=0.069(N_{Gr,\delta}N_{Pr})^{1/3}N_{Pr}^{0.074} \quad (1.5\times10^5<N_{Gr,\delta}N_{Pr}<1\times10^9) \tag{4.7-15}$$

例 4.7-3　封闭垂直空间中的自然对流

1 atm 绝压下的空气封于两块垂直板之间，这里 $L=0.6$ m，$\delta=30$ mm。板为 0.4 m 宽。板的温度为 $T_1=394.3$ K 和 $T_2=366.5$ K。计算通过空气缝隙的传热速率。

解：用两板间的平均温度估算物性：$T_f=(T_1+T_2)/2=(394.3+366.5)/2=380.4$ K。$\delta=30/1\,000=0.030$ m。由附录 A.3 查得，$\rho=0.929\,5$ kg/m³，$\mu=2.21\times10^{-5}$ Pa·s，$k=0.032\,19$ W/(m·K)，$N_{Pr}=0.693$，$\beta=1/T_f=1/380.4=2.629\times10^{-3}$ K^{-1}。

$$N_{Gr,\delta}=\frac{0.030^3\times0.929\,5^2\times9.806\times2.629\times10^{-3}\times(394.3-366.5)}{(2.21\times10^{-5})^2}=3.423\times10^4$$

$N_{Gr,\delta}N_{Pr}=3.423\times10^4\times0.693=2.372\times10^4$。应用式(4.7-9)：

$$h=\frac{k}{\delta}\times\frac{0.20\times(N_{Gr,\delta}N_{Pr})^{1/4}}{(L/\delta)^{1/9}}=\frac{0.032\,19\times0.20\times(2.352\times10^4)^{1/4}}{0.030\times(0.6/0.030)^{1/9}}=1.909\ \text{W/(m}^2\cdot\text{K)}$$

面积 $A=0.6\times0.4=0.24$ m²。代入式(4.7-7)：

$$q=hA(T_1-T_2)=1.909\times0.24\times(394.3-366.5)=12.74\ \text{W}$$

(5) 经其他形状物体的自然对流。对球形、方块和其他类型的空气封闭空间，应当查阅其他参考文献(H1、K1、M1、P1、P3)。在某些情况下，当流体在低流速层流区内强制流过加热表面时，发生强制对流与自然对流结合叠加的热量传递过程。关于这方面的进一步讨论请看参考文献(H1、K1、M1)。

4.8 沸腾和冷凝

4.8.1 沸腾

(1) 沸腾的机理。对沸腾液体的热量传递,不仅在蒸发和精馏中非常重要,在其他化学和生物加工过程,如石油加工、化学反应的温度控制、液体食品的蒸发等过程中也是十分重要的。沸腾的液体通常被放置于具有可加热的管子或垂直或水平的平板表面的容器中,这些加热表面提供沸腾所需的热量。加热表面可通过电加热或通过加热表面另一侧的热流体或发生冷凝的流体进行加热。

沸腾中,液体的温度是该液体在设备压力下的沸点。当然,被加热的表面是高于沸点温度的。蒸汽气泡在加热面上产生,并上升通过大量液体。蒸汽在液面以上的蒸汽空间中积累并放出。

沸腾是一种复杂的现象。假设我们考虑在装有 373.2 K(100 ℃)沸水的容器中,浸入一根小的水平加热管或电热丝。热通量是 q/A(W/m^2);$\Delta T=(T_w-373.2)$K,这里 T_w是管或电热丝壁的温度;h 是传热系数[W/(m^2 · K)]。从低 ΔT 开始,测定 q/A 和h 值。再在较高 ΔT 值重复前面的测定,并将获得的数据作 q/A 对 ΔT 的标绘,如图 4.8-1 所示。

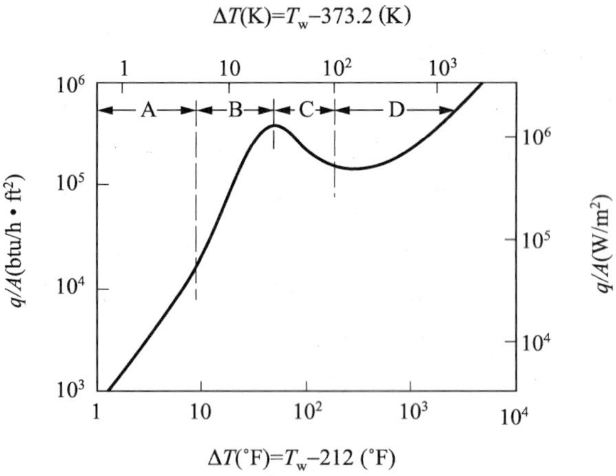

图 4.8-1 水在大气压下的沸腾机理、热通量与温降之间的关系

(A) 自然对流;(B) 核状沸腾;(C) 过渡区沸腾;(D) 膜状沸腾

在图 4.8-1 中标绘的第一个区域 A,在低温降时,沸腾的机理基本上是液体自然对流传热。h 随 $\Delta T^{0.25}$变化,近似与水平平板或圆柱的自然对流情况相同。这一阶段形成的气泡非常少,气泡从金属的表面释放并上升,对正常的自然对流没有明显的扰动。

在 ΔT 约为 5 K~25 K(9 ℉~45 ℉)的核状沸腾区域 B,气泡产生的速率增大,因此液体循环的速度增大。在该区域传热系数 h 迅速增大,并正比于 ΔT^2 到 ΔT^3 。

在过渡沸腾区 C,许多气泡很快形成,以致它们聚并和形成隔离的蒸汽层。这时,增大 ΔT 将增加这个蒸汽层的厚度,热通量和 h 随 ΔT 增大而下降。在膜状沸腾区 D,气泡定期地自身分离并上升。在高 ΔT 值时,穿过表面上蒸汽层的辐射帮助增大了 q/A 和 h。对其他形状的表面也得到了相似形状的曲线(M1)。

h 与 ΔT 的曲线关系近似与图 4.8－1 的形状相同。h 值相当大。在图 4.8－1 中 B 区域的开始一段,为核状沸腾,h 值约是 5 700～11 400 W/(m² · K)或 1 000～2 000 btu/(h · ft² · ℉),在该区域的末端,h 有一个峰值,约为 57 000 W/(m² · K)或 10 000 btu/(h · ft² · ℉)。这些值是相当高的,在大多数情况下,沸腾膜的阻力在传热的总阻力中仅占百分之几。

工业上所感兴趣的区域是核状沸腾区和膜状沸腾区(P3)。在釜式和自然循环再沸器中总是发生核状沸腾。

(2) 核状沸腾。在核状沸腾区,热通量受 ΔT、压力、表面和系统的自然情况和几何体形状,以及蒸汽和液体的物理性质的影响。Rohesenow 等推导了这些方程(P1)。他们应用单管或平面,且非常复杂。

人们已经提出了估算水在浸没加热表面外,在 1.0 atm 压力下沸腾传热系数的简化经验方程(J2)。

对水平表面(SI 制和英制单位):

$$h,\ \text{btu/(h}\cdot\text{ft}^2\cdot{}^\circ\text{F)}=151(\Delta T\ {}^\circ\text{F})^{1/3}\qquad q/A,\ \text{btu/(h}\cdot\text{ft}^2),<5\ 000$$
$$h,\ \text{W/(m}^2\cdot\text{K)}=1\ 043(\Delta T\ \text{K})^{1/3}\qquad q/A,\ \text{kW/m}^2,<16\tag{4.8-1}$$

$$h,\ \text{btu/(h}\cdot\text{ft}^2\cdot{}^\circ\text{F)}=0.168(\Delta T\ {}^\circ\text{F})^{3}\qquad 5\ 000<q/A,\ \text{btu/(h}\cdot\text{ft}^2),<75\ 000$$
$$h,\ \text{W/(m}^2\cdot\text{K)}=5.56(\Delta T\ \text{K})^{3}\qquad 16<q/A,\ \text{kW/m}^2,<240\tag{4.8-2}$$

对垂直表面:

$$h,\ \text{btu/(h}\cdot\text{ft}^2\cdot{}^\circ\text{F)}=87(\Delta T\ {}^\circ\text{F})^{1/7}\qquad q/A,\ \text{btu/(h}\cdot\text{ft}^2),<1\ 000$$
$$h,\ \text{W/(m}^2\cdot\text{K)}=537(\Delta T\ \text{K})^{1/7}\qquad q/A,\ \text{kW/m}^2,<3\tag{4.8-3}$$

$$h,\ \text{btu/(h}\cdot\text{ft}^2\cdot{}^\circ\text{F)}=0.240(\Delta T\ {}^\circ\text{F})^{3}\qquad 1\ 000<q/A,\ \text{btu/(h}\cdot\text{ft}^2),<20\ 000$$
$$h,\ \text{W/(m}^2\cdot\text{K)}=7.95(\Delta T\ \text{K})^{3}\qquad 3<q/A,\ \text{kW/m}^2,<63\tag{4.8-4}$$

式中 $\Delta T=T_{\text{w}}-T_{\text{sat}}$ K 或℉。

如果压力是 p atm 绝压,不是 1 atm,则将上面给出的 1 atm 的 h 值乘以 $(p/1)^{0.4}$。式(4.8－1)和式(4.8－3)是在自然对流区。

对管内的强制对流沸腾,可应用下面的简化关系(J3):

$$h=2.55(\Delta T\ \text{K})^3 e^{p/1\ 551}\ \text{W/(m}^2\cdot\text{K)}\quad (\text{SI 制})$$
$$h=0.077(\Delta T\ {}^\circ\text{F})^3 e^{p/225}\ \text{btu/(h}^2\cdot\text{ft}^2\cdot{}^\circ\text{F)}\quad (\text{英制})\tag{4.8-5}$$

p 在这种情况下的单位是 kPa(SI 制)和 psia(英制)。

(3) 膜状沸腾。在膜状沸腾区,鉴于所用的温降很高,传热速率相对是低的,温降没有得到有效地利用。人们已对膜状沸腾进行了大量的理论分析。Bromleg(B3)提出了下面的预测水平管上膜状沸腾区传热系数的方程:

$$h=0.62\left[\frac{k_{\text{v}}^3\rho_{\text{v}}(\rho_{\text{l}}-\rho_{\text{v}})g(h_{\text{fg}}+0.4c_{p\text{v}}\Delta T)}{D\mu_{\text{v}}\Delta T}\right]^{1/4}\tag{4.8-6}$$

这里 k_{v} 是蒸汽的导热系数[W/(m · K)],ρ_{v} 是蒸汽的密度(kg/m³),ρ_{l} 是液体的密度(kg/m³),h_{fg} 是汽化潜热(J/kg),$\Delta T=T_{\text{w}}-T_{\text{sat}}$,$T_{\text{sat}}$ 是饱和蒸气压的温度 K 值,D 是管外径(m),μ_{v} 是蒸

汽的黏度(Pa·s),g 是重力加速度(m/s^2)。蒸汽的物性在膜温 $T_f=(T_w+T_{sat})/2$ 下估算,h_{fg} 在饱和温度下取值。如果温差很高,将通过辐射发生附加的热量传递(H1)。

例 4.8-1　夹套釜的传热速率

在 1 atm 绝压下,在夹套釜中用夹套内 115.6 ℃温度下冷凝的蒸汽将水加热使其沸腾。釜的内径是 0.656 m,高度是 0.984 m。底部稍有些弯曲,但假设它是平底。底部和到 0.656 m高处的边壁都是夹套。釜的传热表面是 3.2 mm 的不锈钢,k 值为 16.27W/(m·K)。夹套内的冷凝蒸汽系数 h_i 估算为 10 200 W/(m^2·K)。试预测釜底表面的沸腾传热系数 h_o。

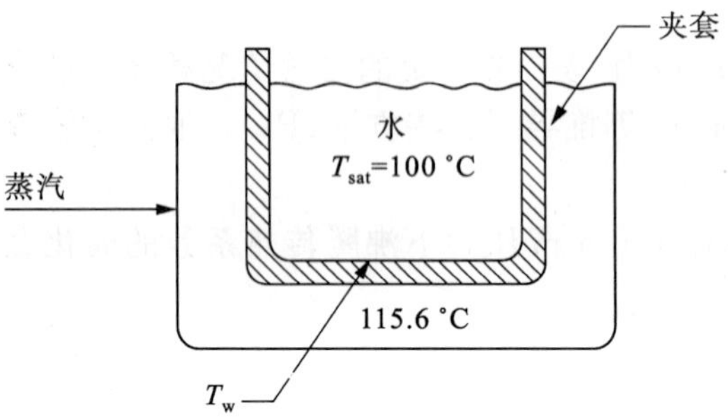

图 4.8-2　例 4.8-1 的蒸汽夹套和沸腾水

解:釜的图形如图 4.8-2 所示。将应用简化方程计算沸腾系数 h_o。因为金属内表面的温度 T_w 未知,所以要进行试差求解。假设 T_w=110 ℃,

$$\Delta T=T_w-T_{sat}=110-100=10\ ℃=10\ K$$

代入式(4.8-2):

$$h_o=5.56(\Delta T)^3=5.56\times10^3=5\ 560\ W/(m^2\cdot K)$$

$$\frac{q}{A}=h\Delta T=5\ 560\times10=55\ 600\ W/m^2$$

为了检验假设值 T_w,必须计算冷凝蒸汽阻力 R_i、金属壁阻力 R_w、沸腾液体的阻力 R_o。假设为相当 A=1 m^{2}的阻力面积,则由式(4.3-12):

$$R_i=\frac{1}{h_iA}=\frac{1}{10\ 200\times1}=9.80\times10^{-5}$$

$$R_w=\frac{\Delta x}{kA}=\frac{3.2/1\ 000}{16.27\times1.0}=19.66\times10^{-5}$$

$$R_o=\frac{1}{h_oA}=\frac{1}{5\ 560\times1}=17.98\times10^{-5}$$

$$\sum R=9.80\times10^{-5}+19.66\times10^{-5}+17.98\times10^{-5}$$
$$=47.44\times10^{-5}$$

则通过沸腾膜的温度降

$$\Delta T=\frac{R_o}{\sum R}(115.6-100)=\frac{17.98\times10^{-5}}{47.44\times10^{-5}}\times15.6=5.9\ ℃$$

因此,T_w=100+5.9=105.9 ℃,该值低于假设值 110 ℃。

第二次试差将用 T_w=108.3 ℃,则 ΔT=108.3−100=8.3 ℃,且由式(4.8-2)得新的 $R_o=31.44\times10^{-5}$,则

$$\Delta T=\left(\frac{31.44\times10^{-5}}{60.90\times10^{-5}}\right)(115.6-100)=8.1\ ℃$$

则

$$T_w=100+8.1=108.1\ ℃$$

这个值接近于假设值 108.3 ℃，是合理的，因此不作进一步的试差计算。

4.8.2　冷凝

(1) 冷凝的机理。由蒸汽冷凝为液体和由液体蒸发成蒸汽的过程，都涉及传热系数很大的液体的相变过程。当饱和蒸汽如水蒸气与固体表面温度低于其饱和温度的物体接触时，将发生冷凝过程，生成液体如水。

通常，当蒸汽在垂直管或水平管这样的表面上或其他表面上冷凝时，会在表面上形成冷凝膜并在重力的作用下流过固体表面。正是固体表面与蒸汽之间的这层液膜形成了热量传递的主要阻力。这被称为膜状冷凝。

另一种类型的冷凝，为滴状冷凝，在表面上形成小液滴时将发生这样的冷凝方式。这些液滴生长并聚并，液体从表面上流下。在这种冷凝的过程中，大面积的管子上是没有任何液体的，这些表面直接暴露于蒸汽。在这种光秃的表面上发生的传热速率非常高。平均系数可高达 110 000 W/(m^2 · K)[20 000 btu/(h · ft^2 · ℉)]，这是膜状冷凝系数的 5 至 10 倍。膜状冷凝系数通常比强制对流系数大许多，且在几千 W/(m^2 · K)的数量级上或更高。

滴状冷凝发生在污染的表面上和存在杂质的情况下。更可靠和更常用的是膜状冷凝。因此对于正常的设计应用，假设采用的是膜状冷凝过程。

(2) 垂直表面的膜状冷凝系数。对在垂直壁或管上的膜状冷凝过程，通过假设冷凝液膜呈层流状态流下壁面可对其进行解析分析。在壁或管子的顶部膜厚为零，并在由于冷凝作用而形成液膜向下流动的过程中，膜厚增加。Nusselt(H1、W1)假设，从 T_{sat}(K)的冷凝蒸汽通过液膜再到 T_w(K)壁面的热量传递过程是通过传导进行的。令这个传导传热量与蒸汽冷凝的传热量相等，得到整个表面上的平均传热系数的最后表达式。

在图 4.8－3(a)中，温度为 T_{sat}的蒸汽在温度为 T_w(K)的壁上冷凝。冷凝液层流流下。假设图 4.8－3(b)中液体密度为 ρ_l的微元质量的单位厚度为$(\delta-y)(dx\cdot1)\rho_l$。这一微元上向下的力是重力减去浮力，或$(\delta-y)dx\times(\rho_l-\rho_v)g$，这里 ρ_v是饱和蒸汽的密度。因为这个力在平面 y 上与黏性剪切力 $\mu_l(dv/dy)(dx\cdot1)$平衡，所以令这两个力相等，

$$(\delta-y)(dx)(\rho_l-\rho_v)g=\mu_l\left(\frac{dv}{dy}\right)(dx) \tag{4.8-7}$$

积分并利用在 $y=0$ 处 $v=0$ 的边界条件，

$$v=\frac{g(\rho_l-\rho_v)}{\mu_l}(\delta y-y^2/2) \tag{4.8-8}$$

在任意点 x 处的单位深度的膜冷凝液的质量流率为

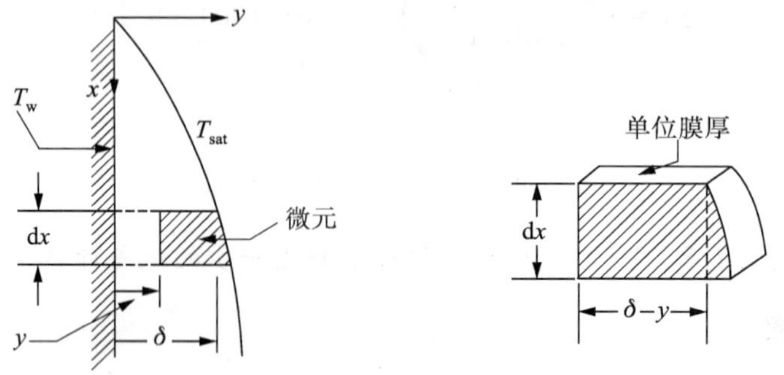

(a) 膜厚随位置的增加　　(b) 冷凝微元的衡算

图 4.8-3　垂直壁上的膜冷凝

$$m=\int_0^\delta \rho_l v \mathrm{d}y=\int_0^\delta \rho_l \frac{g(\rho_l-\rho_o)}{\mu_l}(\delta y-y^2/2)\mathrm{d}y \tag{4.8-9}$$

积分得

$$m=\frac{\rho_l g(\rho_l-\rho_v)\delta^3}{3\mu_l} \tag{4.8-10}$$

在壁上，对于$(\mathrm{d}x\cdot 1)\mathrm{m}^2$的面积，如果假设壁面与蒸汽之间的液体的温度呈线性分布，则传热速率如下：

$$q_x=-k_l(\mathrm{d}x\cdot 1)\frac{\mathrm{d}T}{\mathrm{d}y}\bigg|_{y=0}=k_l\mathrm{d}x\frac{T_{sat}-T_w}{\delta} \tag{4.8-11}$$

在 $\mathrm{d}x$ 距离上，传热速率为 q_x。在这 $\mathrm{d}x$ 距离里，由冷凝造成的质量增加为 $\mathrm{d}m$。应用式(4.8-10)，得

$$\mathrm{d}m=\mathrm{d}\left[\frac{\rho_l g(\rho_l-\rho_v)\delta^3}{3\mu_l}\right]=\frac{\rho_l g(\rho_l-\rho_v)\delta^2\mathrm{d}\delta}{\mu_l} \tag{4.8-12}$$

在 $\mathrm{d}x$ 距离内作能量衡算，质量流量 $\mathrm{d}m$ 乘潜热 h_{fg}必须等于由式(4.8-11)确定的 q_x：

$$h_{fg}\frac{\rho_l g(\rho_l-\rho_v)\delta^2\mathrm{d}\delta}{\mu_l}=k_l\mathrm{d}x\frac{T_{sat}-T_w}{\delta} \tag{4.8-13}$$

利用在 $x=0$、$\delta=0$ 和在 $x=x$、$\delta=\delta$ 的条件，积分得到

$$\delta=\left[\frac{4\mu_l k_l x(T_{sat}-T_w)}{g h_{fg}\rho_l(\rho_l-\rho_v)}\right]^{1/4} \tag{4.8-14}$$

在 x 应用局部传热系数 h_x，给出热量衡算式

$$h_x(\mathrm{d}x\cdot 1)(T_{sat}-T_w)=k_l(\mathrm{d}x\cdot 1)\frac{T_{sat}-T_w}{\delta} \tag{4.8-15}$$

上式给出

$$h_x=\frac{k_l}{\delta} \tag{4.8-16}$$

将式(4. 8 - 14)和式(4. 8 - 16)结合，得

$$h_x=\left[\frac{\rho_l(\rho_l-\rho_v)gh_{fg}k_l^3}{4\mu_l x(T_{sat}-T_w)}\right]^{1/4} \tag{4.8-17}$$

通过在总长度 L 上积分，得到 h 的平均值如下：

$$h=\frac{1}{L}\int_0^L h_x \mathrm{d}x=\frac{4}{3}h_{x=L} \tag{4.8-18}$$

$$h=0.943\left[\frac{\rho_l(\rho_l-\rho_v)gh_{fg}k_l^3}{\mu_l L(T_{sat}-T_w)}\right]^{1/4} \tag{4.8-19}$$

但对于层流，实验得到的数据要比式(4. 8 - 19)所得值大约 20%。

因此，对垂直表面的层流流动，最终的推荐表达式是(M1)，

$$N_{Nu}=\frac{hL}{k_l}=1.13\left(\frac{\rho_l(\rho_l-\rho_v)gh_{fg}L^3}{\mu_l k_l \Delta T}\right)^{1/4} \tag{4.8-20}$$

式中 ρ_l 是液体的密度(kg/m^3)，ρ_v 是蒸汽密度，g 是 9. 806 6 m/s^2，L 是表面或管子的垂直长度(m)，μ_l 是液体黏度(Pa · s)，k_l 是液体导热系数[W/(m · K)]，$\Delta T=T_{sat}-T_w$(K)，h_{fg} 是在 T_{sat} 的冷凝潜热(J/kg)。所有的液体物性除 h_{fg} 以外，均在膜温 $T_f=(T_{sat}+T_w)/2$ 下估算。对于较长的垂直壁面，在底部的流动可能是湍流。雷诺数定义为

$$N_{Re}=\frac{4m}{\pi D\mu_l}=\frac{4\Gamma}{\mu_l}\quad(\text{垂直管，直径为 } D) \tag{4.8-21}$$

$$N_{Re}=\frac{4m}{W\mu_l}=\frac{4\Gamma}{\mu_l}\quad(\text{垂直平板，宽度为 } W) \tag{4.8-22}$$

式中 m 是管子或板底部冷凝物的总质量(kg/s)，$\Gamma=m/\pi D$ 或 m/W。N_{Re} 应当低于约 1 800，则式(4. 8 - 20)成立。读者应当注意，某些参考文献将 N_{Re} 定义为 Γ/μ。那么这个 N_{Re} 应当低于 450。

对于 $N_{Re}>1\,800$ 的湍流(M1)：

$$N_{Nu}=\frac{hL}{k_l}=0.0077\left(\frac{g\rho_l^2L^3}{\mu_l^2}\right)^{1/3}(N_{Re})^{0.4} \tag{4.8-23}$$

这个方程是要通过试差求解的，因为要计算 h 值必须先假定 N_{Re} 值。

例 4. 8 - 2　垂直管上的冷凝

压力为 68. 9 kPa(10 psia)的饱和蒸汽在长度为 0. 305 m(1. 0 ft.)、外径为 0. 025 4 m(1 in.)、表面温度为 86. 11 ℃(187 ℉)的垂直管上冷凝。试用英制单位和 SI 制单位计算平均传热系数。

解：由附录 A. 2 得

$$T_{sat}=193\ ℉(89.44\ ℃)\qquad T_w=187\ ℉(86.11\ ℃)$$

$$T_f=\frac{T_w+T_{sat}}{2}=\frac{187+193}{2}=190\ ℉(87.8\ ℃)$$

潜热 $h_{fg}=1\,143.3-161.0=982.3\ btu/lb_m$

$$=2\,657.8-374.6=2\,283.2\ \text{kJ/kg}=2.283\,2\times10^{6}\ \text{J/kg}$$

$$\rho_{l}=\frac{1}{0.016\,57}=60.3\ \text{lb}_{m}/\text{ft}^{3}=60.3\times16.018=966.7\ \text{kg/m}^{3}$$

$$\rho_{v}=\frac{1}{40.95}=0.024\,4\ \text{lb}_{m}/\text{ft}^{3}=0.391\ \text{kg/m}^{3}$$

$$\mu_{l}=0.324\ \text{cP}\times2.419\,1=0.784\ \text{lb}_{m}/(\text{ft}\cdot\text{h})=3.24\times10^{-4}\ \text{Pa}\cdot\text{s}$$

$$k_{l}=0.390\ \text{btu}/(\text{ft}\cdot\text{h}\cdot{}^{\circ}\text{F})=0.390\times1.730\,7=0.675\ \text{W}/(\text{m}\cdot\text{K})$$

$$L=1\ \text{ft}=0.305\ \text{m}\quad \Delta T=T_{\text{sat}}-T_{\text{w}}=193-187=6\ {}^{\circ}\text{F}(3.33\ \text{K})$$

假设是层流膜，以英制和 SI 制两种单位应用式(4.8-20)，与 ρ_l 相比可忽略 ρ_v，

$$N_{Nu}=1.13\left(\frac{\rho_l^2 g h_{fg} L^3}{\mu_l k_l \Delta T}\right)^{1/4}$$

$$=1.13\left(\frac{60.3^2\times32.174\times3\,600^2\times982.3\times1.0^3}{0.784\times0.390\times6}\right)^{1/4}=6\,040$$

$$N_{Nu}=1.13\left(\frac{966.7^2\times9.806\times2.283\times10^6\times0.305^3}{3.24\times10^{-4}\times0.675\times3.33}\right)^{1/4}=6\,040$$

$$N_{Nu}=\frac{hL}{k_1}=\frac{h\times1.0}{0.390}=6\,040\quad \text{SI 单位：}\frac{h\times0.305}{0.675}=6\,040$$

求解得，$h=2\,350\ \text{btu}/(\text{h}\cdot\text{ft}^2\cdot{}^{\circ}\text{F})=13.350\ \text{W}/(\text{m}^2\cdot\text{K})$。

接下来将计算 N_{Re}，看是否如假设的层流流动。对管面积计算总的传递热量：

$$A=\pi DL=\pi(1/12)\times1.0=\pi/12\ \text{ft}^2,\quad A=\pi\times0.025\,4\times0.305\ \text{m}^2$$

$$q=hA\Delta T \tag{4.8-24}$$

然而，这个 q 值也必须等于由 m lb_m/h(或 kg/s)冷凝蒸汽得到的热量。因此，

$$q=hA\Delta T=h_{fg}m \tag{4.8-25}$$

代入给定值，并求解 m：

$$2\,360\times(\pi/12)\times(193-187)=982.3\times m\quad m=3.77\ \text{lb}_m/\text{h}$$

$$13.350\times\pi\times0.025\,4\times0.305\times3.33=2.284\times10^6\times m\quad m=4.74\times10^{-4}\ \text{kg/s}$$

代入式(4.8-12)：

$$N_{Re}=\frac{4m}{\pi D\mu_l}=\frac{4\times3.77}{\pi\times(1/12)\times0.784}=73.5\quad N_{Re}=\frac{4\times4.74\times10^{-4}}{\pi\times0.025\,4\times3.24\times10^{-4}}=73.5$$

因此，如所假设为层流流动。

(3) 水平圆柱外的膜状冷凝系数。Nusselt 的分析，也可外推到水平管外冷凝的实际情况。对于单管，膜在管子的顶部从膜厚为零开始，沿着一圈流到底部膜厚逐步增加，然后滴下来。如果有水平的列管，上部管子上的冷凝液会滴到下边相邻的管子上；由上一层到下一层，依次类推。

对外径为 D 的垂直 N 层水平管，一层低于一层地放置(M1)，

$$N_{Nu}=\frac{hD}{k_1}=0.725\left(\frac{\rho_1(\rho_1-\rho_v)gh_{fg}D^3}{N\mu_1k_1\Delta T}\right)^{1/4} \tag{4.8-26}$$

在大多数实际应用中，流动处在层流区，式(4.8－26)成立(C3、M1)。

4.9　换热器

4.9.1　换热器的类型

(1) 概述。在过程工业中，两种流体之间的热量传递一般是在换热器中完成的。最普通的类型是冷热流体相互不直接接触，而是由管壁或平面或曲面将它们隔开的。首先通过对流方式实现热量从热流体向壁的传递，再通过传导方式使其穿过管壁或平板传递，然后再通过对流方式传递到冷流体。在本章的前面几节中我们已经讨论了该过程中的各个步骤的计算方法。现在我们将讨论某些类型的实用设备和进行各种换热器的总体热分析。对于换热器，人们已经开发了极其完整详细的设计方法，这里将不作论述。

(2) 套管换热器。最简单的换热器是套管换热器。这种换热器示于图 4.9－1，换热器中一种流体在管内流动，另一种流体在两管之间的环隙中流动。两流体可以是并流也可逆流，换热器可以由两端有管件的一对单一长度管组成或由串联的许多对管子相互连接构成。这类换热器主要应用于两种流体为相同流速的情况。

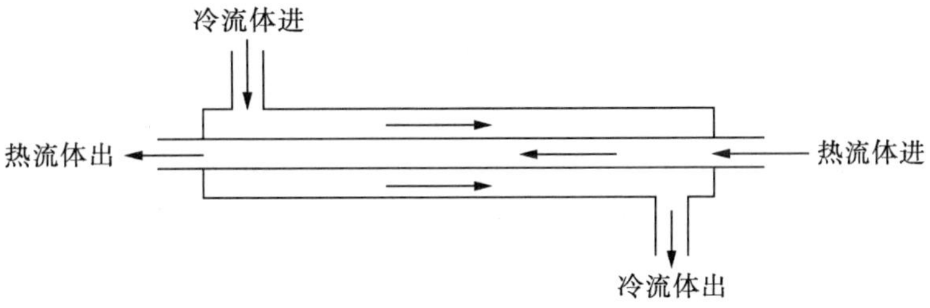

图 4.9－1　套管换热器中的流动

(3) 管壳式换热器。如果涉及大量的流体流动，则使用管壳式换热器，这是在过程工业应用中最为重要的换热器类型。在这种换热器中流动是连续的。使用了许多平行的管子，一种流体在这些管子的内部流动。这些排成一束一束的管子被封闭在一个壳体内，另一种流体在管外壳内流动。最简单的管壳式换热器示于图 4.9－2(a)，图中为单壳程和单管程，或 1－1 逆流换热器。冷流体进入并一次通过全部平行管。热流体进入另一端并逆流通过管子的外面。使用横向挡板强制管外流体垂直流过列管而不是与其平行流动，由这个横向流产生的附加湍动增大了壳侧的传热系数。

图 4.9－2(b)所示为一个 1－2 并-逆流换热器。如所示管侧液体在换热器内流过两程，壳侧液体流过一程。在管侧的第一程中，冷流体与壳侧热流体逆向流动；在管侧的第二程中，冷流体与热流体同向(并流)流动。另一种类型的换热器有两壳程和四管程。有时也使用其他程数的结合方式，1－2 和 2－4 型是最常用的两种类型。

(4) 错流换热器。当气体(如空气)被加热或冷却时，通常使用的装置是图 4.9－3(a)所

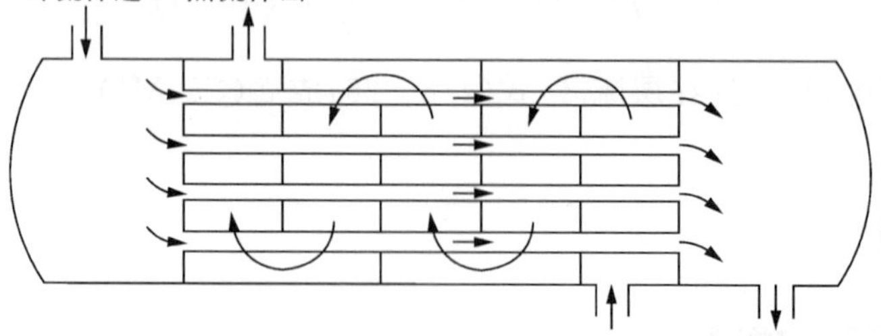

(a) 1 壳程和1管程 (1–1换热器)

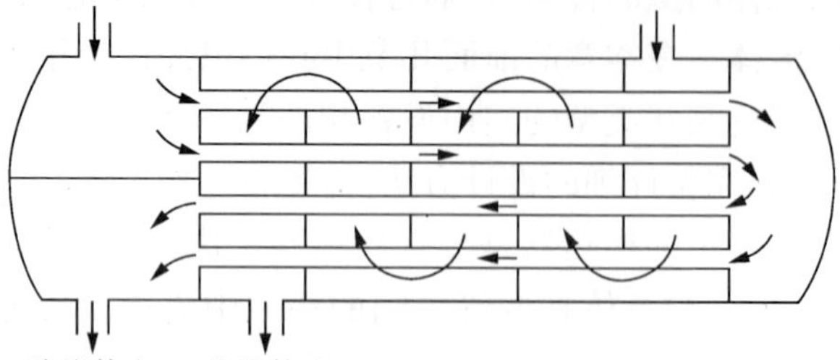

(b) 1壳程和2管程 (1–2换热器)

图 4.9-2 管壳式换热器

示的错流换热器。流体之一是液体，通过管内流动，外面的气体靠强制、或有时是自然对流横向流过管束。管内流体被看作是不能混合的，因为它受空间局限，不能与任何其他物流相混合。管外的气体流能够混合，因为它可以在管间自由地移动，并具有在垂直于流动的方向上气体温度趋于相等的倾向。对管内的不混合流体，无论与流动方向平行或垂直的方向上都存在温度梯度。

如图 4.9-3(b)所示的第二类错流换热器，典型应用实例是被用于空调和空间的加热。在这类换热器中，气体横向流过翅管束并且是不混合的，因为在通过管束的过程中，气体被限制在翅片之间的分隔流道内，管内的流体也是不混合的。

关于其他类型的专用的传热设备，将留待第 4.13 节中再作论述。本节余下的内容主要阐述壳管式换热器和错流换热器。

4.9.2 对数平均温差关联因子

在第 4.5.8 一节中表明，当换热器中的热流体和冷流体确实是以逆流或并流方式流动时，应当使用对数平均温差：

$$\Delta T_{\mathrm{lm}}=\frac{\Delta T_2-\Delta T_1}{\ln(\Delta T_2/\Delta T_1)} \tag{4.9-1}$$

式中 ΔT_2 是在换热器一端的温差，ΔT_1 是在另一端的温差。这个 ΔT_{lm} 的值，对并流或逆流

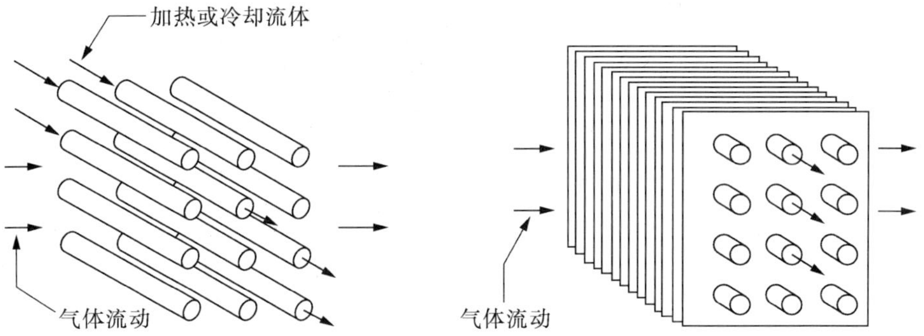

(a) 一种流体(气体)混合，一种流体不混合　　(b) 两种流体都不混合

图 4.9 - 3　错流换热器的流动形式

的套管换热器和单壳程单管程的 1 - 1 换热器均成立。

在涉及多程换热器的情况下，需要根据壳程和管程数的不同配置，得到平均温差的不同表达式。首先考虑图 4.9 - 2(b)中的单壳程双管程换热器，第一管程中的冷流体与热流体呈逆流。在第二管程中冷流体与热流体呈并流。因此，原来应用于并流或逆流情况的对数平均温差，若不经过适当的校正，则不能用于混合的两种类型，如 1 - 2 换热器情况下的真实平均温差的计算。

适合应用的平均温差方程的数学推导非常复杂。通常的方法是使用一个校正因子 F_T。这个因子是这样定义的，当将它与 ΔT_{lm} 相乘时，所得的积即为要应用的校正平均温降 ΔT_m。在校正因子 F_T 的使用中，对较热的流体是通过管内还是通过壳体并不重要。对 1 - 2 换热器的 F_T 因子已经有人做出了计算(B4)，并表示为图 4.9 - 4(a)。使用如下两个无量纲比率参数：

$$Z=\frac{T_{hi}-T_{ho}}{T_{co}-T_{ci}} \tag{4.9-2}$$

$$Y=\frac{T_{co}-T_{ci}}{T_{hi}-T_{ci}} \tag{4.9-3}$$

式中 T_{hi} 为热流体的进口温度，K(℉)；T_{ho} 为热流体的出口温度；T_{ci} 为冷流体的进口温度；T_{co} 为冷流体的出口温度。

图 4.9 - 4(b)中显示了 2 - 4 换热器的 F_T 因子(B4)。一般而言，不推荐使用在 $F_T<0.75$ 条件下的换热器。还会应用另一种壳管排布方式。图 4.9 - 5 给出了两类错流换热器的校正因子。由别的文献(B4、P1)可获得其他类型换热器的数据。

使用式(4.9 - 2)和式(4.9 - 3)中符号所表示的意义，可将式(4.9 - 1)中的 ΔT_{lm} 写成如下形式

$$\Delta T_{lm}=\frac{(T_{hi}-T_{co})-(T_{ho}-T_{ci})}{\ln[(T_{hi}-T_{co})/(T_{ho}-T_{ci})]} \tag{4.9-4}$$

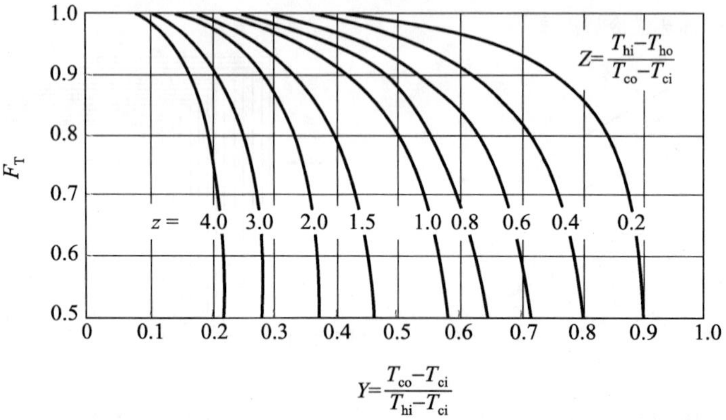

(a) 1-2 和 1-4 换热器

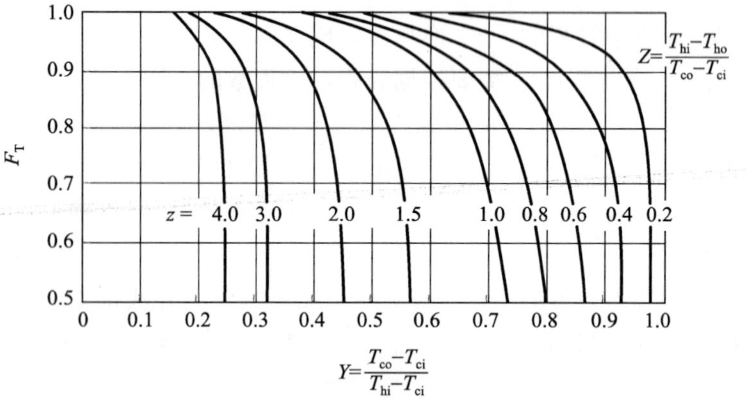

(b) 2-4 换热器

图 4.9-4 对数平均温差的校正因子

[经许可,引用自:R. A. Bowman, A,C, Mueller, and W. M. Nagle, Trans. A. S. M. E. 62,284,285(1940)]

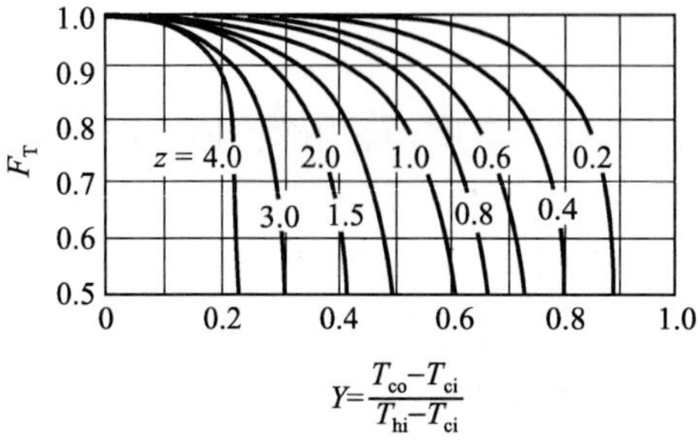

(a) 单程壳流体混合,其他流体不混合

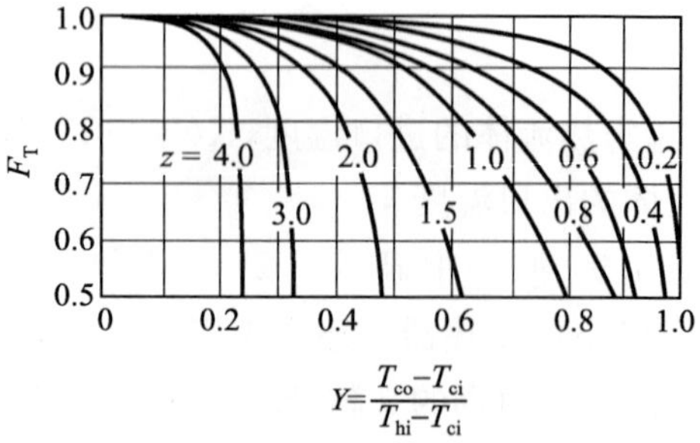

(b) 单程,两种流体都不混合

图 4.9-5 错流换热器对数平均温差的校正因子 $F_T[Z=(T_{hi}-T_{ho})/(T_{co}-T_{ci})]$

[经许可,引用自:R. A. Bowman, A,C, Mueller, and W. M. Nagle, Trans. A. S. M. E. 62,284,285(1940)]

换热器的方程为

$$q=U_iA_i\Delta T_m=U_oA_o\Delta T_m \tag{4.9-5}$$

式中

$$\Delta T_m=F_T\Delta T_{lm} \tag{4.9-6}$$

例 4.9-1 换热器的温度校正因子

具有单壳程和双管程的1-2换热器，在一定压力下，热水进口温度为115.6 ℃，出口温度为48.9 ℃；将流量为2.52 kg/s的水从21.1 ℃加热到54.4 ℃。换热器中管子的外表面积为 $A_o=9.30\ m^2$。

(1) 计算换热器中的平均温差 ΔT_m 和传热总系数 U_o。

(2) 用相同的温度，但是使用2-4换热器，则 ΔT_m 将为多少？

解：温度如下：

$$T_{hi}=115.6\ ℃\quad T_{ho}=48.9\ ℃\quad T_{ci}=21.1\ ℃\quad T_{co}=54.4\ ℃$$

(1) 首先对冷水做热量衡算，假设水的 c_{pm} 为 4 187 J/(kg·K)，$T_{co}-T_{ci}=(54.4-21.1)℃=33.3\ ℃=33.3\ K$，

$$q=mc_{pm}(T_{co}-T_{ci})=2.52\times4\ 187\times(54.4-21.1)=348\ 200\ W$$

应用式(4.9-4)的对数平均温差为

$$\Delta T_{lm}=\frac{(115.6-54.4)-(48.9-21.1)}{\ln[(115.6-54.4)/(48.9-21.1)]}=42.3\ ℃=42.3\ K$$

下面将各值代入式(4.9-2)和式(4.9-3)：

$$Z=\frac{T_{hi}-T_{ho}}{T_{co}-T_{ci}}=\frac{115.6-48.9}{54.4-21.1}=2.00 \tag{4.9-2}$$

$$Y=\frac{T_{co}-T_{ci}}{T_{hi}-T_{ci}}=\frac{54.4-21.1}{115.6-21.1}=0.352 \tag{4.9-3}$$

由图4.9-4(a)查得，$F_T=0.74$，则由式(4.9-6)

$$\Delta T_m=F_T\Delta T_{lm}=0.74\times42.3=31.3\ ℃=31.3\ K$$

整理式(4.9-5)，求解 U_o，并代入已知值，得

$$U_o=\frac{q}{A_o\Delta T_m}=\frac{348\ 200}{9.30\times31.3}=1\ 196\ W/(m^2\cdot K)[211\ btu/(h\cdot ft^2\cdot ℉)]$$

(2) 应用2-4换热器和图4.9-4(b)得，$F_T=0.94$，则

$$\Delta T_m=F_T\Delta T_{lm}=0.94\times42.3=39.8\ ℃=39.8\ K$$

因此，在这种情况下，2-4换热器利用了更多的有效温差推动力。

4.9.3 换热器效率

(1) 概述。在前面几节中，将对数平均温差应用于换热器设计中的方程 $q=UA\Delta T_{lm}$。

当两种流体的进、出口温度已知，或可由热量衡算确定时，这种表达形式是很方便的。这样，若已知表面积，U 就可确定。但是，当要使用一个给定的换热器，换热器出口的流体温度未知时，就需要一个令人厌烦的试差程序。为了求解这种情况，一种称之为换热器效率 ε 的方法获得使用，它不涉及任何出口温度。

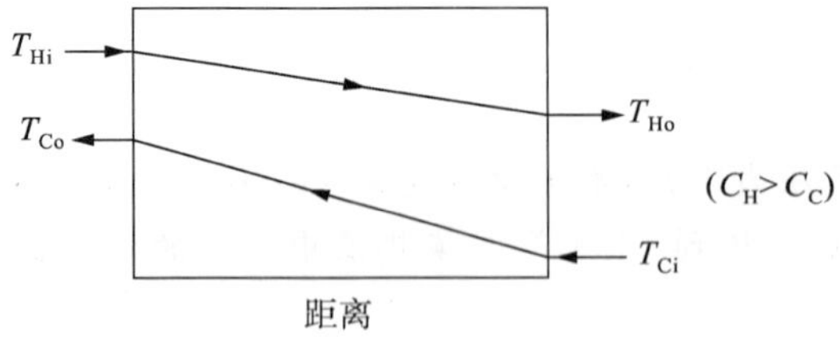

图 4.9-6 逆流换热器的温度分布

换热器效率被定义为给定换热器的实际传热速率与如果可达到无限传热面积的最大传热速率之比。逆流换热器的温度分布示于图 4.9-6。

(2) 效率方程的推导。对冷流体(C)和热流体(H)的热量衡算为

$$q=(mc_p)_H(H_{Hi}-H_{Ho})=(mc_p)_C(T_{Co}-T_{Ci}) \tag{4.9-7}$$

令$(mc_p)_H=C_H$和$(mc_p)_C=C_C$；则在图 4.9-6 中 $C_H>C_C$，冷流体经历的温度变化大于热流体。因此，我们将 C_C表示为 C_{min}或最小比热容。如果可达到无限的传热面积，则 $T_{co}=T_{Hi}$。效率 ε 表示如下：

$$\varepsilon=\frac{C_H(T_{Hi}-T_{Ho})}{C_C(T_{Hi}-T_{Ci})}=\frac{C_{max}(T_{Hi}-T_{Ho})}{C_{min}(T_{Hi}-T_{Ci})} \tag{4.9-8}$$

如果热流体是最小流体，$T_{Ho}=T_{Ci}$，则

$$\varepsilon=\frac{C_C(T_{Co}-T_{Ci})}{C_H(T_{Hi}-T_{Ci})}=\frac{C_{max}(T_{Co}-T_{Ci})}{C_{min}(T_{Hi}-T_{Ci})} \tag{4.9-9}$$

在两个方程中分母都是相同的，且方程的分子给出实际的传热速率：

$$q=\varepsilon C_{min}(T_{Hi}-T_{Ci}) \tag{4.9-10}$$

注意式(4.9-10)仅使用了进口温度，当进口温度已知，要求对给定的现存换热器预测其出口温度时，这是优越之处。

对于单程逆流换热器，将式(4.9-8)与式(4.9-9)结合：

$$\varepsilon=\frac{C_H(T_{Hi}-T_{Ho})}{C_{min}(T_{Hi}-T_{Ci})}=\frac{C_C(T_{Co}-T_{Ci})}{C_{min}(T_{Hi}-T_{Ci})} \tag{4.9-11}$$

我们首先考虑冷流体是最小流体的情况。用现有的符号改写式(4.5-25)：

$$q=C_C(T_{Co}-T_{Ci})=UA\ \frac{(T_{Ho}-T_{Ci})-(T_{Hi}-T_{Co})}{\ln[(T_{Ho}-T_{Ci})/(T_{Hi}-T_{Co})]} \tag{4.9-12}$$

将式(4.9-7)与式(4.9-11)的左边相结合，并求解 T_{Hi}，

$$T_{Hi}=T_{Ci}+\frac{1}{\varepsilon}(T_{Co}-T_{Ci}) \tag{4.9-13}$$

等式两边同减 T_{Co}，

$$T_{\mathrm{Hi}}-T_{\mathrm{Co}}=T_{\mathrm{Ci}}-T_{\mathrm{Co}}+\frac{1}{\varepsilon}(T_{\mathrm{Co}}-T_{\mathrm{Ci}})=\left(\frac{1}{\varepsilon}-1\right)(T_{\mathrm{Co}}-T_{\mathrm{Ci}}) \tag{4.9-14}$$

对于 $C_{\min}=C_{\mathrm{C}}$ 和 $C_{\max}=C_{\mathrm{H}}$，由式(4.9-7)，

$$T_{\mathrm{Ho}}=T_{\mathrm{Hi}}-\frac{C_{\min}}{C_{\max}}(T_{\mathrm{Co}}-T_{\mathrm{Ci}}) \tag{4.9-15}$$

该式可重新整理，给出如下的式子：

$$T_{\mathrm{Ho}}-T_{\mathrm{Ci}}=T_{\mathrm{Hi}}-T_{\mathrm{Ci}}-\frac{C_{\min}}{C_{\max}}(T_{\mathrm{Co}}-T_{\mathrm{Ci}}) \tag{4.9-16}$$

将式(4.9-13)代入式(4.9-16)，

$$T_{\mathrm{Ho}}-T_{\mathrm{Ci}}=\frac{1}{\varepsilon}(T_{\mathrm{Co}}-T_{\mathrm{Ci}})-\frac{C_{\min}}{C_{\max}}(T_{\mathrm{Co}}-T_{\mathrm{Ci}}) \tag{4.9-17}$$

最后，将式(4.9-4)和式(4.9-17)代入式(4.9-12)，再进行整理，两边取反对数并求解 ε：

$$\varepsilon=\frac{1-\exp\left[-\frac{UA}{C_{\min}}\left(1-\frac{C_{\min}}{C_{\max}}\right)\right]}{1-\frac{C_{\min}}{C_{\max}}\exp\left[-\frac{UA}{C_{\min}}\left(1-\frac{C_{\min}}{C_{\max}}\right)\right]} \tag{4.9-18}$$

我们定义 NTU 为传递单元数如下：

$$\mathrm{NTU}=\frac{UA}{C_{\min}} \tag{4.9-19}$$

如果 $C_{\mathrm{H}}=C_{\min}$，会得到相同的结果。

对并流我们得到

$$\varepsilon=\frac{1-\exp\left[\frac{-UA}{C_{\min}}\left(1+\frac{C_{\min}}{C_{\max}}\right)\right]}{1+\frac{C_{\min}}{C_{\max}}} \tag{4.9-20}$$

在图 4.9-7 中，已将式(4.9-18)和式(4.9-20)标绘成方便查阅的图表形式。对于不同的管壳安排和错流方式可得到另外一些图(K1)。

例 4.9-2　换热器效率

308 K 的水以 0.667 kg/s 的流量进入逆流换热器，并在换热器中被在 383 K 的温度下以 2.85 kg/s 流量进入的油类物流[c_p=1.89 kJ/(kg·K)]所加热。总的 U=300 W/(m^2·K)，面积 A=15.0 m^2。试计算传热速率和出口水温。

解：假设出口水温约 370 K，在平均温度(308+370)/2=339 K，水的 c_p 为 4.192 kJ/(kg·K)(附录 A.2)。那么，$(mc_p)_H=2.85\times1.89\times10^3=5\ 387$ W/K，$(mc_p)_C=C_C=0.667\times4.192\times10^3=2\ 796$ W/K$=C_{min}$。因为 C_C 是最小值，$C_{min}/C_{max}=2\ 796/5\ 387=0.519$。

应用式(4.9-19)，$NTU=UA/C_{min}=300\times15.0/2\ 796=1.607$。使用逆流换热器的图 4.9-7(a)得，$\varepsilon=0.71$。代入式(4.9-10)：

$$q=\varepsilon C_{min}(T_{Hi}-T_{Ci})=0.71\times2\ 796\times(383-308)=148\ 900\ \text{W}$$

应用式(4.9-7)：

$$q=148\ 900=2\ 796(T_{Co}-308)$$

解得，$T_{Co}=361.3$ K。

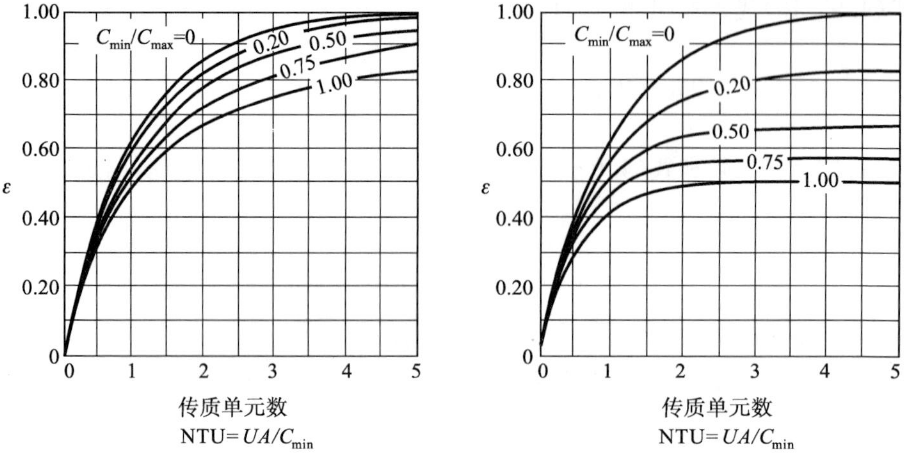

(a) 逆流换热器　　(b) 平行流换热器

图 4.9-7　换热器效率因子 ε

4.9.4　污垢因子及典型的总 U 值

在实际过程中，传热表面并不是总能保持清洁的。在换热器的管壁或其他传热表面的一面或两面会形成污物、积碳、结垢和其他的沉淀物。这些沉淀物对热流提供了附加的阻力，降低了总传热系数 U。石油加工过程的焦炭和其他物质会沉积。泥浆和其他物质的淤积和沉淀都可能发生。会构成严重传热阻力的锈蚀产物也可能会在表面上形成。如在冷却水和生化工业中，会发生藻类这样的生物的生长。

为了避免或减轻这些污垢的问题，常添加能降低锈蚀、盐沉淀和藻类生长的化学抑制剂。水流速度一般选用在 1 m/s 以上，帮助降低污垢。过大的温差可能会引起固体在表面上的额外沉淀，可能的话应当尽可能避免。

对于这些沉淀物和污垢的影响，通常是在设计中通过如下的在式(4.3-17)中添加管内、管外污垢阻力项来计入这一点的：

$$U_i = \frac{1}{1/h_i + 1/h_{di} + (r_o - r_i)A_i/k_A A_{A\,lm} + A_i/A_o h_o + A_i/A_o h_{do}} \tag{4.9-21}$$

式中 h_{di}是管内的污垢系数，h_{do}是管外的污垢系数，单位是 W/(m^2 · K)。应用式(4.3-18)可写出 U_o的类似表达式。

推荐用于换热设备设计的污垢系数在许多参考文献中都可获得(P3，N1)。表 4.9-1 简要列出了某些典型的污垢系数。

表 4.9-1　典型污垢系数(P3，N1)

	hd [W/(m^2 · K)]	hd [btu/(h · ft^2 · ℉)]
蒸馏水和海水	11 350	2 000
城市用水	5 680	1 000
泥浆水	1 990～2 840	350～500
气体	2 840	500
蒸发的液体	2 840	500
植物油和汽油	1 990	350

为了进行管壳换热器尺寸的初步估算，表 4.9-2 给出了总传热系数的典型值。这些值对核查应用本章所描述的设计方法所得到的结果应当是十分有用的。

表 4.9-2　管壳换热器中传热总系数的典型值(H1，P3，W1)

	U [W/(m^2 · K)]	U [btu/(h · ft^2 · ℉)]
水-水	1 140～1 700	200～300
水-盐水	570～1 140	100～200
水-有机液体	570～1 140	100～200
水-冷凝蒸汽	1 420～2 270	250～400
水-汽油	340～570	60～100
水-粗柴油	140～340	25～60
水-植物油	110～285	20～50
粗柴油-粗柴油	110～285	20～50
蒸汽-沸腾水	1 420～2 270	250～400
水-空气(翅片管)	110～230	20～40
轻有机物-轻有机物	230～425	40～75
重有机物-重有机物	55～230	10～40

4.10　辐射传热概述

4.10.1　辐射概述及基本方程

(1) 辐射传热的自然现象。在本章的前面几节中我们已经学习了传导传热和对流传热的知识。在传导中，热从物体的一个部位传向另一个部位，中间的物质被加热。在对流中，热通过物质的实际混合并通过传导而传递。在辐射传热中,通过它而进行热量传递的介质是不被加热的。辐射传热是通过电磁波辐射进行的热量传递。

热辐射是一种与 X 射线、光波、γ 射线等类似的电磁辐射形式,它们的区别只是波长不同。热辐射与光遵循相同的定律:它直线传播,可通过空间和真空传播等等。它是一种重要的传热方式,特别是在温差大的地方更为重要。例如,有沸腾管的炉子内,辐射干燥器中,或在烤食品的炉子中,辐射常常与传导和对流结合一起发生。这里将对辐射传热作一基本阐述,更进一步的和综合性的讨论将放在第 4.11 节中。

在基本意义上,辐射传热的机理分别由三个步骤或现象所构成:

① 热源如温度为 T_1 的炉壁的热能转化为电磁辐射波形成的能。

② 这些波通过间隔的空间直线运动,碰上处于 T_2 温度的冷物体,例如内部有要被加热的水的炉管。

③ 碰到冷物体的电磁波被该物体吸收并转回热能或热量。

(2) 吸收率及黑体。当热辐射(如光波)落到一个物体上时,部分被物体以热能的形式吸收,部分被反射回空间,还有一部分实际上可能是穿过物体透射。在过程工程的大部分情况下,物体是不透光的,因此这一部分将忽略。因此,对不透光体

$$\alpha+\rho=1.0 \tag{4.10-1}$$

式中 α 是吸收率或被吸收分率,ρ 是反射率或被反射率。

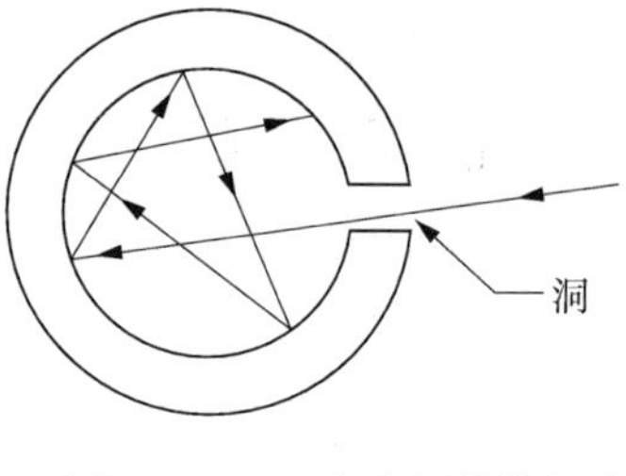

图 4.10-1　完全黑体的概念

黑体被定义为一个吸收全部辐射能且无任何反射的物体。因此,对于黑体,$\rho=0$,$\alpha=1.0$。实际上不存在真正的黑体,但一个接近黑体的近似例子是如图 4.10-1 所示的一个中空物体上的小孔。中空物体的内表面用木炭涂黑。射线进入洞内,并射到后面的壁上;在那里部分被吸收,部分在各个方向上被反射。被反射的射线再射到壁上,部分被吸收,这个过程继续。因此,所有进入的能量基本上都被吸收,洞的后面起到完全黑体的作用。内壁的表面是"粗糙"的,射线向各个方向散射,不像一个镜面,在镜面上射线只在一定角度上反射。

如前面所说,黑体吸收全部落到它上面的辐射能而不反射。这样的黑体也发射取决于它温度的辐射,且不反射任何射线。一个物体表面反射能量与黑体表面反射能量的比值称之为辐射系数,对于黑体它是 1.0。Kirchhoff 定律说的是对于温度相同为 T_1 的给定表面,其 α_1 和 ε_1 是相同的,或

$$\alpha_1=\varepsilon_1 \tag{4.10-2}$$

对任何黑体或非黑体表面,式(4.10-2)均成立。

(3) 物体的辐射和辐射系数。辐射系数 $\varepsilon=1.0$ 的完全黑体的辐射传热基本方程为

$$q=A\sigma T^4 \tag{4.10-3}$$

这里 q 是热流(W),A 是物体的表面积(m^2),σ 是常数 5.676×10^{-8} W/($m^2\cdot K^4$) [0.1714×10^{-8}

btu/(h · ft² · °R⁴)]，T 是黑体的温度，K(°R)。

对于不是黑体的物体，其具有的辐射系数 $\varepsilon<1.0$，辐射能降低 ε 倍，或

$$q=A\varepsilon\sigma T^4 \tag{4.10-4}$$

当辐射系数与波长无关时，辐射系数小于 1.0 的物质称之为**灰体**。所有真实的物质所具有的 $\varepsilon<1$。

因为在相同温度下，一个物体的辐射系数 ε 和吸收系数 α 是相等的，所以辐射系数如吸收系数一样，抛光金属的表面的该值较低，氧化金属表面的该值较高。表 4.10-1 提供了某些典型辐射系数值，但对不同温度，该值有些变化，大多数的非金属物质该值较高。更多的数据参见附录 A.3 的列表。

表 4.10-1　各种表面的总辐射系数 ε

表面	T(K)	T(℉)	辐射系数，ε
抛光铝	500	440	0.039
	850	1 070	0.057
抛光铁	450	350	0.052
氧化铁	373	212	0.74
抛光铜	353	176	0.018
石棉板	296	74	0.96
油画所有颜色	373	212	0.92～0.96
水	273	32	0.95

4.10.2　从周围环境到小物体上的辐射

在一个面积为 A_1(m²)，温度为 T_1 的小灰体处于较高温度 T_2 的大箱中的情况下，存在环境向小物体的净辐射。小物体向大箱发射由式(4.10-4)给定，其量为 $A_1\varepsilon_1\sigma T_1^4$ 的辐射能。这一物体的辐射系数 ε_1 是在 T_1 温度下的值。小物体也从温度为 T_2 的箱体吸收一定量的能量，其量由 $A_1\alpha_{12}\sigma T_2^4$ 给定。α_{12} 是物体 1 对温度为 T_2 的箱体的辐射吸收系数。由 Stefan-Boltzmann方程得吸收的净热量为，

$$q=A_1\varepsilon_1\sigma T_1^4-A_1\alpha_{12}\sigma T_2^4=A_1\sigma(\varepsilon_1 T_1^4-\alpha_{12} T_2^4) \tag{4.10-5}$$

为了工程应用，通常用在 T_2 的温度下，对于小物体仅应用一个辐射系数的方法，将式(4.10-5)进一步地简化。因此

$$q=A_1\varepsilon\sigma(T_1^4-T_2^4) \tag{4.10-6}$$

例 4.10-1　对金属管的辐射

一根水平的金属氧化管，外径为 0.025 4 m(1in.)，长为 0.61 m(2 ft.)，表面温度为 588 K(600 ℉)，处在一个非常大的有耐火砖墙的炉箱中，周围空气温度为 1 088 K (1 500 ℉)。金属管的辐射系数在 1 088 K 是 0.60，在 588 K 是 0.46。试用 SI 制和英制单位计算通过辐射向管子传递的热量。

解:因为大炉子的环境与小封闭管相比非常大,所以环境即使是灰体,从小物体的位置仍可将其视为黑体,可应用式(4.10-6),将给定值代入式(4.10-6),在温度1 088 K有 ε 为0.6,

$$A_1=\pi DL=\pi\times0.025\,4\times0.61\ \text{m}^2=\pi\times(1/12)\times2.0\ \text{ft}^2$$

$$\begin{aligned}q&=A_1\varepsilon\sigma(T_1^4-T_2^4)=\pi\times0.025\,4\times0.61\times0.6\times5.676\times10^{-8}\times[(588)^4-(1\,088)^4]\\&=-2\,130\ \text{W}\\&=\pi\times(1/12)\times2\times0.6\times0.171\,4\times10^{-8}\times[(1\,060)^4-(1\,960)^4]=-7\,270\ \text{btu/h}\end{aligned}$$

发生在过程工业中的小物体在大箱中的其他实例有:一块在炉子中的面包从周围的炉壁接收辐射;一包肉或食品向冰箱壁发射热量;一块固体铁锭在一个大屋子中冷却并发射热量;一支温度计在一个大管子中测定温度。

4.10.3 辐射和对流结合的热量传递过程

当表面发生辐射传热时,除非表面是真空的,否则通常伴随发生对流传热。当辐射表面温度均匀时,我们可以应用本章前面几节所描述的方法,计算自然对流或强制对流传热。辐射传热由 Stefan-Boltzmann 方程式(4.10-6)计算。传热速率是对流传热和辐射传热的总和。

如前面所讨论的,对流的传热速率和对流传热系数由下式给出

$$q_{对流}=h_cA_1(T_1-T_2) \tag{4.10-7}$$

这里 $q_{对流}$ 是通过对流的传热速率(W),h_c 是自然对流传热系数[W/(m² · K)],T_1 是表面温度,T_2 是空气和箱体的温度。辐射传热系数 h_r[W/(m² · K)]可定义为:

$$q_{辐射}=h_rA_1(T_1-T_2) \tag{4.10-8}$$

式中 $q_{辐射}$ 是辐射传热速率 W。总传热量是式(4.10-7)和式(4.10-8)的加和:

$$q=q_{对流}+q_{辐射}=(h_c+h_r)A_1(T_1-T_2) \tag{4.10-9}$$

为了得到 h_r 的表达式,我们使式(4.10-6)与式(4.10-8)相等,并解出 h_r:

$$\begin{aligned}h_r&=\frac{\varepsilon\sigma(T_1^4-T_2^4)}{T_1-T_2}=\varepsilon\times5.676\times\frac{(T_1/100)^4-(T_2/100)^4}{T_1-T_2}\quad(\text{SI 制})\\h_r&=\varepsilon\times0.171\,4\times\frac{(T_1/100)^4-(T_2/100)^4}{T_1-T_2}\quad(\text{英制})\end{aligned} \tag{4.10-10}$$

图4.10-2中给出了以英制单位应用式(4.10-10)计算辐射传热时,$\varepsilon=1.0$ 所给定的 h_r 值的方便算图。要应用由该图中得到的值,应当将图中得到的值乘以 ε,再将得到 h_r 值应用于式(4.10-9)。如果空气温度与箱体温度 T_2 不同,式(4.10-7)和式(4.10-8)必须分别应用,不能结合在一起作为式(4.10-9)应用。

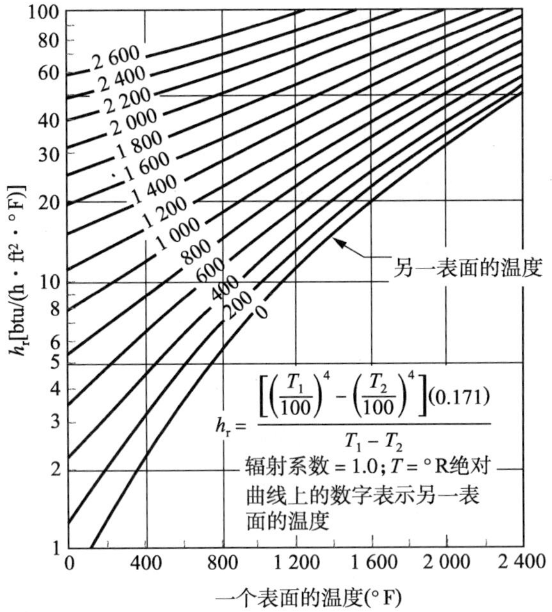

图 4.10-2　辐射传热系数与温度的函数关系

［来源：R. H. Perry and C. H. Chilton，Chemical Engineers' Handbook，5th ed. New York：McGraw-Hill Book Company，1973. 经许可］

例 4.10-2　由管子的对流传热和辐射传热结合的过程

对在 0.025 4 m 水平管上辐射传热与自然对流传热结合的过程，重复例 4.10-1 的计算。

解：管子的面积$=\pi\times0.025\,4\times0.61=0.048\,7\ \mathrm{m^2}$。尽管膜温相当高，仍可应用表 4.7-2 中的简化式对于 0.025 4 m 水平管的自然对流系数进行近似计算：

$$h_c=1.32\left(\frac{\Delta T}{D}\right)^{1/4}$$

代入已知数据：

$$h_c=1.32\times\left(\frac{1\,088-588}{0.025\,4}\right)^{1/4}=15.64\ \mathrm{W/(m^2\cdot K)}$$

应用式(4.10-10)，且 $\varepsilon=0.6$，

$$h_r=0.60\times5.676\times\frac{(1\,088/100)^4-(588/100)^4}{1\,088-588}=87.3\ \mathrm{W/(m^2\cdot K)}$$

代入式(4.10-9)

$$q=(h_c+h_r)A_1(T_1-T_2)=(15.64+87.3)\times0.048\,7\times(588-1\,088)$$
$$=-2\,507\ \mathrm{W}$$

因此，在仅考虑辐射情况下的热损失为 −2 130 W，在同时考虑自然对流时，仅增加到 −2 507 W。在这种情况下，由于存在很大的温差，辐射是最重要的因素。

Perry 和 Green(P3,pp. 10～14)由单根水平氧化钢管外径和温差的函数关系,提出了自然对流加辐射传热系数(h_c+h_r)的方便的表格数据。因为包裹的保温布的辐射系数约为氧化钢管的近似 80%,所以保温管的传热系数大约与裸管的值相同(除非保温管涉及较低的表面温度)。在第 4.11 节中将对于辐射作更详细的讨论。

4.10.4 辐射对气体温度测定的影响

当使用温度传感元件或探头(温度计、热电偶等)测定在箱中流动的气体的温度时,会发生很大的误差。在传感元件和箱体壁面之间会发生辐射热交换,在传感元件与气体之间会发生对流传热。传感元件将指示真实气体与壁表面之间的温度。这种情况示于图 4.10-3,这里壁温 T_w是低于真实气体温度 T_g的。

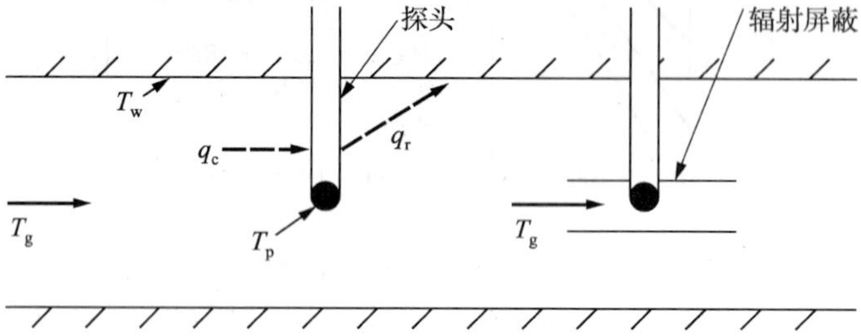

图 4.10-3 表明裸探头和屏蔽探头辐射和对流传热的气体温度测定

对于 $T_w<T_g$的情况,由对流传递而向探头传递的热量 q_c和由辐射从探头向壁面传递的热量 q_r的传热方程如下:

$$q_c=h_cA_p(T_g-T_p)=q_r=\varepsilon A_p\times5.676\times\left[\left(\frac{T_p}{100}\right)^4-\left(\frac{T_w}{100}\right)^4\right] \qquad (4.10-11)$$

式中 A_p是管子的表面积(m^2),ε 是探头的辐射系数。

例 4.10-3 辐射对气体中温度测定的影响

一只热电偶在测定管道中流动的热空气的温度,管壁温度 $T_w=400$ K(260 ℉)。真实气体温度 $T_g=465$ K(377 ℉)。计算热电偶所指示的温度 T_p。探头的辐射系数假设为 $\varepsilon=0.6$,且对流传热系数 $h_c=40$ W/(m^2 · K)。

解:对于对流传热 q_c和辐射传热 q_r代入式(4.10-11),

$$q_c=h_cA_p(T_g-T_p)=40A_p(465-T_p)$$
$$q_r=0.6A_p\times5.676\times[(T_p/100)^4-(400/100)^4]$$

令 $q_c=q_r$,消去 A_p项,通过试差求解得,$T_p=451.4$ K。因此热电偶读数 $T_p=451.4$ K(352.5 ℉),比真实温度 465 K(377 ℉)低了 13.6 K(24.5 ℉)。

如图 4.10-3 所示,有辐射屏蔽罩的探头常用于减少辐射误差。屏蔽罩具有比壁更接近于气体的温度。因为此时探头向更接近气体温度的表面辐射热量,所以辐射损失较低。可以表明,加屏蔽罩后辐射热损失将减半。可使用多层屏蔽罩进一步减少误差。在探头上使用抛光表面，以降低辐射系数也可降低辐射热损失。这同样减少了测定误差。

4.11　近代辐射传热原理

4.11.1　概述及辐射频谱

(1) 概述。这一节将涵盖第 4.10 节中所未包括的某些关于辐射的现代课题及其基本原理。两个表面之间的辐射交换取决于这两个表面的大小、形状和相对的方向，也取决于它们的辐射系数和吸收系数。将要考虑的情况是，两个表面由空气这样的不吸收的介质所分隔。当 CO_2 和 H_2O 蒸汽这样的气体存在时，气体会发生吸收，这种情况仅在本节的最后才加以论及。

(2) 辐射频谱和热辐射。能量可以电磁波的形式传递，以光速移动。物体可能发射许多形式的辐射能，如 γ 射线、热能、无线电磁波等等。事实上，存在着电磁辐射的连续光谱。这个电磁频谱被划分为许多的波长范围，如宇宙射线($\lambda<10^{-13}$ m)、γ 射线($\lambda=10^{-13}\sim10^{-11}$ m)、热辐射($\lambda=10^{-7}\sim10^{-4}$ m)等等。完全是因为发射体的温度而产生的电磁辐射称之为热辐射，存在于 $10^{-7}\sim10^{-4}$ 的波长之间。这一部分电磁光谱在辐射传热中是重要的。波长在 $3.8\times10^{-7}\sim7.6\times10^{-7}$ m 之间的电磁波叫可见辐射，是可被人的眼睛所观察到的，这个可见辐射处于热辐射的范围内。

当不同的物质表面被加热到某个温度时，它们并不是都会发射或吸收同样量的热辐射能。在指定温度下吸收和发射最大量能量的物体称之为黑体。黑体是一个其他物体可与之进行比较的标准。

(3) Planck定律和辐射能。当黑体被加热到温度 T 时，从表面发射出有一定能量分布的光电子。Planck 方程关联了在温度 T(K)的单色光的辐射能 $E_{B\lambda}$(W/m^3)与波长 λ(m)之间的关系：

$$E_{B\lambda}=\frac{3.741\,8\times10^{-16}}{\lambda^5\left[e^{1.438\,8\times10^{-2}/\lambda T}-1\right]} \tag{4.11-1}$$

图 4.11-1 中给出了式(4.11-1)的标绘结果，表明物体表面所放出的能量随温度 T 升高而增加。对于给定的温度 T 还有，随着温度升高，达到最大辐射能所对应的波长减小。在指定的温度，物体所发射的辐射扩展到整个光谱的各波长。可见光谱发生在低 λ 区域。太阳具有 5 800 K 的高温，太阳光谱跨过这个可见光的范围。

对于指定温度，可通过对式(4.11-1)在 T 恒定时对 λ 进行求导，并令其结果为零，从而确定黑体辐射能最大时对应的波长。这个结果如下，并以 Wien 位移定律著名：

$$\lambda_{max}T=2.898\times10^{-3}\ \text{m}\cdot\text{K} \tag{4.11-2}$$

最大值的轨迹示于图 4.11-1。

(4) Stefan-Baltzmann定律。总辐射能是具有温度 T 的表面在整个波长范围里单位面积辐射能量的总量。对于黑体，总辐射能由指定温度下对式(4.11-1)在整个波长范围内的积分给定，或是图 4.11-1 曲线下的面积：

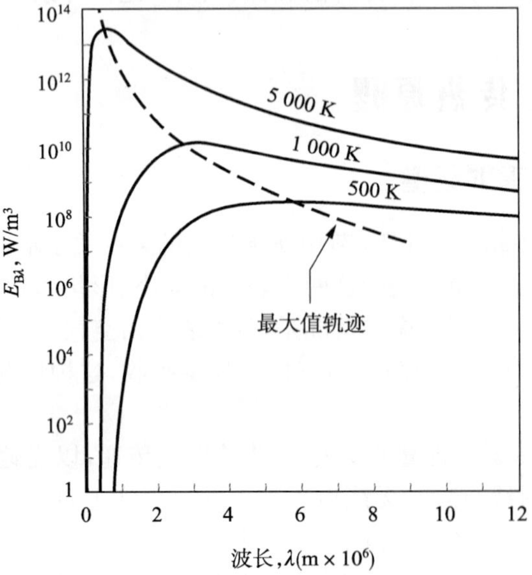

图 4.11-1　在各黑体温度下黑体辐射总能量的频谱分布

$$E_B = \int_0^\infty E_{B\lambda} d\lambda \tag{4.11-3}$$

这给出

$$E_B = \sigma T^4 \tag{4.11-4}$$

结果由 Stefan-Baltzmann 定律得,$\sigma = 5.676 \times 10^{-8}$ W/($m^2 \cdot K^4$)。E_B的单位是 W/m^2。

(5) 辐射系数及Kirchhoff定律。辐射中的一个重要性质是表面的辐射系数。表面的辐射系数定义为,表面的总辐射能除以在相同温度下黑体的总辐射能:

$$\varepsilon = \frac{E}{E_B} = \frac{E}{\sigma T^4} \tag{4.11-5}$$

因为黑体发射的辐射能量最大,所以总有 $\varepsilon < 1.0$。

我们可通过将一种物质的物体放入一个恒温箱内,并使该物体和箱体在热平衡状态下达到相同的温度。如果 G 是物体上的辐照度,则被吸收的能量必定等于发射的能量:

$$\alpha_1 G = E_1 \tag{4.11-6}$$

如果该物体被移除,并由等尺寸的黑体置换,则在平衡时,

$$\alpha_2 G = E_B \tag{4.11-7}$$

用式(4.11-7)除以式(4.11-6),得

$$\frac{\alpha_1}{\alpha_2} = \frac{E_1}{E_B} \tag{4.11-8}$$

但是对于黑体,$\alpha_2 = 1.0$。因为 $E_1/E_B = \varepsilon_1$,

$$\alpha_1=\frac{E_1}{E_B}=\varepsilon_1 \tag{4.11-9}$$

这就是 Kirchhoff 定律，它叙述的是在热平衡条件下，物体的 $\alpha=\varepsilon$。当物体与其环境不处于平衡状态时，这个结果是不正确的。

(6) 灰体的概念。灰体被定义为在整个波长范围内其单色光性质为常数的表面。对灰体表面：

$$\varepsilon_\lambda=\text{常数},\quad \alpha_\lambda=\text{常数} \tag{4.11-10}$$

因此，灰体表面的总吸收系数 α 与单色光吸收系数 α_λ 相等，辐射系数 ε 和 ε_λ 也相同：

$$\alpha=\alpha_\lambda,\ \varepsilon=\varepsilon_\lambda \tag{4.11-11}$$

将 Kirchhoff 定律应用于灰体，$\alpha_\lambda=\varepsilon_\lambda$，且

$$\alpha=\varepsilon \tag{4.11-12}$$

结果，对于灰体，即使物体与其环境不处于热平衡，其总吸收系数与总辐射系数也相等。

灰体在实际中是不存在的；灰体的概念是一种理想的概念。表面的吸收系数实际上是随辐射能的入射波长而变化的。工程计算常可基于灰体的假设，也有一定的准确度。即使辐射能的入射 λ 值变化，仍假设 α 是常数。在实际体系中，各种表面还可能处于不同的温度。在这些情况下，不是在真实的表面温度，而是在其他辐射表面或辐射体源的温度下估算确定表面的 α 值，因为如果吸收体和辐射体处于热平衡时，这是吸收表面将达到的温度。吸收体的温度对吸收系数仅有很小的影响。

4.11.2　各种几何体辐射角系数的推导

(1) 概述。4.11.1 节中在充足的基础理论上，提出了基本概念和定义，因此可确定表面之间的净辐射能量交换。如果两个表面被安排得能进行辐射能的交换，则将发生从热表面向冷表面的净能量流动。两个辐射表面的大小、形状和朝向，或表面体系都是确定它们之间的净热流率的因素。为了讨论简化起见，我们假设两表面是由空气这样的不吸收介质所分隔的。这一假设适合于许多的工程应用。但是，在如炉子这样的情况，由于 CO_2 和 H_2O 蒸汽的存在而不能使用这样的简化，因为这些气体有较高的吸收系数。

首先将考虑最简单的几何形状，无限大平行板间的辐射交换。这一假设意味着在无限表面的情况下，不存在边缘效应。首先将处理最简单的情况，表面是黑体，然后再处理更复杂的几何体和灰体。

(2) 无限大平行黑体平板的角系数。如果温度为 T_1 和 T_2 两块平行和无限大的黑板相互向对方进行辐射，板 1 向板 2 发射 σT_1^4 的辐射能，被完全吸收，板 2 也向板 1 发射 σT_2^4 的辐射能，也全部被吸收。那么对于板 1，净辐射能是从板 1 向板 2 的：

$$q_{12}=A_1\sigma(T_1^4-T_2^4) \tag{4.11-13}$$

在这种情况下，所有从板 1 向板 2 的辐射都被板 2 所截取，即离开板 1 被板 2 拦截的辐射能的分率 F_{12} 是 1.0。F_{12} 因子称为几何角系数或简单地称为角系数。因此，

$$q_{12}=F_{12}A_1\sigma(T_1^4-T_2^4) \tag{4.11-14}$$

这里 F_{12}为由板 1 表面向各个方向发出的辐射被板 2 表面拦截的分率。同时还有，

$$q_{21}=F_{21}A_2\sigma(T_1^4-T_2^4) \tag{4.11-15}$$

在平行板的情况下，$F_{12}=F_{21}=1.0$，角系数可简化省掉。

(3) 无限大平行灰体平板的角系数。如果平行板 A_1和 A_2都是灰体，其辐射系数和吸收系数分别为 $\varepsilon_1=\alpha_1$和 $\varepsilon_2=\alpha_2$，我们可进行如下推导。因为每一个表面对于另一个表面都有一个无阻碍的视角，故视角系数是 1.0。在单位时间里，表面 A_1向表面 A_2发射$(\varepsilon_1 A_1\sigma T_1^4)$的辐射能。这当中的 ε_2分率(这里 $\alpha_2=\varepsilon_2$)被吸收：

$$A_2\text{面吸收量}=\varepsilon_2(\varepsilon_1 A_1\sigma T_1^4) \tag{4.11-16}$$

还有$(1-\varepsilon_2)$分率或数量为$(1-\varepsilon_2)(\varepsilon_1 A_1\sigma T_1^4)$的能量被反射回 A_1。在这些能量中，A_1表面又将$(1-\varepsilon_1)$分率或$(1-\varepsilon_1)(1-\varepsilon_2)(\varepsilon_1 A_1\sigma T_1^4)$的能量再反射回 A_2表面。A_2表面吸收分率 ε_2或

$$A_2\text{表面吸收量}=\varepsilon_2(1-\varepsilon_1)(1-\varepsilon_2)(\varepsilon_1 A_1\sigma T_1^4) \tag{4.11-17}$$

从 A_2面反射回 A_1面的能量为$(1-\varepsilon_2)(1-\varepsilon_1)(1-\varepsilon_2)(\varepsilon_1 A_1\sigma T_1^4)$。然后 A_1面吸收 ε_1部分，这些能量再反射到 A_2面$(1-\varepsilon_1)(1-\varepsilon_2)(1-\varepsilon_1)(1-\varepsilon_2)(\varepsilon_1 A_1\sigma T_1^4)$的能量。则 A_2面的吸收量

$$A_2\text{面吸收量}=\varepsilon_2(1-\varepsilon_1)(1-\varepsilon_2)(1-\varepsilon_1)(1-\varepsilon_2)(\varepsilon_1 A_1\sigma T_1^4) \tag{4.11-18}$$

继续下去，A_2表面上总的吸收量为式(4.11-16)、式(4.11-17)、式(4.11-18)等等的加和：

$$q_{1\to2}=A_1\sigma T_1^4[\varepsilon_1\varepsilon_2+\varepsilon_1\varepsilon_2(1-\varepsilon_1)(1-\varepsilon_2)+\varepsilon_1\varepsilon_2(1-\varepsilon_1)^2(1-\varepsilon_2)^2+\cdots] \tag{4.11-19}$$

结果是一个几何级数(M1)：

$$q_{1\to2}=A_1\sigma T_1^4\frac{\varepsilon_1\varepsilon_2}{1-(1-\varepsilon_1)(1-\varepsilon_2)}=A_1\sigma T_1^4\frac{1}{1/\varepsilon_1+1/\varepsilon_2-1} \tag{4.11-20}$$

对于 A_1面吸收的来自 A_2表面的辐射量，重复上面的做法得到

$$q_{2\to1}=A_1\sigma T_2^4\frac{1}{1/\varepsilon_1+1/\varepsilon_2-1} \tag{4.11-21}$$

净辐射能是式(4.11-20)与式(4.11-21)之差：

$$q_{12}=A_1\sigma(T_1^4-T_2^4)\frac{1}{1/\varepsilon_1+1/\varepsilon_2-1} \tag{4.11-22}$$

如果 $\varepsilon_1=\varepsilon_2=1.0$ 为黑体，式(4.11-22)变为式(4.11-13)。

例 4.11-1　平行板之间的辐射

两块非常大的平行灰体平板，辐射系数 $\varepsilon_1=0.8$ 和 $\varepsilon_2=0.7$；板 1 表面的温度是 1 100 ℉(866.5 K)，板 2 表面的温度是 600 ℉(588.8 K)。试用英制和 SI 制进行下面计算：

(1) 从板 1 到板 2 的净辐射为多少?

(2) 如果两个板表面均为黑体,净辐射又为多少?

解:(1) 应用式(4.11-22)并代入已知值:

$$\frac{q_{12}}{A_1}=\frac{\sigma(T_1^4-T_2^4)}{1/\varepsilon_1+1/\varepsilon_2-1}=(0.171\,4\times10^{-8})\frac{(1\,100+460)^4-(600+460)^4}{1/0.8+1/0.7-1}$$

$$=4\,750\ \text{btu/(h·ft}^2)$$

$$\frac{q_{12}}{A_1}=(5.676\times10^{-8})\frac{866.5^4-588.8^4}{1/0.8+1/0.7-1}=15\,010\ \text{W/m}^2$$

(2) 应用式(4.11-13),得

$$q=7\,960\ \text{btu/(h·ft}^2)\quad 或\quad 25\,110\ \text{W/m}^2$$

注意,当使用的表面具有小于 1.0 的辐射系数时,辐射量大大降低。

例 4.11-1 表明辐射系数小于 1.0 对辐射量有很大的影响。这一事实被用来降低辐射损失,或通过使用平板作为辐射屏蔽板达到减少辐射的目的。例如,对辐射系数为 ε 和温度为 T_1 和 T_2 的两块平行表面,由式(4.11-22),相互交换量为

$$\frac{(q_{12})_0}{A}=\frac{\sigma(T_1^4-T_2^4)}{2/\varepsilon-1}\tag{4.11-23}$$

下标 0 表示两个表面之间没有平板。假设我们现在在初始的平面之间加入一块或多块辐射板。则可以证明

$$\frac{(q_{12})_N}{A}=\frac{1}{N+1}\frac{\sigma(T_1^4-T_2^4)}{2/\varepsilon-1}\tag{4.11-24}$$

式中 N 是初始平面之间辐射板或屏蔽板的数目。因此,通过使用这些屏蔽板极大地降低了辐射热损失。

(4) 黑体之间角系数通用方程的推导。假设我们考虑如图 4.11-2(a)所示的两块尺寸有限的黑体平行板之间的辐射。因为板的尺寸不是无限的,所以板 1 表面的某些辐射没有投到板 2 表面,反之亦然,板 2 表面的某些辐射也没有投到板 1 表面。因此相互交换的净辐射较少,因为某些能量损失到环境中,在各个方向上离开板 1 表面被板 2 表面所拦截的分率称为 F_{12},且通过对每个几何体取表面微元,并在整个表面上积分来确定其值。

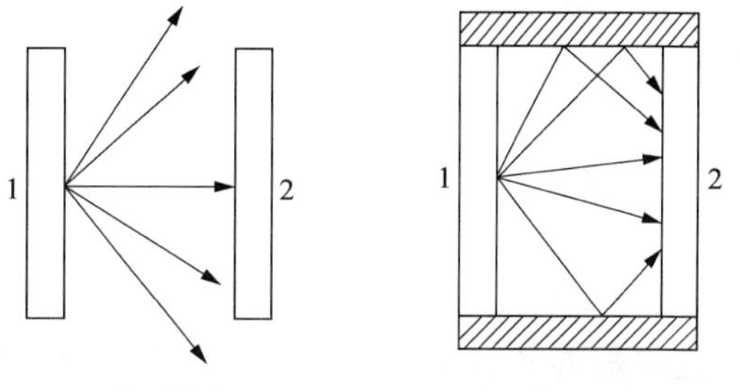

(a) 单两块板　　(b) 由反射再辐射壁连接起来的两块板

图 4.11-2　两块黑体表面间的辐射

在我们推导两个有限物体之间的角系数通用关系式之前,必须考虑和讨论两个量,辐射的立体角和辐射的强度。立体角 ω 是个测定立体几何体角度的无量纲数。在图 4.11-3(a)中,微分立体角 $d\omega_1$ 等于 dA_2 的法向投影除以点 P 和 dA_2 之间距离的平方:

$$d\omega_1 = \frac{dA_2 \cos\theta_2}{r^2} \tag{4.11-25}$$

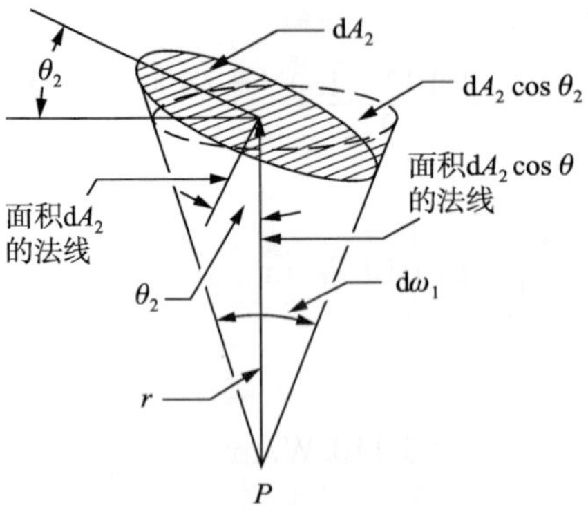

(a) 立体几何角

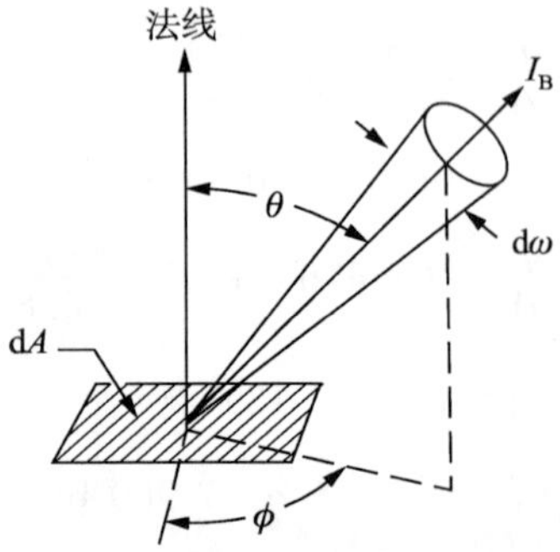

(b) 辐射面积dA的辐射强度

图 4.11-3　立体角和辐射强度的几何图

立体角的单位是球面角度或 sr。对于半球,这一表面对着的 sr 值是 2π。

黑体辐射强度 I_B,是单位面积发射的辐射能速率对面积法向方向的投影,在指定方向的单位立体角示于图 4.11-3(b)。dA 在中心线上的投影是 $dA\cos\theta$。

$$I_B = \frac{dq}{dA\cos d\omega} \tag{4.11-26}$$

式中 q 的单位是 W,I_B的单位是 $W/(m^2 \cdot sr)$。我们假设黑体是个漫射表面,它在所有方向上发射能量的强度相同,即 I=常数。离开黑体平面的辐射能 E_B,可通过在半球所包括的表面对应的整个立体角度范围内对式(4.11-26)进行积分来确定。最后结果如下[详细过程见参考文献(C3、H1、K1)]

$$E_B = \pi I_B \tag{4.11-27}$$

这里 E_B的单位是 W/m^2。

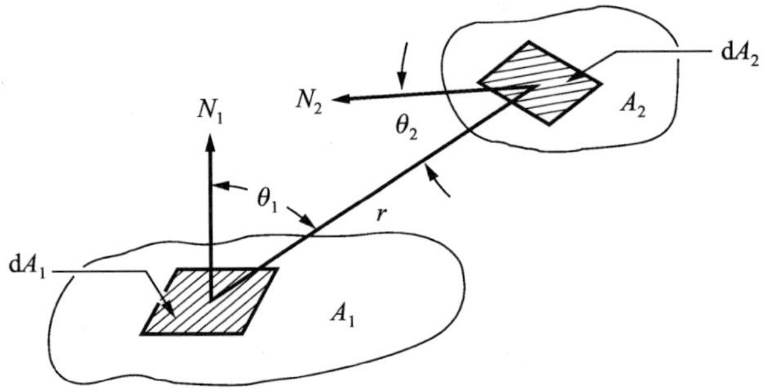

图 4.11-4　辐射形状因子的面积微元

为了确定两个黑体表面间的辐射传热速率,我们必须确定离开一个表面并到达第二个表面的总辐射热分率的通常情况。仅利用黑体,我们考虑图 4.11-4 中所示的情况,辐射能在两个微元面积 dA_1和 dA_2之间交换。直线 r 是两面积之间的距离,这根线与两面积法线之间的角度是 θ_1和 θ_2。在 θ_1角指定方向上离开 dA_1的辐射能速率是 $I_{B1}\,dA\cos\theta_1$。离开dA_1并到达 dA_2的辐射能速率由式(4.11-28)给出:

$$dq_{1\to2} = I_{B1}\,dA\cos\theta_1\,d\omega_1 \tag{4.11-28}$$

这里 $d\omega_1$是从 dA_1看去面积 dA_2所对的立体角。将式(4.11-25)与式(4.11-28)相结合,得

$$dq_{1\to 2}=\frac{I_{B1}\,dA\,\cos\theta_1\,\cos\theta_2\,dA_2}{r^2} \tag{4.11-29}$$

由式(4.11－27)，$I_{B1}=E_{B1}/\pi$，代入式(4.11－29)，得

$$dq_{1\to 2}=\frac{E_{B1}\,\cos\theta_1\,\cos\theta_2\,dA_1\,dA_2}{\pi r^2} \tag{4.11-30}$$

离开 dA_2 到达 dA_1 的能量是

$$dq_{2\to 1}=\frac{E_{B2}\cos\theta_2\,\cos\theta_1\,dA_2\,dA_1}{\pi r^2} \tag{4.11-31}$$

由式(4.11－4)分别以 σT_1^4 和 σT_2^4 替换 E_{B1} 和 E_{B2}，并取式(4.11－30)和式(4.11－31)作为净热流率，

$$dq_{12}=\sigma(T_1^4-T_2^4)\frac{\cos\theta_1\,\cos\theta_2\,dA_1\,dA_2}{\pi r^2} \tag{4.11-32}$$

在面积 A_1 和 A_2 上进行双重积分将得到两个有限面积之间总净热流：

$$q_{12}=\sigma(T_1^4-T_2^4)\int_{A_2}\int_{A_1}\frac{\cos\theta_1\,\cos\theta_2\,dA_1\,dA_2}{\pi r^2} \tag{4.11-33}$$

式(4.11－33)也可表示为如下形式

$$q_{12}=A_1F_{12}\sigma(T_1^4-T_2^4)=A_2F_{21}\sigma(T_1^4-T_2^4) \tag{4.11-34}$$

式中 F_{12} 是几何形状因子或角系数，表示离开 A_1 投到 A_2 上的总辐射能的分率，且 F_{21} 表示离开 A_2 投到 A_1 上能量分率。还存在下面的相互关系：

$$A_1F_{12}=A_2F_{21} \tag{4.11-35}$$

对于黑体表面和非黑体表面该式都是正确的。则角系数 F_{12} 为

$$F_{12}=\frac{1}{A_1}\int_{A_2}\int_{A_1}\frac{\cos\theta_1\,\cos\theta_2\,dA_1\,dA_2}{\pi r^2} \tag{4.11-36}$$

对于许多几何排列方式，可计算其角系数的值。

(5) 各种几何体黑体之间的角系数。下面给出许多角系数之间的基本关系。

式(4.11－35)给出的相互关系是

$$A_1F_{12}=A_2F_{21} \tag{4.11-35}$$

这个关系可应用于任何两个表面 i 和 j：

$$A_iF_{ij}=A_jF_{ji} \tag{4.11-37}$$

如果表面 A_1 只能看到表面 A_2，则 $F_{12}=1.0$。

若表面 A_1 看到许多表面 A_2、A_3、…且所有的表面形成一个罩，则这个罩的关系是：

$$F_{11}+F_{12}+F_{13}+\cdots=1.0 \tag{4.11-38}$$

如果表面 A_1 不能看到自身(表面是平的或凸面的)，$F_{11}=0$。

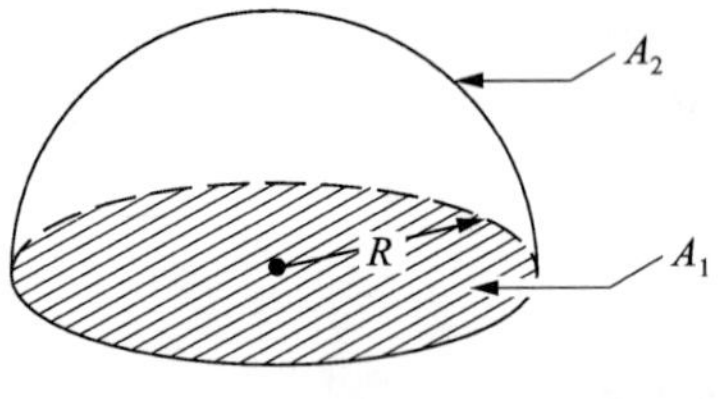

图 4.11-5 例 4.11-2 的平面和半球之间的辐射交换

例 4.11-2 从一个平面到半球的角系数

确定如图 4.11-5 中所示被半球 A_2 覆盖的平面 A_1 之间的角系数。

解: 因为表面 A_1 只看到表面 A_2，角系数 $F_{12}=1.0$。应用式(4.11-35)

$$A_1F_{12}=A_2F_{21} \tag{4.11-35}$$

面积 $A_1=\pi R^2$；$A_2=2\pi R^2$。代入式(4.11-35)并求解 F_{21}，

$$F_{21}=F_{12}\frac{A_1}{A_2}=1.0\times\frac{\pi R^2}{2\pi R^2}=\frac{1}{2}$$

对表面 A_1 应用式(4.11-38)，$F_{11}=1.0-F_{12}=1.0-1.0=0$。对表面 A_2 也列出其式(4.11-38)，

$$F_{22}+F_{21}=1.0 \tag{4.11-39}$$

对 F_{22} 求解，$F_{22}=1.0-F_{21}=1.0-\frac{1}{2}=\frac{1}{2}$。

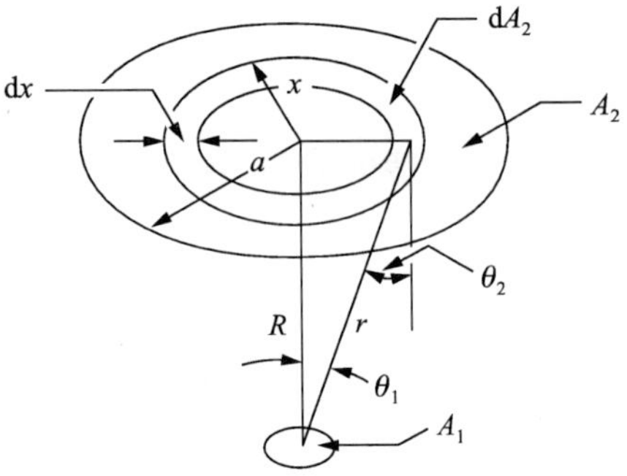

图 4.11-6

例 4.11-3 平行圆盘之间的辐射

在图 4.11-6 中，一块面积为 A_1 的小圆盘平行于面积为 A_2 的大圆盘，A_1 正对 A_2 中心在其下方。两个圆盘中心的距离是 R，A_2 的半径是 a。试确定从 A_1 到 A_2 的辐射传热角系数。

解: A_2 的微元面积取为半径为 x 的圆环，因此 $dA_2=2\pi x\,dx$。角度 $\theta_1=\theta_2$。应用式(4.11-36)，

$$F_{12}=\frac{1}{A_1}\int_{A_2}\int_{A_1}\frac{\cos\theta_1\cos\theta_1\,dA_1(2\pi x\,dx)}{\pi r^2}$$

在这种情况下，面积 A_1 与 A_2 相比非常小，因此 dA_1 可积分到 A_1，且积分式中的其他各项假设为常数。几何上表明，$r=(R^2+x^2)^{1/2}$，$\cos\theta_1=R/(R^2+x^2)^{1/2}$。
将这些关系式代入到 F_{12} 的式中：

$$F_{12}=\int_0^a\frac{2R^2x\,dx}{(R^2+x^2)^2}$$

积分

$$F_{12}=\frac{a^2}{R^2+a^2}$$

对于许多几何形体的式(4.11-36)的积分结果已经被做成了图表。则

$$q_{12}=F_{12}A_1\sigma(T_1^4-T_2^4)=F_{21}A_2\sigma(T_1^4-T_2^4) \tag{4.11-34}$$

这里 F_{12} 是离开 A_1 并被 A_2 拦截的辐射能的分率，F_{21} 是从 A_2 到达 A_1 的辐射能分率。因为从 1 到 2 的通量必须等于从 2 到 1 的通量，因此如前面所给出的，式(4.11－34)变为式(4.11－35)：

$$A_1F_{12}=A_2F_{21} \tag{4.11-35}$$

因此，人们选择能最容易确定角系数的表面。例如，对一个完全被大面积 A_2 所包围的小面积 A_1，角系数 F_{12} 是 1.0，因为所有离开 A_1 的辐射全部被 A_2 所拦截。在图 4.11－7 中，给出了平行平面之间的角系数 F_{12}，在图 4.11－8 中给出相邻垂直矩形间的角系数。其他文献给出了其他几何体的角系数(H1，K1，P3，W1)。

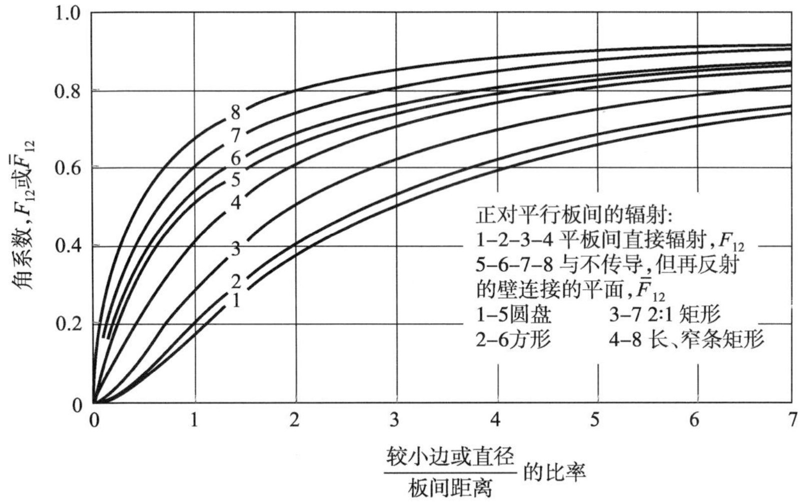

图 4.11－7　正对平行板之间的角系数

（经许可引自：W. H. McAdams，Heat Transmission 3rd ed. New York：McGraw-Hill Book Company，1954）

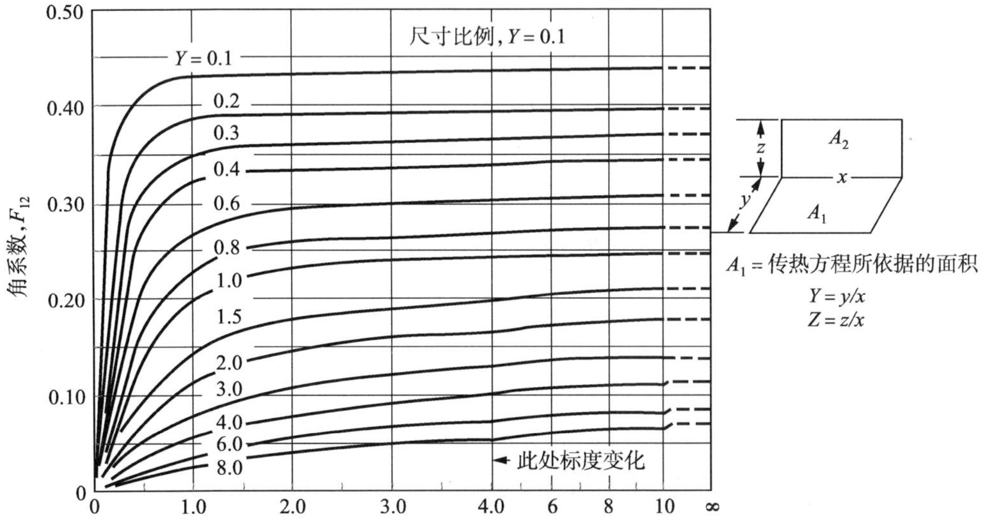

图 4.11－8　相邻垂直矩形的角系数

［经许可摘自：H. C. Hottel，Mech. Eng，52，699(1930)］

4.11.3 表面与再反射壁连接时的角系数

如果两个黑体表面 A_1 和 A_2 与不传导(耐火材料)但再反射的壁所连接,如图 4.11-2(b)所示,来自板 1 表面的辐射较大的比率被板 2 所拦截。这一角系数称为 $\overline{F}_{12}$。这种情况的普通实例是两个表面被封闭的壁所连接,如炉膛,在假设均匀耐火材料温度的情况下,已经对两个不凹、因而不能看到它们自身的辐射源 A_1 和 A_2 推导了通用方程(M1,C3):

$$\overline{F}_{12}=\frac{A_2-A_1F_{12}^2}{A_1+A_2-2A_1F_{12}}=\frac{1-(A_1/A_2)F_{12}^2}{A_1/A_2+1-2(A_1/A_2)F_{12}} \tag{4.11-40}$$

如前一样,也有

$$A_1\overline{F}_{12}=A_2\overline{F}_{21} \tag{4.11-41}$$

$$q_{12}=\overline{F}_{12}A_1\sigma(T_1^4-T_2^4) \tag{4.11-42}$$

对于平行平板,$\overline{F}_{12}$ 因子在图 4.11-7 中给出,对于其他几何体可由式(4.11-36)计算。对靠近壁的平行管,如在炉膛中,及耐火材料壁温变化的情况下的角系数,请看其他参考文献(M1,P3)。如果不存在再反射壁,则

$$F_{12}=\overline{F}_{12} \tag{4.11-43}$$

4.11.4 角系数和灰体

通常的并且也是更实际的情况是,要考虑与式(4.11-40)情况相同,但表面 A_1 和 A_2 是辐射系数为 ε_1 和 ε_2 的灰体。如前所述,存在不传导再反射的壁。现在因为两个表面都是灰体,存在某些辐射能的反射,这将降低表面之间的辐射能交换,使其低于黑体表面。对于这种情况的最终方程是

$$q_{12}=\mathscr{F}_{12}A_1\sigma(T_1^4-T_2^4) \tag{4.11-44}$$

$$\mathscr{F}_{12}=\frac{1}{\dfrac{1}{\overline{F}_{12}}+\dfrac{A_1}{A_2}\left(\dfrac{1}{\varepsilon_2}-1\right)+\left(\dfrac{1}{\varepsilon_1}-1\right)} \tag{4.11-45}$$

式中 $\mathscr{F}_{12}$ 是两个不能看到自身而被反射壁所连接的灰体表面 A_1 和 A_2 的新的角系数。如果不存在耐火材料壁,则用 F_{12} 替代式(4.11-41)中的 $\overline{F}_{12}$。再次有

$$A_1\mathscr{F}_{12}=A_2\mathscr{F}_{21} \tag{4.11-46}$$

例 4.11-4 无限平行灰体板间的辐射

对两个辐射系数分别为 ε_1 和 ε_2 的无限大平行平面灰体 A_1 和 A_2 之间的辐射,试从通用式出发,推导式(4.11-22)。

解: 因为无再反射壁,由式(4.11-43),$\overline{F}_{12}$ 变为 F_{12}。还有,因为表面 1 的辐射全部被板 2 表面所拦截,$F_{12}=1.0$。代入式(4.11-45),注意 $A_1/A_2=1.0$,

$$\mathscr{F}_{12}=\frac{1}{\dfrac{1}{\overline{F}_{12}}+\dfrac{A_1}{A_2}\left(\dfrac{1}{\varepsilon_2}-1\right)+\left(\dfrac{1}{\varepsilon_1}-1\right)}=\frac{1}{\dfrac{1}{1}+1\left(\dfrac{1}{\varepsilon_2}-1\right)+\left(\dfrac{1}{\varepsilon_1}-1\right)}$$

$$=\frac{1}{\frac{1}{\varepsilon_1}+\frac{1}{\varepsilon_2}-1}$$

然后应用式(4.11－44)

$$q_{12}=\mathscr{F}_{12}A_1\sigma(T_1^4-T_2^4)=A_1\sigma(T_1^4-T_2^4)\frac{1}{\frac{1}{\varepsilon_1}+\frac{1}{\varepsilon_2}-1}$$

这与式(4.11－22)相同。

例 4.11－5　相互垂直的矩形的复杂角系数

求图 4.11－9 所示图形的角系数。面积为 A_2 的矩形从矩形 A_1 共有的边缘处放置并垂直于 A_1。A_1 的温度是 T_1，A_2 和 A_3 的温度是 T_2。

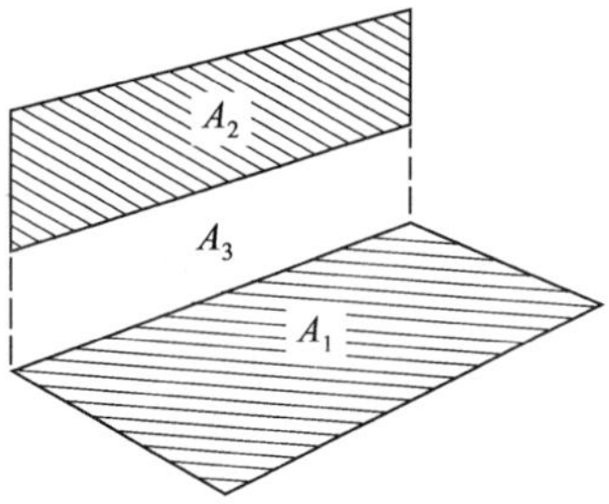

图 4.11－9　例 4.11－5 的图形

解：面积 A_3 是假想的在 A_2 和 A_1 之间面积。将面积 A_2 加 A_3 表示为 $A_{(23)}$。对面积 A_1 和 $A_{(23)}$ 的角系数，可从图 4.11－8 的相邻垂直矩形的图表中得到。F_{13} 也可从图 4.11－8 中得到。A_1 与 $A_{(23)}$ 之间的辐射相互交换量等于由 A_2 和 A_3 拦截的辐射能：

$$A_1F_{1(23)}\sigma(T_1^4-T_2^4)=A_1F_{12}\sigma(T_1^4-T_2^4)+A_1F_{13}(T_1^4-T_2^4) \tag{4.11-47}$$

因此

$$A_1F_{1(23)}=A_1F_{12}+A_1F_{13} \tag{4.11-48}$$

求解 F_{12}

$$F_{12}=F_{1(23)}-F_{13} \tag{4.11-49}$$

本例中所使用的类似方法，也可用于两垂直或平行矩形平面通用方向的形状因子的求取[C3、H1、K1]。

例 4.11－6　对一个小包的辐射

一个冷的小包，具有 A_1 的面积和 ε_1 的辐射系数，温度是 T_1。它被放置在壁温为 T_2 且辐射系数为 ε_2 的暖屋子里。试用式(4.11－45)推导这种情况的角系数和辐射传热方程。

解：对被箱体 A_2 完全封闭的小物体表面 A_1，因为不存在再反射(耐火材料)壁面，由式(4.11－43)有 $\overline{F}_{12}=F_{12}$，因此由 A_1 发射的全部辐射能都被箱体 A_2 所拦截，由于 A_1 没有凹面，而不能“看到”自身，还有 $F_{12}=1.0$。因为 A_2 相比 A_1 非常大，$A_1/A_2=0$。代入式(4.11－45)

$$\mathscr{F}_{12}=\frac{1}{\frac{1}{\overline{F}_{12}}+\frac{A_1}{A_2}\left(\frac{1}{\varepsilon_2}-1\right)+\left(\frac{1}{\varepsilon_1}-1\right)}=\frac{1}{\frac{1}{1}+0\left(\frac{1}{\varepsilon_2}-1\right)+\frac{1}{\varepsilon_1}-1}=\varepsilon_1$$

代入式(4.11-44)

$$q_{12}=\mathscr{F}_{12}A_1\sigma(T_1^4-T_2^4)=\varepsilon_1A_1\sigma(T_1^4-T_2^4)$$

这与前面推导的式(4.10-6)相同。

对于涉及多于四或五个传热表面的复杂辐射问题的求解,人们已经提出了矩阵的方法,对此其他文献中有详细的讨论(H1、K1)。

4.11.5 吸收气体中的辐射

(1) 辐射中的吸收气体的概述。如本节所讨论的,固体和液体在一个连续的光谱上发射辐射能。然而,大部分的气体是单原子或双原子分子,如 He, Ar, H_2, O_2 和 N_2,事实上是可被热辐射穿透的,即它们实际不发射辐射也不吸收辐射。具有偶极矩的气体和高度多原子的气体发射大量的辐射能,并且也在其发射辐射能的相同谱带内吸收辐射能。这些气体包括 CO_2、H_2O、CO、SO_2、NH_3和有机物蒸汽。

对特定的气体,吸收或辐射谱带的宽度取决于压力也取决于温度。如果一种吸收气体被加热,它向较冷的环境辐射能量。在这种情况下,由于气体吸收了某些在两个表面之间进行传递的辐射能,因此,两个表面之间的净辐射传热速率降低。

(2) 气体的辐射吸收。气体层的辐射吸收可进行解析描述,因为指定气体的吸收量取决于辐射通道上的分子数。增加吸收气体的分压或增加通道的长度都将增加气体的吸收量。我们定义 $I_{\lambda0}$ 为在进入气体之前特定波长的辐射能强度,$I_{\lambda L}$ 为在气体中移动 L 距离后同一波长辐射能的强度。如果一束射线射到厚度 dL 的气体层上,其强度降低 dI_λ,其值正比于 I_λ 和 dL:

$$\mathrm{d}I_\lambda=-\alpha_\lambda I_\lambda \mathrm{d}L \tag{4.11-50}$$

这里 I_λ 的单位是 W/m^2。积分得

$$I_{\lambda L}=I_{\lambda 0}\mathrm{e}^{-\alpha_\lambda L} \tag{4.11-51}$$

常数 α_λ 取决于特定的气体、它的分压和辐射的波长。这个方程称为 Beer 定律。气体常常只在很窄的波长带吸收辐射能。

(3) 吸收气体的特征平均射线长度。气体辐射的计算方法十分复杂。为了工程计算的目的,Hottel(M1)提出了 CO_2 和水蒸气这些气体存在时的计算辐射和吸收的近似方法。厚层气体比薄层气体吸收更多的能量。因此,除了指定气体的压力和温度外,我们还必须指定气体质量的特征长度(平均射线长度),以确定气体的辐射系数和吸收系数。平均射线长度 L 取决于特定的几何体。

对于位于半径为 L、内有辐射气体的半球底部中心的黑体微分接收表面积 dA,其平均射线长度是 L。人们对各种几何体的平均射线长度已经作了估算,如表 4.11-1 中所列。对其他形状,L 可由下式近似确定

$$L=3.6\frac{V}{A} \tag{4.11-52}$$

这里 V 是气体的体积(m^3),A 是箱体的表面积(m^2),L 是长度(m)。

(4) 辐射系数、吸收系数和气体的辐射。人们已将气体的辐射系数进行了关联,图 4.11-10给出了 CO_2在系统总压 1.0 atm 绝压条件下的气体辐射系数 ε_G。p_G是 CO_2的分压(atm),L 是平均射线长度(m)。辐射系数 ε_G定义为:气体半球体向中心点的表面微元进行能量传递的速率除以半径为 L、温度为 T_G的黑体半球表面向相同表面微元的能量传递速率的比率。

气体发射辐射的速率是 $\sigma\varepsilon_G T_G^4$ W/m² 吸收表面微元,这里 ε_G在 T_G温度下估算。如果中心点上温度为 T_1的表面元将热量辐射回气体,气体的吸收速率将为 $\sigma\alpha_G T_1^4$,这里 α_G是气体对来自于温度 T_1的黑体表面辐射能的吸收系数。CO_2的 α_G由图 4.11-10 确定,在 T_1温度下,使用 $p_G L(T_1/T_G)$参数代替 $p_G L$ 参数。然后将由图表上得到的结果数值乘以 $(T_G/T_1)^{0.65}$,得到 α_G。温度为 T_G的气体与温度为 T_1的有限面积的黑体表面之间的净辐射传递速率为

$$q=\sigma A(\varepsilon_G T_G^4-\alpha_G T_1^4) \tag{4.11-53}$$

当总压力不是 1.0 atm 时,可找到对 CO_2辐射系数进行校正的图表。对水蒸气,文献中(H1、K1、M1、P3)也有其图表。当 CO_2和 H_2O 同时存在时,因为每种气体对来自其他气体的辐射是非完全穿透的,故总的辐射量略有下降。关于这些相互作用的图表也可从参考文献中获得(H1、K1、M1、P3)。

例 4.11-7　气体向炉子箱体的辐射

一个内部边长为 0.3 m 的方形炉子,这些内壁可近似作为黑体表面。其内部的气体总压为 1.0 atm,温度为 1 100 K,含 10%(mol)CO_2,其余是 O_2和 N_2。少量存在水蒸气将可忽略不计。通过外部的冷却,炉壁保持在 600 K。忽略对流传热,计算向炉壁的总传热量。

解:由表 4.11-1 得,向立方体壁面辐射的平均射线长度是 $L=0.60D=0.60\times0.30=0.18$ m。CO_2的分压为 $p_G=0.10\times1.0=0.10$ atm。则 $p_G L=0.10\times0.180=0.0180$ atm·m。由图 4.11-10 查得 $T_G=1\,100$ K 时 $\varepsilon_G=0.064$。

为了得到 α_G,我们估算 $T_1=600$ K 和 $p_G L(T_1/T_G)=0.0180\times600/1\,100=0.009\,82$ atm·m 的 α_G 值。由图 4.11-10 查得,未校正的值 $\alpha_G=0.048$。将该值乘以校正因子 $(T_G/T_1)^{0.65}$,最后的校正值为

$$\alpha_G=0.048\times(1\,100/600)^{0.65}=0.071\,2$$

代入式(4.11-53)

$$\begin{aligned}\frac{q}{A}&=\sigma(\varepsilon_G T_G^4-\alpha_G T_1^4)\\&=(5.676\times10^{-8})\times[0.064\times1\,100^4-0.071\,2\times600^4]\\&=4.795\times10^3\ \text{W/m}^2=4.795\ \text{kW/m}^2\end{aligned}$$

对于立方体的六个面,$A=6\times0.3\times0.3=0.540$ m²,则

表 4.11-1　气体辐射到整个外罩表面的平均射线长度

外罩的几何体	平均射线长度,L
球,直径 D	$0.65D$
无限长圆柱,直径 D	$0.95D$
圆柱,长度=直径 D	$0.60D$
无限平行平板,间隔距离 D	$1.8D$
半球,辐射到底基的微元半径 R	R
正方体,向各面辐射,边长 D	$0.60D$
管中心等边三角形排列间距=管距 D 的长列管的周围体积	$2.8D$

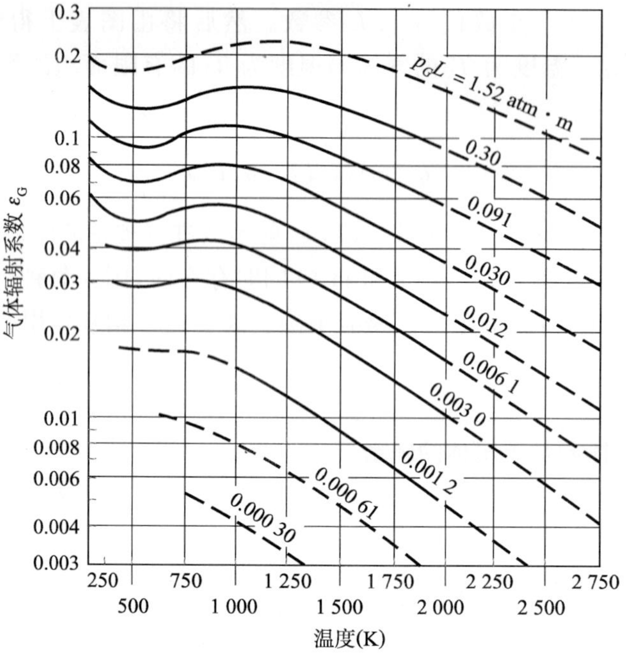

图 4.11-10　气体二氧化碳在总压为 1.0 atm 的总辐射系数

[经许可引自:W. H. McAdams, Heat Transmission, 3rd ed. New York:McGraw-Hill Book Company, 1954]

$$q=4.795\times 0.540=2.589\ \text{kW}$$

对于外罩壁不是黑体的情况,某些碰到壁上的辐射又被折射到另外的壁上和进入到气体中。当壁的辐射系数大于 0.7 时,作为一种近似的方法,可使用有效辐射系数 ε':

$$\varepsilon'=\frac{\varepsilon+1.0}{2} \tag{4.11-54}$$

这里 ε 是外罩壁的实际辐射系数。则对式(4.11-53)进行校正给出下面的表达式(M1):

$$q=\sigma A\varepsilon'(\varepsilon_G T_G^4-\alpha_G T_1^4) \tag{4.11-55}$$

对于气体中含有悬浮发光火焰物、非黑体颗粒雾团、耐火材料壁和存在吸收气体等情况,可从文献中(M1、P3)获得其他的近似方法。

4.12　非牛顿流体的热量传递

4.12.1　概述

人们对流体传热过程所做的大部分研究是针对牛顿流体所进行的，然而，在化学工业、生物工业和食品加工工业中，碰到各种各样的非牛顿流体。为了设计处理这些流体的设备，必须要得到或必须通过实验测定流体性质常数（流变常数）。3.5 节中对非牛顿流体的流变常数进行了详细的讨论。因为许多非牛顿流体具有较高的有效黏度，它们常常处于层流的流动状态。因为大多数非牛顿流体是假塑性流体，它们通常可用式(3.5－2)的幂律式来表示，因而下面将就这样的流体展开讨论。关于其他的流体，读者可查阅 Skelland 的文献(S3)。

4.12.2　管内的传热

(1) 管内层流。大部分的实验研究所涉及的都是非牛顿流体层流通过圆管的传热过程。计算传热系数所需的物性数据有：密度、比热容、导热系数和流变常数 K' 与 n' 或 K 与 n。

在层流流体中的传热，其机理主要是传导。但是对低流率和低黏度的情况，会存在自然对流的影响。而对于许多非牛顿流体，因为非常“黏”，所以自然对流的影响将大大降低。对于幂律流体圆管内的层流流动，Metzner 和 Gluck(M2)的方程可用于忽略自然对流的高“黏性”非牛顿流体的传热过程，水平管或垂直管，Graetz 特征数 $N_{Gz}>20$ 且 $n'>0.10$：

$$(N_{Nu})_a=\frac{h_a D}{k}=1.75\delta^{1/3}(N_{Gz})^{1/3}\left(\frac{\gamma_b}{\gamma_w}\right)^{0.14} \tag{4.12-1}$$

式中：

$$\delta=\frac{3n'+1}{4n'} \tag{4.12-2}$$

$$N_{Gz}=\frac{mc_p}{kL}=\frac{\pi}{4}\frac{Dv\rho}{\mu}\frac{c_p\mu}{k}\frac{D}{L}=\frac{\pi}{4}N_{Re}N_{Pr}\frac{D}{L} \tag{4.12-3}$$

在温度 T_b 的黏度系数 γ_b 和温度 T_w 的 γ_w 定义如下

$$\frac{\gamma_b}{\gamma_w}=\frac{K'_b 8^{n'-1}}{K'_w 8^{n'-1}}=\frac{K'_b}{K'_w}=\frac{K_b}{K_w} \tag{4.12-4}$$

各符号的意义和单位如下：k[W/(m·K)]，c_p[J/(kg·K)]，ρ(kg/m^3)，流量 m(kg/s)，管子加热段长度 L(m)，内径 D(m)，平均传热系数 h_a[W/(m^2·K)]，K 和 n' 为流变常数(见第 3.5 节)。物性数据和 K_b 均在平均主体温度 T_b 条件下估算，K_w 在平均壁温 T_w 下进行估算。

人们已经发现，流变常数 n' 或 n 值在很宽的温度范围都没有明显的变化(S3)，但是流变常数 K' 或 K 却明显随温度改变。$\lg K'$ 对 $1/T_{abs}$(C1)或 T ℃(S3)的标绘常常会近似为一条直线。温度对 K 影响的数据常常无法得到。因为 K_b/K_w 的比率仅为 0.14 次方，因此这一因子有时可忽略而不致引起大的误差。对比值为 2∶1 的情况，误差仅为 10%。对牛顿流体,黏度的对数对 $1/T$ 的标绘也常常是直线。由式(4.12-1)得到的 h_a 值是用于整个管长 L 的平均值,其算术平均温差 ΔT_a:

$$\Delta T_a = \frac{(T_w - T_{bi}) + (T_w - T_{bo})}{2} \tag{4.12-5}$$

式中 T_w 是整个管子的平均壁温,T_{bi} 是进口主体温度,T_{bo} 是出口主体温度。热通量 q 为

$$q = h_a A \Delta T_a = h_a(\pi DL)\Delta T_a \tag{4.12-6}$$

例 4.12-1　层流非牛顿流体的加热

某种非牛顿流体在内径为 25.4 mm 的管内以 7.56×10^{-2} kg/s 流量流动,被在管外冷凝的蒸汽所加热。流体进入 1.524 m 长的加热段时的温度是 37.8 ℃。内壁温度 T_w 恒定为 93.3 ℃。流体的平均物性数据为:ρ=1 041 kg/m³, c_{pm}=2.093 kJ/(kg·K),k=1.212 W/(m·K),流体是具有下面流动性质(流变)常数的幂律流体:$n=n'=0.40$,其在整个遇到的温度范围内近似为常数,在 37.8 ℃时 K=139.9 $\mathrm{N\cdot S^{n'}/m^2}$,在 93.3 ℃时为 62.5 $\mathrm{N\cdot S^{n'}/m^2}$。对于这种流体,lg K 对 T ℃的标绘近似为直线,若流体层流流动,计算流体的出口主体温度。

解:因为要用式(4.12-2)计算 h_a 必须已知流体出口的主体温度 T_{bo},所以是试差求解过程。第一次试差假设 T_{bo}=54.4 ℃,则平均主体温度 T_b 为(54.4+37.8)/2 或 46.1 ℃。

对给定在 37.8 ℃和 93.3 ℃的两个 K 值进行 lg K 对 T ℃的标绘,并通过这两个点作直线,从所标绘的图中读得 T_b=46.1 ℃时的 K_b 值为 123.5。在 T_w=93.3 ℃时有 K_w=62.5。

接着,用式(4.12-2)计算 δ:

$$\delta = \frac{3n'+1}{4n'} = \frac{3\times0.40+1}{4\times0.40} = 1.375$$

代入式(4.12-3)

$$N_{Gz} = \frac{mc_p}{kL} = \frac{7.56\times10^{-2}\times2.093\times10^3}{1.212\times1.524} = 85.7$$

由式(4.12-4),

$$\frac{\gamma_b}{\gamma_w} = \frac{K_b}{K_w} = \frac{123.5}{62.5}$$

再代入式(4.12-1)

$$\frac{h_a D}{k} = \frac{h_a\times0.025\,4}{1.212} = 1.75\delta^{1/3}(N_{Gz})^{1/3}\left(\frac{\gamma_b}{\gamma_w}\right)^{0.14}$$

$$= 1.75\times(1.375)^{1/3}\times(85.7)^{1/3}\times\left(\frac{123.5}{62.5}\right)^{0.14} \tag{4.12-1}$$

求解得,h_a=448.3 W/(m²·K)。

由热量衡算得单位为 W 的 q 值如下:

$$q = mc_{pm}(T_{bo} - T_{bi}) \tag{4.12-7}$$

此式与式(4.12-6)相等,得

$$q = mc_{pm}(T_{bo} - T_{bi}) = h_a(\pi DL)\Delta T_a \tag{4.12-8}$$

由式(4.12-5)计算得算术平均温差 ΔT_a 为

$$\Delta T_a = \frac{(T_w - T_{bi}) + (T_w - T_{bo})}{2}$$
$$= \frac{(93.3 - 37.8) + (93.3 - T_{bo})}{2} = 74.4 - 0.5T_{bo}$$

将已知值代入式(4.12-8)，并求解 T_{bo}

$$(7.56\times10^{-2})\times(2.093\times10^3)\times(T_{bo} - 37.8)$$
$$= 448.3\times(\pi\times0.0254\times1.524)\times(74.4 - 0.5T_{bo})$$
$$T_{bo} = 54.1\ ℃$$

54.1 ℃这个值已足够接近假设值 54.5 ℃，因此不需要第二次试差。K_b值会受影响。可将已知值代入式(3.5-11)计算雷诺数，说明其低于 2 100，是层流流动。

对于不大“黏”的非牛顿幂律流体的层流，自然对流可能影响传热速率。对于水平管，Metzner 和 Gluck(M2)推荐应用对式(4.12-1)进行经验校正的方法。

(2) 圆管中的湍流。对幂律流体湍流通过圆管的情况，Clapp(C4)对传热提出了下面的经验方程：

$$N_{Nu} = \frac{h_L D}{k} = 0.0041(N_{Re,gen})^{0.99}\left[\frac{K' c_p}{k}\left(\frac{8V}{D}\right)^{n-1}\right]^{0.4} \tag{4.12-9}$$

这里 $N_{Re,gen}$由式(3.5-11)定义，h_L是以对数平均温差推动力为基准的传热系数。流体性质在主体平均温度下估算。Metzner 和 Friend(M3)也给出了湍流传热的方程。

4.12.3　自然对流

Activos(A1、S3)提出了球形、圆柱和平板各种几何体向幂律流体进行自然对流传热的关系式。

4.13　特殊的传热系数

4.13.1　搅拌槽中的传热

(1) 概述。许多化学和生物过程常在搅拌槽中进行。如第 3.4 节中所讨论的那样，液体通常在圆形容器中搅拌，叶轮安装在轴上，由电动机驱动。典型的搅拌器和槽的装备已示于图 3.4-1 和图 3.4-3。在搅拌的过程中，常需对槽中的物质进行冷却或加热。通常通过槽壁的夹套或浸在液体中的盘管这些传热表面来实现对物料的加热或冷却。

(2) 有加热夹套的釜。图 4.13-1(a)中表示一个有冷却或加热夹套的釜。加热时，进入夹套的常常是蒸汽，蒸汽在夹套中冷凝并且冷却水从夹套底部流出。釜内安装有搅拌器，且大多数情况下还有挡板(未显示)。

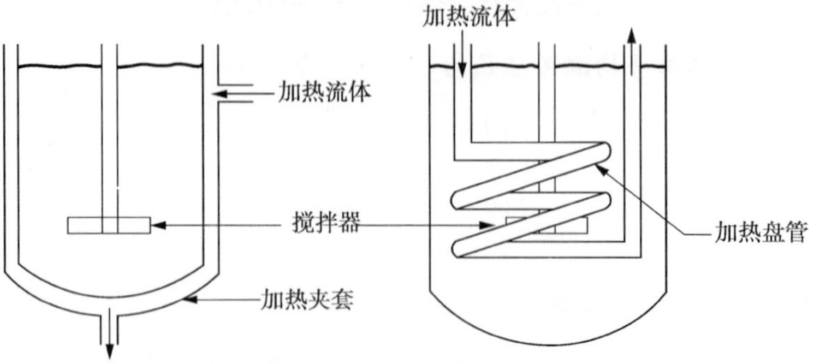

(a) 有加热夹套的釜　　(b) 有加热盘管的釜

图 4.13－1　搅拌釜中的传热

釜内被搅拌的牛顿流体向该釜夹套壁面的传热系数关联式有下面这样的形式：

$$\frac{hD_t}{k}=a\left(\frac{D_a^2 N\rho}{\mu}\right)^b\left(\frac{c_p\mu}{k}\right)^{1/3}\left(\frac{\mu}{\mu_w}\right)^m \tag{4.13-1}$$

式中 h 是被搅拌液体向内壁的传热系数[W/(m^2·K)]，D_t是槽的内径(m)，k 是导热系数[W/(m·K)]，D_a是搅拌器的直径(m)，N 是转速，每秒的旋转次数，ρ 是流体密度(kg/m^3)，μ 是流体黏度(Pa·s)。除了 μ_w在壁温 T_w的条件下估算外，全部液体物性数据都在液体的主体温度下估算。下面列出的是一些可以获得的关联式和应用的雷诺数范围($N'_{Re}=D_a^2N\rho/\mu$)。

① 桨式搅拌器　无挡板(C5、U1)

$$a=0.36,\quad b=\frac{2}{3},\quad m=0.21,\quad N'_{Re}=300\sim3\times10^5$$

② 平桨涡轮搅拌器无挡板(B4)

$$a=0.54,\quad b=\frac{2}{3},\quad m=0.14,\quad N'_{Re}=30\sim3\times10^5$$

③ 平桨涡轮搅拌器，有挡板(B4、B5)

$$a=0.74,\quad b=\frac{2}{3},\quad m=0.14,\quad N'_{Re}=500\sim3\times10^5$$

④ 锚式搅拌器，无挡板(U1)

$$a=1.0,\quad b=\frac{1}{2},\quad m=0.18,\quad N'_{Re}=10\sim300$$

$$a=0.36,\quad b=\frac{2}{3},\quad m=0.18,\quad N'_{Re}=300\sim4\times10^4$$

⑤ 螺旋带式搅拌器，无挡板(G4)

$$a=0.633,\quad b=1/2,\quad m=0.18,\quad N'_{Re}=8\sim10^5$$

各种过程应用的夹套槽总传热系数 U 的一些典型值列于表 4.13-1 中。

表 4.13-1　夹套釜中的典型总传热系数值

夹套中的流体	釜中的流体	壁的金属	搅拌	U $\frac{\text{btu}}{\text{h}\cdot\text{ft}^2\cdot{}^\circ\text{F}}$	U $\frac{\text{W}}{\text{m}^2\cdot\text{K}}$	参考文献
蒸汽	水	铜	无	150	852	(P1)
			简单搅拌	250	1 420	
蒸汽	糨糊	铸铁	双螺旋	125	710	(P1)
蒸汽	沸水	铜	无	250	1 420	(P1)
蒸汽	牛奶	搪瓷铸铁	无	200	1 135	(P1)
		搪玻璃	搅拌	300	1 700	
热水	冷水	搪玻璃	无	70	398	(P1)
蒸汽	番茄酱	金属	搅拌	30	170	(C1)

例 4.13-1　有夹套的搅拌釜中的传热系数

直径为 1.83 m、有挡板的夹套搅拌釜，用于加热 300 K 的液体。搅拌器直径为 0.61 m，是平桨涡轮，转速为 100 r/min。热水在加热夹套中，壁温恒定在 355.3 K。液体具有如下的主体物性数据：$\rho=961\ \text{kg/m}^3$，$c_p=2\ 500\ \text{J/(kg}\cdot\text{K)}$，$k=0.173\ \text{W/(m}\cdot\text{K)}$，在温度为 300 K 时，$\mu=1.00\ \text{Pa}\cdot\text{s}$，在 355.4 K 时为 0.084 Pa·s。计算夹套壁的传热系数。

解： 已知下列数据：

$$D_t=1.83\ \text{m}\quad D_a=0.61\ \text{m}\quad N=100/60\ 转/秒$$

$$\mu(300\ \text{K})=1.00\ \text{Pa}\cdot\text{s}=1.00\ \text{kg/(m}\cdot\text{s)}$$

$$\mu_w(355.4\ \text{K})=0.084\ \text{Pa}\cdot\text{s}=0.084\ \text{kg/(m}\cdot\text{s)}$$

首先，计算 300 K 时的雷诺数：

$$N'_{Re}=\frac{D_a^2N\rho}{\mu}=\frac{0.61^2\times(100/60)\times961}{1.00}=596$$

普兰德特征数为

$$N_{Pr}=\frac{C_p\mu}{k}=\frac{2\ 500\times1.00}{0.173}=14\ 450$$

应用式(4.13-1)，$a=0.74$，$b=2/3$，$m=0.14$，

$$\frac{hD_t}{k}=0.74(N'_{Re})^{2/3}(N_{Pr})^{1/3}\left(\frac{\mu}{\mu_w}\right)^{0.14}\tag{4.13-1}$$

代入已知数据，求解 h，

$$\frac{h\times1.83}{0.173}=0.74\times(596)^{2/3}\times(14\ 450)^{1/3}\times\left(\frac{1\ 000}{84}\right)^{0.14}$$

$$h=170.6\ \text{W/(m}^2\cdot\text{K)}[30.0\ \text{btu/(h}\cdot\text{ft}^2\cdot{}^\circ\text{F)}]$$

由其他文献(C6),还可获得有涡轮搅拌的夹套釜中预测幂律非牛顿流体传热系数的关联式。

(3) 有加热盘管的釜。在图 4.13-1(b)中,显示了有螺旋加热或冷却盘管的搅拌釜。下面将列出各种类型的搅拌器的搅拌釜中盘管外表面的传热系数关联式。

对于无挡板的桨式搅拌器(C5),

$$\frac{hD_t}{k}=0.87\left(\frac{D_a^2N\rho}{\mu}\right)^{0.62}\left(\frac{c_p\mu}{k}\right)^{1/3}\left(\frac{\mu}{\mu_w}\right)^{0.14} \tag{4.13-2}$$

在雷诺数 $300\sim4\times10^5$ 的范围内,该式成立。

对有挡板的平桨涡轮搅拌器,见文献(O1)。

当加热或冷却盘管以垂直管栅的形式放置,有平桨涡轮搅拌时,可应用下面的关联式(D1):

$$\frac{hD_o}{k}=0.09\left(\frac{D_a^2N\rho}{\mu}\right)^{0.65}\left(\frac{c_p\mu}{k}\right)^{1/3}\left(\frac{D_a}{D_t}\right)^{1/3}\left(\frac{2}{n_b}\right)^{0.2}\left(\frac{\mu}{\mu_f}\right)^{0.4} \tag{4.13-3}$$

这里 D_o是盘管的外径(m),n_b是垂直栅管的数目,μ_f是在平均膜温度下的黏度。

Perry 和 Green(P3)对盘管浸没在各种液体中的有搅拌和无搅拌槽的总传热系数 U 给出了典型参考值。

4.13.2 刮擦表面换热器

液-固悬浮、黏性水溶液和有机溶液、大量的食品产品,如人造黄油和橘汁浓缩液,常在刮擦表面换热器中冷却或加热。如图 4.13-2 所示,这种换热器由套管换热器组成,夹套筒环隙内有蒸汽或冷却液体,内部的轴转动并装有刮擦叶片。

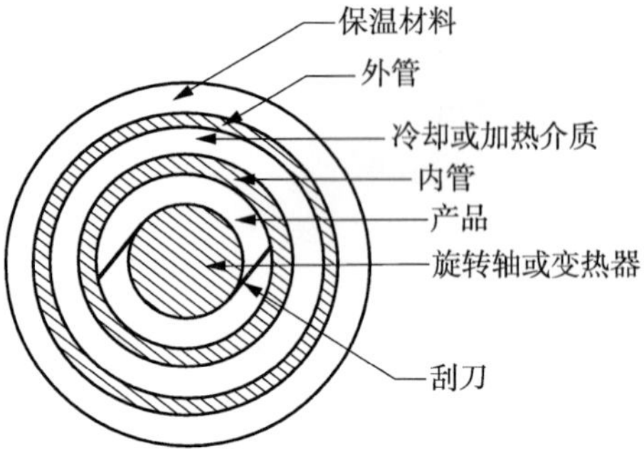

图 4.13-2 刮擦表面换热器

黏稠的液体产品在低流速下从中心管旋转轴和内管之间流过。旋转刮刀或刮擦叶片连续地刮擦液体表面,防止局部过热并提供快速传热,在某些情况下,该装置也称作螺旋式换热器。

Skelland 等人(S4)提出下面的方程,预测螺旋式换热器内部的传热系数:

$$\frac{hD}{k}=\alpha\left(\frac{c_p\mu}{k}\right)^{\beta}\left(\frac{(D-D_S)v\rho}{\mu}\right)^{1.0}\left(\frac{DN}{v}\right)^{0.62}\left(\frac{D_S}{D}\right)^{0.55}(n_B)^{0.53} \tag{4.13-4}$$

$\alpha=0.014 \quad \beta=0.96$ 黏稠液体

$\alpha=0.039 \quad \beta=0.70$ 非黏稠液体

式中 D=容器的直径(m),D_S=旋转轴的直径(m),v=液体轴向流动速度(m/s),N=搅拌器转速(转/秒),n_B=搅拌器上叶片的数目。数据包括的范围,轴向流速从 0.076~0.38 m/min,转速 100~750 r/min。

食品应用实例的典型总传热系数取值如下，用 NH_3 冷却人造黄油的 $U=1\ 700\ W/(m^2\cdot K)$ [300 btu/(h·ft²·℉)]，用蒸汽加热苹果酱的 U 为 2 270(400)。用 NH_3 短时间急冷物料，U 值为 1 420(250)，用水冷却乳状物 U 值为 2 270(400)(B6)。

4.13.3 扩展表面或翅片换热器

(1) 概述。在换热器管壁的外部使用翅片或扩展的表面，以此提供相对有较高传热系数的换热器是很普遍的情况。汽车的散热片就是这样的装置，热水从列管内部通过，向空气释放热量；在管子的外部，伸展的表面从管壁接收热量并通过强制对流将其传递到空气中。

翅片附着于管子外壁的两种常见的类型示于图 4.13－3。在图 4.13－3(a)中，有许多纵向的翅片绕着管壁按一定的间距进行排列，气体的流动方向是平行于管子轴向的。在图 4.13－3(b)中，气体垂直流过有许多圆环或横向翅片的管子。

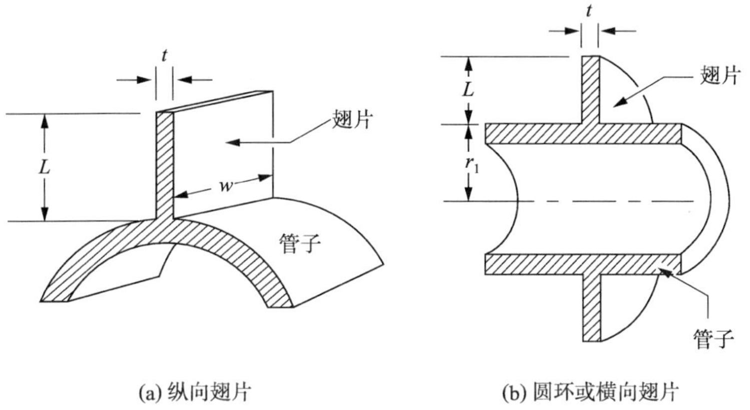

图 4.13－3　在一段圆管上翅片的两种常见的类型

对于管内流体传热系数为 h_i 和管外传热系数为 h_o 的情况，使用扩展表面的方法对传热过程的影响可近似地以式(4.13－5)来说明：

$$\frac{1}{U_iA_i}=\sum R\approx\frac{1}{h_iA_i}+R_{metal}+\frac{1}{h_oA_o} \tag{4.13-5}$$

壁阻力 R_{metal} 常常是可忽略的。外表面上翅片的存在增加了 A_o，因而降低了管外流体的阻力项 $1/h_oA_o$。例如，如果我们有蒸汽冷凝的 h_i，这是非常大的，h_o 是管外空气的传热系数，它是很小的，A_o 的增加极大地降低了 $1/h_oA_o$，其结果大大降低了总阻力，使传热速率增大。如果掉换两种流体的位置，空气在内而蒸汽在外，则使用翅片几乎不能增大传热速率。

式(4.13－5)只是一个近似的表达式，由于从翅片尖端到其基座之间的附加热传导阻力，裸管外壁的温度与翅片端部的温度是不同的。因此，单位面积翅片表面的传热效率不如翅片底座处的单位面积裸管的表面。对各种几何形状的翅片，人们已从数学上推导了翅片效率 η_f。

(2) 翅片效率方程的推导。如图 4.13－4 所示，我们将考虑暴露在温度为 T_∞ 的环境流体中的一维翅片。在翅片的底座处温度为 T_0，在 x 处的温度为 T。定态下，进入 x 处的微

元的热传导速率是 $q_{x|x}$，并等于由微元向外流出的热传导速率加上对流热损失：

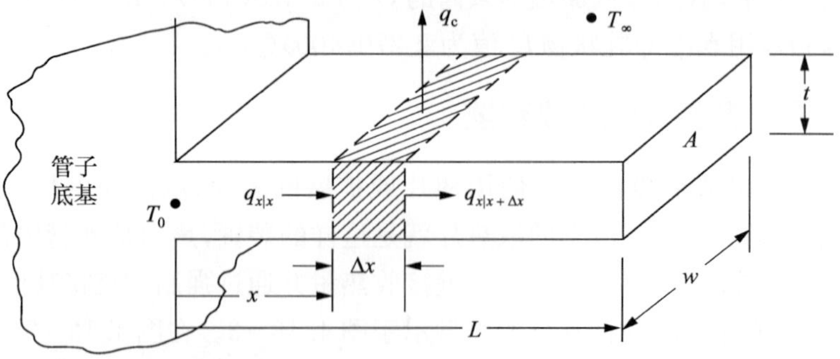

图 4.13-4　恒定截面积的矩形翅片上的一维传导和对流热衡算

$$q_{x|x}=q_{x|x+\Delta x}+q_c \tag{4.13-6}$$

代入传导的傅里叶方程和对流方程，

$$-kA\left.\frac{\mathrm{d}T}{\mathrm{d}x}\right|_x=-kA\left.\frac{\mathrm{d}T}{\mathrm{d}x}\right|_{x+\Delta x}+h(P\Delta x)(T-T_\infty) \tag{4.13-7}$$

式中 A 是翅片的截面积(m^2)，P 是翅片的截面周长(m)，($P\Delta x$)是对流的面积。整理式(4.13-7)，并除以 Δx，且令 Δx 趋近于零，

$$\frac{\mathrm{d}^2T}{\mathrm{d}x^2}-\frac{hP}{kA}(T-T_\infty)=0 \tag{4.13-8}$$

令 $\theta=T-T_\infty$，式(4.13-8)变为

$$\frac{\mathrm{d}^2\theta}{\mathrm{d}x^2}-①\frac{hP}{kA}\theta=0 \tag{4.13-9}$$

第一边界条件是，在 $x=0$ 处 $\theta=\theta_0=T_0-T_\infty$。二级边界条件需对式(4.13-9)进行积分，根据 $x=L$ 处的物理条件，可考虑几种情况。第一种情况，翅片的末端是绝热的，在 $x=L$ 处 $\mathrm{d}\theta/\mathrm{d}x=0$。第二种情况，翅片通过顶端表面对流失去热量，因此，$-k(\mathrm{d}T/\mathrm{d}x)_L=h(T_L-T_\infty)$。用第二种情况的边界条件得到的解十分复杂，这里不作考虑。用第一种情况的边界条件，末端保温，积分式(4.13-9)得到

$$\frac{\theta}{\theta_0}=\frac{\cosh[m(L-x)]}{\cosh mL} \tag{4.13-10}$$

式中 $m=(hP/kA)^{1/2}$。

通过翅片的热损失表示为

$$q=-kA\left.\frac{\mathrm{d}T}{\mathrm{d}x}\right|_{x=0} \tag{4.13-11}$$

将式(4.13-10)对 x 进行求导，并与式(4.13-11)结合，

---

① 原文误为=——译者注。

$$q=(hPkA)^{1/2}(T_0-T_\infty)\tanh mL \qquad (4.13-12)$$

在实际的翅片上，当趋向翅片的末端时，翅片上的温度 T 降低。因此，单位面积的传热速率随离管基处距离的增加而降低。为了表示翅片的这种传热效能，翅片效率 η_f 定义为翅片的实际传热量与当整个翅片均处于底基温度 T_0 时所能传递热量之比值：

$$\eta_f=\frac{(hPkA)^{1/2}(T_0-T_\infty)\tanh mL}{h(PL)(T_0-T_\infty)}=\frac{\tanh mL}{mL} \qquad (4.13-13)$$

式中 PL 是翅片的整个面积。

mL 的表达式为

$$mL=\left(\frac{hP}{kA}\right)^{1/2}L=\left[\frac{h(2w+2t)}{k(wt)}\right]^{1/2}L \qquad (4.13-14)$$

对于薄翅片，$2t$ 与 $2w$ 相比很小，则

$$mL=\left(\frac{2h}{kt}\right)^{1/2}L \qquad (4.13-15)$$

式(4.13－15)对绝热末端的翅片成立。可对该式进行改进，使它对热量从末端损失的翅片也成立。可通过将翅片长度延长 $t/2$ 来实现这个变换过程，将下面的校正长度 L_c 应用于式(4.13－13)～式(4.13－15)

$$L_c=L+\frac{t}{2} \qquad (4.13-16)$$

对纵向翅片，由式(4.13－13)计算的翅片效率示于图 4.13－5(a)。在图 4.13－5(b)中，提供了圆环翅片的翅片效率。注意，曲线的横坐标是 $L_c(h/kt)^{1/2}$，而不是如式(4.13－15)为 $L_c(2h/kt)^{1/2}$。

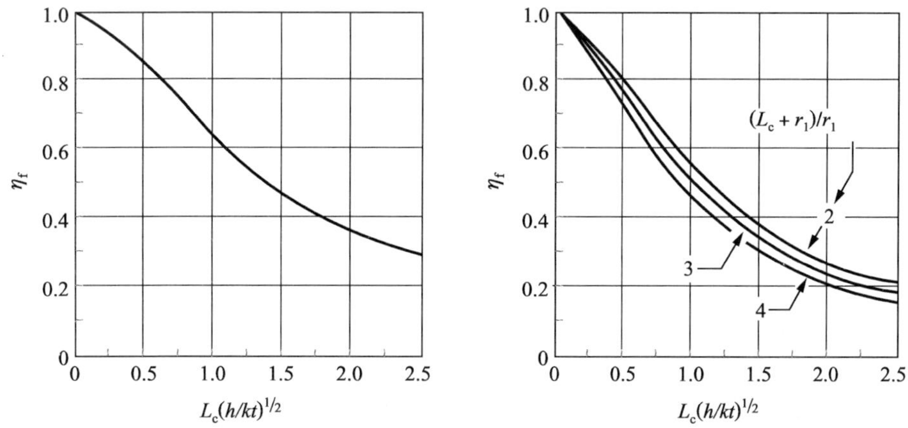

(a) 纵向或直条翅片　　(b) 圆环或横向翅片

图 4.13－5　各种翅片的翅片效率

(翅片的尺寸表示见图 4.13－3)

例 4.13-2 翅片效率和由翅片引起的热损失

如图 4.13-3(b)的圆环铝翅片连接在外径为 0.04 m 的铜管上。翅片的长度是 0.04 m,厚度是 2 mm。外壁或管基处的温度是 523.2 K,外部环境空气的温度是 342.2 K,并且对流传热系数为 30 W/(m^2 · K)。试计算翅片效率和由翅片引起的热损失速率。

解:给定的数据为:T_0=523.2 K,T_∞=342.2 K,L=0.04 m,r_1=0.04 m,t=0.002 m,k=222 W/(m · K),h=30 W/(m^2 · K)。由式(4.13-16),$L_c=L+t/2=0.04+0.002/2=0.041$ m。则

$$L_c\left(\frac{h}{kt}\right)^{1/2}=0.041\times\left(\frac{30}{222\times0.002}\right)^{1/2}=0.337$$

还有,$(L_c+r_1)/r_1=(0.041+0.040)/0.040=2.025$。利用图 4.13-5(b)得,$\eta_f=0.89$。由翅片自身的传热量为

$$q_f=\eta_f hA_f(T_0-T_\infty) \tag{4.13-17}$$

式中 A_f是翅片的外表面积(环形),且对翅片的两个面由下式给出:

$$\begin{aligned}&A_f=2\pi[(L_c+r_1)^2-(r_1)^2]\quad(\text{圆翅片})\\&A_f=2\pi(L_c xw)\quad(\text{长翅片})\end{aligned} \tag{4.13-18}$$

因此

$$A_f=2\pi[(0.041+0.040)^2-(0.040)^2]=3.118\times10^{-2}\ m^2$$

代入式(4.13-17)

$$q_f=0.89\times30\times3.118\times10^{-2}\times(523.2-343.2)=149.9\ W$$

(3) 翅片管的总传热系数。这里我们考虑与图 4.3-3(b)类似的一般情况,在圆筒或管道内的流体中发生传热过程,热量通过厚度为 Δx_A的圆筒金属壁 A,然后传到管外的流体,管外有翅片。热量通过一系列的阻力传递。离开管子外部的总热量 q 是裸管基底的对流热损失 q_t和翅片对流热损失 q_f之和:

$$q=q_t+q_f=h_oA_t(T_o-T_\infty)+h_oA_f\eta_f(T_o-T_\infty) \tag{4.13-19}$$

因为途径是平行的,这也可写成阻力的形式:

$$q=(h_oA_t+h_oA_f\eta_f)(T_1-T_\infty)=\frac{T_o-T_\infty}{\dfrac{1}{h_o(A_t+A_f\eta_f)}}=\frac{T_o-T_\infty}{R} \tag{4.13-20}$$

这里 A_t是翅片之间的裸管面积,A_f是翅片的面积,h_o是外面的对流传热系数。对裸管的式(4.3-15)中的阻力项($1/h_oA_o$),可用式(4.13-20)中的阻力替代,从而得到翅片管换热器的总传热方程:

$$q=\frac{T_4-T_1}{1/h_iA_i+\Delta x_A/k_AA_{A\,lm}+1/h_o(A_t+A_f\eta_f)}=\frac{T_4-T_1}{\sum R} \tag{4.13-21}$$

式中 T_4是内部流体的温度,T_1是外部流体的温度。将式(4.13-21)写成以内部面积 A_i为基

准的形式 $q=U_iA_i(T_4-T_1)$，则总传热系数 U_i 为

$$U_i=\frac{1}{1/h_i+\Delta x_A A_i/k_A A_{A\,lm}+A_i/h_o(A_t+A_f\eta_f)} \tag{4.13-22}$$

管外翅片的存在改变了流体流过管子的特性(平行于长翅片管流动，或横向流过圆翅片管)，因此，流体平行或垂直流过裸管的关联式不能用来预测外部的对流传热系数 h_o。关于各种类型翅片的传热关联式可从文献中(K4、M1、P1、P3)得到。

4.14 传热过程的量纲分析

4.14.1 概述

如我们所见，在许多流体流动和传热的关联式中，出现许多如雷诺数和普兰德数这样的无量纲数群。在指定物理情况下，常常应用量纲分析将变量组合到无量纲参数或特征数中，这些特征数在实验研究和数据关联中可能是很有用的。

获得这些无量纲数群的一种重要的方法是如在第 3.11 节中描述的那样，应用微分方程的量纲分析。另一种很有用的方法是 Buckingham 方法，在这种方法中首先要做的是，列出特定物理问题中有意义的变量。然后我们确定可将全部变量都结合进去的无量纲参数的数目。

4.14.2 Buckingham 法

(1) 管内的传热。第 3.11 节中给出的 Buckingham 定律说的是：q 个量或变量，它们的单位可由 u 个基本单位或量纲给出，则 q 个量之间的函数关系可写成 $(q-u)$ 个无量纲数群。

作为说明这一方法应用的附加实例，让我们来考虑以速度 v 在直径为 D 的管内湍流流动的流体，经历向壁面的传热过程。我们希望对变量 D、ρ、μ、c_p、k 和 v，预测关联传热系数 h 的无量纲数群。变量总数 $q=7$。

基本单位或量纲 $u=4$，它们是：质量 M、长度 L、时间 t 和温度 T。以这些基本单位项表示的各变量的单位如下：

$$h=\frac{M}{t^3T}\quad D=L\quad \rho=\frac{M}{L^3}\quad \mu=\frac{M}{Lt}\quad c_p=\frac{L^2}{t^2T}\quad k=\frac{ML}{t^3T}\quad v=\frac{T}{t}$$

因此，无量纲数群或 π 的个数可假设是 7－4 即 3 个，则

$$\pi_1=f(\pi_2,\pi_3) \tag{4.14-1}$$

我们将选择四个变量 D、k、μ 和 v 作为所有无量纲数群共有的变量。
则三个无量纲数群为

$$\pi_1=D^ak^b\mu^cv^d\rho \tag{4.14-2}$$

$$\pi_2=D^ek^f\mu^gv^hc_p \tag{4.14-3}$$

$$\pi_3=D^ik^j\mu^kv^lh \tag{4.14-4}$$

对 π_1 代入实际量纲，

$$M^0L^0t^0T^0=1=L^a\left(\frac{ML}{t^3T}\right)^b\left(\frac{M}{LT}\right)^c\left(\frac{L}{T}\right)^d\left(\frac{M}{L^3}\right) \quad (4.14-5)$$

加和每一个的指数，

$$\begin{aligned}&(L)\quad 0=a+b-c+d-3\\&(M)\quad 0=b+c+1\\&(t)\quad 0=-3b-c-d\\&(T)\quad 0=-b\end{aligned} \quad (4.14-6)$$

同时求解这些方程得，$a=1,b=0,c=-1,d=1$。

将这些值代入式(4.14-2)，

$$\pi_1=\frac{Dv\rho}{\mu}=N_{Re} \quad (4.14-7)$$

对 π_2 和 π_3 重复上述过程，代入实际量纲，

$$\pi_2=\frac{c_p\mu}{k}=N_{Pr} \quad (4.14-8)$$

$$\pi_3=\frac{hD}{k}=N_{Nu} \quad (4.14-9)$$

将 π_1，π_2 和 π_3 代入式(4.14-1)并再整理，

$$\frac{hD}{k}=f\left(\frac{Dv\rho}{\mu},\frac{c_p\mu}{k}\right) \quad (4.14-10)$$

这是大家所熟悉的管内传热方程的形式，式(4.5-8)。

这种分析在传热数据的经验关联中是很有用的。但是每一个无量纲数群的重要性必须由实验确定(B1、M1)。

(2) 垂直板外的自然对流传热。对于由长度为 L 的垂直平板壁面向相邻流体进行对流传热的情况，因为速度不是一个变量，所以与管内强制对流的情况相比，这种情况下将会有不同的无量纲数群。由冷热流体之间的密度差产生的浮力将是一个因素。正如在式(4.7-1)和式(4.7-2)中看到的，浮力由变量 β、g、ρ 和 ΔT 决定。因此要考虑的变量以及它们的基本单位如下：

$$L=L \quad \rho=\frac{M}{L^3} \quad \mu=\frac{M}{Lt} \quad c_p=\frac{L^2}{t^2T} \quad \beta=\frac{1}{T}$$

$$g=\frac{L}{t^2} \quad \Delta T=T \quad h=\frac{M}{t^3T} \quad k=\frac{ML}{t^3T}$$

变量数 $q=9$，因为 $u=4$，无量纲数群或 π 的个数为 $9-4$ 即 5 个。则 $\pi_1=f(\pi_1,\pi_2,\pi_3,\pi_4)$。

我们将选择 L、μ、k 和 g 四个变量作为无量纲数群的共有变量：

$$\pi_1=L^a\mu^bk^cg^d\rho \quad \pi_2=L^e\mu^fk^gg^hc_p \quad \pi_3=L^i\mu^jk^kg^l\beta$$

$$\pi_4=L^m\mu^nk^og^p\,\Delta T \quad \pi_5=L^q\mu^rk^sg^th$$

对 π_1 代入量纲，

$$1=L^a\left(\frac{M}{Lt}\right)^b\left(\frac{ML}{t^3T}\right)^c\left(\frac{L}{t^2}\right)^d\left(\frac{M}{L^3}\right) \tag{4.14-11}$$

如前求解幂，得 $a=\frac{3}{2}$，$b=-1$，$c=0$ 和 $d=\frac{1}{2}$。则 π_1 成为

$$\pi_1=\frac{L^{3/2}\rho g^{1/2}}{\mu} \tag{4.14-12}$$

取平方消去分数指数，仍以 π_1 表示该数群，

$$\pi_1=\frac{L^3\rho^2 g}{\mu^2} \tag{4.14-13}$$

对其他 π 的方程重复以上过程得，

$$\pi_1=\frac{L^3\rho^2 g}{\mu^2},\quad \pi_2=\frac{c_p\mu}{k}=N_{Pr},\quad \pi_3=\frac{L\mu g\beta}{k}$$

$$\pi_4=\frac{k\ \Delta T}{L\mu g},\quad \pi_5=\frac{hL}{k}=N_{Nu}$$

将无量纲数群 π_1，π_3 和 π_4 结合如下，

$$\pi_1\pi_3\pi_4=\frac{L^3\rho^2 g}{\mu^2}\frac{L\mu g\beta}{k}\frac{k\ \Delta T}{L\mu g}=\frac{L^3\rho^2 g\beta\ \Delta T}{\mu^2}=N_{Gr} \tag{4.14-14}$$

式(4.14-14)是式(4.7-4)中给定的 Grashof 数。因此，

$$N_{Nu}=f(N_{Gr},N_{Pr}) \tag{4.14-15}$$

4.15　两维定态热传导的数值方法

4.15.1　热传导的解析方程

在第 4.4 节中我们讨论了用图解程序和形状因子求解两维热传导问题的方法。本节中我们将考虑解析和数值的方法。

x 方向的传导方程如下：

$$q_x=-kA\frac{\partial T}{\partial x} \tag{4.15-1}$$

现在我们将推导在 x 和 y 两个方向定态传导的方程。参考图 4.15-1，表示边长为 Δx、Δy 和 L 的矩形体。进入该物体的总热量等于出去的总热量：

$$q_{x|x}+q_{y|y}=q_{x|x+\Delta x}+q_{y|y+\Delta y} \tag{4.15-2}$$

现由式(4.15-1)得，

$$q_{x|x}=-k(\Delta yL)\frac{\partial T}{\partial x}\bigg|_x \tag{4.15-3}$$

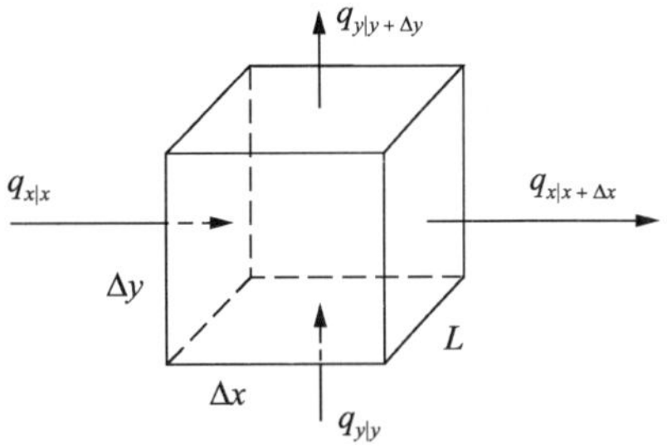

图 4.15-1　两维定态热传导

对其他三项列出类似的方程,并代入式(4.15-2),得

$$-k(\Delta yL)\frac{\partial T}{\partial x}\bigg|_x-k(\Delta xL)\frac{\partial T}{\partial y}\bigg|_y=-k(\Delta yL)\frac{\partial T}{\partial x}\bigg|_{x+\Delta x}-k(\Delta xL)\frac{\partial T}{\partial y}\bigg|_{y+\Delta y} \tag{4.15-4}$$

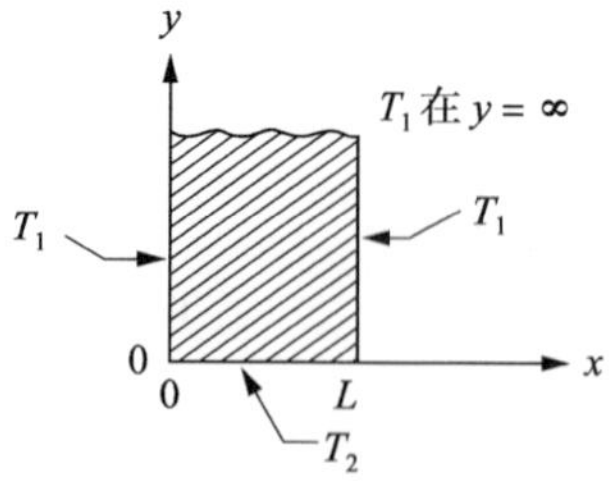

图 4.15-2 半无限板上的两维定态热传导

用 $\Delta x\Delta yL$ 通除各项,并令 Δx 和 Δy 趋近于零,我们得到在两个方向上定态传导的最终方程:

$$\frac{\partial^2 T}{\partial x^2}+\frac{\partial^2 T}{\partial y^2}=0 \tag{4.15-5}$$

这称为拉普拉斯方程。对于这一方程,有许多的解析求解方法。在变量分离方法中,最终解表示为无限傅里叶级数(H1、G2、K1)。我们考虑图 4.15-2 中所示的情况,这一固体称之为半无限固体,因为它的一个尺寸是∞。在 $x=0$ 和 $x=L$ 的两边或边界上保持恒定的温度 T_1,在 $y=0$ 的边缘保持温度 T_2。在 $y=\infty$处,$T=T_1$。温度 T 对位置 y 和 x 的解为

$$\frac{T-T_1}{T_2-T_1}=\frac{4}{\pi}\left[\frac{1}{1}\mathrm{e}^{-(\pi/L)y}\sin\frac{1\pi x}{L}+\frac{1}{3}\mathrm{e}^{-(3\pi/L)y}\sin\frac{3\pi x}{L}+\cdots\right] \tag{4.15-6}$$

其他的解析方法在许多教科书中都可查到,书中对这些方法进行了讨论(C2、H1、G2、K1)。文献中已给出了许多这样的解析解。然而,有许多的实际情况,几何形状和边界条件对解析求解都太复杂,因此人们使用有限差分数值方法对问题进行求解。下面一节将对此进行讨论。

4.15.2 有限差分数值方法

(1) 方法的推导。由于快速的数值计算机的出现,使得许多复杂的两维热传导问题由数值方法进行求解已成为可能。在方程的推导过程中,我们可从偏微分方程式(4.15-5)开始。设定$\partial^2 T/\partial x^2$ 的有限差分,

$$\frac{\partial^2 T}{\partial x^2}=\frac{\partial(\partial T/\partial x)}{\partial x}=\frac{\dfrac{T_{n+1,m}-T_{n,m}}{\Delta x}-\dfrac{T_{n,m}-T_{n-1,m}}{\Delta x}}{\Delta x}$$

$$=\frac{T_{n+1,m}-2T_{n,m}+T_{n-1,m}}{(\Delta x)^2} \tag{4.15-7}$$

这里下标 m 表示给定值 y,$m+1$ 表示 $y+1\Delta y$,n 是表示 T 在 x 坐标上的位置,这些都表示在图 4.15-3 中。将两维实体划分成方块。方块中的实体可想象为集中在方块的中心处,这个集中的质量是节点。每个节点被想象为通过小的传导棒与相邻的结点连接,如图所示。

以类似方法写出有限差分$\partial^2 T/\partial y^2$:

$$\frac{\partial^2 T}{\partial y^2}=\frac{T_{n,m+1}-2T_{n,m}+T_{n,m-1}}{(\Delta y^2)} \tag{4.15-8}$$

将式(4.15-7)和式(4.15-8)代入式(4.15-5),并令 $\Delta x=\Delta y$,

$$T_{n,m+1}+T_{n,m-1}+T_{n+1,m}+T_{n-1,m}-4T_{n,m}=0 \tag{4.15-9}$$

此式说明在定态下进入任何点或节点的净热流为零。图 4.15-3 中的阴影面积表示进行热衡算的面积，换一种方法，可在阴影面积上作热量衡算，推导出式(4.15-9)。对单位厚度的物体，进入的总热量是

$$\frac{k\Delta y}{\Delta x}(T_{n-1,m}-T_{n,m})+\frac{k\ \Delta y}{\Delta x}(T_{n+1,m}-T_{n,m})+\frac{k\Delta x}{\Delta y}(T_{n,m+1}-T_{n,m})+\frac{k\Delta x}{\Delta y}(T_{n,m-1}-T_{n,m})=0 \tag{4.15-10}$$

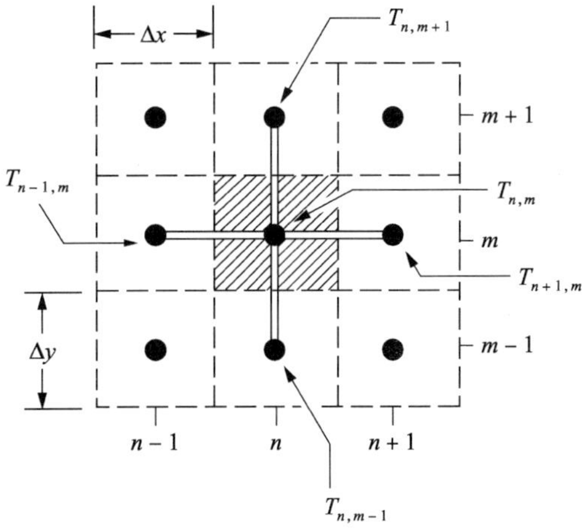

图 4.15-3　两维定态热传导的温度和节点的排布

整理后该式变成式(4.15-9)。在图 4.15-3 中连接节点的棒作为虚拟的热传导棒。

为了应用数值方法，列出每个节点或点的式(4.15-9)。因此，对 N 个未知节点，必定列出 N 个线性代数方程和对各节点温度的求解方程组。对于手工计算，可选用适中的节点数，用迭代的方法求解方程组。

(2) 求解迭代法。在应用迭代法时，设式(4.15-9)的右边等于误差 $\bar{q}_{n,m}$：

$$\bar{q}_{n,m}=T_{n-1,m}+T_{n+1,m}+T_{n,m+1}+T_{n,m-1}-4T_{n,m} \tag{4.15-11}$$

因为在定态下 $\bar{q}_{n,m}=0$，对式(4.15-11)和式(4.15-9)解出 $T_{n,m}$，得

$$T_{n,m}=\frac{T_{n-1,m}+T_{n+1,m}+T_{n,m+1}+T_{n,m-1}}{4} \tag{4.15-12}$$

式(4.15-11)和式(4.15-12)是最终要应用的方程。在下面的例子中将说明它们的应用。

例 4.15-1　两个方向的定态热传导

图 4.15-4 表示一个中空矩形箱体的横截面，内部尺寸为 4×2 m，外部尺寸为 8×8 m。箱体长度为 20 m。内壁温度保持为 600 K，外壁温度保持 300 K。k 是 1.5 W/(m·K)。对定态热传导过程，求单位箱体长度的热损失。用 1×1 m 的网格。

解：因为箱体是对称的，所以将选用四分之一的箱体(图 4.15-4 中的阴影区)进行计算。将对第一次近似值作初始估算：$T_{1,2}=450$ K，$T_{2,2}=400$，$T_{3,2}=400$，$T_{3,3}=400$，$T_{3,4}=450$，$T_{3,5}=500$，$T_{4,2}=325$，$T_{4,3}=350$，$T_{4,4}=375$ 和 $T_{4,5}=400$。注意通过对称性，$T_{0,2}=T_{2,2}$，$T_{3,6}=T_{3,4}$ 和 $T_{4,6}=T_{4,4}$。

我们可以选择任何一个内部的点开始计算，但是通常从靠近边界的点开始计算比较好。利用 $T_{1,2}$ 我们通过式(4.15-11)计算误差：

$$\begin{aligned}\bar{q}_{1,2}&=T_{1,1}+T_{1,3}+T_{0,2}+T_{2,2}-4T_{1,2}\\&=300+600+400+400-4\times450=-100\end{aligned}$$

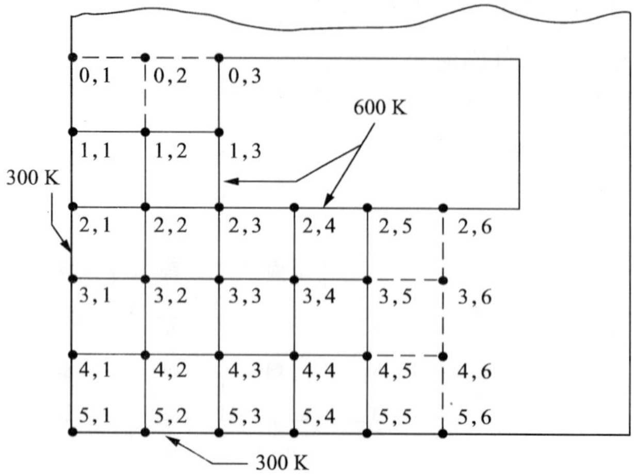

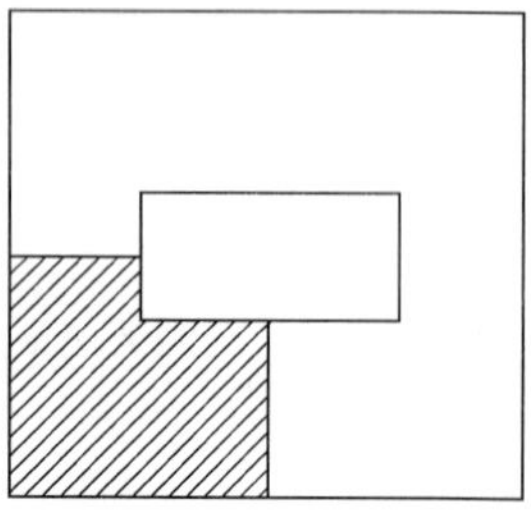

图 4.15-4 例 4.15-1 的网格形式

因此，$T_{1,2}$不是定态值。接下来令$\overline{q}_{1,2}$为零，由式(4.15-12)计算新的$T_{1,2}$值：

$$T_{1,2}=\frac{T_{1,1}+T_{1,3}+T_{0,2}+T_{2,2}}{4}=\frac{300+600+400+400}{4}=425$$

这个新的$T_{1,2}$值 425 K 将替代老的值 450 K 并用于计算其他节点。

下一个点，

$$\begin{aligned}\overline{q}_{2,2}&=T_{2,1}+T_{2,3}+T_{1,2}+T_{3,2}-4T_{2,2}\\&=300+600+425+400-4\times400=125\end{aligned}$$

令$\overline{q}_{2,2}$为零，应用式(4.15-12)得，

$$T_{2,2}=\frac{T_{2,1}+T_{2,3}+T_{1,2}+T_{3,2}}{4}=\frac{300+600+425+400}{4}=431$$

继续对所有其余的内部节点进行计算，

$$\overline{q}_{3,2}=300+400+431+325-4\times400=-144$$

利用式(4.15-12)得，$T_{3,2}=364$，

$$\begin{aligned}&\overline{q}_{3,3}=364+450+600+350-4(400)=164\\&T_{3,3}=441\\&\overline{q}_{3,4}=441+500+600+375-4(450)=116\\&T_{3,4}=479\\&\overline{q}_{3,5}=479+479+600+400-4(500)=-42\\&T_{3,5}=489\\&\overline{q}_{4,2}=300+350+364+300-4(325)=14\\&T_{4,2}=329\\&\overline{q}_{4,3}=329+375+441+300-4(350)=45\end{aligned}$$

$$T_{4,3}=361$$
$$\bar{q}_{4,4}=361+400+479+300-4(375)=40$$
$$T_{4,4}=385$$
$$\bar{q}_{4,5}=385+385+489+399-4(400)=-41$$
$$T_{4,5}=390$$

在完成了图 4.15-4 中网格各点的一次计算后，我们开始第二次近似计算，当然要使用新的值进行计算。我们可再从 $T_{1,2}$ 开始，或我们可选择误差最大的节点开始计算。再从 $T_{1,2}$ 开始，

$$\bar{q}_{1,2}=300+600+431+431-4(425)=62$$
$$T_{1,2}=440$$
$$\bar{q}_{2,2}=300+600+440+364-4(431)=-20$$
$$T_{2,2}=426$$

继续下去，直至误差同所要求的一样小。最终值如下：

$$T_{1,2}=441,\quad T_{2,2}=432,\quad T_{3,2}=384,\quad T_{3,3}=461,\quad T_{3,4}=485,$$
$$T_{3,5}=490,\quad T_{4,2}=340,\quad T_{4,3}=372,\quad T_{4,4}=387,\quad T_{4,5}=391$$

为了计算从单位长度箱中损失的热量，我们使用图 4.15-5。对节点 $T_{2,4}$ 到 $T_{3,4}$，对 $\Delta x=\Delta y$ 且每 1 m 深度有，

$$q=\frac{kA\ \Delta T}{\Delta x}=\frac{k[\Delta x(1)]}{\Delta x}(T_{2,4}-T_{3,4})=k(T_{2,4}-T_{3,4}) \tag{4.15-13}$$

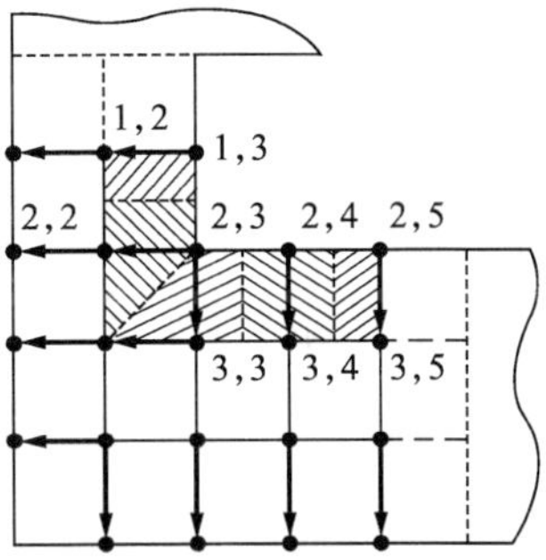

图 4.15-5　总热传导计算的草图

因为物体的对称性，从节点 $T_{2,5}$ 到 $T_{3,5}$ 和从 $T_{1,3}$ 到 $T_{1,2}$ 的热流应当乘以 1/2。对四分之一固体的总传导热是五条传导途径的加和。对四个重复的部分，

$$q_1=4k\left[\frac{1}{2}(T_{1,3}-T_{1,2})+(T_{2,3}-T_{2,2})+(T_{2,3}-T_{3,3})+(T_{2,4}-T_{3,4})+\frac{1}{2}(T_{2,5}-T_{3,5})\right] \tag{4.15-14}$$

$$=4\times1.5\times\left[\frac{1}{2}\times(600-441)+(600-432)+(600-461)+(600-485)+\frac{1}{2}\times(600-490)\right]$$

$$=3\ 340\ \text{W 每 1.0 m 深}$$

总的传导热量也可用外面的节点进行计算，如图 4.15-5 所示。由此得出 $q_{\rm II}=3\ 430$ W。平均值是

$$q_{\rm av}=\frac{3\ 340+3\ 430}{2}=3\ 385\ \text{W/m(瓦/每米箱深)}$$

如果节点的数量大，即所用的网格尺寸小，可得到更精确的解。例如在例 4.15－1 中，用0.5 m代替 1.0 m 的网格尺寸，得到 q_{av} 为 3 250 W。如果选用非常细小的网格，可获得更精确的结果，但是将需要用数字计算机做大量的计算。也可应用矩阵的方法，在计算机上对一组方程进行同时求解。这里所应用的迭代法常称为 Gauss-Seidel 法。最简单和最方便的方法是应用计算机的电子表格程序进行计算。这避免了应用复杂的矩阵方法等等的复杂性。

(3) 其他边界条件的方程。在例 4.15－1 中，边界上的条件是节点处已知并为常数。对于在边界上存在向温度恒定为 T_∞ 的环境的对流传热的情况，在图 4.15－6(a)中节点 n,m 上的热衡算如下，进去的热量＝出来的热量(K1)：

$$\frac{k\Delta y}{\Delta x}(T_{n-1,m}-T_{n,m})+\frac{k\Delta x}{2\Delta y}(T_{n,m+1}-T_{n,m})+\frac{k\Delta x}{2\Delta y}(T_{n,m-1}-T_{n,m})=h\Delta y(T_{n,m}-T_\infty) \tag{4.15-15}$$

令 $\Delta x=\Delta y$，整理方程并令所得结果＝误差 $\bar{q}_{n,m}$ 得下面的结果：

① 对在边界上有对流传热的情况。

$$\frac{h\Delta x}{k}T_\infty+\frac{1}{2}(2T_{n-1,m}+T_{n,m+1}+T_{n,m-1})-T_{n,m}\left(\frac{h\Delta x}{k}+2\right)=\bar{q}_{n,m} \tag{4.15-16}$$

对图 4.15－6 中的各种情况，用类似的方法。

② 对绝热边界。

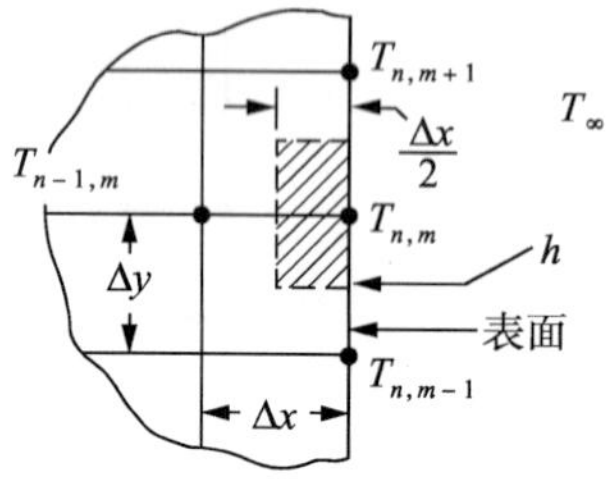

(a) 在边界上有对流

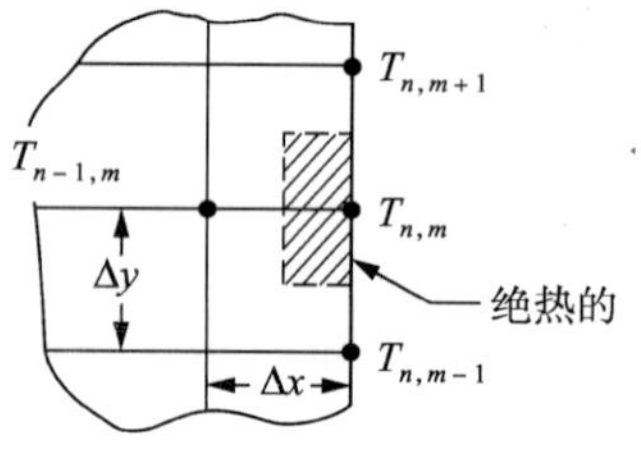

(b) 绝热边界

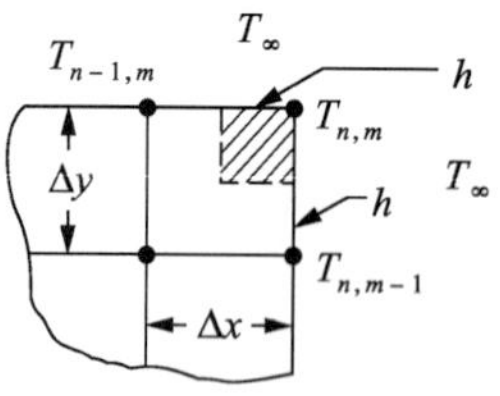

(c) 有对流边界的外部角落

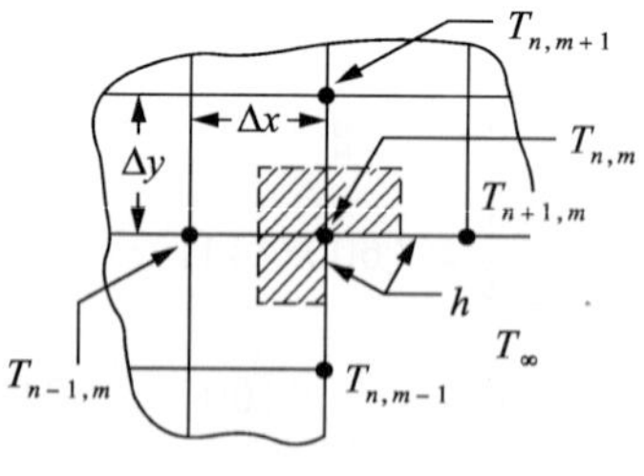

(d) 有对流边界的内部角落

图 4.15－6　其他类型的边界条件

$$\frac{1}{2}(T_{n,m+1}+T_{n,m-1})+T_{n-1,m}-2T_{n,m}=\bar{q}_{n,m} \tag{4.15-17}$$

③ 对边界上有对流的一个外部角落。

$$\frac{h\Delta x}{k}T_{\infty}+\frac{1}{2}(T_{n-1,m}+T_{n,m-1})-\left(\frac{h\Delta x}{k}+1\right)T_{n,m}=\bar{q}_{n,m} \tag{4.15-18}$$

④ 对边界上有对流的一个内部角落。

$$\frac{h\Delta x}{k}T_{\infty}+T_{n-1,m}+T_{n,m+1}+\frac{1}{2}(T_{n+1,m}+T_{n,m-1})-\left(3+\frac{h\Delta x}{k}\right)T_{n,m}=\bar{q}_{n,m} \tag{4.15-19}$$

对其他类型的曲线边界，请看文献(C3、K1)。要应用式(4.15-16)～式(4.15-19)，首先要应用适当的方程得到误差 $\bar{q}_{n,m}$。然后令 $\bar{q}_{n,m}$ 等于零，并在所得到的方程中求解，得到 $T_{n,m}$。

习　题

4.1-1　冷冻室的保温。计算一个食品冷藏室的临时保温墙的单位面积表面的热损失，外面温度是 299.9 K，里面温度是 276.5 K。壁面由 k 为 0.043 3 W/(m·K)、厚度为 254 mm 的软木板构成。

答案：39.9 W/m²

4.1-2　导热系数的确定。在确定保温材料的导热系数时，在 25 mm 的厚板材料的两边测得的温度分别是 318.4 K 和 303.2 K。测得的热通量是 35.1 W/m²。试计算 btu/(h·ft·℉)和 W/(m·K)两种单位的导热系数。

4.2-1　圆柱的平均导热系数。证明若导热系数如式(4.1-11)一样随温度线性变化，则适用于圆柱方程的导热系数平均值 k_m 与厚板相同，由式(4.2-3)给定。

4.2-2　冷却盘管的移热。由内径 0.25 in. 和外径 0.40 in. 的 304 不锈钢管制备的 1.0 ft 长的冷却盘管，用于从水浴中移除热量。管子的内表面温度是 40 ℉，外面是 80 ℉。304 不锈钢的导热系数是温度的函数：

$$k=7.75+7.78\times10^{-3}T$$

式中 k 的单位是 btu/(h·ft·℉)，T 是℉。以 btu/s 和瓦特为单位计算移走的热量。

答案：1.225 btu/s，1 292 W

4.2-3　从水浴中移热。重复习题 4.2-2，但冷却盘管由 308 不锈钢制成，平均导热系数是 15.23 W/(m·K)。

4.2-4　导热系数的变化。厚度为 Δx 的平板一边温度保持为 T_1，另一边保持为 T_2。如果导热系数随温度如下变化

$$k=a+bT+cT^3$$

式中 a、b 和 c 是常数，推导一维传导热流 q/A 的表达式。

4.2-5　中空球内的温度分布。推导中空球中定态热传导的式(4.2-14)。同时推导表示温度对半径 r 的双曲线变化方程。

答案：$\dfrac{T-T_1}{T_2-T_1}=\dfrac{r_2}{r_2-r_1}\left(1-\dfrac{r_1}{r}\right)$

4.3-1　食品冷藏室的保温要求。要构造一个内层为 19.1 mm 松木、中间层为软木板、外层为 50.8 mm 混凝土的食品冷藏室。内壁表面温度是 −17.8 ℃，混凝土外面的外表面温度是 29.4 ℃。平均导热系数为：松木 0.151；软木 0.043 3；混凝土 0.762[W/(m·K)]。计算中用到的总内表面积近似为 39 m²(忽略角落和端效应)。要保持热损失为 586 W，需要多厚的软木板？

答案：厚度为 0.128 m

4.3-2 炉子的保温。0.244 m厚的炉壁由导热系数1.30 W/(m·K)的材料构成。壁外用平均导热系数k值为0.346 W/(m·K)的材料保温,因而使炉子的热损失等于或小于1 830 W/m^2。内表面温度1 588 K,外表面温度299 K。计算要求的保温厚度。

答案:0.179 m

4.3-3 隔热双层玻璃窗的热损失。称为隔热窗玻璃的双层窗是由一层静止的干空气分隔的两层玻璃。在给定的窗上,每层玻璃厚6.35 mm,被6.35 mm间隔的静止空气分隔开。在使用的温度范围内,玻璃的导热系数是0.869 W/(m·K),空气的导热系数是0.026 W/(m·K),对系统温度降为27.8 K的情况,计算0.914 m×1.83 m的一扇窗的热损失。(注意:这一计算忽略了窗玻璃两边外部的对流传热系数和两层玻璃内的传导)。

4.3-4 蒸汽管的热损失。2 in.的系列40钢管的管线中,有121.1 ℃的饱和蒸汽。管道用25.4 mm厚的保温材料包裹。假设金属壁的内表面温度是121.1 ℃,保温材料外表面的温度是26.7 ℃,试计算30.5 m管子的热损失。同时计算由于热损失每小时管道中冷凝的蒸汽量为多少千克?由附录A.3查得,钢材的平均导热系数k为45 W/(m·K),保温材料k为0.182 W/(m·K)。

答案:5 384 W,8.81 kg蒸汽/小时

4.3-5 试差求解的热损失。加热器的排气管道为内径为114.3 mm,壁厚为6.4 mm的陶瓷管。平均k=1.52 W/(m·K)。该壁外有102 mm厚的石棉保温材料进行保温。石棉的导热系数为$k=0.046+1.56\times10^{-4}T$ ℃[W/(m·K)]。陶瓷的内表面温度是T_1=588.7 K,保温材料的外表面温度是T_3=311 K。计算1.5 m管道的热损失和陶瓷与保温材料之间的温度T_2。[提示:保温材料的k_m校正值是在平均温度$(T_2+T_3)/2$下估算的。因此第一次试差要假设平均温度,比如说448 K。然后计算热损失和T_2。用这个新的T_2值计算新的平均温度,依次进行下去]

4.3-6 传导和对流的热损失。面积为0.557 m^{2}的玻璃窗安装在屋子的木头外壁上,壁的尺寸是2.44×3.05 m。木头的k为0.150 5 W/(m·K),厚度为25.4 mm。玻璃为3.18 mm厚,k为0.692 W/(m·k)。屋内温度是299.9 K(26.7 ℃),屋外温度是266.5 K。玻璃和木头内壁的对流系数h_i估计为8.5 W/(m^2·K);对两种表面外壁对流系数h_o估计也为8.5 W/(m^2·K)。试计算通过木头壁、玻璃窗的热损失和总的热损失。

答案:569.2 W(木)(1 942 btu/h),77.6 W(玻璃)(265 btu/h),646.8 W(总)(2 207 btu/h)

4.3-7 对流、传导和总传热系数U_o。450 K的气体在2 in.的系列40钢管内流动。管子用平均导热系数k=0.062 3W/(m·K)、51 mm厚的隔热板进行保温。管内气体对流传热系数为30.7 W/(m^2·K),隔热板外的对流传热系数是10.8。空气温度为300 K。

(1) 应用阻力方法计算每米管的热损失。

(2) 用以外部面积A_0为基准的总传热系数U_0重复上述计算。

4.3-8 蒸汽加热器的传热。平均温度为70 ℉的水在2 in.的系列40钢管中流动。220 ℉的蒸汽在管外冷凝。管内水的对流传热系数h=500 btu/(h·ft^2·℉),管外蒸汽冷凝系数h=1 500。

(1) 用阻力计算每英尺管的热损失。

(2) 用基于内表面积A_i的总传热系数U_i重复以上计算。

(3) 用U_o重复该计算。

答案:(1) q=26 710 btu/h(7.828 kW),(2) U_i=329.1 btu/(h·ft^2·℉)[1 869 W/(m^2·K)],(3) U_o=286.4 btu/(h·ft^2·℉)[1 626 W/(m^2·K)]

4.3-9 由温度测定的热损失。输送蒸汽的钢管外径为89 mm。用平均导热系数k=0.043 W/(m·K)的保温材料76 mm进行隔热处理。有两支热电偶,一支安装在管壁和保温材料之间,另一支安装在保温材料的外表面,给出的温度分别是115 ℃和32 ℃。计算每米管的热损失。

4.3-10 双层窗中对流系数对热损失的影响。重复习题4.3-3中对双层窗热损失的计算。但是要包括窗外表面对流系数h=11.35 W/(m^2·K)和另一边外表面的h=11.35 W/(m^2·k),同时计算总系数U。

答案:q=106.7 W,U=2.29 W/(m^2·K)

4.3-11　均匀化学热生成。在半径为 91.4 mm 的长圆柱中通过化学反应均匀地产生热量。产生速率为常数，46.6 W/m^3。圆柱壁被冷却，因此壁温保持在 311.0 K。导热系数是 0.865 W/(m·K)。计算定态下的中心线处的温度。

答案：T_0=311.112 K

4.3-12　食品的呼吸热。一种新鲜食品产品在 278.0 K 的冷藏箱中保存，食品被装在厚板容器中，除顶部表面外，各面均保温，容器暴露于 278.0 K 的空气中。为了进行估算，将假设表面的温度是 278 K。厚板的壁厚为 152.4 mm，暴露的表面积是 0.186 m^2。食品的密度是 641 kg/m^3。呼吸热是 0.070 kJ/(kg·h)，导热系数是 0.346 W/(m·K)。计算定态下食品产品的最高温度和总放热量 W。（注意：在这一问题中假设食品内无空气的循环。因此结果是守恒的，因为呼吸中的循环将降低温度。）

答案：278.42 K，0.353 W(1.22 btu/h)

4.3-13　电热线中温度上升。250 A 的电流通过不锈钢导线，其直径是 5.08 mm。导线为 2.44 m 长，电阻为 0.084 3 Ω。外表面温度保持恒定在 427.6 K，导热系数 k=22.5 W/(m·K)。计算定态下导线中心线上的温度。

4.3-14　保温层的临界半径。外径为 30 mm 的金属蒸汽管，表面温度为 400 K，要用导热系数 k 为 0.08 W/(m·K)、厚度为 20 mm 的保温材料进行保温。管子暴露在温度为 300 K 的空气中，对流传热系数为 30 $W/(m^2 \cdot K)$。

(1) 计算临界半径和每米裸管的热损失。

(2) 假设管子表面的温度不变，计算保温后管子的热损失。

答案：(2)=54.4 W

4.4-1　曲线-方块图解法。重复例 4.4-1，但有下列变化：

(1) 在等温边界之间划分相等温度区的数目选择为 5 个而不是 4 个。画出曲线方块并确定总热通量。再计算形状因子 S。用实际的温度标注每一个等温区。

(2) 重复(1)，但现导热系数不是常数，而是 k=0.85(1+0.000 40T)，这里 T 是温度(K)。[注意：计算总传热量 q，用平均温度下的平均 k 值。等温区划分取决于 k 随 T 的变化(M1)。但是相应于各个等温线的温度是 k 值随 T 变化的函数。利用在温度间隔上的 k 平均值列出指定曲线部分的 q' 方程。将这一结果等于 q 的总值除以 M 或 q/M。然后对这一等温值求解]

4.4-2　炉子的热损失。一个矩形的炉子，内部尺寸为 1.0×1.0×2.0 m，壁厚为 0.20 m。炉壁的 k 值是 0.95 W/(m·K)，炉内保持 800 K，炉外保持 350 K。计算炉子的总热损失。

答案：q=25 171 W

4.4-3　掩埋管的热损失。一根壁温为 300 K 的水管，直径为 150 mm，长度为 10 m，以管子中心线计，它被水平地埋在地下 0.40 米深处。地面温度是 280 K，k=0.85 W/(m·K)。试计算管子的热损失。

答案：q=451.2 W

4.5-1　由冷凝蒸汽加热空气。空气以 6.71 m/s 的速度流经内径为 38.1 mm 的管子，其平均温度是 449.9 K，压力是 138 kPa。内壁温度通过管外壁上的冷凝蒸汽保持恒定在 204.4 ℃(477.6 K)。试计算长管的传热系数和传热通量。

答案：h=39.38 $W/(m^2 \cdot K)$[6.94 $btu/(h \cdot ft^2 \cdot ℉)$]

4.5-2　加热水的试差求解。水在 $1\frac{1}{4}$in. 系列 40 钢管的水平管内流动，温度为 37.8 ℃、速度为1.52 m/s。108.3 ℃的蒸汽在管外壁上冷凝，蒸汽的传热系数假设恒定为 9 100 $W/(m^2 \cdot K)$。

(1) 计算水的对流传热系数 h_i（注意：这是试差求解的。首先必须假设内壁的温度）。

(2) 计算以内表面积为基准的总传热系数 U_i 和传热通量 q/A_i (W/m^2)。

4.5-3　传热面积和对数平均温差的使用。反应混合物以 7 260 kg/h 的流率流过，其 c_{pm}=2.85 kJ/(kg·K)，要将其从 377.6 K 冷却到 344.3 K。可获得的冷却水温度是 288.8 K，流率为 4 536 kg/h。总传热系数 U_o 是 653 $W/(m^2 \cdot K)$。

(1) 对逆流操作，计算出口水温和换热器的面积 A_o。

(2) 对并流操作,重复上面的计算。

答案:(1) $T_1=352.2\ \text{K}$,$A_o=5.43\ \text{m}^2$;(2) $A_o=6.46\ \text{m}^2$

4.5-4 用热气体加热水及传热面积。流率为 13.85 kg/s 的流动水在换热器中与 54 430 kg/h 的流动热空气逆流操作,从 54.5 ℃被加热到 87.8 ℃。空气进口温度 427 ℃[$c_{pm}=1.005\ \text{kJ/(kg}\cdot\text{K)}$]。总系数 $U_o=69.1\ \text{W/(m}^2\cdot\text{K)}$。计算出口气体温度和传热面积。

答案:$T=299.5$ ℃

4.5-5 冷却油和总系数 U。流率为 7 258 kg/h ,$c_{pm}=2.01\ \text{kJ/(kg}\cdot\text{K)}$的流动油,在逆流换热器中被水从 394.9 K 冷却到 228.9 K,水 294.3 K 进换热器,305.4 K 出换热器。计算水流率和 A_i 为 5.11 m² 的总系数 U_i。

答案:17 420 kg/h,$U_i=686\ \text{W/(m}^2\cdot\text{K)}$

4.5-6 层流并加热油。一种与例 4.5-5 中的油具有相同物性的烃类油在温度 175 ℉进入内径为0.030 3 英尺、长度为 15 英尺的管子。管子内表面温度恒定在 325 ℉。油在管内将被加热到 250 ℉。求可加热的油的流量为多少 lb_m/h? [提示:这是试差求解的。一种方法是假设流量,比方说 $m=75$ lb_m/h。计算 N_{Re} 和 h_a 值。然后作热量衡算求解对应 m 的 q 值。使这个 q 与由方程 $q=h_a A\Delta T_a$ 得到的 q 相等。求解 m。这个新的 m 值用于第二次试差。]

答案:$m=84.2\ \text{lb}_m/\text{h}$(38.2 kg/h)

4.5-7 通过蒸汽冷凝加热空气。压力为 101.3 kPa、温度为 288.8 K 的空气进入内径为 12.7 mm、长度为 15.2 m 的管内,平均流速为 24.2 m/s。管外冷凝的蒸汽保持内壁温度为 372.1 K。计算空气的对流传热系数。[注意:这个解是试差求解的。首先假定空气的出口温度]

4.5-8 与液体金属的热量传递。液体金属铋在 425 ℃的温度下以 2.00 kg/s 的流量进入内径为 35 mm 的管子,并在管内被加热到 430 ℃。管壁保持高于液体主体温度 25 ℃。计算要求的管长。物性数据如下(H1):$k=15.6\ \text{W/(m}\cdot\text{K)}$,$c_p=149\ \text{J/(kg}\cdot\text{K)}$,$\mu=1.34\times10^{-3}\ \text{Pa}\cdot\text{s}$。

4.6-1 平板的热量传递。压力为 101.3 kPa、温度为 288.8 K 的空气在 3.05 m/s 的速度下流过薄的光滑平板。流动方向上的板长是 3.05 m,板的温度是 333.2 K。假定层流流动,试计算传热系数。

答案:$h=12.35\ \text{W/(m}^2\cdot\text{K)}$[$2.18\ \text{btu/(h}\cdot\text{ft}^2\cdot{}^\circ\text{F)}$]

4.6-2 肉的激冷冷冻。温度为-28.9 ℃、压力为 1 atm 的冷空气以 0.61 m/s 的速度在一块冻肉暴露的顶部平面上循环流动。这块矩形厚片肉的周边和底部是绝热的,顶部表面 254 mm×254 mm 见方。如果肉的表面是-6.7 ℃,预测对表面的平均传热系数。作为近似,假设式(4.6-2)或式(4.6-3)都可应用,根据 $N_{Re,L}$判定。

答案:$h=6.05\ \text{W/(m}^2\cdot\text{K)}$

4.6-3 对一只苹果的传热。要预测吹过置于大孔网上一只苹果的空气的传热系数。空气在 101.3 kPa 和 316.5 K 时的速度为 0.61 m/s。苹果表面的温度为 277.6 K,它的平均直径是 114 mm。假设它是球形的。

4.6-4 蒸汽加热器加热空气。总量为 13 610 kg/h,压力为 1 atm 绝压,温度为 15.6 ℃的空气流经管内有 100 ℃的蒸汽冷凝的列管管外而被加热。管子外径为 12.7 mm,长度为 0.61 m,按方形线性排列,$S_P=S_N=19.05$ mm。列管在流动方向上有六个横排,在流动的垂直方向上有 19 排。假设管子的表面温度恒定为 93.33 ℃。试计算空气的出口温度。

4.7-1 由炉壁的自然对流。将例 4.7-1 中的炉壁进行保温,因此,表面温度是 366.5 K 而不是 505.4 K。计算自然对流传热系数和每米宽度的传热速率。应用式(4.7-4)和简化的方程。[注意:在这个计算中忽略辐射]用 SI 制和英制两种单位计算。

4.7-2 圆柱体的自然对流热损失。直径为 76.2 mm、高度为 121.9 mm 的垂直圆柱,在它的表面上温度保持 397.1 K。通过自然对流向 294.3 K 的空气散失热量。热从圆柱的边壁和顶部的圆端面上流失。忽略辐射损失,试计算热损失。使用表 4.7-2 中的简化方程和那些适用于低 $N_{Gr}N_{Pr}$ 范围的方程,用于顶部平面的当量 L 是 0.9 倍直径。

答案:$q=26.0$ W

4.7－3　水平管的热损失。输送热水的水平管表面温度为 355.4 K，外径为 25.4 mm。管子暴露在屋内温度为 294.3 K 的空气中。求 1 米长管子的自然对流热损失为多少？

4.7－4　一个橘子的自然对流冷却。一个直径为 102 mm 的橘子，表面温度为 21.1 ℃，放置在恒定为 4.4 ℃的冰箱内的敞开架子上。忽略辐射，计算自然对流热损失。作为近似，可应用垂直平板的简化方程，L 由圆球半径所替代(M1)。更精确的关联见文献(S2)。

4.7－5　封闭的水平空间中的自然对流。重复例 4.7－3 的计算，但现在的情况是两块板是水平的且底部的板比上部的板热。试比较结果。

答案：$q=18.64$ W

4.7－6　双层窗的自然对流热损失。垂直双层平板玻璃窗，有 10 mm 的封闭空气间隙空间。窗子 2.0 m 高、1.2 m 宽，窗子一面为 25 ℃，另一面 10 ℃。试计算通过间隙空气的自然对流传热速率。

4.7－7　垂直板中水的自然对流热损失。尺寸为 0.40×0.40 m 的两块垂直方形金属板被 12 mm 的间隙分开，且这一封闭空间中填满了水。一块板的平均表面温度是 65.6 ℃，另一块板是 37.8 ℃，试计算通过这一间隙的传热速率。

4.7－8　炉子的热损失。两块尺寸为 0.8×1.0 m 的水平金属板构成炉子的顶部，并分开 15 mm 的距离。较低的板温度是 400 ℃，较高板的温度是 100 ℃，压力为 1 atm 的空气封在间隙中。试计算两块板之间的传热速率。

4.8－1　夹套釜内的沸腾系数。预测例 4.8－1 给定的釜的垂直夹套边壁的沸腾传热系数。然后用这个系数作为边壁系数，由例 4.8－1 的系数为底部系数，预测总传热量。

答案：$T_W=107.65$ ℃，$\Delta T=7.65$ K，h(垂直)＝3 560 W/(m^2 · K)

4.8－2　水平管上的沸腾系数。对导热系数 k 为 9.4 btu/(h · ft^2 · ℉)的 $\frac{1}{16}$ in. 厚壁不锈钢水平管表面，预测水在 250 ℉沸腾的压力下的沸腾传热系数。该表面另一侧的加热介质是 290 ℉的热流体，其 h 为 275 btu/(h · ft^2 · ℉)。应用简化方程。务必将压力对 h 值的影响进行校正。

4.8－3　垂直管上的冷凝。重复例 4.8－2 的计算，但是垂直管为 1.22 m(4.0 ft)高而不是 0.305 m(1.0 ft)高。用 SI 制和英制两种单位。

答案：$h=9.438$ W/(m^2 · K)，1 663 btu/(h · ft^2 · ℉)，$N_{Re}=207.2$(层流)

4.8－4　垂直管上的蒸汽冷凝。1 atm 绝压和 100 ℃的蒸汽在 5 根垂直列管上冷凝，每根管 0.305 m 高，外径为 25.4 mm。管子排布的管束间隔足够大，使其之间不相互影响。管子的表面温度是 97.78 ℃。试计算平均传热系数和每小时的总冷凝液量为多少千克。

答案：$h=15\,240$ W/(m^2 · K)

4.8－5　水平列管上的冷凝。压力为 1 atm 绝压和温度为 100 ℃的蒸汽在水平列管上冷凝，列管有 5 层($N=5$)；各列上下对齐。每一层有 4 根管(总管数＝4×5＝20)，每根管的外径是 19.1 mm。管子每根长度为 0.61 m，且表面的温度是 97.78 ℃。计算平均传热系数和整个冷凝器每秒冷凝液多少千克。画出列管的草图。

4.9－1　换热器中的平均温差。具有单壳程和双管程的 1－2 换热器，用于将冷流体从 37.8 ℃加热到121.1 ℃，使用的热流体 315.6 ℃进入换热器，148.9 ℃离开换热器。计算 ΔT_{lm} 和平均温差 ΔT_m(K)。

答案：$\Delta T_{lm}=148.9$ K，$\Delta T_m=131.8$ K

4.9－2　在换热器中用水冷却油。流量为 5.04 kg/s[$c_{pm}=2.09$ kJ/(kg · K)]的流动的油，在 1－2 换热器中用进口温度为 283.2 K、流量为 2.02 kg/s 的水从 366.5 K 冷却到 344.3 K。总传热系数 U_o 是 340 W/(m^2 · K)。计算所需的换热面积。[提示：首先必须进行热量衡算确定出口的水温]

4.9－3　油和水之间的热交换。水以 1.13 kg/s 的流量在 1－2 管壳式换热器中流动并被比热容为 1.95 kJ/(kg · K)的一种油从 45 ℃加热到 85 ℃。油 120 ℃进入换热器、85 ℃离开换热器。如果总传热系数是 300 W/(m^2 · K)，计算换热器的面积。

4.9－4　出口温度和换热器的效率。流量为 3.00 kg/s[$c_p=1.92$ kJ/(kg · K)]的热油在 400 K 的温度进入一个原有的逆流换热器，并被流量为 0.70 kg/s，325 K(压力下)进入换热器的水所冷却。总传热

系数 U=350 W/(m^2·K),A=12.9 m^2。试计算传热速率和出口的油温。

4.10-1 由大箱体向管子的辐射。重复例 4.10-1,但应用有两个不同辐射系数的稍精确些的式(4.10-5)进行计算。

答案:q=−2 171 W(−7 410 btu/h)

4.10-2 在炉子中烘烤一块面包。一块表面温度为 373 K 的面包在炉子中烘烤,炉壁和空气的温度是 477.4 K。面包在敞开链带输送器上连续移动通过大炉子。面包的辐射系数估计为 0.85,面包块可假设是 114.3 mm 高×114.3 mm 宽×330 mm 长的矩形固体。试计算对面包的辐射传热速率,假设自然对流传热与炉子的热量比是很小的并可忽略不计。

答案:q=278.4 W(950 btu/h)

4.10-3 蒸汽管的辐射和对流。外径 0.168 3 m 输送蒸汽的水平氧化钢管具有 374.9 K 的表面温度,在一个大罩中暴露于 297.1 K 的空气中。同时考虑自然对流加辐射,计算长为 0.305 米管的热损失。对钢管用 ε 为 0.79 的值。

答案:q=163.3 W(557 btu/h)

4.10-4 对一块面包的辐射和对流。对习题 4.10-2 中的那块面包,计算总传热速率,包括辐射加上自然对流传热。对辐射,首先计算 h_r 值,对自然对流应用低 $N_{Gr}N_{Pr}$ 范围的简化方程。对四个垂直面,可应用垂直平面的方程,L 为 114.3 mm。对顶面应用向上冷却板的方程,对底部面应用向下冷却板的方程。水平矩形面的特征尺寸 L 是两个尺寸的线性平均值。

4.10-5 管子的热损失。一根裸露的不锈钢管,外径为 76.2 mm,ε 为 0.55,水平放置在 294.2 K 的空气中,管子的表面温度是 366.4 K,计算对流加辐射的 h_c+h_r 值和 3 米长管的热损失。

4.11-1 辐射屏蔽。两块非常大的平行板,每块的辐射系数是 0.7。表面 1 的温度是 866.5 K,表面 2 的温度是 588.8 K。使用 SI 制和英制两种单位。

(1) 求表面 1 的净辐射损失为多少?

(2) 为了减少这一损失,将辐射系数也是 0.7 的两个附加辐射屏蔽罩放置在原来的表面之间。新的辐射损失又是多少?

答案:(1) 13 565 W/m^2,4 304 btu/(h·ft^2);(2) 4 521 W/m^2,1 435 btu/(h·ft^2)

4.11-2 宇宙飞船的辐射。球形的空间卫星在外层空间中移动,在那里它的表面温度保持在 283.2 K。球体只能"看"到外层空间,外层空间可看作温度为 0 K 的黑体。球的抛光表面辐射系数为 0.1。计算每平方米的辐射热损失。

答案:q_{12}/A_1=36.5 W/m^2

4.11-3 辐射和复杂情况的角系数。求如图 P4.11-3 所示图形的角系数 F_{12}。A_4 和 A_3 是两块虚拟面积(C3)。面积 A_2+A_4 称为 $A_{(24)}$,A_1+A_3 称为 $A_{(13)}$。面积 $A_{(24)}$ 和 $A_{(13)}$ 相互垂直。[提示:按照例 4.11-5 的方法。首先,列出与式(4.11-48)类似的方程,其关联 A_3 与 $A_{(24)}$ 之间的相互辐射交换,然后关联 $A_{(13)}$ 和 $A_{(24)}$ 之间的相互辐射交换。最后,关联 $A_{(13)}$ 和 A_4 之间的交换量。]

答案:$A_1F_{12}=A_3F_{(13)(24)}+A_3F_{34}-A_3F_{3(24)}-A_{(13)}F_{(13)4}$

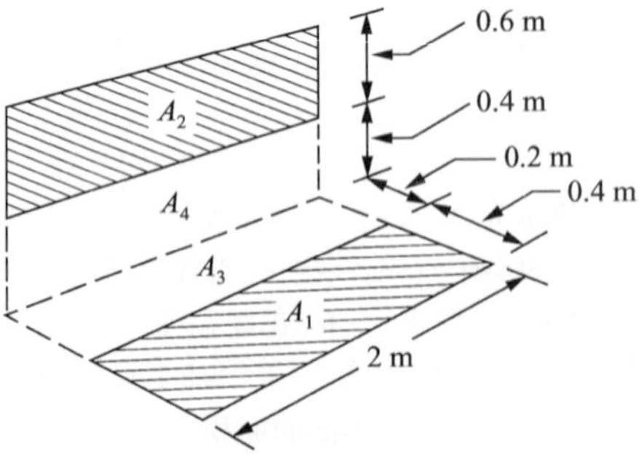

图 P4.11-3 习题 4.11-3 的几何图形

4.11-4　平行表面之间的辐射。1.83 m×1.83 m 的两块方形平行表面间隔 0.91 m。A_1 的表面温度是 811 K，A_2 的表面温度是 533 K。两者均为黑体表面。

(1) 计算两个表面之间的辐射传热量。

(2) 如(1)作同样的计算，但情况变为两个表面与不传导再反射的壁连接。

(3) 重复(2)，但现在 A_1 的辐射系数是 0.8，A_2 的辐射系数是 0.7。

4.11-5　相邻垂直板之间的辐射。两块相邻的矩形板相互垂直。第一块矩形是 1.52 m×2.44 m，第二块是 1.83 m×2.44 m，两块板共有一个 2.44 m 的边。第一个表面的温度是 699 K，第二个表面的温度是 478 K。两个表面均为黑体。计算两个表面之间的辐射传热量。

4.11-6　复杂几何体的角系数。利用图 P4.11-3 中给定的尺寸，分别计算角系数和 F_{12}。

4.11-7　从表面向空中的辐射。面积为 1.0 m² 的平面表面，底面保温，并被放置在地上，在夜间暴露于大气中。上表面暴露在 290 K 的空气中，从空气向板上的对流传热系数是 12 W/(m²·K)。板向晴朗的夜空中进行辐射。空间的有效辐射温度可假设为 80 K。如果该板是一个黑体，计算平衡时板的温度。

答案：T=266.5 K=−6.7 ℃

4.11-8　辐射和加热板。两块半径为 1.25 m 的平面圆盘相互平行面对面的放置。它们分隔的距离为 0.5 m。圆盘 1 通过电阻加热到 833.3 K。两个圆盘除相互对视的两个平面外，其余各面均进行保温。假设环境中无辐射发射，圆盘处于空间中。在定态下计算圆盘 2 的温度，并计算向圆盘 1 输入的电能。[提示：从面积 1 向空间的热损失分率是 $1-F_{12}$。]

答案：F_{12}=0.45，T_2=682.5 K

4.11-9　圆盘相互之间和向环境的辐射。两个圆盘每个的直径均为 2.0 m，平行并面对面地放置，分隔距离为 2.0 m。圆盘 1 由电加热保持在 1 000 K，圆盘 2 通过在其后部的夹套中的冷却水保持在 400 K。圆盘仅相互辐射和向空间 300 K 的环境辐射，试计算电热输入量和冷却水的移热量。

4.11-10　通过积分的角系数。面积为 0.002 m² 的一个小黑体圆盘垂直放置，并向一块 0.03 m 宽和 2.0 m高、平行面对小圆盘的垂直黑体平板表面辐射。圆盘辐射源离平面 2.0 m 远，并平行放置在对视平板的底平面上。试通过对角系数方程的积分确定 F_{12}。

答案：F_{12}=0.003 07

4.11-11　气体对灰箱体的辐射。重复例 4.11-7，但有下列变化：

(1) 内壁不是黑体而是灰体表面，辐射系数 0.75。

(2) 与(1)的条件相同为灰体壁面，但是加上向内壁自然对流的传热。假设平均对流传热系数为 8.0 W/(m²·K)。

答案：(2) q(对流+辐射)=4.426 W

4.11-12　气体对烟囱的辐射和对流。炉子向烟囱中排放温度为 1 000 K、压力为 1 atm 绝压、含 CO_2 5% 的热烟气，烟囱直径为 0.5 m。耐火材料衬里内部温度是 900 K，衬里的辐射系数是 0.75。气体的对流传热系数已估算为 10 W/(m²·K)，试计算气体通过辐射和对流的总传热速率 q/A。

4.12-1　幂律流体的层流传热。非牛顿幂律流体香蕉酱以 300 lb_m/h 的流率流过内径为 1.0 in. 的管内，并被管外流过的热流体所加热。香蕉酱在 60 ℉的温度下进入管子的加热段，其长度是 5 ft。内壁温度恒定为 180 ℉，流体性质数据如 Charm(C1) 给定为：ρ=69.9 lb_m/ft^3，c_p=0.875 btu/(lb_m·℉)，k=0.320 btu/(h·ft·℉)。流体有下面的流变常数：$n=n'$=0.458，并可假设为常数，在 70 ℉时 K=0.146($lb_f \cdot s^n \cdot ft^{-2}$)，且在 190 ℉时为 0.041 7。可假设 K 对 T(℉)作图为直线。试计算层流流动时，出口流体的主体温度。

4.12-2　层流状态下幂律流体的加热。与例 4.12-1 中的流体具有完全相同的物性和流变常数的非牛顿幂律流体，在内径为 25.4 mm 的管内，以 6.30×10^{-2} kg/s 的流率作层流流动。该流体被管外的热流体所加热。流体在 26.7 ℃的温度下进入加热段，在 46.1 ℃的出口主体温度下离开加热段。内壁温度恒定为 82.2 ℃。计算所需要的管长为几米。[注意：在这种情况下，未知的管长 L 出现在求 h_a 的方程中和热衡算的方程中。]

答案：$L=1.722$ m

4.13-1 有桨式搅拌器的夹套釜中的传热。有桨式搅拌器无挡板的釜用于加热 37.8 ℃的液体。蒸汽加热夹套提供热量。釜内径为 1.22 m;搅拌器直径是 0.406 m,其在 150 r/min 的速度下旋转。壁表面温度是 93.3 ℃。液体的物理性质为:$\rho=977$ kg/m^3，$c_p=2.72$ kJ/(kg·K),$k=0.346$ W/(m·K),37.8 ℃时 $\mu=0.100$ kg/(m·s),93.3 ℃时 μ 为 7.5×10^{-3} kg/(m·s)。试计算夹套壁的传热系数。

4.13-2 圆环翅片的热损失。利用由例 4.13-2 得到的条件和数据,计算翅片效率和由下面的不同材料翅片的热损失:

(1) 碳钢[$k=44$ W/(m·K)];

(2) 不锈钢[$k=17.9$ W/(m·K)]。

答案:(1) $\eta_f=0.66$,$q=111.1$ W

4.13-3 长翅片的热损失。如图 4.13-3(a)所示的长形铝材翅片[$k=230$ W/(m·K)]附着在外径为 0.04 m的铜管壁上。翅片长度是 0.080 m,厚度是 3 mm。管子基底保持在 450 K,外部环境的空气温度是 300 K,其对流传热系数是 25 W/(m^2·K)。计算翅片效率和每米翅片的热损失量。

4.13-4 翅片管换热器的传热。平均温度为 50 ℃的空气流经内径是 35 mm 壁厚是 3 mm 的钢管[$k=45.1$ W/(m·K)]外而被加热。钢管外由 16 根长 $L=13$ mm 厚度 $t=1.0$ mm 的长条钢翅片覆盖,管内 120 ℃的冷凝蒸汽的传热系数为 7 000 W/(m^2·K)。外边空气的传热系数估算为 30 W/(m^2·K)。忽略污垢因子,利用 1 米管长计算以管内表面积 A_i 为基准的总传热系数 U_i。

4.14-1 自然对流的量纲分析。对第 4.14 节中给出的垂直板的自然对流传热过程重复量纲分析。但进行如下的工作:

(1) 完成全部 π 的指数求解的详细过程。

(2) 重复(1),但在现在情况下选择 L,μ，c_p 和 g 这四个变量作为所有无量纲数群的共有变量。

4.14-2 非定态传导的量纲分析。对固体中的非定态传导过程,涉及下面这些变量,ρ、c_p、L(固体的尺寸)、t、k 和 z(固体中的位置)。确定关联变量的无量纲数群。

答案:$\pi_1=\dfrac{kt}{\rho c_p L^2}$,$\pi_2=\dfrac{z}{L}$

4.15-1 半无限板上的温度。与图 4.15-2 相似的半无限板。在表面上 $x=0$ 和 $x=L$ 处,温度保持恒定在 200 K。在表面 $y=0$ 处,温度保持恒定在 400 K,如果 $L=1.0$ m,计算在定态条件下 $y=0.5$ m、$x=0.5$ m 点处的温度。

4.15-2 两维固体上的热传导。对例 4.15-1 给定的二维热传导过程,用外部节点推导计算单位长度箱室总热损失的方程。对四分之一箱室应当有 8 条通道。将实际温度代入方程得到热损失。

答案:$q=3\ 426$ W

4.15-3 矩形管道的定态热损失。一个箱体其形状是一个长中空矩形管道,外部尺寸 3 m×4 m,内部尺寸为 1 m×2 m,壁厚为 1 m。内表面温度恒定为 800 K,外表面恒定为 200 K。$k=1.4$ W/(m·K)。试计算每米长管道的定态热损失。选用网格尺寸 $\Delta x=\Delta y=0.5$ m。另外,用外节点计算总的热传导量。用电子表格程序进行计算。

答案:$q=7\ 428$ W

4.15-4 二维热传导和不同边界条件。截面为 1 m×1 m 见方的一长条的金属块,顶面保持恒定温度 1 000 K,它的左面保持 200 K。底面和右面暴露于 200 K 的环境中,并有 $h=10$ W/(m^2·K)的对流传热系数。$k=10$ W/(m·K)。使用网格尺寸 $\Delta x=\Delta y=1/3$ m。试计算个各节点的定态温度。

4.15-5 保温表面之间内部角落的交点。对保温表面之间的内部角落上的交点 $T_{n,m}$ 的情况,推导有限差分方程。除两个边界保温外,图形与图 4.15-6(c)相似。

答案:$\bar{q}_{n,m}=\dfrac{1}{2}(T_{n-1,m}+T_{n,m-1})-T_{n,m}$

参考文献

(A1) ACRIVOS, A. *A. I. Ch. E. J.*, **6**, 584 (1960).

(B1) BIRD, R. B., STEWART, W. E., and LIGHTFOOT, E. N. *Transport Phenomena*. New York: John Wiley & Sons, Inc., 1960.

(B2) BADGER, W. L., and BANCHERO, J. T. *Introduction to Chemical Engineering*. New York: McGraw-Hilt Book Company, 1955.

(B3) BROMLEY, L. A. *Chem. Eng. Progr.*, **46**, 221 (1950).

(B4) BOWMAN, R. A., MUELLER, A. C., and NAGLE, W. M. *Trans. A. S. M. E.*, 62, 283 (1940).

(B5) BROOKS, G., and SU, G. *Chem. Eng. Progr.*, **55**, 54 (1959).

(B6) BOLANOWSKI, J. P, and LINEBERRY, D. D. *Ind. Eng. Chem.*, **44**, 657 (1952).

(C1) CHARM, S. E. *The Fundamentals of Food Engineering*, 2nd ed. Westport, Conn.: Avi Publishing Co., Inc., 1971.

(C2) CARSLAW, H. S., and JAEGER, J. E. *Conduction of Heat in Solids*, 2nd ed. New York: Oxford University Press, Inc., 1959.

(C3) CHAPMAN, A. J, *Heat Transfer*. New York: Macmillan Publishing Co., lnc., 1960.

(C4) CLAPP, R. M. *International Developments in Heat Transfer*, Part Ⅲ. New York: American Society of Mechanical Engineers, 1961.

(C5) CHILTON, T. H., DREW, T. B., and JEBENS, R. H. *Ind. Eng. Chem.*, **36**, 510 (1944).

(C6) CARREAU, R, CHAREST, G., and CORNEILLE, J. L. *Can. J. Chem. Eng.*, **44**, 3 (1966).

(C7) CLAUSING, A. M. *Int. J Heat Mass Transfer*, **9**, 791 (1966).

(D1) DUNLAP. I. R., and RUSHTON, J. H. *Chem. Eng. Progr. Symp.*, **49**(5), 137 (1953).

(F1) FUJII T., and IMURA, H. *Int. J. Heat Mass Transfer*, **15**, 755 (1972).

(G1) GRIMISON, E. D. *Trans. A. S. M. E.*, **59**, 583 (1937).

(G2) GEANKOPLIS, C. J. *Mass Transport Phenomena*. Columbus, Ohio: Ohio State University Bookstores, 1972.

(G3) GUPTA, A. S., CHAUBE, R. B., and UPADHYAY, S. N. *Chem. Eng. Sci.*, **29**, 839 (1974).

(G4) GLUZ, M. D., and PAVLUSHENKO, L. S. *J. Appl. Chem.*, *U. S. S. R.*, **39**, 2323 (1966).

(G5) GLOBE, S., and DROPKIN, D. *J. Hear Transfer*, **81**, 24 (1959).

(H1) HOLMAN, J. P. *Heat Transfer*, 4th ed. New York: McGraw-Hill Book Company, 1976.

(J1) JACOB, M. *Hear Transfer*, Vol. 1. New York: John Wiley & Sons, Inc., 1949.

(J2) JACOB, M., and HAWKINS, G. *Elements of Heat Transfer*, 3rd ed. New York: John Wiley & Sons, Inc., 1957.

(J3) JACOB, M. *Heat Transfer*, Vol. 2. New York: John Wiley & Sons, Inc., 1957.

(K1) KREITH, F., and BLACK, W. Z. *Basic Heat Transfer*. New York: Harper & Row, Publishers, 1980.

(K2) KEYES, F. G. *Trans. A. S. M. E.*, **73**, 590 (1951); **74**, 1303 (1952).

(K3) KNUDSEN, J. G., and KATZ, D. L. *Fluid Dynamics and Heat Transfer*. New York: McGraw-Hill Book Company, 1958.

(K4) KERN, D. Q. *Process Heat Transfer*. New York: McGraw-Hill Book Company, 1950.

(L1) LUBARSKY, B., and KAUFMAN, S. J. *NACA Tech. Note No. 3336* (1955).

(M1) MCADAMS, W. H. *Heat Transmission*, 3rd ed. New York: McGraw-Hill Book Company, 1954.

(M2) METZNER, A. B., and GLUCK, D. F. *Chem. Eng. Sci.*, **12**, 185 (1960).

(M3) METZNER, A. B., and FRIEND, P. S. *Ind. Eng. Chem.*, **51**,879 (1959).

(NI) NELSON, W. L. *Petroleum Refinery Engineering*, 4th ed. New York: McGraw-Hill Book Company, 1949.

(O1) OLDSHUE, J. Y., and GRETTON, A. I. *Chem. Eng. Progr.*, **50**, 615 (1954).

(PI) PERRY, R. H., and CHILTON, C. H. *Chemical Engineers' Handbook*. 5th ed. New York: McGraw-Hill Book Company, 1973.

(P2) PERRY, J. H. *Chemical Engineers' Handbook*, 4th ed. New York: McGraw-Hill Book Company, 1963.

(P3) PERRY, R. H., and GREEN, D. *Perry's Chemical Engineers' Handbook*, 6th ed. New York: McGraw-Hill Book Company, 1984.

(R1) REID, R. C., PRAUSNITZ, J. M., and SHERWOOD, T. K. *The Properties of Gases and Liquids*, 3rd ed. New York: McGraw-Hill Book Company, 1977.

(R2) ROHESENOW, W. M., and HARTNETT, J. P, eds. *Handbook of Heat Transfer*. New York: McGraw-Hill Book Company, 1973.

(S1) SIEDER, E. N., and TATE, G. E. *Ind. Eng. Chem.*, **28**, 1429 (1936).

(S2) STEINBERGER, R. L., and TREYBAL, R. E. *A. I. Ch. E. J.*, **6**, 227 (1960).

(S3) SKELLAND. A. H. P *Non-Newtonian Flow and Heat Transfer*. New York: John Wiley & Sons, Inc., 1967.

(S4) SKELLAND, A. H. P., OLIVER, D. R., and TOOKE, S. *Brit. Chem. Eng.*, **7**(5), 346 (1962).

(U1) UHL. V. W. *Chem. Eng. Progr. Symp.*, **51**(17), 93 (1955).

(W1) WELTY, J. R., WICKS, C. E., and WILSON, R. E. *Fundamentals of Momentum, Heat and Mass Transfer*, 3rd ed. New York: John Wiley & Sons, Inc., 1984.

第 5 章　非定态传热过程原理

5.1　基本方程的推导

5.1.1　概述

在第 4 章所讨论的几种传热体系中，任一点的温度和热通量都不随时间而变，即为定态传热。本章将讨论体系中各点温度随时间而变的传热过程，即非定态传热过程。

对一个传热过程而言，在达到稳定状态前，必定需要一段时间使非定态条件消失。例如，在第 4.2.1 节中计算定态条件下通过一固体壁的热通量时，未考虑达到定态传热前的一段非定态过程，但实际上在这个过程中由于壁面一侧被加热而使该壁面温度不断上升。

工业上涉及大量的加热和冷却问题，因此非定态传热过程非常重要。例如，在冶金过程中，对各种几何形状的金属，为预测达到一定温度所需要的时间，就必须能够估算其加热或冷却的速度。对食品加工业——如罐头加工业——易腐败的罐头食品需浸入蒸气浴中加热，或浸没在冷水中冷却。在造纸工业中，木料在加工前需先经过蒸气浴处理。这些处理过程大都是将物料突然浸入高温流体或低温流体中。

5.1.2　非定态热传导方程

下面根据图 5.1－1 推导固体中非定态一维热传导方程。在一边长为 $\Delta x, \Delta y, \Delta z$ 的立方体中，热沿着 x 方向传递，则在 x 方向上：

$$q_x = -kA\frac{\partial T}{\partial x} \qquad (5.1-1)$$

式中 $\partial T/\partial x$ 为 T 对 x 的导数或偏导数，其他变量 y, z 和时间 t 均为常数，对上述立方体进行热量衡算：

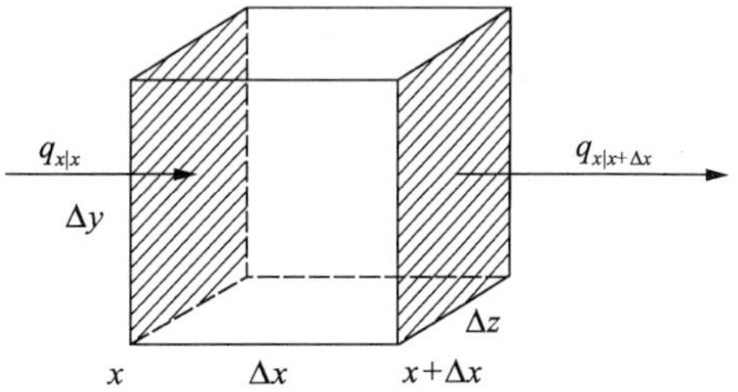

图 5.1－1　一维非定态热传导

$$\text{热量输入速率} + \text{热量生成速度} = \text{热量输出速率} + \text{热量累积速率} \qquad (5.1-2)$$

热量输入该立方体的速率为

$$\text{热量输入速率} = q_{x|x} = -k(\Delta y \Delta z)\left.\frac{\partial T}{\partial x}\right|_x \qquad (5.1-3)$$

同样

$$\text{热量输出速率}=q_{x\,|\,x+\Delta x}=-k(\Delta y\Delta z)\frac{\partial T}{\partial x}\bigg|_{x+\Delta x} \tag{5.1-4}$$

在时间∂t内热量在该体积 $\Delta x\Delta y\Delta z$ 中累积的速率为

$$\text{热量积累速度}=(\Delta x\Delta y\Delta z)\rho c_p\frac{\partial T}{\partial t} \tag{5.1-5}$$

在体积 $\Delta x\Delta y\Delta z$ 中产生热量的速率为

$$\text{热量生成率}=(\Delta x\Delta y\Delta z)\dot{q} \tag{5.1-6}$$

将式(5.1-3)～式(5.1-6)代入式(5.1-2),并除以 $\Delta x\Delta y\Delta z$,得

$$\dot{q}+\frac{-k\left(\left.\frac{\partial T}{\partial x}\right|_{x}-\left.\frac{\partial T}{\partial x}\right|_{x+\Delta x}\right)}{\Delta x}=\rho c_p\frac{\partial T}{\partial t} \tag{5.1-7}$$

令 Δx 趋近于零,在方程左边得到 T 对 x 的二阶偏导数$\partial^2 T/\partial x^2$,将所得方程式重新整理,得

$$\frac{\partial T}{\partial t}=\frac{k}{\rho c_p}\frac{\partial^2 T}{\partial x^2}+\frac{\dot{q}}{\rho c_p}=\alpha\frac{\partial^2 T}{\partial x^2}+\frac{\dot{q}}{\rho c_p} \tag{5.1-8}$$

式中 α 为热扩散系数 $k/\rho c_p$,推导过程中假设 k,ρ,c_p 均为常数。在 SI 单位制中,α 的单位为 m^2/s,T 的单位为 K,t 的单位为 s,k 的单位为 W/(m·K),ρ 的单位为 kg/m^3,$\dot{q}$ 的单位为 W/m^3,c_p 的单位为 J/(kg·K)。在英制单位中,α 的单位为 ft^2/h,T 的单位为℉,t 的单位为 h,k 的单位为 btu/(h·ft·℉),ρ 的单位为 lb_m/ft^3,$\dot{q}$ 的单位为 btu/(h·ft^3),c_p 的单位为 but/(lb_m·℉)。

对于三维热传导,同样可以推导得

$$\frac{\partial T}{\partial t}=\alpha\left(\frac{\partial^2 T}{\partial x^2}+\frac{\partial^2 T}{\partial y^2}+\frac{\partial^2 T}{\partial z^2}\right)+\frac{\dot{q}}{\rho c_p} \tag{5.1-9}$$

在许多情况下,非定态热传导过程中热的生成速率为零,因此式(5.1-8)和式(5.1-9)便成为:

$$\frac{\partial T}{\partial t}=\alpha\frac{\partial^2 T}{\partial x^2} \tag{5.1-10}$$

$$\frac{\partial T}{\partial t}=\alpha\left(\frac{\partial^2 T}{\partial x^2}+\frac{\partial^2 T}{\partial y^2}+\frac{\partial^2 T}{\partial z^2}\right) \tag{5.1-11}$$

式(5.1-10)、式(5.1-11)表示温度 T 与空间坐标 x,y,z 和时间 t 的关系。本章以下部分将讨论几种较一般情况下式(5.1-10)和式(5.1-11)的解。

5.2 内部传热阻力可忽略的系统

5.2.1 基本方程

我们首先分析简化条件下对非定态热传导的处理方法。假设固体具有很高的热导率,

即其内部传导阻力大大低于外表面的阻力，在外表面处，外部流体以对流的形式向固体表面传热。由于内部阻力很小，因此在任意时刻固体内部的温度基本是均匀的。

将一个初始温度为 T_0 的热的立方体钢块突然浸入一个很大的冷水浴中，水浴的温度恒定为 T_∞，这种情况就是符合上述情形的一个例子。假设传热系数 $h(\mathrm{W/(m^2 \cdot K)})$ 不随时间而变。在一个很小的时间间隔 $\mathrm{d}t(\mathrm{s})$ 内对钢块进行热量衡算，则从水浴传递给钢块的热量应等于钢块内能的变化：

$$hA(T_\infty - T)\mathrm{d}t = c_p\rho V\mathrm{d}T \tag{5.2-1}$$

式中 A 为钢块的表面积(m^2)，T 为钢块在 t(s)时刻的平均温度，ρ 为钢块的密度($\mathrm{kg/m^3}$)，V 为钢块的体积(m^3)。将式(5.1-2)重新整理，并进行积分，边界条件如下：

$$t=0 \text{ 时}, T=T_0; \quad t=t \text{ 时}, T=T,$$

得

$$\int_{T=T_0}^{T=T} \frac{\mathrm{d}T}{T_\infty - T} = \frac{hA}{c_p\rho V}\int_{t=0}^{t=t} \mathrm{d}t \tag{5.2-2}$$

$$\frac{T-T_\infty}{T_0-T_\infty} = \mathrm{e}^{-(hA/(c_p\rho V))t} \tag{5.2-3}$$

该方程描述了固体的温度随时间变化的历程，式中 $c_p\rho V$ 称为系统的总热容。这种分析法称为总热容法，或称为牛顿加热法或牛顿冷却法。

5.2.2 用于不同几何结构的传热方程

为应用式(5.2-3)，必须已知物体的面积/体积比。该式的推导过程中假设内部传热阻力忽略不计，这种假设在下列条件下有一定的准确性：

$$N_{Bi} = \frac{hx_1}{k} < 0.1 \tag{5.2-4}$$

式中 hx_1/k 称作 Biot 数 N_{Bi}(无量纲)，其中 $x_1 = V/A$，为物体的特征尺寸。Biot 数表示内部热传导阻力与表面对流传热阻力之比。

对球形物体

$$x_1 = \frac{V}{A} = \frac{4\pi r^3/3}{4\pi r^2} = \frac{r}{3} \tag{5.2-5}$$

对长圆柱形物体

$$x_1 = \frac{V}{A} = \frac{\pi D^2 L/4}{\pi DL} = \frac{D}{4} = \frac{r}{2} \tag{5.2-6}$$

对断面为方形的长棒

$$x_1 = \frac{V}{A} = \frac{(2x)^2 L}{4(2x)L} = \frac{x}{2} \quad (x=1/2 \text{ 厚度}) \tag{5.2-7}$$

例 5.2-1　钢球的冷却

一钢球半径为 1.0 in.(25.4 mm),温度为 800 ℉(699.9 K),球体内温度均匀。现将其突然浸入温度为 250 ℉(394.3 K)的介质中,该介质温度保持恒定。假设对流传热系数 h=2.0 btu/(h·ft²·℉)(11.36 W/(m²·K)),试计算 1 h(3 600 s)后球体的温度。已知平均物性数据为:k=25 btu/(h·ft²·℉)(43.3 W/(m·K)),ρ=490 lb_m/ft^3(7 849 kg/m³),c_p=0.11 btu/(lb_m·℉)(0.460 6 kJ/(kg·K))。分别用 SI 制和英制单位表示。

解:根据式(5.2-5),对球形物体:

$$x_1=\frac{V}{A}=\frac{r}{3}=\frac{\frac{1}{12}}{3}=\frac{1}{36}\ \text{ft}$$

$$=\frac{25.4}{1\,000\times 3}=8.47\times 10^{-3}\ \text{m}$$

由式(5.2-4)得 Biot 数

$$N_{Bi}=\frac{hx_1}{k}=\frac{2\times\left(\frac{1}{36}\right)}{25}=0.002\,22$$

$$N_{Bi}=\frac{11.36\times(8.47\times 10^{-3})}{43.3}=0.002\,22$$

因为 $N_{Bi}<0.1$,总热容法适用,因此

$$\frac{hA}{c_p\rho V}=\frac{2}{0.11\times 490\times\frac{1}{36}}=1.335\ \text{h}^{-1}$$

$$\frac{hA}{c_p\rho V}=\frac{11.36}{0.460\,6\times 1\,000\times 7\,849\times 8.47\times 10^{-3}}=3.71\times 10^{-4}\ \text{s}^{-1}(1.335\ \text{h}^{-1})$$

代入式(5.2-3),求得 t=1.0 h 时的 T 值

$$\frac{T-T_\infty}{T_0-T_\infty}=\frac{T-250\ ℉}{800-250}=e^{-(hA/c_p\rho V)t}=e^{-(1.335)(1.0)}\qquad T=395\ ℉$$

$$\frac{T-394.3\ \text{K}}{699.9-394.3}=e^{-(3.71\times 10^{-4})(3\,600)}\qquad T=474.9\ \text{K}$$

5.2.3　总传热量

通过式(5.2-3)可以计算任一时刻固体的温度。内部阻力可忽略时,由固体在任一时刻 t 传递的热量 $q(t)$(W)可以用式(5.2-8)计算:

$$q(t)=hA(T-T_\infty)\tag{5.2-8}$$

由式(5.2-3)计算瞬时温度 T,并代入式(5.2-8),得

$$q(t)=hA(T_0-T_\infty)e^{-(hA/(c_p\rho V))t}\tag{5.2-9}$$

将式(5.2-9)积分,便可确定固体在 t=0 到 t=t 时段内传递的总热量 Q(W·s 或 J):

$$Q=\int_{t=0}^{t=t}q(t)\mathrm{d}(t)=\int_{t=0}^{t=t}hA(t_0-T_\infty)\mathrm{e}^{-(hA/(c_p\rho V))t}\mathrm{d}t \tag{5.2-10}$$

$$Q=c_p\rho V(T_0-T_\infty)[1-\mathrm{e}^{-(hA/(c_p\rho V))t}] \tag{5.2-11}$$

例 5.2-2 冷却过程中的总传热量

计算例 5.2-1 中 t=3 600 s 时所传递的总热量。

解：由例 5.2-1 得，$hA/c_p\rho V=3.71\times10^{-4}\ \mathrm{s}^{-1}$，$V=4\pi r^3/3=4\times\pi\times0.025\ 4^3/3=6.864\times10^{-5}\ \mathrm{m}^3$，代入式(5.2-11)，得

$$\begin{aligned}Q&=0.460\ 6\times1\ 000\times7\ 849\times6.864\times10^{-5}\times(699.9-394.2)\\&\quad\times[1-\mathrm{e}^{-(3.71\times10^{-4})(3\ 600)}]\\&=5.589\times10^4\ \mathrm{J}\end{aligned}$$

5.3 各种几何形状物体中的非定态热传导

5.3.1 概述与分析方法

在第 5.2 节中我们讨论了物体具有很高的热导率从而可忽略内部热传导阻力的简单体系。下面要讨论更普遍的情况，此时内部阻力不是很小，从而固体温度不为常数。我们要讨论的第一种情形是：与内部阻力相比，其表面对流传热阻力可忽略不计。这种情况的发生是因为表面处对流传热系数非常大，或是由于物体内部传导阻力相当大。

我们通过推导厚度为 $2H$ 的平板中 x 方向上(如图 5.3-1所示)非定态热传导方程来说明分析第一种情形方法。$t=0$ 时平板中温度分布均匀，$T=T_0$。在 $t=0$ 时，将其环境温度突然改变到 T_1 并保持不变。由于没有对流传热阻力，固体表面的温度也保持为 T_1 不变。又因为是 x 方向上的传导，式(5.1-19)适用：

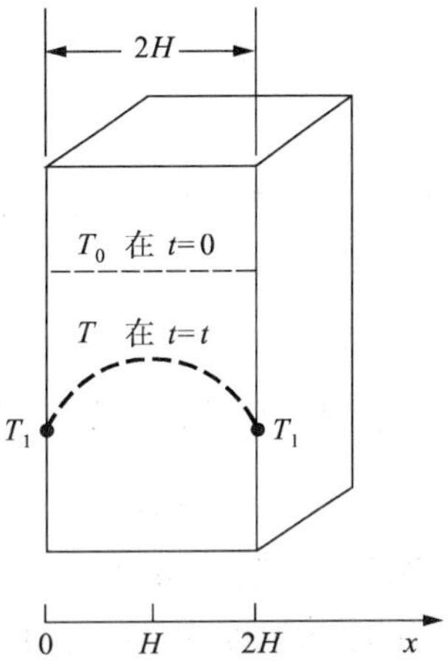

图 5.3-1 表面阻力可忽略时平板中的非定态热传导过程

$$\frac{\partial T}{\partial t}=\alpha\frac{\partial^2 T}{\partial x^2} \tag{5.1-10}$$

初始条件和边界条件为

$$\begin{aligned}&T=T_0,\quad t=0,\quad x=x\\&T=T_1,\quad t=t,\quad x=0\\&T=T_1,\quad t=t,\quad x=2H\end{aligned} \tag{5.3-1}$$

一般为方便起见，可定义一个无量纲的温度，使其取值在 0～1 之间变化，

$$Y=\frac{T_1-T}{T_1-T_0} \tag{5.3-2}$$

将式(5. 3 - 2)代入式(5. 1 - 10)得

$$\frac{\partial Y}{\partial t}=\alpha\frac{\partial^2 Y}{\partial x^2} \tag{5.3-3}$$

据此重新定义初始条件和边界条件为

$$Y=\frac{T_1-T_0}{T_1-T_0}=1,\quad t=0,\quad x=x$$

$$Y=\frac{T_1-T_1}{T_1-T_0}=0,\quad t=t,\quad x=0$$

$$Y=\frac{T_1-T_1}{T_1-T_0}=0,\quad t=t,\quad x=2H \tag{5.3-4}$$

用分离变量法求解方程(5. 3 - 3),得到一个乘积式解:

$$Y=\mathrm{e}^{-a^2\alpha t}(A\cos ax+B\sin ax) \tag{5.3-5}$$

式中 A 和 B 为常数,a 为参数。将方程(5. 3 - 4)的初始条件和边界条件用来求解方程(5. 3 - 5)中的常数,最终所得的解为傅里叶无穷级数(G1):

$$\frac{T_1-T_0}{T_1-T_0}=\frac{4}{\pi}\left(\frac{1}{1}\exp\frac{-1^2\pi^2\alpha t}{4H^2}\sin\frac{1\pi x}{2H}+\frac{1}{3}\exp\frac{-3^2\pi^2\alpha t}{4H^2}\sin\frac{3\pi x}{2H}+\frac{1}{5}\exp\frac{-5^2\pi^2\alpha t}{4H^2}\sin\frac{5\pi x}{2H}+\cdots\right) \tag{5.3-6}$$

由式(5. 3 - 6)便可计算在 t 时刻任一点 x 处的温度 T。但使用这些公式是很费时的,在第 5. 3. 2,5. 3. 3,5. 3. 4 和 5. 3. 5 各节中讨论存在表面对流传热阻力的情形时,会提供一些便于应用的算图。

5. 3. 2 半无限固体中的非定态热传导过程

图 5. 3 - 2 所示为一个半无限固体,其在 x 方向上无限延伸,且热传导只发生在 x 方向。最初固体中的温度均匀,其值为 T_0。在 $t=0$ 时,该固体被突然暴露或浸入一种大量的流体中,该流体的温度为 T_1,并保持不变。对流传热系数 h(W/(m^2 · K))为常数,即存在表面传热阻力,因此表面处温度 T_s 不等于 T_1。

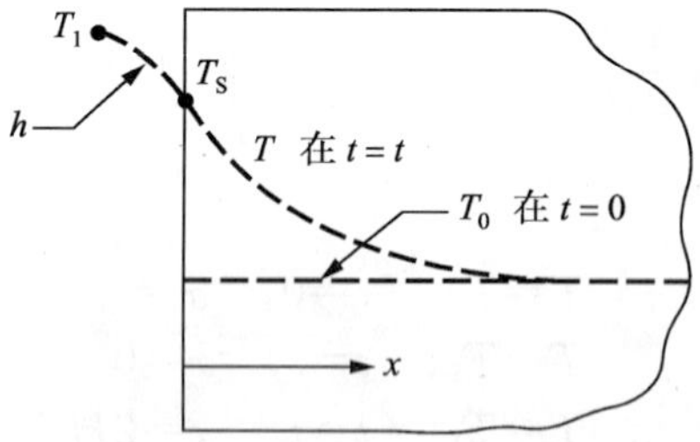

图 5. 3 - 2 在半无限固体中的非定态热传导过程

式(5. 1 - 10)在这些条件下的解(S1)为

$$\frac{T_1-T_0}{T_1-T_0}=1-Y$$
$$=\operatorname{erfc}\frac{x}{2\sqrt{\alpha t}}-\exp\left[\frac{h\sqrt{\alpha t}}{k}\left(\frac{x}{\sqrt{\alpha t}}+\frac{h\sqrt{\alpha t}}{k}\right)\right]\operatorname{erfc}\left(\frac{x}{2\sqrt{\alpha t}}+\frac{h}{k}\sqrt{\alpha t}\right) \quad (5.3-7)$$

式中 x 为固体中某一点距表面的距离(m)，t 为时间(s)，$\alpha=k/\rho c_p$(m^2/s)。它们的英制单位分别为 x=ft，t=h，α=ft^2/h。函数 erfc 为(1－erf)，其中 erf 为误差函数，其数值在一些标准表格和专著(G1，P1，S1)中以表格形式列出。$Y=(T_1-T)/(T_1-T_0)$，为未发生变化的温度的分率，$1-Y$ 即为温度变化率。

由式(5.3-7)计算得到图 5.3-3，可方便地应用于存在表面阻力时半无限固体中的非定态热传导过程。若固体中热传导很慢，或 h 值很大，则可使用最上方的曲线 $h\sqrt{\alpha t}/k=\infty$。

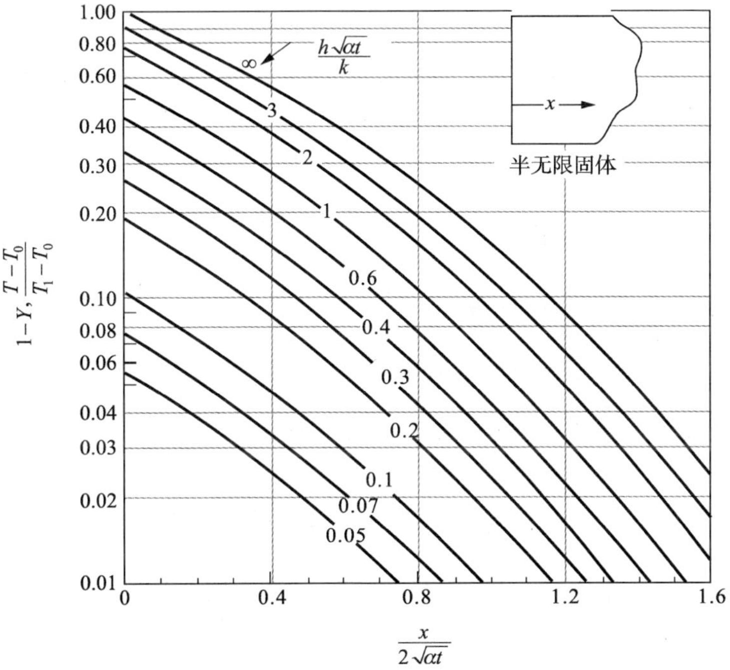

图 5.3-3　存在表面阻力时半无限固体中的非定态热传导过程

根据式(5.3-7)计算(S1)

例 5.3-1　土壤中的低温侵入

对农业和建筑业而言，低温向土壤中侵入的深度是非常重要的。在秋季的某一天，地表及延伸到地下几米处的温度均恒定为 15.6 ℃(60 ℉)。突然的寒流使空气温度从 15.6 ℃降低到－17.8 ℃(0 ℉)。已知土壤上方的对流传热系数为 11.36 W/(m^2·K)(2.0 btu/(h·ft^2·℉))。假设土壤的性质为 k=0.865 W/(m·K)(0.5 btu/h·ft·℉)，$\alpha=4.65\times10^{-7}$ m^2/s (0.018 ft^2/h)。忽略潜热效应。

(1) 求 5 h 后土壤表面温度。

(2) 求 5 h 后温度降低到 0 ℃的土壤层距表面的距离。

分别用 SI 制和英制单位表示。

解:这是一个半无限固体中非定态热传导问题。

(1) 设距地表的距离为 x,地表处 $x=0$ m。然后由 $t=5$ h,$k=0.865$ W/m·K,$\alpha=4.65\times10^{-7}$ m²/s,$h=11.36$ W/m²·K 计算 $x/(2\sqrt{\alpha t})$ 的值(分别按 SI 制和英制单位列出):

$$\frac{x}{2\sqrt{\alpha t}}=\frac{0}{2\sqrt{(4.65\times10^{-7})(5\times3\,600)}},\qquad \frac{x}{2\sqrt{\alpha t}}=\frac{0}{2\sqrt{0.018\times5}}$$

同样

$$\frac{h\sqrt{\alpha t}}{k}=\frac{11.36\sqrt{(4.65\times10^{-7})(5\times3\,600)}}{0.865}=1.2,\qquad \frac{h\sqrt{\alpha t}}{k}=\frac{2\sqrt{0.018\times5}}{0.5}=1.2$$

由 $x/(2\sqrt{\alpha t})=0$ 及 $h\sqrt{\alpha t}/k=1.2$,从图 5.3-3 中相应的曲线上读出 $1-Y=0.63$。将温度单位转换为 K,即 $T_0=15.6$ ℃$+273.2=288.8$ K(60 ℉),$T_1=-17.8$ ℃$+273.2=255.4$ K(0 ℉),则

$$1-Y=\frac{T-T_0}{T_1-T_0}=0.63=\frac{T-288.8}{255.4-288.8}$$

由此求得 5 h 后土壤表面温度为

$$T=267.76\text{ K 或 }-5.44\ ℃(22.2\ ℉)$$

(2) 求 $T=273.2$ K(0 ℃)处的 x 值。代入已知值,得

$$\frac{T-T_0}{T_1-T_0}=\frac{273.2-288.8}{255.4-288.8}=0.467$$

由$(T-T_0)/(T_1-T_0)=0.467$ 和 $h\sqrt{\alpha t}/k=1.2$,从图 5.3-3 中相应的曲线上读出 $x/2\sqrt{\alpha t}=0.16$。因此

$$\frac{x}{2\sqrt{\alpha t}}=\frac{x}{2\sqrt{(4.65\times10^{-7})(5\times3\,600)}}=0.16,\qquad \frac{x}{2\sqrt{\alpha t}}=\frac{x}{2\sqrt{0.018\times5}}=0.16$$

由此求得 5 h 后温度降低到 0 ℃的土壤层距表面的距离 x 为:

$$x=0.029\,3\text{ m }(0.096\text{ ft})$$

5.3.3 大平板中的非定态热传导过程

在热传导问题中常常遇到物体的几何形状为下述平板:其 x 方向上的厚度为 $2x_1$,而在 y,z 方向上则无限延伸,如图 3.3-4,只有 x 方向上两个平行的平面之间进行热传导。平板的初始温度均匀,为 T_0。在 $t=0$ 时,平板暴露于温度为 T_1 的环境中,从而开始非定态热传导过程,这一过程存在表面传热阻力。

图 5.3-5 和图 5.3-6 为这种情况的算图。图 5.3-5 由 Gurney 和 Lurie(G2)给出,可

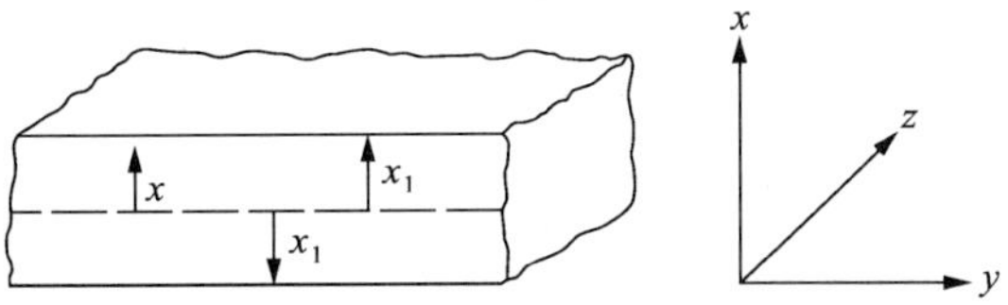

图 5.3-4 大平板中的非定态热传导过程

以方便地确定任一时刻 t 平板中任一点的温度。表 5.3-1 中给出了该图以及本小节以后出现的各图中所使用的无量纲参数(其中 x 为距平板、圆柱体或球体中心的距离,x_1 为平板厚度的一半、圆柱的半径或球体的半径;对半无限固体,x 为距固体表面的距离)。

在图 5.3-5 中,当 $n=0$ 时,该点位于平板的中心。通常中心处温度变化的历程十分重要。图 5.3-6 由 Heilser(H1)给出,只用于更准确地确定中心温度。Heilser(H1)也给出了其他一些算图,用以确定其他位置的温度。

表 5.3-1 用于非定态热传导算图的无量纲数

$$Y=\frac{T_1-T}{T_1-T_0} \quad m=\frac{k}{hx_1}$$

$$1-Y=\frac{T-T_0}{T_1-T_0} \quad n=\frac{x}{x_1}$$

$$X=\frac{\alpha t}{x_1^2}$$

SI 制:	$\alpha=m^2/s, T=K, t=s, x=m, x_1=m, k=W/(m\cdot K), h=W/(m^2\cdot K)$
英制:	$\alpha=ft^2/h, T=℉, t=h, x=ft, x_1=ft, k=btu/(h\cdot ft\cdot ℉), h=btu/(h\cdot ft^2\cdot ℉)$
cgs 制:	$\alpha=cm^2/s, T=℃, t=s, x=cm, x_1=cm, k=cal/(s\cdot cm\cdot ℃), h=cal/(s\cdot cm^2\cdot ℃)$

例 5.3-2 将一个厚度为 46.2 mm、保存在 277.6 K(4.4 ℃)的冰箱中的长方形黄油块取出置于 297.1 K(23.9 ℃)的环境中。黄油包装盒的侧面和底部可视为隔热的,其上表面暴露于环境中。设对流传热系数恒定为 8.52 W/(m²·K)。试分别计算 5 h 后:黄油表面、表面下方 25.4 mm 处、表面下方 46.2 mm 处即包装底部的温度。

解:可将黄油看作一个在 x 方向上进行垂直热传导的大平板。由于热量仅从上表面进入,底面又是隔热的,因此 46.2 mm 厚的黄油相当于一个 $x_1=46.2$ mm 的大平板的一半。如图 5.3-4 所示,对两个表面都暴露在环境中的平板,其中心 $x=0$ 处就像一个隔热面,在这隔热面两边的部分互为镜像。

由附录 A4 可知黄油的物理性质为:$k=0.197$ W/(m·K), $c_p=2.30$ kJ/(kg·K)=2 300 J/(kg·K),$\rho=998$ kg/m³。热扩散系数为:

$$\alpha=\frac{k}{\rho c_p}=\frac{0.197}{998\times 2\,300}=8.58\times 10^{-8}\ m^2/s$$

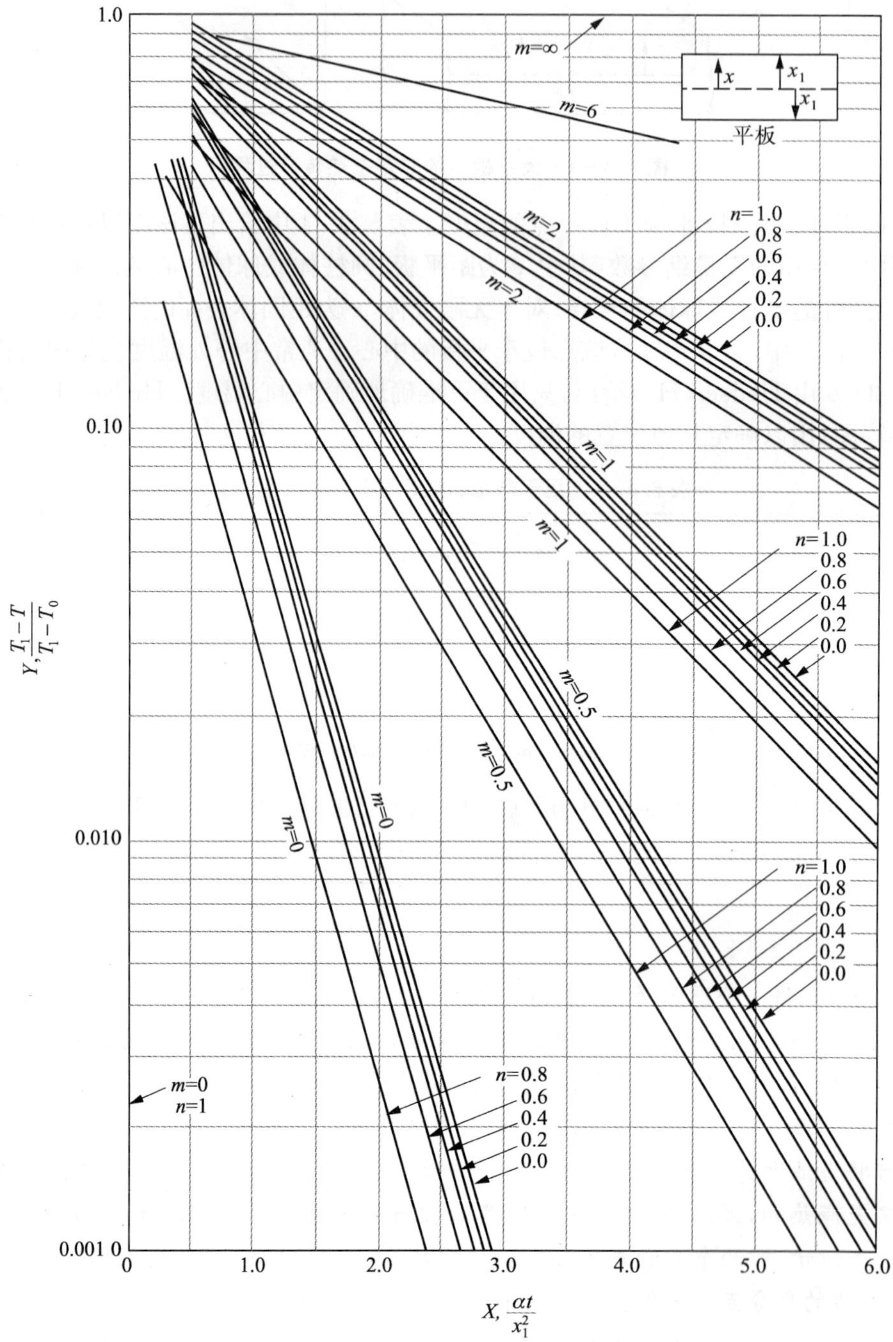

图 5.3－5　大平板中非定态热传导过程

［选自 H,P,Gurney and J. Lurie, Ind. Eng. Chem. ,15,1170(1923)］

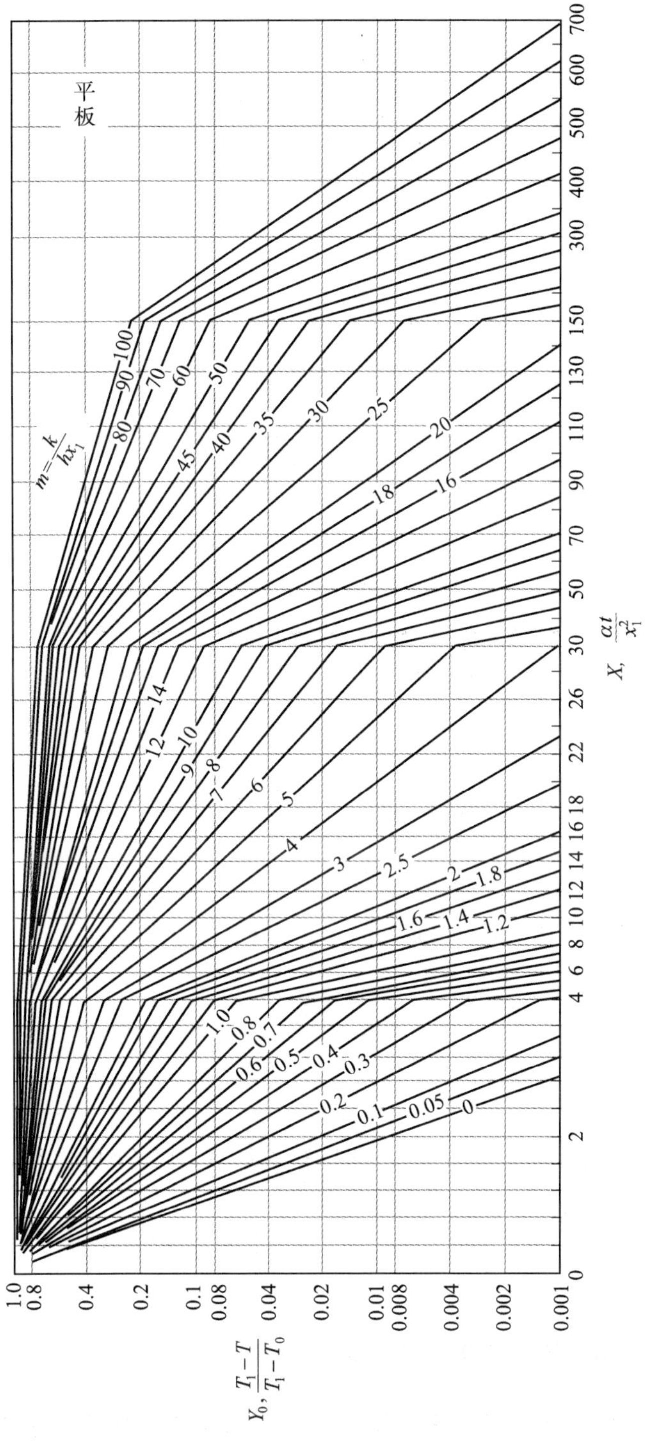

图 5.3-6　非定态热传导过程中大平板中心温度的确定

[经允许选自H,P.Heiser,Trans.A.S.M.E.,69,227(1947)]

同样，$x_1=46.2/1\,000=0.046\,2$ m

应用图(5.3-5)所需的参数为：

$$m=\frac{k}{hx_1}=\frac{0.197}{8.52\times0.046\,2}=0.50$$

$$X=\frac{\alpha t}{x_1^2}=\frac{8.58\times10^{-8}\times5\times3\,600}{0.046\,2^2}=0.72$$

对上表面，$x=x_1=0.046\,2$ m，

$$n=\frac{x}{x_1}=\frac{0.046\,2}{0.046\,2}=1.0$$

因此，由图 5.3-5 得

$$Y=0.25=\frac{T_1-T}{T_1-T_0}=\frac{297.1-T}{297.1-277.6}$$

求得：$T=292.2$ K(19.0 ℃)

在距上表面 25.4 mm 处，即距中心 20.8 mm，$x=0.020\,8$ m，

$$n=\frac{x}{x_1}=\frac{0.020\,8}{0.046\,2}=0.45$$

由图 5.3-5 得：

$$Y=0.45=\frac{T_1-T}{T_1-T_0}=\frac{297.1-T}{297.1-277.6}$$

求得：$T=288.3$ K(15.1℃)

对于底面，即距上表面 0.046 2 m 处，$x=0$，

$$n=\frac{x}{x_1}=\frac{0}{x_1}=0$$

由图 5.3-5 得：

$$Y=0.50=\frac{T_1-T}{T_1-T_0}=\frac{297.1-T}{297.1-277.6}$$

由此求得：$T=287.4$ K(14.2 ℃)。另一种方法是利用图 5.3-6(其只用于计算中心温度)，求得 $Y=0.53$，$T=286.8$ K(13.6 ℃)

5.3.4 长圆柱体中的非定态热传导过程

这里要讨论的是只在径向上进行传热的长圆柱体中的非定态热传导过程。圆柱很长，以至于可认为两端的热传导可忽略，即两端是隔热的。图 5.3-7 为用于计算这种情况下任一点温度的算图，图 5.3-8 只用于计算中心温度。

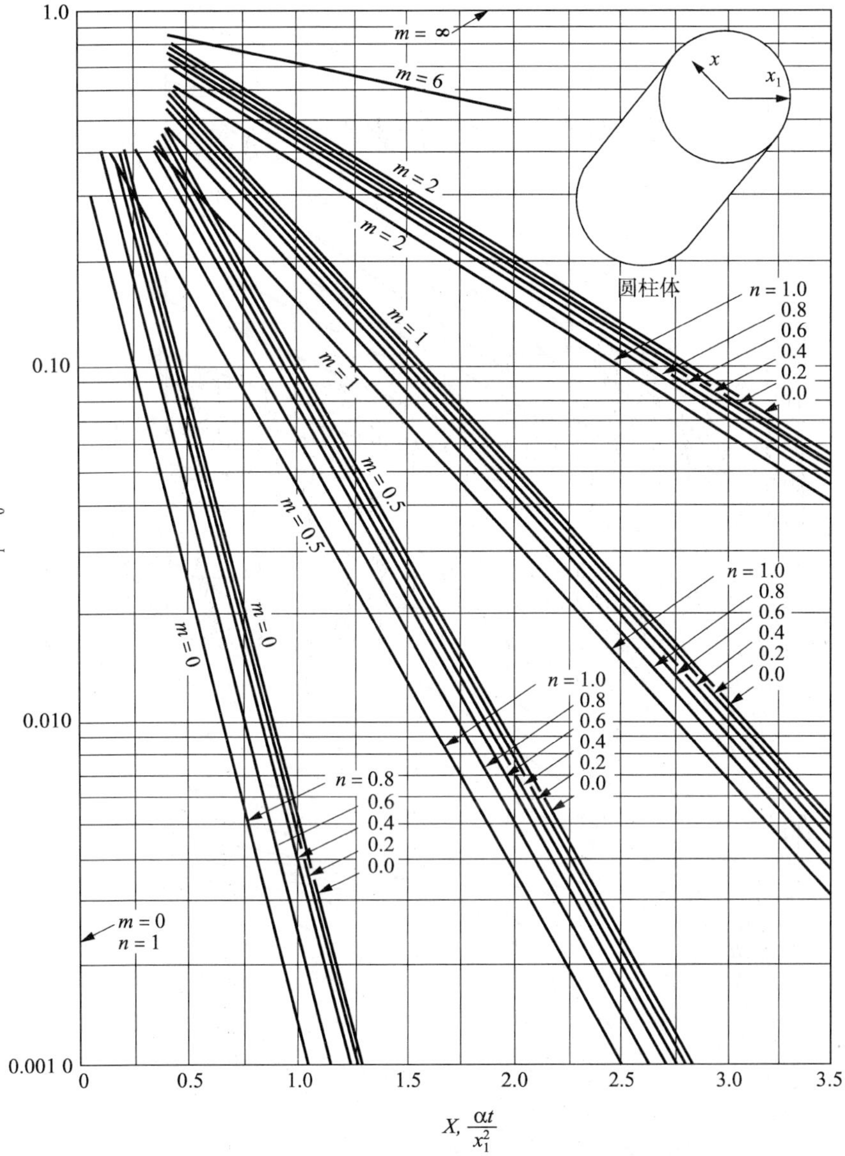

图 5.3－7　长圆柱体中的非定态热传导过程

［选自 H,P,Gurney and J. Lurie，Ind. Eng. Chem. ,15,1170(1923)］

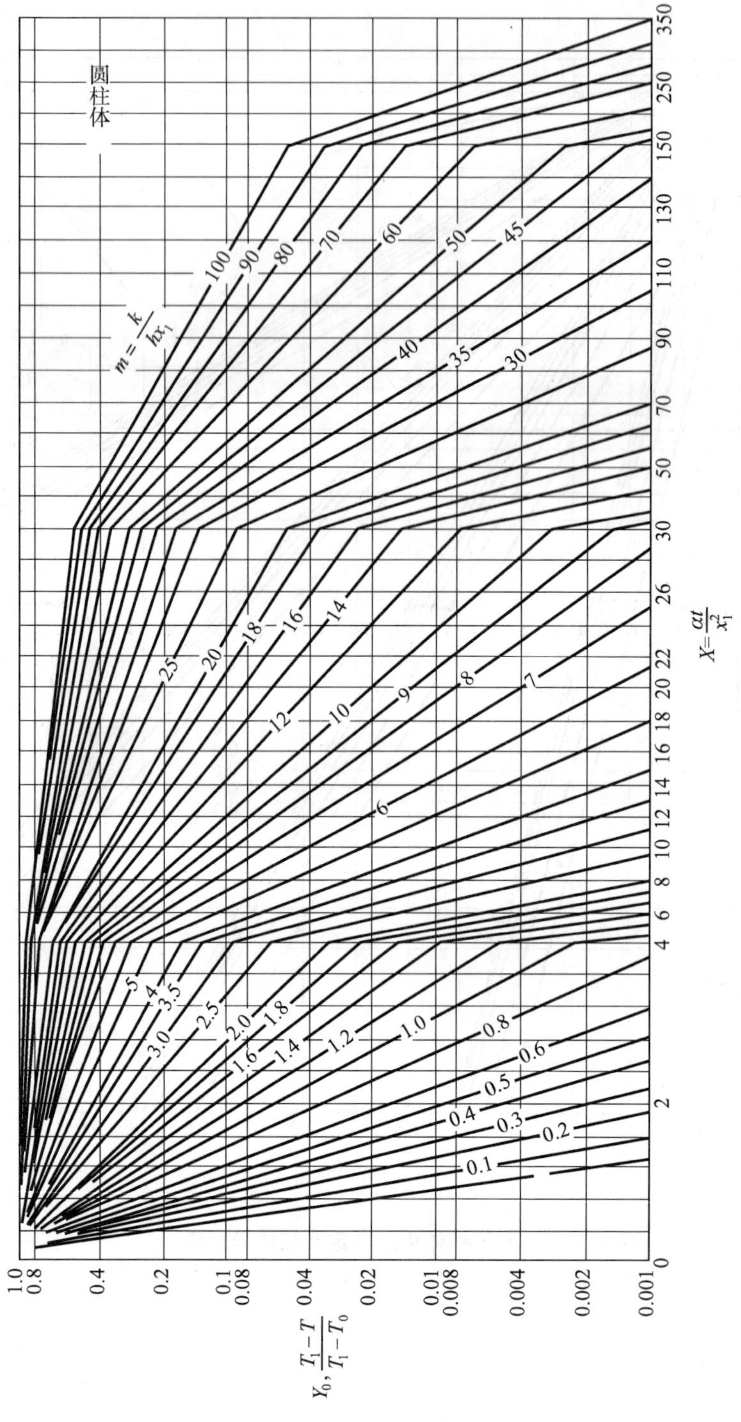

图 5.3-8　非定态热传导中长圆柱体中心温度的确定

[经允许选自H,P,Heiser,Trans.A.S.M.E.,69,227(1947)]

例 5.3-3　豌豆酱罐头中的非定态热传导过程

圆柱形豌豆酱罐头的直径为 68.1 mm，高度为 101.6 mm，最初处于均匀的温度 29.4 ℃。将多个罐头竖直叠放在蒸煮器中，在 115.6 ℃下用蒸汽加热。计算在 115.6 ℃下用蒸汽加热 0.75 h 后罐头中心的温度。假设要计算的罐头处于竖直叠放的罐头的中间，其两端被其他的罐头所隔绝。罐头金属壁面的热容可忽略不计。蒸汽的传热系数为 4 540 $W/(m^2 \cdot K)$。豌豆酱的物理性质为 $\alpha=2.007\times10^{-7} m^2/s$，$k=0.830\ W/(m\cdot K)$。

解：由于罐头的两端是隔热的，可将其视为一个长圆柱体，其半径为 $x_1=0.0681/2=0.034\ 05m$。对于罐头的中心，$x=0$

$$n=\frac{x}{x_1}=\frac{0}{x_1}=0$$

同样

$$m=\frac{k}{hx_1}=\frac{0.830}{4\ 540\times0.034\ 05}=0.005\ 37$$

$$X=\frac{\alpha t}{x_1^2}=\frac{2.007\times10^{-7}\times0.75\times3\ 600}{0.034\ 05^2}=0.468$$

利用 Heisler 的图 5.3-8 求取中心温度：

$$Y=0.13=\frac{T_1-T}{T_1-T_0}=\frac{115.6-T}{115.6-29.4}$$

得 $T=104.4$ ℃。

5.3.5　球体中的非定态热传导过程

图 5.3-9 是 Gurney 和 Lurie 提出的用于计算球体中任一点温度的算图。图 5.3-10 为 Heiser 提出的用于计算球体中心温度的算图。

5.3.6　二维和三维系统中的非定态传热过程

到目前为止，我们所讨论的热传导问题还仅限于一维热传导，但许多实际问题涉及两个和三个方向上同时进行的非定态热传导。这里我们将要讨论如何将一维系统的解结合起来得到多维系统的解。

Newman(N1)曾利用数学上的叠加原理说明如何将 x,y,z 各个方向上的一维热传导的解进行组合，以得到关于所有方向上同时进行热传导问题的解。例如，对图 5.3-11 所示的一个三维尺寸分别为 $2x_1,2y_1,2z_1$ 的矩形物体，x 方向上的 Y 值如前所述，为：

$$Y_x=\frac{T_1-T_x}{T_1-T_0} \tag{5.3-8}$$

式中 T_x 为 t 时刻距中心线距离为 x 处的温度，同样，$n=x/x_1$，$m=k/(hx_1)$，$X_x=\alpha t/x_1^2$。因此对 y 方向有：

$$Y_y=\frac{T_1-T_y}{T_1-T_0} \tag{5.3-9}$$

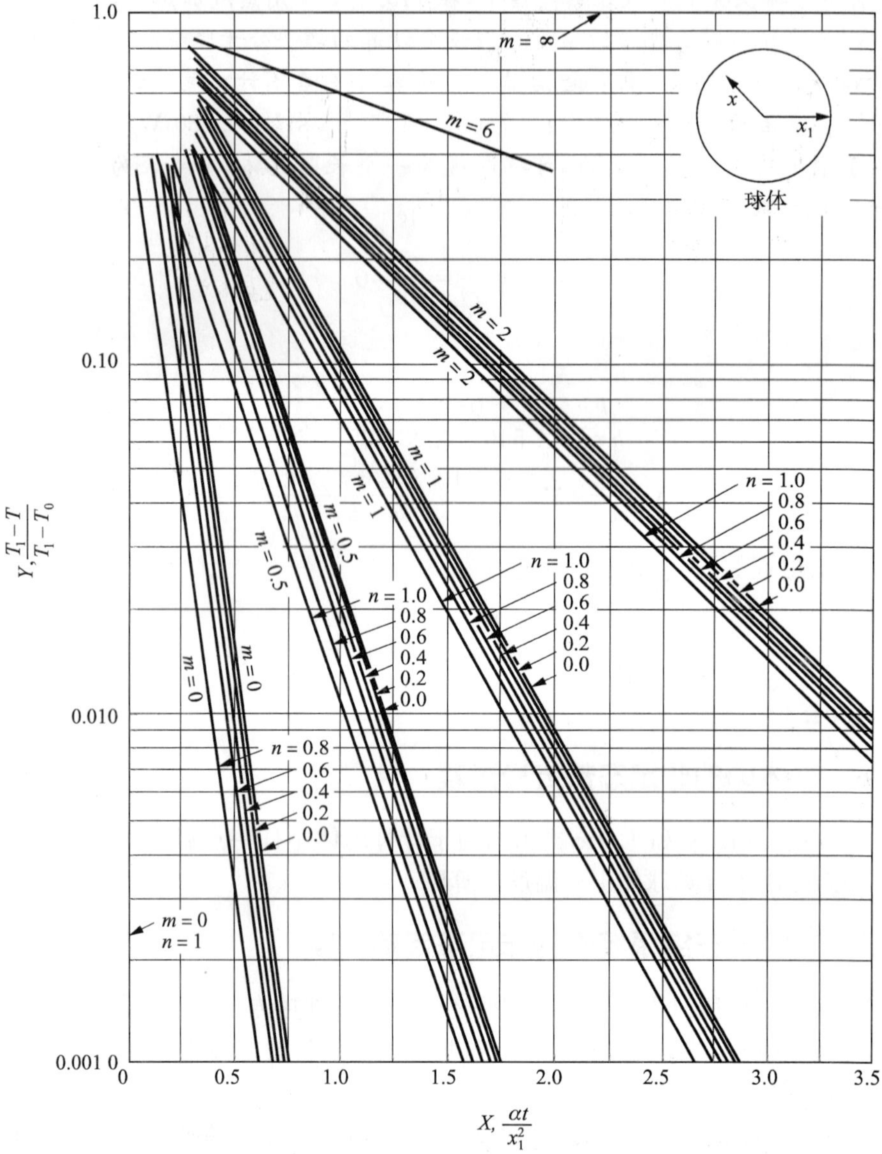

图 5.3-9 球体中的非定态热传导过程

[选自 H,P,Gurney and J. Lurie, Ind. Eng. Chem. ,15,1170(1923)]

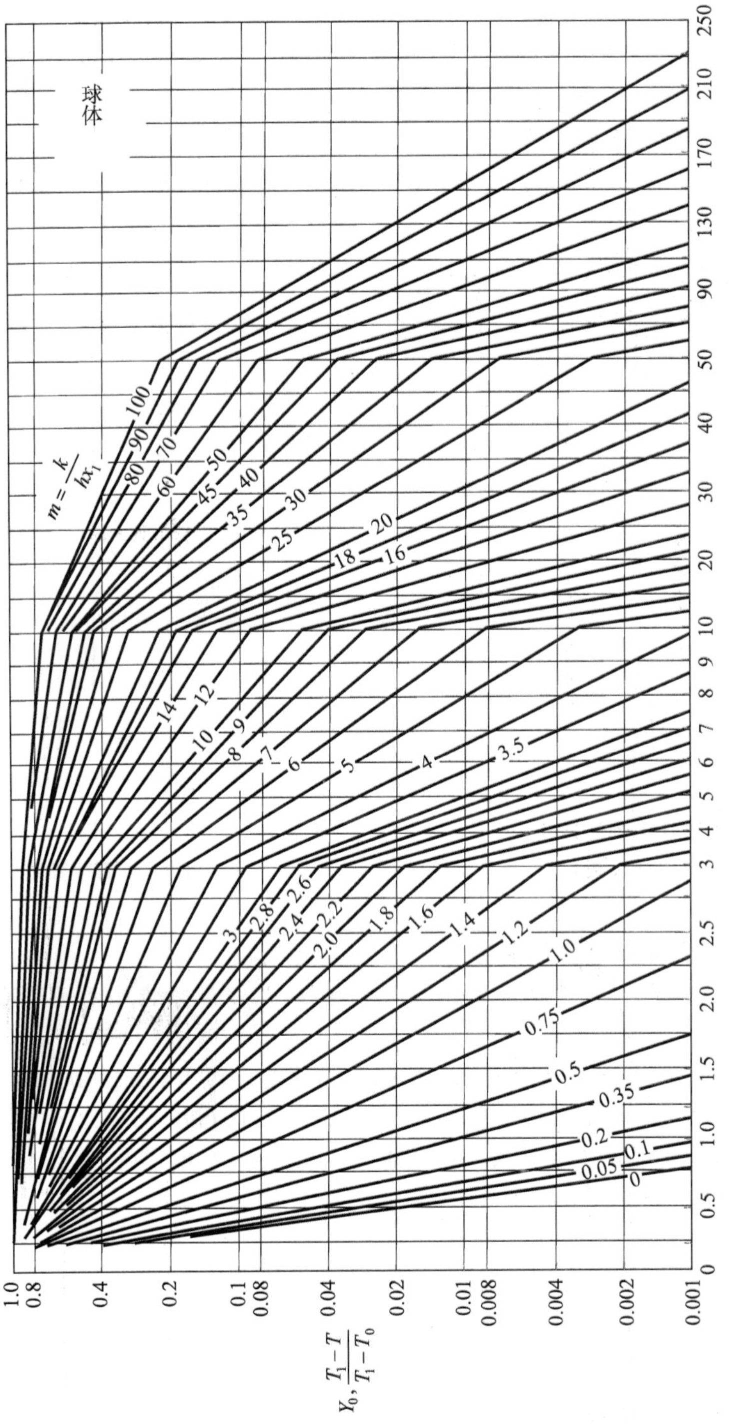

图 5.3-10　非定态热传导中球体中心温度的确定

[经允许选自H.P.Heiser,Trans.A.S.M.E.,69,227(1947)]

$n=y/y_1$，$m=k/(hy_1)$，$X_y=\alpha t/y_1^2$。同样，对 z 方向有：

$$Y_z=\frac{T_1-T_z}{T_1-T_0} \tag{5.3-10}$$

这样，对三个方向上同时进行热传导的过程便得如下方程：

$$Y_{x,y,z}=(Y_x)(Y_y)(Y_z)=\frac{T_1-T_{x,y,z}}{T_1-T_0} \tag{5.3-11}$$

式中 $T_{x,y,z}$ 为矩形物体中点 x,y,z 处的温度。由适用于平板中热传导过程的算图 5.3-5 和图 5.3-6 可得到两个平行面的 Y_x 值，类似地，由同样的图中可得到 Y_y 和 Y_z。

对于半径为 x_1，长度为 $2y_1$ 的短圆柱体，可用以下方法计算：首先从适用于长圆柱体的算图中得到径向上的 Y_x，然后，由图 5.3-5 或图 5.3-6 得到平板的两个平行面之间热传导的 Y_y。从而得到

$$Y_{x,y}=(Y_x)(Y_y)=\frac{T_1-T_{x,y}}{T_1-T_0} \tag{5.3-12}$$

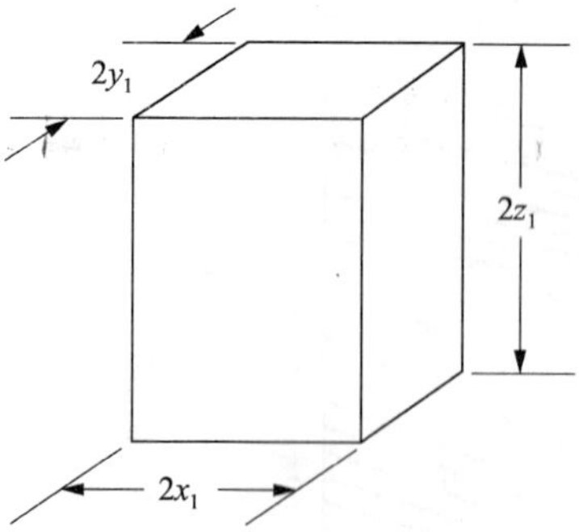

图 5.3-11　矩形物体中的三维非定态热传导过程

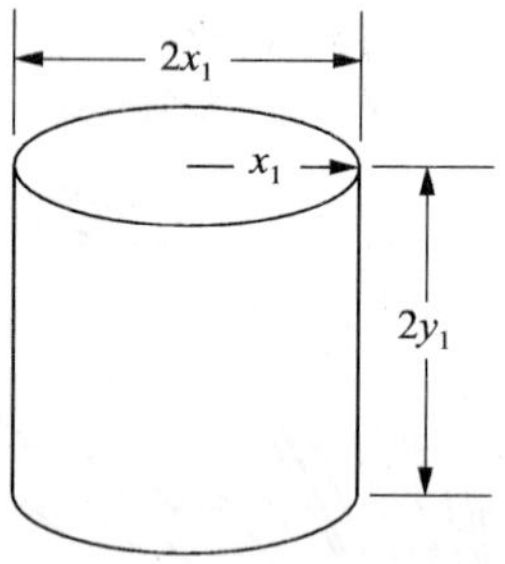

图 5.3-12　例 5.3-4 短圆柱体中的二维热传导过程

例 5.3-4　短圆柱体中的二维热传导

重复例 5.3-3 中豌豆酱罐头中的非定态热传导过程，但假设热传导还通过罐头的两个端面进行。

解：如图 5.3-12 所示，罐头的直径为 68.1 mm，高度为 101.6 mm。由例 5.3-3 所给定的参数值为 $x_1=0.0681/2=0.034\ 05$ m，$y_1=0.1016/2=0.050\ 8$ mm，$\alpha=2.007\times10^{-7}$ m^2/s，$k=0.830$ W/(m·K)，$h=4\ 540$ W/(m^2·K)，$t=0.75\times3\ 600=2\ 700$ s。

由前例已计算得到径向的热传导：

$$n=\frac{x}{x_1}=\frac{0}{x_1}=0,\quad m=\frac{k}{hx_1}=\frac{0.830}{4\ 540\times0.034\ 05}=0.005\ 37$$

$$X=\frac{\alpha t}{x_1^2}=\frac{2.007\times10^{-7}\times2\ 700}{0.034\ 05^2}=0.468$$

由图 5.3-8(适用于计算中心温度)得

$$Y_x=0.13$$

对于 y 方向(轴向)上的热传导，有

$$n=\frac{y}{y_1}=\frac{0}{0.050\ 8}=0$$

$$m=\frac{k}{hy_1}=\frac{0.830}{4\ 540\times0.050\ 8}=0.003\ 60$$

$$X=\frac{\alpha t}{y_1^2}=\frac{2.007\times10^{-7}\times2\ 700}{0.050\ 8^2}=0.210$$

由图 5.3-6(适用于计算两平行而暴露的大平板的中心温度)得

$$Y_y=0.80$$

代入式(5.3-12),得

$$Y_{x,y}=(Y_x)(Y_y)=0.13\times0.80=0.104$$

由此

$$\frac{T_1-T_{x,y}}{T_1-T_0}=\frac{115.6-T_{x,y}}{115.6-29.4}=0.104$$

$$T_{x,y}=106.6\ ℃$$

该结果与例 5.3-3 中只考虑径向热传导时所得结果相当。

5.3.7　表面阻力可忽略时平板、圆柱和球体中的平均温度算图

若表面阻力可以忽略,则由图 5.3-13 中的曲线可以得到非定态热传导过程中厚平板、圆柱和球体的 E 值(未发生的温度变化分率),可表示为

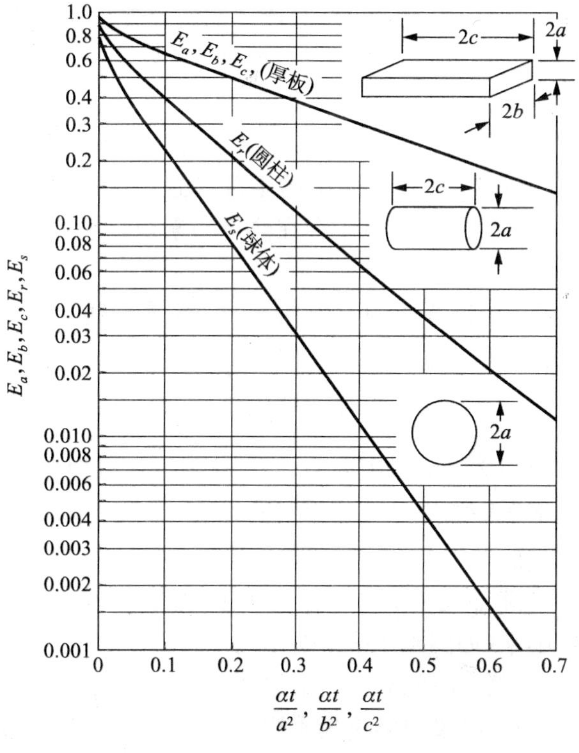

图 5.3-13　表面阻力可忽略时的非定态热传导及物体的平均温度

(经许可选自 R. E. Treybal, Mass Transfer Operations, 2nd ed. New York: McGraw-Hill Book Company, 1968)

$$E=\frac{T_1-T_{av}}{T_1-T_0} \tag{5.3-13}$$

式中 T_0 为初始温度，T_1 为固体物突然进入的环境的温度，T_{av} 为 t 小时后固体的平均温度。

E_a，E_b 和 E_c 的值可分别用于两两平行的平面之间的热传导过程。例如，对方棒中的 a 和 b 方向上的热传导，有：

$$E=E_aE_b \tag{5.3-14}$$

对通过全部三组平面的热传导，有

$$E=E_aE_bE_c \tag{5.3-15}$$

对于半径为 a 长为 $2c$ 的短圆柱体的热传导，有

$$E=E_cE_r \tag{5.3-16}$$

5.4 数值有限差分法求解非定态热传导问题

5.4.1 平板中的非定态热传导

(1) 概述。如本章前几节所述，若边界条件恒定为 $T=T_1$，同时初始温度分布均匀($t=0$ 时，$T=T_0$)，则各种简单几何体中的非定态热传导偏微分方程可以用解析法求解，使用算图时也应具有同样的初始条件和边界条件要求。然而，当边界条件随时间而变或初始条件不是处处相同时，就需要用数值法求解。

非定态热传导的数值计算法类似于第 4.15 节中的定态条件下所使用的数值方法，即将固体分割成一个个长度相等的薄层，在薄层的中部设置一个假想的点，并对其进行热量衡算。所不同的是，在非定态条件下，该点中存在热量的累积。这种方法很适合于用计算机电子表格计算。

(2) 用于厚平板的方程。厚平板中 x 方向上的非定态热传导方程为

$$\frac{\partial T}{\partial t}=\alpha\frac{\partial^2 T}{\partial x^2} \tag{5.1-10}$$

可将各个偏导数表示为实际的有限差分 ΔT，Δt 和 Δx 以便用于数值法求解。然而，我们将要讨论一种通过热量衡算来推导最终结果的方法。图 5.4-1 为一厚平板(图中阴影部分)，其中心为 n。该平板宽度为 Δx(m)，横截面积为 A (m^2)。在阴影部分的中心 n 放置一个温度为 T_n 的点，使该点能够代表整个平板的质量和热容量，用一个假想的细杆将每个这样的点与相邻的点连接起来(如图 4.15-3 所示)。

图 5.4-1 中表示了在某个瞬间 t(s)时的温度分布。对点 n 或该平板进行热量衡算，输入速率－输出速率＝Δt(s)时间段内的热量累积速率：

$$\frac{kA}{\Delta x}({}_tT_{n-1}-{}_tT_n)-\frac{kA}{\Delta x}({}_tT_n-{}_tT_{n+1})=\frac{(A\Delta x)\rho c_p}{\Delta t}({}_{t+\Delta t}T_n-{}_tT_n) \tag{5.4-1}$$

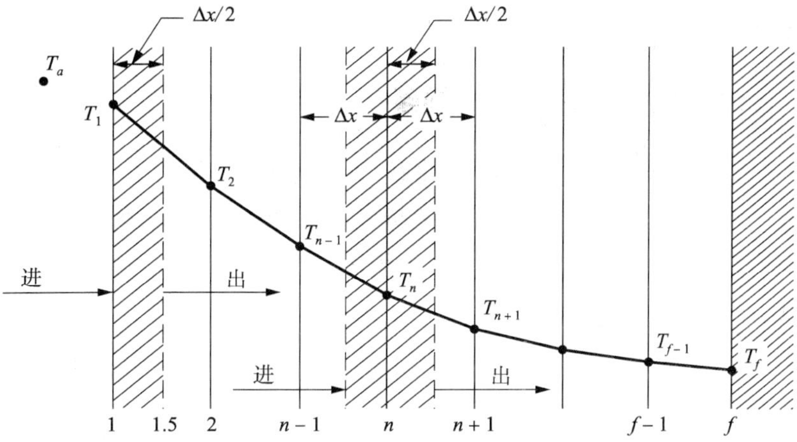

图 5.4-1　平板中的非定态热传导过程

式中$_tT_n$为点 n 在 t 时刻的温度，$_{t+\Delta t}T_n$ 为点 n 在 $t+1\Delta t$ 时刻的温度。将上式重新整理，求得$_{t+\Delta t}T_n$

$$_{t+\Delta t}T_n=\frac{1}{M}[_tT_{n+1}+(M-2)_tT_n+{}_tT_{n-1}] \tag{5.4-2}$$

式中

$$M=\frac{(\Delta x)^2}{\alpha\Delta t} \tag{5.4-3}$$

注意，式(5.4-2)中点 n 在新的时刻 $t+\Delta t$ 的温度$_{t+\Delta t}T_n$ 是由三个点在 t 时刻已知的温度计算得到的。这种方法称为直接法，即一个新时刻的温度可以直接通过前一时刻的温度计算出来。利用这种方法，计算过程直接从一个时间增量进行到下一个增量，直至得到所需的最终的温度分布。当然，初始温度分布和边界条件必须是已知的。

一旦选定了 Δx 的值，由式(5.4-3)便可得到 M 值或时间增量 Δt。对于给定的 M 值，Δx 越小，意味着 Δt 越小。M 必须满足：

$$M\geqslant 2 \tag{5.4-4}$$

若 $M<2$，则违反了热力学第二定律。同样为了使有限差分方程的解收敛和稳定，M 也必须$\geqslant 2$。

这里所谓稳定性是指在求解进程中误差不会随之呈指数增大，而是逐渐降低。收敛是指在 M 固定时，随着 Δx 和 Δt 趋近于零，差分方程的解趋近于偏微分方程的精确解。一般地，Δx 和 Δt 越小，计算结果越准确，但计算量越大，因此通常可用数字计算机使用电子表格进行计算。

(3) 适用于平板的简化 Schmidt 法。若 $M=2$，则式(5.4-2)可大大简化，即得到 Schmidt 法：

$$_{t+\Delta t}T_n=\frac{_tT_{n-1}+{}_tT_{n+1}}{2} \tag{5.4-5}$$

这就意味着，当时间过去 $1\Delta t$ 时，点 n 在 $t+\Delta t$ 时刻的新温度为两个相邻的点 $n+1$ 和 $n-1$ 在 t 时刻温度的算术平均值。

5.4.2　适用于平板数值解的边界条件

(1) 界面处的对流传热。对于界面处存在一定的对流传热阻力，且外部环境或流体的温度突然变化至 T_a 的情况，我们可以作如下推导。参考图 5.4-1，对外侧半层平板进行热量衡算：在 Δt(s)内，对流输入热量的速率－对流输出热量的速率＝热量积累的速率，即

$$hA({}_tT_a-{}_tT_1)-\frac{kA}{\Delta x}({}_tT_1-{}_tT_2)=\frac{(A\Delta x/2)\rho c_p}{\Delta t}({}_{t+\Delta t}T_{1.25}-{}_tT_{1.25}) \tag{5.4-6}$$

式中 ${}_tT_{1.25}$ 为外侧平板 $0.5\Delta x$ 的中点。作为近似，可用表面温度 T_1 来代替 $T_{1.25}$。上式经整理便得

$${}_{t+\Delta t}T_1=\frac{1}{M}[2N{}_tT_a+[M-(2N+2)]{}_tT_1+2{}_tT_2] \tag{5.4-7}$$

式中

$$N=\frac{h\Delta x}{k} \tag{5.4-8}$$

注意，M 必须满足

$$M\geqslant 2N+2 \tag{5.4-9}$$

(2) 绝热边界条件。在平板背面绝热的情况下，对图 5.4-1 中后半侧平板 $0.5\Delta x$ 的热量衡算与前半侧平板 $0.5\Delta x$ 的相同，因此所得方程与式(5.4-6)和式(5.4-7)相同，但此时 $h=0$ 或 $N=0$，并且由于对称的原因，${}_tT_{f-1}={}_tT_{f+1}$。

$${}_{t+\Delta t}T_f=\frac{1}{M}[(M-2){}_tT_f+2{}_tT_{f-1}] \tag{5.4-10}$$

(3) 其他对流传热条件。对某一给定的问题应用上述方程时，必须使用相同的 M, Δx 和 Δt。如果 N 值很大，使得 M 太大而计算不便，则可推导式(5.4-7)的另一种形式。忽略式(5.4-6)中前面半个薄层中的热量积累，得

$${}_{t+\Delta t}T_1=\frac{N}{N+1}{}_{t+\Delta t}T_a+\frac{1}{N+1}{}_{t+\Delta t}T_2 \tag{5.4-11}$$

这里 M 值不受 N 值的限制。当增量 Δx 的数目很大，即 Δx 很小，以至于被忽略的热量远小于总的热量时，这种近似处理相当成功。

(4) 初始边界温度的使用方法。当外部环境温度突然变化至 T_a 时，可使用下述方法处理：

① 当 $M=2$，且所取时间增量数不多时的手工计算中，在式(5.4-5)和式(5.4-7)或式(5.4-11)中应使用特殊的计算步骤。对于第一个增量，${}_1T_a$ 应使用平均值$(T_a+{}_0T_1)/2$，这里 ${}_0T_1$ 为点 1 的初始温度。对后续所有的 Δt 值都应使用 T_a(D1,K1)。这种确定 T_a 的特殊

计算法可增加数值计算的准确性，特别是经过几个时间间隔后。若 T_a 随时间 t 而变，则对每个时间间隔 Δt 可使用不同的 T_a 值。

② 当 $M=2$，且使用计算机进行大量时间增量数的计算时，就不必使用上述特殊方法，只需对所有的时间间隔 Δt 值都使用相同的 T_a。

③ 当 $M=3$ 或 3 以上时，且进行时间增量数不大的手工计算，或使用计算机进行多次增量的计算时，所有的时间间隔 Δt 值都只使用一个 T_a。注意，当 $M=3$ 或以上时，所需的计算量比 $M=2$ 时大得多。$M=4$ 时可获得最准确的结果，为首选方法，$M=3$ 时结果的准确性稍低一些(D1，K1，K2)。

例 5.4-1　非定态热传导与 Schmidt 数值计算法

厚度为 1.00 m、温度均匀为 100 ℃的平板，其外侧表面突然暴露于温度恒为 0 ℃的环境中，对流传热阻力为零($h=\infty$)，内侧表面绝热。已知热扩散系数 $\alpha=2.00\times10^{-5}\ \mathrm{m^2/s}$。试将其分成厚度为 0.20 m 的五个薄层，用 Schmidt 数值计算法，且 $M=2.0$，计算 $t=6\ 000$ s 时的温度分布。对第一个时间增量使用特殊计算法。

解：图 5.4-2 表示将该平板分为五个薄层，$t=0$，环境温度为 $T_a=0$ ℃时的温度分布曲线。应用 Schmidt 法，$M=2$，将 $\alpha=2.00\times10^{-5}\ \mathrm{m^2/s}$ 和 $\Delta x=0.20$ m 代入式(5.4-3)，求得 Δt

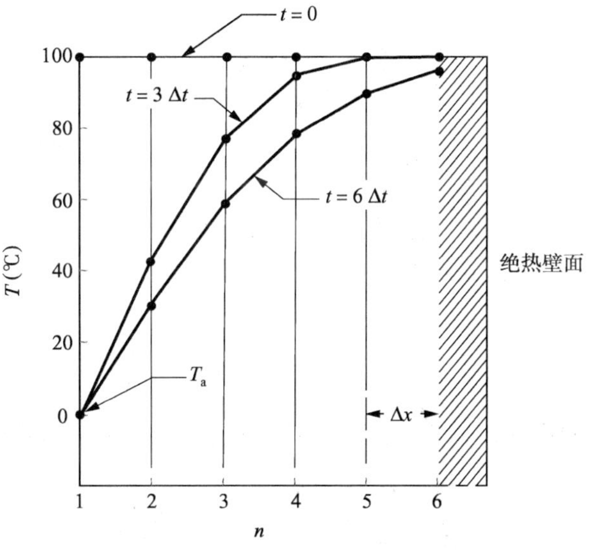

图 5.4-2　例 5.4-1 温度分布的数值计算法

$$M=2=\frac{(\Delta x)^2}{\alpha\Delta t}=\frac{(0.20)^2}{(2.00\times10^{-5})\Delta t}\quad \Delta t=1\ 000\ \mathrm{s}\tag{5.4-3}$$

这就是说，必须使用(6 000 s)/(1 000 s/增量)，即六个时间增量才能达到 6 000 s。

对于外侧表面，当 $n=1$ 时，如前所述，用于第一个时间增量 Δt 计算的温度 ${}_1T_a$ 为

$${}_1T_a=\frac{T_a+{}_0T_1}{2}={}_1T_1\quad n=1\tag{5.4-12}$$

式中${}_0T_1$为点1的初始温度。对其余时间间隔:

$$T_1 = T_a \quad n=1 \tag{5.4-13}$$

由式(5.4-5)计算$n=2\sim5$的平板中所有时间增量的温度,得

$$_{t+\Delta t}T_n = \frac{{}_tT_{n-1} + {}_tT_{n+1}}{2} \quad n=2,3,4,5 \tag{5.4-14}$$

对$n=6$的绝热面,对所有时间增量将$M=2$和$f=6$代入式(5.4-10):

$$_{t+\Delta t}T_6 = \frac{(2-2)_tT_6 + 2_tT_5}{2} = {}_tT_5 \tag{5.4-15}$$

对第一个时间增量$t+\Delta t$,由式(5.4-12)计算$n=1$时的温度:

$$_{t+\Delta t}T_1 = \frac{T_a + {}_0T_1}{2} = \frac{0+100}{2} = 50\ ℃ = {}_1T_a$$

对$n=2$,由(5.4-14)

$$_{t+\Delta t}T_2 = \frac{{}_tT_1 + {}_tT_3}{2} = \frac{50+100}{2} = 75$$

对$n=3$, 4, 5继续计算,得

$$_{t+\Delta t}T_3 = \frac{{}_tT_2 + {}_tT_4}{2} = \frac{100+100}{2} = 100$$

$$_{t+\Delta t}T_4 = \frac{{}_tT_3 + {}_tT_5}{2} = \frac{100+100}{2} = 100$$

$$_{t+\Delta t}T_5 = \frac{{}_tT_4 + {}_tT_6}{2} = \frac{100+100}{2} = 100$$

对$n=6$,由式(5.4-15)

$$_{t+\Delta t}T_6 = {}_tT_5 = 100$$

对$2\Delta t$,$n=1$时,用式(5.4-13)计算,$n=2\sim6$时,用式(5.4-14)和式(5.4-15)计算:

$$_{t+2\Delta t}T_1 = T_a = 0$$

$$_{t+2\Delta t}T_2 = \frac{{}_{t+\Delta t}T_1 + {}_{t+\Delta t}T_3}{2} = \frac{0+100}{2} = 50$$

$$_{t+2\Delta t}T_3 = \frac{{}_{t+\Delta t}T_2 + {}_{t+\Delta t}T_4}{2} = \frac{75+100}{2} = 87.5$$

$$_{t+2\Delta t}T_4 = \frac{{}_{t+\Delta t}T_3 + {}_{t+\Delta t}T_5}{2} = \frac{100+100}{2} = 100$$

$$_{t+2\Delta t}T_5 = \frac{{}_{t+\Delta t}T_4 + {}_{t+\Delta t}T_6}{2} = \frac{100+100}{2} = 100$$

$$_{t+2\Delta t}T_6 = {}_{t+\Delta t}T_5 = 100$$

对$3\Delta t$:

$$_{t+3\Delta t}T_1=0$$

$$_{t+3\Delta t}T_2=\frac{0+87.5}{2}=43.75$$

$$_{t+3\Delta t}T_3=\frac{50+100}{2}=75$$

$$_{t+3\Delta t}T_4=\frac{87.5+100}{2}=93.75$$

$$_{t+3\Delta t}T_5=\frac{100+100}{2}=100$$

$$_{t+3\Delta t}T_6=100$$

对 $4\Delta t$：

$$_{t+4\Delta t}T_1=0$$

$$_{t+4\Delta t}T_2=\frac{0+75}{2}=37.5$$

$$_{t+4\Delta t}T_3=\frac{43.75+93.75}{2}=68.75$$

$$_{t+4\Delta t}T_4=\frac{75+100}{2}=87.5$$

$$_{t+4\Delta t}T_5=\frac{93.75+100}{2}=96.88$$

$$_{t+4\Delta t}T_6=100$$

对 $5\Delta t$：

$$_{t+5\Delta t}T_1=0$$

$$_{t+5\Delta t}T_2=\frac{0+68.75}{2}=34.38$$

$$_{t+5\Delta t}T_3=\frac{37.5+87.5}{2}=62.50$$

$$_{t+5\Delta t}T_4=\frac{68.75+96.88}{2}=82.81$$

$$_{t+5\Delta t}T_5=\frac{87.5+100}{2}=93.75$$

$$_{t+5\Delta t}T_6=96.88$$

对 $6\Delta t$（最后一个时间增量）：

$$_{t+6\Delta t}T_1=0$$

$$_{t+6\Delta t}T_2=\frac{0+62.5}{2}=31.25$$

$$_{t+6\Delta t}T_3=\frac{34.38+82.81}{2}=58.59$$

$$_{t+6\Delta t}T_4=\frac{62.50+93.75}{2}=78.13$$

$$_{t+6\Delta t}T_5=\frac{82.81+96.88}{2}=89.84$$

$$_{t+6\Delta t}T_6=93.75$$

图 5.4－2 中绘出了 $3\Delta t$ 和 $6\Delta t$ 时的温度分布曲线。该例说明了如何进行手工计算。要增加结果的准确性,需将平板分割成更多的薄层,从而时间增量数会更多,这更适合利用计算机电子表格进行计算。

例 5.4－2　利用数字计算机进行非定态热传导计算

用数字计算机重复例 5.4－1 的计算。取 $\Delta x=0.05$ m。写出电子表格计算程序并与例 5.4－1 中最终温度进行比较。对 $M=2$ 使用 Schmidt 直接法。要求对第一个时间增量使用特殊法确定 ${}_1T_a$,虽然利用数字计算机对大量时间增量进行计算时不必如此,但这样做可直接与例 5.4－1 进行比较,获得增量数对计算结果的影响。

解: 将物体分成 20 个薄层。将 $\alpha=2.00\times10^{-5}$ m²/s,$\Delta x=0.05$ m 和 $M=2$ 代入式(5.4－3),求得 Δt

$$M=2=\frac{(\Delta x)^2}{\alpha\Delta t}=\frac{(0.05)^2}{(2.00\times10^{-5})(\Delta t)}$$

$$\Delta t=62.5\ \mathrm{s}$$

因此需计算(6 000/62.5)＝96 个时间增量。$n=1\sim21$。

仍然用式(5.4－12)～式(5.4－15)计算温度,只是在式(5.4－14)中,$n=1\sim20$,而在式(5.4－15)中,$n=21$,因此 ${}_{t+\Delta t}T_{21}={}_tT_{20}$。

这些方程的电子表格很容易编写,留给读者自行完成。表 5.4－1 中列出了计算结果,以便与例 5.4－1 只分成五个薄层的情形进行比较。由表中可见,两者结果相当接近,所得结果的偏差小于 2%。

表 5.4－1　例 5.4－1 与例 5.4－2 结果比较

距外侧面距离	$\Delta x=0.20$ m		$\Delta x=0.05$ m	
m	n	温度 ℃	n	温度 ℃
0	1	0.0	1	0.0
0.20	2	31.25	5	31.65
0.40	3	58.59	9	58.47
0.60	4	78.13	13	77.55
0.80	5	89.84	17	88.41
1.00	6	93.75	21	91.87

作为手工计算的一种经验法则,大多数情况下将物体分成至少五个薄层,至多用 8～10 个时间增量,应可获得足够准确的结果。只有在准确性要求很高时,或有几种情况需要求解时,才需利用计算机电子表格计算求解。

例 5.4－3　在对流传热边界条件下的非定态热传导

使用与例 5.4－1 相同的条件,但在表面处存在对流传热阻力,$h=25.0$ W/(m²·K),热导率 $k=10.0$ W/(m·K)。

解: 式(5.4－7)和式(5.4－8)可用于计算表面存在对流阻力的情况。由式(5.4－8),

$N=h\Delta x/k=25.0(0.20)/10.0=0.50$，则 $2N+2=2(0.50)+2=3.0$。根据式(5.4-9)，M 值必须等于或大于 $2N+2$，因此不能使用 $M=2$，我们取 $M=4$。(另一种准确度较低的方法是利用式(5.4-11)进行计算，这样 M 值就不受 N 值的限制)

将数据代入式(5.4-3)，求得 Δt

$$M=4=\frac{(\Delta x)^2}{\alpha\Delta t}=\frac{(0.20)^2}{(2.00\times10^{-5})\Delta t}\quad \Delta t=500\ \text{s}$$

因此，必须取 6 000/500=12 个时间增量。

因为 $M>3$，因此对包括第一个时间增量的所有时间增量，所使用的环境温度均为 $T_a=0$ ℃。对点 $n=1$ 处的对流传热，应用式(5.4-7)，其中 $M=4$，$N=0.50$。

$$\begin{aligned}{}_{t+\Delta t}T_1 &=\frac{1}{4}[2(0.5)T_a+[4-(2\times0.5+2)]_tT_1+2_tT_2]\\ &=0.25T_a+0.25_tT_1+0.50_tT_2\quad n=1\end{aligned}\tag{5.4-16}$$

对 $n=2,3,4,5$，由式(5.4-2)：

$$\begin{aligned}{}_{t+\Delta t}T_n &=\frac{1}{4}[{}_tT_{n+1}+(4-2)_tT_n+{}_tT_{n-1}]\\ &=0.25_tT_{n+1}+0.50_tT_n+0.25_tT_{n-1}\quad n=2,3,4,5\end{aligned}\tag{5.4-17}$$

对 $n=6$(绝热边界)，应用式(5.4-10)，且 $f=6$：

$$\begin{aligned}{}_{t+\Delta t}T_6 &=\frac{1}{4}[(4-2)_tT_6+2_tT_5]\\ &=0.50_tT_6+0.50_tT_5\quad n=6\end{aligned}\tag{5.4-18}$$

对于 $1\Delta t$，对第一个时间增量 $t+\Delta t$，$T_a=0$。由式(5.4-16)计算点 1 处的温度：

$${}_{t+\Delta t}T_1=0.25\times0+0.25\times100+0.50\times100=75.0$$

对 $n=2,3,4,5$，由式(5.4-17)：

$$\begin{aligned}{}_{t+\Delta t}T_2 &=0.25_tT_3+0.50_tT_2+0.25_tT_1\\ &=0.25\times100+0.50\times100+0.25\times100=100.00\end{aligned}$$

同样，在类似的计算中，T_3，T_4 和 $T_5=100.0$。对 $n=6$，由式(5.4-18)得 $T_6=100.0$。

对 $2\Delta t$，$T_a=0$，由式(5.4-16)：

$${}_{t+2\Delta t}T_1=0.25\times0+0.25\times75.0+0.50\times100=68.75$$

对 $n=2,3,4,5$，由式(5.4-17)：

$${}_{t+2\Delta t}T_2=0.25\times100+0.50\times100+0.25\times75.00=93.75$$
$${}_{t+2\Delta t}T_3=0.25\times100+0.50\times100+0.25\times100=100.0$$

同样，T_4 和 $T_5=100.0$。对 $n=6$，由式(5.4-18)得 $T_6=100.0$。

对 $3\Delta t$，$T_a=0$，由式(5.4-16)：

$$_{t+3\Delta t}T_1=0.25\times0+0.25\times68.75+0.50\times93.75=64.07$$

对 $n=2,3,4,5$，由式(5.4-17)：

$$_{t+3\Delta t}T_2=0.25\times100+0.50\times93.75+0.25\times68.75=89.07$$

$$_{t+3\Delta t}T_3=0.25\times100+0.50\times100+0.25\times93.75=98.44$$

$$_{t+3\Delta t}T_4=0.25\times100+0.50\times100+0.25\times100=100.0$$

同样，$T_5=100.0$，$T_6=100.0$。

以相同的方法继续对其余时间进行计算直至用完所有 12 个时间增量。

5.4.3　其他用于非定态热传导计算的数值方法

(1) 圆柱体中的非定态热传导过程。在推导平板中非定态热传导过程的数值方程时，横截面积恒定，而在圆柱体中，截面积在径向上变化。利用图 5.4-3 来推导适用于圆柱体的方程，图中将圆柱体分割成几个壁厚为 Δx 的同心的中空圆柱体。假设该圆柱体长 1 m，对点 n 处的薄层进行热量衡算，热量的输入速率－输出速率＝累积速率：

$$\frac{k[2\pi(n+1/2)\Delta x]}{\Delta x}({}_tT_{n+1}-{}_tT_n)-k\frac{[2\pi(n-1/2)\Delta x]}{\Delta x}({}_tT_n-{}_tT_{n-1})$$
$$=\frac{2\pi n(\Delta x)^2\rho c_p}{\Delta t}({}_{t+\Delta t}T_n-{}_tT_n)\qquad(5.4-19)$$

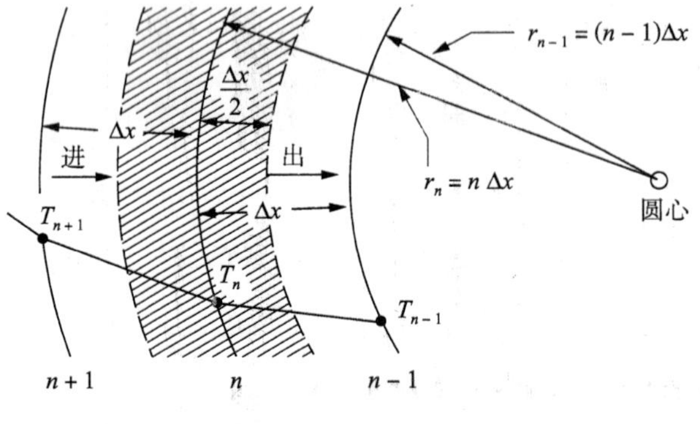

图 5.4-3　圆柱体中的非定态热传导过程

整理得最后方程式为

$$_{t+\Delta t}T_n=\frac{1}{M}\left[\frac{2n+1}{2n}{}_tT_{n+1}+(M-2){}_tT_n+\frac{2n-1}{2n}{}_tT_{n-1}\right]\qquad(5.4-20)$$

式中 $M=(\Delta x)^2/(\alpha\Delta t)$，如前。同样，在中心处，$n=0$，有

$$_{t+\Delta t}T_0=\frac{4}{M}{}_tT_1+\frac{M-4}{M}{}_tT_0\qquad(5.4-21)$$

应用式(5.4-20)和式(5.4-21)时，必须满足

$$M\geqslant4\qquad(5.4-22)$$

圆柱体外表面处的对流传热方程已经得到了推导(D1)。若最外面的薄层中靠外侧一半的固

体的热容量可以忽略，则

$$_{t+\Delta t}T_n=\frac{nN}{\frac{2n-1}{2}+nN}{}_{t+\Delta t}T_a+\frac{(2n-1)/2}{\frac{2n-1}{2}+nN}{}_{t+\Delta t}T_{n-1} \tag{5.4-23}$$

式中，T_n 为表面处的温度，T_{n-1}为固体中位于表面下方 $1\Delta x$ 处的温度。

在许多参考文献中都推导得到了适用于二维非定态热传导数值计算的方程(D1，K2)。

(2) 非定态热传导过程与隐函数数值计算法。在许多实际问题中，为使数值方程的解收敛而限制 $M\geqslant 2$，会造成计算上的不便。此外，为了使稳定性问题最小化，人们建立了各种利用有限差分方程的隐函数计算法，这里我们将讨论其中比较重要的一种方法，即 Crank-Nicolson 法。

在推导式(5.4-1)和式(5.4-2)时，取图 5.4-1 中平板的热量输入速率为 t 时刻的输入速率

$$t\text{ 时刻输入速率}=\frac{kA}{\Delta A}({}_tT_{n-1}-{}_tT_n) \tag{5.4-24}$$

并假设该速率可用于 $t\sim t+\Delta t$ 整个时间间隔中。然而由于在 Δt 时间内该速率是变化着的，因此这只是一种近似处理。更准确的速率值应该是 t 和 $t+\Delta t$ 时刻的平均值：

$$\text{热量输入速率平均值}=\frac{kA}{\Delta x}\left[\frac{({}_tT_{n-1}-{}_tT_n)+({}_{t+\Delta t}T_{n-1}-{}_{t+\Delta t}T_n)}{2}\right] \tag{5.4-25}$$

离开系统的热量也可使用类似的平均值，最后所得方程为

$$_{t+\Delta t}T_{n+1}-(2M+2)_{t+\Delta t}T_n+{}_{t+\Delta t}T_{n-1}=-{}_tT_{n+1}+(2-2M){}_tT_n-{}_tT_{n-1} \tag{5.4-26}$$

这就意味着新的${}_{t+\Delta t}T_n$ 值不能如式(5.4-1)中那样只通过 t 时刻的几个温度进行计算，而是在 $t+\Delta t$ 时刻所有点的温度必须同时计算，为此需对内部各点都建立类似式(5.4-26)这样的方程，这些方程及其边界方程都是线性代数方程，因此可以通过某些标准方法同时求解，如 Gauss-Seidel 迭代法、逆矩阵法等(G1，K1)。

式(5.4-26)的一个重要的优点是，对所有大于零的 M，方程都满足稳定性和收敛性要求，这样 M 的取值可小于 2。隐函数计算法的缺点是每个时间步骤的计算量都非常大。直接计算法是一种简化的方法，但考虑到稳定性问题，尤其是对于复杂情况的计算，隐函数法还是首选方法。

5.5　食品和生物物质的冷却与冷冻

5.5.1　概述

与许多相对稳定的无机物和有机物不同，食品和其他生物物质在室温下会随着时间或快或慢地发生腐败变质。造成这种现象的因素有很多，如，水果、蔬菜之类食品中的细胞组织在采收以后仍然会进行代谢呼吸，继续熟化直至腐烂。肉和鱼已死亡的细胞组织中，酶仍然具有活性，从而导致氧化反应及其他变质效果。微生物作用于所有的食品使之分解变质，

化学反应如脂肪的氧化也会使食品腐败。

在低温下,如果温度低于其最佳生长温度,则微生物的生长速度会降低。同样,低温下酶的活性和化学反应速度也会降低。食品和生物制品在低温下冷藏或冷冻保存时,温度每下降 10 K(10 ℃),化学反应和生物反应的速度就会下降 1/2 到 1/3。

在上述变质过程中水的作用非常重要,它是构成大多数生物物质的主要成分。为了将温度降低至足以使变质过程近乎停止,必须使大部分水冷冻。食品之类的物质并不像纯水一样在 0 ℃时结冰,而是在 0 ℃以下一定温度范围内才会冻结。但是,由于冰晶的某些物理作用以及溶液的浓缩等其他一些影响因素,生物物质常常采用冷藏保存而不是冷冻保存。

食品和生物制品的冷藏包括移走显热和代谢所产生的热量,并将温度降低到通常为 4.4 ℃(40 ℉)至刚好冰点之上的范围内,因此基本上不涉及冷冻潜热。视储存物品的性质和气体氛围,物品可在冷藏条件下保存一周到几个月时间。每一种物质都有其最佳冷藏温度。

食品和生物制品的冷冻过程是将温度降低使物质中的大部分水都结成冰。物质储存时间与最终储藏温度有关,温度低至－30 ℃时,可保存一年或一年以上。通常在冷冻食品的生产过程中,首先要对食品进行预蒸煮处理以破坏酶的活性。

5.5.2　食品和生物制品的冷却

食品和生物制品的冷却过程是将物质的温度降低至所需的冷藏温度,通常为－1.1 ℃(30 ℉)到 4.4 ℃(40 ℉)。例如,屠宰后牛肉的温度为 37.8 ℃(100 ℉)到 40 ℃(104 ℉),一般将其冷却至 4.4 ℃(40 ℉)。牛奶一经挤出,必须迅速冷却至正好冰点之上。某些鱼片包装时的温度为 7.2 ℃(45 ℉)到 10 ℃(50 ℉),然后需冷却至接近 0 ℃。

上述这些冷却过程的速率由第 5.1 节和 5.2 节中所讨论的非定态热传导定律决定。在传热过程中,物质的表面进行对流传热,其内部进行非定态热传导。在食品和生物制品外部的流体将热量带走,多数情况下这种流体为空气,其已经依据被冷却物质和其他条件要求,预先经冷冻冷却至－1.1 ℃(30 ℉)到 4.4 ℃。可采用第 4 章中的方法预测对流传热系数(通常包括辐射传热的影响),对空气而言,该系数在 8.5～40 $W/(m^2 \cdot K)$(1.5～7 $btu/(h \cdot ft^2 \cdot ℉)$)之间,主要与空气的速度有关。

在某些情况下,冷却介质为不断流过物料表面的一种液体,此时 h 值为 280～1 700 $W/(m^2 \cdot K)$(50～300 $btu/(h \cdot ft^2 \cdot ℉)$)之间。另外一些情况下,利用直接接触进行冷却,即使用盘式冷却器,物料直接与冷却盘接触,这时通常可假设物料表面的温度等于或接近于接触盘的温度。生物物质就常在接触式制冷器中进行冷冻。

当食品被包装在箱盒中,或用塑料薄膜密实包覆时,必须考虑由此带来的附加阻力。一种方法是将包装材料阻力叠加在对流层阻力上,

$$R_T = R_P + R_C \tag{5.5-1}$$

式中 R_P 为包装材料阻力,R_C 为外层对流层阻力,R_T 为总阻力。对每个阻力,

$$R_C = \frac{1}{h_c A} \tag{5.5-2}$$

$$R_P = \frac{\Delta x}{kA} \tag{5.5-3}$$

$$R_T = \frac{1}{hA} \tag{5.5-4}$$

式中，h_c 为气体或液体的对流传热系数，A 为表面积，Δx 为包装材料的厚度，k 为包装材料的热导率，h 为总传热系数。总传热系数 h 用于非定态传热的算图中。这里假设包装材料的热容可忽略不计，实际情况通常如此。此外假设包装材料与食品紧密接触，从而两者之间不存在阻力。

在使用非定态热传导过程的算图时，误差主要来源于食品的密度、热容和热导率等数据不足，以及对流传热系数的估算。因为食品是非均质物质，因此其物理性质难以估算。另外如果在冷却过程中发生水的蒸发，则所损失的潜热也会影响结果的准确性。

例 5.5-1　牛肉的冷却

Hodgson(H2)给出了牛肉的物理性质：$\rho = 1\ 073\ \text{kg/m}^3$，$c_p = 3.48\ \text{kJ/(kg·K)}$，$k = 0.948\ \text{W/(m·K)}$。要将初始温度为 37.8 ℃、厚度为 0.203 m 的一大片牛肉冷却至中心温度为 10 ℃，冷却空气温度为 1.7 ℃(假设空气温度恒定)。试计算所需冷却时间。

解：热扩散系数 α 为

$$\alpha = \frac{k}{\rho c_p} = \frac{0.498}{1\ 073 \times 3.48 \times 1\ 000} = 1.334 \times 10^{-7}\ \text{m}^2/\text{s}$$

牛肉片的一半厚度 x_1 为

$$x_1 = \frac{0.203}{2} = 0.101\ 5\ \text{m}$$

其中心处

$$n = \frac{x}{x_1} = \frac{0}{x_1} = 0$$

又

$$m = \frac{k}{hx_1} = \frac{0.498}{39.7 \times 0.101\ 5} = 0.123$$

$$T_1 = 17\ ℃ + 237.2 = 274.9\ \text{K} \quad T_0 = 37.8 + 273.2 = 311.0\ \text{K}$$

$$T = 10 + 273.2 = 283.2\ \text{K}$$

$$Y = \frac{T_1 - T}{T_1 - T_0} = \frac{274.9 - 283.2}{274.9 - 311.0} = 0.230$$

由图 5.3-6(适用于计算大平板中心温度)，得

$$X = 0.90 = \frac{\alpha t}{x_1^2} = \frac{(1.334 \times 10^{-7})(t)}{(0.101\ 5)^2}$$

解得 $t = 6.95 \times 10^4$ s (19.3 h)。

5.5.3　食品和生物制品的冷冻

(1) 概述。在食品和生物制品的冷冻过程中，首先是在冷却过程中除去显热，然后是冷冻过程除去潜热。水的凝固潜热为 335 J/kg(144 btu/lb_m)，占冷冻过程中去除总热量的绝大部分。其他诸如盐的溶解热等次要因素也应计入，但其影响非常小。实际上，当肉之类的物质被冷冻到－29 ℃时，大约只有 90％的水被凝固，其余部分的水被认为是结合水(B1)。

Riedel(R1)给出了许多不同食品冷冻过程的焓-温度-组成图，这些图表明凝固过程不是在某个确定的温度发生的，而是发生在一定(约几度)的温度范围内，因此没有确定的冰点和确定的凝固潜热。

由于在非定态冷冻过程中存在凝固潜热，因此本章到目前为止所给出的各种标准的非定态热传导方程及算图都不能用来推算冷冻时间。又因为食品和生物制品的物理性质随温度而变，冷冻量也随温度而变等因素，完全用解析法求其冷冻速度非常困难，因此通常用 Plank 法求近似解。

(2) 冷冻过程的 Plank 近似解。Plank(P2)推导了冷冻时间的近似解法，其准确度足以满足工程应用。在推导过程中 Plank(P2)作了如下假设：过程开始时食品处于凝固温度，但尚未凝固；已凝固部分物质的热导率为常数；所有物质在凝固点凝固，潜热恒定；在凝固层中热传导足够慢，以至于可看作准定态热传导过程。

图 5.5－1 为一个厚度为 a(m)、两侧进行对流冷却的平板。在某一时刻 t，两侧各形成了厚度为 x(m)的凝固层。环境温度恒定为 T_1(K)，凝固点温度恒定为 T_f，中间是温度为 T_f 的未凝固层。

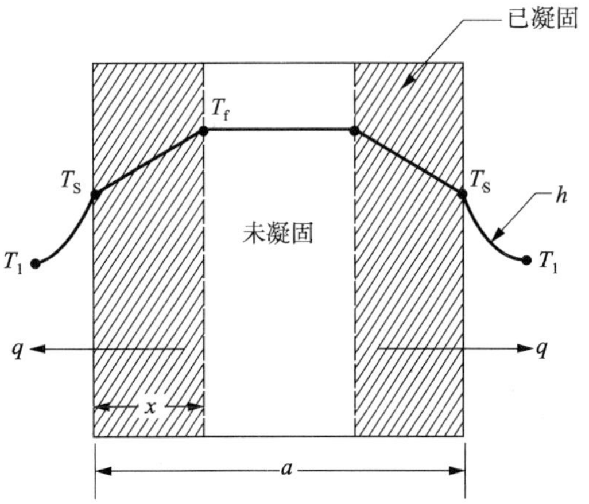

图 5.5－1　冷冻过程中的温度分布曲线

在时刻 t 离开的热量为 q(W)。由于过程处于准定态条件下，因此在外表面通过对流传热移走的热量为

$$q=hA(T_s-T_1) \qquad (5.5-5)$$

式中 A 为表面积。同样，定态条件下通过厚度为 x 的凝固层所传导的热量为

$$q=\frac{hA}{x}(T_f-T_s) \qquad (5.5-6)$$

式中 k 为已凝固物质的热导率。设在一定的时间 dt s 内，层厚为 dx 的物质被凝固。这样将 A、dx 和 ρ 相乘便得到已凝固物质的质量(kg)，再乘以潜热 λ(J/kg)并除以 dt，得

$$q=\frac{A\mathrm{d}x\rho\lambda}{\mathrm{d}t}=A\rho\lambda\frac{\mathrm{d}x}{\mathrm{d}t} \qquad (5.5-7)$$

式中 ρ 为未凝固物质的密度。

接下来，由式(5.5－5)求得 T_s 并代入式(5.5－6)，得

$$q=\frac{(T_f-T_1)A}{x/k+1/h} \tag{5.5-8}$$

令式(5.5-8)等于式(5.5-7)：

$$\frac{(T_f-T_1)A}{x/k+1/h}=A\rho\lambda\frac{dx}{dt} \tag{5.5-9}$$

整理方程，并在 $t=0,x=0$ 和 $t=t,x=a/2$ 之间积分，

$$(T_f-T_1)\int_0^t dt=\lambda\rho\int_0^{a/2}\left(\frac{x}{k}+\frac{1}{h}\right)dx \tag{5.5-10}$$

求得

$$t=\frac{\lambda\rho}{T_f-T_1}\left(\frac{a}{2h}+\frac{a^2}{8k}\right) \tag{5.5-11}$$

对其他形状的物质，将方程普遍化，得

$$t=\frac{\lambda\rho}{T_f-T_1}\left(\frac{Pa}{h}+\frac{Ra^2}{k}\right) \tag{5.5-12}$$

式中 a 为无限大平板(图 5.5-1)的厚度、球体的直径、长圆柱体的直径或长方形物体最小一维的尺寸。又，

$P=1/2$(无限大平板)，1/6(球体)，1/4(无限长圆柱体)

$R=1/8$(无限大平板)，1/24(球体)，1/16(无限长圆柱体)

对于尺寸为 $a\times\beta_1 a\times\beta_2 a$ 的长方形物体(a 为最短边)，Ede(B1)制作了一张算图，用来确定 P 和 R 的值，从而可由式(5.5-12)计算时间 t。将式(5.5-11)中已凝固物质的 k 值替换为解冻物质的 k 值，便可由该式计算物质解冻所需时间。

例 5.5-2 肉类的冷冻

一块肉的厚度为 0.063 5 m，欲将其在温度为 244.3 K(−28.9 ℃)的气流式制冷器中进行冷冻。肉的初始温度为冰点温度 270.4 K(−2.8 ℃)。已知肉中含 75%水分，传热系数 $h=17.0\ \mathrm{W/(m^2\cdot K)}$，物性数据为：$\rho=1\ 057\ \mathrm{kg/m^3}$(未凝固时)，$k=1.038\ \mathrm{W/(m\cdot K)}$(已凝固)。计算冷冻时间。

解：水的熔融潜热为 335 kJ/kg(144 btu/$\mathrm{lb_m}$)，对于含水量 75%的肉，有

$$\lambda=0.75\times335=251.2\ \mathrm{kJ/kg}$$

其他已知的变量为 $a=0.063\ 5$ m，$T_f=270.4$ K，$T_1=244.3$ K，$\rho=1\ 057\ \mathrm{kg/m^3}$，$h=17.0\ \mathrm{W/(m^2\cdot K)}$，$k=1.038\ \mathrm{W/(m\cdot K)}$，代入式(5.5-11)，得

$$t=\frac{\lambda\rho}{T_f-T_1}\left(\frac{a}{2h}+\frac{a^2}{8k}\right)=\frac{2.512\times10^5\times1\ 057}{270.4-244.3}\times\left[\frac{0.063\ 5}{2\times17.0}+\frac{0.063\ 5^2}{8\times1.038}\right]$$
$$=2.395\times10^4\ \mathrm{s}(6.65\ \mathrm{h})$$

(3) 冷冻时间的其他计算法。Neumann(C1,C2)针对平板中的冷冻过程推导了一个很

复杂的方程,他假设表面温度与环境温度相等,即没有表面阻力,并且冷冻过程温度恒定。由于推导过程中假设无表面阻力,因此该法因不能在表面处应用对流传热系数而受到限制。但是,该法也不包括初始温度(可能高于冰点)对冷却的影响,

Plank 方程未考虑初始温度可能高于冰点的情况。下面介绍一种用于计算将初始温度 T_0 降低到冰点 T_f 所需额外时间的方法。首先假设尚未发生凝固,因此利用未凝固物料的物理性质,由非定态热传导算图计算物料从平均温度降低至冰点所需时间。如果表面没有阻力,则可直接应用图 5.3-13。如果存在表面阻力,则须由非定态热传导算图得到物料中几个点的温度,然后由这些点的温度计算平均温度。由于时间是未知的,必须首先假设一个值,因此这一计算过程实际上是一个试差过程。如果所得平均温度不等于冰点温度,则必须设一个新的时间。又由于过程中某些物质会发生凝固,因此该法只是一种近似方法。

5.6 能量变化方程的推导

5.6.1 概述

在第 3.6 节和 3.7 节中我们曾推导了纯流体中的连续性微分方程和动量传递微分方程,因为在第 2 章中,针对一个有限体积进行的总的物料衡算、能量衡算和动量衡算所得到的方程不能说明控制体内部如何变化,于是在进行总的衡算时,每研究一个新的系统,就要进行一次新的衡算。更容易的做法是,从普遍化的连续性微分方程和动量传递微分方程着手,然后针对各个特定的系统,通过去掉方程中一些无关的项即可将方程简化。

在第 4 章(关于定态传热)和第 5 章(关于非定态传热)中,就是针对每一种新情况对控制体进行一次新的能量衡算。但为了进一步研究流动和非流动体系中的热量传递或能量传递过程,我们必须取一个微元体积来更详尽地研究其中所发生的过程。这里能量衡算是在同一个相中进行,而用相界面处的边界条件进行积分。

下一节我们将推导通用的能量变化微分方程:能量守恒方程,然后针对几种经常发生的特殊情况对该方程进行修正,最后给出所得方程的几个应用实例。这个能量守恒方程是通用的,对定态和非定态条件都适用,我们将用它来研究定态和非定态的能量传递过程。

5.6.2 能量变化微分方程的推导

与推导动量传递微分方程时相同,我们首先对大小为 $\Delta x, \Delta y, \Delta z$ 的静止的微元体积写出衡算式,然后写出能量守恒定律,它实际上是在任一时刻热力学第一定律对该微元中的流体的应用。下式与第 2.7 节中对控制体所给出的式(2.7-7)相同:

(能量输入速率)-(能量输出速率)-(系统对环境做功的速率)=(能量积累速率)　　(5.6-1)

与动量传递相同,能量以对流和分子传递或传导的方式输入和输出系统。所传递的能量有两种形式,第一种是内能 U,单位为 J/kg(btu/lb_m),这种能量与分子的随机平移运动、分子内部的运动以及分子间的相互作用有关。传递的第二种能量是动能 $\rho v^2/2$,其中 v 为流

体的流速，单位为 m/s(ft/s)，该能量与流体的主体运动有关。这样，单位体积的总能量为 $(\rho U+\rho v^2/2)$，从而体积微元(m^3 或 ft^3)中能量累积的速率即为

$$\Delta x\Delta y\Delta z\,\frac{\partial}{\partial t}\left(\rho U+\frac{\rho v^2}{2}\right) \tag{5.6-2}$$

在 x 方向上，以对流方式从 x 处进入的总能量减去从 $x+\Delta x$ 处离开的总能量为：

$$\Delta y\Delta z\left[v_x\left(\rho U+\frac{\rho v^2}{2}\right)\right]_x-\Delta y\Delta z\left[v_x\left(\rho U+\frac{\rho v^2}{2}\right)\right]_{x+\Delta x} \tag{5.6-3}$$

在 y 和 z 方向上可分别用速度 v_y 和 v_z 写出类似的方程式。

在 x 方向上，能量以热传导方式进入微元的净速率为：

$$\Delta y\Delta z[(q_x)_x-(q_x)_{x+\Delta x}] \tag{5.6-4}$$

同样在 y 和 z 方向上也可写出类似的方程，其中 q_x，q_y 和 q_z 为热通量矢量 $\boldsymbol{q}$ 的三个分量，单位为 W/m^2(btu/(s · ft^2))或其他常用单位。

对 x 方向而言，系统对其环境所做的净功为下述三个部分之和：第一部分为克服重力所做的净功：

$$-\rho\Delta x\Delta y\Delta z(v_x g_x) \tag{5.6-5}$$

式中 g_x 为万有引力。第二部分为克服静压强 p 所做的功：

$$\Delta y\Delta z[(pv_x)_{x+\Delta x}-(pv_x)_x] \tag{5.6-6}$$

式中 p 的单位为 N/ m^2(lb_f/ ft^2)或其他常用单位。第三部分为克服黏性力所做的功：

$$\Delta y\Delta z[(\tau_{xx}v_x+\tau_{xy}v_y+\tau_{xz}v_z)_{x+\Delta x}-(\tau_{xx}v_x+\tau_{xy}v_y+\tau_{xz}v_z)_x] \tag{5.6-7}$$

在第 3.7 节中已详细讨论了这些黏性力。

在全部三个方向上写出类似于式(5.6-3)～式(5.6-7)的方程，并将它们与式(5.6-2)一起代入式(5.6-1)，再除以 Δx，Δy 和 Δz。令 Δx，Δy 和 Δz 趋近于零，得

$$\begin{aligned}\frac{\partial}{\partial t}\left(\rho U+\frac{\rho v^2}{2}\right)=&-\left[\frac{\partial}{\partial x}v_x\left(\rho U+\frac{\rho v^2}{2}\right)+\frac{\partial}{\partial y}v_y\left(\rho U+\frac{\rho v^2}{2}\right)+\frac{\partial}{\partial z}v_z\left(\rho U+\frac{\rho v^2}{2}\right)\right]\\&-\left(\frac{\partial q_x}{\partial x}+\frac{\partial q_y}{\partial y}+\frac{\partial q_z}{\partial z}\right)+\rho(v_x g_x+v_y g_y+v_z g_z)\\&-\left[\frac{\partial}{\partial x}(\rho v_x)+\frac{\partial}{\partial y}(\rho v_y)+\frac{\partial}{\partial z}(\rho v_z)\right]\\&-\left[\frac{\partial}{\partial x}(\tau_{xx}v_x+\tau_{xy}v_y+\tau_{xz}v_z)+\frac{\partial}{\partial z}(\tau_{yx}v_x+\tau_{yy}v_y+\tau_{yz}v_z)\right.\\&\left.+\frac{\partial}{\partial z}(\tau_{zx}v_x+\tau_{zy}v_y+\tau_{zz}v_z)\right]\end{aligned} \tag{5.6-8}$$

该推导过程的详细步骤见(B2)。

式(5.6-8)是关于某一个定点的能量变化的最终方程，但使用上不方便。为此我们首先将式(5.6-8)与连续性方程式(3.6-23)和运动方程式(3.7-13)结合，并用流体温度 T 和热容表示内能，则对于热导率 k 恒定的牛顿流体可得

$$\rho c_v \frac{DT}{Dt}=k\ \nabla^2 T-T\left(\frac{\partial p}{\partial T}\right)_\rho(\nabla \cdot v)+\mu\phi \tag{5.6-9}$$

该式在三个方向上应用了傅里叶第二定律，式中

$$k\ \nabla^2 T=k\left(\frac{\partial^2 T}{\partial x^2}+\frac{\partial^2 T}{\partial y^2}+\frac{\partial^2 T}{\partial z^2}\right) \tag{5.6-10}$$

除非存在极大的速度梯度，一般情况下黏性耗散项 $\mu\phi$ 可忽略不计，以后的讨论中将略去这一项。式(5.6-9)为以流体温度 T 表示的、k 值恒定的牛顿流体的能量变化方程。

5.6.3 能量变化方程的几种特殊形式

对于热导率 k 值恒定的牛顿流体，式(5.6-9)常常呈下面几种特殊形式。首先，略去 $\mu\phi$ 项后，在直角坐标系中式(5.6-9)的形式为：

$$\begin{aligned}&\rho c_v\left(\frac{\partial T}{\partial t}+v_x\frac{\partial T}{\partial x}+v_y\frac{\partial T}{\partial y}+v_z\frac{\partial T}{\partial z}\right)\\&=k\left(\frac{\partial^2 T}{\partial x^2}+\frac{\partial^2 T}{\partial y^2}+\frac{\partial^2 T}{\partial z^2}\right)-T\left(\frac{\partial p}{\partial T}\right)_\rho\left(\frac{\partial v_x}{\partial x}+\frac{\partial v_y}{\partial y}+\frac{\partial v_z}{\partial z}\right)\end{aligned} \tag{5.6-11}$$

(1) 压力恒定的流体。对于密度和压力恒定的流体，能量变化方程为，

$$\rho c_p \frac{DT}{Dt}=k\ \nabla^2 T \tag{5.6-12}$$

在直角坐标中为

$$\rho c_p\left(\frac{\partial T}{\partial t}+v_x\frac{\partial T}{\partial x}+v_y\frac{\partial T}{\partial y}+v_z\frac{\partial T}{\partial z}\right)=k\left(\frac{\partial^2 T}{\partial x^2}+\frac{\partial^2 T}{\partial y^2}+\frac{\partial^2 T}{\partial z^2}\right) \tag{5.6-13}$$

在柱面坐标中为

$$\rho c_p\left(\frac{\partial T}{\partial t}+v_r\frac{\partial T}{\partial r}+\frac{v_\theta}{r}\frac{\partial T}{\partial \theta}+v_z\frac{\partial T}{\partial z}\right)=k\left(\frac{\partial^2 T}{\partial r^2}+\frac{1}{r}\frac{\partial T}{\partial r}+\frac{1}{r^2}\frac{\partial^2 T}{\partial \theta^2}+\frac{\partial^2 T}{\partial z^2}\right) \tag{5.6-14}$$

在球坐标中为

$$\begin{aligned}&\rho c_p\left(\frac{\partial T}{\partial t}+v_r\frac{\partial T}{\partial r}+\frac{v_\theta}{r}\frac{\partial T}{\partial \theta}+\frac{v_\phi}{r\sin\theta}\frac{\partial T}{\partial \phi}\right)\\&=k\left[\frac{1}{r^2}\frac{\partial}{\partial r}\left(r^2\frac{\partial T}{\partial r}\right)+\frac{1}{r^2\sin\theta}\frac{\partial}{\partial\theta}\left(\sin\theta\frac{\partial T}{\partial\theta}\right)+\frac{1}{r^2\sin^2\theta}\frac{\partial^2 T}{\partial\phi^2}\right]\end{aligned} \tag{5.6-15}$$

柱面坐标和球坐标的定义见第 3.6 节。若速度 v 为零，则 DT/Dt 变为$\partial T/\partial t$。

(2) 密度恒定的流体。

$$\rho c_p \frac{DT}{Dt}=k\ \nabla^2 T \tag{5.6-16}$$

注意，该式等同于压力恒定时的式(5.6-12)。

(3) 固体

对 ρ 恒定，$v=0$ 的情况，

$$\rho c_p \frac{\partial T}{\partial t} = k\ \nabla^2 T \qquad (5.6-17)$$

该式常称为热传导的傅里叶第二定律。对于速度为零，压力恒定的固体该式同样成立。

(4) 伴随热量生成的情况。若由于电学或化学的原因，在流体中有热的生成，则式(5.6-17)的右边应加上 $\dot{q}$ 项

$$\rho c_p \frac{\partial T}{\partial t} = k\ \nabla^2 T + \dot{q} \qquad (5.6-18)$$

式中 $\dot{q}$ 为热的生成速率，W/m^3($btu/(h\cdot ft^3)$，或其他单位)。黏性耗散也会生成热，但如果计入这一项，会由于需将能量方程与运动方程耦合，使问题求解的复杂性大大增加。

(5) 其他坐标系。定态热传导的傅里叶第二定律在各坐标系中呈如下形式：
在直角坐标中，

$$\frac{\partial T}{\partial t} = \frac{k}{\rho c_p} \nabla^2 T = \alpha\left(\frac{\partial^2 T}{\partial x^2} + \frac{\partial^2 T}{\partial y^2} + \frac{\partial^2 T}{\partial z^2}\right) \qquad (5.6-19)$$

式中热扩散系数 $\alpha = k/(\rho c_p)$，m^2/s。
对柱面坐标，

$$\frac{\partial T}{\partial t} = \alpha\left(\frac{\partial^2 T}{\partial r^2} + \frac{1}{r}\frac{\partial T}{\partial r} + \frac{1}{r^2}\frac{\partial^2 T}{\partial \theta^2} + \frac{\partial^2 T}{\partial z^2}\right) \qquad (5.6-20)$$

对球坐标，

$$\frac{\partial T}{\partial t} = \alpha\left[\frac{1}{r^2}\frac{\partial}{\partial r}\left(r^2 \frac{\partial T}{\partial r}\right) + \frac{1}{r^2 \sin\theta}\frac{\partial}{\partial \theta}\left(\sin\theta \frac{\partial T}{\partial \theta}\right) + \frac{1}{r^2 \sin^2\theta}\frac{\partial^2 T}{\partial \phi^2}\right] \qquad (5.6-21)$$

5.6.4　能量变化方程的应用

在第3.8节中我们曾利用连续性微分方程和运动微分方程来建立流体流动问题，通过略去方程中接近零或为零的项来简化方程，从而求解速度分布和压力分布，并且对每一种新的情况均如此处理，而不必重新作质量衡算和动量衡算。同样的方法用来求解传热问题，即利用连续性微分方程、运动微分方程和能量微分方程，并略去方程中不必要的项。下面通过几个例子来说明如何使用这些通用的方法。

例 5.6-1　伴有热量生成时的温度分布

一圆柱形固体的两端绝热，其内部均匀地生成热量 $\dot{q}$ W/m^3。圆柱体表面温度恒定为 T_w K，其半径为 $r=R$ m。设热量仅在径向流动。试推导定态条件下的温度分布方程，假设该固体的热导率为恒定值。

解：在柱坐标系中应用式(5.6-20)。一般将 $\dot{q}/(\rho c_p)$ 这一项加在方程的右边，如此得：

$$\frac{\partial T}{\partial t} = \frac{k}{\rho c_p} = \left(\frac{\partial^2 T}{\partial r^2} + \frac{1}{r}\frac{\partial T}{\partial r} + \frac{1}{r^2}\frac{\partial^2 T}{\partial \theta^2} + \frac{\partial^2 T}{\partial z^2}\right) + \frac{\dot{q}}{\rho c_p} \qquad (5.6-22)$$

定态条件下 $\partial T/\partial t = 0$，另外在只存在径向热传导的情况时，$\partial^2 T/\partial z^2 = 0$，$\partial^2 T/\partial \theta^2 = 0$。由此

得下列微分方程：

$$\frac{d^2T}{dr^2}+\frac{1}{r}\frac{dT}{dr}=-\frac{\dot{q}}{k} \tag{5.6-23}$$

该式可改写为

$$r\frac{d^2T}{dr^2}+\frac{dT}{dr}=-\frac{\dot{q}r}{k} \tag{5.6-24}$$

注意，式(5.6-24)可进一步改写成

$$\frac{d}{dr}\left(r\frac{dT}{dr}\right)=-\frac{\dot{q}r}{k} \tag{5.6-25}$$

对式(5.6-25)进行一次积分，得

$$\left(r\frac{dT}{dr}\right)=-\frac{\dot{q}r^2}{2k}+K_1 \tag{5.6-26}$$

式中 K_1 为积分常数。再对上式进行积分，得

$$T=-\frac{\dot{q}r^2}{4k}+K_1\ln r+K_2 \tag{5.6-27}$$

式中 K_2 为积分常数。边界条件为：

$r=0$ 时，$dT/dr=0$ (对称性)

$r=R$ 时，$T=T_w$

最后得

$$T=\frac{\dot{q}(R^2-r^2)}{4k}+T_w \tag{5.6-28}$$

该式与其他方法得到的式(4.3-29)相同。

例 5.6-2　利用能量变化方程计算层流时的传热过程

一密度恒定的流体在一被加热的水平直管中作层流流动，试利用能量变化微分方程，推导出该条件下计算传热过程所需的偏微分方程和边界条件。已知流体的流速恒定为 v_z，管壁处($r=r_0$)热通量恒为 q_0。过程为定态的，并假设入口处($z=0$)速度分布已经形成。同时假设流体的物性不变。

解： 例 3.8-3 中由连续性方程得 $\partial^2 v_z/\partial z=0$。在柱坐标系中对定态条件下的运动方程求解得抛物线形速度分布：

$$v_z=v_{z\max}\left[1-\left(\frac{r}{r_0}\right)^2\right] \tag{5.6-29}$$

由于流体的密度恒定，因此式(5.6-14)可应用于能量变化方程。本题条件下，$v_r=0$，$v_\theta=0$，又由于对称性的原因，$\partial T/\partial\theta=0$，$\partial^2 T/\partial\theta^2=0$，而定态条件下，$\partial T/\partial t=0$。由此

(5.6－14)即简化为

$$v_z \frac{\partial T}{\partial z}=\frac{k}{\rho c_p}\left(\frac{\partial^2 T}{\partial r^2}+\frac{1}{r}\frac{\partial T}{\partial r}+\frac{\partial^2 T}{\partial z^2}\right) \tag{5.6-30}$$

通常在 z 方向上,传导项($\partial^2 T/\partial z^2$)相对于对流项($v_z\partial T/\partial z$)而言较小,可略去。最后,将式(5.6－29)代入式(5.6－30),得

$$v_{z\max}\left[1-\left(\frac{r}{r_0}\right)^2\right]\frac{\partial T}{\partial z}=\frac{k}{\rho c_p}\left(\frac{\partial^2 T}{\partial r^2}+\frac{1}{r}\frac{\partial T}{\partial r}\right) \tag{5.6-31}$$

边界条件为

$z=0$ 时,$T=T_0$
$r=0$ 时,T 为有限值
$r=r_0$ 时,$q_0=-k(\partial T/\partial r)$ (常数)

该方程的解详见 Siegel 等的著作(S2)。

5.7　传热过程中的边界层理论及湍流流动

5.7.1　传热过程中的层流和边界层理论

对流体以层流方式恒温地流过一个平板的情况,在 3.10.3 节中已经求得了准确的速度分布的解,所得 Blasius 解可扩展应用于同样为层流流动且几何条件相同,但包含了对流传热时的情况。图 5.7－1 所示为热边界层,流向平板的流体温度为 T_∞,平板的温度为 T_s。

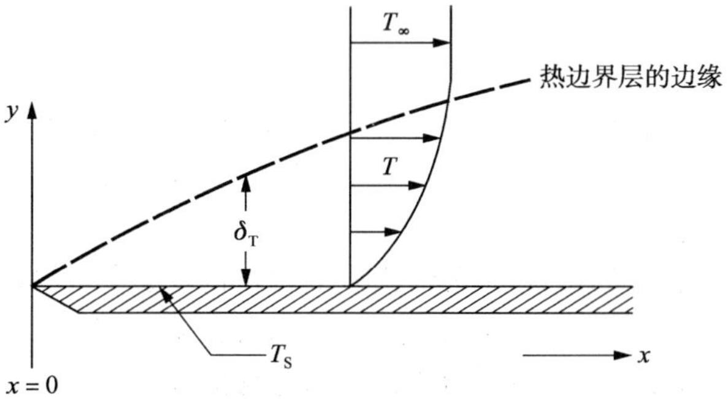

图 5.7－1　流体以层流方式流过平板及其热边界层

首先由式(5.6－13)写出能量衡算微分方程:

$$\frac{\partial T}{\partial t}+v_x\frac{\partial T}{\partial x}+v_y\frac{\partial T}{\partial y}+v_z\frac{\partial T}{\partial z}=\frac{k}{\rho c_p}\left(\frac{\partial^2 T}{\partial x^2}+\frac{\partial^2 T}{\partial y^2}+\frac{\partial^2 T}{\partial z^2}\right) \tag{5.7-1}$$

若流动发生在 x 和 y 方向,则 $v_z=0$,定态条件下,$\partial T/\partial t=0$, x 和 z 方向上的热传导可以忽略,热传导只发生在 y 方向,所以$\partial^2 T/\partial x^2=\partial^2 T/\partial z^2=0$。由此得

$$v_x\frac{\partial T}{\partial x}+v_y\frac{\partial T}{\partial y}=\frac{k}{\rho c_p}\frac{\partial^2 T}{\partial y^2} \tag{5.7-2}$$

推导速度边界层时使用的简化动量平衡方程与上式非常相似：

$$v_x \frac{\partial v_x}{\partial x}+v_y \frac{\partial v_x}{\partial y}=\frac{\mu}{\rho} \frac{\partial^2 v_x}{\partial y^2} \tag{3.10-5}$$

当时所用的连续性方程为

$$\frac{\partial v_x}{\partial x}+\frac{\partial v_x}{\partial y}=0 \tag{3.10-3}$$

Blasius 利用式(3.10-5)和式(3.10-3)对层流边界层进行了求解，所使用的边界条件为：

$$\begin{aligned} &\frac{v_x}{v_\infty}=\frac{v_y}{v_\infty}=0 \quad \text{当 } y=0 \\ &\frac{v_x}{v_\infty}=1 \quad \text{当 } y=\infty \\ &\frac{v_x}{v_\infty}=1 \quad \text{当 } x=0 \end{aligned} \tag{5.7-3}$$

很显然，式(3.10-5)与式(5.7-2)具有相似性。因此，若 $k/\rho c_p=\mu/\rho$，这里就可以应用 Blasius 解。这就意味着 Prandtl 准数 $c_p\mu/k=1$。同样，所使用的边界条件也必须相同。以无量纲变量 $(T-T_s)/(T_\infty-T_s)$ 代替式(5.7-2)中的 T，边界条件成为

$$\begin{aligned} &\frac{v_x}{v_\infty}=\frac{v_y}{v_\infty}=\frac{T-T_s}{T_\infty-T_s}=0 \quad \text{当 } y=0 \\ &\frac{v_x}{v_\infty}=\frac{T-T_s}{T_\infty-T_s}=1 \quad \text{当 } y=\infty \\ &\frac{v_x}{v_\infty}=\frac{T-T_s}{T_\infty-T_s}=1 \quad \text{当 } x=0 \end{aligned} \tag{5.7-4}$$

可以看出，温度分布和速度分布的方程和边界条件是等同的。因此，对流动系统中任意点 x, y，无量纲变量 v_x/v_∞ 与 $(T-T_s)/(T_\infty-T_s)$ 相等，所以速度分布的解与温度分布的解相等。

这就意味着动量和热量的传递是完全相似的，因此速度分布的边界层(流体力学边界层)厚度 δ 等于传热边界层厚度 δ_T。对于气体，Prandtl 准数接近于 1，该结论尤为重要。

联立式(3.10-7)和式(3.10-8)，得表面处速度梯度为

$$\left(\frac{\partial v_x}{\partial y}\right)_{y=0}=0.332 \frac{v_\infty}{x} N_{Re,x}^{1/2} \tag{5.7-5}$$

式中 $N_{Re,x}=xv_\infty\rho/\mu$，又

$$\frac{v_x}{v_\infty}=\frac{T-T_s}{T_\infty-T_s} \tag{5.7-6}$$

联立式(5.7-5)和式(5.7-6)，得

$$\left(\frac{\partial T}{\partial y}\right)_{y=0}=(T_\infty-T_s)\left(\frac{0.332}{x} N_{Re,x}^{1/2}\right) \tag{5.7-7}$$

通过下式可将对流方程与傅里叶方程进行关联：

$$\frac{q_y}{A}=h_x(T_s-T_\infty)=-k\left(\frac{\partial T}{\partial y}\right)_{y=0} \tag{5.7-8}$$

式中 q_y 的单位为 J/s 或 W(btu/h)。

联立式(5.7－7)和式(5.7－8)，得

$$\frac{h_x x}{k}=N_{Nu,x}=0.332\ N_{Re,x}^{1/2} \tag{5.7-9}$$

式中 $N_{Nu,x}$ 为无量纲 Nusselt 准数，h_x 为平板上点 x 处的局部传热系数。

Pohlhausen(K1)曾证明对 Prandtl 准数大于 0.6 的流体，流体力学边界层与传热边界层的关系近似为

$$\frac{\delta}{\delta_T}=N_{Pr}^{1/3} \tag{5.7-10}$$

从而局部传热系数的方程便为

$$h_x=0.332\ \frac{k}{x}N_{Re,x}^{1/2}N_{Pr}^{1/3} \tag{5.7-11}$$

即

$$\frac{h_x x}{k}=N_{Nu,x}=0.332\ N_{Re,x}^{1/2}N_{Pr}^{1/3} \tag{5.7-12}$$

对宽度为 b 面积为 bL 的平板，计算从 $x=0$ 到 $x=L$ 的平均传热系数 h 的方程为

$$h=\frac{b}{A}\int_0^L h_x \mathrm{d}x=\frac{1}{L}0.332k\left(\frac{\rho v_\infty}{\mu}\right)^{1/2}N_{Pr}^{1/3}\int_0^L\frac{\mathrm{d}x}{x^{1/2}} \tag{5.7-13}$$

将该式积分，得

$$h=0.644\ \frac{k}{L}N_{Re,L}^{1/2}N_{Pr}^{1/3} \tag{5.7-14}$$

$$\frac{hL}{k}=N_{Nu}=0.644\ N_{Re,L}^{1/2}N_{Pr}^{1/3} \tag{5.7-15}$$

如前所述，在光滑的平板上，层流边界层可维持直至 Reynolds 准数高达 5×10^5 左右。另外，应用上述方程时，通常流体的性质取膜温度 $T_f=(T_s+T_\infty)/2$ 下的数据。

5.7.2　传热边界层的近似积分析法

在讨论流体力学边界层时，Blasius 解只在其讨论范围内才是准确的，其他更复杂的系统则不能用这种方法求解。在第 3.10 节中曾介绍 Von Kármán 用近似积分法来计算流体力学边界层，这种方法可用于分析传热边界层。

下面对这种方法作一简要说明。首先，如图 3.10－5 所示取一控制体，推导出最终的能量积分表达式：

$$\frac{k}{\rho c_p}\left(\frac{\partial T}{\partial y}\right)_{y=0} = \frac{\mathrm{d}}{\mathrm{d}x}\int_0^{\delta_T} v_x(T_\infty - T)\mathrm{d}y \tag{5.7-16}$$

该式类似于动量分析时联立方程式(3.10-48)和式(3.10-51)所得的方程

$$\frac{\mu}{\rho}\left(\frac{\partial v_x}{\partial y}\right)_{y=0} = \frac{\mathrm{d}}{\mathrm{d}x}\int_0^{\delta} v_x(v_\infty - v_x)\mathrm{d}y \tag{5.7-17}$$

若速度分布和温度分布均已知,式(5.7-16)可以求解。假设使用式(3.10-50)所示的速度分布,

$$\frac{v_x}{v_\infty}=\frac{3}{2}\frac{y}{\delta}-\frac{1}{2}\left(\frac{y}{\delta}\right)^3 \tag{3.10-50}$$

并假设温度分布的形式与之相同,

$$\frac{T-T_s}{T_\infty-T_s}=\frac{3}{2}\frac{y}{\delta_T}-\frac{1}{2}\left(\frac{y}{\delta_T}\right)^3 \tag{5.7-18}$$

将式(3.10-50)和式(5.7-18)代入上述积分表达式,解得

$$N_{Nu,x}=0.36N_{Re,x}^{1/2}N_{Pr}^{1/3} \tag{5.7-19}$$

该式计算结果仅比式(5.7-11)所得准确解大8%,表明在无法获得准确解的情况下,使用这种近似积分法所得结果也是可靠的。

以相同的方式,可将第3.10节中对湍流中流体力学边界层所使用的动量积分法用于湍流中的传热边界层的分析,同样,Blasius 的 1/7 次方定律也适用于温度分布,所得结果与4.6节中得到的经验方程十分相似。

5.7.3　Prandtl 混合长度与涡流热扩散系数

(1) 湍流中的涡流动量扩散系数。在第3.10.6节中,当分子扩散与涡流扩散的影响加在一起时,将湍流的总剪应力$\bar{\tau}_{yx}^t$用下式表示

$$\bar{\tau}_{yx}^t=-\rho\left(\frac{\mu}{\rho}+\varepsilon_t\right)\frac{\mathrm{d}\bar{v}_x}{\mathrm{d}y} \tag{5.7-20}$$

其中分子动量扩散系数μ/ρ(m^2/s)仅仅是流体分子性质的函数,而湍流的涡流动量扩散系数ε_t则取决于流体的流动状态。在式(3.10-29)我们将ε_t与 Prandtl 混合长度L进行了关联:

$$\varepsilon_t=L^2\left|\frac{\mathrm{d}\bar{v}_x}{\mathrm{d}y}\right| \tag{3.10-29}$$

(2) Prandtl 混合长度与涡流热扩散系数。对湍流传热,我们可以用类似的方法推导出涡流热扩散系数。设流体的漩涡在y方向传递距离为L,在点L处,漩涡的平均速度与相邻流体的平均速度之差为v_x',这就是第3.10.6节中所讨论的脉动速度分量。设能量在y方向上伴随质量传递相同的长度L,流体的瞬时温度为$T=T'+\bar{T}$,其中$\bar{T}$为平均温度,T'为偏离平均温度值,即脉动温度,类似于脉动速度v_x'。若混合长度足够小,则温度差可以下式表示:

$$T'=L\frac{\mathrm{d}\bar{T}}{\mathrm{d}y} \tag{5.7-21}$$

单位面积上能量传递的速率 q_y/A 等于 y 方向质量通量与热容及温差的乘积：

$$\frac{q_y}{A}=\frac{-v_y'\rho c_p L\,\mathrm{d}\,\bar{T}}{\mathrm{d}y} \tag{5.7-22}$$

在 3.10.6 节中，我们假设 $v_x'=v_y'$，

$$v_x'=v_y'=L\left|\frac{\mathrm{d}\bar{v}_x}{\mathrm{d}y}\right| \tag{5.7-23}$$

将式(5.7-23)代入式(5.7-22)，得

$$\frac{q_y}{A}=-\rho c_p L^2\left|\frac{\mathrm{d}\bar{v}_x}{\mathrm{d}y}\right|\frac{\mathrm{d}\,\bar{T}}{\mathrm{d}y} \tag{5.7-24}$$

在式(3.10-29)中，$L^2|\mathrm{d}\bar{v}_x/\mathrm{d}y|$ 为涡流动量扩散系数 ε_t。当该项出现在湍流传热方程(5.7-24)中时，称为涡流热扩散系数 α_t。

这样式(5.7-24)可写成

$$\frac{q_y}{A}=-\rho c_p \alpha_t\frac{\mathrm{d}\,\bar{T}}{\mathrm{d}y} \tag{5.7-25}$$

将该式与以分子热扩散系数 α 表示的傅里叶方程相结合，便得

$$\frac{q_y}{A}=-\rho c_p(\alpha+\alpha_t)\frac{\mathrm{d}\,\bar{T}}{\mathrm{d}y} \tag{5.7-26}$$

(3) 动量传递、热量传递和质量传递的相似性。式(5.7-26)与表示总动量传递的式(5.7-20)相似。在推导过程中，我们假设涡流热量扩散系数 α_t 与涡流动量扩散系数 ε_t 相等，但实验数据表明两者只是近似相等。类似地，对质量传递，我们利用 Prandtl 混合长度理论定义了涡流质量扩散系数，并且假设其与 α_t 和 ε_t 相等。

习　题

5.2-1　铜丝冷却过程中的温度响应。将一直径为 0.792 mm，初始温度为 366.5 K 的细铜丝突然浸入一个 311 K 的恒温水浴中。已知对流给热系数为 $h=85.2$ W/(m² · K)，铜丝的物理性质可视为常数，$k=374$ W/(m · K)，$c_p=0.389$ kJ/(kg · K)，$\rho=8\,890$ kg/m³。

(1) 计算使铜丝的平均温度下降至 338.8 K 时(此时温差为初始温差的 1/2)所需的时间(s)。

(2) 重复上述计算，但取 $h=11.36$ W/(m² · K)。

(3) 对问题(2)，计算从长度为 1.0 m 的铜丝上所移走的总热量。

答案：(1) $t=5.66$ s

5.2-2　铅棒在油浴中的急冷。一铅棒平均直径为 5.1 mm，初始温度为 204.4 ℃。将该铅棒置于温度为 32.2 ℃的恒温油浴中急冷，铅棒在 15 s 后沉入油浴底部。假设平均对流给热系数为 $h=199$ W/(m² · K)，问铅棒下沉至底部时温度为多少？已知铅的物理性质，$\rho=11\,370$ kg/m³，$c_p=0.138$ kJ/(kg · K)。

5.2-3　搅拌釜中的非定态加热过程。一容器中盛有温度为 288.8 K 的水 0.028 3 m³，器内搅拌良好，将该容器突然浸入一个温度为 377.6 K 的恒温蒸汽浴中。已知蒸汽与水之间的总传热系数 U 为

1 136 $W/m^2 \cdot K$，传热面积为 0.372 m^2。器壁与搅拌器的热容可忽略，试计算将容器中的水加热至 338.7 K 所需的时间(h)。[提示：由于容器中水被完全搅拌，因此其温度是均匀的，表明由式(5.2-1)推导得到的式(5.2-3)成立]

5.3-1　耐火衬中的温度分布。一燃烧室具有一层厚度为 2 in 的耐火衬以保护其外壳。为推算点火时的热应力，需知道点火 1 min 后耐火衬表面下方 0.2 in 处的温度。已知，耐火衬初始温度 T_0 = 100 ℉，热气体的温度 T_1 = 3 000 ℉，h=40 btu/(h·ft^2·℉)，k=0.6 btu/(h·ft·℉)，α=0.020 ft^2/h。试分别计算深度为 0.2 in. 和 0.6 in. 处的温度。利用图 5.3-3 求解，并判断在点火 1 min 内是否可将耐火衬视为半无限固体，以证明利用图 5.3-3 求解是可行的。

答案：x=0.2 in. 时，$(T-T_0)/(T_1-T_0)$=0.28，T=912 ℉(489 ℃)；
x=0.6 in. 时，$(T-T_0)/(T_1-T_0)$=0.02，T=158 ℉(70 ℃)

5.3-2　土壤中的冷冻温度。冬季的某一天土壤的平均温度约为 277.6 K(40 ℉)，若空气温度突然下降至 255.4 K(0 ℉)，并持续保持在这个温度，那么在地下 3.05 m(10 ft)处的管道温度下降至 273.2 K (32 ℉)需多长时间？已知对流给热系数为 h=8.52 W/(m^2·K)(1.5 btu/(h·ft^2·℉))，土壤的物理性质如下：热扩散系数为 5.16×10^{-7} m^2/s(0.02 (ft^2·h))，热导率为 1.384 W/(m·K)(0.8 btu/(h·ft·℉))。(注意：由于在半无限固体计算中时间这一未知量会出现两次，所以需用试差法求解。)

5.3-3　铝板中的冷却过程。某铝板面积很大，可视为半无限固体，最初温度均匀为505.4 K。将初始该铝板的表面突然暴露于温度为 338.8 K 的环境中，表面对流给热系数为 455 W/(m^2·K)。试计算表面下方 25.4 mm 深处温度达到 388.8 K 所需的时间(h)。已知铝板的平均物性数据 α=0.340 m^2/h，k=208 W/(m·K)。

5.3-4　混凝土墙的非定态加热过程。某混凝土墙厚度为 0.305 m，其后壁面绝热。将初始温度均匀为 10 ℃(283.2 K)的前壁面露置于温度为 843 ℃(1 116.2 K)的气体中。已知对流给热系数为 28.4 W/(m^2·K)，热扩散系数为 1.74×10^{-3} m^2/h，热导率为0.935 W/(m·K)。

(1) 计算使绝热面温度达到 232 ℃(505.2 K)所需的时间。

(2) 计算同一时刻表面下方 0.152 m 处的温度。

答案 (1) $\alpha t/x_1^2$=0.25，t=13.4 h

5.3-5　肉块的烹饪。一肉块厚度为 25.4 mm，最初温度为 10 ℃，将该肉块置于温度为177 ℃的烤箱中从两边加热，直至肉块中心温度达 121 ℃。假设对流传热系数恒定为 25.6 W/(m^2·K)，忽略潜热的变化，试计算所需时间。已知肉的热导率为0.69 W/(m·K)，热扩散系数为 5.85×10^{-4} m^2/h。使用 Heisler 算图。

答案：0.80 h(2 880 s)

5.3-6　耐火砖壁中的非定态热传导过程。高温炉的一侧衬有一厚度为 1.0 ft 的耐火砖壁，温度为 100 ℉，若其一侧突然露置于温度为 1 100 ℉的气体中，试计算距表面 0.5 ft 处的砖壁内温度达 500 ℉所需的时间。已知砖壁的后壁面是绝热的，对流传热系数为 2.6 btu/(h·ft^2·℉)，砖的物理性质为 k=0.65 btu/(h·ft·℉)，α=0.02 ft^2/h。

5.3-7　钢棒的冷却过程。一直径为 0.305 m 的钢质长棒，其最初温度为 588 K。将其浸入温度为 311 K 的恒温油浴中。已知表面对流传热系数为 125 W/(m^2·K)。计算 1 h 后钢棒中心的温度。取钢的平均物性数据为 k=38 W/(m·K)，α=0.038 1 m^2/h。

答案：T=391 K

5.3-8　尺寸大小对肉类加热过程的影响。用一温度保持为 121.1 ℃的压煮器加工香肠，香肠的直径为 101.6 mm，长度为 0.61 m，最初温度为 21.1 ℃。2 h 后，香肠中心的温度为 98.9 ℃。若香肠的直径增加至 139.7 mm，那么使其中心温度达 98.9 ℃需多长时间？已知对其表面的对流传热系数为 h=1 100 W/(m^2·K)，由于 h 值很大，所以可忽略表面传热阻力。忽略圆柱体两端的传热(试说明之)。香肠的热导率为 k=0.485 W/(m·K)。

答案：3.78 h

5.3-9　严寒季节里树上橙子的温度。在橙的种植区，寒冷的夜间树上橙子的受冻情况是一个很严重的经济问题。若橙子的最初温度为 21.1 ℃，试计算其露置于−3.9 ℃的空气中 6 h 后的中心温度。已知橙子的直径为 102 mm，对流传热系数为 11.4 W/(m^2·K)，热导率 k 为 0.431 W/(m·K)，α 为 4.65×10^{-4} m^2/h。忽略潜热的影响。

答案：$(T_1-T)/(T_1-T_0)=0.05$，$T=-2.65$ ℃

5.3-10　钢球的硬化。钢球的直径为 50.8 mm，为使其硬化，先将其加热至 1 033 K，再投入一个很大的温度为 300 K 的水浴中。计算使钢球中心温度达 366.5 K 所需的时间。假设表面对流传热系数为 710 W/(m^2·K)，$k=45$ W/(m·K)，$\alpha=0.032\ 5$ m^2/h。

5.3-11　短圆柱体中的非定态热传导过程。一铝柱最初被加热至 204.4 ℃，然后投入一个很大的温度为 93.3 ℃的恒温浴中，其中 $h=568$ W/(m^2·K)。该柱体直径为 50.8 mm，长度为 101.6 mm。计算 60 s 后的中心温度。已知 $\alpha=9.44\times10^{-5}$ m^2/s，$k=207.7$ W/(m·K)。

5.3-12　矩形物体中的三维热传导。一大小为 0.305 m×0.457 m×0.61 m 的矩形钢块，最初温度为 315.6 ℃。将其突然浸入温度为 93.3 ℃的恒温浴中。试计算 1 h 后钢块中心的温度。已知表面对流传热系数为 34 W/(m^2·K)。钢的物理性质为 $k=38$ W/(m·K)，$\alpha=0.037\ 9$ m^2/h。

5.4-1　非定态热传导过程的 Schmidt 数值计算法。一无限大平板，厚度为 0.762 m，最初温度均匀为 366.53 K，其背面绝热。将该板的前表面突然暴露于 533.2 K 的温度中，假设该表面上的对流传热阻力为 0。试应用 Schmidt 数值法计算 0.875 h 后平板中的温度分布，取 $M=2$，薄层厚度 0.152 4 m。已知该板热扩散系数为 0.092 9 m^2/h。

答案：$\Delta t=0.125$ h，需 7 个时间增量

5.4-2　初始温度分布不均匀时的非定态热传导过程。某无限大平板，其初始温度分布不均匀，前表面的温度为 366.53 K，后表面的温度为 422.1 K，两表面之间温度呈直线变化，试计算 0.875 h 后平板中的温度分布，其他条件同习题 5.4-1。

5.4-3　非定态热传导过程的计算机计算。使用计算机和电子表格重复进行题 5.4-2 的计算。取 $M=2.0$，薄层厚度为 0.030 48 m。试计算 0.875 h 后平板中的温度分布。

5.4-4　数值法计算肉类的冷却过程。一块牛肉，厚度为 45.7 mm，最初温度均匀为 283 K。用一个温度为 274.7 K 的表面接触式冷却器使其前表面冷却，其后表面绝热，假设其前表面的对流传热阻力为 0。试将其分为 5 个薄层，并取 $M=2$，计算 0.54 h 后的肉块中的温度分布。已知热扩散系数为 4.64×10^{-4} m^2/h。

答案：$\Delta t=0.090$ h，6 个时间增量

5.4-5　存在对流传热阻力时牛肉的冷却过程。厚度为 45.7 mm 的大块牛肉，其初始温度均匀，为 37.78 ℃。将它置于冷风机中从前表面将其冷却至−1.11 ℃，对流传热系数为 $h=38.0$ W/(m^2·K)。其后表面绝热，热导率 $k=0.498$ W/(m·K)，$\alpha=4.64\times10^{-4}$ m^2/h。取 $M=4.0$，薄层数 5，试用数值法计算 0.27 h 后牛肉中的温度分布。[提示：由于存在对流传热阻力，必须计算 N 值，且应使用式(5.4-7)]

答案：17.16 ℃($n=1$)，28.22 ℃(2)，34.48 ℃(3)，
37.00 ℃(4)，37.67 ℃(5)，37.77 ℃(6)

5.4-6　利用计算机计算牛肉的冷却过程。利用计算机重复题 5.4-5 的问题，取 $M=4.0$，薄层片数 20，采用电子表格计算。

5.4-7　对流传热与非定态热传导过程。在例 5.4-3 的条件下，继续对所有 12 个时间增量进行计算，并画出温度分布图。

5.4-8　数值计算法的另一种对流传热边界条件。重复例 5.4-3，但使用另一种边界条件，即式(5.4-11)，并取 $M=4$。对全部 12 个时间增量计算温度分布。

5.4-9　半无限固体对流传热的数值计算法。一半无限固体初始温度均匀，为 200 ℃，利用表面的对流传热使其冷却。冷却流体的温度恒为 100 ℃，对流传热系数为 $h=250$ W/(m^2·K)。固体的物理性质为 $k=20$ W/(m·K)，$\alpha=4\times10^{-5}$ m^2/s。取 $\Delta x=0.040$ m，$M=4.0$，试利用数值法计算 50 s 后

的温度分布。

答案：$T_1=157.72$ ℃，$T_2=181.84$ ℃，$T_3=194.44$ ℃，$T_4=198.93$ ℃，$T_5=199.90$ ℃

5.5-1 牛肉的冷却过程。重复例 5.5-1，将牛肉片冷却使其中心温度达 10 ℃，但使用的空气温度为 0 ℃，$h=22.7$ W/(m² · K)。

答案：$(T_1-T)/(T_1-T_0)=0.265$，$x=0.92$，$t=19.74$ h

5.5-2 鱼段的冷却过程。金枪鱼初始温度为 10 ℃，包装厚度为 102 mm，鱼段的两侧填充冰块，并用湿强度纸将冰和鱼段隔开，假设鱼的表面温度基本为 0 ℃。试计算鱼段中心温度达 2.22 ℃所需的时间，及此时距表面 25.4 mm 处的温度。画出鱼段中的温度-位置图。已知鱼的物理性质(B1)$k=0.571$ W/(m · K)，$\rho=1\,052$ kg/m³，$c_p=4.02$ kJ/(kg · K)。

5.5-3 冷却鱼中的平均温度。鱼段的物理性质与题 5.5-2 相同，初始温度为 10 ℃。将鱼包装成厚度为 102 mm 的鱼段，周边放置冰块。假设鱼段的表面温度为 0 ℃，试计算鱼段平均温度达 1.39 ℃所需的时间。(注意：这种情况下表面传热阻力为 0，此时可使用图 5.3-13 吗?)

5.5-4 肉块冷冻所需时间。重复例 5.5-2，条件与之相同，但所使用的接触式冰箱冷冻面板的表面传热系数为 $h=142$ W/(m² · K)。

答案：$t=2.00$ h

5.5-5 圆柱状肉制品的冷冻过程。含有 75%水分的一包肉制品，其形状为圆柱状，直径为 5 in.，将其置于温度为−25 ℉的气流冷冻器中冷冻。肉的最初温度为冰点温度 27 ℉，传热系数 $h=3.5$ btu/(h · ft² · ℉)，物理性质为 $\rho=64$ lbm/ft³(未冷冻)，$k=0.60$ btu/(h · ft · ℉)(已冷冻)。试计算冷冻时间。

5.6-1 应用能量变化方程求解热的生成问题。某平壁的四面绝热，其内部均匀地生成热 $\dot{q}$ W/m³，只有 x 方向上存在热传导。壁厚为 $2L$ m。$x=+L$ 和 $x=-L$ 处的壁面温度恒定为 T_wK。试利用能量变化微分方程(5.6-18)，推导最终温度分布方程。

答案：$T=\dfrac{\dot{q}(L^2-x^2)}{2k}+T_w$

5.6-2 利用能量变化方程求解固体中的传热过程。某固体厚度为 L，温度均匀为 T_0 K，在 $t=0$ 时，将该固体的前表面($z=0$ m)温度突然升高至 T_1 并保持下去，将其后表面($z=L$)温度改变至 T_2 并保持下去，设只有 z 方向发生热的传递。在物性不变的条件下，利用能量变化微分方程完成下列工作：

(1) 推导非定态能量传递的偏微分方程和边界条件(B. C.)。

(2) 对定态能量传递过程重复上述工作，并对最终方程进行积分。

答案：(1) $\partial T/\partial t=\alpha\partial^2 T/\partial t^2$；B. C. (1)：$t=0$，$z=z$，$T=T_0$；

B. C. (2)：$t=t$，$z=0$，$T=T_1$；

B. C. (3)：$t=t$，$z=L$，$T_1=T_2$；

(2) $T=(T_2-T_1)z/L+T_1$

5.6-3 利用能量变化方程计算径向温度分布。热以传导的方式通过一个长度为 L、两端绝热的中空长圆柱进行传热。

(1) 从柱坐标系中的傅里叶第二定律式(5.6-20)开始，写出定态热传导过程的最终微分方程。

(2) 用下述边界条件：$r=r_i$ 时，$T=T_i$；$r=r_o$ 时，$T=T_o$，求解(1)中所得温度分布方程。

(3) 利用(2)的结果，推导热通量 q(单位：W)的表达式。

答案：$T=T_i-\dfrac{T_i-T_o}{\ln(r_o/r_i)}\ln\dfrac{r}{r_i}$

5.6-4 球体中的热传导过程。一中空球体内径为 r_i，外径为 r_o，能量在其中作径向流动。在定态条件下，球体的内表面温度恒为 T_i，外表面温度恒为 T_o。

(1) 利用能量变化微分方程，求解温度分布方程。

(2) 利用(1)的结果，推导热通量(单位：W)的表达式。

5.6-5 生成热可变的过程与能量变化方程。一平壁为绝热的，因此只有 x 方向上存在热传导。定态条件下应用的边界条件为：$x=0$ 时，$T=T_0$；$x=L$ 时，$T=T_L$。该壁内部单位体积内生成的热是可变的，$\dot{q}=\dot{q}_0 e^{-\beta x/L}$，式中 $\dot{q}_0$ 和 β 均为常数。试求解用于计算温度分布的总能量变化微分方程。

5.7-1　传热边界层和流体力学边界层的厚度。温度为 294.3 K，压力为 101.3 kPa，流速为 12.2 m/s 的无约束流体平行地流过一个光滑的平板，该板表面的温度恒为 383 K。试完成下列工作：

(1) 在临界 $N_{Re,L}=5\times10^5$ 时，计算该板的临界长度 $x=L$，流体力学边界层的厚度 δ 和传热边界层厚度 δ_T。注意这里 Prandtl 准数不等于 1.0。

(2) 计算平板被层流边界层所覆盖部分的平均传热系数。

5.7-2　边界层厚度与热量传递。37.8 ℃、1 atm 的空气以 3.05 m/s 平行地流过一块平板。该板恒温为 93.3 ℃、宽度为 1 m。计算距板的前缘 0.61 m 处的下述数据：

(1) 传热边界层厚度 δ_T 和流体力学厚度 δ。

(2) 由平板向空气传递的总热量。

参考文献

(B1)　BLAKEBROUGH N. *Biochemical and Biological Engineering Science*, Vol. 2. New York: Academic Press, Inc., 1968.

(B2)　BIRD R B, STEWART W E, LIGHFOOT E N. *Transport phenomena*. New York: John Wiley & Sons, Inc., 1960.

(C1)　CARSLAW H S, JAEGER J C. *Conduction of Heat in Solids*. Oxford: Clarendon Press, 1959.

(C2)　CHARM S E. *The Fundamentals of Food Engineering*. 2nd ed. Westport, Conn.: Avi Publishing Co., Inc., 1971.

(D1)　DUSINBERRE G M. *Heat Transfer Calculations by Finite Differences*. Scranton, Pa.: International Textbook Co., Inc., 1961.

(G1)　GEANKOPLIS C J. *Mass Transport Phenomena*. Columbus, Ohio: Ohio State University Bookstores, 1972.

(G2)　GURNEY H P, LURIE J. *Ind. Eng. Chem*, **15**, 1170 (1923).

(H1)　HEISLER H P. *Trans. A. S. M. E.*, **69**, 227 (1947).

(H2)　HODGSON T. *Fd. Inds. S. Afr.*, **16**, 41 (1964); *Int. Inst. Refrig. Annexe*, **1966**, 633 (1966).

(K1)　KREITH F. *Principles of Heat Transfer*, 2nd ed. Scranton, Pa.: International Textbook Company, 1965.

(K2)　KREITH F, BLACK W Z. *Basic Heat Transfer*. New York: Harper & Row, Publishers, 1980.

(N1)　NEWMAN A H. *Ind. Eng. Chem.*, **28**, 545 (1936).

(P1)　PERRY R H, CHILTON C H. *Chemical Engineers' Handbook*, 5th ed. New York: McGraw-Hill Book Company, 1973.

(P2)　PLANK R Z. *Ges. Kalteind*, **20**, 109 (1913); Z. *Ges. Kalteind. Bieh, Reih*, **10** (3), **1**(1941).

(R1)　RIEDEL L. *Kaltetchnik*, **8**, 374 (1956); **9**, 38 (1957); **11**, 41 (1959); **12**, 4 (1960).

(S1)　SCHNEIDER P J. *Conduction Heat Transfer*. Reading, Mass.: Addison-Wesley Publishing Company, Inc, 1955.

(S2)　SIEGEL R, SPARROW E M, HALLMAN T M. *Appl. Sci. Res.*, **A7**, 386 (1958).

第6章　传质过程原理

6.1　质量传递与扩散过程导论

6.1.1　质量传递、热量传递和动量传递过程的相似性

(1) 概述。在第1章中我们已经看到，各种分离过程都建立在一定的基本原理上，并且可分为三种基本的传递过程，即动量传递、热量传递和质量传递过程。如流体流动、沉降和过滤操作涉及动量传递过程，传导与对流传热、蒸发、蒸馏和干燥操作涉及热量传递过程。

第三种传递过程为质量传递，发生在蒸馏、吸收、干燥、液-液萃取、吸附、离子交换、结晶和膜分离等过程中。当质量从一相传递到另一相或在同一相中传递时，不管物质的相态如何(气相、液相或固相)，传递过程的机理都是相同的。同样的情况也出现在传热过程中，气相、固相或液相中的热传导过程都服从傅里叶定律。

(2) 通用分子传递方程。上述三种分子传递过程(动量传递、传热、传质)都可用第2.3.1节中给出的同一个通式表示：

$$\text{传递过程的速率}=\text{推动力}/\text{阻力} \tag{2.3-1}$$

对以分子扩散为特征的动量、热量和质量传递过程，上式可表述为

$$\psi_z=-\delta\frac{\mathrm{d}T}{\mathrm{d}z} \tag{2.3-2}$$

(3) 动量、热量和质量传递过程的分子扩散方程。对动量传递过程，当密度恒定时，牛顿方程可仿照式(2.3-2)写成

$$\tau_{zx}=-\frac{\mu}{\rho}\frac{\mathrm{d}(v_x\rho)}{\mathrm{d}z} \tag{6.1-1}$$

式中 τ_{zx} 为传递的动量/s·m^2，μ/ρ 为运动黏度(m^2/s)，z 为距离(m)，$v_x\rho$ 为动量/m^3，动量的单位为kg·m/s。

对热传导过程，当 ρ、c_p 恒定时，傅里叶方程可写成

$$\frac{q_z}{A}=-\alpha\frac{\mathrm{d}(\rho c_p T)}{\mathrm{d}z} \tag{6.1-2}$$

式中 q_z/A 为热通量(W/m^2)，α 为热导率(m^2/s)，$\rho c_p T$ 的单位为J/m^3。

分子扩散传质方程为费克定律，亦类似于式(2.3-2)。当流体总浓度不变时，该定律可表达为

$$J_{Az}^{*}=-D_{AB}\frac{dc_A}{dz} \tag{6.1-3}$$

式中 J_{Az}^{*} 为组分 A 在 z 方向上由分子扩散引起的摩尔通量(kmol A/s · m²)，D_{AB} 为组分 A 在 B 中的分子扩散系数(m²/s)，c_A 为组分 A 的浓度(kmol A/m³)，z 为扩散距离(m)。在 cgs 单位制中，J_{Az}^{*} 的单位为 mol A/s · m²，D_{AB} 为 cm²/s，c_A 为 mol A/cm³。以英制单位表示时，J_{Az}^{*} 为 lbmol/(h · ft²)，D_{AB} 为 ft²/h，c_A 为 lbmol/ft³。

式(6.1-1)，式(6.1-2)和式(6.1-3)之间具有明显的相似性，三个方程式左边的速率项均表示单位面积上、单位时间内所传递的(动量、热量、物质)量。传递性质 μ/ρ，α 和 D_{AB} 的单位均为 m²/s，浓度项均以(动量)/m³，J/m³ 或 kmol/m³ 表示。

(4) 动量、热量、质量传递过程的湍流扩散方程。第 5.7.3 节中给出的几个方程表明了在动量、热量、质量的湍流传递过程之间所存在的相似性。对湍流动量传递过程，密度恒定时，可得

$$\tau_{zx}=-\left(\frac{\mu}{\rho}+\varepsilon_t\right)\frac{d(v_x\rho)}{dz} \tag{6.1-4}$$

对湍流传热过程，ρ 和 c_p 不变时，可得

$$\frac{q_z}{A}=-(\alpha+\alpha_t)\frac{d(\rho c_p T)}{dz} \tag{6.1-5}$$

对湍流传质过程，c 不变时，有

$$J_{Az}^{*}=-(D_{AB}+\varepsilon_M)\frac{dc_A}{dz} \tag{6.1-6}$$

在上述方程中，ε_t 为湍流(或涡流)动量扩散系数(m²/s)，α_t 为湍流(或涡流)热扩散系数(m²/s)，ε_M 为湍流(或涡流)质量扩散系数(m²/s)。同样，这些方程之间也十分相似。实际上，对湍流传递过程而言，在各种几何形状的系统中，所得到的理论方程和经验关联式也十分相似。

6.1.2 传质过程实例

在许多科学与工程领域中，传质过程都非常重要。当混合物中某组分由于两点之间的浓度差原因而在相内和相间迁移时，就发生了质量传递。许多我们熟知的现象都涉及质量传递过程。例如，敞口容器中的水由于水面上水蒸气的浓度不同而蒸发进入静止的空气中，因为液面与空气之间存在着“推动力”。加入咖啡杯中的糖块最后会溶解并扩散到周围溶液中。刚被砍伐的潮湿的木材露置于空气中时，由于木材中的水分向外扩散至表面并进入大气，木料会被部分干燥。在发酵过程中，溶解在溶液中的营养物质和氧会向微生物扩散。在催化反应中，反应物通过周围的介质向催化剂表面扩散，在那里发生化学反应。

许多提纯精制过程也涉及传质过程，如在铀的加工过程中，用有机溶剂萃取溶液中的铀盐；利用蒸馏将乙醇与水分离；以及用碱性溶液吸收除去烟道气中的二氧化硫(SO_2)。

我们应用傅里叶热传导定律来处理传热过程，对传质过程可用类似的方法处理。但两者之间有一个重要的差别，即分子传质过程中，介质中的一个或多个组分是运动着的，而在

热传导过程中,介质通常是静止的,只有能量以热的形式进行传递。这就导致了传质过程与传热过程的某些不同之处,本章将会就此进行讨论。

6.1.3　分子扩散的费克定律

分子扩散或分子传递可被定义为分子由于各自的随机运动而在流体中发生的传递或运动过程。设想分子是沿直线运动,只是在与其他分子发生碰撞后发生回弹而改变运动方向。由于分子的运动路径是随机的,因此分子扩散又通常被称为"无规行走"过程。

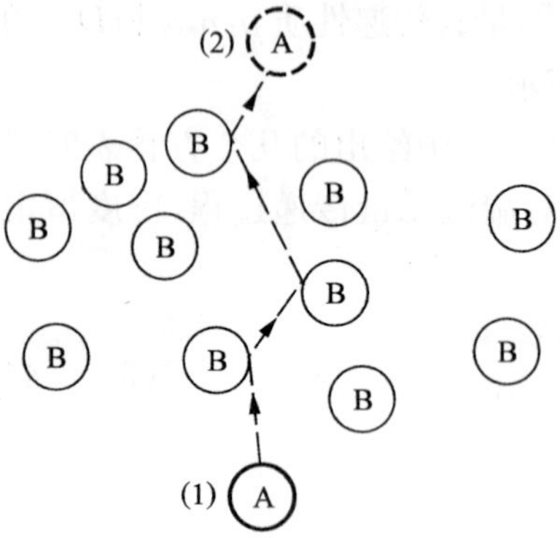

图 6.1-1　分子扩散过程示意图

图 6.1-1 为分子扩散过程示意图。图中标示了分子 A 从点(1) 通过分子 B 向点(2) 扩散的随机路径。若分子 A 在点(1) 附近的数量大于点(2) 附近的数量,则由于分子在两个方向上作随机扩散,分子 A 从点(1) 向点(2) 扩散的量将多于从点(2) 向点(1) 扩散的量,如此净扩散的结果就是分子 A 从高浓度区域向低浓度区域扩散。

作为另一个例子,当一滴蓝色液体染料加入到一杯水中时,染料分子将以分子扩散的形式慢慢扩散至水中的各个部分。为了加快这个染料的扩散过程,可以用汤匙搅拌一下液体,使之产生对流传质。传热过程中的传导与对流传热方式与传质过程中的分子扩散和对流传质是类似的。

这里,我们首先讨论流体主体静止时的分子扩散。分子由于浓度梯度而发生扩散,对 A 和 B 的二元混合物,费克定律可表示如下:

$$J_{Az}^{*}=-cD_{AB}\frac{dx_A}{dz} \tag{6.1-7}$$

式中 c 为 A 和 B 的总浓度(kmol(A+B)/m^3),x_A 为 A、B 混合物中 A 的摩尔分率。若 c 为恒定,则 $c_A=cx_A$

$$cdx_A=d(cx_A)=dc_A \tag{6.1-8}$$

代入式(6.1-7),即得到前述总浓度恒定时的式(6.1-3)

$$J_{Az}^{*}=-D_{AB}\frac{dc_A}{dz} \tag{6.1-3}$$

该式在处理许多分子扩散过程时较为常用。若 c 变化不大,式(6.1-3)中常使用其平均值。

例 6.1-1　氦气在氮气中的扩散

管中 He 和 N_2 混合物的温度为 298 K,总压为 1 atm 且维持不变。在管的一端点 1 处,He 的分压 p_{A1} 为 0.60 atm,在相距 0.2 m 的另一端,$p_{A2}=0.20$ atm。若 He-N_2 混合物的 D_{AB} 为 0.687×10^{-4} m^2/s(0.687 cm^2/s),试分别用 SI 制和 cgs 制计算定态条件下 He 的扩散速率。

解:由于总压恒定,则 c 为常数,对服从理想气体定律的气体:

$$PV = nRT \tag{6.1-9}$$

$$\frac{n}{V} = \frac{P}{RT} = c \tag{6.1-10}$$

式中 n 为 kmol(A+B)，V 为体积(m^3)，T 为温度(K)，R=8 314.3 m^3 · Pa/(kmol · K)或 $R=82.057\times10^{-3}$ m^3 · atm/(kmol · K)。c 为 kmol(A+B)/m^3，在 cgs 制中，R=82.057 cm^3 · atm/(mol · K)。

在定态条件下，式(6.1-3)中扩散速率 J_{Az}^* 为常数，此外，对气体而言，D_{AB} 为常数，将式(6.1-3)重新整理并积分，得

$$J_{Az}^* \int_{z_1}^{z_2} dz = -D_{AB} \int_{c_{A1}}^{c_{A2}} dc_A$$

$$J_{Az}^* = \frac{D_{AB}(c_{A1} - c_{A2})}{z_2 - z_1} \tag{6.1-11}$$

由理想气体状态定律，$p_A V = n_A RT$，得

$$c_{A1} = \frac{p_{A1}}{RT} = \frac{n_A}{V} \tag{6.1-12}$$

将式(6.1-12)代入式(6.1-11)，得

$$J_{Az}^* = \frac{D_{AB}(p_{A1} - p_{A2})}{RT(z_2 - z_1)} \tag{6.1-13}$$

该式为最终方程式，对气体的扩散过程使用该式较方便。

已知分压 $p_{A1}=0.6\ \text{atm}=0.6\times1.013\,25\times10^5=6.08\times10^4$ Pa，$p_{A2}=0.2\ \text{atm}=0.2\times1.013\,25\times10^5=2.027\times10^4$ Pa。则在 SI 单位制中

$$J_{Az}^* = \frac{0.687\times10^{-4}\times(6.08\times10^4 - 2.027\times10^4)}{8\,314\times298\times(0.20-0)} = 5.63\times10^{-6}\ \text{kmol A/(s} \cdot \text{m}^2)$$

若在 SI 制中以 atm 为压力单位，则

$$J_{Az}^* = \frac{0.687\times10^{-4}\times(0.60-0.20)}{82.06\times10^{-3}\times298\times(0.20-0)} = 5.63\times10^{-6}\ \text{kmol A/(s} \cdot \text{m}^2)$$

对 cgs 制，将相应的数据代入式(6.1-13)，得

$$J_{Az}^* = \frac{0.687\times(0.60-0.20)}{82.06\times298\times(20-0)} = 5.63\times10^{-7}\ \text{mol A/(s} \cdot \text{cm}^2)$$

除浓度差外，还存在另外一些扩散过程的推动力，如温度梯度、压力梯度、电动势梯度等亦可导致扩散过程的发生。这些在另一著作中有详细的讨论(B3)。

6.1.4 对流传质系数

当一流体以强制对流方式流过固体外表面时，可用下式表示固体表面到流体，或流体到表面的对流传质速率：

$$N_A = k_c(c_{L1} - c_{Li}) \qquad (6.1-14)$$

式中 k_c 为传质系数(m/s),c_{L1} 为流体主体浓度(kmol A/m^3),c_{Li} 为固体表面处流体的浓度。这里传质系数与传热系数 h 非常相似,是系统几何形状、流体物性和流速的函数。对流传质过程将在第 7 章中详细讨论。

6.2 气体中的分子扩散过程

6.2.1 气体中的等分子反向扩散过程

如图 6.2-1 所示,A、B 两种气体总压保持恒定,两个气室之间由一管相连,管中发生分子扩散。对两个气室分别加以搅拌使各气室中浓度保持均匀。分压 $p_{A1} > p_{A2}$,$p_{B2} > p_{B1}$。A 分子向右扩散,B 分子向左扩散,由于总压始终不变,A 扩散到右边的净摩尔数必须等于 B 扩散到左边的净摩尔数。否则总压就不会保持恒定,这就意味着

$$J^*_{Az} = -J^*_{Bz} \qquad (6.2-1)$$

如果扩散方向明确,下标 z 常被省去。对组分 B,当 c 不变时,费克定律为

$$J^*_B = -D_{BA}\frac{dc_B}{dz} \qquad (6.2-2)$$

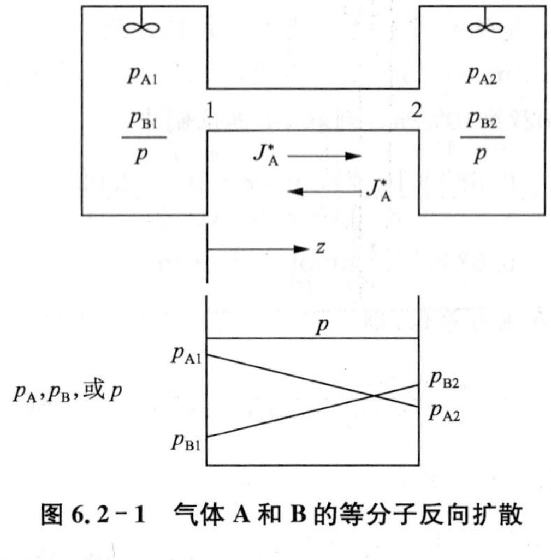

图 6.2-1 气体 A 和 B 的等分子反向扩散

因为 $p = p_A + p_B$ = 常数,所以

$$c = c_A + c_B \qquad (6.2-3)$$

对上式两边求微分,得

$$dc_A = -dc_B \qquad (6.2-4)$$

令式(6.1-3)等于式(6.2-2),得

$$J^*_A = -D_{AB}\frac{dc_A}{dz} = -J^*_B = -(-)D_{BA}\frac{dc_B}{dz} \qquad (6.2-5)$$

将式(6.2-4)代入式(6.2-5)，约去相同的项，得

$$D_{AB}=D_{BA} \tag{6.2-6}$$

这表明对 A，B 二元气体混合物而言，A 向 B 的扩散系数 D_{AB} 等于 B 向 A 的扩散系数 D_{BA}。

例 6.2-1　等分子反向扩散

氨气(A)通过一根含有氮气(B)的直管扩散，该管长 0.10 m，其中 N_2 的压力为 $1.013\,2\times10^5$ Pa，温度为 298 K。系统示意图同图 6.2-1。已知在点 1 处，$p_{A1}=1.013\times10^4$ Pa，点 2 处 $p_{A2}=0.507\times10^4$ Pa，扩散系数 $D_{AB}=0.230\times10^{-4}\ m^2/s$。

(1) 计算定态条件下的扩散速率 J_A^*；

(2) 计算定态条件下的扩散速率 J_B^*。

解：应用式(6.1-13)求解。

已知 $p=1.013\,2\times10^5$ Pa，$z_2-z_1=0.10$ m，$T=298$ K。

(1) 将上述数据代入式(6.1-13)，得

$$J_A^*=\frac{D_{AB}(p_{A1}-p_{A2})}{RT(z_2-z_1)}=\frac{0.23\times10^{-4}\times(1.013\times10^4-0.507\times10^4)}{8\,314\times298\times(0.10-0)}$$
$$=4.70\times10^{-7}\ \text{kmol A/s}\cdot\text{m}^2$$

(2) 对组分 B，式(6.1-13)中，$p_{B1}=p-p_{A1}=1.013\,2\times10^5-1.013\times10^4=9.119\times10^4$ Pa，$p_{B2}=p-p_{A2}=1.013\,2\times10^5-0.507\times10^4=9.625\times10^4$ Pa

$$J_B^*=\frac{D_{AB}(p_{B1}-p_{B2})}{RT(z_2-z_1)}=\frac{0.23\times10^{-4}\times(9.119\times10^4-9.625\times10^4)}{8\,314\times298\times(0.10-0)}$$
$$=-4.70\times10^{-7}\ \text{kmol A/s}\cdot\text{m}^2$$

J_B^* 为负值，表示扩散是从点 2 向点 1 进行的。

6.2.2　气体 A 和 B 的分子扩散与对流传质叠加时的一般情况

至此，我们只是针对静止流体中的扩散过程讨论费克定律的应用，即 A、B 二元混合物没有净的总体运动，或没有对流运动。扩散流 J_A^* 由浓度梯度引起，将 A 经过某固定点向右扩散的摩尔速率 J_A^*(kmol A/s · m²)记为正值，通过下式将其可转化为 A 向右扩散的速度：

$$J_A^*(\text{kmol A/s}\cdot\text{m}^2)=v_{Ad}c_A\left(\frac{\text{m}}{\text{s}}\frac{\text{kmol A}}{\text{m}^3}\right) \tag{6.2-7}$$

式中 v_{Ad} 为以 m/s 表示的 A 的扩散速度。

那么，当流体主体总体向右运动或向右对流流动时会产生什么情况呢？设整个流体相对于某静止参照点的平均速度为 v_M(m/s)，组分 A 仍然是向右扩散，但此时 A 的扩散速度 v_{Ad} 是关于运动流体的相对速度。对一个静止的观测者而言，由于 A 的扩散速度 v_{Ad} 叠加在流体主体速度 v_M 之上，所以感觉 A 的运动比流体主体快。用数学方法表示就是 A 相对于静止点的速度是其扩散速度加上流体平均或对流流动速度：

$$v_A = v_{Ad} + v_M \tag{6.2-8}$$

式中 v_A 为 A 相对于静止参照点的速度。可用图表示为:

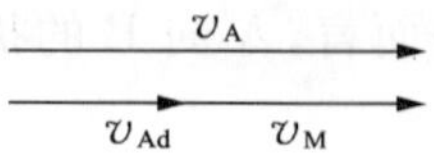

将式(6.2-8)乘以 c_A,得

$$c_A v_A = c_A v_{Ad} + c_A v_M \tag{6.2-9}$$

式中三项各代表一个扩散流。第一项 $c_A v_A$ 以 N_A(kmol A/s · m^2)表示,是 A 相对于静止参照点的总的扩散通量。第二项为 J_A^*,为 A 相对于运动流体的扩散通量。第三项为 A 相对于静止点的对流传质通量。由此,式(6.2-9)变为

$$N_A = J_A^* + c_A v_M \tag{6.2-10}$$

设 N 为整个流体相对于静止点的总对流传质速率,则

$$N = c v_M = N_A + N_B \tag{6.2-11}$$

即可求得

$$v_M = \frac{N_A + N_B}{c} \tag{6.2-12}$$

将式(6.2-12)代入式(6.2-10),得

$$N_A = J_A^* + \frac{c_A}{c}(N_A + N_B) \tag{6.2-13}$$

由于 J_A^* 服从费克定律式(6.1-7),所以

$$N_A = -cD_{AB}\frac{dx_A}{dz} + \frac{c_A}{c}(N_A + N_B) \tag{6.2-14}$$

式(6.2-14)即为应用于分子扩散与对流传质同时存在时 N_A 的通用方程式,这里 N_A 指 A 相对于某静止参照点的扩散速率。对 N_B 可得到类似的方程式

$$N_B = -cD_{BA}\frac{dx_B}{dz} + \frac{c_B}{c}(N_A + N_B) \tag{6.2-15}$$

要求解式(6.2-14)或式(6.2-15),必须已知 N_A 和 N_B 两个扩散速率之间的关系。式(6.2-14)和式(6.2-15)对气体,液体和固体中的扩散过程均成立。

对等分子反向扩散过程,$N_A = -N_B$,并且式(6.2-14)中的对流项为 0,因此 $N_A = J_A^* = -N_B = -J_B^*$。

6.2.3　A 在惰性组分 B 中的扩散过程

组分 A 通过惰性组分 B 的定态扩散过程较为常见,在这种情况下,组分 B 不能透过扩散路径某一端的界面,所以不能通过该界面进行扩散。图 6.2-2(a)所示的细管底部的纯液体——如苯(A)——的蒸发过程就是这样一种情况:管口上方有大量惰性的空气(B)流过,

苯蒸气(A)通过管中空气(B)扩散。由于空气不溶于苯,点 1 处的液面对空气而言是不能透过的,因此空气(B)不能通过该界面扩散进出。又由于大量空气从点 2 处流过,因此该处 A 的分压 $p_{A2}=0$。

图 6.2-2(b)中,用水吸收空气(B)中的氨(A)是另一个实例。由于空气仅极微溶于水,可认为水的表面对空气而言是不可透过的,因此,由于 B 不能发生扩散,从而 $N_B=0$。

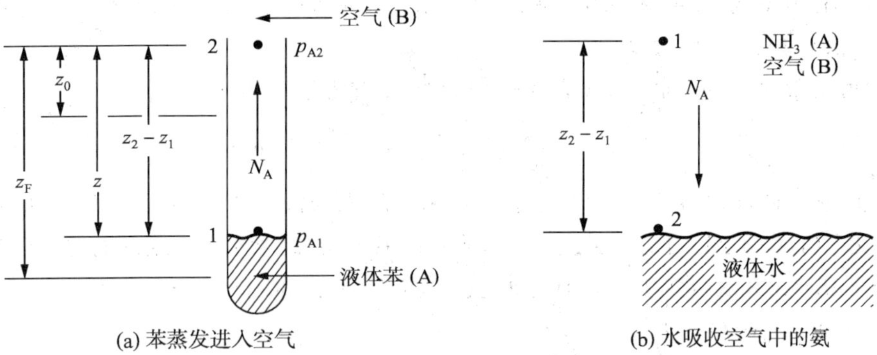

图 6.2-2　A 通过惰性组分 B 的扩散过程

为推导 A 在惰性组分 B 中的扩散速率方程,将 $N_B=0$ 代入通用方程式(6.2-14):

$$N_A=-cD_{AB}\frac{dx_A}{dz}+\frac{c_A}{c}(N_A+0) \tag{6.2-16}$$

A 的对流传质速率为 $(c_A/c)(N_A+0)$。若总压保持恒定,则可将 $c=p/RT$,$p_A=x_Ap$ 及 $c_A/c=p_A/p$,代入式(6.2-16),得

$$N_A=-\frac{D_{AB}}{RT}\frac{dp_A}{dz}+\frac{p_A}{p}N_A \tag{6.2-17}$$

将上式重新整理并积分,得

$$N_A\left(1-\frac{p_A}{p}\right)=-\frac{D_{AB}}{RT}\frac{dp_A}{dz} \tag{6.2-18}$$

$$N_A\int_{z_1}^{z_2}dz=-\frac{D_{AB}}{RT}\int_{p_{A1}}^{p_{A2}}\frac{dp_A}{1-p_A/p} \tag{6.2-19}$$

$$N_A=\frac{D_{AB}p}{RT(z_2-z_1)}\ln\frac{p-p_{A2}}{p-p_{A1}} \tag{6.2-20}$$

式(6.2-20)即为 A 的扩散速率方程式,但该式常以另一种形式表达。首先定义惰性组分 B 的对数平均值,由于 $p=p_{A1}+p_{B1}=p_{A2}+p_{B2}$,$p_{B1}=p-p_{A1}$,$p_{B2}=p-p_{A2}$,所以

$$p_{BM}=\frac{p_{B2}-p_{B1}}{\ln(p_{B2}/p_{B1})}=\frac{p_{A1}-p_{A2}}{\ln[(p-p_{A2})/(p-p_{A1})]} \tag{6.2-21}$$

将上式代入式(6.2-20),即得

$$N_A=\frac{D_{AB}p}{RT(z_2-z_1)p_{BM}}(p_{A1}-p_{A2}) \tag{6.2-22}$$

例 6.2-2　水通过惰性空气的扩散过程

一根金属细管底部盛有温度恒为 293 K 的水，空气（假设为干空气）的总压为 1.01325×10^5 Pa (1 atm)，温度为 293 K(20 ℃)。水蒸发后，水蒸气通过管中的空气进行扩散，扩散路径长度为 $z_2-z_1=0.1524$ m(0.5 ft)。扩散过程类似于图 6.2-2(a)所示。试分别以 lbmol/(h · ft²)和 kmol/s · m² 为单位计算定态条件下水的蒸发速率。已知水蒸气在 293 K 和 1 atm 下的扩散系数为 0.250×10^{-4} m²/s，并假设系统为等温的。分别用 SI 制单位和英制单位计算。

解：利用附录 A.1 中的单位换算因子将扩散系数进行换算：

$$D_{AB}=0.250\times10^{-4}(3.875\times10^4)=0.969\ \text{ft}^2/\text{h}$$

由附录 A.2 查得水在 20 ℃时的蒸气压为 17.54 mm，即 $p_{A1}=17.54/260=0.0231$ atm$=0.0231(1.01325\times10^5)=2.341\times10^3$ Pa，$p_{A2}=0$(纯空气)。温度为 20 ℃/(68 ℉)，即 $T=460+68=528$ °R$=293$ K。由附录 A.1 得 $R=0.730$ ft² · atm/(lbmol · °R)。由式(6.2-21)计算 p_{BM}的值：

$$p_{B1}=p-p_{A1}=1.00-0.0231=0.9769\ \text{atm}$$

$$p_{B2}=p-p_{A2}=1.00-0=1.00\ \text{atm}$$

$$p_{BM}=\frac{p_{B2}-p_{B1}}{\ln(p_{B2}/p_{B1})}=\frac{1.00-0.9769}{\ln(1.00/0.9769)}=0.988\ \text{atm}=1.001\times10^5\ \text{Pa}$$

由于 p_{B1}与 p_{B2}的大小相近，两者的算术平均值$(p_{B1}+p_{B2})/2$便接近于 p_{BM}，所以计算中亦可以用 p_{B1}和 p_{B2}的算术平均值。

将 p_{BM}与 $z_2-z_1=0.5$ ft(0.1524 m)一起代入式(6.2-22)，得

$$N_A=\frac{D_{AB}p}{RT(z_2-z_1)p_{BM}}(p_{A1}-p_{A2})=\frac{0.969\times1.0\times(0.0231-0)}{0.730\times528\times0.5\times0.988}$$
$$=1.175\times10^{-4}\ \text{lb mol/(h}\cdot\text{ft}^2)$$

$$N_A=\frac{0.250\times10^{-4}\times1.01325\times10^5\times(2.341\times10^3-0)}{8314\times293\times0.1524\times1.001\times10^5}$$
$$=1.595\times10^{-7}\ \text{kmol/(s}\cdot\text{m}^2)$$

例 6.2-3　管中扩散距离发生变化的扩散过程

水蒸气的扩散过程在与例 6.2-2 相同条件下进行，在某一时刻 t，水位距管顶部的距离为 z m，随着扩散的进行，水位慢慢下降，如图 6.2-2(a)所示。试推导用于计算 t_F 时刻水位下降距离的方程，设 $t=0$ 时，$z=z_0$ m，$t=t_F$ s 时，$z=z_F$ m。

解：因为水位下降很慢，可假设该过程为准定态过程，随着时间的进行，扩散距离 z 增大。在任一时刻 t，式(6.2-22)都成立，但此时扩散距离为 z，从而式(6.2-22)变为如下形式：

$$N_A=\frac{D_{AB}p}{RTzp_{BM}}(p_{A1}-p_{A2})\qquad(6.2-23)$$

式中 N_A 和 z 为变量。

假设面积为 1 m^2 的横截面，水位在 dt s 内下降 dz m，因此 $\rho_A(dz \cdot 1)/M_A$ 为已经离开水面并扩散的 A 的 kmol 数。

$$N_A \cdot 1 = \frac{\rho_A(dz \cdot 1)}{M_A dt} \tag{6.2-24}$$

令式(6.2－24)等于式(6.2－23)，将等式重排后，在 $t=0, z=z_0$ 和 $t=t_F, z=z_F$ 之间积分：

$$\frac{\rho_A}{M_A}\int_{z_0}^{z_F} z dz = \frac{D_{AB}p(p_{A1}-p_{A2})}{RTp_{BM}}\int_0^{t_F} dt \tag{6.2-25}$$

解得 t_F 如下

$$t_F = \frac{\rho_A(z_F^2 - z_0^2)RTp_{BM}}{2M_A D_{AB}p(p_{A1}-p_{A2})} \tag{6.2-26}$$

例 6.2－3 中的方法已被用于实验测定扩散系数 D_{AB}。在实验中测定 $t=0$ 时的初始距离 z_0 与 $t=t_F$ 时的终点距离 z_F，然后利用式(6.2－26)计算 D_{AB}。

6.2.4　横截面积发生变化时的扩散过程

以上在定态条件下对方程进行积分时，我们都将 N_A 和 J_A^* 视为常数，扩散距离虽有变化，但发生扩散的横截面的面积 $A(m^2)$ 不变。但在某些情况下，该面积 A 会发生变化，此时宜将 N_A 作如下定义：

$$N_A = \frac{\overline{N}_A}{A} \tag{6.2-27}$$

式中 $\overline{N}_A$ 为 A 每秒钟所扩散的 kmol 数(kmol/s)，定态条件下，$\overline{N}_A$ 为常数，但面积变化时 A 不为常数。

(1) 从球形物体表面向外的扩散过程。下面通过讨论从球形物体表面向外扩散的情况来说明如何应用式(6.2－27)。这种情况常常发生，如液滴的蒸发、樟脑丸(萘球)的蒸发以及溶液中营养物质向球状微生物的扩散。图 6.2－3(a)所示为一个处于大量气体介质中的球体，其半径 r_1 保持不变。组分 A 向周围惰性介质(B)扩散，在球面处 A 的分压为 p_{A1}，在距球面较远处，A 的分压 $p_{A2}=0$，假设扩散过程是定态过程。

扩散速率 N_A 可用式(6.2－27)表示，式中 A 为横截面积 $4\pi r^2$，r 为距球体中心的距离。此外，在定态条件下 $\overline{N}_A$ 为常数：

$$N_A = \frac{\overline{N}_A}{4\pi r^2} \tag{6.2-28}$$

这种情况属于 A 通过惰性组分 B 的扩散过程，因此可应用微分形式的式(6.2－18)，并且 N_A 等于式(6.2－28)，这样

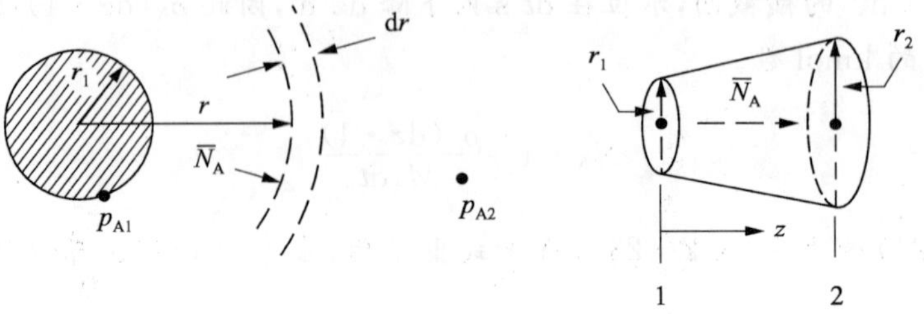

(a) 从球体向周围介质扩散　　(b) 通过一个锥形圆管的扩散

图 6.2-3　通过可变横截面的扩散过程

$$N_A=\frac{\overline{N}_A}{4\pi r^2}=-\frac{D_{AB}}{RT}\frac{\mathrm{d}p_A}{(1-p_A/p)\mathrm{d}r} \tag{6.2-29}$$

注意,这里用 $\mathrm{d}r$ 代替了 $\mathrm{d}z$。将上式重排,并在 r_1 与相距很远处的 r_2 之间进行积分,得

$$\frac{\overline{N}_A}{4\pi}\int_{r_1}^{r_2}\frac{\mathrm{d}r}{r^2}=-\frac{D_{AB}}{RT}\int_{p_{A1}}^{p_{A2}}\frac{\mathrm{d}p_A}{(1-p_A/p)} \tag{6.2-30}$$

$$\frac{\overline{N}_A}{4\pi}\left(\frac{1}{r_1}-\frac{1}{r_2}\right)=\frac{D_{AB}p}{RT}\ln\frac{p-p_{A2}}{p-p_{A1}} \tag{6.2-31}$$

由于 $r_2\gg r_1$,可认为 $1/r_2\approx 0$。将由式(6.2-21)所得的 p_{BM} 代入式(6.2-31)

$$\frac{\overline{N}_A}{4\pi r_1^2}=N_{A1}=\frac{D_{AB}p}{RTr_1}\frac{p_{A1}-p_{A2}}{p_{BM}} \tag{6.2-32}$$

该方程式可作进一步简化。若 p_{A1} 相对于 p 而言很小(贫气相),则 $p_{BM}\approx p$,再令 $2r_1=D_1$(直径),$c_{A1}=p_{A1}/RT$,可得

$$N_{A1}=\frac{2D_{AB}}{D_1}(c_{A1}-c_{A2}) \tag{6.2-33}$$

该方程式也可应用于液体,此时式中 D_{AB} 为 A 在液体中的扩散系数。

例 6.2-4　樟脑丸(萘球)的挥发

将一半径为 2.0 mm 的樟脑丸悬挂于大量的静止空气中,已知空气温度为 318 K,压力为 $1.013\ 25\times10^5$ Pa(1 atm)。可假设樟脑丸表面温度亦为 318 K,其蒸气压在 318 K 时为 0.555 mmHg。萘在空气中的扩散系数为 $6.92\times10^{-6}\ \mathrm{m^2/s}$(318 K)。计算萘从其表面挥发的速度。

解:该扩散过程类似于图 6.2-3(a)所示。$D_{AB}=6.92\times10^{-6}\ \mathrm{m^2/s}$,$p_{A1}=(0.555/760)\times(1.013\ 25\times10^5)=74.0$ Pa,$p_{A2}=0$,$r_1=2/1\ 000$ m,$R=8\ 314\ \mathrm{m^3\cdot Pa/(kmol\cdot K)}$,$p_{B1}=p-p_{A1}=1.013\ 25\times10^5-74.0=1.012\ 51\times10^5$ Pa,$p_{B2}=p-p_{A2}=1.013\ 25\times10^5-0$。由于 p_{B1} 与 p_{B2} 大小相近,所以取

$$p_{BM}=\frac{p_{B1}+p_{B2}}{2}=\frac{(1.012\ 5+1.013\ 25)\times10^5}{2}=1.012\ 9\times10^5\ \mathrm{Pa}$$

代入式(6.2-23)

$$N_{A1}=\frac{D_{AB}p(p_{A1}-p_{A2})}{RTr_1 p_{BM}}=\frac{6.92\times10^{-6}\times1.013\,25\times10^5\times(74.0-0)}{8\,314\times318\times(2/1\,000)\times1.012\,9\times10^5}$$
$$=9.68\times10^{-8}\ \text{kmol A/(s}\cdot\text{m}^2)$$

若图 6.2-3(a)中球形物质不断挥发，则球体的半径 r 将随时间慢慢变小。通过以下方法可推导球体完全挥发所需的时间：假设该球体的挥发过程为准定态过程，令扩散速率方程(6.2-32)(此时 r 为变量)等于由物料衡算得到的 dt 时间内单位面积上所挥发的固体 A 的摩尔数(见习题 6.2-9)。物料衡算过程同例 6.2-3。最后得到

$$t_F=\frac{\rho_A r_1^2 RT p_{BM}}{2M_A D_{AB} p(p_{A1}-p_{A2})} \tag{6.2-34}$$

式中 r_1 是球体的初始半径，ρ_A 为球体的密度，M_A 为相对分子质量。

(2) 通过变横截面积管道的扩散过程。图 6.2-3(b)所示为组分 A 通过一个锥形圆管的定态扩散过程。设点 1 处半径为 r_1，点 2 处半径为 r_2。对 A 通过惰性组分 B 扩散的情况，在管中 z 处，有

$$N_A=\frac{\overline{N}_A}{\pi r^2}=-\frac{D_{AB}}{RT}\frac{dp_A}{(1-p_A/p)dz} \tag{6.2-35}$$

利用图示几何条件，可将变量 r(半径)与扩散路径中的位置 z 关联：

$$r=\left(\frac{r_2-r_1}{z_2-z_1}\right)z+r_1 \tag{6.2-36}$$

然后将 r 代入式(6.2-35)，消去 r 并积分，得

$$\frac{\overline{N}_A}{\pi}\int_{z_1}^{z_2}\frac{dz}{\left[\left(\frac{r_2-r_1}{z_2-z_1}\right)z+r_1\right]^2}=-\frac{D_{AB}}{RT}\int_{p_{A1}}^{p_{A2}}\frac{dp_A}{1-p_A/p} \tag{6.2-37}$$

习题 6.2-10 为类似的情况。

6.2.5　气体的扩散系数

(1) 扩散系数的实验测定法。已有许多不同的实验方法被用来测定二元气体混合物的分子扩散系数。图 6.2-2(a)所示为其中一种，纯液体在一细管中蒸发，同时管口有大量气体流过，测定不同时刻液位下降值，再通过式(6.2-26)计算扩散系数。

另一种方法是将两种纯气体置于同一管中，相互间用隔板隔开，慢慢移走隔板，使扩散得以进行。一定时间后将隔板再次插入，然后分析两边气体的成分。某些固体如萘、碘、苯甲酸等的蒸气在气体中的扩散系数是通过测定球体的蒸发速度获得的，式 6.2-32 可利用。这种方法的实例见习题 6.2-9。

双球法为一种常用的测定气体扩散系数的方法(N1)。该装置由两个玻璃泡构成，体积分别为 V_1 和 V_2(m^3)，两者之间由毛细管连通，毛细管的横截面积为 A (m^2)，长度为

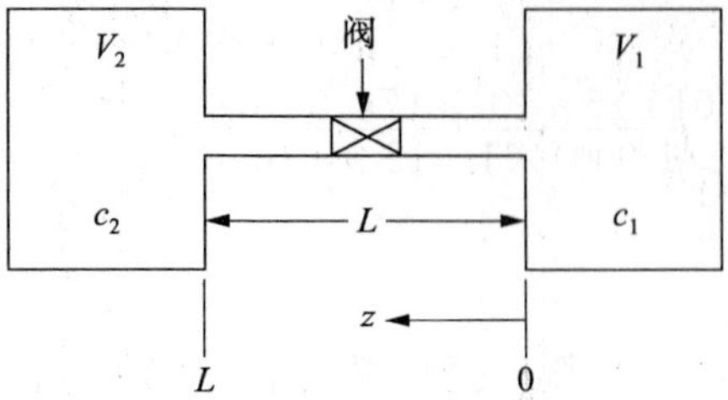

图 6.2－4 双球法测定气体的扩散系数

L,其体积与 V_1 和 V_2 相比足够小,如图 6.2－4 所示。V_1 中充入纯气体 A,V_2 中充入纯气体 B,两者压力相同。开启阀门,使扩散得以进行,一定时间后关闭阀门,再分别取样分析两个气室中混合物的组成。

忽略毛细管的体积,并假设每个球内的浓度始终均匀,就可推导出扩散速率方程。假设毛细管中的扩散过程为准定态的,则

$$J_A^* = -D_{AB}\frac{dc}{dz} = -\frac{D_{AB}(c_2-c_1)}{L} \tag{6.2-38}$$

式中 c_2 为 t 时刻 V_2 中 A 的浓度,c_1 为 t 时刻 V_1 中的浓度。A 向 V_2 的扩散速率等于 V_2 中 A 累积的速率:

$$AJ_A^* = -\frac{D_{AB}(c_2-c_1)A}{L} = V_2\frac{dc_2}{dt} \tag{6.2-39}$$

$t=0$ 时,V_1、V_2 中的初始组成分别为 c_1^0 和 c_2^0,据此通过物料衡算可得到平衡时的平均浓度 c_{av}:

$$(V_1+V_2)c_{av} = V_1c_1^0 + V_2c_2^0 \tag{6.2-40}$$

对 t 时刻,同样可得

$$(V_1+V_2)c_{av} = V_1c_1 + V_2c_2 \tag{6.2-41}$$

由(6.2－41)得到 c_1,代入式(6.2－39),并在 $t=0$ 和 $t=t$ 之间进行积分,最后所得方程为

$$\frac{c_{av}-c_2}{c_{av}-c_2^0} = \exp\left[-\frac{D_{AB}(V_1+V_2)}{(L/A)(V_2V_1)}t\right] \tag{6.2-42}$$

若通过取样分析得到 t 时刻的 c_2 值,就可计算得到 D_{AB}。

(2) 扩散系数的实验数据。表 6.2－1 中列出了某些常用的扩散系数,更多的数据可见 Perry 和 Gree(P1)以及 Reid 等(R1)相关著作。表中的数据范围在 0.05×10^{-4} m²/s(存在较大分子)以上,1.0×10^{-4} m²/s(室温下,有 H_2 分子存在)以下。扩散系数的单位 m²/s 和 ft²/h 之间的换算关系为 $1\ m^2/s = 3.875\times10^4\ ft^2/h$。

表 6.2－1 气体的扩散系数(101.32 kPa)

系 统	温度 ℃	温度 K	扩散系数 [$(m^2/s)10^4$ 或 cm^2/s]	参考文献
空气-NH_3	0	273	0.198	(W1)
空气-H_2O	0	273	0.220	(N2)
	25	298	0.260	(L1)
	42	315	0.288	(M1)
空气-CO_2	3	276	0.142	(H1)
	44	317	0.177	

续　表

系　统	温度		扩散系数	参考文献
	℃	K	[$(m^2/s)10^4$ 或 cm^2/s]	
空气-H_2	0	273	0.611	(N2)
空气-C_2H_5OH	25	298	0.135	(M1)
	42	315	0.145	
空气-CH_3COOH	0	273	0.106	(N2)
空气-正己烷	21	294	0.080	(C1)
空气-苯	25	298	0.962	(L1)
空气-甲苯	25.9	298.9	0.086	(G1)
空气-正丁醇	0	273	0.070 3	(N2)
	25.9	298.9	0.087	
H_2-CH_4	25	298	0.726	(C2)
H_2-N_2	25	298	0.784	(B1)
	85	358	1.052	
H_2-苯	38.1	311.1	0.404	(H2)
H_2-Ar	22.4	295.4	0.83	(W2)
H_2-NH_3	25	298	0.783	(B1)
H_2-SO_2	50	323	0.61	(S1)
H_2-C_2H_5OH	67	340	0.586	(T1)
He-Ar	25	298	0.729	(S2)
He-正丁醇	150	423	0.587	(S2)
He-空气	44	317	0.765	(H1)
He-CH_4	25	298	0.675	(C2)
He-N_2	25	298	0.687	(S2)
He-O_2	25	298	0.729	(S2)
Ar-CH_4	25	298	0.202	(C2)
CO_2-N_2	25	298	0.167	(W3)
CO_2-O_2	20	293	0.153	(W4)
N_2-正丁烷	25	298	0.096 0	(B2)
H_2O-CO_2	34.3	307.3	0.202	(S3)
CO-N_2	100	373	0.318	(A1)
CH_3Cl-SO_2	30	303	0.069 3	(C3)
$(C_2H_5)_2O$-NH_3	26.5	299.5	0.107 8	(S4)

(3) 气体扩散系数的推算。利用气体动力学理论可以推算稀薄(即压力较低,接近常压的)气体中二元混合物的扩散系数。假设气体由刚性的球形微粒组成,它们与其他分子的碰撞是完全弹性碰撞,这就意味着分子的动量是守恒的。

为了简化处理过程,假设分子之间既没有引力也没有斥力。将分子自由程的概念应用于推导过程,所谓分子自由程 λ 是指某分子在两次碰撞之间所运动的平均距离,最后得

$$D_{AB}=\frac{1}{3}\bar{u}\lambda \tag{6.2-43}$$

式中 $\bar{u}$ 为分子的平均速度。将 $\bar{u}$ 和 λ 的表达式代入式(6.2-43),最终得到的方程式预测 D_{AB} 正比于(1/压力),并能反映温度对 D_{AB} 的影响,结果大致正确。

更准确而严格的处理方法，必须考虑到分子之间的引力和斥力以及分子 A 和 B 的大小不同。Chapman 和 Enskog(H3)对 Boltzmann 方程进行了求解，该方程的推导过程利用的是(能量)分布函数而不是前述平均自由程 λ。为求解 Boltzmann 方程，必须使用一对分子之间的引力和斥力的关系式。对非极性分子对而言，Lennard-Tones 函数可以近似表述上述各作用力之间的关系。最终可得该二元气体 A 和 B 分子对的扩散系数的方程为

$$D_{AB}=\frac{1.8583\times10^{-7}T^{3/2}}{p\sigma_{AB}^{2}\Omega_{D,AB}}\left(\frac{1}{M_A}+\frac{1}{M_B}\right)^{1/2} \tag{6.2-44}$$

式中 D_{AB}为扩散系数(m^2/s)，T 为温度(K)，M_A 为组分 A 的摩尔质量(kg/kmol)，M_B 为组分 B 的摩尔质量，p 为绝对压强(atm)，σ_{AB}为“平均碰撞直径”，$\Omega_{D,AB}$为基于 Lennard-Jones 势能函数的碰撞积分。σ_A，σ_B 以及 $\Omega_{D,AB}$的值可从许多文献中得到(B3，G2，H3，R1)。

碰撞积分 $\Omega_{D,AB}$为一比值，表示气体分子之间存在影响时，其行为偏离弹性和刚性球的气体行为的程度。对分子间无相互影响的气体，该值应等于 1.0。式(6.2-44)可用以推算温度高达 1 000 K 时的扩散系数，平均偏差为 8%(R1)。对极性-非极性气体混合物，只要对极性气体使用正确的力常数，就可应用式(6.2-44)。而对极性-极性气体分子对，则通常使用 stockmayer 势能函数表示各作用力之间的关系(M2)。

式(6.2-44)中并未包括组分 A 和 B 浓度的影响。不过对分子间存在相互影响的真实气体而言，浓度对扩散系数的最大影响大约为 4%(G2)。在大多数情况下，浓度的影响明显小于此值，因此常可忽略。

式(6.2-44)应用起来相当复杂，而且常常缺乏某些常数如 σ_{AB}的数据或难以估算它们的大小，为此 Fuller 等研究者(F1)提出了半径验法，使用起来要方便得多，因此常被优先使用。在这种方法中，将大量数据进行关联，并利用表 6.2-2 所列的原子体积(对每种气体分子的原子体积求和)。所得方程式为

$$D_{AB}=\frac{1.00\times10^{-7}T^{1.75}(1/M_A+1/M_B)^{1/2}}{p\left[\left(\sum v_A\right)^{1/3}+\left(\sum v_B\right)^{1/3}\right]^2} \tag{6.2-45}$$

式中 $\sum v_A$=原子体积之和，可由表(6.2-2)查得，$D_{AB}=m^2/s$。该方法可用于非极性气体混合物或极性-非极性气体混合物，但其准确性不如式(6.2-44)。

该式表明，D_{AB}正比于 $1/p$ 和 $T^{1.75}$。若已知一定温度 T 和压力 p 下 D_{AB}的实验值，要得到其他 T、p 条件下的 D_{AB}，则可利用关系式 $D_{AB}\propto T^{1.75}/p$ 进行校正而获得新的 T、p 条件下的数据。

表 6.2-2　Fuller，Schettler 和 Gidding 法中所使用的原子体积①

原子体积，v			
C	16.5	(Cl)	19.5
H	1.98	(S)	17.0
O	5.48	芳环	−20.2
(N)	5.69	杂环	−20.2
简单分子的扩散体积，$\sum v$			
H_2	7.07	CO	18.9
D_2	6.70	CO_2	26.9

续　表

He	2.88	N_2O	35.9
N_2	17.9	NH_3	14.9
O_2	16.6	H_2O	12.7
空气	20.1	(CCl_2F_2)	114.8
Ar	16.1	(SF_6)	69.7
Kr	22.8	(Cl_2)	37.7
(Xe)	37.9	(Br_2)	67.2
Ne	5.59	(SO_2)	41.1

①括弧表示所列出的值只是由几个数据点获得。

数据来源：Reprinted with permission from E. N. Fuller, P. D. Schettler, and J. C. Giddings, Int. Eng. Chem., 58, 19 (1966). Copyright ny the American Chemical Society.

(4) 气体的施密特(Schmidt)准数。B 中含有少量 A 的气体混合物的施密特数为无量纲数群，其定义为

$$N_{Sc}=\frac{\mu}{\rho D_{AB}} \tag{6.2-46}$$

式中 μ 为气体混合物的黏度(Pa·s 或 kg/(m·s))，对 A 含量很少的混合物 μ 可取为 B 的黏度，D_{AB}为扩散系数(m^2/s)，ρ 为混合物的密度(kg/m^3)。对气体而言，可假设施密特数在一定温度范围内与温度无关，并且在压强低于在 10 atm 即 10×10^5 Pa 以下时与压强无关。

施密特数为分子动量扩散系数(μ/ρ)与分子质量扩散系数 D_{AB}的无量纲比值。气体的施密特数的范围在 0.5～2 之间，而液体的施密特数范围则从 100 到黏性液体的 10 000 以上。

例 6.2-5　估算气体混合物的扩散系数

1 atm(绝对压)下，正丁醇(A)通过空气(B)进行扩散。试利用 Fuller 半经验法估算下列温度下的扩散系数 D_{AB}，并与实验数据比较。

(1) 0 ℃；

(2) 25.9 ℃；

(3) 0 ℃，2.0 atm(绝对压)。

解：(1) $p=1.00$ atm，$T=273+0=273$ K，M_A(丁醇)$=74.1$，M_B(空气)$=29$。由表 6.2-2得，

$$\sum v_A = 4\times16.5+10\times1.98+1\times5.48 = 91.28\text{(丁醇)}$$

$$\sum v_B = 20.1\text{(空气)}$$

代入式(6.2-45)

$$D_{AB}=\frac{1.0\times10^{-7}\times273^{1.75}(1/74.1+1/29)^{1/2}}{1.0\times[(91.28)^{1/3}+(20.1)^{1/3}]^2}$$
$$=7.73\times10^{-6}\ m^2/s$$

与表 6.2-1 中实验数据 $D_{AB}=7.07\times10^{-6}\ m^2/s$ 相比，D_{AB}的计算值偏高+10%。

(2) $T=273+25.9=298.9$，代入式(6.2－45)，得 $D_{AB}=9.05\times10^{-6}\ m^2/s$，实验值为 $8.70\times10^{-6}\ m^2/s$，计算值偏高+4%。

(3) 总压 $p=2.0$ atm，对(1)中计算所得数据进行压力校正，得

$$D_{AB}=7.73\times10^{-6}\times1.0/2.0=3.865\times10^{-6}\ m^2/s$$

6.3　液体中的分子扩散过程

6.3.1　引言

对许多工业过程，尤其是一些分离操作，如液液萃取(即溶剂萃取)、气体吸收以及蒸馏等，溶质在液体中的扩散过程非常重要。自然界中也常常发生液体中的扩散过程，如河流、湖泊中的溶氧过程，血液中各种盐的扩散过程等。

显然，分子在液体中的扩散速率应明显低于在气体中的扩散速率，因为与气体相比，液体中分子间的距离近得多，因此扩散质 A 的分子与液体 B 的分子之间的碰撞更为频繁，从而比在气体中的扩散要慢。一般地，气体中的扩散系数的数量级是液体中的 10^5 倍。但是，气体中的扩散速率并不一定比液体中大很多，大约只是液体中扩散速率的 100 倍，因为液体中组分的浓度要大于气体。

6.3.2　液体中的分子扩散方程

液体中分子之间的距离比气体中近得多，因此液体的密度及扩散阻力要大大高于气体，同样，也是由于分子间距很小，分子间的引力在扩散中会起很重要的作用。而液体动力学理论尚不够完善，因此我们将气体扩散方程的形式用于液体中的扩散方程。

液体中扩散组分的浓度对扩散系数有非常显著的影响，这是液体中的扩散过程与气体中扩散过程的一个重要的区别。

(1) 等分子反向扩散。由通用方程式(6.2－14)开始，对等分子反向扩散过程，即 $N_A=-N_B$，可得到一个与定态条件下的气体扩散方程式(6.1－11)类似的方程：

$$N_A=\frac{D_{AB}(c_{A1}-c_{A2})}{z_2-z_1}=\frac{D_{AB}c_{av}(x_{A1}-x_{A2})}{z_2-z_1} \tag{6.3-1}$$

式中 N_A 为 A 的扩散速率(kmol A/(s · m^2))，D_{AB}为 A 在 B 中的扩散系数(m^2/s)，c_{A1} 为 A 在点 1 处的浓度(kmol A/m^3)，x_{A1} 为点 1 处 A 的摩尔分率，c_{av}定义为

$$c_{av}=\left(\frac{\rho}{M}\right)_{av}=\left(\frac{\rho_1}{M_1}+\frac{\rho_2}{M_2}\right)\Big/2 \tag{6.3-2}$$

式中 c_{av} 为(A+B)的平均总浓度(kmol/m^3)，M_1 为溶液在点 1 处的平均摩尔质量(kg/kmol)，ρ_1 为溶液在点 1 处的平均密度(kg/m^3)。

式(6.3－1)中使用 D_{AB}的平均值和 c 的平均值，因为 D_{AB}随浓度而变，c 的平均值也会随浓度而变。通常 c 使用如式(6.3－2)中的线性平均值。但式(6.3－1)表示的等分子反向扩散过程在液体中很少发生。

(2) A在惰性组分B中的扩散。液体中最重要的扩散过程是溶质A发生扩散而溶剂B是惰性的或不扩散的。例如在丙酸(A)的稀水(B)溶液与甲苯相接触时的情况。该系统中只有丙酸能够通过水相扩散至界面然后进入甲苯相，甲苯-水界面则阻止B扩散进入甲苯中，所以 $N_B=0$，这种情况在工业上常见(T_2)。若将 $c_{av}=p/RT$，$c_{A1}=p_{A1}/RT$ 及 $x_{BM}=p_{BM}/p$ 代入式(6.2-22)，可得液体在定态条件下的扩散速率方程

$$N_A=\frac{D_{AB}c_{av}}{(z_2-z_1)x_{BM}}(x_{A1}-x_{A2}) \tag{6.3-3}$$

式中

$$x_{BM}=\frac{x_{B2}-x_{B1}}{\ln(x_{B2}/x_{B1})} \tag{6.3-4}$$

注意，$x_{A1}+x_{B1}=x_{A2}+x_{B2}=1.0$。对稀溶液 x_{BM} 接近于1.0，因此 c 基本上为常数，这样式(6.3-3)就可简化为

$$N_A=\frac{D_{AB}(c_{A1}-c_{A2})}{z_2-z_1} \tag{6.3-5}$$

例6.3-1　乙醇通过水的扩散过程

一层由乙醇(A)-水(B)溶液构成的静止液膜，其厚度为2.0 mm，温度为293 K。液膜的一个表面与一有机溶剂相接触，乙醇可溶于该溶剂中，而水不可溶，因此 $N_B=0$。在点1处乙醇的浓度为16.8%(质)，溶液的密度为 $\rho_1=972.8\ \text{kg/m}^3$。点2处乙醇的浓度为6.8%(质)，$\rho_2=988.1\ \text{kg/m}^3$(P1)。已知乙醇的扩散系数为 $0.740\times10^{-9}\ \text{m}^2/\text{s}$(T2)。试计算定态条件下乙醇的扩散速率 N_A。

解：已知扩散系数 $D_{AB}=0.740\times10^{-9}\ \text{m}^2/\text{s}$，A和B的相对分子质量分别为 $M_A=46.05$，$M_B=18.02$。以100 kg溶液为基准，将乙醇的含量6.8%(质)转换为乙醇(A)的摩尔分率：

$$x_{A2}=\frac{6.8/46.05}{6.8/46.05+93.2/18.02}=\frac{0.1477}{0.1477+5.17}=0.0277$$

则 $x_{B2}=1-0.0277=0.9723$。同法计算 x_{A1}，得 $x_{A1}=0.0732$，$x_{B1}=1-0.0732=0.9268$。点2处的摩尔质量为：

$$M_2=\frac{100\ \text{kg}}{(0.1477+5.17)\text{kmol}}=18.75\ \text{kg/kmol}$$

同理，$M_1=20.07$。由式(6.3-2)

$$c_{av}=\frac{\rho_1/M_1+\rho_2/M_2}{2}=\frac{972.8/20.07+988.1/18.75}{2}=50.6\ \text{kmol/m}^3$$

因为 x_{B1} 和 x_{B2} 大小非常接近，因此式(6.3-4)中的 x_{BM} 可以使用线性平均值：

$$x_{BM}=\frac{x_{B1}+x_{B2}}{2}=\frac{0.9268+0.9723}{2}=0.949$$

代入式(6.3-3),求解得

$$N_A=\frac{D_{AB}c_{av}}{(z_2-z_1)x_{BM}}(x_{A1}-x_{A2})=\frac{0.740\times10^{-9}\times50.6\times(0.0732-0.0277)}{(2/1000)\times0.949}$$
$$=8.99\times10^{-7}\ \text{kmol/s}\cdot\text{m}^2$$

6.3.3 液体的扩散系数

(1) 扩散系数的实验测定法。有几种不同的实验方法可用以测定液体中的扩散系数。一种方法是使一个长的毛细管中发生非定态扩散过程,然后根据浓度分布来测定扩散系数。若溶质 A 在 B 中扩散,则所得结果为 D_{AB}。同样扩散系数的大小与扩散质 A 的浓度密切相关。与气体不同的是,对液体而言 D_{AB}并不等于 D_{BA}。

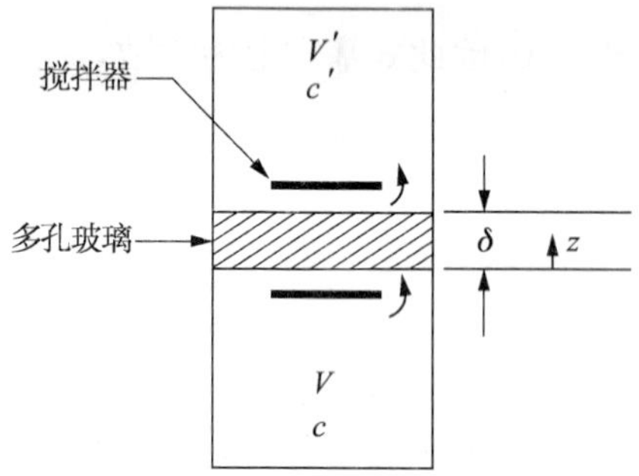

图 6.3-1　测定液体扩散系数的扩散池

图 6.3-1 为一种最常用的实验测定方法。将一较稀的溶液与一较浓的溶液分置于多孔烧结玻璃膜的两侧并分别加以搅拌,分子通过烧结玻璃膜中狭窄的孔道进行扩散。分子的有效扩散距离为 $\tau\delta$,其中曲折因子 τ 为一常数,因为扩散路程实际上大于 δ cm,所以 $\tau>1$。该法由 Bidstrup 和 Geankoplis(B4)提出,实验中利用扩散系数已知的溶质如 KCl 进行校核从而测得有效扩散距离。

为推导扩散速率方程,假设多孔膜中发生的扩散过程为准定态过程:

$$N_A=\varepsilon D_{AB}=\frac{c-c'}{\tau\delta} \tag{6.3-6}$$

式中 c 为 t 时刻多孔膜下方容器内溶液的浓度,c'为多孔膜上方容器内溶液的浓度,ε 为玻璃多孔膜中可供扩散进行的孔道的面积分率。在膜的上下两侧进行同样的物料衡算:流入速率=流出速率+累积速率,并令体积 $V=V'$,将两物料衡算式结合并进行积分,最终得

$$\ln\frac{c_0-c_0'}{c-c'}=\frac{2\varepsilon A}{\tau\delta V}D_{AB}t \tag{6.3-7}$$

式中 $2\varepsilon A/\tau\delta V$ 称为(扩散)池常数,可利用扩散系数已知的溶质如 KCl 测得,c_0 和 c_0'为初始浓度,c 和 c'为最终浓度。

(2) 液体扩散系数的实验数据。表 6.3-1 所列为实验测定的二元液相混合物中的扩散系数。表中所有数据都是稀溶液中的扩散系数。由于液体中扩散系数随浓度的变化非常明显,因此在超出稀溶液范围应用表 6.3-1 中的数据时要非常小心。更多数据见参考文献(P1)。本章下一节中还将给出生物物质在溶液中的扩散系数。由表 6.3-1 可见,液体中的扩散系数很小,其范围低至 0.5×10^{-9},高到 5×10^{-9} m^2/s(相对无黏性的液体)。气体中的扩散系数是液体中的 $10^4\sim10^5$ 倍。

表 6.3-1　稀溶液中的扩散系数

溶质	溶剂	温度		扩散系数	参考文献
		℃	K	[$(m^2/s)10^9$ 或 $(cm^2/s)10^5$]	
氨	水	12	285	1.64	(N2)
		15	288	1.77	
氧气	水	18	291	1.98	(N2)
		25	298	2.41	(V1)
二氧化碳	水	25	298	2.00	(V1)
氢气	水	25	298	4.8	(V1)
甲醇	水	15	288	1.26	(J1)
乙醇	水	10	283	0.84	(J1)
		25	298	1.24	(J1)
正丙醇	水	15	288	0.87	(J1)
甲酸	水	25	298	1.52	(B4)
醋酸	水	9.7	282.7	0.769	(B4)
		25	298	1.26	(B4)
丙酸	水	25	298	1.01	(B4)
盐酸 (9 mol/L)	水	10	283	3.3	(N2)
(2.5 mol/L)		10	283	2.5	(N2)
苯甲酸	水	25	298	1.21	(C4)
丙酮	水	25	298	1.28	(A2)
醋酸	苯	25	298	2.09	(C5)
尿素	乙醇	12	285	0.54	(N2)
水	乙醇	25	298	1.13	(H4)
KCl	水	25	298	1.870	(P2)
KCl	乙二醇	25	298	0.119	(P2)

6.3.4　液体中扩散系数的推算

由于液体中的扩散理论尚不够完善，因此用于推算稀溶液中溶质的扩散系数的方程必定为半经验方程。在最重要的几种理论中，Stokes-Einstein 方程是针对球形大分子(A)在小分子液体溶剂(B)中的扩散过程推导所得。首先用 Stokes 定律描述对运动着的溶质分子的阻力，然后通过以下方法对方程进行修正：假设所有分子都相像，并排列在立方形晶格中，用摩尔容积来表达分子半径(W5)，修正后的方程为

$$D_{AB}=\frac{9.96\times10^{-16}T}{\mu V_A^{1/3}} \tag{6.3-8}$$

式中 D_{AB}为扩散系数(m^2/s)，T 为温度(K)，μ 为溶液的黏度(Pa·s 或 kg/(m·s))，V_A 为溶质在常沸点下的摩尔容积($m^3/kmol$)。对于相对分子质量在 1 000 以上的未发生水合的球状溶质大分子(R1)，或溶液中溶质的摩尔容积 V_A 大于 0.500 $m^3/kmol$(W5)时，上式的应用能得到很好的结果。

式 6.3-8 在溶质摩尔容积较小的情况不能成立。人们曾尝试进行了几种其他形式的理论推导，但所得方程均不能很准确地计算扩散系数，因此建立了大量的半理论公式(R1)。对最常见的溶质(A)在溶剂(B)中浓度很低的情况，可应用 Wilke-Chang(T3，W5)方程：

$$D_{AB}=1.173\times10^{-16}(\phi M_B)^{1/2}\frac{T}{\mu_B V_A^{0.6}} \qquad (6.3-9)$$

式中 M_B 为溶剂B的摩尔质量，μ_B 为B的黏度(Pa·s或kg/(m·s))，V_A 为沸点温度下溶质的摩尔容积(L2)，该值可由表6.3-2获得，ϕ 为溶剂的“缔合因子”，水的 ϕ 值为2.6，甲醇为1.9，乙醇为1.5，苯为1.0，乙醚为1.0，庚烷为1.0，其他的非缔合溶剂均为1.0。当 V_A 大于0.500 m^3/kmol(500 cm^3/mol)时应使用式6.3-8进行计算。

若水为溶质，由式(6.3-9)所得数值应乘以1/2.3(R1)。对水溶液，由式(6.3-9)计算的扩散系数平均偏差10%～15%，对非水溶液该偏差大约为25%。温度超过278 K～313 K范围时，应用该式必须加以小心。当水为扩散质时，Reddy和Doraiswamy方程更合适(R2)。Skelland(S5)总结了可用于二元系统的关系式，Geankoplis(G2)讨论并建立了推算三元系统中扩散系数的方程，用于溶质A在以B和C为溶剂的稀溶液中进行扩散，这种情况接近于工业过程。

例6.3-2　扩散系数的推算

应用Wilke-Chang方程计算25 ℃和50 ℃时丙酮在水中的扩散系数。实验已测得25 ℃(298 K)时该值为 1.28×10^{-9} m^2/s。

解: 由附录A.2查得水的黏度为 $\mu_B=0.8937\times10^{-3}$ Pa·s(25 ℃)和 0.5494×10^{-3}(50 ℃)。丙酮分子中有3个碳原子、6个氢原子和1个氧原子，由表6.3-2，得

$$V_A=3\times0.0148+6\times0.0037+1\times0.0074=0.0740\ m^3/kmol$$

水的缔合因子为 $\phi=2.6$，$M_B=18.02$ kg/kmol。

对25 ℃，$T=298$ K，代入式(6.3-9)得

$$\begin{aligned}D_{AB}&=(1.173\times10^{-16})(\phi M_B)^{1/2}\frac{T}{\mu_B V_A^{0.6}}\\&=\frac{1.173\times10^{-16}\times(2.6\times18.02)^{1/2}\times298}{0.8937\times10^{-3}\times0.0740^{0.6}}\\&=1.277\times10^{-9}\ m^2/s\end{aligned}$$

对50 ℃，即 $T=328$ K，得

$$\begin{aligned}D_{AB}&=\frac{1.173\times10^{-16}\times(2.6\times18.02)^{1/2}\times323}{0.5494\times10^{-3}\times0.0740^{0.6}}\\&=2.251\times10^{-9}\ m^2/s\end{aligned}$$

表6.3-2　在常沸点下的原子和分子体积

物　质	原子体积 $(m^3/kmol)10^3$	物　质	原子体积 $(m^3/kmol)10^3$
C	14.8	环	
H	3.7	三元环，如在环氧乙烷中	−6
O(以下除外)	7.4	四元环	−8.5
双键，如羰基	7.4	五元环	−11.5

续　表

物　质	原子体积 (m³/kmol)10³	物　质	原子体积 (m³/kmol)10³
与两个其他原子连接		六元环	−15
在醛中，在酮中	7.4	萘环	−30
在甲酯中	9.1	蒽环	−47.5
在甲酯中	9.9		
在乙酯中	9.9		
在乙酯中	9.9		分子体积
在高碳酯中	11.0		(m³/kmol)10³
在高碳酯中	11.0	空气	29.9
在酸(—OH)中	12.0	O_2	25.6
与 S,P,N 连接	8.3	N_2	31.2
N		Br_2	53.2
双键	15.6	Cl_2	48.4
在伯胺中	10.5	CO	30.7
在叔胺中	12.0	CO_2	34.0
Br	27.0	H_2	14.3
Cl　在 RCHClR' 中	24.6	H_2O	18.8
Cl　在 RCl(末端)中	21.6	H_2S	32.9
F	8.7	NH_3	25.8
I	37.0	NO	23.6
S	25.6	N_2O	36.4
P	27.0	SO_2	44.8

6.3.5　电解质在液体中扩散系数的推算

电解质如 KCl 在水溶液中会离解为正、负离子，每种离子的扩散速率不同。若溶液中各处均保持电中性(假设不存在外加的电动势场)，则正、负离子就如同一个组分一样地进行有效扩散，各种离子净的运动即净扩散速率相同，如此，电解质 KCl 的扩散系数是两种离子的扩散系数相结合的结果，其大小介于两种离子之间。

著名的 Nernst-Haskell 方程可用于单盐的稀溶液，计算 25 ℃时盐 A 在溶剂 B 中的总扩散系数 D_{AB}(R1)：

$$D_{AB}^0=8.928\times10^{-10}T\frac{(1/n_+ +1/n_-)}{(1/\lambda_+ +1/\lambda_-)} \tag{6.3-10}$$

式中 D_{AB}^0的单位为 cm^2/s，n_+为正离子的化合价，n_-为负离子的化合价，λ_+和 λ_-为极稀溶液中离子的极限电导率。表 6.3-3 中列出了 25 ℃时的一些离子的电导率值。若使用 25 ℃时 λ_+和 λ_-的值，则式(6.3-10)中 T=298.2 K。

单个离子 i 在 25 ℃时的扩散系数可由下式计算

$$D_i=2.662\times10^{-7}\frac{\lambda_i}{n_i} \tag{6.3-11}$$

这样，式(6.3-10)就变为如下形式：

$$D_{AB}^0=\frac{n_+ + n_-}{n_-/D_+ + n_+/D_-} \tag{6.3-12}$$

为对 D_{AB}^0 进行温度校正，首先要利用表 6.3-3 中 25 ℃时的 λ_+ 和 λ_-，由方程(6.3-10)计算得到 25 ℃时的 D_{AB}^0，然后将该 D_{AB}^0 乘以 $T/(334\mu_w)$ 即可，其中 μ_w 为水在新的温度 T 下的黏度(cP)(R1)。

例 6.3-3 电解质的扩散系数

推算下列情况下的电解质稀溶液的扩散系数：

(1) 计算 25 ℃时稀溶液中 KCl 的 D_{AB}^0，并与表 6.3-1 中的数据作比较；

(2) 计算 18.5 ℃时稀溶液中 KCl 的 D_{AB}^0，实验数据为 1.7×10^{-5} cm²/s(S9)；

(3) 计算 25 ℃时 $CaCl_2$ 的 D_{AB}，比较实验数据 1.32×10^{-5} cm²/s(C10)。另利用式(6.3-12)计算 Ca^{2+} 和 Cl^- 离子的 D_i 值。

解：(1) 由表 6.3-3，$\lambda_+(K^+)=73.5$，$\lambda_-(Cl^-)=76.3$。代入式(6.3-10)：

$$\begin{aligned}D_{AB}^0&=8.928\times10^{-10}\times298.2\times\frac{1/1+1/1}{1/73.5+1/76.3}\\&=1.993\times10^{-5}\ \text{cm}^2/\text{s}\end{aligned}$$

表 6.3-1 中实验测定值为 1.87×10^{-5} cm²/s，考虑到实验测定的并非无限稀溶液中的数据，因此可认为两者比较接近。

(2) 温度的校正因子为 $T/(334\ \mu_w)$。由表 A.2-4，温度为 $T=273.2+18.5=291.7$ K 时，$\mu_w=1.042$ cP，因此 $T/(334\ \mu_w)=291.7/(334\times1.042)=0.838\ 2$。将 25 ℃时的 D_{AB}^0 校正为 18.5 ℃时的值：

$$\begin{aligned}D_{AB(18.5\ ℃)}^0&=0.838\ 2D_{AB(25\ ℃)}^0=0.838\ 2\times1.993\times10^{-5}\\&=1.671\times10^{-5}\ \text{cm}^2/\text{s}\end{aligned}$$

该值与实验数据 1.7×10^{-5} cm²/s 相当。

(3) 对 $CaCl_2$，由表 6.3-3，$\lambda_+(Ca^{2+}/2)=59.5$，$\lambda_-(Cl^-)=76.3$，$n_+=2$，$n_-=1$。再代入式(6.3-10)，

$$\begin{aligned}D_{AB}^0&=8.928\times10^{-10}\times298.2\times\frac{1/2+1/1}{1/59.5+1/76.3}\\&=1.335\times10^{-5}\ \text{cm}^2/\text{s}\end{aligned}$$

该值与实验值 1.32×10^{-5}(C10)相符。

由式(6.3-11)计算 25 ℃时各离子的扩散系数：

$$D_{Ca^{2+}}=2.662\times10^{-7}\frac{\lambda_+}{n_-}=2.662\times10^{-7}\times\frac{59.5}{2}=0.792\times10^{-5}\ \text{cm}^2/\text{s}$$

$$D_{Cl^-}=2.662\times10^{-7}\frac{\lambda_-}{n_-}=2.662\times10^{-7}\times\frac{76.3}{1}=2.031\times10^{-5}\ \text{cm}^2/\text{s}$$

代入式(6.3—12)：

$$D_{AB}^{0}=\frac{n_{+}+n_{-}}{n_{-}/D_{+}+n_{+}/D_{-}}=\frac{2+1}{1/(0.792\times10^{-5})+2/(2.031\times10^{-5})}$$
$$=1.335\times10^{-5}\ \mathrm{cm^2/s}$$

由此可以看出，盐的扩散系数介于两种离子之间。

表 6.3-3 25 ℃时水中离子的极限电导率(R4)

负离子	λ_-	正离子	λ_+
OH^-	197.6	H^+	349.8
Cl^-	76.3	Li^+	38.7
Br^-	78.3	Na^+	50.1
NO_3^-	71.4	K^+	73.5
$CH_3CO_2^-$	40.9	NH_4^+	73.4
$\frac{1}{2}SO_4^{2-}$	80	$\frac{1}{2}Ca^{2+}$	59.5
CLO_4^-	68.0	$\frac{1}{2}Zn^{2+}$	53
		$\frac{1}{3}La^{3+}$	69.5

6.4 生物溶液和凝胶中的分子扩散过程

6.4.1 生物质在液体中的扩散

(1) 引言。在生物制品的加工和储存过程中，在微生物、动物和植物的生命过程中，较小的溶质分子和大分子(如蛋白质)的扩散过程非常重要。在食品加工领域，扩散过程也起很重要的作用，如在果汁、咖啡和茶叶的干燥过程中，水及易挥发的香料即芳香组成会被除去，在蒸发过程中这些组成要通过液体进行扩散。

在发酵过程中，营养物质，糖、氧气等等物质要向微生物扩散，所产生的废物，有时是酶，要扩散离开微生物。在人工肾装置中，各种废物通过血液朝着膜的方向扩散，然后通过膜进入水溶液。

溶液中相对分子质量在几千以上的大分子称为胶体，不过我们现在知道它们一般形成真溶液。蛋白质大分子在溶液中的扩散行为受其大小和形状的影响，其在溶液中可能呈规的螺旋状、线状或球状(圆球或椭球)。另外，大分子与溶剂小分子或溶质小分子之间的互相作用也会影响大分子以及小的溶质分子的扩散过程。

除了这里要讨论的 Fickian(分子)扩散外，在生物体系中，常常会发生媒介传递过程(mediated transport)，该过程中会发生化学反应，这种传递过程将不在此处讨论。

(2) 扩散过程中分子间的互相作用和键联现象。与尿素、KCl 和辛酸钠这类小的溶质分子相比，蛋白质分子非常大，并且常常有许多点位可与溶质分子或配体分子发生互相作用或键联。例如血液中氧分子与血红蛋白发生键联；人血清白蛋白会与血液中的大多数游离脂肪酸键联而提高其表观溶解度；牛血清白蛋白存在于牛奶中，当其在溶液中浓度为 30 kg/m^3，同时辛酸钠含量为 0.05 mol 时，每 mol 牛血清白蛋白可结合 23 mol 辛酸钠(G6)。因此大的生物分子和小的溶质分子的分子扩散过程受这两种分子的存在影响非常大,即使在稀溶液中亦如此。

(3) 扩散系数的实验测定法。测定生物质扩散系数的方法类似于第 6.3 节中讨论的方法,仅需作少许修正。在如图 6.3-1 所示的扩散池中,由于蛋白质分子会与玻璃键合,因此盛放溶液的液池需由 Lucit® 或 Teflon® 制成。同样,分子经由其扩散的多孔膜则是由醋酸纤维素酯或其他聚合物构成(G5,G6,K1)。

(4) 生物质扩散系数的实验数据。由于扩散系数常常是浓度的函数,大多数文献报道的关于蛋白质扩散系数的实验数据均已外推到浓度为 0 时。表 6.4-1 为几种蛋白质及生物系统中常存在的小分子溶质的扩散系数。

表 6.4-1 中,对于大的蛋白质分子,其扩散系数的数量级为 5×10^{-11} m^2/s,对应地,小分子溶质约为 1×10^{-9} m^2/s,这就意味着在相同的浓度差下,大分子的扩散速率是小分子溶质的 1/20。

表 6.4-1　生物质在稀(水)溶液中的扩散系数

溶质	温度 ℃	温度 K	扩散系数 (m^2/s)	相对分子质量	参考文献
尿素	20	293	1.20×10^{-9}	60.1	(N2)
	25	298	1.378×10^{-9}		(G5)
甘油	20	293	0.825×10^{-9}	92.1	(G3)
甘氨酸	25	298	1.055×10^{-9}	75.1	(L3)
辛酸钠	25	298	8.87×10^{-10}	166.2	(G6)
牛血清白蛋白	25	298	6.81×10^{-11}	67 500	(C6)
尿素酶	25	298	4.01×10^{-11}	482 700	(C7)
	20	293	3.46×10^{-11}		(S6)
大豆蛋白	20	293	2.91×10^{-11}	361 800	(S6)
脂肪氧化酶	20	293	5.59×10^{-11}	97 440	(S6)
人血纤维蛋白原	20	293	1.98×10^{-11}	339 700	(S6)
人血清白蛋白	20	293	5.93×10^{-11}	72 300	(S6)
γ-人体球蛋白	20	293	4.00×10^{-11}	153 100	(S6)
肌氨酸	37	310	1.08×10^{-9}	113.1	(C8)
蔗糖	37	310	0.697×10^{-9}	342.3	(C8)
	20	293	0.460×10^{-9}		(P3)

溶质小分子的扩散系数随浓度增加而减小,依此推断,当蛋白质之类的大分子的浓度增加时,扩散系数理应减小,但实验数据(G4,C7)表明,随着蛋白质浓度的增加,蛋白质之类大分子的扩散系数有时减小,有时增大,分子的表面电荷似乎在这种现象中起一定作用。

尿素,KCl 和辛酸钠这些小分子常与蛋白质大分子同时存在于溶液中,当它们通过蛋白质溶液扩散时,其扩散系数随大分子浓度的增加而减小(C7,G5,G6,N3)。辛酸钠(A)通过牛血清白蛋白(P)溶液扩散的实验数据表明,A 通过 P 的扩散系数随着蛋白质(P)的浓度增加而显著减小(G5,G6),大部分的减小是由于 A 与 P 发生键联从而使可扩散的游离 A 减少所致,其余减小是由于大分子的阻碍所致。

(5) 生物质扩散系数的计算。对相对分子质量小于 1 000 或溶质摩尔容积小于 0.500 $m^3/kmol$ 的小分子溶质,应使用式(6.3-9)计算其在水溶液中的扩散系数。而对于大分子溶质所使用的一些计算式则没有那么准确。作为近似的估算，可使用 Stokes-Einstein 方程。

$$D_{AB}=\frac{9.96\times10^{-16}T}{\mu V_A^{1/3}} \tag{6.3-8}$$

半经验的 Polson(P3)方程可能更准确一些，相对分子质量大于 1 000 时推荐使用该方程。对低浓度的水溶液，考虑了温度影响的修正的 Polson 方程为：

$$D_{AB}=\frac{9.40\times10^{-15}T}{\mu(M_A)^{1/3}} \tag{6.4-1}$$

式中 M_A 为大分子溶质 A 的分子量。当分子形状偏离球形较大时，应用该方程时需谨慎。

例 6.4-1　白蛋白扩散系数的计算

应用修正的 Polson 方程(6.4-1)计算 298 K 时牛血清白蛋白在其低浓度水溶液中的扩散系数，并与表 6.4-1 中实验数据相比较。

解：由表 6.4-1，牛血清白蛋白(A)的摩尔质量为 $M_A=67\ 500$ kg/kmol。已知 25 ℃时水的黏度为 $0.893\ 7\times10^{-3}$ Pa·s，$T=298$ K。代入式(6.4-1)，得

$$D_{AB}=\frac{9.40\times10^{-15}T}{\mu(M_A)^{1/3}}=\frac{9.40\times10^{-15}\times298}{0.893\ 7\times10^{-3}\times67\ 500^{1/3}}$$
$$=7.70\times10^{-11}\ \mathrm{m^2/s}$$

该数值比实验数据 $6.81\times10^{-11}\ \mathrm{m^2/s}$ 高出 11%。

(6) 蛋白质溶液中溶质小分子扩散系数的预测。对小分子溶质(A)通过大分子蛋白质(P)溶液扩散的情况，由于其扩散过程受到大分子的阻碍，因而不能应用式(6.3-9)来计算其扩散系数。这种情况下，计算扩散系数所需的数据包括溶质 A 单独在水中时的扩散系数 D_{AB}，水与蛋白质发生水合的情况，以及位阻因子。下列半经验方程可用于近似计算 A 在球形蛋白质 P 的溶液中的扩散系数 D_{AP}，该式只考虑了位阻效应(C8,G5,G6)，并未考虑存在的键联现象：

$$D_{AP}=D_{AB}(1-1.81\times10^{-3}c_P) \tag{6.4-2}$$

式中 c_P 的单位为 kg P/m³。如此，扩散方程便为

$$N_A=\frac{D_{AP}(c_{A1}-c_{A2})}{z_2-z_1} \tag{6.4-3}$$

式中 c_{A1} 为 A 的浓度(kmol A/m³)。

(7) 存在键联现象时扩散系数的计算。当 A 溶于蛋白质溶液 P 并与 P 发生键联时，A 的扩散速率等于未键合的 A 在溶液中的扩散速率与蛋白质-溶质配位化合物的扩散速率之和。当实验测得键联数据时，有一些方法可用以估算这种情况下 A 的扩散速率(G5,G6)，所使用的方程式如下

$$D_{AP}=\left[D_{AB}(1-1.81\times10^{-3}c_P)\left(\frac{\%\text{游离 A}}{100}\right)+D_P\left(\frac{\%\text{键联 A}}{100}\right)\right] \tag{6.4-4}$$

式中 D_P 为蛋白质单独存在于溶液时的扩散系数(m^2/s),游离 A 指未与蛋白质键联的 A,可由实验测定的键联系数来确定。然后利用(6.4-3)计算扩散速率,其中 c_A 为 A 在溶液中的总浓度。

6.4.2 生物凝胶中的扩散过程

凝胶可视为“多孔性”的半固体物质,由稀溶液中的大分子与含有少量水溶液的凝胶构成,其结构中的“孔道”或开放空间中充满了水。小分子溶质在凝胶中的扩散速率稍小于在水中的速率,如果不存在电效应,则凝胶结构对扩散的主要影响是增加扩散路径的长度(S7)。

最近利用电子显微镜研究的结果(L4)表明琼脂糖(琼脂的主要成分)大分子的构型呈长的且较直的线状,提示这种凝胶的结构是由很强的氢键导致的松散交织的多糖大分子。

琼脂糖、琼脂和明胶是几种典型的凝胶。许多有机聚合物以凝胶的形式存在于各种溶液中。溶质在凝胶中的扩散速率需使用非定态方法测定,其中一种方法是将凝胶熔化并倾入一个细管中,待凝胶固化后,将该管状凝胶置于一个含有扩散质的带搅拌的槽中。溶质离开凝胶界面处的溶液进入凝胶,并在凝胶中扩散,一定时间后测定溶质在凝胶中扩散的量从而得到溶质在凝胶中的扩散系数。

表 6.4-2 所列为一些溶质在几种凝胶中的扩散系数。有时某些溶质在纯水中的扩散系数是已知的,这时看到由于凝胶的存在使扩散系数下降。例如由表 6.4-2 可知,278 K 时尿素在水中的扩散系数为 $0.880\times10^{-9}\ m^2/s$,而在 2.9%(质)明胶中为 $0.640\times10^{-9}\ m^2/s$,减小了 27%。

在琼脂和明胶中,给定溶质的扩散系数随着凝胶含量%(质)的增加而或多或少地线性减小,但外推到凝胶含量为 0%时,所得扩散系数小于纯水中的数据。还应该注意在不同批次制备的凝胶之间扩散系数可能会产生 10%~20%的变化。

例 6.4-2 尿素在琼脂中的扩散

两浓度不同的尿素水溶液由一管凝胶溶液即凝胶桥相连,该凝胶温度为 278 K,长度为 0.04 m,琼脂含量为 1.05%(质),两侧尿素溶液均加以搅拌,第一个溶液中尿素浓度为 0.2 mol尿素/L,另一个溶液中浓度为 0。试以 $kmol/(s\cdot m^2)$ 为单位计算定态条件下尿素的扩散速率。

解: 由表 6.4-2,温度 278 K 时,溶质尿素的 $D_{AB}=0.727\times10^{-9}\ m^2/s$。尿素通过凝胶中静止的水的扩散可用式(6.3-3)计算。但由于 x_{A1} 的值小于 0.01,为很稀的溶液,$x_B\approx1.00$,因此可应用式(6.3-5)。已知 $c_{A1}=0.20/1\ 000=0.000\ 2\ mol/cm^3=0.20\ kmol/m^3$,$c_{A2}=0$,代入式(6.3-5),得

$$N_A=\frac{D_{AB}(c_{A1}-c_{A2})}{z_2-z_1}=\frac{0.727\times10^{-9}(0.20-0)}{0.04-0}$$

$$=3.63\times10^{-9}\ kmol/s\cdot m^2$$

表 6.4-2　溶质在生物凝胶的稀水溶液中的扩散速率

溶质	凝胶	溶液中凝胶含量 %(质)	温度 K	温度 ℃	扩散系数 (m^2/s)	参考文献
蔗糖	明胶	0	278	5	0.258×10^{-9}	(F2)
		3.8	278	5	0.209×10^{-9}	(F2)
		10.35	278	5	0.107×10^{-9}	(F2)
		5.1	293	20	0.252×10^{-9}	(F3)
尿素	明胶	0	278	5	0.880×10^{-9}	(F2)
		2.9	278	5	0.644×10^{-9}	(F2)
		5.1	278	5	0.609×10^{-9}	(F3)
		10.0	278	5	0.542×10^{-9}	(F2)
		5.1	293	20	0.859×10^{-9}	(F3)
甲醇	明胶	3.8	278	5	0.626×10^{-9}	(F3)
尿素	琼脂	1.05	278	5	0.727×10^{-9}	(F3)
		3.16	278	5	0.591×10^{-9}	(F3)
		5.15	278	5	0.472×10^{-9}	(F3)
甘油	琼脂	2.06	278	5	0.297×10^{-9}	(F3)
		6.02	278	5	0.199×10^{-9}	(F3)
右旋葡萄糖	琼脂	0.79	278	5	0.327×10^{-9}	(F3)
蔗糖	琼脂	0.79	278	5	0.247×10^{-9}	(F3)
乙醇	琼脂	5.15	278	5	0.393×10^{-9}	(F3)
NaCl (0.05 mol/L)	琼脂糖	0	298	25	1.511×10^{-9}	(S7)
		2	298	25	1.398×10^{-9}	(S7)

6.5　固体中的分子扩散过程

6.5.1　固体中分子扩散的类型

尽管气体、液体和固体在固体中的扩散速率一般比在液体和气体中的慢，但在化学和生物过程中，固体中的传质过程仍然是十分重要的。例如大豆一类的食品以及金属矿石的浸取过程，木材、盐和食品的干燥过程，固体催化剂中的扩散和化学反应，流体的膜分离过程，气体通过聚合物包装膜的扩散，以及高温下用气体处理金属的过程。

我们可将固体中的传递过程分为两大类扩散过程：一种是服从费克定律，且与固体实际结构基本无关的扩散过程，另一种是多孔固体中的扩散过程，此时固体的实际结构及空隙通道是非常重要的。这里将讨论这两种扩散过程。

6.5.2　固体中服从费克定律的扩散过程

(1) 扩散方程的推导。固体中的这种扩散过程与固体的实际结构无关。只有当扩散的流体或溶质溶解在固体中形成均相溶液时这种扩散过程才能发生，例如，在浸取过程中，固体中含有大量的水，溶质通过该水溶液进行扩散；又如锌在铜中的扩散过程，是因为有固体溶液存在；同样氮气或氢气在橡胶中的扩散，或某些情况下水在食物中的扩散也都属于这一类过程,因此可应用同一类方程进行计算。

一般地,可使用简化方程。对二元扩散系统,应用通用方程式:

$$N_A = -cD_{AB}\frac{dx_A}{dz} + \frac{c_A}{c}(N_A + N_B) \tag{6.2-14}$$

因为 c_A/c 即 x_A 非常小,因此主体流动项 $(c_A/c)(N_A+N_B)$ 即使存在,其数值也很小,因而该项可忽略。同样可假设 c 为常数,从而获得固体中的扩散过程

$$N_A = -\frac{D_{AB}dc_A}{dz} \tag{6.5-1}$$

式中 D_{AB} 为 A 通过 B 的扩散系数(m^2/s)。对固体而言该值通常与压强无关,可假设为常数。注意固体中 $N_{AB} \neq N_{BA}$。

对平板型固体,将式(6.5-1)在定态条件下积分:

$$N_A = \frac{D_{AB}(c_{A1} - c_{A2})}{z_2 - z_1} \tag{6.5-2}$$

对某些通过中空圆柱体壁面的径向扩散过程:

$$\frac{\overline{N}_A}{2\pi rL} = -D_{AB}\frac{dc_A}{dr} \tag{6.5-3}$$

$$\overline{N}_A = D_{AB}(c_{A1} - c_{A2})\frac{2\pi L}{\ln(r_2/r_1)} \tag{6.5-4}$$

式中 r_1 为圆柱体内径,r_2 为外径,L 为长度。

这种情况类似于图 4.3-2 所示的通过中空圆管的径向热传导过程。

如上所述,固体中的扩散系数 D_{AB} 与固体外气体或液体的压强无关。例如,若 CO_2 气体在橡胶板的外部,并通过橡胶板在其中扩散,则 D_{AB} 应与橡胶表面处 CO_2 的分压 p_A 无关。但 CO_2 在固体中的溶解度又与 p_A 成正比,类似于按照亨利定律,氧气在水中的溶解度与空气中 O_2 的分压成正比。

通常以 S 表示固体中溶质气体(A)的溶解度,单位为 m^3(STP)/(atm · cm^3),或 cgs 制中为 cm^3(STP)/(atm · cm^3)。在 SI 制中,将 S 转变为固体中溶质的浓度 c_A(kmol A/m^3):

$$c_A = \frac{S\ m^3(STP)/m^3\ 固体 \cdot atm}{22.414\ m^3(STP)/\ kmol\ A} p_A\ atm = \frac{Sp_A}{22.414}\frac{kmol\ A}{cm^3\ 固体} \tag{6.5-5}$$

在 cgs 制中

$$c_A = \frac{Sp_A}{22.414}\frac{mol\ A}{cm^3\ 固体} \tag{6.5-6}$$

例 6.5-1 氢气通过氯丁橡胶膜的扩散过程

17 ℃,0.010 atm 的氢气通过一个厚度为 0.5 mm 的硫化氯丁橡胶膜进行扩散,氯丁橡胶膜的另一侧 H_2 的压强为 0。假设只有膜存在扩散阻力,试计算定态条件下 H_2 的扩散速率。已知 17 ℃时 H_2 在氯丁橡胶中的溶解度 S 为 0.051 m^3(0 ℃,1 atm)/(m^3 · atm),扩散系数 D_{AB} 为 $1.03 \times 10^{-10}\ m^2/s$。

解:图 6.5-1 为浓度分布示意图。由式(6.5-5),橡胶膜内侧表面处的平衡浓度 c_{A1} 为

$$c_{A1}=\frac{S}{22.414}p_{A1}=\frac{0.051\times0.010}{22.414}$$
$$=2.28\times10^{-5}\ \text{kmol}\ H_2/m^3\ 固体$$

因为在另一侧 $p_{A2}=0$,所以 $c_{A2}=0$,代入式(6.5-2),解得

$$N_A=\frac{D_{AB}(c_{A1}-c_{A2})}{z_2-z_1}=\frac{1.03\times10^{-10}\times(2.28\times10^{-5}-0)}{(0.5-0)/1\ 000}$$
$$=4.69\times10^{-12}\ \text{kmol}\ H_2/(s\cdot m^3)$$

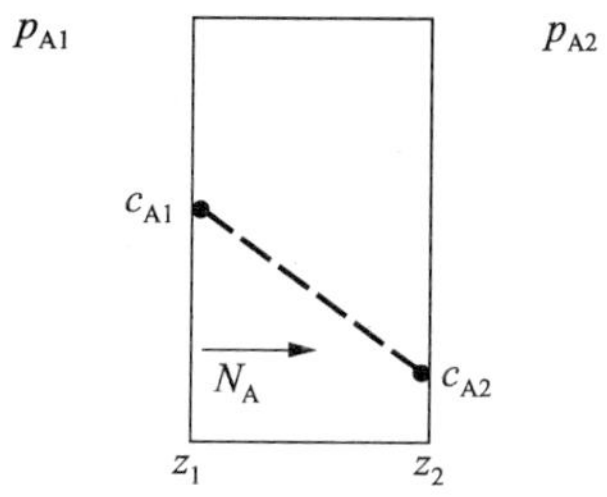

图 6.5-1　例 6.5-1 浓度分布图

(2) 用于固体中扩散过程的透过率方程。许多时候,气体在固体中扩散过程的实验数据并不是给出扩散系数或溶解度,而是以透过率 P_M 表示,即在压差为 1 atm 时,在单位时间内(s)在单位截面积(m^2)上通过厚度为 1 m 的固体所扩散的溶质气体 A 的量(m^3,标准态 STP)。将其与费克定律相关联:

$$N_A=\frac{D_{AB}(c_{A1}-c_{A2})}{z_2-z_1} \tag{6.5-2}$$

由式(6.5-5)

$$c_{A1}=\frac{Sp_{A1}}{22.414}\qquad c_{A2}=\frac{Sp_{A2}}{22.414} \tag{6.5-7}$$

将式(6.5-7)代入式(6.5-2)

$$N_A=\frac{D_{AB}S(p_{A1}-p_{A2})}{22.414(z_2-z_1)}=\frac{P_M(p_{A1}-p_{A2})}{22.414(z_2-z_1)}\text{kmol}/(s\cdot m^2) \tag{6.5-8}$$

式中透过率为

$$P_M=D_{AB}S\ \frac{m^3(\text{STP})}{s\cdot m^2\text{C. S.}\cdot \text{atm}/m} \tag{6.5-9}$$

有些文献也用另外一些单位来表示透过率数据。在 cgs 制中,其单位为 cm^3(STP)/(s · cm^2C. S. atm/cm),有些文献中透过率的单位为:cm^3(STP)/(s · cm^2C. S. cmHg/cm 厚度),它们间的换算关系为

$$\frac{1.00\ m^3(\text{STP})\cdot m}{s\cdot m^2\text{C. S.}\cdot \text{atm}}=\frac{10^4\ cm^3(\text{STP})\cdot cm}{s\cdot cm^2\cdot \text{atm}} \tag{6.5-10}$$

$$\frac{1.0\ m^3(\text{STP})\cdot m}{s\cdot m^2\text{C. S.}\cdot \text{atm}}=\frac{1.316\times10^2\ cm^3(\text{STP})\cdot cm}{s\cdot cm^2\text{C. S.}\cdot \text{cmHg}} \tag{6.5-11}$$

当几个固体(1,2,3,…)串联在一起时,L_1, L_2,…分别为它们的厚度,式(6.5-8)便成为:

$$N_A=\frac{p_{A1}-p_{A2}}{22.414}\frac{1}{L_1/P_{M1}+L_2/P_{M2}+\cdots} \tag{6.5-12}$$

式中 $p_{A1}-p_{A2}$ 为总的分压差。

(3) 扩散系数、溶解度和透过率的实验数据。由于缺乏固体状态理论知识,一般我们还

不能准确计算固体中的扩散系数,因此就需要实验数据。表 6.5-1 给出了一些气体在固体中扩散和固体在固体中扩散的实验数据,包括扩散系数、溶解度和透过率。

对于 He,H_2,O_2,N_2 和 CO_2 一类简单气体,当压强为 1～2 atm 时,它们在聚合物和玻璃等固体中的溶解度基本服从亨利定律,因此适用于式(6.5-5)。同样,这些气体的扩散系数和透过率与浓度无关,进而与压强也无关。至于温度的影响,$\ln P_M$ 近似为 $1/T$ 的线性函数,这里 T 的单位为 K。此外,一种气体(比如 H_2)的扩散过程大致不受其他气体(如 O_2 和 N_2)存在的影响。

对于 H_2 和 O_2 等气体在 Ni,Cd 和 Pt 一类的金属中扩散的情况,实验发现扩散速率与 $(\sqrt{p_{A1}}-\sqrt{p_{A2}})$ 近似成正比,所以式(6.5-8)不成立(B5)。而当水通过聚合物扩散时,与气体的扩散不同,P_M 可能多少取决于相对压差(C9,B5)。Grank 和 Park(C9)以及 Barrer(B5)在有关专著中给出了更多的数据。

表 6.5-1　固体中的扩散系数和透过率

溶质(A)	固体(B)	T (K)	扩散系数 D_{AB} (m^2/s)	溶解度,S $\frac{m^3\text{ 溶质(STP)}}{m^3\text{ 固体}\cdot atm}$	透过率,P_M $\frac{m^3\text{ 溶质(STP)}}{s\cdot m^2\cdot atm/m}$	参考文献
H_2	硫化橡胶	298	0.85×10^{-9}	0.04	0.342×10^{-10}	(B5)
O_2		298	0.21×10^{-9}	0.07	0.152×10^{-10}	(B5)
N_2		298	0.15×10^{-9}	0.035	0.054×10^{-10}	(B5)
CO_2		298	0.11×10^{-9}	0.90	1.01×10^{-10}	(B5)
H_2	硫化氯丁橡胶	290	0.103×10^{-9}	0.051		(B5)
		300	0.18×10^{-9}	0.053		(B5)
H_2	聚乙烯	298			6.53×10^{-12}	(R3)
O_2		303			4.17×10^{-12}	(R3)
N_2		303			1.52×10^{-12}	(R3)
O_2	尼龙	303			0.029×10^{-12}	(R3)
N_2		303			0.0152×10^{-12}	(R3)
空气	英国皮革	298			$(0.15-0.68)\times10^{-4}$	(B5)
H_2O	蜡	306			0.16×10^{-10}	(B5)
H_2O	赛璐玢玻璃纸	311			$(0.91-1.82)\times10^{-10}$	(B5)
He	派热克斯玻璃	293			4.68×10^{-15}	(B5)
		373			20.1×10^{-15}	(B5)
He	SiO_2	293	$2.4\sim5.5\times10^{-14}$	0.01		(B5)
H_2	Fe	293	2.59×10^{-13}			(B5)
Al	Cu	293	1.3×10^{-34}			(B5)

例 6.5-2　以透过率表示通过包装膜的扩散过程

考虑用厚度为 0.000 15 m(0.15 mm)的聚乙烯薄膜对药物进行包装,温度为 30 ℃。若 O_2 在包装外部的分压为 0.21 atm,包装内为 0.01 atm,试计算定态条件下 O_2 的扩散速率。可利用表 6.5-1 中透过率数据,假设薄膜内外的扩散阻力相对于薄膜阻力可忽略。

解:由表 6.5-1,$P_M=4.17\times10^{-12}$ m^3 溶质(STP)/$(s\cdot m^2\cdot atm/m)$

代入式(6.5-8),得

$$N_A=\frac{P_M(p_{A1}-p_{A2})}{22.414(z_2-z_1)}=\frac{4.17\times10^{-12}\times(0.21-0.01)}{22.414\times(0.000\,15-0)}$$
$$=2.480\times10^{-10}\ \mathrm{kmol/(s\cdot m^2)}$$

注意：由尼龙制成的薄膜其 O_2 透过率 P_M 大大小于聚乙烯薄膜，因此更适合用作 O_2 隔离膜。

(4) 膜分离过程。用于气体分离的各种膜分离过程，包括膜分离、渗透、反渗透、超滤和微滤，将在第 13 章中详细讨论。

6.5.3　与结构有关的多孔性固体中的扩散过程

(1) 液体在多孔性固体中的扩散。在第 6.5.2 节中，我们将费克定律和实测的扩散系数 D_{AB}应用于固体中的扩散过程，并将固体视作一种均匀的拟均相的物质。本小节中，我们将讨论多孔性固体中的扩散过程，在这种固体中有许多孔道即相互连通的空腔，这对扩散过程会产生影响。图 6.5-2 所示为典型的多孔性固体的一个横截面。

设固体中的空腔被液态水完全充满，界面 1 处水溶液中盐的浓度为 c_{A1}，界面 2 处盐的浓度为 c_{A2}。水溶液中的盐通过空穴中的溶液扩散，其扩散路径为(z_2-z_1)的 τ 倍，τ 称为曲折因子。固体是惰性的，其自身不发生扩散。对定态条件下稀溶液中盐的扩散过程应用式(6.3-5)得

$$N_A=\frac{\varepsilon D_{AB}(c_{A1}-c_{A2})}{\tau(z_2-z_1)}\tag{6.5-13}$$

式中 ε 为空隙率，D_{AB}为盐在水中的扩散系数，τ 为曲折因子，用于校正(z_2-z_1)。对于惰性固体，τ 的大小在 1.5 到 5 之间。上式中各项常常组合成有效扩散系数：

$$D_{A\,eft}=\frac{\varepsilon}{\tau}D_{AB}\ \mathrm{m^2/s}\tag{6.5-14}$$

例 6.5-3　KCl 在多孔性固体中的扩散

多孔性烧结二氧化硅固体，厚度为 2.0 mm，孔隙率 $\varepsilon=0.3$，曲折因子 τ 为 4.0，孔隙中充满 298 K 的水。在该固体一侧的 KCl 溶液浓度保持在 0.10 mol/L，另一侧有新鲜的水快速流过。假设除多孔性固体内的扩散阻力外，其他阻力可以忽略不计，计算定态条件下 KCl 的扩散速率。

解：由表 6.3-1，KCl 在水中的扩散系数为 $D_{AB}=1.87\times10^{-9}\ \mathrm{m^2/s}$，又已知 $c_{A1}=0.10/1\,000=1.0\times10^{-4}\ \mathrm{mol/cm^3}=0.10\ \mathrm{kmol/m^3}$，$c_{A2}=0$，代入式(6.5-13)，得

$$N_A=\frac{\varepsilon D_{AB}(c_{A1}-c_{A2})}{\tau(z_2-z_1)}=\frac{0.30\times1.870\times10^{-9}\times(0.10-0)}{4.0\times(0.002-0)}$$
$$=7.01\times10^{-9}\ \mathrm{kmol\ KCl/(s\cdot m^2)}$$

(2) 气体在多孔性固体中的扩散。图 6.5-2 中的空隙被气体充满时，也会出现与液体类似的情况。如果孔隙足够大，以至只存在(费克)分子扩散过程，则对气体而言，式(6.5-13)便成为：

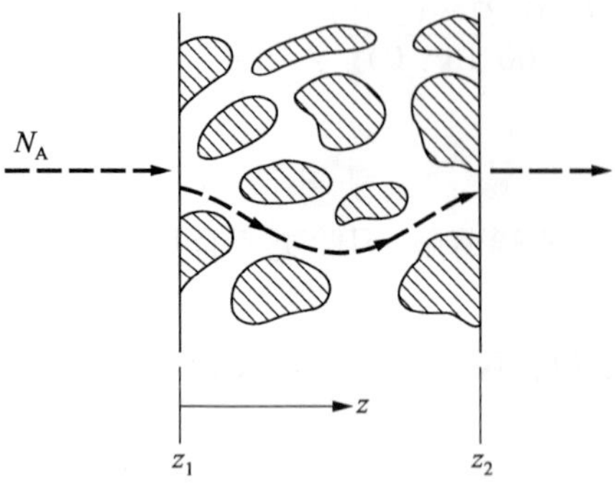

图 6.5-2 典型的多孔性固体示意图

$$N_A=\frac{\varepsilon D_{AB}(c_{A1}-c_{A2})}{\tau(z_2-z_1)}=\frac{\varepsilon D_{AB}(p_{A1}-p_{A2})}{\tau RT(z_2-z_1)} \tag{6.5-15}$$

同样，曲折因子也必须由实验测定，可假设扩散过程只是通过固体间的空隙进行，在实际固体颗粒内部不发生扩散。

对于玻璃珠、砂、盐、云母等构成的各种松散的多孔性床层，由曲折因子与空隙率之间的关系式可得到不同 ε 时 τ 的近似值：$\varepsilon=0.2$，$\tau=20$；$\varepsilon=0.4$，$\tau=1.75$；$\varepsilon=0.6$，$\tau=1.65$。

当孔隙很小且其数量级与气体的平均自由程相当时，会发生另一种扩散过程，这将在第7.6节中进行讨论。

6.6 二维定态分子扩散的数值计算法

6.6.1 数值计算方程的推导

(1) 定态扩散过程的计算方法推导。图 6.6-1 所示为一个二维固体，其单位厚度上被分割成几个小方块。定态分子扩散过程的数值计算法类似于第 4.15 节所讨论的定态热传导计算，因此这里只作简要介绍。设想将小方块中的固体聚集在方块的中心点，其浓度为 $c_{n,m}$，该点称为“节点”，用线段将相邻的节点相连，物质便沿着这些线段进行扩散。

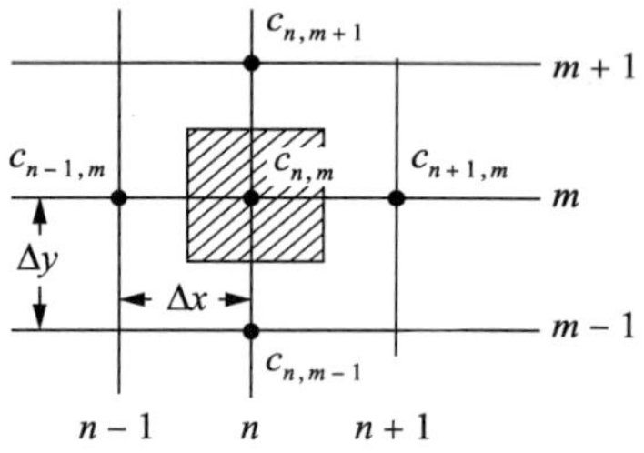

图 6.6-1 二维定态分子扩散过程中各节点的浓度和位置示意图

对节点作定态条件下的物料衡算：在单位厚度的固体中，分子向阴影部分的扩散量的总和必须为 0：

$$\frac{D_{AB}\Delta y}{\Delta x}(c_{n-1,m}-c_{n,m})+\frac{D_{AB}\Delta y}{\Delta x}(c_{n+1,m}-c_{n,m})+\frac{D_{AB}\Delta x}{\Delta y}(c_{n,m+1}-c_{n,m})+\frac{D_{AB}\Delta x}{\Delta y}(c_{n,m-1}-c_{n,m})=0 \tag{6.6-1}$$

式中 $c_{n,m}$ 为点 n,m 处 A 的浓度(kmol A/m^3)。令 $\Delta x=\Delta y$，将上式重排得：

$$c_{n,m+1}+c_{n,m-1}+c_{n+1,m}+c_{n-1,m}-4c_{n,m}=0 \tag{6.6-2}$$

(2) 迭代法数值计算。为求解式(6.6-2)，需对 N 个未知点写出 N 个线性代数方程。节点数适中时用手工计算，可采用迭代法对方程求解，此时令式(6.6-2)右边等于一个残差 $\overline{N}_{n,m}$：

$$c_{n,m+1}+c_{n,m-1}+c_{n+1,m}+c_{n-1,m}-4c_{n,m}=\overline{N}_{n,m} \tag{6.6-3}$$

对定态条件，令方程等于 0，即 $\overline{N}_{n,m}=0$，从而可由下式计算 $c_{n,m}$：

$$c_{n,m}=\frac{c_{n-1,m}+c_{n+1,m}+c_{n,m+1}+c_{n,m-1}}{4} \tag{6.6-4}$$

式(6.6-3)和式(6.6-4)为计算定态扩散过程所有浓度的最终方程式。

例 4.15-1 中对定态热传导过程的计算介绍了迭代法的详细步骤，定态扩散过程的迭代法计算步骤与之相同。

一旦计算得到了浓度，就可计算每个微元的扩散速率，方法如下：参照图 6.6-1，由节点(即微元)$c_{n,m}$到$c_{n,m-1}$的扩散速率为($\Delta x=\Delta y$)：

$$N=\frac{AD_{\mathrm{AB}}}{\Delta y}(c_{n,m}-c_{n,m-1})=\frac{[\Delta x(1)]D_{\mathrm{AB}}}{\Delta y}(c_{n,m}-c_{n,m-1})$$
$$=D_{\mathrm{AB}}(c_{n,m}-c_{n,m-1}) \tag{6.6-5}$$

式中面积 A 为 Δx 乘以 1 m(厚度)，N 的单位为 kmol A/s。写出其他微元的速率方程，将计算结果相加即可。这种数值计算法非常适合利用计算机电子表格计算。

6.6.2　特殊的边界条件方程

(1) 边界条件方程。当某一节点 $c_{n,m}$位于图 6.6-2(a)所示的边界上时，由于界面与浓度为 c_∞的流体主体之间发生对流传质，此时必须推导一个微分方程。对节点(n,m)作物料衡算，定态条件下流入物质量=流出物质量：

$$\frac{D_{\mathrm{AB}}\Delta y}{\Delta x}(c_{n-1,m}-c_{n,m})+\frac{D_{\mathrm{AB}}\Delta x}{2\Delta y}(c_{n,m+1}-c_{n,m})+\frac{D_{\mathrm{AB}}\Delta x}{2\Delta y}(c_{n,m-1}-c_{n,m})$$
$$=k_c\Delta y(c_{n,m}-c_\infty) \tag{6.6-6}$$

式中 k_c 为式(6.1-14)所定义的对流传质系数(m/s)。

令 $\Delta x=\Delta y$，将上式重排，并令所得方程等于 $\overline{N}_{n,m}$，得下述结果。

① 界面处对流传质的情况[见图 6.6-2(a)]：

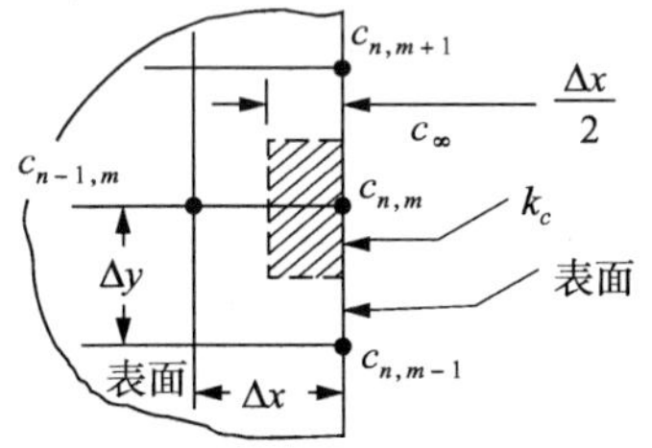

(a) 界面处的对流传质

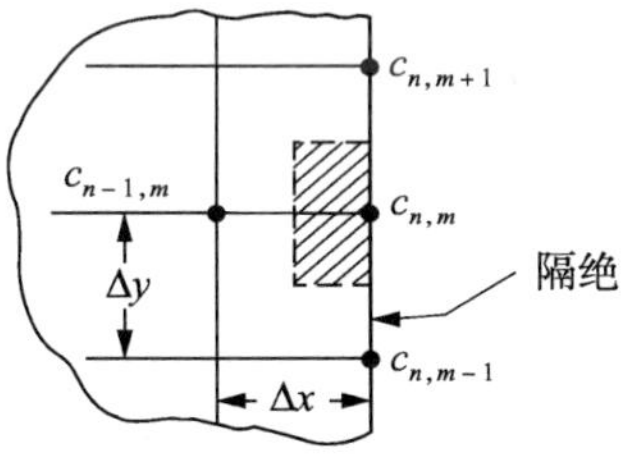

(b) 界面与外部隔绝

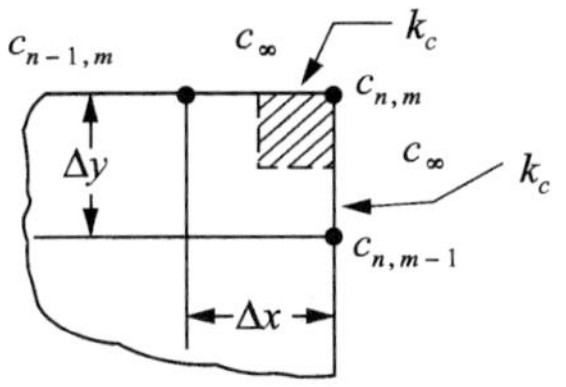

(c) 对流传质界面的外角

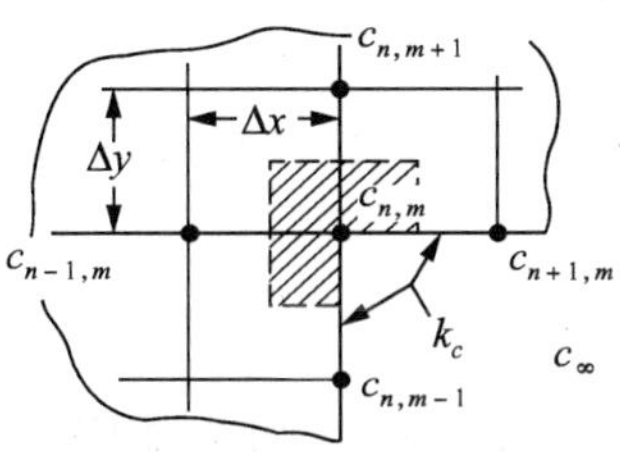

(d) 对流传质界面的内角

图 6.6-2　不同的定态扩散边界条件

$$\frac{k_c\Delta x}{D_{AB}}c_\infty+\frac{1}{2}(2c_{n-1,m}+c_{n,m+1}+c_{n,m-1})-c_{n,m}\left(\frac{k_c\Delta x}{D_{AB}}+2\right)c_{n,m}=\overline{N}_{n,m} \qquad (6.6-7)$$

该式与传导对流传热中式(4.15－16)相似，这里以 $k_c\Delta x/D_{AB}$代替了 $h\Delta x/k$。用类似的方法，可对图 6.6－2 中的其他界面条件推导出相应的方程式(6.6－8)～式(6.6－10)。

② 界面与外界隔绝的情况[图 6.6－2(b)]：

$$\frac{1}{2}(c_{n,m+1}+c_{n,m-1})+c_{n-1,m}-2c_{n,m}=\overline{N}_{n,m} \qquad (6.6-8)$$

③ 存在对流传质的界面外角部[图 6.6－2(c)]：

$$\frac{k_c\Delta x}{D_{AB}}c_\infty+\frac{1}{2}(c_{n-1,m}+c_{n,m-1})-\left(\frac{k_c\Delta x}{D_{AB}}+1\right)c_{n,m}=\overline{N}_{n,m} \qquad (6.6-9)$$

④ 存在对流传质的界面内角部[图 6.6－2(d)]：

$$\frac{k_c\Delta x}{D_{AB}}c_\infty+c_{n-1,m}+c_{n,m+1}+\frac{1}{2}(c_{n+1,m}+c_{n,m-1})-\left(3+\frac{k_c\Delta x}{D_{AB}}\right)c_{n,m}=\overline{N}_{n,m} \qquad (6.6-10)$$

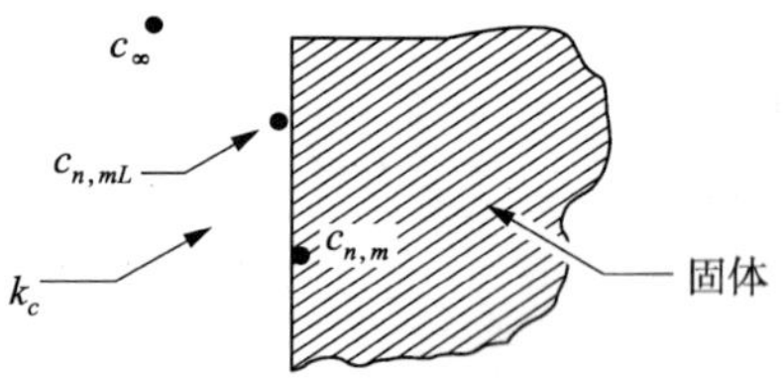

图 6.6－3　固体表面上存在对流传质及平衡分配系数 $K=c_{n,mL}/c_{n,m}$时的界面浓度

(2) 含分配系数的界面条件。推导式(6.6－7)时，取溶质在液固界面处的分配系数 K 为 1.0，如图 6.6－3 所示，这里分配系数 K 的定义为

$$K=\frac{c_{n,mL}}{c_{n,m}} \qquad (6.6-11)$$

式中 $c_{n,mL}$ 为表面相邻的液体的浓度，$c_{n,m}$ 为与表面相邻的固体内部的浓度。这样在推导式(6.6－6)时，方程右边的 $k_c\Delta y(c_{n,m}-c_\infty)$便成为：

$$k_c\Delta y(c_{n,mL}-c_\infty) \qquad (6.6-12)$$

式中 c_∞为流体主体的浓度。由式(6.6－11)得 $c_{n,mL}=K\,c_{n,m}$，代入式(6.6－12)并同时乘以 K/K，得：

$$Kk_c\Delta y\left(\frac{K\,c_{n,m}}{K}-\frac{c_\infty}{K}\right)=Kk_c\Delta y\left(c_{n,m}-\frac{c_\infty}{K}\right) \qquad (6.6-13)$$

因此，当式(6.6－7)中出现 k_c 时即以 Kk_c 代替，出现 c_∞即以 c_∞/K 代替，如此式(6.6－7)就变成如下几种形式：

① 界面处的对流传质[图 6.6－2(a)]：

$$\left(\frac{K\,k_c\Delta x}{D_{AB}}\right)\frac{c_\infty}{K}+\frac{1}{2}(2c_{n-1,m}+c_{n,m+1}+c_{n,m-1})-c_{n,m}\left(\frac{Kk_c\Delta x}{D_{AB}}+2\right)=\overline{N}_{n,m} \qquad (6.6-14)$$

式(6.6－9)和式(6.6－10)可用同样的方法改写如下：

② 存在对流传质的界面外角部[图 6.6－2(c)]：

$$\left(\frac{K\,k_c\Delta x}{D_{AB}}\right)\frac{c_\infty}{K}+\frac{1}{2}(c_{n-1,m}+c_{n,m-1})-\left(\frac{K\,k_c\Delta x}{D_{AB}}+1\right)c_{n,m}=\overline{N}_{n,m} \qquad (6.6-15)$$

③ 存在对流传质的界面内角部[图 6.6－2(d)]：

$$\left(\frac{K\,k_c\Delta x}{D_{AB}}\right)\frac{c_\infty}{K}+c_{n-1,m}+c_{n,m+1}+\frac{1}{2}(c_{n+1,m}+c_{n,m-1})-\left(3+\frac{K\,k_c\Delta x}{D_{AB}}\right)c_{n,m}=\overline{N}_{n,m} \tag{6.6-16}$$

例 6.6－1　对流传质和定态扩散过程的数值计算法

图 6.6－4 所示为两维的中空固体室，试确定定态条件下图示各节点的浓度。已知内表面浓度保持在 6.00×10^{-3} kmol/m³ 不变，表面外侧的对流传质系数 $k_c=2\times10^{-7}$ m/s，$c_\infty=2.00\times10^{-3}$ kmol/m³，固体中的扩散系数 $D_{AB}=1.0\times10^{-9}$ m²/s，点格尺寸为 $\Delta x=\Delta y=0.005$ m。另外试确定单位厚度(1.0 m)固体上的扩散速率。已知分配系数 $K=1.0$。

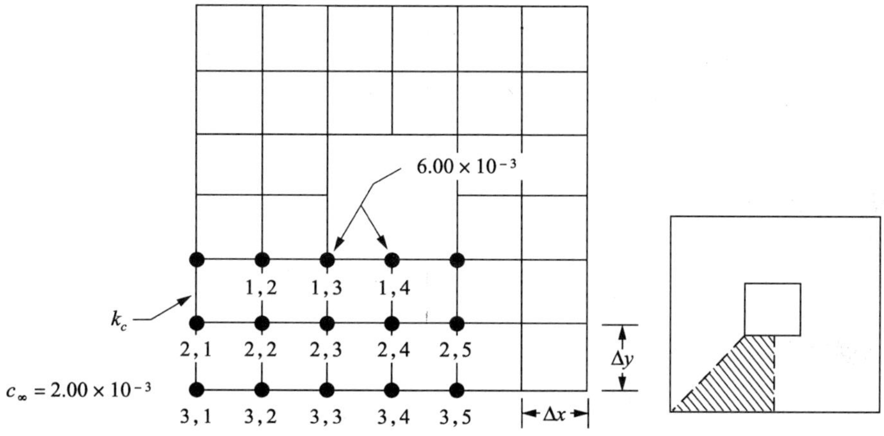

图 6.6－4　例 6.6－1 中空固体室的浓度

解： 为简化计算，将所有浓度都乘以 10^3。因为固体室是对称的，因此只需对其中 1/8 的区域(图中阴影部分)进行计算。已知 $c_{1,3}=6.00$，$c_{1,4}=6.00$，$c_\infty=2.00$。由对称性可得 $c_{1,2}=c_{2,3}$，$c_{2.5}=c_{2,3}$，$c_{2,1}=c_{3,2}$，$c_{3,3}=c_{3,5}$。为加速计算过程，先对未知浓度作如下预估：$c_{2,2}=3.80$，$c_{2,3}=4.20$，$c_{2,4}=4.40$，$c_{3,1}=2.50$，$c_{3,2}=2.70$，$c_{3,3}=3.00$，$c_{3,4}=3.20$。

对内部的几个节点 $c_{2,2}$，$c_{2,3}$ 和 $c_{2,4}$ 应用式(6.6－3)和式(6.6－4)，对角部对流传质的节点 $c_{3,1}$ 应用式(6.6－9)，对其他对流传质的节点 $c_{3,2}$，$c_{3,3}$，$c_{3,4}$ 应用式(6.6－7)。$k_c\Delta x/D_{AB}=2\times10^{-7}\times0.005/(1.0\times10^{-9})=1.00$

第一次近似计算：由 $c_{2,2}$ 开始，应用式(6.6－3)，计算残差 $\overline{N}_{2,2}$：

$$c_{1,2}+c_{3,2}+c_{2,1}+c_{2,3}-4c_{2,2}=\overline{N}_{2,2}$$

$$4.20+2.70+2.70+4.20-4\times3.80=-1.40$$

因此可知 $c_{2,2}$ 是非定态的。下一步令 $\overline{N}_{2,2}$ 等于 0，由式(6.6－4)计算新的 $c_{2,2}$ 值：

$$c_{2,2}=\frac{c_{1,2}+c_{3,2}+c_{2,1}+c_{2,3}}{4}=\frac{4.20+2.70+2.70+4.20}{4}=3.45$$

以新的 $c_{2,2}$ 值代替原 $c_{2,2}$ 值。

对 $c_{2,3}$，

$$c_{2,2}+c_{2,4}+c_{1,3}+c_{3,3}-4c_{2,3}=\overline{N}_{2,3}$$

$$3.45+4.40+6.00+3.00-4\times4.20=0.05$$

$$c_{2,3}=\frac{c_{2,2}+c_{2,4}+c_{1,3}+c_{3,3}}{4}=\frac{3.45+4.40+6.00+3.00}{4}=4.21$$

对 $c_{2,4}$：

$$c_{2,3}+c_{2,5}+c_{1,4}+c_{3,4}-4c_{2,4}=\overline{N}_{2,4}$$

$$4.21+4.21+6.00+3.20-4\times4.40=0.02$$

$$c_{2,4}=\frac{c_{2,3}+c_{2,5}+c_{1,4}+c_{3,4}}{4}=\frac{4.21+4.21+6.00+3.20}{4}=4.41$$

对 $c_{3,1}$ 应用式(6.6－9)：

$$1.0\times c_{\infty}+\frac{1}{2}(c_{2,1}+c_{3,2})-(1.0+1)c_{3,1}=\overline{N}_{3,1}$$

$$1.0\times2.00+\frac{1}{2}(2.70+2.70)-2.0\times2.50=-0.30$$

令式(6.6－9)等于0，求解 $c_{3,1}$

$$1.0\times2.00+\frac{1}{2}(2.70+2.70)-(2.0)c_{3,1}=0\quad c_{3,1}=2.35$$

对 $c_{3,2}$，应用式(6.6－7)

$$1.0\times c_{\infty}+\frac{1}{2}(2\times c_{2,2}+c_{3,1}+c_{3,3})-(1.0+2)c_{3,2}=\overline{N}_{3,2}$$

$$1.0\times2.00+\frac{1}{2}(2\times3.45+2.35+3.00)-3.0\times2.70=0.03$$

$$1.0\times2.00+\frac{1}{2}(2\times3.45+2.35+3.00)-3.0\times c_{3,2}=0\quad c_{3,2}=2.71$$

对 $c_{3,3}$

$$1.0\times c_{\infty}+\frac{1}{2}(2\times c_{2,3}+c_{3,2}+c_{3,4})-(3.0)c_{3,3}=\overline{N}_{3,3}$$

$$1.0\times2.00+\frac{1}{2}(2\times4.21+2.71+3.20)-3.0\times3.00=0.17$$

$$1.0\times2.00+\frac{1}{2}(2\times4.21+2.71+3.20)-3.0\times c_{3,3}=0\quad c_{3,3}=3.06$$

对 $c_{3,4}$

$$1.0\times c_{\infty}+\frac{1}{2}(2\times c_{2,4}+c_{3,3}+c_{3,5})-(3.0)c_{3,4}=\overline{N}_{3,4}$$

$$1.0\times2.00+\frac{1}{2}(2\times4.41+3.06+3.06)-3.0\times3.20=-0.13$$

$$1.0\times2.00+\frac{1}{2}(2\times4.41+3.06+3.06)-3.0\times c_{3,4}=0\quad c_{3,4}=3.16$$

一旦完成对点阵图上所有点的计算，就可根据这一次计算的结果从节点 $c_{2,2}$ 或其他任一节点开始进行第二次近似计算，重复这样的过程，直至所有残差都足够小，达到预期的结果。以下是经过三次近似计算所得的结果 $c_{2,2}=3.47$，$c_{2,3}=4.24$，$c_{2,4}=4.41$，$c_{3,1}=2.36$，$c_{3,2}=2.72$，$c_{3,3}=3.06$，$c_{3,4}=3.16$。

为计算扩散速率，首先要计算总对流传质速率，即单位厚度(1.0 m)的底面上节点 $c_{3,1}$，$c_{3,2}$，$c_{3,3}$ 和 $c_{3,4}$ 处的对流传质速率：

$$\begin{aligned}N&=k_c(\Delta x\cdot 1)\left[\frac{c_{3,1}-c_{\infty}}{2}+(c_{3,2}-c_{\infty})+(c_{3,3}-c_{\infty})+\frac{c_{3,4}-c_{\infty}}{2}\right]\\&=2\times10^{-7}\times0.005\times1\\&\quad\times\left[\frac{2.36-2.00}{2}+(2.72-2.00)+(3.06-2.00)+\frac{3.16-2.00}{2}\right]\times10^{-3}\\&=2.540\times10^{-12}\ \text{kmol/s}\end{aligned}$$

注意第一条和第四条路径只包括 1/2 的表面，下一步要计算固体内部进入上表面内侧的总扩散速率，应用式(6.6-5)类似的方程：

$$\begin{aligned}N&=\frac{D_{AB}(\Delta x\cdot 1)}{\Delta y}\left[(c_{1,3}-c_{2,3})+\frac{c_{1,4}-c_{2,4}}{2}\right]\\&=\frac{(1.0\times10^{-9})(0.005\times1)}{0.005}\left[(6.00-4.24)+\frac{6.00-4.41}{2}\right]\times10^{-3}\\&=2.555\times10^{-12}\ \text{kmol/s}\end{aligned}$$

定态条件下，以对流方式离开的扩散速率应等于扩散进入的速率，以上计算结果较好地说明了这一点。如果方阵的划分更小一些，结果会更准确。不过要注意，整个固体室的扩散速率应将上述数据乘以 8.0。

习　题

6.1-1　甲烷通过氦气的扩散。一管中装有 CH_4 和 He 气体，温度为 298 K，压力为 101.32 kPa。已知管中某一点处甲烷的分压 $p_{A1}=60.79$ kPa，距该点 0.02 m 处，甲烷的分压 $p_{A2}=20.26$ kPa。若管中总压保持恒定，试计算定态等分子反向扩散条件下甲烷 CH_4 的扩散速率。

答案：$J^*_{Az}=5.52\times10^{-5}$ kmol A/(s·m^2)　(5.52×10^{-6} mol A/(s·cm^2))

6.1-2　CO_2 在二元气体混合物中的扩散。气体 CO_2 通过一管进行定态扩散，该管长为 0.20 m，直径为 0.01 m，其中含有温度为 298 K 的 N_2，管中总压保持 101.32 kPa 不变。在管的一端 CO_2 的分压为456 mmHg，另一端 CO_2 的分压为 76 mmHg。已知 298 K 时扩散系数 D_{AB} 为 1.67×10^{-5} m^2/s。试以 cgs 制和 SI 制计算 CO_2 等分子反向扩散速率。

6.2-1　二元气体混合物的等分子反向扩散过程。一直径为 5 mm，长为 0.1 m 的管中含有温度为 298 K 的氦气和氢气，管内压力均匀且保持 1.0 atm(绝对压)不变。He 在该管一端的分压为 0.060 atm，在另一端的分压为 0.020 atm。由表 6.2-1 可查得扩散系数。试对以下条件计算定态等分子反向扩散过程：

(1) 以 kmol/(s·m^2)和 mol/(s·cm^2)为单位计算 He 的扩散速率；

(2) N_2 的扩散速率；

(3) 距某一端 0.05 m 处 He 的分压。

6.2-2 NH_3 和 N_2 在定态条件下的等分子反向扩散。298 K、101.32 kPa 下，氨气(A)和氮气(B)通过一玻璃直管进行反向扩散，该管长为 2.0 ft(0.610 m)，内径为 0.080 ft(24.4 mm)。管的两端各连通一个大的混合室，其中压力均为 101.32 kPa。NH_3 在一个混合室中的分压保持在 20.0 kPa，另一室中 NH_3 的分压保持为 6.666 kPa。已知 298 K、101.32 kPa 下扩散系数为 $2.30\times10^{-5}\ m^2/s$。

(1) 以 lbmol/h 和 kmol/s 为单位计算 NH_3 的扩散速率；

(2) 计算 N_2 的扩散速率；

(3) 计算该管的中间点(1.0 ft，即 0.305 m)处两气体的分压，并以 p_A、p_B 和 P 对扩散距离 z 作图。

答：(1) NH_3 的扩散速率$=7.52\times10^{-7}$ lbmol A/h，9.48×10^{-11} kmol A/s

(3) $p_A=1.333\times10^4$ Pa

6.2-3 A 通过惰性组分 B 的扩散过程及界面条件对扩散速率的影响。氨气在定态条件下通过 N_2 进行扩散，由于氮气不能透过其中一个界面，因而 N_2 是不扩散的。已知总压为 1.013×10^5 Pa，温度为 298 K。NH_3 在某点的分压为 1.333×10^4 Pa，在距该点 20 mm 处的分压为 6.666×10^3 Pa。在 1.013×10^5 Pa、298 K 下，混合物 D_{AB} 为 $2.30\times10^{-5}\ m^2/s$。

(1) 以 $kmol/(s\cdot m^2)$ 为单位计算 NH_3 的扩散速率；

(2) 假设氮气也发生扩散，即这两种气体都能透过两个界面，因此扩散过程属等分子反向扩散，计算 NH_3 的扩散速率。哪一种情况下扩散速率更大？

答(1) $N_A=3.44\times10^{-6}\ kmol/(s\cdot m^2)$

6.2-4 甲烷通过惰性的氦气扩散。气体甲烷在一个含有氦气的直管中扩散，该管长为 0.1 m，管中温度为 298 K，总压为 $1.013\ 25\times10^5$ Pa。CH_4 在该管一端的分压为 1.400×10^4 Pa，在另一端为 1.333×10^3 Pa。因为氦气不能透过其中一个界面，因此是惰性的，即不发生扩散。由表 6.2-1 可查得扩散系数。试计算定态条件下甲烷的扩散速率($kmol/(s\cdot m^2)$)。

6.2-5 由樟脑丸(萘球)向空气的传质过程。樟脑丸直径为 10 mm，置于大量静止的空气中，空气温度为 52.6 ℃，压力为 1 atm(绝对压)。已知 52.6 ℃时，萘的蒸气压为 1.00 mmHg，0 ℃时萘在空气中的扩散系数为 $5.16\times10^{-6}\ m^2/s$。试计算萘从萘球表面挥发的速率($kmol/(s\cdot m^2)$)。[提示：可应用根据 Fuller 方程(6.2-45)所得的温度校正因子对扩散系数进行温度矫正。]

6.2-6 估算二元气体的扩散系数。试应用 Fuller 法计算下列条件下乙醇蒸气与甲烷的混合物的扩散速率：

(1) 在 $1.013\ 2\times10^5$ Pa、298 K 和 373 K 条件下。

(2) 在 $2.026\ 5\times10^5$ Pa、298 K 条件下。

答案：(1) $D_{AB}=1.43\times10^{-5}\ m^2/s$(298 K)

6.2-7 扩散速率与温度和压力的影响。一个长度为 0.11 m 的管中含有总压为 1.0 atm(绝对压)的 N_2 和 CO 气体，其中发生定态等分子反向扩散过程。已知在该管一端的 N_2 的分压为 80 mmHg，在另一端为 10 mmHg。试应用 Fuller 法计算 D_{AB}。

(1) 以 $kmol/(s\cdot m^2)$ 为单位计算 298K 时 N_2 的扩散速率。

(2) 在 473 K 下重复上述计算，并回答扩散速率是否增大。

(3) 在 298 K、总压为 3.0 atm(绝对压)下，重复上述计算。N_2 的分压仍与题(1)相同，分别为 80 和 10 mmHg 不变。此时扩散速率是否发生变化？

答案：(1) $D_{AB}=2.05\times10^{-5}\ m^2/s$，$N_A=7.02\times10^{-7}\ kmol/(s\cdot m^2)$

(2) $N_A=9.92\times10^{-7}\ kmol/(s\cdot m^2)$

(3) $N_A=2.34\times10^{-7}\ kmol/(s\cdot m^2)$

6.2-8 灌溉渠中水的蒸发损失。25 ℃的水在地下灌溉渠中流过。沿渠每 100 ft 设置一个通风管使之与外部大气相通，通风管 1.0 ft 长，内径为 1.0 in.，大气温度为 25 ℃，在 100 0 ft 灌溉渠内共有 10 个通风管。假设外部空气为干空气。试以 lbm/d 为单位计算水的总蒸发损失。假设水面上水蒸气的分压即为 25 ℃时水的蒸汽压 23.76 mmHg。扩散系数可由表 6.2－1 查得。

6.2－9　液滴完全蒸发所需的时间。用一根细导线将一滴甲苯液滴悬挂在空气中，液滴温度保持 25.9 ℃恒定。已知液滴初始半径为 $r_1=2.00$ mm，25.9 ℃时甲苯的蒸气压 $p_{A1}=3.84$ kPa，液态甲苯的密度为 866 kg/m^3。

(1) 推导可以推算液滴在大量静止空气中完全蒸发所需时间 t_F 的式(6.2－34)，写出所有步骤；

(2) 以秒为单位计算液滴完全蒸发所需的时间。

答案：(2) $t_F=1\ 388$ s

6.2－10　可变截面上的扩散过程。氨气(A)在一导管中以等分子反向扩散的方式通过 N_2(B)进行定态扩散，该导管长为 1.22 m，气体的温度为 25 ℃，总压为 101.32 kPa(绝对压)。氨气在管左端的分压为 25.33 kPa，在另一端的分压为 5.066 kPa。导管的横截面为等边三角形，在该管左端三角形截面的各边长为 0.061 m，向右均匀变细，至右端时三角形截面的各边长为 0.030 5 m。计算氨的摩尔扩散速率。已知扩散系数 $D_{AB}=0.230\times10^{-4}$ m^2/s。

6.3－1　液体 A 中通过惰性组分 B 的扩散过程。溶质 HCl(A)在 283 K 下通过一层厚度为 2.0 mm 的水膜(B)扩散。水膜界面上点 1 处 HCl 的浓度为 12.2%(质)(密度 $\rho_1=1\ 060.7$ kg/m^3)，在另一界面上的点 2 处为 6.0%(质)($\rho_2=1\ 030.3$ kg/m^3)。HCl 在水中的扩散系数为 2.5×10^{-9} m^2/s。假设扩散过程是定态的，且水不能透过其中一个界面，试以 kmol/(s·m^2)为单位计算 HCl 的扩散速率。

答案：$N_A=2.372\times10^{-6}$ kmol/(s·m^2)

6.3－2　氨在水溶液中的扩散。厚度为 4.0 mm、温度为 278 K 的氨(A)-水(B)液膜的一侧表面与有机液体在界面处相接触。有机相中氨的浓度保持恒定，为该表面处水中氨的平衡浓度 2.0%(质)(水溶液密度为 991.7 kg/m^3)，4.0 mm 水膜的另一边氨的浓度为 10%(质)(密度 961.7 kg/m^3)。水与有机溶液互不相溶。NH_3 在水中的扩散系数为 1.24×10^{-9} m^2/s。

(1) 计算定态条件下的扩散速率 N_A(kmol/(s·m^2))；

(2) 计算扩散速率 N_B 并对结果进行说明。

6.3－3　液体扩散系数的估算。应用 Wilke-Chang 法计算 282.9 K 和 298 K 时醋酸在其稀水溶液中的扩散系数，并将计算结果与表 6.3－1 中实验数据进行比较。

答案：$D_{AB}=0.897\times10^{-9}$ m^2/s(282.9 K)，$D_{AB}=1.396\times10^{-9}$ m^2/s(288 K)

6.3－4　估算甲醇在水中的扩散系数。实验测得温度为 288 K 时甲醇在其稀水溶液中的扩散系数为 1.26×10^{-9} m^2/s。

(1) 应用 Wilke-Chang 方程估算 293 K 时的扩散系数。

(2) 对 288 K 时的实验值进行校正，估算 293 K 时的扩散系数。

(提示：利用关系式 $D_{AB}\propto T/\mu_B$)

6.3－5　估算电解质 NaOH 的扩散系数。NaOH 在其稀水溶液中扩散，要求

(1) 计算 25 ℃时 NaOH 的扩散系数，以及单一离子 Na^+ 和 OH^- 的扩散系数；

(2) 计算 15 ℃时 NaOH 的扩散系数。

答案：(1) $D_{AB}=2.128\times10^{-5}$ cm^2/s

(2) $D_{AB}=1.609\times10^{-5}$ cm^2/s

6.3－6　估算 $LaCl_3$ 的扩散系数及温度的影响。试计算 25 ℃和 35 ℃下 $LaCl_3$ 盐在其稀水溶液中的扩散系数，计算 25 ℃时 La^{3+} 和 Cl^- 离子的扩散系数。在浓度差相同的前提下，温度从 25 ℃升高到 35 ℃时，扩散速率增大了百分之几？

答案：D_{AB}(35 ℃)$=1.649\times10^{-5}$ cm^2/s

6.4－1　计算尿素酶在溶液中的扩散系数。应用修正的 Polson 方程计算 298 K 时尿素酶在其稀水溶液中的扩散系数，并将计算结果与表 6.4－1 中实验数据相比较。

答案：计算值 $D_{AB}=3.995\times10^{-11}$ m^2/s

6.4－2　蔗糖在明胶中的扩散。两浓度不同的蔗糖溶液由厚度为 5.0 mm 的明胶水凝胶层隔开，该凝胶含

明胶 5.1%(质),温度为 293 K。在明胶的一个侧面处溶液中含蔗糖量为 2.0 g/100 mL,在另一侧表面处溶液中蔗糖浓度为 0.2 g/ 100 mL。试计算定态条件下蔗糖通过该凝胶的扩散速率(kg 蔗糖/(s · m^2))。

6.4-3 氧气在蛋白质溶液中的扩散系数。298 K 下,氧气通过一牛血清白蛋白(BSA)溶液进行扩散。已知氧气与 BSA 不发生键联。试计算氧气在蛋白质含量为 11 g/100 mL 的溶液中的扩散系数 D_{AP}(注:由表 6.3-1 读取 O_2 在水中的扩散系数)。

答案:$D_{AP}=1.930\times10^{-9}$ m^2/s

6.4-4 尿酸在蛋白质溶液中的扩散与键联现象。37 ℃下尿酸(A)在蛋白质 P 含量为 8.2 g/100 mL 的水溶液中扩散。尿酸会与蛋白质之间产生键联,且在本题浓度范围内,溶液中每 3.0 mol 总酸中就有 1.0 mol 尿酸与蛋白质发生键联。已知尿酸在水中的扩散系数 D_{AB} 为 1.21×10^{-5} cm^2/s,$D_P=0.091\times10^{-5}$ cm^2/s。

(1) 假设不发生键联现象,试计算只存在位阻效应时的比值 D_{AP}/D_{AB};

(2) 假设位阻效应和键联现象共存,试计算 D_{AP}/D_{AB},并与实验测得值 $D_{AP}/D_{AB}=0.616$(C8)进行比较;

(3) 若在点 1 处酸浓度为 0.05 g/L,在距该点 1.5 μm 的点 2 处为 0 g/L,试计算尿素的扩散速率(g 尿酸/(s · cm^2))

答案:(3) $N_A=2.392\times10^{-6}$ g/s · cm^2

6.5-1 CO_2 通过橡胶的扩散。一平头橡胶塞,厚度为 30 mm,面积为 4.0×10^{-4} m^2,由硫化橡胶制成,用作容器的塞子。容器中气体 CO_2 的温度为 25 ℃、压力为 2.0 atm。试计算定态条件下,CO_2 通过该橡胶塞向外泄漏的总量(kmol CO_2/s)。假设容器外部 CO_2 的分压为 0。由 Barrer(B5)知 CO_2 气体的溶解度为 0.90 cm^3 气体(标准态 0 ℃和 1 atm)/m^3 橡胶/atm(CO_2),扩散系数为 0.11×10^{-9} m^2/s。

答案:1.178×10^{-13} kmol CO_2/s。

6.5-2 氢气通过氯丁橡胶的泄漏。2.0 atm、27 ℃的纯氢气流过一块厚度为 5 mm 的硫化氯丁橡胶板。试利用表 6.5-1 中的数据计算定态条件下氢气的扩散速率(kmol/(s · m^2))。假设橡胶板另一侧无扩散阻力,且 H_2 的分压为 0。

6.5-3 扩散系数与透过率之间的关系。25 ℃时氢气通过一片厚度为 20 mm 的硫化橡胶扩散,H_2 的分压在橡胶内侧为 1.5 atm,在橡胶外侧为 0。试利用表 6.5-1 中的数据,进行以下计算:

(1) 根据透过率 P_M 和溶解度 S 计算扩散系数 D_{AB},并与表 6.5-1 中数据进行比较;

(2) 定态条件下 H_2 的扩散速率 N_A。

答案:(2) $N_A=1.144\times10^{-10}$ kmol/s · m^2

6.5-4 氯丁橡胶管中的泄漏损失。2.0 atm、27 ℃的氢气在内径为 3.0 mm、外径为 11 mm 的氯丁橡胶管中流过。试计算定态条件下氢气通过 1.0 m 管长所泄漏的量(kmol H_2/s)。

6.5-5 串联膜中的扩散。2.0 atm、30 ℃的氮气通过由 1.0 mm 厚的尼龙膜和 8.0 mm 厚的聚乙烯顺次相连构成的串联膜进行扩散。在串联膜的另一侧氮气分压为 0。假设不存在其他阻力,试计算定态条件下氮气的扩散速率 N_A。

6.5-6 CO_2 在沙砾固定床中的扩散。试计算定态条件下 CO_2 气体在 276 K、总压为 1.013×10^5 Pa 下通过沙砾固定床层中空气的扩散速率。已知床层高度为 1.25 m,空隙率 ε 为 0.30,床层顶部 CO_2 分压为 2.026×10^3 Pa,底部 CO_2 分压为 0。取 $\tau=1.87$。

答案:$N_A=1.609\times10^{-9}$ kmol CO_2/(s · m^2)

6.5-7 食品的保湿包装。38 ℃下使用玻璃纸使食品保湿。玻璃纸缠绕厚度为 0.1 mm,面积为 0.200 m^2,内部水蒸气压力为 10 mmHg,外部水蒸气压力为 5 mmHg,试计算定态条件下水蒸气的损失量(g/d)。透过率数据取表 6.5-1 中较大者。

答案:0.166 3 g H_2O/天

6.5-8 氦气的损失及透过率。用一厚度为 2.0 mm、面积为 1.0×10^{-4} m^2 的 SiO_2 视窗观察金属容器内的情况。容器温度为 20 ℃,其中充有压力为 202.6 kPa 的氦气。由表6.5-1取 $D_{AB}=5.5\times10^{-14}$

m^2/s。

(1) 计算定态条件下 He 的损失(kmol/h)；

(2) 计算透过率 P_M。

答案：(1) 氦的损失＝8.833×10^{-15} kmol He/h

6.6-1　定态扩散过程的数值计算法。利用例 6.6-1 所得计算结果，用底面上的节点及 $c_{2,2}$ 到 $c_{3,2}$、$c_{2,3}$ 到 $c_{3,3}$ 等路径，计算固体中的总扩散速率，并与例 6.6-1 中其他扩散速率相比较。

答案：N＝2.555×10^{-12} kmol/s

6.6-2　数值法计算带分配系数的定态扩散过程。除分配系数不同外，其他条件同例 6.6-1。本题中由式(6.6-11)定义的分配系数，即外表面相邻液体中的浓度与固体内部邻近外表面的浓度之间的分配系数 K＝1.2。试计算定态条件下的浓度和扩散速率。

6.6-3　定态扩散过程的电子表格计算法。除了取 $\Delta x=\Delta y=0.001$ m 外，其他条件同例6.6-1，即中空固体室的总尺寸与例 6.6-1 相同，区别只是在于使用了更多的节点。写出计算机电子表格计算程序并用数值法求解定态过程中的各浓度及扩散速率，并与例 6.6-1 进行比较。

6.6-4　表面浓度恒定时的数值计算法。如图 6.6-4 所示的二维固体中发生定态扩散过程。取方阵$\Delta x=\Delta y=0.010$ m。扩散系数 $D_{AB}=2.00\times10^{-9}$ m^2/s。固体内表面浓度保持在 2.00×10^{-3} kmol/m^3，外表面浓度保持在 8.00×10^{-3} kmol/m^3。试计算定态条件下的浓度及在单位(m)深度上的扩散速率。

参 考 文 献

(A1)　AMDUR I, SHULER L M. *J. Chem. Phys.* **38**, 188 (1963).

(A2)　ANDERSON D K, HALL J R, BABB A L. *J. Phys. Chem*, **62**, 404 (1958).

(B1)　BUNDE R E. *Univ. Wisconsin Naval Res. Lab. Rept. No. CM*-850, August 1955.

(B2)　BOYD C A, STEIN N, STEINGRIMISSON V, et al. *J. Chem. Phys.*, **19**, 548 (1951).

(B3)　BIRD R B, STEWART W E, LIGHTFOOT E N. *Transport Phenomena*. New York: John Wiley & Sons, Inc., 1960.

(B4)　BIDSTRUP D E, GEANKOPLIS C J. *J. Chem. Eng. Data*, **8**, 170 (1963).

(B5)　BARRER R M. *Diffusion in and Trough solids*. London: Cambridge University Press, 1941.

(C1)　CARMICHAEL L T, SAGE B H, LACEY W N. *A. I. Ch. E. J.*, **1**, 385 (1955).

(C2)　CARSWELL A J, STRYLAND J C. *Can. J. Phys.* **41**, 708 (1963).

(C3)　CHAKRABORT P K, GRAY P. *Trans. Faraday soc.*, **62**, 3331 (1951).

(C4)　CHANG S Y M S. thesis, Massachusetts Institute of technology, 1959.

(C5)　CHANG PIN WILKE C R. *J. Phys. Chem.*, **59**, 592 (1955).

(C6)　CHARLWOOD P A. *J. Phys. Chem.*, **52**, 125 (1953).

(C7)　CAMERON J R M S. thesis, Ohio State University, 1973.

(C8)　COLTON C K, SMITH K A, MERRILL E W, et al. *Chem. Eng. Progr. Symp.*, 66 (99), 85 (1970).

(C9)　CRANK J, PARK G S. *Diffusion in Polymers*. New York: Academic Press, Inc., 1968.

(C10)　CUSSLER E L. *Diffusion Mass Transfer In Fluid Systems*, 2nd Ed. New York: Cambridge University Press, 1977.

(F1)　FULLER E N, SCHETTLER P D, GIDDINGS J C. *Ind. Eng. Chem.*, **58**, 19 (1966).

(F2)　FRIEDMAN L, KRAMER E O. *J. AM. Chem. Soc.*, **52**, 1298 (1930).

(F3)　FRIEDMAN L. *J. AM. Chem. Soc.*, **52**, 1305,1311 (1930).

(G1) GILLILAND E R. *Ind. Eng. Chem.*, **26**, 681 (1934).

(G2) GEANKOPLIS C J. *Mass Transport Phenomena*. Columbus, Ohio: Ohio State University Bookstores, 1972.

(G3) GARNER G H, MARCHANT P J M. *Trans. Inst. Chem. Eng.* (*London*), **39**, 397 (1961).

(G4) GOSTING L S. *Advances In Protein Chemistry*, Vol. 1. New York: Academic Press, Inc., 1956.

(G5) GEANKOPLIS C J, OKOS M R, GRULKE E A. *J. Chem. Eng. Data*, **23**, 40 (1978).

(G6) GEANKOPLIS C J, GRULKE E A, OKOS M R. *Ind. Eng. Chem. Fund.*, **18**, 233 (1979).

(H1) HOLSEN J N, STRUNK M R. *Ind. Eng. Chem. Fund.* **3**,143 (1964).

(H2) HUDSON G H, MCCOUBREY J C, UBBELOHDE A R. *Trans. Faraday soc.*, **56**, 1144(1960).

(H3) HIRSCHFELDER J O, CURTISS C F, BIRD R B. *Molecular Theory of Gases And Liquids*. New York: John Wiley & Sons, Inc., 1954.

(H4) HAMMOND B R, STOKES R H. *Tans, Faraday Soc.*, **49**,890 (1953).

(J1) JOHNSON P A, BABB A L. *Chem. Revs.*, **56**,387 (1956).

(K1) KELLER K H, FRIEDLANDER S K. *Gen. Physiol.*, **49**,68 (1966).

(L1) LEE, C Y, WILKE C R. *Ind. Eng. Chem.*, **46**,2381 (1954).

(L2) LE BAS G. *The Molecular Volumes of Liquid Chemical Compounds*. New York: David McKay Co., Inc., 1915.

(L3) LONGSWORTH L G J. *Phys. Chem.*, 58, 770 (1954).

(L4) LANGDON A G, THOMAS H C. *J. Phys. Chem.*, **75**, 1821(1971).

(M1) MASON E A, MONCHICK L. *J. Phys. Chem.*, **36**, 2746 (1962).

(M2) MONCHICK L, MASON E A. *J. Phys. Chem.*, **35**, 1676 (1961).

(N1) NEY E P, ARMISTEAD F C. *Phys. Rev.*, **71**, 14 (1947).

(N2) National Research Council, *International Critical Tables*, Vol. V. New York: McGraw-Hill Book Company, 1929.

(N3) NARVARI R M, GAINER J L, HALL K R A. *I. Ch. E. J.*, **17**, 1028 (1971).

(P1) PERRY R H, GREEN D. *Perry's Chemical Engineer's Handbook*, 6th ed. New York: McGraw-Hill Book Company, 1984.

(P2) PERKINS L R, GEANKOPLIS C J. *Chem. Eng. Sci.*, **24**, 1035 (1969).

(P3) POLSON A. *J. Phys. Colloid chem.*, **54**, 649 (1950).

(R1) REID R C, PRAUSNITZ J M, SHERWOOD T K. *The Properties of Gases and Liquids*, 3rd ed. New York: McGraw-Hill Book Company, 1977.

(R2) REDDY K A, DORAISWAMY L K. *Ind. Eng. Chem. Fund.*, **6**, 77 (1967).

(R3) ROGERS C E. *Engineering Design for Plastics*. New York: Reinhold Publishing Co., Inc., 1964.

(R4) ROBINSON R A, STOKES R H. *Electrolytic Solutions*, 2nd ed. New York: Academic Press, 1959.

(S1) SCHAFER K L. *Z. Elecktrochem.*, **63**, 111 (1959).

(S2) SEAGER S L, GEERTSON L R, GIDDINGS J C. *J. Chem. Eng. Data*, **8**, 168 (1963).

(S3) SCHWERTZ F A, BROW J E. *J. Chem. Phys.*, **19**, 640 (1951).

(S4) SRIVASTAVA B N, SRIVASTAVA I B. *J. Chem. Phys.*, **38**, 1183 (1963).

(S5) SKELLAND A H P. *Diffusional Mass Transfer*. New York: McGraw-Hill Book Company, 1974.

(S6) SORBER H A. *Handbooks of Biochemistry*, *Selected Data For Molecular Biology*. Cleveland: Chemical Ruber Co., Inc., 1968.

(S7) SPALDING G E. *J. Phys. Chem.*, **73**, 3380 (1969).

(S8) SATTERFIELD C N. *Mass Transfer in Heterogeneous Catalysis*. Cambridge, Mass. The MIT Press, 1978.

(S9) SEADER J D, HENLEY E J. *Separation Process Principles*. New York: John Wiley & Sons,

Inc. , 1998.

(T1)　Trautz M, Muller W. *Ann. Physik*, **22**, 333 (1935).

(T2)　Treybal R E. *Liquid Extraction*, 2nd ed. New York: McGraw-Hill Book Company, 1963.

(T3)　Treybal R E. *Mass Transfer Operations*, 3rd ed. New York: McGraw-Hill Book Company, 1980.

(V1)　Vivian J E, KING C J. *A. I. Ch. E. J.*, **10**, 220 (1964).

(W1)　Wintergerst V E. *Ann. Physik*, **4**, 323 (1930).

(W2)　Westenberg A A. , Frazier G. *J. Chem. Phys.*, **36**, 3499 (1962).

(W3)　Walker R E, Westenberg A A. *J. Chem. Phys.*, **29**, 1139 (1958).

(W4)　Walker R E, Westenberg A A. *J. Chem. Phys.*, **32**, 436 (1960).

(W5)　Wilke C R, Chang Pin *A. I. Ch. E. J.*, **1**, 264 (1955).

第 7 章　非定态对流传质原理

7.1　非定态扩散过程

7.1.1　基本方程的推导

在第 6 章中我们讨论了在定态条件下进行传质的各种体系，在这些体系中组分在任一点的浓度或分压以及扩散速率不随时间而变。但在传质过程开始直至稳定状态到达之前，需要一定的时间使非稳定状态消失。

在第 2.3 节中曾对非定态分子扩散过程中系统的性质——动量、热量和质量——作过衡算。当系统自身不生成这些性质时，衡算式为：

$$\frac{\partial \Gamma}{\partial t}=\delta\frac{\partial^2 \Gamma}{\partial z^2} \tag{2.3-12}$$

在第 5.1 节中我们曾推导了非定态热传导方程：

$$\frac{\partial T}{\partial t}=\alpha\frac{\partial^2 T}{\partial x^2} \tag{5.1-10}$$

对传质过程，沿某一方向的非定态扩散方程的推导与传热过程中推导式(5.1－10)的过程相类似。参照图 7.1－1，图示为一个由固体与静止的气体或液体构成的立方体，其三维尺寸分别为 Δx，Δy，Δz，物质在其中沿 x 方向上扩散。x 方向的扩散速率方程为：

$$N_{Ax}=-D_{AB}\frac{\partial c_A}{\partial x} \tag{7.1-1}$$

式中$\partial c_A/\partial x$ 项为 c_A对 x 的偏微分，即当另一变量——时间——t 不变时，c_A随 x 的变化率。

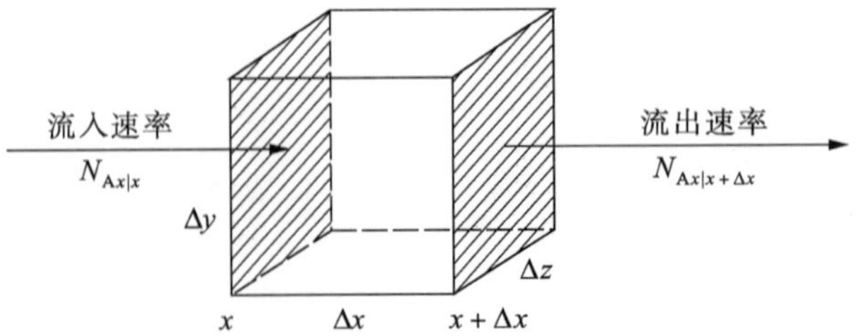

图 7.1－1　单向非定态扩散过程

下面我们对组分 A 进行物料衡算，当系统中不新生组分 A 时，物料衡算式如下：

$$\text{流入速率}=\text{流出速率}+\text{累积速率} \tag{7.1-2}$$

A 的流入速率和流出速率(以 kmol A/s 计)为：

$$流入速率=N_{Ax|x}=-D_{AB}\left.\frac{\partial c_A}{\partial x}\right|_x \tag{7.1-3}$$

$$流出速率=N_{Ax|x+\Delta x}=-D_{AB}\left.\frac{\partial c_A}{\partial x}\right|_{x+\Delta x} \tag{7.1-4}$$

在体积 $\Delta x\Delta y\Delta z$ m^{3}中 A 的

$$累积速率=(\Delta x\Delta y\Delta z)\frac{\partial c_A}{\partial t} \tag{7.1-5}$$

将式(7.1-3)、式(7.1-4)和式(7.1-5)代入式(7.1-2)，并除以 $\Delta x\Delta y\Delta z$，得

$$-D_{AB}\frac{\left.\frac{\partial c_A}{\partial x}\right|_x-\left.\frac{\partial c_A}{\partial x}\right|_{x+\Delta x}}{\Delta x}=\frac{\partial c_A}{\partial t} \tag{7.1-6}$$

令 Δx 趋近于 0，

$$\frac{\partial c_A}{\partial t}=D_{AB}\frac{\partial^2 c_A}{\partial x^2} \tag{7.1-7}$$

上述方程只在扩散系数 D_{AB}为常数时成立。若 D_{AB}为变量，则

$$\frac{\partial c_A}{\partial t}=\frac{\partial(D_{AB}\partial c_A/\partial x)}{\partial x} \tag{7.1-8}$$

式(7.1-7)关联了浓度 c_A与位置 x 和时间 t 的关系。同理，对三个方向上都存在扩散的过程可推导如下方程

$$\frac{\partial c_A}{\partial t}=D_{AB}\left(\frac{\partial^2 c_A}{\partial x^2}+\frac{\partial^2 c_A}{\partial y^2}+\frac{\partial^2 c_A}{\partial z^2}\right) \tag{7.1-9}$$

本节以下的内容将会讨论式(7.1-7)和式(7.1-9)的解。可以看出，热传导方程(5.1-6)与扩散方程(7.1-7)之间在数学上存在相似性

$$\frac{\partial T}{\partial t}=\alpha\frac{\partial^2 T}{\partial x^2} \tag{5.1-6}$$

正是由于这一相似性，因此可将求解非定态热传导方程的数学方法用于求解非定态传质问题。这将在第 7.1.2、7.1.3 和 7.7 节中作更全面的讨论。

7.1.2　表面阻力可忽略时平板中的扩散过程

为说明求解式(7.1-7)的解析方法，我们首先推导厚度为 $2x_1$的平板中沿 x 方向上的非定态扩散过程的解，如图 7.1-2。对于沿某一方向的扩散过程：

$$\frac{\partial c_A}{\partial t}=D_{AB}\frac{\partial^2 c_A}{\partial x^2} \tag{7.1-7}$$

为方便起见，可去掉下标 A 和 B，得

$$\frac{\partial c}{\partial t}=D\frac{\partial^2 c}{\partial x^2} \tag{7.1-10}$$

如图 7.1-2 所示，$t=0$ 时，对所有 x 值，平板中最初的浓度分布是相同的 $c=c_0$。在 $t=0$ 时刻，外部流体的浓度突然变化至 c_1。对于外表面传质系数很高的情况，外部传质阻力可忽略，表面处的浓度就等于流体中的浓度 c_1。

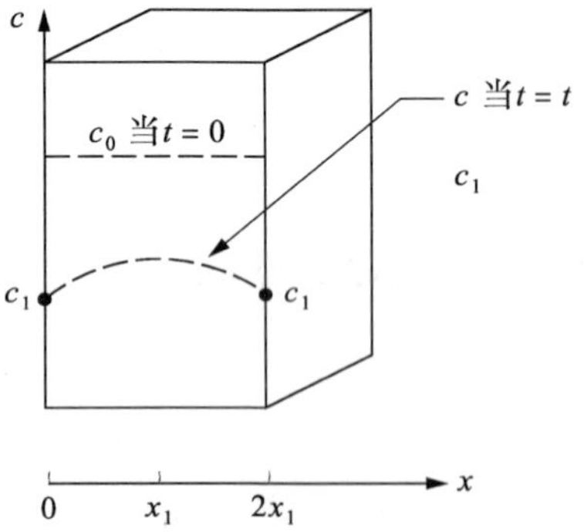

图 7.1-2　表面阻力可忽略时平板中的非定态扩散过程

因此，初始条件和边界条件为

$$c=c_0,\quad t=0,\quad x=x,\quad Y=\frac{c_1-c_0}{c_1-c_0}=1$$

$$c=c_1,\quad t=t,\quad x=0,\quad Y=\frac{c_1-c_1}{c_1-c_0}=0$$

$$c=c_1,\quad t=t,\quad x=2x_1,\quad Y=\frac{c_1-c_1}{c_1-c_0}=0 \tag{7.1-11}$$

将浓度重新定义如下，使其取值在 0～1 之间：

$$Y=\frac{c_1-c}{c_1-c_0} \tag{7.1-12}$$

$$\frac{\partial Y}{\partial t}=D\frac{\partial^2 Y}{\partial x^2} \tag{7.1-13}$$

方程(7.1-13)的解为傅里叶无穷级数，与传热方程(5.1-6)的解完全相同：

$$Y=\frac{c_1-c}{c_1-c_0}=\frac{4}{\pi}\left[\frac{1}{1}\exp\left(-\frac{1^2\pi^2X}{4}\right)\sin\frac{1\pi x}{2x_1}+\frac{1}{3}\exp\left(-\frac{3^2\pi^2X}{4}\right)\sin\frac{3\pi x}{2x_1}+\frac{1}{5}\exp\left(-\frac{5^2\pi^2X}{4}\right)\sin\frac{5\pi x}{2x_1}+\cdots\right] \tag{7.1-14}$$

式中　X——Dt/x_1^2，无量纲；

c——t 时刻平板中点 x 处的浓度；

$Y=(c_1-c)/(c_1-c_0)$——未变化的浓度分率，无量纲；

$1-Y=(c-c_0)/(c_1-c_0)$——浓度变化分率。

式(7.1-14)之类方程的求解非常耗时，对各种几何构型的体系，可用较方便的图解法来求解，这将在下一节进行讨论。

7.1.3　各种几何构型体系中的非定态扩散过程

(1) 界面处的对流传质与界面条件。图 7.1-2 所示的体系中，在界面处不存在对流传质阻力。但在许多情况下，固体外部存在流体时，在界面处常发生对流传质。仿照对流传热系数，我们将对流传质系数 k_c 定义为

$$N_A=k_c(c_{L1}-c_{Li}) \tag{7.1-15}$$

式中 k_c 为对流传质系数(m/s)，c_{L1} 为流体主体的浓度(kmol A/m^3)，c_{Li} 为邻近固体表面的流体浓度。对流传质系数 k_c 是一种经验系数，第 7.2 节中将作全面讨论。

图 7.1-3(a)所示是界面处存在对流传质的情况，流体中的浓度差为 $c_{L1}-c_{Li}$，表面处固体中的浓度 c_i 与 c_{Li} 平衡。

在图 7.1-3(a)中，固体附近液体的浓度 c_{Li} 与固体表面处浓度 c_i 相平衡且两者相等。但与传热过程中两个温度相等不同，这里两个浓度是达到平衡，相互间的关系为

$$K=\frac{c_{Li}}{c_i} \tag{7.1-16}$$

式中 K 为平衡分配系数(类似于对气体和液体的亨利定律系数)。图 7-3(a)中 K 值为 1.0。

在图 7.1-3(b)中,尽管 c_{Li} 与 c_i 互相平衡,但由于分配系数 $K>1$,所以 $c_{Li}>c_i$。图 7.1-3(c)和(d)所示为其他两种情况。第 6.6.2 节中也曾讨论过这些情况。

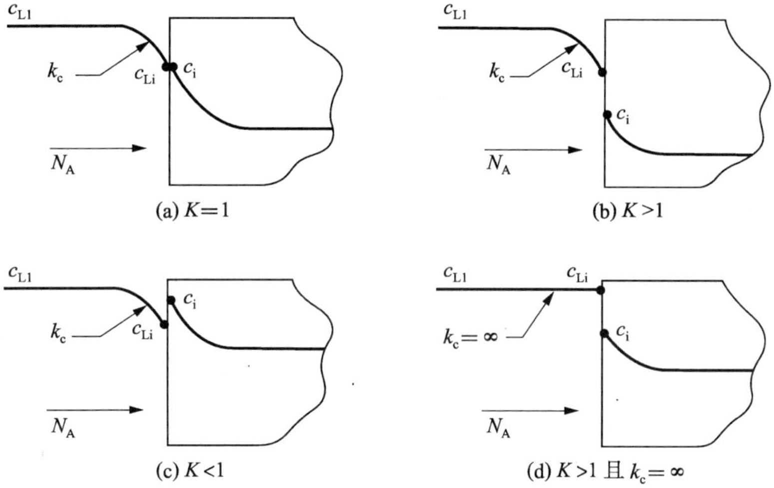

图 7.1-3　对流传质的界面情况与平衡分配系数 $K=c_{Li}c_i$

(2) 传质参数与传热参数间的关系。为了能够应用第 5 章中非定态热传导过程的算图来求解非定态扩散问题,必须将过程的无量纲变量即传热参数与传质过程变量之间相关联。表 7.1-1 列出了这些变量之间的关系。对 $K\neq1.0$ 的情况,出现 k_c 时用 Kk_c 表示,出现 c_1 时用 c_1/K 代替。

表 7.1-1　非定态扩散过程传质参数与传热参数间的关系*

传　热	传　质	
	$K=c_L/c=1.0$	$K=c_L/c\neq1.0$
$Y,\frac{T_1-T}{T_1-T_0}$	$\frac{c_1-c}{c_1-c_0}$	$\frac{c_1/K-c}{c_1/K-c_0}$
$1-Y,\frac{T-T_0}{T_1-T_0}$	$\frac{c-c_0}{c_1-c_0}$	$\frac{c-c_0}{c_1/K-c_0}$
$X,\frac{\alpha t}{x_1^2}$	$\frac{D_{AB}t}{x_1^2}$	$\frac{D_{AB}t}{x_1^2}$
$\frac{x}{2\sqrt{\alpha t}}$	$\frac{x}{2\sqrt{D_{AB}t}}$	$\frac{x}{2\sqrt{D_{AB}t}}$
$m,\frac{k}{hx_1}$	$\frac{D_{AB}}{k_cx_1}$	$\frac{D_{AB}}{Kk_cx_1}$
$\frac{h}{k}\sqrt{\alpha t}$	$\frac{k_c}{D_{AB}}\sqrt{D_{AB}t}$	$\frac{Kk_c}{D_{AB}}\sqrt{D_{AB}t}$
$n,\frac{x}{x_1}$	$\frac{x}{x_1}$	$\frac{x}{x_1}$

* x 指距平板、圆柱体、球体中心的距离,对半无限固体,x 为距表面的距离,c_0 为固体中初始浓度,c_1 为平板外部流体的浓度,c 为 t 时刻固体内部点 x 处的浓度。

(3) 应用于各种几何条件下扩散过程的算图。各种非定态传热过程的算图可用于求解非定态扩散过程，具体如下：

① 半无限固体，相应地使用图 5.3－3；

② 平板，图 5.3－5 和图 5.3－6；

③ 长的圆柱体，图 5.3－7 和图 5.3－8；

④ 球体，图 5.3－9 和图 5.3－10；

⑤ 对流传质阻力为 0 时的平均浓度，图 5.3－13。

例 7.1－1 琼脂凝胶片中的非定态扩散过程

一固体琼脂凝胶片中含琼脂 5.15%(质)，温度为 278 K，厚度为 10.16 mm，其中尿素浓度均匀，为 0.1 kmol/m^3，扩散过程只在 x 方向上在凝胶的两个平行的表面间进行，两平面之间相距 10.16 mm。将这片凝胶突然浸入湍流的纯水中，假设表面阻力可忽略，即对流传质系数 k_c 非常大。由表 6.4－2 可得尿素在琼脂中的扩散系数为 4.72×10^{-10} m^2/s。

(1) 计算 10 h 后凝胶中间点(距表面 5.08 mm)处和距表面 2.54 mm 处的浓度；

(2) 若凝胶片的厚度减半，10 h 后中间点处的浓度为多少？

解：(1) 已知 $c_0=0.10$ kmol/m^3，$c_1=0$(纯水)。设 c 为 t 时刻(s)距中心线 x 处的浓度。因为凝胶中的水溶液与凝胶外部的水性质很相近，因此可设式(7.1－16)中的平衡扩散系数为 1.0。由表 7.1－1

$$Y=\frac{c_1/K-c}{c_1/K-c_0}=\frac{0/1.0-c}{0/1.0-0.10}$$

另外，$x_1=10.16/(1\,000\times2)=5.08\times10^{-3}$(平板的一半厚度)，$x=0$(中心处)，$X=D_{AB}t/x_1^2=(4.72\times10^{-10})(10\times3\,600)/(5.08\times10^{-3})^2=0.658$。相对距离 $n=x/x_1=0/5.08\times10^{-3}=0$，由于 k_c 值很大(阻力为 0)，因此相对阻力 $m=D_{AB}/Kk_cx_1=0$。

对 $X=0.685$，$m=0$，$n=0$，由图 5.3－5 得

$$Y=0.275=\frac{0-c}{0-0.10}$$

解得 $x=0$ 时，$c=0.027\,5$ kmol/m^3。

在与表面相距 2.54 mm 或距中心 2.54 mm 处，$x=2.54/1\,000=2.54\times10^{-3}$ m，$X=0.658$，$m=0$，$n=x/x_1=2.54\times10^{-3}/5.08\times10^{-3}=0.5$，由图 5.3－5 得 $Y=0.172$，解得 $c=0.017\,2$ kmol/m^3。

(2) 凝胶厚度减半，$X=0.658/(0.5)^2=2.632$，$n=0$，$m=0$，因此得 $Y=0.002\,0$，解得 $c=2.0\times10^{-4}$ kmol/m^3。

例 7.1－2 半无限平板中的非定态扩散过程

一块很厚的平板中溶质 A 的浓度均匀为 $c_0=1.0\times10^{-2}$ kmol A/m^3。将该板的前表面突然暴露于一流动的流体中，该流体中 A 的浓度为 $c_1=0.10$ kmol A/m^3，对流传质系数 $k_c=2\times10^{-7}$ m/s。已知平衡分配系数 $K=c_{Li}/c_i=2.0$。假设该平板为半无限固体，试计算 $t=3\times10^4$ s 后表面处固体($x=0$)中组分 A 的浓度及与表面相距 $x=0.01$ m 处 A 的浓度。

固体中的扩散系数 $D_{AB}=4\times10^{-9}\ m^2/s$。

解：为了查图 5.3－3，先由表 7.1－1

$$\frac{Kk_c}{D_{AB}}\sqrt{D_{AB}t}=\frac{2.0\times2\times10^{-7}}{4\times10^{-9}}\sqrt{4\times10^{-9}\times3\times10^4}=1.095$$

对固体中距表面 $x=0.01\ m$ 处：

$$\frac{x}{2\sqrt{D_{AB}t}}=\frac{0.01}{2\sqrt{4\times10^{-9}\times3\times10^4}}=0.457$$

由算图 5.3－3 查得 $1-Y=0.26$，将该值代入表 7.1－1 中 $(1-Y)$ 的方程，并求解：

$$1-Y=\frac{c-c_0}{c_1/K-c_0}=\frac{c-1\times10^{-2}}{(10\times10^{-2})/2-(1\times10^{-2})}=0.26$$

$$c=2.04\times10^{-2}\ kmol/m^3 \quad (对\ x=0.01\ m)$$

对 $x=0\ m$（即固体表面处），

$$\frac{x}{2\sqrt{D_{AB}t}}=0$$

由算图查得 $1-Y=0.62$，解得 $c=3.48\times10^{-2}$。如图 7.1－3(b)所示，该浓度即为 c_i。计算界面处液体中的浓度 c_{Li}，

$$c_{Li}=Kc_i=2.0\times3.48\times10^{-2}=6.96\times10^{-2}\ kmol/m^3$$

以这些数据所作的浓度分布图应与图 7.1－3(b)相似。

(4) 多维非定态扩散过程。在第 5.3.6 节中对非定态多维热传导过程的处理方法是将各个方向上的解结合以求得多维系统的解，同样的方法可用于多维非定态扩散过程。对一个矩形单元中在 x,y,z 三个方向上发生的扩散过程，可将式(5.3－11)改写成：

$$Y_{x,y,z}=(Y_x)(Y_y)(Y_z)=\frac{c_1/K-c_{x,y,z}}{c_1/K-c_0} \tag{7.1-17}$$

式中 $c_{x,y,z}$ 为与矩形单元中心相距一定距离的点 x,y,z 的浓度。对平板，可由图 5.3－5 或图 5.3－6 得到 x 方向上两平行面的 Y_x，由同一个算图可得到 Y_y 和 Y_z。对短圆柱体，使用类似式(5.3－12)的方程，而为得到平均浓度，可使用与式(5.3－14)、式(5.3－15)和式(5.3－16)相似的方程。

7.2　对流传质系数

7.2.1　对流传质过程概述

本章前几节及第 6 章中，我们讨论的重点是物质在静止流体或层流流动的流体中进行分子扩散的过程。在许多情况下，扩散速率较低，为了提高扩散速率，可使流体的流速增大从而发生湍流传质。

为使某流体进行对流流动,通常要求流体流过另一个不相溶的液体或一个固体的表面。例如,使流体在一个管中流过,该管的部分管壁由微溶性固体材料(如苯甲酸)制成,苯甲酸发生溶解并沿着与主流垂直的方向离开管壁进行传递。当流体湍流流过一个表面时,流体质点的实际速度不能像层流时那样清楚地加以描述。在层流流动中,流体以流线方式流动,其行为通常可进行数学描述。然而,在湍流流动时,流线不再存在,而是有大量流体的漩涡作随机的快速运动。

当溶质 A 从固体表面溶出时,在表面处的流体中溶质的浓度很高,通常溶质在流体中的浓度随着与壁面距离的增加而减小。但是,相邻的两个流体小样本中的浓度并不总是互相接近,这是因为漩涡携带着其中的溶质快速地在流体中到处运动,传递着大量的溶质,因此这种湍流扩散过程或涡流扩散过程比分子扩散过程快得多。

整个传质过程可视为三个区域。第一个区域为邻近表面的黏性底层,为一个薄层,由于很少甚至不存在漩涡,因此该层中大部分的质量传递是由分子扩散引起的。因为分子扩散速度较慢,因此该层中浓度差很大。

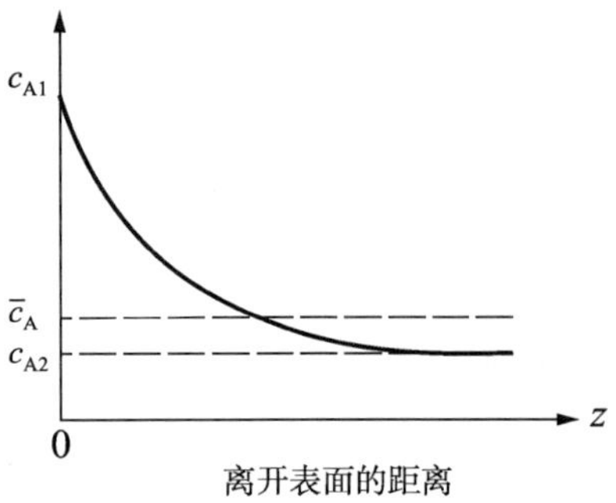

图 7.2-1　由表面到流体的湍流传质过程的浓度分布曲线

紧邻第一个区域的是过渡区即缓冲区,该区域内存在一些旋涡,因此物质的传递是湍流扩散与分子扩散叠加的结果。在该区域内,靠近黏性底层的一端以分子扩散为主,逐渐过渡到另一端以湍流扩散为主。

与缓冲区相邻的是湍流区,该区域里的大多数传质依靠湍流扩散,只存在少量分子扩散。由于旋涡的运动使流体浓度维持一致,因此该区内浓度差很小。第 3.10.7 节中对这三个区域有详细的讨论。

图 7.2-1 所示曲线表示一管道内固体从表面不断溶解进入湍流流体的传质过程。在表面附近,浓度下降很快(从邻近表面处的 c_A 急剧减小),然后曲线变平。该曲线与传热和动量传递曲线非常相似。图中标出了平均浓度 $\bar{c}_A$,其大小仅稍大于流体中的最低浓度(c_{A2})。

7.2.2　各种传质系数

(1) 传质系数的定义。由于尚未完全了解湍流流动,因此只能仿照分子扩散方程写出湍流扩散方程,对 c 为常数的湍流传质过程,将式(6.1-6)写成:

$$J_A^* = -(D_{AB} + \varepsilon_M)\frac{dc_A}{dz} \tag{7.2-1}$$

式中 D_{AB}为分子扩散系数(m^2/s),ε_M为涡流传质系数(m^2/s)。ε_M的大小是变化的,在界面或表面处其大小为 0,随着与壁面距离的增大 ε_M值增大。但一般地我们并不能了解 ε_M的变化情况,因此只能使用其平均值$\bar{\varepsilon}_M$。将式(7.2-1)在点 1 和点 2 之间积分,得

$$J_{A1}^* = \frac{D_{AB} + \bar{\varepsilon}_M}{z_2 - z_1}(c_{A1} - c_{A2}) \tag{7.2-2}$$

因为横截面积会发生改变,因此 J_{A1}^* 是基于表面积 A_1 的扩散速率,$z_2 - z_1$ 为传质路程,

其大小常常是未知的，因此将式(7.2－2)进行简化，以对流传质系数 k'_c表示：

$$J^*_{A1}=k'_c(c_{A1}-c_{A2}) \tag{7.2-3}$$

式中 J^*_{A1}为组分 A 相对于主体相的扩散速率，k'_c为$(D_{AB}+\bar{\varepsilon}_M)/(z_2-z_1)$，为实验传质系数，其单位为 $kmol/(s\cdot m^2\cdot(kmol/m^3))$ 或简化为(m/s)，c_{A2}为点 2 处的浓度($kmol\ A/m^3$)，或更常用的是流体主体的平均浓度 $\bar{c}_{A2}$。这里对流传质系数 k'_c与对流传热系数 h 非常相似。

(2) 等分子反向扩散过程的传质系数。通常我们更关心 N_A，即 A 相对于静止坐标系的扩散速率。我们可从以下方程开始，该方程类似于分子扩散方程，其中增加了 ε_M项：

$$N_A=-c(D_{AB}+\varepsilon_M)\frac{dx_A}{dz}+x_A(N_A+N_B) \tag{7.2-4}$$

对等分子反向扩散过程，$N_A=-N_B$，在定态条件下将上式积分，令 $k'_c=(D_{AB}+\bar{\varepsilon}_M)/(z_2-z_1)$，得

$$N_A=k'_c(c_{A1}-c_{A2}) \tag{7.2-5}$$

式(7.2－5)为传质系数的定义式。但对气体或液体，我们通常以摩尔分率来表示浓度，或对气体以分压来表示浓度，相应地传质系数就可以有不同的表示方式。设 y_A为组分 A 在气相中的摩尔分率，x_A为 A 在液相中的摩尔分率，则对等分子反向扩散过程，式(7.2－5)可写成：

$$\text{气体}\quad N_A=k'_c(c_{A1}-c_{A2})=k'_G(p_{A1}-p_{A2})=k'_y(y_{A1}-y_{A2}) \tag{7.2-6}$$

$$\text{液体}\quad N_A=k'_c(c_{A1}-c_{A2})=k'_L(c_{A1}-c_{A2})=k'_x(x_{A1}-x_{A2}) \tag{7.2-7}$$

上述传质系数相互之间都可以进行关联。例如，利用式(7.2－6)，并将 $y_{A1}=c_{A1}/c$ 和 $y_{A2}=c_{A2}/c$ 代入该式：

$$N_A=k'_c(c_{A1}-c_{A2})=k'_y(y_{A1}-y_{A2})=k'_y\left(\frac{c_{A1}}{c}-\frac{c_{A2}}{c}\right)=\frac{k'_y}{c}(c_{A1}-c_{A2}) \tag{7.2-8}$$

由此得

$$k'_c=\frac{k'_y}{c} \tag{7.2-9}$$

表 7.2－1 中列出了各传质系数之间的关系式以及相应的各种扩散速率方程。

(3) A 通过惰性组分 B 的传质系数。对于 A 通过惰性组分 B 的扩散过程，$N_B=0$，定态条件下式(7.2－4)为

$$\begin{aligned}N_A&=\frac{k'_c}{x_{BM}}(c_{A1}-c_{A2})=k_c(c_{A1}-c_{A2})\\&=\frac{k'_x}{x_{BM}}(x_{A1}-x_{A2})=k_x(x_{A1}-x_{A2})\end{aligned} \tag{7.2-10}$$

式中 x_{BM}及与之相对应的 y_{BM}与式(6.2－21)中的相似，k_c为组分 A 通过惰性组分 B 的传质系数。同样

$$x_{BM}=\frac{x_{B2}-x_{B1}}{\ln(x_{B2}/x_{B1})} \quad y_{BM}=\frac{y_{B2}-y_{B1}}{\ln(y_{B2}/y_{B1})} \tag{7.2-11}$$

用其他浓度单位可将式(7.2－10)改写为：

$$\text{气体}\quad N_A=k_c(c_{A1}-c_{A2})=k_G(p_{A1}-p_{A2})=k_y(y_{A1}-y_{A2}) \tag{7.2-12}$$

$$\text{液体}\quad N_A=k_c(c_{A1}-c_{A2})=k_L(c_{A1}-c_{A2})=k_x(x_{A1}-x_{A2}) \tag{7.2-13}$$

同样上述所有传质系数都可互相关联，见表 7.2－1。例如，令式(7.2－10)等于式(7.2－13)

$$N_A=\frac{k'_c}{x_{BM}}(c_{A1}-c_{A2})=k_x(x_{A1}-x_{A2})=k_x\left(\frac{c_{A1}}{c}-\frac{c_{A2}}{c}\right) \tag{7.2-14}$$

因此

$$\frac{k'_c}{x_{BM}}=\frac{k_x}{c} \tag{7.2-15}$$

表 7.2－1 传质速率方程与传质系数

等分子反向扩散的速率方程

气体 $N_A=k'_c(c_{A1}-c_{A2})=k'_G(p_{A1}-p_{A2})=k'_y(y_{A1}-y_{A2})$

液体 $N_A=k'_c(c_{A1}-c_{A2})=k'_L(c_{A1}-c_{A2})=k'_x(x_{A1}-x_{A2})$

A 通过惰性组分 B 扩散的速率方程

气体 $N_A=k_c(c_{A1}-c_{A2})=k_G(p_{A1}-p_{A2})=k_y(y_{A1}-y_{A2})$

液体 $N_A=k_c(c_{A1}-c_{A2})=k_L(c_{A1}-c_{A2})=k_x(x_{A1}-x_{A2})$

各种传质系数之间的转换

气体

$k'_c c=k'_c\frac{p}{RT}=k_c\frac{p_{BM}}{RT}=k'_G p=k_G p_{BM}=k_y y_{BM}=k'_y=k_c y_{BM} c=k_G y_{BM} p$

液体

$k'_c c=k'_L c=k_L x_{BM} c=k'_L \rho/M=k'_x=k_x x_{BM}$

(式中 ρ 为液体的密度，M 为相对分子质量)

传质系数的单位

	SI 制单位	cgs 单位	英制单位
k_c, k_L, k'_c, k'_L	m/s	cm/s	ft/h
k_x, k_y, k'_x, k'_y	$\frac{\text{kmol}}{\text{s·m}^2}$	$\frac{\text{mol}}{\text{s·cm}^2}$	$\frac{\text{lb mol}}{\text{h·ft}^2}$
k_G, k'_G	$\frac{\text{kmol}}{\text{s·m}^2\text{·Pa}}$ (首选) $\frac{\text{kmol}}{\text{s·m}^2\text{·atm}}$	$\frac{\text{mol}}{\text{s·cm}^2\text{·atm}}$	$\frac{\text{lb mol}}{\text{h·ft}^2\text{·atm}}$

例 7.2－1 组分 A 的蒸发与对流传质过程

压强为 2 atm 的大量纯气体 B 流过一个表面，纯组分 A 从该表面蒸发。该表面为吸墨水纸，能够被液体 A 完全润湿，因此组分 A 在表面上的分压就是 298 K 时 A 的蒸气压，0.20 atm，已测得 k'_y 为 6.78×10^{-5} kmol/(s·m²)。试计算 N_A，A 的蒸发速率，以及 k_y 和 k_G。

解: 这是A通过组分B扩散的情况，由于B不溶于液体A，因此B垂直于表面的传质速率为0。已知 $p_{A1}=0.20$ atm，在纯气体B中 $p_{A2}=0$，则 $y_{A1}=p_{A1}/p=0.20/2.0=0.10$，$y_{A2}=0$。我们可以应用以摩尔分率表示的式(7.2－12)来求 N_A：

$$N_A=k_y(y_{A1}-y_{A2}) \tag{7.2－12}$$

但题中给出的是 k'_y，应将其转换为 k_y，根据表7.2－1，k'_y 与 k_y 的关系为

$$k_y y_{BM}=k'_y \tag{7.2－16}$$

这里的 y_{BM} 项类似于 x_{BM}，由式(7.2－11)

$$y_{BM}=\frac{y_{B2}-y_{B1}}{\ln(y_{B2}/y_{B1})} \tag{7.2－11}$$

$$y_{B1}=1-y_{A1}=1-0.10=0.90 \quad y_{B2}=1-y_{A2}=1-0=1.0$$

代入式(7.2－11)

$$y_{BM}=\frac{1.0-0.90}{\ln(1.0/0.90)}=0.95$$

再代入式(7.2－16)，得

$$k_y=\frac{k'_y}{y_{BM}}=\frac{6.78\times10^{-5}}{0.95}=7.138\times10^{5}\ \text{kmol/(s·m}^2\text{)}$$

此外，由表7.2－1得

$$k_G y_{BM} p=k_y y_{BM} \tag{7.2－17}$$

由此，代入已知量可求得 k_G：

$$k_G=\frac{k_y}{p}=\frac{7.138\times10^{-5}}{2\times1.01325\times10^5\ \text{Pa}}=3.522\times10^{-10}\ \text{kmol/(s·m}^2\text{·Pa)}$$

$$k_G=\frac{k_y}{p}=\frac{7.138\times10^{-5}}{2.0\ \text{atm}}=3.569\times10^{-5}\ \text{kmol/(s·m}^2\text{·atm)}$$

应用式(7.2－12)求传质速率

$$N_A=k_y(y_{A1}-y_{A2})=7.138\times10^{-5}\times(0.10-0)=7.138\times10^{-6}\ \text{kmol/(s·m}^2\text{)}$$

又，$p_{A1}=0.20\ \text{atm}=0.20\times1.01325\times10^5=2.026\times10^4$ Pa

再次应用式(7.2－12)，得

$$N_A=k_G(p_{A1}-p_{A2})=3.522\times10^{-10}\times(2.026\times10^4-0)$$
$$=7.138\times10^{-6}\ \text{kmol/(s·m}^2\text{)}$$

$$N_A=k_G(p_{A1}-p_{A2})=3.569\times10^{-5}\times(0.20-0)$$
$$=7.138\times10^{-6}\ \text{kmol/(s·m}^2\text{)}$$

注意，在这种情况下，由于浓度较低，y_{BM} 接近于1.0，因而 k_y 和 k'_y 差别很小。

7.2.3 有效膜理论在对流传质过程中的应用

有效膜理论假设传质过程发生在界面处厚度为 δ_f 的一层流体膜中，在膜中的传质过程为分子扩散过程，在此前提下对式(7.2－4)求积分，然后利用稀溶液 k'_c 的实验数据来确定有效膜的厚度 δ_f：

$$k'_c=\frac{D_{AB}}{\delta_f} \tag{7.2-18}$$

将式(7.2－4)改写成

$$N_A=-c\frac{D_{AB}\mathrm{d}x_A}{\mathrm{d}z}+x_A(N_A+N_B) \tag{7.2-19}$$

式中 $x_A(N_A+N_B)$ 为对流项。将上式重排并积分得

$$\frac{1}{cD_{AB}}\int_{z=0}^{z=\delta_f}\mathrm{d}z=-\int_{x_{A1}}^{x_{A2}}\frac{\mathrm{d}x_A}{N_A-x_A(N_A+N_B)} \tag{7.2-20}$$

$$N_A=\frac{N_A}{N_A+N_B}k'_c c\ \ln\left[\frac{N_A/(N_A+N_B)-x_{A2}}{N_A/(N_A+N_B)-x_{A1}}\right] \tag{7.2-21}$$

对 $N_B=0$ 的情况，式(7.2－21)则简化为式(7.2－10)。

7.2.4 传质速率很高时的传质系数

式(7.2－21)是基于有效膜理论的假设得到的结果，该理论假设膜中只发生分子扩散，有效膜的厚度不受较高的传质速率和主体流动或对流流动(扩散所致流动)的影响。由此而导出了另外几种传质系数的定义，它们考虑了扩散所致的对流流动对传质过程的影响。最常用的方法是由 Bird 等(B1)和 Skelland(S8)提出的，该方法研究的对象是存在扩散所致对流时 A 通过惰性组分 B 的扩散过程。

在 $z=0$ 处(表面上)，$x_A=x_{A1}$，传质速率方程(7.2－19)可改写为

$$N_A=-cD_{AB}\left(\frac{\mathrm{d}x_A}{\mathrm{d}z}\right)_{z=0}+x_{A1}(N_A+0) \tag{7.2-22}$$

注意式中对流项是以 x_{A1} 表达的而不是 x_A 的平均值。

根据扩散速率对传质系数加以定义：

$$-cD_{AB}\left(\frac{\mathrm{d}x_A}{\mathrm{d}z}\right)_{z=0}=k_c^0 c(x_{A1}-x_{A2}) \tag{7.2-23}$$

将(7.2－23)代入式(7.2－22)，求解 N_A

$$N_A=\frac{k_c^0 c(x_{A1}-x_{A2})}{1-x_{A1}} \tag{7.2-24}$$

在组分浓度和扩散速率都很低的情况下，k_c^0 趋近于无主体流动时的 k'_c，即 $N_A=k'_c c(x_{A1}-x_{A2})$。

一般地，可定义一个与对流流动无关的系数 k_c：

$$N_A = k_c c(x_{A1} - x_{A2}) \tag{7.2-25}$$

结合(7.2-24)和式(7.2-25)，得

$$k_c^0 = (1 - x_{A1}) k_c \tag{7.2-26}$$

这里我们将要讨论高传质速率时的 k_c^0 或 k_c 与低传质速率时的 k_c' 之间的关系。当组分 A 以分子扩散和对流流动方式进行传递，组分 B 为静止的即不扩散时，我们可以应用有效膜理论来推导上述关系。令式(7.2-21)中 $N_B=0$，得到下述关系式：

$$N_A = \frac{k_c'}{x_{BM}}(c_{A1} - c_{A2}) = k_c(c_{A1} - c_{A2}) \tag{7.2-27}$$

该式与前面推导的(7.2-10)完全一致。因此，在有效膜理论中

$$\frac{k_c}{k_c'} = \frac{1}{x_{BM}} = \frac{k_x}{k_x'} \tag{7.2-28}$$

结合式(7.2-26)和式(7.2-28)，得

$$\frac{k_c^0}{k_c'} = \frac{1 - x_{A1}}{x_{BM}} = \frac{k_x^0}{k_x'} \tag{7.2-29}$$

对有效膜理论，式(7.2-28)和式(7.2-29)与 Schmidt 准数无关。根据膜理论计算的上述校正因子与应用更复杂的理论——渗透理论和边界层理论所得的结果较接近，后两种理论将在第 7.9.3 节中讨论。这种简单的有效膜理论的优点是十分适用于解决复杂体系的问题。

例 7.2-2　高传质速率的校正因子

甲苯 A 在一块湿润的多孔板上蒸发，惰性组分纯空气(B)平行地流过该板的表面，空气的压强为 1 atm。在传质速率很低的条件下，估算得板面上某一点处的传质系数 k_x' 为 0.20 lbmol/(h · ft^2)。已知界面上该点处的气体组成为 $x_A=0.65$。试计算传质速率 N_A 和用于校正高传质速率情况的比值 k_c/k_c' 或 k_x/k_x' 和 k_c^0/k_c' 或 k_x^0/k_x'。

解：对 N_A 的计算可应用式(7.2-11)

$$x_{BM} = \frac{x_{B2} - x_{B1}}{\ln(x_{B2}/x_{B1})} = \frac{1.00 - 0.35}{\ln(1.00/0.35)} = 0.619$$

由式(7.2-10)(该式以 k_x' 表达)，其中 $k_c' c = k_x'$

$$N_A = \frac{k_x'}{x_{BM}}(x_{A1} - x_{A2}) = \frac{0.20}{0.619} \times (0.65 - 0) = 0.210\ \text{lb mol/(h} \cdot \text{ft}^2)$$

由式(7.2-28)

$$\frac{k_x}{k_x'} = \frac{k_c}{k_c'} = \frac{1}{x_{BM}} = \frac{1}{0.619} = 1.616$$

因此 $k_x = 1.616$　$k_x' = 1.616 \times 0.20 = 0.323$ lbmol/(h · ft^2)。由式(7.2-21)

$$\frac{k_x^0}{k'_x}=\frac{k_c^0}{k'_c}=\frac{1-x_{A1}}{x_{BM}}=\frac{1-0.65}{0.619}=0.565$$

所以 $k_x^0=0.565\times0.200=0.113\ \text{lbmol/(h}\cdot\text{ft}^2)$。

7.2.5 实验法测定传质系数

有许多不同的实验方法被用于传质系数的测定。在测定对球体的传质系数时，Steele 和 Geankoplis(S3)将一个固体苯甲酸球固定在管道内，实验开始前先将该球体称重，待流体流动一定时间后，将该球移出、干燥，再行称重，得到所传递的物质量(该传质量与球体质量相比很小)，然后根据所传递的物质的量和球体的面积计算传质速率，再利用推动力($c_{AS}-0$)计算 k_L，这里 c_{AS}为苯甲酸的溶解度，实验所用流体为水，其中不含苯甲酸。

另一种实验方法是使气体流过被液体湿润的各种形状的物体。研究离开平板的传质过程，可将一个多孔的用液体湿润的吸墨纸用作平板。

若溶液浓度很低，则所测得的传质系数 $k_c\approx k'_c$，因此稀溶液和传质速率较低时的传质系数 k'_c或 k'_x可由实验测得。

7.3 各种几何结构中的传质系数

7.3.1 用于关联数据的无量纲准数

与动量传递和热量传递中所用的方法类似，这里我们将用一些无量纲准数将那些对不同流体、不同流速、不同几何形状的传质过程测定的传质系数进行关联，所使用的量纲分析法在第 3.11 节、4.14 节和 7.8 节中都有叙述。

Reynolds 数 N_{Re}是最重要的无量纲准数，它能说明湍流的程度，

$$N_{Re}=\frac{Lv\rho}{\mu} \tag{7.3-1}$$

式中 L 对球体为直径 D_P，对管道为管径 D，对平板为长度 L。若流体在管内流动，则式中流速 v 为平均质量流速；在填充床中，则常用空床截面上的空塔速度 v'，或有时也使用 $v=v'/\varepsilon$，这里 v 为孔隙速度，ε 为床层的孔隙率。

Schmidt 数为

$$N_{Sc}=\frac{\mu}{\rho D_{AB}} \tag{7.3-2}$$

式中黏度 μ 和密度 ρ 是指溶质 A 和流体 B 混合物的性质，若混合物浓度很低，则可使用纯流体 B 的性质。传热中的 Prandtl 准数 $c_p\mu/k$ 类似于传质中的 Schmidt 数。Schmidt 数是剪切扩散系数 μ/ρ 与传质系数 D_{AB}的比值，从物理意义上说，与动力学边界层和传质边界层的相对厚度有关。

无量纲 Sherwood 准数为

$$N_{Sh}=k'_c\frac{L}{D_{AB}}=k_c y_{BM}\frac{L}{D_{AB}}=\frac{k'_x}{c}\frac{L}{D_{AB}}=\cdots \tag{7.3-3}$$

式中的 k'_c 也可用表 7.2－1 中其他相应的形式代入。

Stanton 数也常常出现，

$$N_{St}=\frac{k'_c}{v}=\frac{k'_y}{G_M}=\frac{k'_G p}{G_M}=\cdots \tag{7.3-4}$$

同样，式中 k'_c 可取其他形式。$G_M=v\rho/M_{av}=vc$。

通常将传质系数关联成一个无量纲的因子 J_D，其与 k'_c 和 N_{Sh} 的关系为：

$$J_D=\frac{k'_c}{v}(N_{Sc})^{2/3}=\frac{k'_G p}{G_M}(N_{Sc})^{2/3}=\cdots=N_{Sh}/(N_{Re}N_{Sc}^{1/3}) \tag{7.3-5}$$

对传热过程，相应的无量纲因子为，

$$J_H=\frac{h}{c_p G}(N_{Pr})^{2/3} \tag{7.3-6}$$

7.3.2　传质、传热和动量传递过程的类比

(1) 概述。动量、热量和质量的分子传递过程存在许多相似之处，这一点在第 2～第 6 章中均已指出。动量传递的牛顿分子扩散方程、热量传递的傅里叶方程和质量传递的费克分子扩散方程，三者之间非常相似，因此可以说这三种过程有可类比性。如第 5.7.3 节和 6.1.1 节所述，湍流传递过程之间也有很多相似之处，这三种过程分别用湍流的涡流动量扩散系数 ε_t、涡流传热系数 α_t 和涡流传质系数 ε_M 来表达速率方程，但湍流传递过程的这些相似性并不能很好地从数学或物理学上加以阐述，相互间也更难以进行关联。

关于建立三种传递过程间类比关系的研究，有大量文献报道，目的是为了能够根据其中任一种传递过程预测另一种传递过程。这里我们将讨论其中几项研究结果。

(2) Reynolds 类似法。Reynolds 最先注意到了三种传递过程间的相似性，并将湍流状态下的动量传递与热量传递进行关联，之后又建立了传质过程与动量、热量传递过程之间的关系。对湍流传递过程，我们由式(6.1－4)～式(6.1－6)来导出 Reynolds 类似方程。对流体在管内流动的情况，流体向管壁传热时，式(6.1－5)变为

$$\frac{q}{A}=-\rho c_p(\alpha+\alpha_t)\frac{dT}{dz} \tag{7.3-7}$$

式中 z 为距管壁的距离。对动量传递，式(6.1－4)成为

$$\tau=-\rho\left(\frac{\mu}{\rho}+\varepsilon_t\right)\frac{dv}{dz} \tag{7.3-8}$$

下面假设 α 和 μ/ρ 可以忽略，且 $\alpha_t=\varepsilon_t$，然后将式(7.3－7)除以式(7.3－8)，得

$$\left(\frac{\tau}{q/A}\right)c_p dT=dv \tag{7.3-9}$$

如果一个湍流系统中的传热速率 q/A 与动量传递速率 τ 相似，则在径向上任一点处，比值

$\tau/(qA)$必为常数。将上式在壁面处($T=T_i$,$v=0$)与流体中某一点之间积分,该点的温度 T 与流体主体温度相同,并假设该点的速度等于流体主体速度 v_{av}。此外 q/A 可理解为壁面处的传热速率,剪切力亦为壁面处的剪切力,记为 τ_s。由此得

$$\frac{\tau_s}{q/A}c_p(T-T_i)=v_{av}-0 \tag{7.3-10}$$

将 $q/A=h(T-T_i)$与由式(2.10-4)所得的 $\tau_s=fv_{av}^2\rho/2$ 代入式(7.3-10),得

$$\frac{f}{2}=\frac{h}{c_p v_{av}\rho}=\frac{h}{c_p G} \tag{7.3-11}$$

以同样的方法,利用 J_A^* 的表达式(6.1-6)和 $J_A^*=k_c'(c_A-c_{Ai})$,可将其与表达动量传递的式(7.3-8)进行关联。最后,完整的 Reynolds 类似方程为

$$\frac{f}{2}=\frac{h}{c_p G}=\frac{k_c'}{v_{av}} \tag{7.3-12}$$

对气体流过平板或在管内流动的情况,若 Schmidt 数和 Prandtl 数接近于 1.0,且在流动中只存在表面摩擦阻力,实验所得结果与式(7.3-12)大致吻合。但对液体或存在形体阻力时,Reynolds 类似法不能成立。

(3) 其他类似法。Reynolds 类似法假设湍流扩散系数 ε_t,α_t和 ε_M均相等,且与湍流扩散系数相比,分子扩散系数 μ/ρ,α 和 D_{AB}可以忽略不计。当 Prandtl 数$(\mu/\rho)/\alpha$ 为 1.0 时,$\mu/\rho=\alpha$,同样,当 $N_{Sc}=1.0$ 时,$\mu/\rho=D_{AB}$,因此,$(\mu/\rho+\varepsilon_t)=(\alpha+\alpha_t)=(D_{AB}+\varepsilon_M)$,从而可得到包括分子扩散项在内的 Reynolds 类似方程。但当黏性底层变得重要时,由于涡流扩散消失为 0,分子扩散成为重要过程,Reynolds 类似法便不能应用了。

Prandtl 对 Reynolds 类似法进行了修正,其方法是对黏性底层应用分子扩散方程,而对湍流核心区应用 Reynolds 类似方程。这样由于这两个区域是串联在一起的,这两个方程就可结合成一个总的方程(G1)。但是,当流体的 Prandtl 数和 Schmidt 数不等于 1.0 时,所得结果同样不准确。

Von Varman 对 Prandtl 类似法作了进一步的修正,除了黏性底层和湍流核心区外,还增加了缓冲区。图 3.10-4 所示为这三个区域的通用速度分布。同样对黏性底层只用分子扩散系数写出分子扩散方程,对湍流核心区写出 Reynolds 类似方程。对缓冲层则将分子扩散系数和涡流扩散系数写入同一个方程中,用该层中的速度来获得涡流扩散系数的计算式。将这三个方程结合起来便得到了 Von Karman 类似方程。此后又出现了许多其他的类似方程(P1,S4)。

(4) Chilton 和 Colburn 的 J-因子类似法。

最成功且使用最广泛的是 Chilton 和 Colburn 的 J-因子类似法。该方法以气体和液体在层流区和湍流区的实验数据为基础,得到如下类似方程:

$$\frac{f}{2}=J_H=\frac{h}{c_p G}(N_{Pr})^{2/3}=J_D=\frac{k_c'}{v_{av}}(N_{Sc})^{2/3} \tag{7.3-13}$$

尽管该方程是建立在层流和湍流的实验数据基础之上的,但可以看到其结果满足第 3.10 节和 5.7 节中对流体在平板上层流流动时所得到的准确解。

研究表明式(7.3-13)在关联动量、热量和质量传递数据时非常有用。当已知一种传递系数时，可用该式计算另一种未知的传递系数。如在动量传递过程中，为计算总阻力损失或摩擦损失(包括形体阻力损失和表面摩擦损失)，需得到摩擦因子。对流体流过平面或流体在管内流动的情形，形体阻力不存在，此时 $f/2=J_H=J_D$。而当形体阻力存在时，如填充床中的流动或流体流过一个钝头的物体时，$f/2$ 则大于 J_H 或 J_D，而 $J_H \approx J_D$。

7.3.3　层流流动中传质系数的推导

(1) 概述。当流体作层流流动时，是通过分子扩散进行传质，传质速率方程类似于层流中的热传导速率方程。但传热现象和传质现象并不总是完全类同的，因为在传质过程中可能有几个组分在同时进行扩散。另外，在垂直于流动方向上的传质速度必定非常小，才不会破坏层流的速度分布。

从理论上讲，对层流流动、动量传递与扩散的速率方程都可以求解，因此不需要实验测定传质系数。但实际上对某些几何形状的体系，如流体流过一个圆柱体或在填充床内流动时，很难用数学方法对层流进行描述，因此常常需要实验测定传质系数并进行关联。下面将对两种层流流动情况进行简化的理论推导。

(2) 管内层流时的传质过程。这里讨论由管壁向管内作层流流动的流体进行传质的过程，如管壁由微溶于水的苯甲酸制成的情况。这与管壁向管内流动的流体传热的过程(流体的自然对流可忽略)类似。对完全发展的流动，与式(2.6-18)和式(2.6-20)一样推导的抛物线形速度分布方程为：

$$v_x=v_{\max}\left[1-\left(\frac{r}{R}\right)^2\right]=2v_{\mathrm{av}}\left[1-\left(\frac{r}{R}\right)^2\right] \tag{7.3-14}$$

式中 v_x 为流体与管中心相距 r 处 x 方向上的速度。对圆柱体中的定态扩散过程，可取一个微元进行物料衡算，在该微元中由对流传质和分子扩散引起的组分流入的速率等于由扩散引起的径向上流出的速率：

$$v_x\frac{\partial c_A}{\partial x}=D_{AB}\left(\frac{1}{r}\frac{\partial c_A}{\partial r}+\frac{\partial^2 c_A}{\partial r^2}+\frac{\partial^2 c_A}{\partial x^2}\right) \tag{7.3-15}$$

若在 x 方向上的分子扩散与对流传质相比可忽略，则$\partial^2 c_A/\partial x^2=0$。结合式(7.3-14)和式(7.3-15)，最后所得解为一个类似于传热过程的 Graetz 解的复杂的级数(S1)和一个抛物线形速度分布曲线。

若速度分布曲线是平坦的，如活塞流中的速度分布，则式(7.3-15)很容易得解(S1)。式(7.3-15)的第三种解称作 Leveque 近似解，认为壁面附近速度分布是线性的，溶质从壁面扩散进入流体的距离很短。在流速较高的情况下，Leveque 近似解与抛物线速度分布解相似。7.3.4 节中将提出这种情况下的经验方程。

(3) 层流降液膜中的扩散。2.9.3 节中我们曾推导了图 7.3-1(a)所示的降液膜中的速度分布。本节我们将讨论溶质 A 进入层流降液膜的传质过程，这一过程对湿壁塔中的传质，对从理论上解释(层流的小的)流体单元中的传质过程以及对湍流传质都很重要。气体中组分 A 在界面处被吸收，然后进入液体扩散一定距离，但尚未渗透整个距离 $x=\delta$ 到达壁面处。定态条件下，入口处液膜中组分 A 的浓度为 $c_A=0$，在与入口相距一定距离的点 z 处液膜中的浓度分布如图 7.3－1(a)所示。

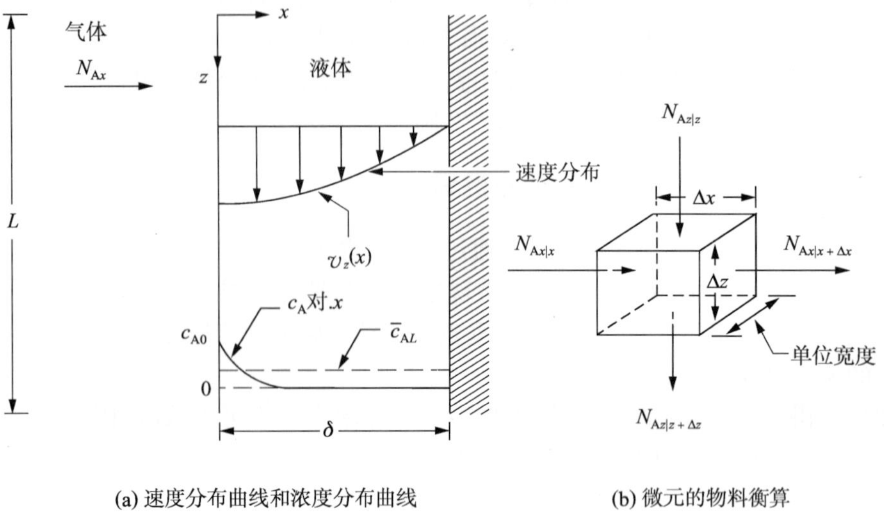

(a) 速度分布曲线和浓度分布曲线　　(b) 微元的物料衡算

图 7.3－1　组分 A 在层流降液膜中的扩散过程

对图 7.3－1(b)所示微元作物料衡算,定态条件下流入速率＝流出速率:

$$N_{Ax|x}(1\Delta z)+N_{Az|z}(1\Delta x)=N_{Ax|x+\Delta x}(1\Delta z)+N_{Az|z+\Delta z}(1\Delta x) \tag{7.3-16}$$

对稀溶液,溶质 A 在 x 方向上的扩散方程为

$$N_{Ax}=-D_{AB}\frac{\partial c_A}{\partial x}+0(\text{对流传质}) \tag{7.3-17}$$

由于 z 方向上的扩散可以忽略,所以

$$N_{Az}=0+c_A v_z \tag{7.3-18}$$

将式(7.3－16)除以 Δx,Δz,并令 Δx 和 Δz 趋近于 0,然后代入(7.3－17)和式(7.3－18),得

$$v_z\frac{\partial c_A}{\partial z}=D_{AB}\frac{\partial^2 c_A}{\partial x^2} \tag{7.3-19}$$

由式(2.9－24)和式(2.9－25)可知,液膜中速度分布为抛物线形,且速度分布方程为 $v_z=v_{z\,max}[1-(x/\delta^2)]$,另外,$v_{z\,max}=(3/2)v_{z\,av}$。若溶质在流体中渗透的距离很短,即接触时间 $t=z/v_{max}$很短,则已扩散进入液膜中的溶质 A 被以速度 $v_{z\,max}$或 v_{max}(去掉下标 z)带走。这样式(7.3－19)便成为

$$\frac{\partial c_A}{\partial(z/v_{max})}=D_{AB}\frac{\partial^2 c_A}{\partial x^2} \tag{7.3-20}$$

对式(7.3－20)积分,边界条件为 $z=0$ 时,$c_A=0$,$x=0$ 时,$c_A=c_{A0}$,$x=\infty$时,$c_A=0$,

$$\frac{c_A}{c_{A0}}=\mathrm{erfc}\left(\frac{x}{\sqrt{4D_{AB}z/v_{max}}}\right) \tag{7.3-21}$$

式中 erfc $y=1-\text{erf}\ y$。erf y 为误差函数，erf y 的值为一系列标准函数表。

为确定与顶部入口距离为 z 的界面处($x=0$)的局部扩散速率，利用以下方程(B1)：

$$N_{Ax}(z)\big|_{x=0}=-D_{AB}\frac{\partial c_A}{\partial x}\bigg|_{x=0}=c_{A0}\sqrt{\frac{D_{AB}v_{\max}}{\pi z}} \tag{7.3-22}$$

这样，在 $z=0$ 到 $z=L$ 这段距离上，在单位宽度的垂直界面上，每秒钟传递进入液体的溶质 A 总摩尔数为：

$$\begin{aligned} N_A(L\cdot 1) &= (1)\int_0^L (N_{Ax|x=0})\,dz \\ &= (1)\int_0^L c_{A0}\left(\frac{D_{AB}v_{\max}}{\pi}\right)^{1/2}\frac{1}{z^{1/2}}\,dz \\ &= (L\cdot 1)c_{A0}\sqrt{\frac{4D_{AB}v_{\max}}{\pi L}} \end{aligned} \tag{7.3-23}$$

$L/v_{\max}$项记为 t_L，为液体向气体中溶质 A 暴露的时间。上式意味着组分 A 的传质速率与 $D_{AB}^{0.5}$和 $1/t_L^{0.5}$成正比。这就是湍流传质过程的渗透理论的基础，该理论认为一个个小的液体单元暴露在表面进行非定态扩散(或渗透)的时间非常短。

7.3.4　管内流动时的传质过程

(1) 管内层流流动时的传质过程。当液体或气体在管内流动，并且雷诺数 $Dv\rho/\mu$ 小于2 100 时，为层流流动。图 7.3-2 是在 $W/D_{AB}\rho L$ 小于 70 的条件下，测定管壁向气体的传质过程所得到的实验数据(G2，L1)。图中纵坐标为$(c_A-c_{A0})/(c_{Ai}-c_{A0})$，其中 c_A为出口浓度，c_{A0}为入口浓度，c_{Ai}为气体与固壁界面处浓度。横坐标为无量纲的 $W/D_{AB}\rho L$ 或 $N_{Re}N_{Sc}(D/L)(\pi/4)$，其中 W 为流体的质量流速(kg/s)，L 为传质段的长度(m)。既然实验数据服从图中棒状曲线，就应使用该曲线。假设在入口处速度分布已完全发展为抛物线形。

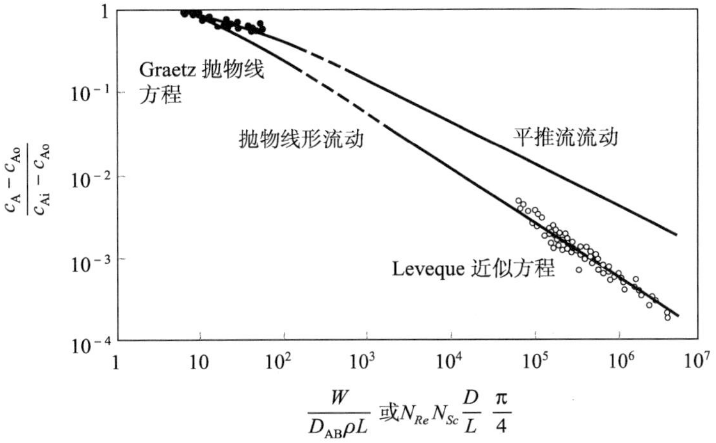

图 7.3-2　管内层流流动的流体中的扩散实验数据

● Gilliland 和 Sherwood 测定的蒸发数据

○ Linton 和 Sherwood 测定的固体溶解的数据

[获准引用自：W. H. Linton and T. K. Sherwood, Chem. Eng. Progr, 46, 258(1950)]

对 D_{AB} 值较小的液体，实验数据服从图中抛物线形流动曲线，当 $W/D_{AB}\rho L$ 大于 400 时：

$$\frac{c_A - c_{A0}}{c_{Ai} - c_{A0}} = 5.5\left(\frac{W}{D_{AB}\rho L}\right)^{-2/3} \tag{7.3-24}$$

(2) 管内湍流流动时的传质过程。对湍流流动，此时气体或液体在管内流动的 Reynold 数 $D v\rho/\mu > 2\ 100$，

$$N_{Sh} = k'_c \frac{D}{D_{AB}} = \frac{k_c p_{BM}}{P}\frac{D}{D_{AB}} = 0.023\left(\frac{Dv\rho}{\mu}\right)^{0.83}\left(\frac{\mu}{\rho D_{AB}}\right)^{0.33} \tag{7.3-25}$$

该式在 N_{Sc} 为 0.6～3 000 时成立(G2, L1)。一般地，对气体而言 N_{Sc} 的范围在 0.5～3，对液体 N_{Sc} 则大于 100。管内传质的速率方程(7.3-25)与管内传热的速率方程(4.5-8)相似。

(3) 流体在湿壁塔内流动时的传质过程。当气体在湿壁塔的中心部分流动时，可以应用与气体在管内层流或湍流传质过程相同的关系式，即可以利用式(7.3-24)和式(7.3-25)计算气体在湿壁塔中的传质过程。对沿湿壁塔向下流动的液膜中的传质过程，当式(2.9-29)定义的 Reynolds 数 $4\Gamma/\mu$ 达 1 200 时，可应用式(7.3-22)和式(7.3-23)，但由于液膜的波纹和其他一些因素，应将理论计算结果乘以 1.5。上述方程适用于接触时间短或雷诺数大于 100 时的传质过程(S1)。

例 7.3-1　管内传质过程

管的内壁以萘涂覆，管长为 1.10 m，内径为 20 mm。空气以 0.80 m/s 的速度流过该管，空气的温度为 318 K，平均压力为 101.3 kPa。假设空气的绝对压基本保持不变，试计算出口空气中萘的浓度。应用例 6.2-4 中给出的物性数据。

解： 由例 6.2-4 得，$D_{AB} = 6.92\times10^{-6}$ m²/s，蒸气压 $p_{Ai} = 74.0$ Pa，因此 $c_{Ai} = p_{Ai}/RT = 74.0/(8\ 314.3\times318) = 2.799\times10^{-5}$ kmol/m³。对空气，由附录 A.3 得，$\mu = 1.932\times10^{-5}$ Pa·s，$\rho = 1.114$ kg/m³。Schmidt 数为

$$N_{Sc} = \frac{\mu}{\rho D_{AB}} = \frac{1.932\times10^{-5}}{1.114\times6.92\times10^{-6}} = 2.506$$

Reynolds 数为

$$N_{Re} = \frac{Dv\rho}{\mu} = \frac{0.020\times0.80\times1.114}{1.932\times10^{-5}} = 922.6$$

因此为层流流动，这样

$$N_{Re}N_{Sc}\frac{D}{L}\frac{\pi}{4} = 922.6\times2.506\times\frac{0.020}{1.10}\frac{\pi}{4} = 33.02$$

由图 7.3-2 中棒状流动曲线，得 $(c_A - c_{A0})/(c_{Ai} - c_{A0}) = 0.55$。又已知 c_{A0}(入口)$=0$，因此由 $(c_A - 0)/(2.799\times10^{-5} - 0) = 0.55$，解得 c_A(出口浓度)$= 1.539\times10^{-5}$ kmol/m³。

7.3.5　流体流过固体外表面时的传质过程

(1) 流体平行于平板流动时的传质过程。液体由平板表面蒸发并向流动的流体传质这

一过程在很多工业过程中很有意义，如无机物和生物物质的干燥，涂料中溶剂的挥发过程，风洞中的平板，以及化工设备中的流体通道。当流体流过置于开放空间中无约束流体内的平板时，边界层是不完全发展的。对于气体或液体在气相中挥发以及 $N_{Re,L}=Lv\rho/\mu$ 小于15 000的层流区域，可以用下式关联实验数据，误差小于±25%(S4)：

$$J_D=0.664N_{Re,L}^{-0.5} \tag{7.3-26}$$

将式(7.3-26)以 Sherwood 数表示：

$$\frac{k_c' L}{D_{AB}}=N_{Sh}=0.664N_{Re,L}^{0.5}N_{Sc}^{1/3} \tag{7.3-27}$$

式中 L 为在流动方向上平板的长度。此外，对这种几何条件 $J_D=J_H=f/2$。对气体和 $N_{Re,L}$ 为 15 000～300 000 的情况，通过 $J_D=J_H=f/2$ 将实验数据关联为

$$J_D=0.036N_{Re,L}^{-0.2} \tag{7.3-28}$$

误差小于±30%。

对液体，当 $N_{Re,L}$ 在 600～50 000 时，用下式关联实验数据，误差小于±40%，

$$J_D=0.99N_{Re,L}^{-0.5} \tag{7.3-29}$$

例 7.3-2　由平板向流体的传质过程

温度为 26.1 ℃的大量纯水平行地流过一个固体苯甲酸平板，该板在流动方向上的长度 $L=0.244$ m。水的流速为 0.061 m/s。已知苯甲酸在水中的溶解度为 0.029 48 kmol/m³，苯甲酸的扩散系数为 1.245×10^{-9} m²/s。试计算传质系数 k_L 和传质速率 N_A。

解：因为溶液中苯甲酸浓度很低，可使用水在 26.1 ℃时的物性数据，由附录 A.2 查得：

$$\mu=8.71\times10^{-4}\ \text{Pa·s}\quad \rho=996\ \text{kg/m}^3\quad D_{AB}=1.245\times10^{-9}\ \text{m}^2/\text{s}$$

Schmidt 数为

$$N_{Sc}=\frac{8.71\times10^{-4}}{996\times1.245\times10^{-9}}=702$$

雷诺数为

$$N_{Re,L}=\frac{Lv\rho}{\mu}=\frac{0.244\times0.061\,0\times996}{8.71\times10^{-4}}=1.700\times10^4$$

由式(7.3-29)

$$J_D=0.90N_{Re,L}^{-0.5}=0.99\times(1.700\times10^4)^{-0.5}=0.007\,58$$

由式(7.3-5)，J_D 的定义为

$$J_D=\frac{k_c'}{v}(N_{Sc})^{2/3} \tag{7.3-5}$$

求 k_c'，$k_c'=J_D v(N_{Sc})^{-2/3}$，将已知数据代入求解，得

$$k_c'=0.007\,58\times0.061\,0\times(702)^{-2/3}=5.85\times10^{-6}\ \text{m/s}$$

这种情况属于 A 通过惰性组分 B 的扩散过程，因此式(7.2－10)中应使用 k_c：

$$N_A=\frac{k'_c}{x_{BM}}(c_{A1}-c_{A2})=k_c(c_{A1}-c_{A2}) \tag{7.2-10}$$

由于溶液极稀，所以 $x_{BM}\approx1.0$，则 $k'_c\approx k_c$。又已知 $c_{A1}=2.948\times10^{-2}$ kmol/m^3(溶解度)，$c_{A2}=0$(大量新鲜的水)。代入式(7.3－10)，得

$$N_A=5.85\times10^{-6}\times(0.02948-0)=1.726\times10^{-7}\ \text{kmol/(s}\cdot\text{m}^2)$$

(2) 流体流过单个球体时的传质过程。

对流体流过单个球体，且 Reynolds 数 $N_{Re}=D_p v\rho/\mu$ 很小的情况，Sherwood 数应接近于 2.0，这里 Reynolds 数中的 v 是指球体前方空试验段中的平均流速，Sherwood 数为 $k'_c D_P/D_{AB}$。这一点可由适用于惰性介质的式(6.2－33)看出：将式(6.2－33)改写成如下形式，

$$N_A=\frac{2D_{AB}}{D_p}(c_{A1}-c_{A2})=k_c(c_{A1}-c_{A2}) \tag{7.3-30}$$

式中 D_p为球体直径。因此传质系数 k_c(对稀溶液即为 k'_c)为：

$$k'_c=\frac{2D_{AB}}{D_P} \tag{7.3-31}$$

重排后即得

$$\frac{k'_c D_P}{D_{AB}}=N_{Sh}=2.0 \tag{7.3-32}$$

当然，自然对流效应会使 k'_c增大。

对气体，当 Schmidt 数为 0.6～2.7，Reynolds 数为 1～48 000 时，可应用下列修正方程(G1)

$$N_{Sh}=2+0.552N_{Re}^{0.53}N_{Sc}^{1/3} \tag{7.3-33}$$

该方程对传热过程也成立，只是用于传热过程时，以 Prandtl 数代替 Schmidt 数，以 Nusselt 数 hD_p/k 代替 Sherwood 数。

对液体，当 Reynolds 数为 2～2 000 时，可使用下列方程

$$N_{Sh}=2+0.95N_{Re}^{0.50}N_{Sc}^{1/3} \tag{7.3-34}$$

Reynolds 数为 2 000～17 000 时则可使用下式(S5)

$$N_{Sh}=0.347N_{Re}^{0.62}N_{Sc}^{1/3} \tag{7.3-35}$$

例 7.3－3　球体向流体的传质过程

温度为 45 ℃、压强为 1 atm(绝对)的空气，以 0.305 m/s 的速度流过一个萘球，计算由萘球向空气的传质速率及传质系数。萘球的直径为 25.4 mm，45 ℃时萘在空气中的扩散系数为 6.92×10^{-6} m^2/s，固体萘的蒸气压为 0.555 mmHg。以英制和 SI 单位制计算。

解：按英制单位，$D_{AB}=6.92\times10^{-6}\times3.875\times10^4=0.2682$ ft^2/h，直径 $D_p=0.0254$ m=

0.025 4×3.280 8=0.083 3 ft。由于萘在空气中的浓度很低，因此可以使用附录 A.3 中空气的物性数据。

$$\mu=1.93\times10^{-5}\ \text{Pa}\cdot\text{s}=1.93\times10^{-5}\times2.419\ 1\times10^{3}=0.046\ 7\ \text{lb}_\text{m}/(\text{ft}\cdot\text{h})$$

$$\rho=1.113\ \text{kg/m}^3=\frac{1.113}{16.018\ 5}=0.069\ 5\ \text{lb}_\text{m}/\text{ft}^3$$

$$v=0.305\ \text{m/s}=0.305\times3\ 600\times3.280\ 8=3\ 600\ \text{ft/h}$$

Schmidt 数为

$$N_{Sc}=\frac{\mu}{\rho D_\text{AB}}=\frac{0.046\ 7}{0.069\ 5\times0.268\ 2}=2.505$$

$$N_{Sc}=\frac{1.93\times10^{-5}}{1.113\times6.92\times10^{-6}}=2.505$$

Reynolds 数为

$$N_{Re}=\frac{D_\text{p}v\rho}{\mu}=\frac{0.083\ 3\times3\ 600\times0.069\ 5}{0.046\ 7}=446$$

$$N_{Re}=\frac{0.025\ 4\times0.304\ 8\times1.113}{1.93\times10^{-5}}=446$$

对气体，应用式(7.3-33)

$$N_{Sh}=2+0.552(N_{Re})^{0.53}(N_{Sc})^{1/3}=2+0.552\times(446)^{0.53}\times(2.505)^{1/3}=21.0$$

由式(7.3-3)

$$N_{Sh}=k'_\text{c}\frac{L}{D_\text{AB}}=k'_\text{c}\frac{D_\text{p}}{D_\text{AB}}$$

代入已知量并求解

$$21.0=\frac{k'_\text{c}\times0.083\ 3}{0.268\ 2}\quad k'_\text{c}=67.6\ \text{ft/h}$$

$$21.0=\frac{k'_\text{c}\times0.025\ 4}{6.92\times10^{-6}}\quad k'_\text{c}=5.72\times10^{-3}\ \text{m/s}$$

由表 7.2-1

$$k'_\text{c}c=k'_\text{c}\frac{p}{RT}=k'_\text{G}p$$

因此，对 $T=45+273=318\ \text{K}=318\times1.8=574\ ^\circ\text{R}$

$$k'_\text{G}=\frac{k'_\text{c}}{RT}=\frac{67.6}{0.703\times573}=0.161\ 6\ \text{lb mol}/(\text{h}\cdot\text{ft}^2\cdot\text{atm})$$

$$k'_\text{G}=\frac{5.72\times10^{-3}}{8\ 314\times318}=2.163\times10^{-9}\ \text{kmol}/(\text{s}\cdot\text{m}^2\cdot\text{Pa})$$

因为气体中溶质浓度很小，$y_\text{BM}\approx1.0$，所以 $k'_\text{G}\approx k_\text{G}$。代入 A 在惰性组分 B 中的扩散速

率方程式(7.2-12),同时 $p_{A1}=0.555/760=7.303\times10^{-4}$ atm$=74.0$ Pa,$p_{A2}=0$(纯空气),

$$\begin{aligned}N_A&=k_G(p_{A1}-p_{A2})=0.1616\times(7.303\times10^{-4}-0)\\&=1.180\times10^{-4}\ \text{lb mol/(h}\cdot\text{ft}^2)\\&=2.163\times10^{-9}(74.0-0)=1.599\times10^{-7}\ \text{kmol/(s}\cdot\text{m}^2)\end{aligned}$$

球体的面积为

$$\begin{aligned}A&=\pi D_p^2=\pi(0.0833)^2=2.18\times10^{-2}\ \text{ft}^2\\&=(2.18\times10^{-2})\left(\frac{1}{3.2808}\right)^2=2.025\times10^{-3}\ \text{m}^2\end{aligned}$$

$$\begin{aligned}\text{总蒸发量}&=N_AA=1.18\times10^{-4}\times2.18\times10^{-2}=2.572\times10^{-6}\ \text{lbmol/h}\\&=1.599\times10^{-7}\times2.025\times10^{-3}=3.238\times10^{-10}\ \text{kmol/s}\end{aligned}$$

(3) 填充床中的传质过程。许多工艺操作中常发生填充床中的传质过程,如干燥、固体颗粒(如活性炭)对气体或液体的吸附或脱附,气体或液体向催化剂颗粒的传质。应用填充床可以在相当小的体积内获得很大的传质面积。

床层的空隙率 ε 为空隙体积(m^3)/(空隙体积+固体体积)(m^3)。一般空隙率在 0.3～0.5 之间。由于发生沟流、填充不均匀等原因,很难得到准确的实验数据,因此不同研究者提供的数据会有相当大的偏差。

在球形颗粒填充床中,对气体而言,Reynolds 数在 10～10 000 时,推荐使用的下列关系式,平均偏差约±20%,最大偏差约±50%。

$$J_D=J_H=\frac{0.4548}{\varepsilon}N_{Re}^{-0.4069} \tag{7.3-36}$$

试验发现(G4, G5)J_D和 J_H近似相等。这里 Reynolds 数的定义为 $N_{Re}=D_Pv'\rho/\mu$,其中 D_P为球形颗粒的直径,v'为空床层中平均空塔质量流速。在式(7.3-36)～式(7.3-39)和式(7.3-5)～式(7.3-6)中均使用 v'。

对液体在填充床中的传质过程,应使用 Wilson 和 Geankoplis 方程(W1)。当 Reynolds 数 $D_Pv'\rho/\mu$ 为 0.001 6～55,Schmidt 数为 165～70 000 时,所使用的方程为:

$$J_D=\frac{1.09}{\varepsilon}N_{Re}^{-2/3} \tag{7.3-37}$$

同样对液体,Reynolds 数在 55～1 500、Schmidt 数为 165～10 690 时使用下式:

$$J_D=\frac{0.250}{\varepsilon}N_{Re}^{-0.31} \tag{7.3-38}$$

式(7.3-36)也可用于 Reynolds 数为 10～1 500 的液体。

对球形颗粒的流化床,式(7.3-36)可用于 Reynolds 数为 10～400 的气体和液体。对流化床中液体及 Reynolds 数为 1～10 时可使用下式(D4)

$$\varepsilon J_D=1.1068N_{Re}^{-0.72} \tag{7.3-39}$$

对非球形颗粒的填充床,可用一些近似校正因子对式(7.3-36)～式(7.3-38)进行校正。例如，对一个给定的非球形颗粒，可作如下校正：以一个与给定固体颗粒表面积相同的球体的直径代替颗粒直径用于 J_D 计算式中，然后按给定颗粒的表面积计算床层中流体对颗粒的传质速率。一些其他的近似处理方法见参考文献(G6)。

(4) 填充床中传质速率的的计算方法。要计算一个填充床中的传质速率，首先要计算 J_D，再由 J_D 计算 k_c(m/s)，然后，只要已知床层总体积 V_b(m^3)(空隙体积＋固体体积)，就可应用式(7.3－40)和式(7.3－41)计算固体的总外表面积(m^2)：

$$\alpha=\frac{6(1-\varepsilon)}{D_P} \tag{7.3-40}$$

对球形颗粒而言式中 a 为 m^2 表面积/m^3 床层总体积，所以

$$A=aV_b \tag{7.3-41}$$

为计算传质速率，应使用在床层入口和出口的对数平均推动力：

$$N_A A=Ak_c\frac{(c_{Ai}-c_{A1})-(c_{Ai}-c_{A2})}{\ln\dfrac{c_{Ai}-c_{A1}}{c_{Ai}-c_{A2}}} \tag{7.3-42}$$

式中末项为对数平均推动力，c_{Ai} 为固体表面处的浓度(kmol/m^3)，c_{A1} 为入口处流体主体浓度，c_{A2} 为出口处流体主体浓度。对流体主体进行物料衡算，

$$N_A A=V(c_{A2}-c_{A1}) \tag{7.3-43}$$

式中 V 为流体流入的体积流率(m^3/s)。式(7.3－42)和式(7.3－43)必须同时满足。这两个方程的应用类似于换热器计算中对数平均温度差和热量衡算的应用。它们也可以用于流体在管内流动或流过一个平板的情况，此时 A 指管壁面积或平板面积。

例 7.3－4　液体在填充床中的传质过程

26.1 ℃的纯水，以 5.514×10^{-7} m^3/s 的速度通过一个填充床流动，该床层内填充有直径为 6.375 mm 的苯甲酸球形颗粒。已知床层中颗粒的总表面积为 0.011 98 m^2，空隙率为 0.436，塔径为 0.066 7 m，苯甲酸在水中的溶解度为 2.948×10^{-2} kmol/m^3。

(1) 计算传质系数并与 Wilson 和 Geankoplis(W1)所得实验值 4.665×10^{-6} m/s 作比较。

(2) 利用 k_c 的经验值推算出口处水溶液中苯甲酸的浓度。

解: 该溶液为稀溶液，因此可应用附录 A.2 中水的物理性质：26.1 ℃时，$\mu=0.871\,8\times10^{-3}$ Pa · s，$\rho=996.7$ kg/m^3；25 ℃时，$\mu=0.894\,0\times10^{-3}$ Pa · s，且由表 6.3－1，$D_{AB}=1.21\times10^{-9}$ m^2/s。应用式(6.3－9)，$D_{AB}\propto T/\mu$，将 D_{AB} 校正至 26.1 ℃时的值：

$$D_{AB}(26.1\ ℃)=(1.21\times10^{-9})\times\left(\frac{299.1}{298}\right)\times\left(\frac{0.894\,0\times10^{-3}}{0.871\,8\times10^{-3}}\right)$$

$$=1.254\times10^{-9}\ \mathrm{m^2/s}$$

塔的横截面积 $=(\pi/4)\times0.066\,7^2=3.494\times10^{-3}$ m^2，因此 $v'=(5.514\times10^{-7})/(3.494\times10^{-3})=1.587\times10^{-4}$ m/s，这样

$$N_{Sc}=\frac{\mu}{\rho D_{AB}}=\frac{0.871\ 8\times10^{-3}}{996.7\times1.245\times10^{-9}}=702.6$$

Reynolds 数为

$$N_{Re}=\frac{Dv'\rho}{\mu}=\frac{0.006\ 375\times1.578\times10^{-4}\times996.7}{0.871\ 8\times10^{-3}}=1.150$$

由式(7.3-37),并假设对稀溶液 $k_c=k_c'$

$$J_D=\frac{1.09}{\varepsilon}(N_{Re})^{-2/3}=\frac{1.09}{0.436}\times(1.150)^{-2/3}=2.277$$

然后利用式(7.3-5)求解 k_c'

$$J_D=\frac{k_c'}{v'}(N_{Sc})^{2/3}\quad 2.277=\frac{k_c'}{1.578\times10^{-4}}\times(702.6)^{2/3}$$

计算得 $k_c'=4.447\times10^{-6}$ m/s,与实验值 4.665×10^{-6} m/s 相当。

(2) 应用式(7.3-42)和式(7.3-43),

$$Ak_c\frac{(c_{Ai}-c_{A1})-(c_{Ai}-c_{A2})}{\ln\dfrac{c_{Ai}-c_{A1}}{c_{Ai}-c_{A2}}}=V(c_{A2}-c_{A1})\tag{7.3-44}$$

将 $c_{Ai}=2.948\times10^{-2}$,$c_{A1}=0$,$A=0.011\ 98$,$V=5.514\times10^{-7}$代入式(7.3-44):

$$\frac{0.011\ 98\times4.665\times10^{-6}\times(c_{A2}-0)}{\ln\dfrac{2.948\times10^{-2}-0}{2.948\times10^{-2}-c_{A2}}}=(5.514\times10^{-7})(c_{A2}-0)$$

解得 $c_{A2}=2.842\times10^{-3}$ kmol/m^3

(5) 流体流过单个圆柱体时的传质过程。对于流体垂直于单个圆柱体流动,并由圆柱体向流体传质的过程,已经获得了一些实验数据。因为圆柱体较长,可以不考虑圆柱体两端的传质过程。对 Schmidt 数在 0.6～2.6 的气体和 Schmidt 数在 1 000～3 000 的液体,Reynolds 数在 50～5 000 时,大量文献中(B3,L1,M1,S4,V1)相应的实验数据被绘制成曲线,并建立了下列关系式:

$$J_D=0.600(N_{Re})^{-0.487}\tag{7.3-45}$$

实验数据比较离散,偏差达±30%。该关系式也可借助 $J_D=J_H$用于传热过程计算。

(6) 液态金属的传质过程。近年来文献报道了一些液态金属的传质系数关联式。研究者发现(G1)借助适当的安全因子,可将非液态金属传质过程的传质系数用于液态金属的传质过程,但此时必须注意,固体表面要保证被湿润。另外,若固体为金属合金,则可能存在固体相间的扩散阻力。

7.4 微粒悬浮体系的传质过程

7.4.1 概述

许多工业过程中都会发生流体对搅拌溶液中悬浮微粒的传质过程或由这些微粒向流体

进行的传质过程。例如，在液相加氢反应中，氢气由气泡中扩散出来经过有机溶液，然后扩散至悬浮的催化剂颗粒；在发酵过程中，氧气从气泡中扩散出来，经过水相介质，到达悬浮的微生物。

对液-固分散体系，当搅拌强度超过微粒自由悬浮所需的程度后，搅拌对微粒的传质系数 k_L 基本没有影响。当混合容器中的颗粒正好能够完全悬浮时，各种湍流作用力与重力达到平衡，此时传质速率与颗粒在重力下自由运动的速率相等。旋涡的大小约为 100 μm 左右，也就是说，粒径为几个微米的颗粒的(发酵过程中的许多微生物以及某些催化剂颗粒的大小一般为几个微米)尺寸小于旋涡的尺寸，因此除了搅拌强度极高的情况以外，增加搅拌对传质过程基本没有影响。

对气-液-固三相分散体系，如发酵过程，上述原则同样适用。但是，增加搅拌使气泡数增加，从而使界面面积增大。由气泡到液体和由液体到固体的传质系数相对不受影响。

7.4.2　流体对小颗粒的传质速率方程

(1) 对粒径＜0.6 mm 的小颗粒的传质过程。目前研究者已经建立的流体向颗粒悬浮体系中小颗粒传质的方程，涵盖了三个范围的颗粒尺寸。这里首先讨论适用于＜0.6 mm (600 μm)颗粒的方程。

研究表明式(7.4－1)可用于计算下列过程的传质系数：由小气泡(如氧气或空气)向液相传质的过程，或由液相向催化剂小颗粒、微生物、其他固体或液滴表面的传质过程(B2，C3)：

$$k'_L=\frac{2D_{AB}}{D_p}+0.31N_{Sc}^{-2/3}\left(\frac{\Delta\rho\mu_c g}{\rho_c^2}\right)^{1/3} \tag{7.4-1}$$

式中 D_{AB} 为溶质 A 在溶液中的扩散系数(m^2/s)，D_P 为气泡或固体颗粒的直径(m)，μ_c 为溶液的黏度(kg/(m · s))，$g=9.806\ 65\ m/s^2$，$\Delta\rho=(\rho_c-\rho_p)$ 或 $(\rho_p-\rho_c)$，ρ_c 为连续相的密度(kg/m^3)，ρ_p 为气体或固体颗粒的密度，$\Delta\rho$ 的值总为正。

式(7.4－1)中右边的第一项为分子扩散项，第二项代表重力作用导致颗粒自由沉降或上升所引起的扩散。对分散体系中的低密度固体和搅拌体系中的小气泡的实验已验证了上述方程。

例 7.4－1　发酵过程中由空气气泡进行的传质过程

计算 37 ℃时发酵罐中水对空气气泡中 O_2 的最大吸收速率，已知空气气泡的压力为 1 atm(绝对)，直径为 100 μm，水中溶解氧浓度为 0。已知 37 ℃时，空气中的氧气在水中的溶解度为 2.26×10^{-7} mol O_2/cm^3，或 2.26×10^{-4} kmol O_2/m^3，O_2 在水中的扩散系数为 $3.25\times10^{-9}\ m^2/s$。空气气泡由搅拌产生。

解：由气泡内部到气泡外界面的传质阻力可忽略不计(B2)，因此只需要气泡外部的传质系数 k'_L。已知

$$D_P=100\ \mu m=1\times10^{-4}\ m\quad D_{AB}=3.25\times10^{-9}\ m^2/s$$

37 ℃时，

$$\mu_c(\text{水})=6.947\times10^{-4}\ \text{Pa}\cdot\text{s}=6.947\times10^{-4}\ \text{kg}/(\text{m}\cdot\text{s})$$

$$\rho_c(\text{水})=994\ \text{kg/m}^3\quad \rho_p(\text{空气})=1.13\ \text{kg/m}^3$$

$$N_{Sc}=\frac{\mu_c}{\rho_c D_{AB}}=\frac{6.974\times10^{-4}}{994\times3.25\times10^{-9}}=215$$

$$N_{Sc}^{2/3}=215^{2/3}=35.9\quad \Delta\rho=\rho_c-\rho_p=994-1.13=993\ \text{kg/m}^3$$

代入式(7.4－1)

$$k'_L=\frac{2D_{AB}}{D_p}+0.31N_{Sc}^{-2/3}\left(\frac{\Delta\rho\mu_c g}{\rho_c^2}\right)^{1/3}$$
$$=\frac{2\times3.25\times10^{-9}}{1\times10^{-4}}+\frac{0.31}{35.9}\times\left(\frac{993\times6.947\times10^{-4}\times9.806}{994^2}\right)^{1/3}$$
$$=6.50\times10^{-5}+16.40\times10^{-5}=2.290\times10^{-4}\ \text{m/s}$$

对稀溶液，假设 $k_L=k'_L$，则传质速率为：

$$N_A=k_L(c_{A1}-c_{A2})=2.290\times10^{-4}\times(2.26\times10^{-4}-0)$$
$$=5.18\times10^{-8}\ \text{kmol}\ O_2/(\text{s}\cdot\text{m}^2)$$

只要已知气泡的数量及其表面积，就可以计算出氧气向发酵液传递可达到的最大速率。

在例 7.4－1 中，k_L值非常小，但当溶液中 O_2向 $D_P\approx1\ \mu$m 的微生物进行传质过程时，$2D_{AB}/D_P$项会达到上例中的 100 倍。可以看出，在粒径较大时，式(7.4－1)中右边的第一项变得很小，此时传质系数 k_L变得基本上与 D_P无关。当气体由搅拌器下方引入容器中的水溶液，或通过烧结板向液体充气时，所形成的气泡的大小范围适用于式(7.4－1)(B2，C3，T1)。

在充气式混合容器中，传质系数基本上与输入功率无关。随着输入功率加大，气泡尺寸减小，因而传质系数仍然服从式(7.4－1)。混合容器中固体颗粒正好完全悬浮的分散体系也服从式(7.4－1)，增加搅拌强度使之超过使小颗粒完全悬浮所需要的程度，使 k_L值增大的程度很有限(C3)。

式(7.4－1)也已表明可应用于传热过程，此时可将其改写为如下形式(B2，C3)：

$$N_{Nu}=\frac{hD_P}{k}=2.0+0.31N_{Pr}^{1/3}\left(\frac{D_P^3\rho_c\Delta\rho g}{\mu_c^2}\right)^{1/3}\tag{7.4-2}$$

(2) 对直径＞2.5 mm 的大气泡的传质过程。直径＞2.5 mm 的较大气泡或液滴，可由下式推算传质系数：

$$k'_L=0.42N_{Sc}^{-0.5}\left(\frac{\Delta\rho\mu_c g}{\rho_0^2}\right)^{1/3}\tag{7.4-3}$$

在混合釜及筛板塔中向纯的液体充气所形成的气泡为直径较大的气泡(C1)。在这种情况下，传质系数 k_L或 k'_L与气泡大小无关，因此对一组给定的物理性质而言该值为常数。物理性质相同时，按照大气泡以式(7.4－3)计算的传质系数大约是按照小颗粒以式(7.4－1)计算结果的 3～4 倍。式(7.4－3)再次表明 k_L基本上与容器中的搅拌强度和筛板塔中的气速无关。

(3) 过渡区中颗粒的传质过程。过渡区介于小气泡与大气泡之间，气泡大小范围在

0.6～2.5 mm，对这一区域的传质过程，可通过假设传质系数随气泡直径线性增大，对传质系数进行近似计算(B2，C3)。

(4) 流体高度湍动的混合器中颗粒的传质过程。在上述三种颗粒尺寸范围内，两相间的密度差足够大，使重力成为决定传质系数的主要因素，那些正好完全悬浮在混合釜中的固体也属于这种情况。当搅拌功率增大，超过使固体颗粒或液滴悬浮所需的程度时，湍流作用力开始大于重力，此时传质系数不服从式(7.4－1)，因此当 k'_L 小幅增加时应使用式(7.4－4)(B2，C3)：

$$k'_L N_{Sc}^{2/3}=0.13\left[\frac{(P/V)\mu_c}{\rho_c^2}\right]^{1/4} \tag{7.4-4}$$

式中 P/V 为单位体积内的输入功率(其定义见第 3.4 节)。实验数据与该式的偏差很大，达 60%。在气-液分散系统中，该式则完全不能用于湍流作用力大于重力的搅拌体系。

实验数据的错综复杂是因为很小的颗粒容易被悬浮，若其大小与最小旋涡的数量级相当，则传质系数将保持不变，除非在使颗粒悬浮所需的功率以上再大大增加输入功率。

7.5 分子扩散与对流传质和化学反应同时发生的情况

7.5.1 各种传质速率与费克定律

在第 6.2.2 节中，扩散流 J_A^* 的定义为组分 A 以整个流体或流体主体的平均摩尔流速为参照的分子扩散速率(kmol A/(s · m^2))，而 N_A 则定义为组分 A 相对于静止坐标系的分子扩散速率。还有其他表示上述扩散速率和流体流速的方式。表 7.5－1 所列为二元系统中常用的各种扩散速率和流体流速。

速度 v 为流体相对于静止坐标系的平均质量流速，可以通过对一定时间间隔内的流量称重获得。v 与流速 v_A 和 v_B 之间的关系如下：

$$v=w_A v_A+w_B v_B=\frac{\rho_A}{\rho}v_A+\frac{\rho_B}{\rho}v_B \tag{7.5-1}$$

式中 w_A 为 ρ_A/ρ，为 A 的重量分率，w_B 为 B 的重量分率，v_A 为 A 相对于静止坐标系的速度(m/s)。平均摩尔流速 v_M(m/s)是相对静止坐标系而言：

$$v_M=x_A v_A+x_B v_B=\frac{c_A}{c}v_A+\frac{c_B}{c}v_B \tag{7.5-2}$$

相对于上述平均摩尔速度 v_M 的分子扩散速率为

$$J_A^*=c_A(v_A-v_M) \tag{7.5-3}$$

相对于平均质量速度 v 的分子扩散速率为

$$J_A=c_A(v_A-v) \tag{7.5-4}$$

表 7.5－1 中，相对于 v_M 的费克定律为：

$$J_A^* = -cD_{AB}\frac{dx_A}{dz} \tag{7.5-5}$$

费克定律也可以用相对于 v 的质量扩散速率表达，如表 7.5-1 所示：

$$j_A = -\rho D_{AB}\frac{dw_A}{dz} \tag{7.5-6}$$

表 7.5-1 二元系统中各种扩散速率的定义

	质量扩散速率 (kg A/(s · m²))	摩尔扩散速率 (kmol A/(s · m²))
相对于静止坐标系	$n_A = \rho_A v_A$	$N_A = c_A v_A$
相对于平均摩尔流速 v_M	$j_A^* = \rho_A(v_A - v_M)$	$J_A^* = c_A(v_A - v_M)$
相对于平均质量流速 v	$j_A = \rho_A(v_A - v)$	$J_A = c_A(v_A - v)$
	以上各种扩散速率之间的关系	
$N_A + N_B = cv_M$	$N_A = n_A/M_A$	$N_A = J_A + c_A v$
$J_A^* + J_B^* = 0$	$J_A = j_A/M_A$	$n_A + n_B = \rho v$
$j_A + j_B = 0$	$N_A = J_A^* + c_A v_M$	$n_A = j_A + \rho_A v$
	费克定律的不同表示形式	
	$J_A^* = -cD_{AB}dx_A/dz$　$j_A = -\rho D_{AB}dw_A/dz$	

例 7.5-1 证明质量扩散速率方程

表 7.5-1 给出下列关系式：

$$j_A + j_B = 0 \tag{7.5-7}$$

试应用各种扩散速率的定义证明以上关系式。

解：由表 7.5-1，在上式中以 $\rho_A(v_A - v)$ 代入 j_A，$\rho_B(v_B - v)$ 代入 j_B，并将方程重排：

$$\rho_A v_A - \rho_A v + \rho_B v_B - \rho_B v = 0 \tag{7.5-8}$$

$$\rho_A v_A + \rho_B v_B - v(\rho_A + \rho_B) = 0 \tag{7.5-9}$$

将式(7.5-1)代入 v，ρ 代入 $(\rho_A + \rho_B)$，等式得证。

7.5.2 二元系统的连续性方程

对 A、B 组分的二元混合物，可以对分子扩散与对流传质过程推导出一个一般方程，其中也包含代表非定态扩散和化学反应的各项。下面我们选取图 7.5-1 所示空间中固定的一个微元 $\Delta x \Delta y \Delta z$ 对组分 A 作物料衡算。对组分 A 的总物料衡算式为：

$$\text{A 进入的速率} - \text{A 离开的速率} + \text{A 生成的速率} = \text{A 积累的速率} \tag{7.5-10}$$

相对于静止坐标系，A 物质沿图示方向(x 方向)进入微元的速率为$(n_{Ax|x})\Delta y\Delta z$ kg A/s，离开的速率为$(n_{Ax|x+\Delta x})\Delta y\Delta z$。对 y 方向和 z 方向可写出类似的各项。A 的化学生成速率为 $r_A$kg A(生成)/(s · m³)(体积)，微元中总的生成速率为 $r_A(\Delta x\Delta y\Delta z)$kg A/s。A 的累积

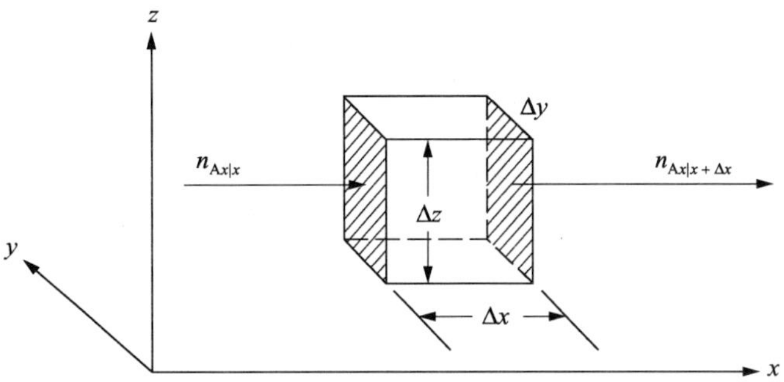

图 7.5－1 对二元混合物中组分 A 的物料衡算

速率为$(\partial\rho_A/\partial t)\Delta x\Delta y\Delta z$。代入式(7.5－10)并令 $\Delta x,\Delta y,\Delta z$ 趋近于 0,得

$$\frac{\partial\rho_A}{\partial t}+\left(\frac{\partial n_{Ax}}{\partial x}+\frac{\partial n_{Ay}}{\partial y}+\frac{\partial n_{Az}}{\partial z}\right)=r_A \qquad (7.5-11)$$

以矢量表示为

$$\frac{\partial\rho_A}{\partial t}+(\boldsymbol{\nabla}\cdot\boldsymbol{n}_A)=r_A \qquad (7.5-12)$$

将式(7.5－11)两边同时除以 M_A,得

$$\frac{\partial c_A}{\partial t}+\left(\frac{\partial N_{Ax}}{\partial x}+\frac{\partial N_{Ay}}{\partial y}+\frac{\partial N_{Az}}{\partial z}\right)=R_A \qquad (7.5-13)$$

式中 R_A为 kmol A(生成)/(s · m^3)。将表 7.5－1 中 N_A和费克定律表达式代入,得

$$N_A=-cD_{AB}\frac{dx_A}{dz}+c_A v_M \qquad (7.5-14)$$

写出三个方向上的方程,式(7.5－13)成为

$$\frac{\partial c_A}{\partial t}+(\boldsymbol{\nabla}\cdot c_A v_M)-(\boldsymbol{\nabla}\cdot cD_{AB}\boldsymbol{\nabla}x_A)=R_A \qquad (7.5-15)$$

该式为最终的普遍化方程。

7.5.3 特殊情况下的连续性方程

(1) c 和 D_{AB}恒定时的连续性方程。在气体扩散过程中,通常总压 p 保持恒定,这样,由于 $c=p/RT$,当温度 T 恒定时,c 便为常数。由普遍化连续性方程(7.5－15)着手,代入 $\nabla x_A=\nabla c_A/c$,得

$$\frac{\partial c_A}{\partial t}+c_A(\boldsymbol{\nabla}\cdot v_M)+(v_M\cdot\boldsymbol{\nabla}c_A)-D_{AB}\boldsymbol{\nabla}^2 c_A=R_A \qquad (7.5-16)$$

(2) 气体的等分子反向扩散过程。对常压下且无化学反应的气体等分子扩散过程,因为 c=常数,$v_M=0$,D_{AB}=常数,$R_A=0$,式(7.5－15)成为

$$\frac{\partial c_A}{\partial t}=D_{AB}\left(\frac{\partial^2 c_A}{\partial x^2}+\frac{\partial^2 c_A}{\partial y^2}+\frac{\partial^2 c_A}{\partial z^2}\right) \qquad (7.1-9)$$

这就是前面导出的式(7.1-9),该式也可适用于 D_{AB}为常数时浓度很低的组分 A 在固体或液体中的非定态扩散过程。

(3) ρ 和 D_{AB}(液体)恒定时的连续性方程。在稀溶液中,物质密度 ρ 和 D_{AB}常可视为常数。将与表 7.5-1 中的 $\boldsymbol{n}_A=-\rho D_{AB}\nabla w_A+\rho_A v$ 代入式(7.5-12),然后利用 ρ 为常数时 $\nabla w_A=\nabla\rho_A/\rho$,以及$(\nabla\cdot v)=0$,代入方程并将方程两边除以 M_A,得

$$\frac{\partial c_A}{\partial t}+(v\cdot\nabla c_A)-D_{AB}\nabla^2 c_A=R_A \tag{7.5-17}$$

7.5.4 定态条件下通用扩散速率方程的特例

(1) 概述及边界处的物理条件。前面已给出二元混合物在无化学反应的条件下在某一方向上进行扩散和对流传质的一般方程:

$$N_A=-cD_{AB}\frac{dx_A}{dz}+\frac{c_A}{c}(N_A+N_B) \tag{6.2-14}$$

在定态条件下对上式积分时,必须指定 z_1和 z_2处的界面条件。在许多传质问题中,摩尔扩散速率比 N_A/N_B决定于两处界面上的物理条件。

例如,由于组分 B 不溶于扩散路径上某个界面处的物相中,B 便不能透过该界面进行扩散。氨气和氮气通过气相扩散至界面处的水相即属于此类情况,因为氮气基本上不溶于水。又因为定态条件下 N_B在传质路径 $z_2\sim z_1$上各点值必须相等,所以,$N_B=0$。在某些情况下,界面处相邻的那一相的热量平衡就可决定扩散速率比。例如,若组分 A 在界面处发生冷凝,并将其潜热释放给组分 B,使 B 组分蒸发并反向扩散,这样两组分的潜热之比就决定了扩散速率之比。

另一个例子是,浓度为 x_{A1}的一相大量且快速地流过界面,使界面浓度保持恒定。有时浓度 x_{A1}可根据平衡条件来设定,此时 x_{A1}为与界面处恒定的组成相平衡的浓度。化学反应也会影响扩散速率和界面条件。

(2) 等分子反向扩散过程。对等分子反向扩散过程,$N_A=-N_B$,定态条件下且 c 恒定时,式(6.2-14)成为

$$N_A=J_A^*=-cD_{AB}\frac{dx_A}{dz}=\frac{D_{AB}(c_{A1}-c_{A2})}{z_2-z_1} \tag{7.5-18}$$

(3) 组分 A 通过惰性组分 B 的扩散过程。对组分 A 通过惰性组分 B 扩散的过程,$N_B=0$,将式(6.2-14)积分得:

$$N_A=\frac{D_{AB}p}{RT(z_2-z_1)p_{BM}}(p_{A1}-p_{A2}) \tag{6.2-22}$$

下面要讨论几种复杂情况下式(6.2-14)的积分。

(4) 界面处的扩散过程与化学反应。在催化反应中,定态条件下扩散速率 N_A和 N_B之间的关系通常受界面处化学反应计量学的控制。例如,在一个非均相反应中

$$A\longrightarrow 2B \tag{7.5-19}$$

气体 A 由气相主体扩散至催化剂表面后立即发生不可逆反应，生成的组分 B 作反向扩散，如图 7.5－2 所示。

定态条件下，每 1 mol A 扩散至催化剂就有 2 mol B 扩散离开催化剂，即 $N_B=-2N_A$，式中负号表示两个扩散流方向相反。将式(6.2－14)以摩尔分率的形式重写：

$$N_A=-cD_{AB}\frac{dx_A}{dz}+x_A(N_A+N_B) \tag{7.5-20}$$

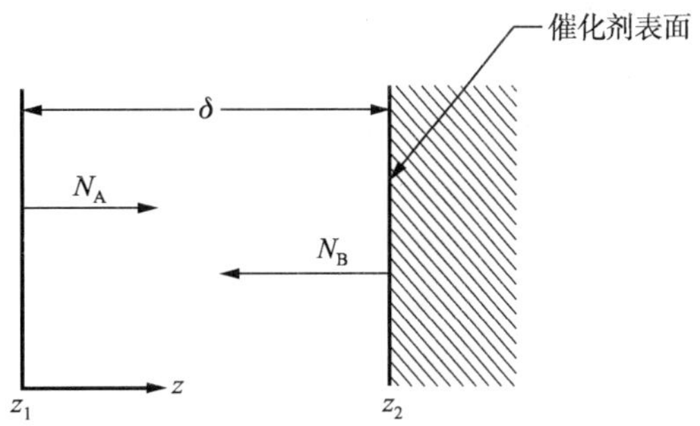

图 7.5－2　组分 A 的扩散过程与表面处的非均相反应

将 $N_B=-2N_A$ 代入式(7.5－20)

$$N_A=-cD_{AB}\frac{dx_A}{dz}+x_A(N_A-2N_A) \tag{7.5-21}$$

将上式重排，并在 c 恒定(即 p 为常数)的条件下积分，结果为：

① 表面上反应极快时：

$$N_A\int_{z_1=0}^{z_2=\delta}dz=-cD_{AB}\int_{x_{A1}}^{x_{A2}}\frac{dx_A}{1+x_A} \tag{7.5-22}$$

$$N_A=\frac{cD_{AB}}{\delta}\ln\frac{1+x_{A1}}{1+x_{A2}} \tag{7.5-23}$$

由于反应在瞬间发生，因此在催化剂表面不会存在组分 A，如此，$x_{A2}=0$。式(7.5－23)所表示的是扩散过程加上表面快速化学反应过程的总传质速率。

② 表面慢反应

对反应 A ⟶ 2B，若催化剂表面上的非均相反应速度较慢，且反应为一级反应，则

$$N_{Az=\delta}=k'_1c_A=k'_1cx_A \tag{7.5-24}$$

式中 k'_1 为一级非均相反应速度常数(m/s)。对这种情况式(7.5－23)仍成立，但要由式(7.5－24)求得 $z=\delta$ 处的界面条件 x_{A2}，

$$x_A=x_{A2}=\frac{N_{Az=\delta}}{k'_1c}=\frac{N_A}{k'_c} \tag{7.5-25}$$

定态条件下，$N_{Az=\delta}=N_A$。将式(7.5－25)代入式(7.5－23)，得

$$N_A=\frac{cD_{AB}}{\delta}\ln\frac{1+x_{A1}}{1+N_A/k'_1c} \tag{7.5-26}$$

由式(7.5－26)计算的传质速率小于式(7.5－23)的计算值，因为后者的分母为 $1+x_{A2}=1+0$，而前者的分母为 $1+N_A/k'_1c$。

例 7.5－2　界面处的扩散过程与化学反应

纯气体 A 从点 1 处扩散至相距 2.0 mm 的点 2 处，点 1 处组分 A 的分压为 101.32 kPa。

在点 2 处 A 在催化剂表面发生化学反应 $A \longrightarrow 2B$。生成的组分 B 作定态反向扩散。已知总压 $p=101.32$ kPa,温度为 300 K,$D_{AB}=0.15\times10^{-4}$ m^2/s。

(1) 对表面发生瞬间化学反应的情况,计算 x_{A2} 和 N_A。

(2) 对表面反应为慢反应,$k_1'=5.63\times10^{-3}$ m/s 的情况,计算 x_{A2} 和 N_A。

解:(1) 因为催化剂表面不存在组分 A,所以 $p_{A2}=x_{A2}=0$。因为 $N_B=-2N_A$,可应用式(7.5-23)。已知:$\delta=2.00\times10^{-3}$ m,$T=300$ K,$c=p/RT=101.32\times10^3/(8\,314\times300)=4.062\times10^{-2}$ $kmol/m^3$,$x_{A1}=p_{A1}/p=101.32\times10^3/(101.32\times10^3)=1.00$。

$$N_A=\frac{cD_{AB}}{\delta}\ln\frac{1+x_{A1}}{1+x_{A2}}=\frac{4.062\times10^{-2}\times0.15\times10^{-4}}{2.00\times10^{-3}}\ln\frac{1+1.00}{1+0}$$
$$=2.112\times10^{-4}\ \text{kmol A/(s}\cdot\text{m}^2)$$

(2) 由式(7.5-25),$x_{A2}=N_A/k_1'c=N_A/(5.63\times10^{-3}\times4.062\times10^{-2})$,代入式(7.5-26),

$$N_A=\frac{4.062\times10^{-2}\times0.15\times10^{-4}}{2.00\times10^{-3}}\ln\frac{1+1.00}{1+N_A/(5.63\times10^{-3}\times4.062\times10^{-2})}$$

以试差法求解,得 $N_A=1.004\times10^{-4}$ kmol A/(s·m²)。因此,计算得

$$x_{A2}=(1.004\times10^{-4})/(5.63\times10^{-3}\times4.062\times10^{-2})=0.439\,0$$

虽然例 7.5-2 的问题(1)中,化学反应速率很快,传质速率 N_A 由扩散过程控制,但随着反应速率降低,传质速率 N_A 也会减小。

(5) 相内扩散过程与均相反应。式(7.5-23)是针对组分 A 在催化剂表面发生化学反应的情况推导出来的。在某些情况下,组分 A 在处于同一相的 B 中扩散,同时发生不可逆的化学反应:$A \longrightarrow C$。假设组分 A 在 B(可以是气体或液体)中浓度很低,则定态条件下组分 A 的扩散速率方程为

$$N_{Az}=-D_{AB}\frac{dc_A}{dz}+0 \tag{7.5-27}$$

式中忽略了主体流动项。

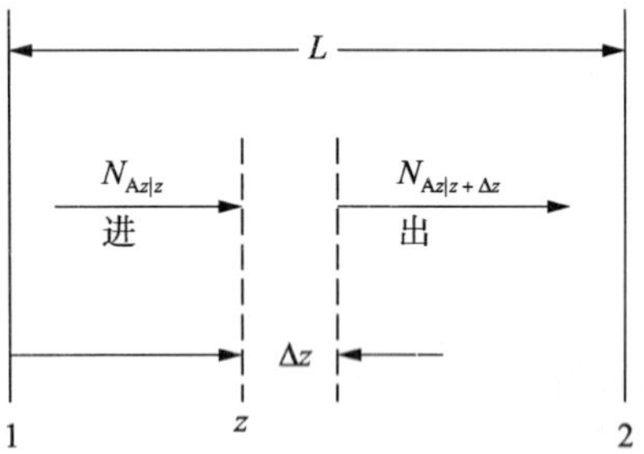

图 7.5-3　流体中的均相化学反应和扩散过程

对图 7.5-3 所示的微元 Δz 作组分 A 的物料衡算,定态条件下

$$\begin{matrix}\text{A 进入}\\\text{的速率}\end{matrix}+\begin{matrix}\text{A 生成}\\\text{的速率}\end{matrix}=\begin{matrix}\text{A 离开}\\\text{的速率}\end{matrix}+\begin{matrix}\text{A 累积}\\\text{的速率}\end{matrix} \tag{7.5-28}$$

对一级化学反应,单位体积(1 m³)中 A 的

$$\text{生成速率}=-k'c_A \tag{7.5-29}$$

式中 k' 为反应速率常数(s^{-1})。定态条件下 A 的累积速率为 0,对 1 m² 横截面积,将式(7.5-29)代入式(7.5-28),得

$$N_{Az|z}(1)-k'c_A(1)(\Delta z)=N_{Az|z+\Delta z}(1)+0 \tag{7.5-30}$$

将上式除以 Δz,并令 Δz 趋近于 0,得

$$-\frac{dN_{Az}}{dz}=k'c_A \tag{7.5-31}$$

将式(7.5－27)代入式(7.5－31)

$$\frac{d^2c_A}{dz^2}=\frac{k'}{D_{AB}}c_A \tag{7.5-32}$$

边界条件为 $z=0, c_A=c_{A1}$，和 $z=L, c_A=c_{A2}$，解得

$$c_A=\frac{c_{A2}\sin h\left(\sqrt{\frac{k'}{D_{AB}}}z\right)+c_{A1}\sin h\left[\sqrt{\frac{k'}{D_{AB}}}(L-z)\right]}{\sin h\left(\sqrt{\frac{k'}{D_{AB}}}L\right)} \tag{7.5-33}$$

该式可在定态条件下，组分 A 浓度很低时使用，可用于计算系统中任一处 z 的浓度 c_A，以及用于气相、液相甚至固相中存在化学反应时的计算。

另一种推导式(7.5－32)的方法是在 ρ 和 D_{AB} 恒定的条件下应用式(7.5－17)，

$$\frac{\partial c_A}{\partial t}+(v\cdot\nabla c_A)-D_{AB}\nabla^2c_A=R_A \tag{7.5-17}$$

对定态条件，令上式中的第一项为 0。又因为我们假设溶液浓度很低，因而主体流动项可忽略，$v=0$，从而上式中第二项亦为 0。对 A 的一级化学反应，$R_A=-k'c_A$ kmol A(生成)/s·m³。只写出 z 方向上的扩散项 $-D_{AB}\nabla^2c_A$，得

$$D_{AB}\frac{d^2c_A}{dz^2}=k'c_A \tag{7.5-34}$$

该式与式(7.5－32)相同。

7.5.5　半无限介质中的非定态扩散过程与化学反应

这里要讨论这样一种情况，低浓度的 A 首先在固体或静止的液相表面被吸收，然后扩散至相内进行化学反应。将流体相或固相 B 视作半无限的。在表面处，$z=0$，组分 A 的浓度保持在 c_{A0} 不变。A 发生如下化学反应，反应级数为一级：

$$A+B\longrightarrow C \tag{7.5-35}$$

因此 A 的生成速率为 $-k'c_A$。图 7.5－3 仍适用。应用式(7.5－30)，但用 $(\partial c_A/\partial t)(\Delta z)(1)$ 代入累积速率

$$N_{Az|z}(1)-k'c_A(1)(\Delta z)=N_{Az|z+\Delta z}(1)+\left(\frac{\partial c_A}{\partial t}\right)(\Delta z)(1) \tag{7.5-36}$$

上式变为

$$\frac{\partial c_A}{\partial t}=D_{AB}\frac{\partial^2 c_A}{\partial z^2}-k'c_A \tag{7.5-37}$$

积分的初始条件和边界条件为：

$$\begin{aligned}&t=0,\quad c_A=0\quad 对\ z>0\\&z=0,\quad c_A=c_{A0}\quad 对\ t>0\\&z=\infty,\quad c_A=0\quad 对\ t>0\end{aligned} \tag{7.5-38}$$

由 Danckwets(D1)解得:

$$\frac{c_A}{c_{A0}}=\frac{1}{2}\exp(-z\sqrt{k'/D_{AB}})\cdot \text{erfc}\left(\frac{z}{2\sqrt{tD_{AB}}}-\sqrt{k't}\right)$$
$$+\frac{1}{2}\exp(z\sqrt{k'/D_{AB}})\cdot \text{erfc}\left(\frac{z}{2\sqrt{tD_{AB}}}+\sqrt{k't}\right) \qquad (7.5-39)$$

到 t 时刻 A 被吸收的总量 Q 为

$$Q=c_{A0}\sqrt{D_{AB}/k'}\left[\left(k't+\frac{1}{2}\right)\text{erf}\sqrt{k't}+\sqrt{k't/\pi}\,e^{-k't}\right] \qquad (7.5-40)$$

式中 Q 为 kmol A(吸收)/m^2。许多实际情形近似于这里所讨论的情况。该方程可用于组分在固体或静止流体的表面被吸收,并在其中进行非定态扩散和化学反应的情况,其结果可用于测定气体在溶液中的溶解度,测定溶于液体中的气体的反应速度常数 k',以及测定气体在与其发生化学反应的液体中的浓度。详细的讨论见参考文献(D3)。

例 7.5-3　化学反应与非定态扩散

压力为 101.32 kPa 的纯 CO_2 气体被含有催化剂的稀碱性缓冲溶液吸收,溶液中被吸收的 CO_2 浓度很低。CO_2 在溶液中发生一级化学反应,$k'=35\ s^{-1}$,$D_{AB}=1.5\times10^{-9}\ m^2/s$。已知 CO_2 的溶解度为 2.961×10^{-7} kmol/(m^3 · Pa)(D3)。表面在气体中的暴露时间为 0.010 s。试计算 kmol CO_2(吸收)/m^2 表面。

解:应用式(7.5-40),式中 $k't=35\times0.01=0.350$,

$c_{A0}=2.961\times10^{-7}$(kmol/m^3 · Pa)×($101.32\times10^3$ Pa)$=3.00\times10^{-2}$ kmol CO_2/m^3。

$$Q=(3.00\times10^{-2})\sqrt{1.5\times10^{-9}/35}\left[\left(0.35+\frac{1}{2}\right)\text{erf}\sqrt{0.35}+\sqrt{0.35/\pi}\,e^{-0.35}\right]$$
$$=1.458\times10^{-7}\ \text{kmol CO}_2/\text{m}^2$$

7.5.6　气体的多组分扩散过程

本章已推导的方程均是针对 A、B 二元系统的,这可能是最重要也是最有用的系统。然而,有时也会发生多组分扩散的情况,此时会存在三个以上的组分 A,B,C,…最简单的一种情况是总压恒定时气体中的组分 A 通过惰性组分 B,C,D,…混合物的扩散过程。对定态扩散过程,$N_B=0$,$N_C=0$,…以 Stefan - Maxwell 法推导得最终的扩散方程为

$$N_A=\frac{D_{Am}p}{RT(z_2-z_1)p_{iM}}(p_{A1}-p_{A2}) \qquad (7.5-41)$$

式中 p_{iM} 为 $p_{i1}=p-p_{A1}$ 与 $p_{i2}=p-p_{A2}$ 的对数平均值,另外

$$D_{Am}=\frac{1}{x'_B/D_{AB}+x'_C/D_{AC}+\cdots} \qquad (7.5-42)$$

式中 x'_B=mol B/mol 惰性组分$=x_B/(1-x_A)$,$x'_C=x_C/(1-x_A)$,…

例 7.5-4　A 通过不扩散的 B 和 C 的扩散过程

298 K，1 atm 下，甲烷(A)通过惰性的、不扩散的氩气(B)和氦气(C)作定态扩散。在 $z_1=0$ 处，各组分分压(atm)为 $p_{A1}=0.4$，$p_{B1}=0.4$ 和 $p_{C1}=0.2$，在 $z_2=0.005$ m 处，$p_{A2}=0.1$，$p_{B2}=0.6$，$p_{C2}=0.3$。由表 6.2-1 得各二元混合物扩散系数分别为 $D_{AB}=2.02\times10^{-5}$ m²/s，$D_{AC}=6.75\times10^{-5}$ m²/s，$D_{BC}=7.29\times10^{-5}$ m²/s。试计算 N_A。

解： 在点 1 处，$x'_B=x_B/(1-x_A)=0.4/(1-0.4)=0.667$。在点 2 处，$x'_B=0.61\times(1-0.1)=0.667$。因此 x'_B 在整个扩散路径上保持不变。同样，$x'_C=x_C/(1-x_A)=0.2/(1-0.4)=0.333$。

代入式(7.5-42)

$$D_{Am}=\frac{1}{x'_B/D_{AB}+x'_C/D_{AC}}=\frac{1}{0.667/(2.02\times10^{-5})+0.333/(6.75\times10^{-5})}$$
$$=2.635\times10^{-5}\ \mathrm{m^2/s}$$

为计算 p_{iM}，$p_{i1}=p-p_{A1}=1.0-0.4=0.6$ atm，$p_{i2}=p-p_{A2}=1.0-0.1=0.90$，则

$$p_{iM}=\frac{p_{i2}-p_{i1}}{\ln(p_{i2}/p_{i1})}=\frac{0.90-0.60}{\ln(0.90/0.60)}=0.740\ \mathrm{atm}=7.496\times10^4\ \mathrm{Pa}$$
$$p_{A1}=0.4\times1.01325\times10^5=4.053\times10^4\ \mathrm{Pa}$$
$$p_{A2}=0.1\times1.01325\times10^5=1.013\times10^4\ \mathrm{Pa}$$

代入式(7.5-41)：

$$N_A=\frac{D_{Am}p}{RT(z_2-z_1)p_{iM}}(p_{A1}-p_{A2})$$
$$=\frac{2.635\times10^{-5}\times1.01325\times10^5\times(4.053-1.013)\times10^4}{8314\times298\times(0.005-0)\times(7.496\times10^4)}$$
$$=8.74\times10^{-5}\ \mathrm{kmol\ A/(s\cdot m^2)}$$

如以 atm 为压强单位，则

$$N_A=\frac{D_{Am}p}{RT(z_2-z_1)p_{iM}}(p_{A1}-p_{A2})=\frac{2.635\times10^{-5}\times1.0\times(0.4-0.1)}{82.06\times10^{-3}\times298\times(0.005-0)\times0.740}$$
$$=8.74\times10^{-5}\ \mathrm{kmol\ A/(s\cdot m^2)}$$

对其他情况，如三个组分的等分子扩散，组分 A 和 B 通过惰性组分 C 的扩散，以及两种或两种以上的组分在多组分混合物中扩散过程，研究者已经得到了大量的解析结果。Geakoplis(G1)结合实例对这些作了详细讨论，可作进一步参考。

7.6　气体在多孔性固体和毛细管中的扩散过程

7.6.1　概述

第 6.5.3 节中讨论了气体和液体在多孔性固体中的扩散过程，这种扩散过程由固体结

构决定。对气体而言,孔隙很大时发生分子(费克)型扩散,但孔径很小时,扩散机理会发生根本变化。

在非均相催化反应中,常发生的是气体在微小孔隙中的扩散过程,即气体通过微小的孔隙到达催化剂表面而发生反应。在食品(如火鸡肉)的冷冻干燥过程中,气态水通过食品多孔结构中的微孔进行扩散。

由于多孔性固体中的孔隙或毛细孔极小,气体的扩散就取决于微孔的孔径。这里首先要定义自由程 λ 的概念,它是指气体分子与另一气体分子碰撞前所运动的平均距离:

$$\lambda=\frac{3.2\mu}{p}\sqrt{\frac{RT}{2\pi M}} \tag{7.6-1}$$

式中 λ 单位为 m,μ 为黏度(Pa · s),p 为压强(N/m^2),T 为温度(K),M 为摩尔质量(kg/kmol),$R=8.314\,3\times10^3$ N · m/(kmol · K)。低压下 λ 值较大。对液体,由于 λ 很小,所以扩散过程服从费克定律。

下一节中我们将要讨论当自由程与孔径的相对大小发生变化时,气体中扩散过程的机理会发生什么变化,A 和 B 的分压可以不同,但系统的总压 p 恒定。

7.6.2　气体的努森(Knudsen)扩散

图 7.6-1(a)中,在直径为 d(m)的毛细管入口处的一个气体分子 A,分压为 p_{A1},正通过毛细管进行扩散。整个过程中总压保持不变,A 的自由程大于毛细管直径 d。结果分子与壁面发生碰撞,此时分子-壁面碰撞就很重要。这种扩散过程称为努森扩散。

努森扩散系数与压强 p 无关,可由下式计算

$$D_{KA}=\frac{2}{3}\bar{r}\,\bar{v}_A \tag{7.6-2}$$

式中 D_{KA} 为扩散系数(m^2/s),$\bar{r}$ 为孔的平均半径(m),$\bar{v}_A$ 为组分 A 的分子平均速度(m/s),由气体动力学理论进行估算,最终 D_{KA} 计算式为

$$D_{KA}=97.0\bar{r}\left(\frac{T}{M_A}\right)^{1/2} \tag{7.6-3}$$

式中 M_A 为 A 的相对分子质量(kg/kmol),T 为温度(K)。

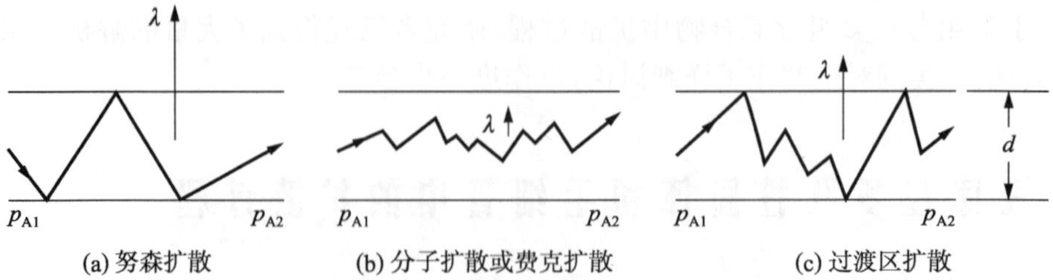

图 7.6-1　气体在毛细管中的扩散类型

例 7.6-1　氢气的努森扩散系数

H_2(A)-C_2H_6(B)的混合物在 1.01325×10^5 Pa 和 373 K 下通过加氢镍催化剂的孔隙进行扩散。已知孔径为 60 Å(埃)。试计算 H_2的努森扩散系数 D_{KA}。

解：将 $\bar{r}=6.0\times10^{-9}$ m，$M_A=2.016$，$T=373$ K 代入式(7.6-3)

$$D_{KA}=97.0\bar{r}\left(\frac{T}{M_A}\right)^{1/2}=97.0\times(6.0\times10^{-9})\times\left(\frac{373}{2.016}\right)^{1/2}$$
$$=7.92\times10^{-6}\ \mathrm{m^2/s}$$

微孔中努森扩散过程的速率方程为：

$$N_A=-D_{KA}\frac{dc_A}{dz}=-\frac{D_{KA}}{RT}\frac{dp_A}{dz} \tag{7.6-4}$$

将上式在 $z_1=0$，$p_A=p_{A1}$和 $z_2=L$，$p_A=p_{A2}$之间积分，得

$$N_A=\frac{D_{KA}p}{RTL}(x_{A1}-x_{A2})=\frac{D_{KA}}{RTL}(p_{A1}-p_{A2}) \tag{7.6-5}$$

由于组分 A 与 B 不发生碰撞，而只与孔壁碰撞，所以努森扩散与 B 完全无关。对 B 组分可写出相同的方程式。

定义努森数为

$$N_{Kn}=\frac{\lambda}{2\bar{r}} \tag{7.6-6}$$

当努森数≥10/1 时，主要发生努森扩散，式(7.6-5)的计算误差小于 10%，而且随着努森数增大，因为扩散过程更趋近于努森扩散，计算误差会减小。

7.6.3　气体的分子扩散

如图 7.6-1(b)所示，当分子自由程 λ 比孔径 d 小，或 $N_{Kn}\leqslant1/100$ 时，分子-壁面碰撞很少，而是以分子-分子碰撞为主。此时发生的是普通的分子扩散，即费克扩散，用费克定律计算误差小于 10%，且随着 N_{Kn}减小，扩散过程更接近于费克扩散，因而误差会减小。

在前几节中所给出的分子扩散速率方程为

$$N_A=-\frac{D_{AB}p}{RT}\frac{dx_A}{dz}+x_A(N_A+N_B) \tag{7.6-7}$$

将 α 定义为扩散速率比：

$$\alpha=1+\frac{N_B}{N_A} \tag{7.6-8}$$

结合式(7.6-7)和式(7.6-8)，并在扩散路径 L(cm)上对上式积分，得

$$N_A=\frac{D_{AB}p}{\alpha RTL}\ln\frac{1-\alpha x_{A2}}{1-\alpha x_{A1}} \tag{7.6-9}$$

若为等分子反向扩散，$N_A=-N_B$，此时式(7.6-7)就成为费克定律，分子扩散系数与总

压 p 成反比。

7.6.4 气体的过渡区扩散

如图 7.6-1(c)所示,当平均自由程和孔径的大小介于两个极端(努森扩散和分子扩散)之间时,扩散过程中分子-分子碰撞和分子-壁面碰撞都很重要,此时发生的扩散称为过渡型扩散。

将式(7.6-4)中由于分子-壁面碰撞造成的动量损失与式(7.6-7)毛细管内由于分子-分子碰撞造成的动量损失相加,就可推导出过渡区扩散速率方程。若无化学反应,则最终的微分方程为

$$N_A=-\frac{D_{NA}p}{RT}\frac{dx_A}{dz} \tag{7.6-10}$$

式中

$$D_{NA}=\frac{1}{(1-\alpha x_A)/D_{AB}+1/D_{KA}} \tag{7.6-11}$$

该过渡区扩散系数 D_{NA} 与浓度 x_A 有一定关系。

将式(7.6-10)积分,得

$$N_A=\frac{D_{AB}p}{\alpha RTL}\ln\frac{1-\alpha x_{A2}+D_{AB}/D_{KA}}{1-\alpha x_{A1}+D_{AB}/D_{KA}} \tag{7.6-12}$$

实验表明上式在整个过渡区都适用(R1)。在低压下该式便简化为努森方程,而在高压下,则简化为分子扩散方程。对组分 B 可得到与式(7.6-12)相似的方程。

D_{AB}/D_{KA} 与 $1/p$ 成正比,因此,随着总压升高,D_{AB}/D_{KA} 变小,又因为 $D_{AB}p$ 与 p 无关,所以此时式(7.6-12)中 N_A 便与总压无关。在低压下,式(7.6-12)变成努森扩散方程(7.6-5),因而当 x_{A1} 和 x_{A2} 恒定时,扩散速率 N_A 与总压 p 成正比。

图 7.6-2 中曲线说明了这一点,图中对一定直径的毛细管,扩散速率先是随总压上升而增大。然后在高压下曲线变为水平。当然曲线的相对位置取决于毛细管直径和分子扩散系数即努森扩散系数。仅以直径很小的毛细管为例,D_{KA} 应较小,努森扩散速率曲线应与图中低压下的曲线平行,高压下扩散速率曲线应逐渐接近图中的水平线,因为此时的分子扩散与毛细管直径无关。

若组分 A 通过催化剂空隙扩散并在空隙终端处的催化剂表面发生化学反应 A ⟶ B,然后在定态条件下,形成等摩尔反向扩散即 $N_A=-N_B$。则由式(7.6-8),$\alpha=1-1=0$,则式(7.6-11)中的有效扩散系数简化为

$$D'_{NA}=\frac{1}{1/D_{AB}+1/D_{KA}} \tag{7.6-13}$$

此时扩散系数与浓度无关而为常数。将式(7.6-10)积分,得

$$N_A=\frac{D'_{NA}p}{RTL}(x_{A1}-x_{A2})=\frac{D'_{NA}}{RTL}(p_{A1}-p_{A2}) \tag{7.6-14}$$

该简化的扩散系数 D'_{NA} 常被用于多孔性催化剂中的扩散过程,甚至也被用在发生非等分子

反向扩散过程的场合。用这一简化的扩散系数，大大简化了分子扩散与化学反应同时发生时的传质方程。

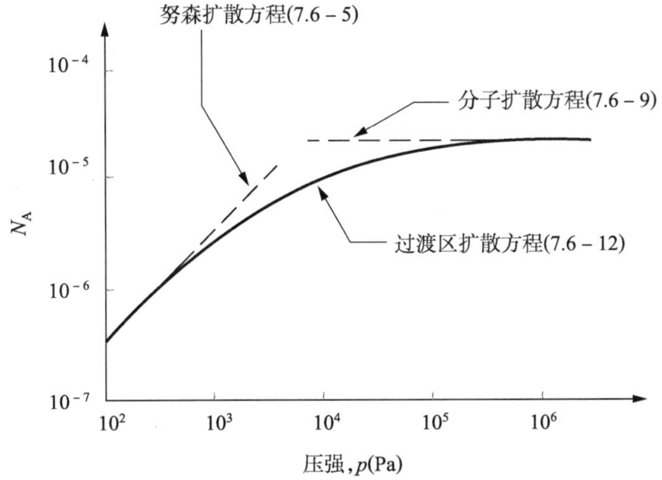

图 7.6－2　过渡区中总压 p 对扩散通量 N_A 的影响

在式(7.6－11)中应用 x_A 的平均值，可得到另一种简化的扩散系数：

$$D''_{NA}=\frac{1}{(1-\alpha x_{A\,av})/D_{AB}+1/D_{KA}} \tag{7.6-15}$$

式中 $x_{Aav}=(x_{A1}+x_{A2})/2$。这一扩散系数比 D'_{NA} 更准确。将式(7.6－10)积分得

$$N_A=\frac{D''_{NA}p}{RTL}(x_{A1}-x_{A2})=\frac{D''_{NA}}{RTL}(p_{A1}-p_{A2}) \tag{7.6-16}$$

7.6.5　毛细管中气体的扩散速率比

(1) 敞开体系中的扩散过程。如果气体在多孔性固性中的扩散过程不发生化学反应，且总压恒定，则对一个敞开的双组分反向扩散体系，比值 N_A/N_B 在三种扩散方式中均为常数(G1)：

$$\frac{N_B}{N_A}=-\sqrt{\frac{M_A}{M_B}} \tag{7.6-17}$$

因此，

$$\alpha=1-\sqrt{\frac{M_A}{M_B}} \tag{7.6-18}$$

在这种情况下，气体流过系统的两个敞开的端口。但当扩散过程中有化学反应发生时，N_B/N_A 便由化学反应计量学而非式(7.6－17)决定。

(2) 封闭系统中的扩散过程。当分子扩散在如图 6.2－1 所示的封闭系统中进行时，若总压恒定，则发生等分子反向扩散过程。

例 7.6-2　He 和 N_2 的过渡区扩散

一气体混合物总压为 0.10 atm(绝对)，温度为 298 K，由 N_2(A)和 He(B)组成。该混合物通过一开放毛细管扩散，毛细管长为 0.01 m，直径为 5×10^{-6} m。N_2 在毛细管一端的摩尔分率为 $x_{A1}=0.8$，在另一端为 $x_{A2}=0.2$。已知 1 atm 下分子扩散系数 D_{AB} 为 6.98×10^{-5} m²/s(取多个研究者测定数据的平均值)。

(1) 计算定态条件下的扩散速率 N_A；

(2) 由近似方程(7.6-14)和(7.6-16)计算上述 N_A。

解：由题意 $T=273+25=298$ K，$\bar{r}=5\times10^{-6}/2=2.5\times10^{-6}$ m，$L=0.01$ m，$p=0.1\times1.01325\times10^5=1.013\times10^4$ Pa，$x_{A1}=0.8$，$x_{A2}=0.2$，$D_{AB}=6.98\times10^{-5}$ m²/s(1 atm 下)。其他所需数据：$M_A=28.02$ kg/kmol，$M_B=4.003$。

计算 0.1 atm 下的分子扩散系数 $D_{AB}=6.98\times10^{-5}/0.1=6.98\times10^{-4}$ m²/s，代入式(7.6-3)求得努森扩散系数为：

$$D_{KA}=97.0\times2.5\times10^{-6}\times\sqrt{298/28.02}=7.91\times10^{-4}\ \text{m}^2/\text{s}$$

由式(7.6-17)

$$\frac{N_B}{N_A}=-\sqrt{\frac{M_A}{M_B}}=-\sqrt{\frac{28.02}{4.003}}=-2.645$$

由式(7.6-8)

$$\alpha=1+\frac{N_B}{N_A}=1-2.645=-1.645$$

对问题(1)，将上述数据代入式(7.6-12)，得

$$\begin{aligned}N_A&=\frac{6.98\times10^{-4}\times1.013\times10^4}{-1.645\times8\,314\times298\times0.01}\ln\frac{1+1.645\times0.2+6.98/7.91}{1+1.645\times0.8+6.98/7.91}\\&=6.40\times10^{-5}\ \text{kmol}/(\text{s}\cdot\text{m}^2)\end{aligned}$$

对问题(2)，应用近似方程(7.6-13)，

$$\begin{aligned}D'_{NA}&=\frac{1}{1/D_{AB}+1/D_{KA}}=\frac{1}{1/6.98\times10^{-4}+1/7.91\times10^{-4}}\\&=3.708\times10^{-4}\ \text{m}^2/\text{s}\end{aligned}$$

代入式(7.6-14)，计算近似扩散速率为

$$\begin{aligned}N_A&=\frac{D'_{NA}p}{RTL}(x_{A1}-x_{A2})=\frac{3.708\times10^{-4}\times1.013\times10^4}{8\,314\times298\times0.01}(0.8-0.2)\\&=9.10\times10^5\ \text{kmol}/(\text{s}\cdot\text{m}^2)\end{aligned}$$

所以，当作等分子反向扩散近似时($\alpha=0$)，扩散速率的计算值大约偏高 40%。

下面应用更准确的近似方程(7.6-15)计算。平均浓度为 $x_{Aav}=(x_{A1}+x_{A2})=(0.8+0.2)/2=0.50$。

$$D''_{NA}=\frac{1}{(1-\alpha x_{A\,av})/D_{AB}+1/D_{KA}}$$
$$=\frac{1}{(1+1.645\times0.5)/(6.98\times10^{-4})+1/(7.91\times10^{-4})}$$
$$=2.581\times10^{-4}\ m^2/s$$

代入式(7.6-16)

$$N_A=\frac{D''_{NA}}{RTL}(x_{A1}-x_{A2})$$
$$=\frac{2.581\times10^{-4}\times1.013\times10^4}{8\,314\times298\times0.01}\times(0.8-0.2)$$
$$=6.33\times10^{-5}\ kmol/(s\cdot m^2)$$

此时扩散速率计算值仅偏低 1.1%。

7.6.6　气体在多孔性固体中的扩散过程

在多孔性固体中的实际扩散过程，孔隙并不是平直的圆柱形，而是不规则的，因此将扩散方程应用于实际的多孔性固体时必须作适当修正。又由于实际固体中孔径是变化的，而努森扩散系数又是孔径的函数，因此问题就更为复杂。

由于上述问题的复杂性，研究人员常常通过测量多孔性介质中的有效扩散系数 $D_{A\,eff}$ 来计算 N_A：

$$N_A=\frac{D_{A\,eff}\,p}{RTL}(x_{A1}-x_{A2}) \tag{7.6-19}$$

若用曲折因子 τ 来校正式(7.6-16)中的长度 L，且在该式右边乘以孔隙率 ε，则式(7.6-16)变成

$$N_A=\frac{\varepsilon D''_{NA}}{\tau}\frac{p}{RTL}(x_{A1}-x_{A2}) \tag{7.6-20}$$

比较式(7.6-19)和式(7.6-20)，得

$$D_{A\,eff}=\frac{\varepsilon D''_{NA}}{\tau} \tag{7.6-21}$$

在有些情况下，研究人员利用 D'_{NA} 来测定 $D_{A\,eff}$，而不是用式(7.6-21)中更准确的 D''_{NA}。

实验数据表明，τ 的大小在 1.5～10 左右(G4，S2，S6)。对许多工业用多孔性固体，τ 的合理范围在 2～6(S2)。若多孔性固体是由微孔物质和大孔物质组成的二元分散系构成，而不是由单一物质分散成的多孔性系统构成，则上述方法需作修正(C4，S6)

对多孔性无机物固体、有机物固体中的扩散过程，以及肉类和水果等食品冷冻干燥中扩散过程的讨论，见参考文献(S2，S6)。

另一种有可能发生的扩散过程为表面扩散，当固体上发生分子层吸附时，分子可能会迁移到表面上，详细内容见参考文献(S2，S6)。

7.7 非定态分子扩散的数值计算法

7.7.1 概述

无机、有机和生物固体材料中常发生非定态扩散过程,若界面条件不随时间变化,且固体的所有侧面或表面条件均相同,固体中初始浓度分布均匀,则可应用第 7.1 节中所描述的方法计算。但是上述这些条件并不总是能得到满足,此时就必须使用数值法求解。

7.7.2 非定态扩散过程的数值计算法

(1) 平板中非定态扩散过程数值计算法的推导。对某一个方向上的非定态扩散过程,式(7.1-9)变为

$$\frac{\partial c_{\mathrm{A}}}{\partial t}=D_{\mathrm{AB}}\frac{\partial^2 c_{\mathrm{A}}}{\partial x^2} \tag{7.7-1}$$

从数学的角度看,该方程与非定态热传导方程完全相同:

$$\frac{\partial T}{\partial t}=\alpha\frac{\partial^2 T}{\partial x^2} \tag{5.10-10}$$

所以可用相同的数学方法对扩散过程和热传导过程进行数值计算。

图 7.7-1 所示为一平板,图中以阴影部分表示,其宽度为 Δx,中心在点 n 处。对该平板上的 A 以摩尔数作物料衡算,在 t 时刻进入的速率－离开的速率＝在 $\Delta t(s)$ 内累积的速率:

$$\frac{D_{\mathrm{AB}}A}{\Delta x}({}_tc_{n-1}-{}_tc_n)-\frac{D_{\mathrm{AB}}A}{\Delta x}({}_tc_n-{}_tc_{n+1})=\frac{(A\Delta x)}{\Delta t}({}_{t+\Delta t}c_n-{}_tc_n) \tag{7.7-2}$$

式中 A 为横截面积,${}_{t+\Delta t}c_n$为点 n 处在 $1\Delta t$ 后的浓度,将上式整理:

$${}_{t+\Delta t}c_n=\frac{1}{M}[{}_tc_{n+1}+(M-2)\,{}_tc_n+{}_tc_{n-1}] \tag{7.7-3}$$

式中 M 为常数

$$M=\frac{(\Delta x)^2}{D_{\mathrm{AB}}\Delta t} \tag{7.7-4}$$

与热传导过程相同,$M\geqslant 2$。

应用式(7.7-3),点 n 处在新时刻 $t+\Delta t$ 时的浓度${}_{t+\Delta t}c_n$由 t 时刻已知的三个点的浓度直接计算。用这种计算方法,由 $t=0$ 时刻已知的浓度着手,直接对每个时间间隔逐一计算,直至最终时刻。

(2) 简化的 Schmidt 法计算平板中的非定态扩散过程。若 $M=2$,则式(7.7-3)被简化,即得 Schmidt 法

$$_{t+\Delta t}c_n=\frac{_tc_{n-1}+_tc_{n+1}}{2} \tag{7.7-5}$$

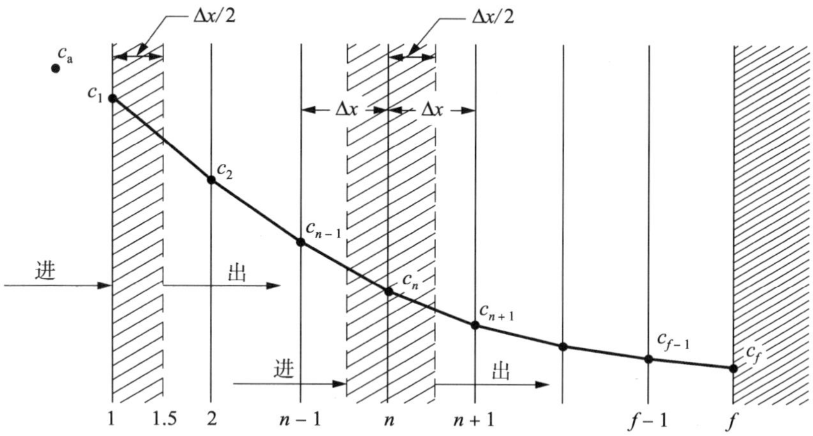

图 7.7-1　平板中的非定态扩散过程

7.7.3　数值法计算平板中扩散过程时的边界条件

(1) 界面上的对流传质过程。当平板外的流体中存在对流流动，且流体的浓度突然改变为 c_a 时，可取图 7.7-1 中最外侧平板的一半作物料衡算。仿照在传热过程中推导式(5.4-7)的方法，组分由对流进入的速率－扩散离开的速率＝在 Δt 时间内累积的速率：

$$k_cA(_tc_a-_tc_1)-\frac{D_{AB}A}{\Delta x}(_tc_1-_tc_2)=\frac{(A\Delta x/2)}{\Delta t}(_{t+\Delta t}c_{1.25}-_tc_{1.25}) \tag{7.7-6}$$

式中 $_tc_{1.25}$ 为宽度为 0.5Δx 的最外侧平板的中心处的浓度，可近似地以 $_tc_1$ 代替 $_tc_{1.25}$，将式(7.7-6)整理，得

$$_{t+\Delta t}c_1=\frac{1}{M}[2N_tc_a+[M-(2N+2)]_tc_1+2_tc_2] \tag{7.7-7}$$

$$N=\frac{k_c\Delta x}{D_{AB}} \tag{7.7-8}$$

式中 k_c 为对流传质系数(m/s)，仍需注意 $M\geqslant(2N+2)$。

(2) 界面与外部隔绝的情况。对图 7.7-1 中 f 处与外部隔绝的界面，令式(7.7-7)中 $k_c=0(N=0)$，得

$$_{t+\Delta t}c_f=\frac{1}{M}[(M-2)_tc_f+2_tc_{f-1}] \tag{7.7-9}$$

(3) 其他界面上的对流传质方程。若 N 很大，可忽略式(7.7-6)中的累积项，从而得到式(7.7-7)的另一种形式

$$_{t+\Delta t}c_1=\frac{N}{N+1}{_{t+\Delta t}c_a}+\frac{1}{N+1}{_{t+\Delta t}c_2} \tag{7.7-10}$$

在该方程中，M 的大小不受 N 限制。当增量 Δx 数量很大时，被忽略的物质累积量与传质总

量相比是很小的。

(4) 初始界面浓度的使用。对第一个增量，${}_1c_a$应使用平均值，即$(c_a+{}_0c_1)/2$，其中${}_0c_1$为点 1 处的初始浓度，以后各时刻应使用 c_a。这种使用 c_a的方法可增加数值计算的准确性，特别是经过几个时间间隔后，准确性提高。

在第 5.4.2 节中讨论数值法计算传热过程时，详细讨论了对应用式(7.7－3)最佳的 M 值，结果是 $M=4$ 时最准确。

(5) 分配系数 $K\neq1.0$ 时的界面条件。式(7.7－7)和式(7.7－10)的推导是在分配系数 K 为 1.0 的情况下进行的。当 $K\neq1.0$ 时，与定态条件下的界面条件相同，式(7.7－8)中应以 Kk_c代替 k_c(见第 6.6.2 节和 7.1.3 节)：

$$N=\frac{Kk_c\Delta x}{D_{AB}} \tag{7.7-11}$$

在式(7.7－7)和式(7.7－10)中也应以 c_a/K 项代替 c_a。

参考文献(G1)详细讨论了另外几种情况，如串联的两层不同的平板之间的扩散过程，两层板之间的扩散阻力等，并分析了一些实例。文献(G1)还讨论了间接的数值计算法。

例 7.7－1　分配系数≠1.0 时非定态扩散过程的数值解

一平板厚度为 0.004 m，溶质 A 的初始浓度分布如下表，其中 x 为与暴露表面间的距离 m：

x(m)	浓度(kmol A/m³)	位置，n
0	1.0×10^{-3}	1(暴露面)
0.001	1.25×10^{-3}	2
0.002	1.5×10^{-3}	3
0.003	1.75×10^{-3}	4
0.004	2.0×10^{-3}	5(隔离面)

扩散系数 $D_{AB}=1.0\times10^{-9}$ m/s²。将板的前表面突然暴露于流体中，该流体的浓度恒定为 $c_a=6\times10^{-3}$ kmol A/m³。分配系数 $K=c_a/c_n=1.50$。平板的后表面与外界隔绝，因此只有 x 方向上发生非定态扩散。试计算 2 500 s 后的浓度分布。可假设对流传质系数为无限大。取 $\Delta x=0.001$ m，$M=2.0$.

解：图 7.7－2 给出了 4 个的薄层中的初始浓度分布，$c_a=6\times10^{-3}$。由于 $M=2$，将 M 与 $\Delta x=0.001$ m 一起代入式(7.7－4)求得 Δt：

$$M=2=\frac{(\Delta x)^2}{D_{AB}\Delta t}=\frac{0.001^2}{(1\times10^{-9})(\Delta t)}$$

$$\Delta t=500 \text{ s}$$

因此，需 2 500 s/(500 s 每个增量)即 5 个时间增量。

对于前表面，即 $n=1$，如前所述，对第一个时间增量所使用的浓度为

$${}_1c_a=\frac{c_a/K+{}_0c_1}{2}={}_1c_1\quad(n=1) \tag{7.7-12}$$

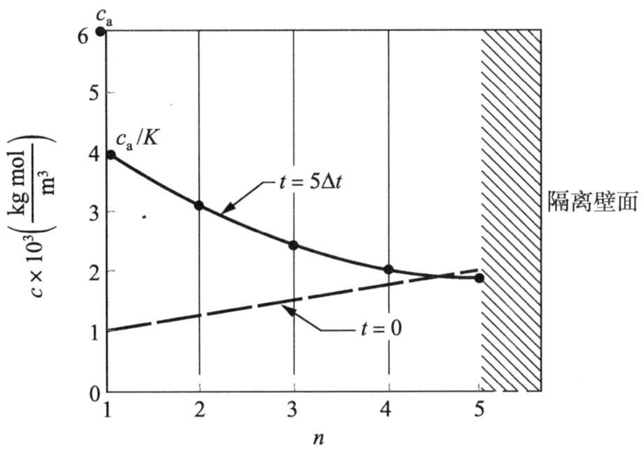

图 7.7-2　例 7.7-1 中非定态扩散过程数值计算的浓度

式中$_0c_1$为 $n=1$ 处的初始浓度。对其余时间增量，

$$c_1=\frac{c_a}{K}\quad(n=1)\tag{7.7-13}$$

应用式(7.7-5)，取 $M=2$，对所有时间增量计算浓度，

$$_{t+\Delta t}c_n=\frac{_tc_{n-1}+{_tc_{n+1}}}{2}\quad(n=2,3,4)\tag{7.7-14}$$

对 $n=5$ 处的隔离表面，将 $M=2$ 和 $f=n=5$ 代入式(7.7-9)，

$$_{t+\Delta t}c_5=\frac{(2-2)_tc_5+2_tc_4}{2}={_tc_4}\quad(n=5)\tag{7.7-15}$$

对第一个时间增量(Δt 或 $t+1\Delta t$)，由式(7.7-12)计算 $n=1$ 时的浓度

$$_{t+\Delta t}c_1=\frac{c_a/K+{_0c_1}}{2}=\frac{6\times10^{-3}/1.5+1\times10^{-3}}{2}=2.5\times10^{-3}$$

对 $n=2,3$ 和 4，应用式(7.7-14)

$$_{t+\Delta t}c_2=\frac{_tc_{n-1}+{_tc_{n+1}}}{2}=\frac{_tc_1+{_tc_3}}{2}=\frac{2.5\times10^{-3}+1.5\times10^{-3}}{2}=2\times10^{-3}$$

$$_{t+\Delta t}c_3=\frac{_tc_2+{_tc_4}}{2}=\frac{1.25\times10^{-3}+1.75\times10^{-3}}{2}=1.5\times10^{-3}$$

$$_{t+\Delta t}c_4=\frac{_tc_3+{_tc_5}}{2}=\frac{1.5\times10^{-3}+2\times10^{-3}}{2}=1.75\times10^{-3}$$

对 $n=5$，应用式(7.7-15)

$$_{t+\Delta t}c_5={_tc_4}=1.75\times10^{-3}$$

对 $2\Delta t$，$n=1$ 时使用式(7.7-13)，$n=2\sim4$ 时使用式(7.7-14)，$n=5$ 时使用式(7.7-15)，得

$$ {}_{t+2\Delta t}c_1=\frac{c_a}{K}=\frac{6\times10^{-3}}{1.5}=4.0\times10^{-3} $$ 对后续时间此值不变。

$$ {}_{t+2\Delta t}c_2=\frac{{}_{t+\Delta t}c_1+{}_{t+\Delta t}c_3}{2}=\frac{4\times10^{-3}+1.5\times10^{-3}}{2}=2.75\times10^{-3} $$

$$ {}_{t+2\Delta t}c_3=\frac{{}_{t+\Delta t}c_2+{}_{t+\Delta t}c_4}{2}=\frac{2\times10^{-3}+1.75\times10^{-3}}{2}=1.875\times10^{-3} $$

$$ {}_{t+2\Delta t}c_4=\frac{{}_{t+\Delta t}c_3+{}_{t+\Delta t}c_5}{2}=\frac{1.5\times10^{-3}+1.75\times10^{-3}}{2}=1.625\times10^{-3} $$

$$ {}_{t+2\Delta t}c_5={}_{t+\Delta t}c_4=1.75\times10^{-3} $$

对 $3\Delta t$

$$ {}_{t+3\Delta t}c_1=4\times10^{-3} $$

$$ {}_{t+3\Delta t}c_2=\frac{4\times10^{-3}+1.875\times10^{-3}}{2}=2.938\times10^{-3} $$

$$ {}_{t+3\Delta t}c_3=\frac{2.75\times10^{-3}+1.625\times10^{-3}}{2}=2.188\times10^{-3} $$

$$ {}_{t+3\Delta t}c_4=\frac{1.875\times10^{-3}+1.75\times10^{-3}}{2}=1.813\times10^{-3} $$

$$ {}_{t+3\Delta t}c_5=1.625\times10^{-3} $$

对 $4\Delta t$

$$ {}_{t+4\Delta t}c_1=4\times10^{-3} $$

$$ {}_{t+4\Delta t}c_2=\frac{4\times10^{-3}+2.188\times10^{-3}}{2}=3.094\times10^{-3} $$

$$ {}_{t+4\Delta t}c_3=\frac{2.938\times10^{-3}+1.813\times10^{-3}}{2}=2.376\times10^{-3} $$

$$ {}_{t+4\Delta t}c_4=\frac{2.188\times10^{-3}+1.625\times10^{-3}}{2}=1.906\times10^{-3} $$

$$ {}_{t+4\Delta t}c_5=1.813\times10^{-3} $$

对 $5\Delta t$

$$ {}_{t+5\Delta t}c_1=4\times10^{-3} $$

$$ {}_{t+5\Delta t}c_2=\frac{4\times10^{-3}+2.376\times10^{-3}}{2}=3.188\times10^{-3} $$

$$ {}_{t+5\Delta t}c_3=\frac{3.094\times10^{-3}+1.906\times10^{-3}}{2}=2.500\times10^{-3} $$

$$ {}_{t+5\Delta t}c_4=\frac{2.376\times10^{-3}+1.813\times10^{-3}}{2}=2.095\times10^{-3} $$

$$ {}_{t+5\Delta t}c_5=1.906\times10^{-3} $$

最终浓度分布示于图 7.7-2 中。为增加结果的准确性，需分割成更多的薄层和更多的时间增量，这种计算方法适合使用计算机电子表格进行。

7.8　传质过程中的量纲分析

7.8.1　概述

量纲分析法的使用使我们能够预测各种无量纲数群，这些数群对关联传质过程的实验数据非常重要。前已述及，对流体流动和热量传递，常用 Reynolds 数、Prandtl 数，Grashof 数和 Nusselt 数来关联实验数据。第 3.11 节和 4.14 节中所讨论的 Buckingham 理论指出，对 q 个物理量或变量，若其单位由 u 个基本单位给出，则在这些物理量之间的函数关系可以用 $(q-u)$ 个无量纲数群表示。

7.8.2　对流传质过程的量纲分析

这里考虑这样一种对流传质的情况：流体在管内强制对流流动，传质过程由管壁向流体进行，流体以速度 v 在直径为 D 的管内流动，我们希望将传质系数 k'_c 与变量 D,ρ,μ,v 和 D_{AB} 关联起来。这里变量总数 $q=6$，基本单位或量纲 $u=3$，分别为质量 M、长度 L 和时间 t，这些变量的单位为

$$k'_c=\frac{L}{t}\quad \rho=\frac{M}{L^3}\quad \mu=\frac{M}{Lt}\quad v=\frac{L}{t}\quad D_{AB}=\frac{L^2}{t}\quad D=L$$

因此无量纲数群的数目 π 即为 $6-3=3$，即

$$\pi_1=f(\pi_2,\pi_3) \tag{7.8-1}$$

我们选择变量 D_{AB}，ρ 和 D 作为所有无量纲数群共同的变量，

$$\pi_1=D_{AB}^a\rho^bD^ck'_c \tag{7.8-2}$$

$$\pi_2=D_{AB}^d\rho^eD^fv \tag{7.8-3}$$

$$\pi_3=D_{AB}^g\rho^hD^i\mu \tag{7.8-4}$$

对 π_1，将实际的量纲代入

$$1=\left(\frac{L^2}{t}\right)^a\left(\frac{M}{L^3}\right)^b(L)^c\left(\frac{L}{t}\right) \tag{7.8-5}$$

各变量的指数相加，得

$$\begin{aligned}&(L)\quad 0=2a-3b+c+1\\&(M)\quad 0=b\\&(t)\quad 0=a-1\end{aligned} \tag{7.8-6}$$

联立求解上述方程；得 $a=-1,b=0,c=1$，代入式(7.8-2)

$$\pi_1=\frac{k'_cD}{D_{AB}}=N_{Sh} \tag{7.8-7}$$

对 π_2 和 π_3 重复上述步骤，得

$$\pi_2=\frac{vD}{D_{AB}} \tag{7.8-8}$$

$$\pi_3=\frac{\mu}{\rho D_{AB}}=N_{Sc} \tag{7.8-9}$$

若将 π_2除以 π_3便得到 Reynolds 数

$$\frac{\pi_2}{\pi_3}=\frac{vD}{D_{AB}}\Big/\left(\frac{\mu}{\rho D_{AB}}\right)=\frac{Dv\rho}{\mu}=N_{Re} \tag{7.8-10}$$

由此，代入式(7.8-1)，得

$$N_{Sh}=f(N_{Re},N_{Sc}) \tag{7.8-11}$$

7.9　传质过程中的边界层流动和湍流流动

7.9.1　传质过程中的层流及边界层理论

在 3.10.3 节中，对流体以层流方式等温流过平板的情况，我们得到了动力学边界层的准确解，在 5.7.1 节中，我们将 Blasius 解扩展应用于推导对流传热表达式。应用类似法，这里将 Blasius 解应用于相同几何构型和层流时的对流传质过程。图 7.9-1 所示为浓度边界层，其中流向平板的流体的浓度为 $c_{A\infty}$，邻近平板表面流体的浓度为 c_{AS}。

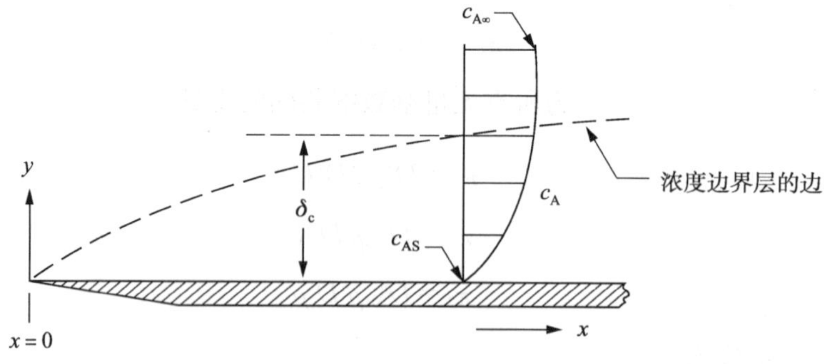

图 7.9-1　流体流过平板的层流流动和浓度边界层

下面我们从应用物料衡算微分方程(7.5-17)着手，并在定态条件下将其简化，此时 $\partial c_A/\partial t=0$，$R_A=0$，因为只存在 x 和 y 方向上的流动，所以 $v_z=0$，再忽略 x 和 z 方向上的分子扩散，得

$$v_x\frac{\partial c_A}{\partial x}+v_y\frac{\partial c_A}{\partial y}=D_{AB}\frac{\partial^2 c_A}{\partial y^2} \tag{7.9-1}$$

动量边界层与其十分相似

$$v_x\frac{\partial v_x}{\partial x}+v_y\frac{\partial v_x}{\partial y}=\frac{\mu}{\rho}\frac{\partial^2 v_x}{\partial y^2} \tag{3.10-5}$$

传热边界层也与之十分相似

$$v_x \frac{\partial T}{\partial x}+v_y \frac{\partial T}{\partial y}=\frac{k}{\rho c_p}\frac{\partial^2 T}{\partial y^2} \tag{5.7-2}$$

前面所应用的连续性方程为

$$\frac{\partial v_x}{\partial x}+\frac{\partial v_y}{\partial y}=0 \tag{3.10-3}$$

无量纲浓度边界条件为

$$\begin{aligned}&\text{当 } y=0,\ \frac{v_x}{v_\infty}=\frac{T-T_S}{T_\infty-T_S}=\frac{c_A-c_{AS}}{c_{A\infty}-c_{AS}}=0\\&\text{当 } y=\infty,\ \frac{v_x}{v_\infty}=\frac{T-T_S}{T_\infty-T_S}=\frac{c_A-c_{AS}}{c_{A\infty}-c_{AS}}=1\end{aligned} \tag{7.9-2}$$

上述三个微分方程——式(7.9－1)、式(3.10－5)和式(5.7－2)——之间的相似性非常明显，同样式(7.9－2)中三组边界条件也具有相似性。在 5.7.1 节中，我们将 Blasius 解用于$(\mu/\rho)/\alpha=N_{Pr}=1.0$ 时的对流传热过程，现在我们将同样类型的解应用于$(\mu/\rho)/D_{AB}=N_{Sc}=1.0$ 时的对流传质过程。

前面曾推导得到表面处的速度梯度：

$$\left(\frac{\partial v_x}{\partial y}\right)_{y=0}=0.332\,\frac{v_\infty}{x}N_{Re,x}^{1/2} \tag{5.7-5}$$

式中 $N_{Re,x}=xv_\infty\rho/\mu$，此外由式(7.9－2)

$$\frac{v_x}{v_\infty}=\frac{c_A-c_{AS}}{c_{A\infty}-c_{AS}} \tag{7.9-3}$$

对式(7.9－3)求微分并结合式(5.7－5)，得

$$\left(\frac{\partial c_A}{\partial y}\right)_{y=0}=(c_{A\infty}-c_{AS})\left(\frac{0.332}{x}N_{Re,x}^{1/2}\right) \tag{7.9-4}$$

对流传质方程可写成以下形式，并与稀溶液的费克方程相结合：

$$N_{Ay}=k'_c(c_{AS}-c_{A\infty})=-D_{AB}\left(\frac{\partial c_A}{\partial y}\right)_{y=0} \tag{7.9-5}$$

结合式(7.9－4)和式(7.9－5)，得

$$\frac{k'_c x}{D_{AB}}=N_{Sh,x}=0.332N_{Re,x}^{1/2} \tag{7.9-6}$$

该关系式只限应用于 $N_{Sc}=1.0$ 的气体。

当 Schmidt 数不等于 1.0 时，流体力学边界层厚度 δ 与浓度边界层厚度 δ_c 间的关系为：

$$\frac{\delta}{\delta_c}=N_{Sc}^{1/3} \tag{7.9-7}$$

由此得局部对流传质系数的计算式为

$$\frac{k'_c x}{D_{AB}}=N_{Sh,x}=0.332N_{Re,x}^{1/2}N_{Sc}^{1/3} \tag{7.9-8}$$

对宽度为 b 的平板，通过在 $x=0$ 到 $x=L$ 之间积分，可得到平均传质系数 k'_c的计算式

$$k'_c=\frac{b}{bL}\int_0^L k'_c \mathrm{d}x \tag{7.9-9}$$

结果得

$$\frac{k'_c L}{D_{AB}}=N_{Sh}=0.664N_{Re,L}^{1/2}N_{Sc}^{1/3} \tag{7.9-10}$$

该式类似于平板的传热方程式(5.7-15)，也与平板传质过程的经验方程式(7.3-27)相符。

第 3.10 节中对层流流体力学边界层和湍流流体力学边界层进行了近似的积分计算，第 5.7 节中也对热边界层进行了同样的计算，这种计算法同样用于层流和湍流浓度边界的计算。

7.9.2 Prandtl 混合长与湍流涡流扩散系数

在许多实际应用场合，传质过程中流体以湍流方式流动而不是层流。流体的湍流流动非常复杂，因为在湍流核心区流体会产生一系列随机的旋涡运动，此时发生的传质称为涡流扩散传质。在第 3.10 节和 5.7 节中，我们利用普朗克混合长理论推导了涡流热扩散系数和涡流动量扩散系数。

同样，我们可以推导一个涡流传质系数 ε_M的关系式。设旋涡在 y 方向上传递的距离为 L，该距离称为 Prandtl 混合长度。在点 L 处，流体旋涡的速度与相邻流体的速度差为 v'_x，此即第 3.10.6 节中给出的脉动速度分量。对 y 方向上一段距离 L 上，速度为 v'_y的组分 A 的瞬时传质速率为

$$J^*_{Ay}=c'_A v'_y \tag{7.9-11}$$

式中 c'_A为瞬时脉动浓度。流体的瞬时浓度 $c_A=c'_A+\bar{c}_A$，其中 $\bar{c}_A$为平均浓度，c'_A为与平均浓度的差值。因为混合长度 L 足够小，因此浓度差为

$$c'_A=L\frac{\mathrm{d}\bar{c}_A}{\mathrm{d}y} \tag{7.9-12}$$

单位面积上的传质速率为 J^*_{Ay}，结合式(7.9-11)和式(7.9-12)，得

$$J^*_{Ay}=-v'_y L\frac{\mathrm{d}\bar{c}_A}{\mathrm{d}y} \tag{7.9-13}$$

由式(5.7-23)

$$v'_y=v'_x=L\left|\frac{\mathrm{d}\bar{v}_x}{\mathrm{d}y}\right| \tag{7.9-14}$$

将式(7.9-14)代入式(7.9-13)，得

$$J^*_{Ay}=-L^2\left|\frac{\mathrm{d}\bar{v}_x}{\mathrm{d}y}\right|\frac{\mathrm{d}\bar{c}_A}{\mathrm{d}y} \tag{7.9-15}$$

$L^2|d\bar{v}_x/dy|$称为湍流的涡流扩散系数 ε_M。将式(7.9-15)结合以 D_{AB}表示的分子扩散方程相结合，即得总传质速率方程：

$$J_{Ay}^* = -(D_{AB}+\varepsilon_M)\frac{d\bar{c}_A}{dy} \tag{7.9-16}$$

第 6.1 节中已详细指出了传质方程(7.9-16)与传热方程及动量传递方程之间的相似性。

7.9.3　传质系数模型

(1) 概述。多年来，将传质系数用于工艺设备的计算基本上是应用经验方程式。在给出对流传质系数的理论解释之前，首先要对湍流的机理有较深入的了解。本章已经提出了几种对流传质理论，如涡流扩散理论。以下几节内容我们将叙述这些理论，并讨论怎样利用它们来扩展经验关联式。

(2) 膜传质理论。有效膜理论是最简单和最基础的理论，它假设在界面处存在一层假想的膜，该膜内只发生分子扩散过程，其阻力与黏性底层、过渡区和湍流核心区中实际存在的阻力相同。于是实际的传质系数 k_c'与该假想膜的厚度 δ_f的关系如下：

$$J_A^* = k_c'(c_{A1}-c_{A2}) = \frac{D_{AB}}{\delta_f}(c_{A1}-c_{A2}) \tag{7.9-17}$$

$$k_c' = \frac{D_{AB}}{\delta_f} \tag{7.9-18}$$

这里传质系数与 $D_{AB}^{1.0}$成正比。但式(7.3-13)已表明 J_D与$(\mu/\rho D_{AB})^{2/3}$成正比，即 $k_c'\propto D_{AB}^{2/3}$，因此，膜理论是不正确的。膜理论的最大优点是其简单性，使它能够应用于扩散和化学反应同时存在的这一类复杂的情况。

(3) 渗透理论。渗透理论由 Higbie 提出，由 Danckwerts(D3)加以修正，用于组分扩散(或渗透)到层流降液膜中进行短时间接触(式(7.3-23))的情况：

$$k_c' = \sqrt{\frac{4D_{AB}}{\pi t_L}} \tag{7.9-19}$$

式中 t_L为溶质渗透时间(s)。Danckwerts 扩展了该理论，将其修正应用于湍流传质过程，并假设湍流核心区中每个流体旋涡内的浓度是均匀的，一个旋涡被冲至表面进行非定态扩散，然后该旋涡被卷进湍流核心，其他的旋涡又被冲到表面，旋涡在表面的停留时间是随机的。因此定义一个平均表面更新因子 $s(s^{-1})$：

$$k_c' = \sqrt{D_{AB}s} \tag{7.9-20}$$

这里传质系数 k_c'正比于 $D_{AB}^{0.5}$。在某些系统中，如液体流过填料以及流过表面不断更新的半静止的液体单元，结果近似服从式(7.9-20)。s 值必须由实验测得。一些研究人员(D3，T2)推导了更为复杂的膜机理-表面更新机理相结合的理论，D_{AB}的指数由湍流程度和其他因素决定，从 0.5 逐渐变化到 1.0。渗透理论已被用于扩散与化学反应同时发生的情况。

(4) 边界层理论。第 7.9 节中已详细讨论了边界层理论，该理论可用于计算和关联流体流过固体表面时的数据。对层流流动和湍流流动，该理论指出传质系数 $k_c'\propto D_{AB}^{2/3}$，这已在许多场合得到了实验验证。

习　题

7.1-1　厚平板中的非定态扩散。重复例 7.1-2 的计算，但取分配系数 $K=0.5$ 而不是例题中的 2.0。将所得数据作图。

答案：$c=c_1=5.75\times10^{-2}$ ($x=0$)

$c=2.78\times10^{-2}$ ($x=0.01$ m)，$c_{Li}=2.87\times10^{-2}$ kmol/m^3

7.1-2　非定态扩散过程中的浓度分布曲线。利用与例 7.1-2 相同的条件，计算与表面距离为 $x=0$、0.005、0.01、0.015 和 0.02 m 各点处的浓度。再计算界面处液体中的浓度 c_{Li}。按图 7.1-3(b)类似的方式作浓度曲线，标出界面浓度。

7.1-3　多维非定态扩散过程。除固体条件不同外，其余条件与例 7.1-1 相同。固体为一矩形物体，x 方向上厚度为 10.16 mm，y 方向上厚度为 7.62 mm，z 方向上厚度为 10.16 mm，所有 6 个面上均发生扩散。计算 10 h 后矩形中心点处的浓度。

答案：$c=6.20\times10^{-4}$ kmol/m^3

7.1-4　潮湿黏土的干燥。一块很厚的黏土块其初始湿含量 $c_0=14\%$(质)。空气从土块上方流过使其干燥。假设表面处气体的相对阻力为 0，表面上的平衡湿含量保持在 $c_1=3.0\%$(质)不变，黏土中水分的扩散系数 $D_{AB}=1.29\times10^{-8}$ m^2/s。计算干燥 1 h 后，表面下方 0.005、0.01 和 0.02 m 各点处水的含量。假设该黏土块为半无限固体，Y 以%(质)浓度表示，而不是用 kmol/m^3 表示，将所得结果对 x 作图。

7.1-5　琼脂凝胶柱中的非定态扩散过程。一潮湿的琼脂凝胶柱温度为 278 K，其直径为 30.48 mm，长度为 38.1 mm，两端面平坦且平行，尿素的浓度均匀为 0.1 kmol/m^3。扩散系数为 4.72×10^{-10} m^2/s。若将该凝胶柱突然浸入湍流的纯水中，针对下述情况计算 100 h 后凝胶柱中心点处的浓度。

(1) 只存在径向扩散；

(2) 径向和轴向均存在扩散。

7.1-6　木材的干燥。一块 Douglas 冷杉木板，厚度为 50.8 mm，湿含量为 30%(质)。从两面使其干燥(忽略两端和边缘)。由于空气从木材表面吹过，所以其表面平衡湿含量保持在 5%(质)不变。假设扩散系数为 3.72×10^{-6} m^2/h。计算木料中湿含量达 10%时所需时间。

7.2-1　传质速率和各种形式的传质系数的转换。实验测定对 A 通过惰性组分 B 的扩散过程 k_G 值为 1.08 lbmol/(ft^2 · h)，试用英制和 SI 制计算相同流动条件和浓度下，进行等分子反向扩散的 k'_G 和 A 的扩散速率。已知分压为 $p_{A1}=0.20$ atm，$p_{A2}=0.050$ atm，总压 $p=1.0$ atm(绝对压)。

答案：$k'_G=0.943$ lbmol/(h · ft^2 · atm) $=1.262\times10^{-8}$ kmol/(s · m^2 · Pa)

$N_A=0.1414$ lbmol A/(h · ft^2) $=1.918\times10^{-4}$ kmol/(s · m^2)

7.2-2　传质系数的转换。试由扩散速率方程着手，证明或写出下述关系式：

(1) 将 k'_c 转换为 k_y 和 k_G。

(2) 将 k_L 转换为 k_x 和 k'_x。

(3) 将 k_G 转换为 k_y 和 k_c。

7.3-2　水对 H_2S 的吸收。空气-H_2S 气体在一湿壁塔中从一水膜边流过，该水膜呈薄膜状沿一垂直板向下流过。在总压 1.50 atm(绝对)和 30 ℃下，用水吸收空气中的 H_2S。已知气相传质系数 k'_c 为 9.567×10^{-4} m/s。在塔中某一点，气-液界面处液体中的 H_2S 摩尔分率为 $2.0(10^{-5})$，气体中 H_2S 的分压 p_A 为 0.05 atm。亨利平衡关系式为 p_A(atm) $=609x_A$(液体中的摩尔分率)。试计算 H_2S 的吸收速率。(提示：将点 1 称为界面，点 2 为气相，如此可由亨利定律和给定的 x_A 计算 p_{A1}。$p_{A2}=0.05$ atm)

答案：$N_A = -1.485\times10^{-6}$ kmol/(s · m^2)

7.2-4　高扩散速率对传质系数的影响。利用例 7.2-2 的数据，对 $x_{A1}=0.20$ 和 $x_{A1}=0.01$ 计算扩散速率比 k_x^0/k'_x。将所得速率比与三个 x_{A1} 值列表，并用该比值对 x_{A1} 作图。

7.3-1　由平板向液体传质的过程。利用例 7.3-2 中的数据和物理性质计算下列情况下的扩散速率：水的速度为 0.152 m/s，平板长度 $L=0.137$ m，不可假设 $x_{BM}=1.0$，而需实际计算该值。

7.3-2　管壁向流体的传质。26.1 ℃的纯水在管内流过，流速为 0.030 5 m/s，管内径为 6.35 mm，管长为 1.829 m，其后半段 1.22 m 长的管壁上涂覆有苯甲酸。假设速度分布是充分发展的，计算出口处苯甲酸的平均浓度。物理性质数据同例 7.3-2（提示：首先计算 Reynolds 数 $Du\rho/\mu$，然后计算 $N_{Re}N_{Sc}(D/L)(\pi/4)$，该值与 $w/D_{AB}\rho L$ 相同）。

答案：$(c_A-c_{A0})/(c_{Ai}-c_{A0})=0.074\ 4$　$c_A=2.193\times10^{-3}$ kmol/m^3

7.3-3　各种几何结构的传质系数。计算下述情况下水蒸气在空气中的传质系数 k_G(kmol/(s · m^2 · Pa))。空气的温度为 338.6 K，压力为 101.32 kPa，速度为 3.66 m/s，在大的管道内流过下列几何形状的固体。空气中水蒸气的浓度很小，因而可用空气的物性数据。水蒸气由气相向固体传递。

(1) 单个直径为 25.4 mm 的球体；

(2) 25.5 mm 球形颗粒的填充床，$\varepsilon=0.35$。

答案：(1) $k_G=1.984\times10^{-8}$ kmol/(s · m^2 · Pa)　(1.482 lbmol/(h · ft^2 · atm))

7.3-4　流体向特定形状物质的传质。温度为 325.6 K 的空气在管内流过下列形状的萘制品，试估算萘在空气中的传质系数。已知空气的速度为 1.524 m/s，压力为 202.6 kPa，温度为 325.6 K。273 K 和 101.3 kPa 下，萘在空气中的 $D_{AB}=5.16\times10^{-6}$ m^2/s。

(1) 空气平行地流过长度为 0.152 m 的萘制平板。

(2) 空气流过一个直径为 12.7 mm 的萘球。

7.3-5　填充床中的传质及传质推动力。26.1 ℃的纯水以 0.070 1 ft^3/h 的速度流过一填充床，床层内填充粒径为 0.251 in. 的苯甲酸颗粒，其总表面积为 0.129 ft^2。苯甲酸在水中的溶解度为 0.001 84 lbmol 苯甲酸/ft^{3}溶液。已知出口浓度 $c_{A2}=1.80\times10^{-4}$ lbmol/ft^3，试计算传质系数 k_c。

7.3-6　液态金属中的传质过程。汞在 26.5 ℃下流过一个填充床，床层内填充直径为 2.096 mm 的铅球，床层空隙率为 0.499，汞的空塔速度为 0.021 98 m/s。已知铅在汞中的溶解度为 1.721%(质)，Shimidt 数为 124.1，溶液的黏度为 1.527×10^{-3} Pa · s，密度为 13 530 kg/m^3。

(1) 计算 J_D的值。判断是否可利用式(7.3-38)，J_D的实验值为 0.076(D2)，比较之。

(2) 按 A 通过惰性组分 B 扩散的情况计算 k_c值。

答案：(1) $J_D=0.078\ 4$；　(2) $k_c=6.986\times10^{-5}$ m/s

7.3-7　圆管壁向流体的传质及对数平均推动力。物理条件与习题 7.3-2 相同，但管内流速现改为 3.05 m/s，完成下列工作：

(1) 计算传质系数 k'_c；(判断是否湍流？)

(2) 计算出口处苯甲酸的平均浓度。[注意：此时式(7.3-42)和式(7.3-43)中必须使用对数平均推动力，其中 A 指直管的表面积]

(3) 计算每秒钟所溶解的苯甲酸的总量。

7.3-8　推导 J_D和 N_{Sh}之间的关系式。式(7.3-3)定义了 Sherwood 数，而式(7.3-5)定义了 J_D因子。试推导以 N_{Re} 和 N_{Sc} 表示的 N_{Sh} 和 J_D间的关系式。

答案：$N_{Sh}=J_D N_{Re} N_{Sc}^{1/3}$

7.3-9　传质过程的推动力。对流体流过填充床或在管内流动的情形应用平均推动力推导式(7.3-42)(提示：由质量衡算着手，在一个微元面积 dA 上扩散速率衡算式如下：

$$N_A\,\mathrm{d}A = k_c(c_{Ai}-c_A)\,\mathrm{d}A = V\mathrm{d}c_A$$

式中 V 为体积流率(m^3/s)。设为稀溶液。)

7.4-1　微生物的最大氧气吸收量。试计算 37 ℃时，直径为 2/3 μm，悬浮于搅拌溶液中的微生物所能达到的最大氧气吸收速率。假设微生物周围的液体被空气中的 O_2 饱和，空气压强为 1 atm(绝对压)。又假设微生物利用氧气的速度远大于氧气扩散至其表面的速度。这种微分物的密度非常接近于水。使用例 7.4-1 中的物性数据。(提示：由于耗氧速度大于供养速度，因此表面处 O_2 浓度 c_{A2} 为 0，溶液中 O_2 浓度 c_{A1} 为饱和浓度。)

答案：$k_c=9.75\times10^{-3}$ m/s，$N_A=2.20\times10^{-6}$ kmol O_2/s · m²

7.4-2 发酵过程中氧气的传质过程。直径为 0.667 μm，密度为 1 100 kg/m³ 的湿微生物 5.0 g，加入摇瓶中使发酵，摇瓶内含 0.100 L 水溶液，温度为 37 ℃。空气可通过多孔瓶塞进入瓶内。利用例 7.4-1中的物性数据。

(1) 假设溶液被绝对压力为 101.32 kPa 的空气所饱和，试计算 O_2 向微生物表面传递可达到的最大速率(kmol O_2/s)。

(2) 根据对其他营养物的物料衡算，得微生物对氧气的实际利用率为为 6.30×10^{-6} kmol O_2/s。那么在发酵过程中溶液中 O_2 的实际浓度为多少？以饱和浓度的百分数表示。

答案：(1) $k'_L=9.82\times10^{-3}$ m/s，$N_A A=9.07\times10^{-5}$ kmol O_2/s；
(2) 6.95%饱和浓度

7.5-1 分子扩散速率的和。试利用表 7.5-1 中的定义，证明下述方程

$$N_A+N_B=cv_M$$

7.5-2 证明导出关系式。试利用表 7.5-1 中的定义，证明下述关系式：

$$j_A=n_A-w_A(n_A+n_B)$$

7.5-3 费克定律的不同形式。试根据式(1)证明式(2)

$$j_A=-\rho D_{AB}\frac{dw_A}{dz} \tag{1}$$

$$j_A=-\frac{c^2}{\rho}M_A M_B D_{AB}\frac{dx_A}{dz} \tag{2}$$

(提示：首先将 w_A 与 x_A 关联，然后对该式求微分得 dw_A 与 dx_A 的关系，最后利用 $M=x_A M_A+x_B M_B$ 进行简化)

7.5-4 费克定律的其他形式。说明费克定律的下述表达式是否成立的：

$$c(v_A-v_B)=-\frac{cD_{AB}}{x_A x_B}\frac{dx_A}{dz}$$

(提示：由 $N_A=J_A^*+c_A v_M$ 着手，代入表 7.5-1 中 J_A^* 的表达式并简化)

7.5-5 不同形式的连续性方程。由式(7.5-12)开始：

$$\frac{\partial\rho_A}{\partial t}+(\nabla\cdot\boldsymbol{n}_A)=r_A \tag{7.5-12}$$

将其转化为如下形式(ρ 为常数)

$$\frac{\partial\rho_A}{\partial t}+(v\cdot\nabla\rho_A)-(\nabla\cdot D_{AB}\nabla\rho_A)=r_A \tag{1}$$

(提示：由表 7.5-1，将 $n_A=j_A+\rho_A v$ 代入式(7.5-12)。注意 ρ 为常数时($\nabla\cdot v$)=0。然后代入以 j_A 表示的费克定律。)

7.5-6 表面上的扩散与化学反应。气体 A 在点 1 处从气流中扩散到点 2 处的催化剂表面，并瞬间发生如下不可逆反应：

$$2A\longrightarrow B$$

生成的气体 B 反向扩散至气流中。试推导以分压表示的恒压下定态扩散速率 N_A 的方程式。

答案：$N_A=\dfrac{2D_{AB}p}{RT(z_2-z_1)}\ln\dfrac{1-p_{A2}/2p}{1-p_{A1}/2p}$

7.5-7　非定态扩散过程与化学反应。在非定态条件下，溶质 A 扩散进入纯 B 组成的半无限介质中，并与 B 发生一级反应。溶质 A 的浓度很小。试计算 $t=1\times10^5$ s 时与表面距离 $z=0$、4 和 10 mm 的各点处的浓度 c_A。已知 $D_{AB}=1\times10^{-9}\ m^2/s$，$k'=1\times10^{-4}\ s^{-1}$，$c_{A0}=1.0\ kmol/m^3$。同时计算溶质 A 的吸收总量 kmol(吸收)/m²。

7.5-8　多组分扩散过程。在总压为 202.6 kPa，温度为 358 K 的条件下，氨气(A)通过由氮气(B)和氢气(C)组成的惰性混合物进行定态扩散。各处的摩尔分率为 $z_1=0$ 处，$x_{A1}=0.8$，$x_{B1}=0.15$，$x_{C1}=0.05$；在 $z_2=4.0$ m 处，$x_{A2}=0.2$，$x_{B2}=0.6$，$x_{C2}=0.2$。358 K、101.3 kPa 下的扩散系数分别为 $D_{AB}=3.28\times10^{-5}\ m^2/s$ 和 $D_{AC}=1.093\times10^{-4}\ m^2/s$。试计算氨的扩散速率。

答案：$N_A=4.69\times10^{-4}$ kmol A/(s·m²)

7.5-9　液态金属中的扩散过程及可变扩散系数。在一个 10.0 mm 长的毛细管中，510 ℃时锡(A)在液态铅(B)中扩散，在毛细管左端保持锡的摩尔分率恒定为 x_{A1}，毛细管右端保持为 x_{A2}。在 $0.2\leqslant x_A\leqslant0.4$ 范围内，锡在铅中的扩散系数为 x_A 的线性函数(S7)：

$$D_{AB}=A+Bx_A$$

式中 A 和 B 为常数，D_{AB} 为 m²/s。

(1) 假设在摩尔浓度恒定 $c=c_A+c_B=c_{av}$ 时，按定态条件下 A 在惰性组分 B 中扩散的情况，推导扩散速率 N_A 的最终积分方程。

(2) 对该实验：$A=4.8\times10^{-9}$，$B=-6.5\times10^{-9}$，$c_{av}=50\ kmol/m^3$，$x_{A1}=0.4$，$x_{A2}=0.2$，试计算 N_A。

答案：(2) $N_A=4.055\times10^{-6}$kmol A/(s·m²)

7.5-10　工业冶金中熔融铁的扩散和化学反应。用熔融的含碳生铁炼钢的过程中，含碳量 4.0%(质)的熔融铁的液滴成雾状向下通过一纯氧气氛，期间碳向液滴表面扩散，由于温度很高，碳到达表面处立即发生如下一级反应

$$C+\frac{1}{2}O_2(g)\longrightarrow CO(g)$$

要使液滴下降 2.0 s 后其中碳的平均含量减少到 0.1%(质)，试计算此时所允许的液滴最大尺寸。假设表面处气体的传质速率非常大，因此不存在外部传质阻力。又假设液体中没有内部循环，从而脱碳速率只受碳向液滴表面扩散速率的控制。已知碳在铁中的扩散系数为 7.5×10^{-9} m²/s(S7)。(提示：考虑这种情况是否可应用图 5.3-13)

答案：半径=0.217 mm

7.5-11　慢反应对扩散的影响。气体 A 从点 1 处向点 2 处的催化剂表面扩散，在那里发生如下反应：$2A\longrightarrow B$，生成的气体 B 反向扩散至点 1，扩散距离为 δ。

(1) 以摩尔分率为单位(x_{A1}，等)推导反应很快时的 N_A 计算式。

(2) 已知 $D_{AB}=0.2\times10^{-4}\ m^2/s$，$x_{A1}=0.97$，$p=101.32$ kPa，$\delta=1.30$ mm，$T=298$ K，求解 N_A。

(3) 重复问题(1)，但此时反应为慢反应，反应级数为一级，反应速度常数为 k_1'。

(4) 对问题(3)，$k_1'=0.53\times10^{-2}$ m/s，计算 N_A 和 x_{A2}。

答案：(2) $N_A=8.35\times10^{-4}$ kmol/(s·m²)

7.5-12　表面扩散过程与非均相反应。半径为 R 的管中充满一种液体，低浓度的溶质 A 在静止液相中的扩散过程以下式表示

$$N_A=-D_{AB}\frac{dc_A}{dz}$$

式中 z 为沿管轴方向的距离。管的内壁具有催化作用使 A 分解，壁面处非均相分解反应速率为

$kc_A A_w$(kmol A/s),式中 k 为一级反应速度常数,A_w 为管壁面积(m^2),忽略任何径向梯度(这意味着径向上浓度均匀)。

推导表示该系统中非定态扩散过程与化学反应叠加的微分方程。(提示:首先在管长 Δz 上对 A 作物料衡算:进入速率(扩散)+生成速率(非均相反应)=离开速率(扩散)+累积速率)

答案:$\frac{\partial c_A}{\partial t}=D_{AB}\frac{\partial^2 c_A}{\partial z^2}-\frac{2k}{R}c_A$

7.6-1 努森扩散系数。在总压 1.013×10^5 Pa、温度 298 K 条件下,He(A)和 Ar(B)的混合物通过一根半径为 100 Å 的毛细管扩散。

(1) 计算 He(A)的努森扩散系数。

(2) 计算 Ar(B)的努森扩散系数。

(3) 与分子扩散系数 D_{AB} 进行比较。

答案:(1) $D_{KA}=8.37\times10^{-6}$ m^2/s

(3) $D_{AB}=7.29\times10^{-5}$ m^2/s

7.6-2 过渡区扩散。298 K 下,He(A)与 Ar(B)的混合物通过一根毛细管扩散,该毛细管长 15 mm,半径为 1 000 Å,两端敞口。系统总压为 1.013×10^5 Pa,此时分子扩散系数 $D_{AB}=7.29\times10^{-5}$ m^2/s。

(1) 计算 He(A)的努森扩散系数;

(2) 若 $x_{A1}=0.8$,$x_{A2}=0.2$,假设扩散过程是定态的,应用式(7.6-18)和式(7.6-12)计算扩散速率 N_A;

(3) 利用近似计算公式(7.6-14)和式(7.6-16)计算扩散速率 N_A。

7.6-3 孔穴中的过渡区扩散。半径为 50 Å、长 1.0 mm 的孔穴的一端为纯氢气(A)($x_{A1}=1.0$),另一端为纯 C_2H_6(B)气体($x_{A2}=0$)。H_2-C_2H_6 混合气体在孔穴中扩散,总压恒定为 1 013.2 kPa 不变。101.32 kPa,373 K 下,H_2-C_2H_6 扩散系数为 8.60×10^{-5} m^2/s。计算 373 K 时定态条件下 H_2 的努森扩散系数和混合物中 H_2 的扩散速率 N_A。

答案:$D_{KA}=6.60\times10^{-6}$ m^2/s,$N_A=1.472\times10^{-3}$ kmol A/(s·m^2)

7.6-4 毛细管中的过渡区扩散。298 K 下,氮气(A)与氦气(B)的混合物通过开放体系中的一根长0.1 m、直径 10 μm 的毛细管扩散。摩尔分率保持恒定:$x_{A1}=1.0$,$x_{A2}=0$。物性数据见例 7.6-2。

(1) 计算总压为 0.001、0.1 和 10.0 atm 时的努森扩散系数 D_{KA} 和 D_{KB}。

(2) 计算定态条件下在上述压力下的扩散速率 N_A。

(3) 在对数坐标纸上以 N_A 对 P 作图。低压和极高压力下的极限曲线是怎样的?计算并画出这两条曲线。

7.7-1 非定态扩散过程的数值计算法。厚度为 0.01 m 的固体板,其中溶质 A 的初始浓度分布均匀,为 1.00 kmol/m^3。A 在固体中的扩散系数为 $D_{AB}=1.0\times10^{-10}$ m^2/s。除前表面外,其余所有的面均与外界隔绝。使表面浓度突然降至 0,并保持不变。设只在 x 方向上发生非定态扩散,背面与外界隔离,试应用数值计算法确定 12×10^4 s 后板中的浓度。取 $\Delta x=0.002$,$M=2.0$,K 为 1.0。

答案:$c_1=0$(前表面,$x=0$ m)

$c_2=0.312\ 5$ kmol/m^3($x=0.002$ m)

$c_3=0.585\ 9$($x=0.004$ m)

$c_4=0.781\ 3$($x=0.006$ m)

$c_5=0.898\ 4$($x=0.008$ m)

$c_6=0.937\ 5$(隔离面,$x=0.01$ m)

7.7-2 非定态扩散过程的计算机数值计算。利用习题 7.7-1 中的条件,利用数字计算机求解该习题。取 $\Delta x=0.000\ 5$ m,写出电子表格计算程序并画最终浓度曲线。使用直接计算法,取 $M=2$。

7.7-3 数值计算法与不同的界面条件。条件与例 7.7-1 相同,但此时板的背面是不绝缘的。在 $t=0$ 时刻,背面处的浓度也突然改变为 $c_5=0$,并保持不变。计算 2 500 s 后的浓度分布。画出初始浓度和最终浓度分布曲线,并与例 7.7-1 中最终浓度分布比较。

7.8－1　传质过程中的量纲分析。一流体流过一垂直管道，由管壁向流体传质。将对流传质系数 k_c' 与变量 D,ρ,μ,v,D_{AB},g 和 $\Delta\rho$ 进行关联，其中 D 为管径，L 为管长，$\Delta\rho$ 为密度差。

答案：$\dfrac{k_c'D}{D_{AB}}=f\left(\dfrac{gL^3\rho\Delta\rho}{\mu^2},\dfrac{Dv\rho}{\mu},\dfrac{\mu}{\rho D_{AB}}\right)$

7.9－1　传质过程与湍流传质模型。26.1 ℃时纯水以 0.11 m/s 速度流过一固体苯甲酸平板，该板长 $L=0.40$ m。试完成下述计算：

(1) 假设溶液为稀溶液，计算传质系数 k_c。取例 7.3－2 中的物性数据；

(2) 利用膜理论模型计算膜当量厚度；

(3) 利用渗透理论模型，计算渗透时间；

(4) 利用修正的渗透理论模型，计算平均表面更新因子。

答案：(2) $\delta_f=0.2031$ mm，(4) $s=3.019\times10^{-2}$ s^{-1}

参考文献

(B1)　BIRD R B，STEWART W E，LIGHTFOOT E N. *Transport Phenomena*. New York：John Wiley & Sons，Inc.，1960.

(B2)　BLAKEBROUGH N. *Biochemical and Biological Engineering Science*，Vol. 1. New York：Academic Press，Inc.，1967.

(B3)　BEDDINGTON C H，JR，DREW T B. *Ind，Eng. Chem.*，**42**，1164(1950).

(C1)　CARMICHAEL L T，SAGE B H，LACEY W. N. *A. I. Ch. E. J.*，**1**，385(1955).

(C2)　CHILTON T H，COLBURN A P. *Ind，Eng. Chem.*，**26**，1183(1934).

(C3)　CALDERBANK P H，MOO-YOUNG M B. *Chem. Eng. Sci.*，**16**，39(1961).

(C4)　CUNNINGHAM R S，GEANKOPLIS C J. *Ind. Eng. Chem. Fund.*，**7**，535(1968).

(D1)　DANCKWERTS P V. *Trans. Faraday Soc.*，**46**，300(1950).

(D2)　DUNN W E，BONILLA C F，FERSTENBERG C，et al. *A. I. Ch. E. J.*，**2**，184(1956).

(D3)　DANCKWERTS P V. *Gas-Liquid Reactions*. New York：McGraw-Hill Book Company，1970.

(D4)　DWIVEDI P N，UPADHYAY S N. *Ind，Eng. Chem.，Proc. Des. Dev.*，**16**，157(1977).

(G1)　GEANKOPLIS C J. *Mass Transport Phenomena*. Columbus，Ohio：Ohio State University Bookstores，1972.

(G2)　GILLIAND E R，SHERWOOD T K. *Ind，Eng. Chem.*，**26**，516(1934).

(G3)　GARNER F H，SUCKLING R D. *A. I. Ch. E. J.*，**4**，114(1958).

(G4)　GUPTA A S，THODOS G. *Ind. Eng. Chem. Fund.*，**3**，218(1964).

(G5)　GUPTA A S，THODOS G. *A. I. Ch. E. J.*，**8**，609(1962).

(G6)　GUPTA A S，THODOS G. *Chem. Eng. Progr.*，**58**(7)，58(1962).

(L1)　LINTON W H，JR，SHERWOOD T K. *Chem. Eng. Progr.*，**46**，258(1950).

(L2)　LITT M，FRIEDLANDER S K. *A. I. Ch. E. J.*，**5**，483(1959).

(M1)　MCADAMS W H. *Heat Transmission*，3rd ed. New York：McGraw-Hill Book Company，1954.

(P1)　PERRY R H，GREEN D. *Perry's Chemical Engineer's handbook*，6th ed. New York：McGraw-Hill Book Company，1984.

(R1)　REMICK R R，GEANKOPLIS C J. *Ind. Eng. Chem. Fund.*，**12**，214(1973).

(S1)　SEAGER S L，GEERTSON L R，GIDDINGS J C. *J. Chem. Eng. Data*，**8**，168(1963).

(S2)　SATTERFIELD C N. *Mass Transfer in Heterogeneous Catalysis*. Cambridge，Mass.：The MIT Press，1970.

(S3)　STEELE L R，GEANKOPLIS C J. *A. I. Ch. E. J.*，**5**，178(1959).

(S4) SHERWOOD T K, PIGFORD R L, WILKE C R. *Mass Transfer*. New York: McGraw-Hill Book Company, 1975.

(S5) STEINBERGER W L, TREYBAL R E. *A. I. Ch. E. J.*, **6**, 227(1960).

(S6) SMITH J M. *Chemical Engineering Kinetics*, 2nd ed. New York: McGraw-Hill Book Company, 1970.

(S7) SZEKELY J, THEMELIS N. Rate Phenomena in Process metallurgy. New York: Wiley-Interscience, 1971.

(S8) SKELLAND A H P. *Diffusional Mass Transfer*. New York: Wiley-Interscience, 1974.

(T1) TREYBAL R E. *Mass Transfer Operations*, 3rd ed. New York: McGraw-Hill Book Company, 1980.

(T2) TOOR H L, MARCHELLO J M. *A. I. Ch. E. J.*, **1**, 97(1958).

(V1) VOGTLANDER P H, BAKKER C A P. *Chem. Eng. Sci.*, **18**, 583(1963).

(W1) WILSON E J, GEAKOPLIS C J. *Ind. Eng. Chem. Fund.*, **5**, 9(1966).